読むだけでわかる
数学再入門
線形代数 編

今井 博 著

はじめに

　線形代数？　それって，昔やったという記憶しかない．なんだっけ，という読者，仕事や研究でベクトルや行列・行列式について必要になったが，どの本で勉強したらよいかわからない読者をはじめとして，また，数学の授業でどうもよく意味が分からないという理工系の学生のために，懇切丁寧に，手取り足取り，ただし，宅配のように，お宅まで出張しませんが（＾÷＾），説明します．
　線形代数学は分かり易く言えば，線状に式が連結された代数学の一部門（返って分かりにくいですかね？），ベクトル空間およびその1次変換に関する理論を扱う代数学の一部門，そして，行列や行列式に関する理論を体系化した代数学の一部門，の総称とでも言う学問体系です，と言い換えても，さらに，何やらさっぱりって感じですかね．要は，高校で習う，ベクトルや行列などを扱う分野のことで，数学の専門用語で線形代数と呼びます，という事です．最近は，ベクトルや行列などを習っていない生徒もいるようで，是非，ここで，線形代数を覗いてみてください．
　さて，理学系・工学系の大学や学科に入って，数学科を卒業した先生の，いかにも「難しいのだ！」という印象を植え付けるような講義で，うんざりですよね．分かります．というか，実は，これが私の実体験です（T_T）．色々苦労したからこそ私は書きました．数学科を出た先生の書いた教科書は，プライドからか，いかにも難しそうに，しかも途中の式変形を省略し，「どうだ，すごいだろう．おまえらにはできないだろう」という書き方をしているようにしか私には思えません．しかし，実は，その講義内容は，そのほとんどが数学の先生がご自身で構築した数学体系ではなく，数100年前に確立した数学体系のコピーであり，それを恰も自分が組み上げたかのように，偉そうに講義しているのです．ちょっと言い過ぎかな？　そんなステレオタイプ的で分かりにくい授業を受けて苦労している，高校生や大学生，社会人に読んでもらいたいのです．どうせ書くなら，もっと，分かりやすく書けばいいのにと思います．
　したがって，本書のコンセプトは「読むだけでわかる」ように書くことです．かと言って，漫画本のようにすらすらドラマを見るように読めるわけではありません．ある程度の数学的知識が必要になります．本書のレベルは高校生レベルから大学1年（教養の必修）で習うあたりです．勿論，本書1冊で線形代数の全ての分野を詳しく取り上げることは出来ませんし，する気もありませし，数学科を出ていない私には数学の知識や能力に限界があります．ですから，本書では，私の説明できるレベルの範囲で，読者の目線に立ち，基礎的なあるいは実用的と考えられる知識をやさしく説明しようと思います．とにかく，難しくないじゃん！，と思ってください．私が書いているくらいですから（^_^）．本書を読み，皆さんがさらに高度なレベルへとステップアップして頂けたら幸甚に思います．
　さて，一番大事なのは，最後まで読むことです．ここで「読む」とは，数式の流れを目で見て，なるほど，と納得することです．なるほど，と言って頂けるように書くつもりです．例題は解答を見ないで解ける必要は全くありません．解答も読むだけで理解できるはずです．本書では，式の変形は，目で追えるように，できる限り省略しないようにしています．ふむふむと流れを追ってください．難しそうと思われる場所では，キャラクターが注意点や説明不足を補ってくれます．
　皆さん，読者のためになれば，はなはだ幸甚でございます．

2018 年 12 月
著者

目 次

基礎編　1

1. 線形代数 I　2

1.1. 線形代数とは 3
  1.1.1. 線形代数における表式　3
    Gallery 1.　4
  1.1.2. 1次独立　5
  1.1.3. 1次従属　6
  1.1.4. 数学記号　8
  1.1.5. 和積記号　9
  1.1.6. ブール代数　11

1.2. ベクトル I 13
  1.2.1. 位置ベクトルの表式　13
  1.2.2. ベクトルの筆記表記　15
  1.2.3. ベクトルのノルム　16
  1.2.4. 単位ベクトル　17
  1.2.5. ベクトルの幾何表現　18
  1.2.6. ベクトル演算の定義　20
    Gallery 2.　25
  1.2.7. 内積（スカラー積）　26
  1.2.8. ベクトル積（狭義の「外積」）　29
    Gallery 3.　32
  1.2.9. 内積とベクトル積のまとめ　33
  1.2.10. 方向余弦　33
  1.2.11. 有向平面　35
  1.2.12. 媒介変数表示　36

1.3. 行列 I 40
  1.3.1. 行列の表式　40
  1.3.2. 行列の演算　40
  1.3.3. 行列の呼び名　44
  1.3.4. 他の行列　47
  1.3.5. 行列のトレース　51
  1.3.6. 行列のノルム　53
    Gallery 4.　54
  Short Rest 1.　55

1.4. 行列式 I 56
  1.4.1. 行列式の表式　56
  1.4.2. 行列の余因子　59
  1.4.3. 行列式の余因子展開　61
    Gallery 5.　64
  1.4.4. 行列式の性質　65
  1.4.5. 行列式の和の分離　65
  1.4.6. 行列式の積の分離　67

1.5. ベクトル II 79
  1.5.1. スカラー三重積　79
    Gallery 6.　80
  1.5.2. ベクトル三重積　81

1.6. 連立 1 次方程式 82
  1.6.1. 逆行列による解法　82
  1.6.2. クラーメルの式による解法　82
    Gallery 7.　84
  1.6.3. 余因子による逆行列　85
  1.6.4. 掃き出し法による逆行列　89
  演習問題　第 1 章　92
  Short Rest 2.　94

応用編　95

2. 群・環・整域・体　96

2.1. 群 97
  2.1.1. 群の定義　97
  2.1.2. 群の性質　99
    Gallery 8.　101
  2.1.3. アーベル群　102
  2.1.4. 部分群　103

2.2. 環・整域・体 106
  2.2.1. 環の定義　106
  2.2.2. 零因子　107
  2.2.3. 環の性質　107
  2.2.4. 部分環　107
  2.2.5. 整域の定義　108
  2.2.6. 体の定義　108
  2.2.7. 部分体　109

2.3. 群・環・整域・体の定義表 110
    Gallery 9.　110
  演習問題　第 2 章　111
  Short Rest 3.　112

3. 線形代数 II　113

3.1. 行列 II 114
  3.1.1. 零因子　114
  3.1.2. 行列の分割による積　115
    Gallery 10.　116
  3.1.3. 行列の演算　117

3.2. 固有値 I 119
  3.2.1. 固有ベクトル　119
  3.2.2. 行列の固有値　119
  3.2.3. 固有値の意味　120
    Gallery 11.　121
  3.2.4. 行列の三角化　122
  3.2.5. 行列の相似形（2 次形式）　127
  3.2.6. 行列の対角化　128
  3.2.7. 固有ベクトルの交換　132
    Gallery 12.　132

3.3. ケーリー・ハミルトンの定理 133
  3.3.1. ケーリー・ハミルトンの定理とは　133
  3.3.2. 定理 5 の証明 (1)　135
  3.3.3. 定理 5 の証明 (2)　135
    Gallery 13.　136

3.4. 複素行列 137
  3.4.1. 複素ベクトルと複素行列　137
    Gallery 14.　140
  3.4.2. エルミート行列,　141
  3.4.3. 交代エルミート行列　143
  3.4.4. ユニタリー行列　143
  3.4.5. 正規行列　150
    Gallery 15.　150

3.5. 2 次形式 151
　3.5.1. 双 1 次形式　151
　3.5.2. 2 次形式とは　151
　3.5.3. 2 次形式の定義　152

Gallery 16.　154
演習問題　第 3 章　155
Short Rest 4.　156

4. 線形代数 III　157

4.1. ベクトル空間の基礎 158
　4.1.1. ベクトル空間の定義　158
　4.1.2. 基底ベクトル　159
　4.1.3. ベクトル部分空間　159
　4.1.4. 共通ベクトル部分空間　160
　4.1.5. ベクトル空間の和空間・直和　161
　4.1.6. 次元 dim　163
　4.1.7. 次元 dim の性質　165

4.2. ベクトル III 171
　4.2.1. ベクトルの媒介変数表示　171
　4.2.2. ベクトルの直積　177
　　　Gallery 17.　180
　4.2.3. ウェッジ積の基礎　181
　4.2.4. ウェッジ積の拡張　184

4.3. テンソル 187
　4.3.1. テンソルの基礎　187
　4.3.2. テンソルの演算 I　189
　4.3.3. テンソルの演算 II　191

4.4. 行列空間 193
　4.4.1. 空間とは　193
　　　Gallery 18.　193
　4.4.2. 行列空間　194

4.5. 写像 195
　4.5.1. 写像の基礎　195
　4.5.2. 線形写像　195
　4.5.3. 写像の種類　196
　4.5.4. 写像と階数　198

4.6. ベクトル IV 199
　4.6.1. ベクトルを微分　199
　4.6.2. ベクトルの微分方程式　201
　4.6.3. ベクトルと積分　201
　　　Gallery 19.　202
　4.6.4. 内積空間 I　203
　　　Gallery 20.　204
演習問題　第 4 章　205
Short Rest 5.　206

5. 線形代数 IV　207

5.1. 行列 III 208
　5.1.1. 積の結合・分配法則　208
　　　Gallery 21.　208
　5.1.2. 行列を偏微分　209
　5.1.3. 行列で偏微分　210
　5.1.4. 行列式と余因子　211

5.2. 階数 213
　5.2.1. 行列 の階数ランクとは　213
　5.2.2. 階数に関する定理と証明　214

　　　Gallery 22.　224
　5.2.3. 階数と方程式　225
　　　Gallery 23.　228

5.3. 逆行列とクラーメルの式 229
　5.3.1. 元 1 次方程式　229
　5.3.2. 逆行列とクラーメルの式　229
　　　Gallery 24.　230
演習問題　第 5 章　231
Short Rest 6.　232

6. 線形代数 V　233

6.1. 行列式 II 234
　6.1.1. 行列式の計算　234
　6.1.2. 複数行列を含む行列式　235
　6.1.3. 行列式と余因子　237

　　　Gallery 25.　238
演習問題　第 6 章　239
Short Rest 7.　240

7. 線形代数 VI　補足　241

7.1. ベクトル IV 微分 242
　7.1.1. ベクトルを偏微分　242
　7.1.2. ベクトルで偏微分　243
　7.1.3. ベクトル方程式　246

7.2. 直線内挿 248
　7.2.1. 回帰直線　248
　7.2.2. 双 1 次内挿　254

7.3. 平面内挿 256
　7.3.1. 面内挿の概念　256
　7.3.2. 最小二乗法による面内挿　257
　　　Gallery 26.　259

7.4. 曲線内挿 260
　7.4.1. 双 3 次内挿　260
　7.4.2. その他の内挿　262

7.5. ベクトル V 幾何問題 264
　7.5.1. 直線の式　264
　7.5.2. 面の式　265
　7.5.3. 三角関数　268

7.6. 固有値 II 269
　7.6.1. 2 次形式 と固有方程式　269
　7.6.2. 行列の対角化と固有値　270
　7.6.3. 質点系の固有値　270

7.7. 内積空間 II 271
　　　Gallery 27.　271
演習問題　第 7 章　272
Short Rest 8.　273
付録 公式集　274

索　引　275

ここで，本書でコメントなど話を進める上で登場してくれるいろいろなキャラクターを紹介しようと思います．皆さん，仲良くしてください．

 本書の著者，博

　　　　　　　　　　　整理整頓を呼びかけるサトシ君

 アイデアやHint:を指摘するかし子さん

　　　　　　　　　　　アイデアやHint:を指摘するかしお君

 グラフを紹介するずしき君

　　　　　　　　　　　分析結果を紹介するためし君

 例題を紹介するレイ子さん

　　　　　　　　　　　例題を解答するカイト君

 筆者のアシスタントのめもる君

　　　　　　　　　　　筆者のアシスタントのたすく君

 筆者のアシスタントのめぐみさん

　　　　　　　　　　　厄介なことを引き受けるまかし君

 問題解決処理の助っ人のしおりさん

　また，ShortRestのコーナーでは，本書の内容の補足，全く関係ないtopicsやtips and tricksなどを掲載します．Galleryのコーナーでは，著者が撮影した写真などや著者が描いた下手くそな絵など強制的に（笑）見てもらいます．
さあ，準備はできたでしょうか．それでは，早速，線形代数のスモールワールドを，楽しく，元気で，サーフィンしましょう．Let's get started !

基礎編

1. 線形代数 I

線形代数 I

　分かっているつもりでも分からないのが最も基本的なことです．
　ここでは，まず．線形代数とは，一体，どのような数学形態なのか，概略を示して簡単に説明したいと思います．演算は，単なる数字の加減乗除だけではありません．要は，高校時代に習ったベクトルや行列などに関する表式の復習と計算方法の拡張と言えば分かるでしょうか？ 内容的には，なんら変わりませんし，前に習ったことがある読者は，最初の部分は飛ばしても結構かと思います．最近は，線形代数を高校で習わない読者もいるそうで，そんな読者にも入門書として読んで頂けたらと思います．
　ここで，申し上げますが，ベクトルの添え字で，概ね，x, y, z は 3 次元で，xyz 軸への対応で，$1, 2, \cdots, n$ は n 次元で，一般的な説明で使用します．後者は，Σ 記号を使う場合に便利な場合にも使います．すなわち，$x \Leftrightarrow 1, y \Leftrightarrow 2, z \Leftrightarrow 3$ のように対応するということです．また，証明で用いる数学的帰納法については，十分承知されているということが前提で，説明なしに用います．数学的帰納法とは，整数 n が用いられている式，例えば，数列の n 項までの和を求める式を証明するとき．まず，$n = 1$，または，$n = 1$ および $n = 2$ で与式が成立することを確かめたのちに，$n = k$ のときに与式が成立すると仮定し，$n = k + 1$ の場合も成立するならば，与式が証明できた，とする例の定番の方法です．もう一つ．複素数の複素共役をご存知でしょうか？ 敢えて書くと，$z = a + ib$ ($i = \sqrt{-1}$) と書く複素数の複素共役は $\bar{z} = a - ib$ ($i = \sqrt{-1}$) と書きます．ここで，高校レベルの言葉の準備ができました．その他の定義などは本文で紹介します．お楽しみに！
　さあ，*have a nice trip.*

1.1. 線形代数とは

1.1.1. 線形代数における表式

言葉（呼び名）を覚えることは必須です．我慢して覚えましょう．我慢！我慢！

具体的なお話に入る前に，ここでは，本書で用いる言葉（呼び名）や式の表現形式（以下，表式と呼ぶ）について少々述べておきたいと思います．

そもそも，「線形代数」（*linear algebra*）とは一体何でしょうか？ 線形代数とは，数や文字，関数などが「直線状」に連結された式を扱う数学体系の1つです．その例の最も簡単な形式は，$ax = b$ のような1元1次式方程式で，未知数が n 個あれば n 元1次方程式（*n-unknown linear equations*）と言うわけです．ところで，ご存知かと思いますが念のため，「次」は未知数の最大次数（何乗かということ）です．したがって，次式は3元方程式ではありますが，

$$x^3 - y^2 + z = 2$$
$$x^3 + y^2 - z = 0$$
$$x^3 + y^2 + z = 3$$

「元」と「次」の区別を確認しよう．

ならば，x だけに関していえば1元3次方程式，y だけに関しては言えば1元2次方程式，z だけに関していえば1元1次方程式と呼ぶわけです．しっかり頭の奥に入れましょう．

さて，1次変換（*linear transformation*）という言葉があります．例えば，点 (x, y) から点 (x', y') に変換される以下の式

$$x' = ax + by$$
$$y' = cx + dy$$

(1.1.1-1)

などです．座標変換と同じ形式であり，これも，線形代数の対象となる式です．

線形代数で用いられる表式で，まず，「スカラー」と「ベクトル」の説明です．果たしてその定義は，英文字やギリシャ文字を用いて，

定義1 スカラー（*scalar*） $a, e, \phi, \delta, \cdots$
単なる数や関数の代表である文字を用いた表式 $a, f(x), |A|$ 等をスカラーと呼ぶ．

定義2 ベクトル（*vector*） $\mathbf{a}, \mathbf{e}, \mathbf{\varphi}, \mathbf{\delta}, \cdots$
いくつかのスカラーや関数を括弧で括った形式をベクトルあるいは有向線分と呼ぶ．
$\vec{\mathbf{a}}, \vec{b}, \mathbf{p} = (p_1, p_2, \cdots, p_n), \mathbf{\alpha} = (\alpha(x_1), \alpha(x_2), \cdots, \alpha(x_n))$ (1.1.1-2)
形式は複数あり，大きさ（長さ）と向きを持ち，括弧で括られた表式を要素と呼ぶ．

このとき，始点・終点が記載されないベクトル $\mathbf{a}$ は自由ベクトルと呼びます．また，$\mathbf{p} = \vec{AB}$ のように点Aから点Bに向かうベクトルを位置ベクトル（図1.1.1-1参照）と呼びます．

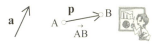

図1.1.1-1　自由ベクトルと位置ベクトル

線形代数の表式で，ベクトルの表式に関しては，英文字やギリシャ文字の小文字の立体太文字を用います．一方，行列や行列式の表式に関しては，英文字やギリシャ文字の大文字の立体太文字を用います．さて，果たして，行列および行列式の定義は，

1.1. 線形代数とは

定義3 行列　$\mathbf{A}, \mathbf{E}, \mathbf{\Phi}, \mathbf{\Delta}, \cdots$

いくつかの数や文字や関数やベクトルを括弧で括った形式を行列（*matrix*）と呼ぶ．

$$\mathbf{A} = \begin{pmatrix} a_{11} & \cdots & a_{1n} \\ \vdots & \ddots & \vdots \\ a_{m1} & \cdots & a_{mn} \end{pmatrix}, \text{あるいは、} \mathbf{A} = \begin{pmatrix} f_{11}(x) & \cdots & f_{1n}(x) \\ \vdots & \ddots & \vdots \\ f_{m1}(x) & \cdots & f_{mn}(x) \end{pmatrix} \quad (1.1.1\text{-}3)$$

定義4 行列式　$|\mathbf{A}|, |\mathbf{E}|, |\mathbf{\Phi}|, |\mathbf{\Delta}|, \cdots$

絶対値を表す縦棒2本の中に要素を縦横同数並べた形式を行列式（*determinant*）と呼ぶ．

$$|\mathbf{B}| = \begin{vmatrix} b_{11} & \cdots & b_{1n} \\ \vdots & \ddots & \vdots \\ b_{n1} & \cdots & b_{nn} \end{vmatrix}, \text{あるいは、} |\mathbf{B}| = \begin{vmatrix} \phi_{11}(x) & \cdots & \phi_{1n}(x) \\ \vdots & \ddots & \vdots \\ \phi_{n1}(x) & \cdots & \phi_{nn}(x) \end{vmatrix} \quad (1.1.1\text{-}4)$$

という表式です．ここで，「行列式」と呼ぶくらいですから行列式は計算式を意味します．ここに述べた，①スカラー，②ベクトル，③行列，④行列式が「直線状」に連結され，それぞれの演算方法が定義され，数学体系の一部門として成立しているのが線形代数です．

そもそも，なぜ，数字をこんな形にすることを考えたんでしょうね．例えば，これらの表式を使えば，上記の式 1.1.1-1 は，式 1.1.1-3 の表式を用いて，

$$\begin{pmatrix} x' \\ y' \end{pmatrix} = \begin{pmatrix} a & b \\ c & d \end{pmatrix} \begin{pmatrix} x \\ y \end{pmatrix} \quad (1.1.1\text{-}5)$$

と整理された線形表式の1式で表現できます．何故かは後述します．そのため，式 1.1.1-3 の表式の具体的な要素同士の演算方法を定義し，体系化する必要があります．

そして，線形代数は，高校では聞いたことが無い読者もいらっしゃるかと思います．ましてや，「線形代数は，群（*group*）・環（*ring*）・体（*field*）などの代数学の概念や公理が基礎となっています」，と言われても，なんのことだか分かりませんよね．大丈夫！ここでは，分からなくて良いのです（笑）．

しかし，1次独立な（*linearly independent*）式や1次従属な（*linearly dependent*）式という言葉は文字面から，ボヤ～っとしたイメージが沸きませんか？　やっぱ，いきなり難しいですか！，1次独立？，1次従属って何？，という読者には，ちょっと，ここで，さくっと，お浚いしていただきましょう．ご存知の方も，確認の意味でさっと眺めてみられては如何でしょうか．何か得るものがあるやも・・・

Gallery 1.
　右：海岸風景
　　　水彩画（模写）
　　（水彩画レッスン画材）
　　　著者作成
　左：茅ヶ崎海岸
　　　烏帽子岩　写真
　　　著者撮影

1.1.2. 1次独立

さあ，思い出してください．「1次独立」って何ですか．高校でやりませんでしたか？ 習っていなかった読者はここで覚えてください．線形代数の中で，重要な基本概念です．

定義5　1次結合あるいは線形結合

変数 $x_i (i=1\sim n)$ あるいは複数の関数 $f_i(x)(i=1\sim n)$ があり，その係数 $a_i(i=1\sim n)$ がスカラーであるとき，

$$a_1 x_1 + a_2 x_2 + \cdots + a_n x_n = 0 \quad (1.1.2\text{-}1)$$
$$a_1 f_1(x) + a_2 f_2(x) + \cdots + a_n f_n(x) = 0 \quad (1.1.2\text{-}2)$$

のように，あるいはまた，ベクトル $\mathbf{a}_i$ や行列 $\mathbf{A}_i$ の

$$a_1 \mathbf{a}_1 + a_2 \mathbf{a}_2 + \cdots + a_n \mathbf{a}_n = \mathbf{0} \quad (1.1.2\text{-}3)$$
$$a_1 \mathbf{A}_1 + a_2 \mathbf{A}_2 + \cdots + a_n \mathbf{A}_n = \mathbf{O} \quad (1.1.2\text{-}4)$$

のような，直線的な連結を，1次結合あるいは線形結合（*linear combination*）と言う．

> ここは，重要ですよ～．
> よく考えてみてね．
> 0や**0**ベクトルや**O**行列となるとはどういう場合か，なのよ．

思い出しましたか？ しかし，「1次結合」や「線形結合」って言葉が初めての読者は面食らいますよね．なんだそりゃって感じでしょうか．でも見ると，直線状に並んでいるでしょ．なんか，雰囲気ありますよね．これが，線形代数の「線形（線型と書く場合もありますが）」という意味です．

ここで，念のために書いておきますが，0 は零（ゼロ），**0** は零ベクトル，**O** は零行列と区別して書かねばなりません．それらのの具体的な表式は後述します．

定義6　1次独立あるいは線形独立

式 1.1.2-1 から式 1.1.2-4 で，スカラーの係数が $a_i(i=1\sim n)=0$ のときのみ成り立つ場合，変数 x_i，関数 $f_i(x)$，ベクトル $\mathbf{a}_i(i=1\sim n)$，あるいは，行列 $\mathbf{A}_i(i=1\sim n)$ は，1次独立である，あるいは，線形独立である，と言う．

そうでない場合は，というと，係数 $a_i(i=1\sim n)$ の中の，少なくとも，1つは常に0でない係数があることになりますよね．この場合は，次項で説明します「1次従属」という場合です．自身で会社を興して独立した人と，独立せずに会社に勤務している人（従業員），というのに似ていませんか？ 批判を受けそうなので弁解しますと，この例では，どっちが良い，という話ではありません（笑）．

さて，ベクトル $\mathbf{x}$ を $\mathbf{x} = (x_1, x_2, \cdots)$ と書くとき，$x_1, x_2, \cdots$ を要素と呼びます．簡単な例でいえば，ベクトル $\mathbf{e}_1 = (1,0,0)^T, \mathbf{e}_2 = (0,1,0)^T, \mathbf{e}_3 = (0,0,1)^T$ の要素は，0 か 1 です．これらのベクトルが，1次結合で $a_1\mathbf{e}_1 + a_2\mathbf{e}_2 + a_3\mathbf{e}_3 = \mathbf{0}$ であるならば，

$$a_1\mathbf{e}_1 + a_2\mathbf{e}_2 + a_3\mathbf{e}_3 = a_1(1,0,0)^T + a_2(0,1,0)^T + a_3(0,0,1)^T = (a_1, a_2, a_3)^T = (0,0,0)^T = \mathbf{0}$$

であり，上式は $a_1 = a_2 = a_3 = 0$ のときのみ成立します．このとき，$\mathbf{e}_1, \mathbf{e}_2, \mathbf{e}_3$ は1次独立である，と言うわけです．さあ，気になるベクトルの右肩にある「T」は，「転置した transposed」を意味します．ベクトルは本来，各要素を縦に並べる表式が基本です．上記では，転置は，文章行内にベクトルの要素表示を書く場合に便利で，「縦の表式を横の表式で書きました」，ということを示す印です．本書内では「T」は頻繁に出てきますので，覚えておいて下さい．また，練習問題 1.1.2-3 の $\lambda(\in \Re)$ は，λ が実数であるという意味です．

1.1. 線形代数とは

練習問題 1.1.2-1 3個の要素を持つベクトル $\mathbf{e}_1 = (1, 0, 0), \mathbf{e}_2 = (0, 1, 0), \mathbf{e}_3 = (0, 0, 1)$ が1次独立であることを示せ．

練習問題 1.1.2-2 3個の要素を持つベクトル $\mathbf{a} = (a, 0, 0), \mathbf{b} = (0, 1, 0), \mathbf{c} = (0, 0, 1)$ が1次独立であるための a の条件は何か？

練習問題 1.1.2-3 1つのベクトル $\mathbf{a}$ がスカラー係数 $\lambda (\in \Re)$ によって $\lambda \mathbf{a} = \mathbf{0}$ と書く場合，ベクトル $\mathbf{a}$ が1次独立であるか，1次従属であるか，について論じよ．

1.1.3. 1次従属

1次独立に対して，1次従属という言葉があります．なるほどそうですね，と思われますでしょうか？ 前項1.1.2で説明しましたように，1次結合の話であることは間違いないのですが，相対する「独立」と「従属」の違いを考えながら定義を見てください．

一般的に，子供は親に従属していて，独立して巣立つ，というのと，ここでいう定義をご覧になると，似て非なる概念であることが分かります(笑)．

定義7 1次従属

次の1次結合
$$a_1 f_1(x) + a_2 f_2(x) + \cdots + a_n f_n(x) = 0 \tag{1.1.3-1}$$
で，スカラーの係数 $a_i \, (i = 1, 2, \cdots, n)$ の中の少なくとも1つ，0でない係数がある場合，その係数を $a_k (\neq 0, 1 \leq k \leq n)$ （「≠」は，この右辺と左辺は等しくない，という記号）とすれば，式1.1.3-1は次式のように表すことができる．
$$f_k(x) = -\frac{a_1}{a_k} f_1(x) - \cdots - \frac{a_{k-1}}{a_k} f_{k-1}(x) - \frac{a_{k+1}}{a_k} f_{k+1}(x) - \cdots - \frac{a_n}{a_k} f_n(x) \tag{1.1.3-2}$$
ここで，
$$b_j = -a_j / a_k \quad (j = 1, 2, \cdots, k-1, k+1, \cdots, n) \tag{1.1.3-3}$$
とするならば，式1.1.3-2は，
$$f_k(x) = b_1 f_1(x) + \cdots + b_{k-1} f_{k-1}(x) + b_{k+1} f_{k+1}(x) + \cdots + b_n f_n(x) \tag{1.1.3-4}$$
と表せる．このとき，
$$f_1(x), \cdots, f_{k-1}(x), f_k(x), f_{k+1}(x), \cdots, f_n(x) \tag{1.1.3-5}$$
は1次従属であるという．

ここで，重要なのは，0でない係数が有るか無いかです．難しいことはないのです．

こんな感じです．1次独立と1次従属が分かりましたか．大したことではないのです．まあ，単なる呼び名です．言葉の意味が分かれば，数学はちょっと私には・・・と自分で思い込んでいる読者は，なぁ～んだと，気抜けしたかも知れませんね．

さて，例題を見てみましょう．

例題 1.1.3-1

関数 $f_i \, (i = 1, 2, \cdots, n)$ が，1次独立であるとき，係数 $\lambda_i, \mu_i \, (i = 1, 2, \cdots, n)$ があって，$\sum \lambda_i f_i = \sum \mu_i f_i$ ならば，$\lambda_i = \mu_i \, (i = 1, 2, \cdots, n)$ であることを示せ．

さあ，どう解答を書きますか？ 実は，そんな難しくはありませんよ．解答を見てびっく

りですよ．こんな簡単なのかって．以下の2行で終わる解答を見てください．

例題 1.1.3-1 解答
$\sum \lambda_i f_i = \sum \mu_i f_i$ ならば $\sum (\lambda_i - \mu_i) f_i = 0$ であり，関数 $f_i (i=1, 2, \cdots, n)$ が1次独立であるから，$\lambda_i - \mu_i = 0 (i=1, 2, \cdots, n)$ すなわち，$\lambda_i = \mu_i (i=1, 2, \cdots, n)$ である．

という解答で十分です．係数の比較だけの問題です．おお，簡単！

もう1つ，簡単な例題を見ましょう．でも，これは，ちょっと工夫が要りますよ．さあ，答えを想像してみましょう．

例題 1.1.3-2
関数 $f_i (i=1, 2, \cdots, n)$ が1次独立で，関数 g と関数 f_i が1次従属である場合，g は f_i の1次結合で表され，その表現式は1通りであることを示せ．

まず，関数 g と関数 f_i が1次従属であるということをどのように表現するか，です．係数を導入して，1次結合で式を書きましょう．解答は2段階に分けて行います．

例題 1.1.3-2 解答
題意により，係数 $\lambda_i (i=1, 2, \cdots, n), \mu$ を用いて，$\sum \lambda_i f_i + \mu g = 0$ と書ける（一次結合）．ここで，$\mu = 0$ ならば λ_i の中に0でないものがあることになる．これは f_i が1次独立であるという題意に反する．ゆえに，係数 μ は $\mu \neq 0$ である．そこで，$p_i = -\lambda_i / \mu$ として，$g = \sum (-\lambda_i / \mu) f_i = \sum p_i f_i \ (i=1, 2, \cdots, n)$ とすれば，g は f_i の1次結合で表される（第一段階）．

ここで，係数 $p_i (i=1, 2, \cdots, n)$ と異なる係数 $q_i (i=1, 2, \cdots, n)$ を用いて，
$g = \sum q_i f_i \ (i=1, 2, \cdots, n)$
と書けるとするならば，
$\sum p_i f_i - \sum q_i f_i = 0 \ (i=1, 2, \cdots, n)$

1次独立は，係数に注目！

であり，すなわち，$\sum (p_i - q_i) f_i = 0 \ (i=1, 2, \cdots, n)$ である．ここで，f_i は1次独立なので，$p_i - q_i = 0$，すなわち，$p_i = q_i (i=1, 2, \cdots, n)$ である（第二段階）．

したがって，g は f_i の1次結合で表され，その表現式は1通りである．

如何でした？上記の証明は線形代数では定番です．ちょっと，ややこしかったでしょうか？めげない！めげない！これは基礎ですから．例題 1.1.3-2 で書いたように，関数 f_i が1次独立なので，その1次結合が0である場合は，その係数がすべて0でなければならない，ということが必要十分条件なのです．この基本概念を覚えてください．

練習問題 1.1.3-1 ベクトル $\mathbf{a}, \mathbf{b}, \mathbf{c}$ について，$\mathbf{a} = \begin{pmatrix} 2 & -1 & 3 \end{pmatrix}^T$, $\mathbf{b} = \begin{pmatrix} 1 & 3 & 2 \end{pmatrix}^T$ のとき，$\mathbf{a} + 2\mathbf{b} - \mathbf{c} = \mathbf{0}$ を満たすベクトル $\mathbf{c}$ の要素を求めよ．

練習問題 1.1.3-2 ベクトル $\mathbf{a} = \begin{pmatrix} 1 & 1 & 0 \end{pmatrix}^T$, $\mathbf{b} = \begin{pmatrix} 1 & 0 & 1 \end{pmatrix}^T$, $\mathbf{c} = \begin{pmatrix} 0 & 1 & 1 \end{pmatrix}^T$ が1次独立であることを示せ．

練習問題 1.1.3-3 次のことを証明せよ
(1) 1次独立なベクトルから幾つかのベクトルを取っても1次独立であること．
(2) 1次従属なベクトルに幾つかのベクトルを加えても1次従属であること．

1.1. 線形代数とは

1.1.4. 数学記号

以下に示すのは，本書で用いる数学記号です．特に断らないで使用します．ただし，詳細の説明が必要な場合はそこで説明します．他の教科書とは統一性がないのでご注意を！

1) 「数」関連記号

$\mathbb{K}$：代数的数全体の有限的な部分集合

$\mathbb{P}$：素数(prime number)の全体，空間など

$\mathbb{N}$：自然数(natural number)の全体；正数：$\aleph$

これらの記号の全部を覚えるのは至難の業です．この頁は印刷して，本書を読むとき，手元に置いておくと便利じゃないかな！

$\mathbb{Z}$：整数(独: Zahlen)の全体；$\mathbb{Q}$：有理数(Quotient)の全体

$\mathbb{A}$：代数的数(algebraic number)の全体，アフィン空間 (affine space)

$\mathbb{C}$：複素数(complex number)の全体；$\Re$：実数部(real)；$\Im$：純虚数(imaginary)

Re：実数部(real part)；Im：虚数部(imaginary part)

C^n：複素数 n 次元ベクトル群；V^n：n 次元ベクトル空間(総称)

G：群(group)；G_C：巡回群；G_H：半群(semigroup)；G_S：部分群；G_U：単位群，

R：環(ring)；R_0：零環；R_I：整域；F：体(field)；Λ：単位的環；F_S：部分体

2) 「集合(set)」関連記号（流儀で異なる）

$=$：集合の一致(equal all elements)

$\subseteq$：部分集合(subset)；$\not\subset$：部分集合の否定(not subset)

$\subsetneq$：真部分集合(proper subset)；$\subset$：真部分集合(proper subset)

$\in$：元(element)；$\notin$：非元(not element)；ϕ：空集合(要素がない)(empty set)

$\forall$：全称記号「全ての」(for all, for any)；$\exists$：存在記号(for some, exsiting)

$\bigcap_i A_i$：共通集合(intersection)；$\bigcup_i A_i$：和集合(union)

$\vee$：結び(join)；$\wedge$：交わり(meet)

3) 「演算」関連記号

$\approx, \cong, \fallingdotseq$：約，ほぼ(nearly equal to)；$\sqrt{\ }$：根号；$\sqrt[k]{\ }$：$k$ 乗根

$\leqq$ または $\leq$：以下(not greater than)；$\geqq$ または $\geq$：以上(not smaller than)

$\ll$：よりかなり小さい(fairly small)；$\gg$：よりかなり大きい(fairly large)

$\neq$：等しくない(not equal)；$\equiv$：合同(congruence)；$\angle$：角($\angle R$：直角)

∞：無限大(infinity)；$\backsim$：相似(similarity)；$\propto$：比例(proportion)

$/\!/, \|$：平行(parallel)；$\not\|$：非平行(non-parallel)；$\perp$：直角(right angle)

$\therefore$：故に，したがって(therefore)；$\because$：何故なら(because)

$\vee$：論理和(logical sum)；$\wedge$：論理積(logical product)；$\wedge$：ウェッジ積(wedge)

$\oplus$：直和(direct sum)；$\otimes$：直積(direct product)；$\|\mathbf{x}\|$：ベクトルのノルム(norm)

$*$：コンボリューション(convolution)；$\cdot$：内積；$\times$：ベクトル積(外積)

∇：ナブラ(nabla)；Δ：ラプラシアン(Laplacian)；$\Box$：ダランベリアン(d'Alemberian)

$\sum$：総和記号，シグマ記号(summation)；$\prod$：総乗記号，パイ記号(power)

$\dim$：次元；rank：階数；ord：位数；$\sup$：上限(supremum)；$\inf$：下限(infimum)

$\mod(n \equiv m \pmod{d}$ は n と m が d を法として合同であることを示す

練習問題 1.1.4-1　**a**//**b** と書くとき，その意味を記せ．
練習問題 1.1.4-2　$\|\mathbf{x}\| \leq 1$ と書くとき，その意味を記せ．
練習問題 1.1.4-3　$\forall a \in \mathbf{P}$ と書くとき，その意味を記せ．ただし，**P** は素数全体である．
練習問題 1.1.4-4　$\sqrt[3]{27}$ を簡単にせよ．
練習問題 1.1.4-5　$\triangle ABC \backsim \triangle PQR$ と書くとき，その意味を記せ．
練習問題 1.1.4-6　集合 Φ および集合 Θ があって，$\Phi \subseteq \Theta$ と書くとき，その意味を記せ．
練習問題 1.1.4-7　集合 Φ および集合 Θ があって，$\Phi \not\subset \Theta$ と書くとき，その意味を記せ．

1.1.5. 和積記号

線形代数では，総和記号（Σ 記号）を頻繁に使います．表式を簡易に書くことができる便利さからです．記号は記号です．「難しいとか難しくないとか」ではありません．単なる表現形式ですから慣れるしかありません．似ていますが，総乗記号は覚えていますか．ここで，ちょっとおさらいをしておきましょう．総和記号および総乗記号の基本的な表式は，以下の（1）および（2）のように書きます．

（1）総和記号（Σ 記号）

例えば，n 個の数 $a_i (i=1, 2, \cdots, n)$ を全て加える場合，その結果を S とすると，

$$S = a_1 + a_2 + \cdots + a_n = \sum_{i=1}^{n} a_i，あるいは，S = \sum^{n} a_i，あるいは，S = \sum_i a_i \quad (1.1.5\text{-}1)$$

と書きます．

（2）総乗記号（Π 記号）

例えば，n 個の数 $a_i (i=1, 2, \cdots, n)$ を全て乗ずる場合，その結果を P とすると，

$$P = a_1 \times a_2 \times \cdots \times a_n = \prod_{i=1}^{n} a_i，あるいは，P = \prod^{n} a_i，あるいは，P = \prod_i a_i \quad (1.1.5\text{-}2)$$

と書きます．さて，例題で実際の計算を見てみましょう．

例題 1.1.5-1　次の計算をせよ．

（1）$\displaystyle\sum_{i=1}^{n} 1$ （2）$\displaystyle\sum_{i=1}^{n} i$ （3）$\displaystyle\sum_{i=1}^{n} i^2$ （4）$\displaystyle\prod_{i=1}^{n} 1$ （5）$\displaystyle\prod_{i=1}^{n} i$

この例題は重要です．何故かというと，特に，総和記号は，この意味が分からないと，これから本書を読み進める上で支障を来たす可能性があるからです．総和記号・総乗記号は，頻繁に出てきます．ここで，良くお浚いしてくださいますようお願い致します．

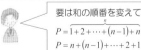

例題 1.1.5-1 解答

（1）$\displaystyle\sum_{i=1}^{n} 1 = \underbrace{1+1+\cdots+1}_{n} = n \quad \therefore \quad \sum_{i=1}^{n} 1 = n$

（2）$\displaystyle\sum_{i=1}^{n} i = 1 + 2 + \cdots + (n-1) + n = n + (n-1) + \cdots + 2 + 1$

$\therefore \quad 2\displaystyle\sum_{i=1}^{n} i = \underbrace{(n+1) + \cdots + (n+1)}_{n} = n(n+1) \quad \therefore \quad \sum_{i=1}^{n} i = \dfrac{n(n+1)}{2}$

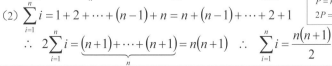

1.1. 線形代数とは

(3) 別解もありますが，ここでは漸化式を用いてみます．

$$(n+1)^3 - n^3 = 3n^2 + 3n + 1$$
$$\vdots \quad \vdots \quad \vdots \quad \vdots$$
$$3^3 - 2^3 = 3 \times 2^2 + 3 \times 2 + 1$$
$$2^3 - 1^3 = 3 \times 1^2 + 3 \times 1 + 1$$

右辺，左辺を縦に加えると，左辺はほとんどが相殺し，

$$\therefore (n+1)^3 - 1^3 = 3\sum_{i=1}^{n} i^2 + 3\sum_{i=1}^{n} i + \sum_{i=1}^{n} 1$$

となる．したがって

$$3\sum i^2 = (n+1)^3 - 1 - 3\sum i - \sum 1 = n^3 + 3n^2 + 3n + 1 - 1 - 3\frac{n(n+1)}{2} - n$$

$$6\sum i^2 = 2n^3 + 6n^2 + 6n - 3n(n+1) - 2n = 2n^3 + 3n^2 + n = n(n+1)(2n+1)$$

$$\therefore \sum i^2 = \frac{1}{6}n(n+1)(2n+1)$$

(4) $\prod_{i=1}^{n} 1 = \underbrace{1 \times 1 \times \cdots \times 1}_{n} = 1 \quad \therefore \prod_{i=1}^{n} 1 = 1$

(5) $\prod_{i=1}^{n} i = 1 \times 2 \times \cdots \times n = n! \quad \therefore \prod_{i=1}^{n} i = n!$

別解答もありますので，読者にいろいろ考えてもらおうかな．

となります．因みに，$n!$ は n の階乗（*factorial*）と呼びます．記号は恐れるに足らずです．例題解答の（3）で，この漸化式を用いる方法から考えると，$\sum i^3$ は 4 乗の式，$\sum i^4$ は 5 乗の式を用いればできそうですね．ここでは，解答は書きませんが，自分でペンをとって，奮闘されるのも良いのではないでしょうか．きっと何か有意義なことが得られるかもね．

　コンピュータで使用されているソフトウェアで，例えば，エクセル（Excel）という表計算ソフトウェアがあります．エクセルでは，表計算やグラフ化が可能です．例えば，エクセルのセルで利用できる表計算の関数で「= sum( )」が Σ 記号に相当します．**図 1.1.5-1** を見てください．( ) の中に連続したセルの最初と最後の2つのセルの識別記号を「：」でつないで入力する，すなわち，セル「A1」からセル「A10」まで入力されている数字の総和は，=sum(A1:A10)として，セル「A11」に入力すると総和が自動でが計算され，セル「A11」に総和の結果が自動で書かれるのです．**図 1.1.5-1** では，セル「A1」からセル「A10」まで入力されている数字の総和がセル「A11」に表示されています．便利ですよね．エクセルを知らない，使わない読者にはすいません．でも使うと便利ですよ．色々，出来ますので．

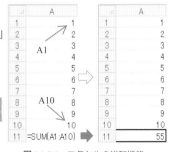

図 **1.1.5-1** エクセルの総和機能

どうでしょう．難しそうな数学用語に負けないでください．和と積の記号の意味が分かればよいのです．例題 1.1.5-1 をもう一度見て，納得してください

練習問題 1.1.5-1　奇数は自然数 n $(n \in \mathbf{N})$ を用いて，$2n-1$ と表せる．実際，$2n-1$ に 1, 2, 3, …, のように代入すると，1, 3, 5, …, が得られる．そこで，奇数の n 項までの和を求めよ．また，偶数 $2n$ $(n \in \mathbf{N})$ の n 項までの和を求めよ．

練習問題 1.1.5-2　次式を計算せよ．
$$\sum_{j=1}^{n}\left(\sum_{i=1}^{j} i\right)$$

練習問題 1.1.5-3　次式が成り立つことを示せ．
$$\sum_{i=1}^{n}\left(\sum_{j=1}^{n} a_{ij}\right) = \sum_{j=1}^{n}\left(\sum_{i=1}^{n} a_{ij}\right)$$

練習問題 1.1.5-4　次式が成り立つことを示せ．
$$\sum_{j=1}^{n}\left(\frac{1}{j}\sum_{i=1}^{j} i\right) = \frac{1}{4}n(n+3)$$

練習問題 1.1.5-5　次式が成り立つことを示せ．
$$\left(\prod_{i=1}^{n} a_i\right)^2 = \prod_{i=1}^{n} a_i^2 \quad (a_i \neq 0:\ i=1, 2, \cdots, n)$$

練習問題 1.1.5-6　5個の ①~⑤ にあてはまる数学記号を書け．
1) 直線 ℓ と直線 m が平行であることを ℓ ① m と書き，直交する場合は ℓ ② m と書く．
2) $m, n \in \mathbf{Z}$ である m, n について，大きさが m ③ n である場合 m/n ④ 0 であり，大きさが m ⑤ n である場合は，n/m ④ 0 である．

1.1.6. ブール代数

ブール代数（*boolean algebra*）という計算方法の定義があります．ジョージ・ブール（*George Boole*, 1815-1864）は、イギリスの数学者・哲学者で、今日のコンピュータ科学の分野の基礎的な理論のひとつがブール代数（ブール論理）です．応用例として，論理回路などの設計があります．ブール代数における演算は基本的には論理演算で，∨（結び, join），∧（交わり, meet），～（否定, negative）のような記号を用います．例えば，集合 A の要素を a，集合 B の要素を b とすれば，集合 A と集合 B の和集合は，積集合は，あるいは，集合 A に属さない，という表式は，

$$A \cup B = \{a \in A\ or\ b \in B\},\quad A \cap B = \{a \in A\ and\ b \in B\},\quad \overline{A} = \{a \notin A\}$$

と書きますが，これを論理演算で表現する場合，ある命題 p, q があって，「または, *or*」，「かつ, *and*」，あるいは，「でない, *not*」に対応する式は，

$$p \vee q,\quad p \wedge q,\quad \sim p$$

となります．

これらの表式は集合演算および論理演算を表すものであり，1対1に対応しています．その例として，集合 A, B, C について

$$A \cap (B \cup C) = (A \cap B) \cup (A \cap C)$$

1.1. 線形代数とは

なる集合演算を，命題 p, q, r で置き換えると，
$$p \wedge (q \vee r) = (p \wedge q) \vee (p \wedge r)$$
となります．ここまでは，集合演算と論理演算の対応の基礎概念を説明しました．単なる約束です．ここからは，ブール代数へと話を進めます．

ブール代数は論理演算の記号で定義されますが，ちょっと分かりづらいので，論理演算記号「$\vee, \wedge$」を「$+, \cdot$」で，否定「$\sim$」を補元「$'$」，空集合「ϕ」を零元「0」，単位元を「1」，とそれぞれ置き換えます．そうすれば，代数演算らしく見えます．

ここで，ブール代数の定義を公理で示します．

定義 8 ブール代数の演算の公理

以下の公理を有する演算形式が成り立つ代数形式をブール代数と呼ぶ．
(1) $a+b=b+a$ （交換律） (2) $(a+b)+c=a+(b+c)$
(3) $a+0=a$ （同一律） (4) $a+a=a$ (5) $a \cdot b = b \cdot a$ （交換律）
(6) $(a \cdot b) \cdot c = a \cdot (b \cdot c)$ (7) $a \cdot 1 = a$ （同一律） (8) $a \cdot a = a$
(9) $a \cdot a' = 0$ （補元律） (10) $a + a' = 1$ （補元律） (11) $a \cdot (b+c) = a \cdot b + a \cdot c$

この公理を用いると，例えば，
- $1' = 1' \cdot 1$ （公理 7）$= 1 \cdot 1'$ （公理 5）$= 0$ （公理 9）∴ $1' = 0$
- $0' = 0' + 0$ （公理 3）$= 0 + 0'$ （公理 1）$= 1$ ∴ $0' = 1$

となります．

な，なんじゃ，これ！しっかり検討せねばならん．

例題 1.1.6-1 ブール代数において，次式を証明せよ．
$$a \cdot (a+b) = a$$

さて，どこから進めますか？ ちょっと，解答を頭に描いてみてください．

例題 1.1.6-1 解答

$a \cdot (a+b) = a \cdot a + a \cdot b$ （公理 11）
$= a + a \cdot b$ （公理 8）
$= a \cdot 1 + a \cdot b$ （公理 7）
$= a \cdot (1+b)$ （公理 11）
$= a \cdot (b+1)$ （公理 1）
$= a \cdot \{b + (b+b')\}$ （公理 10）
$= a \cdot \{(b+b)+b'\}$ （公理 2）
$= a \cdot \{b+b'\}$ （公理 4）
$= a \cdot 1$ （公理 10）
$= a$ （公理 7）
∴ $a \cdot (a+b) = a$

という証明になります．例えば，公理（4）は，電子回路で，電圧 5 V と電圧 5 V を並列にする場合，電圧は変わらず 5 V である，ということを表していると考えます．面白くないですか？ ということで，ここでは，「ブール代数」の紹介だけにしておきましょう．

1.2. ベクトル I

ベクトル（*vector*）およびスカラー（*scalar*）とは，

定義 9 ベクトルとスカラー
1) ベクトルとは，位置，速度，加速度の時間変化や力の変化のように，大きさと向きを持っている量を表す表式で，有向線分（*directed segment*）とも言う．本書での表式は **a** のように小文字で太文字を使う．因みに，加速度の時間変化を躍度または加加速度という．
2) スカラーとは，大きさのみを持つ量で，長さや質量，温度や湿度，時間などを示す「数値」や数字を表す「関数」のことである．表式は a や f のように細文字を使う．

などと定義されます．例えば，地震が発生したとき，地震を起こした断層の動きがベクトルで表され，一方，地震の規模（M：マグニチュード）はスカラーで表されます．

1.2.1. 位置ベクトルの表式

ベクトルの表式の1つは位置ベクトル（*position vector*）表示，あるいは，要素表示とも呼びます．ベクトルの名として，**a** のように英小文字の太文字を用い，「＝」のあと，括弧があり，その括弧の中に縦または横に一列に並べた座標（原点からの座標軸に沿う距離）」を並べます．その「座標」は，数字，文字または式です．これを要素（*element*）と呼びます．難しいと思ったり，怖がったりする必要は一切ありません．単なる書き方だけの話です．さて，要素を用いて縦に並べた n 次元位置ベクトルの表式は，

定義 10 位置ベクトルの表式 $n \in \mathbf{N}$ である n を用いて，

$$\mathbf{a} = \begin{pmatrix} a_1 \\ a_2 \\ \vdots \\ a_n \end{pmatrix} = \begin{pmatrix} a_1 & a_2 & \cdots & a_n \end{pmatrix}^T \quad \text{あるいは，} \quad \mathbf{a} = \{a_i\}\,(1, 2, \cdots, n) \qquad (1.2.1\text{-}1)$$

と書きます．「…」はよく使います．「さらに，同様に書けて，とか，順に」と読み替えれば良いのです．この要素形式の表式から分かるように，位置ベクトル（*position vector*）は必ず原点を始点とするベクトルであることを指摘しておきます．例えば，皆さんが通常用いる3次元座標系の場合，xyz 軸または123軸の座標であり，始点が必ず原点（0, 0, 0）です．n 次元ベクトルの場合は，その要素が n 個あって，n 本の座標軸ごとの座標と考えれば良いのです．n 本の座標軸を持つ座標系って何？って言われそうですが，n 個の互いに1次独立な単位ベクトルがあるベクトル空間の座標系のことです，と言っても分かり辛いですよね．単位ベクトルは，n 次元の場合，n 個の1次独立な「長さ」が1のベクトルのことで，n 次元空間の全てのベクトルが，この単位ベクトルの線形結合（1次結合）で表されます．実は，座標系の n 本の軸は互いに直交しなくとも良く，斜めになっていても（換言すれば，斜軸になっていても）よく，それぞれの斜軸に沿う1次独立な n 個の単位ベクトルがあれば良いのです．単に数学的な概念です．第4章では，特に，単位ベクトルはベクトル空間では，基底ベクトルとも呼ばれます．さあ，気にしないで進みましょう．

1.2. ベクトル I

さて，式 1.2.1-1 で，要素 a の右下の数字 1, 2 や文字 n は要素番号を表示するものです．式 1.2.2-1 では，自然数を用い，n 個の要素を意味しています．ここで，添え字は負の数であっても構いません．要素の数が n 個あるベクトルを，n 次元ベクトル（n-dimensional vector）と呼びます．しかし，自然界を扱う物理学で，例えば，相対性理論を持ち出さなくても良い範囲であれば，3 次元直交座標を用いる場合が多く，要素は，$\mathbf{a} = (a_1, a_2, a_3)^T$ のように 3 個までです．ここで，括弧の右肩にある「T」は，項 1.1.2 でも少々述べましたが，要素の表式を「転置（transposition）しましたよ」という記号であり，「本来は縦ベクトルですよ」ということを示しています．このように，文章の中にベクトルを要素付きで書こうとするときは，一般的な縦書きのベクトル表式では文章中に書くのは都合が悪いので，転置記号「T」を用いて，$\mathbf{a} = (a_1, a_2, \cdots, a_n)^T$ のように横書きで書く場合があります．転置とは後述する行列でも頻出しますが，ここでは，とりあえず，転置を「縦並びを横並びに変更する」あるいはその逆にする表式であるとします．また，添え字のことをコメントすると，3 次元 xyz 座標系を用いるならば，添え字の 1 を x，2 を y，3 を z としても良いでしょう．

因みに，力学モデルなどで現れるテンソル（tensor）という表式（後述）もありますが，専門的であり，ここでは名前だけの紹介に止めます．論文雑誌を発行しているテンソル学会もありますので，興味があれば調べてみて下さい．簡単なテンソルの利用は，地下の岩盤の応力-ひずみの関係を表現する式でしょうか．波動方程式を導く式に関係します．

ベクトルの要素表示の話に戻ります．ベクトル $\mathbf{a}$ を要素 a_i で簡易的に表す場合は，式 1.2.1-1 の第 2 式のように中括弧 { } を用いて，

$$\mathbf{a} = \{a_i\} \ (i = 1, 2, \cdots, n) \quad \text{あるいは，} \quad \mathbf{a} = (a_1, a_2, \cdots, a_n)$$

と書きます．項 1.2.1 でも述べましたように，ベクトルの要素表示を用いる表示とは，使用している座標系の，具体的な値，すなわち，座標成分です．一方，n 次元の空間内にある自由ベクトルや始点・終点の文字だけで表現される固定ベクトルは，もちろん，要素表示ではなく，概念的な，幾何的な表現です．問題を解決する場合，位置ベクトルか固定ベクトルや自由ベクトルのどれを選ぶのかは，検討する必要があります．

さて，例題を見てみましょう．位置ベクトルを考えるとうまくいきますよ．

例題 1.2.1-1
頂点を $A_1 A_2 \cdots A_n$ とする任意の形の n 角形があって，ベクトル $\mathbf{a}_i \ (i = 1, 2, \cdots, n)$ をベクトル $\overrightarrow{A_i A_{i+1}}$，$\mathbf{a}_n$ をベクトル $\overrightarrow{A_n A_1}$ と定義するとき，$\mathbf{a}_i$ の総和は $\mathbf{0}$ であることを示せ．

ここで，$\mathbf{0}$ はゼロベクトルと呼び，要素すべてが 0 のベクトルです．では，解答をじっくり見てみましょう．

例題 1.2.1-1 解答
起点 O から頂点 A_i に向かうベクトルを $\boldsymbol{\alpha}_i$ とすると，

$$\mathbf{a}_i = \boldsymbol{\alpha}_{i+1} - \boldsymbol{\alpha}_i, \quad \text{および，} \quad \mathbf{a}_n = \boldsymbol{\alpha}_1 - \boldsymbol{\alpha}_n$$

だから，$\mathbf{a}_i$ の総和は，

$$\sum_{i=1}^{n} \mathbf{a}_i = \sum_{i=1}^{n-1} \mathbf{a}_i + \mathbf{a}_n$$

$$= \sum_{i=1}^{n-1}(\mathbf{a}_{i+1}-\mathbf{a}_i)+(\mathbf{a}_1-\mathbf{a}_n) = \{(\mathbf{a}_2-\mathbf{a}_1)+(\mathbf{a}_3-\mathbf{a}_2)+\cdots+(\mathbf{a}_n-\mathbf{a}_{n-1})\}+(\mathbf{a}_1-\mathbf{a}_n)$$
$$=(\mathbf{a}_n-\mathbf{a}_1)+(\mathbf{a}_1-\mathbf{a}_n) = \mathbf{0}$$
したがって，総和は $\mathbf{0}$ ベクトルとなる．

読者の皆様，すいません．簡単すぎました．まあ，解答の書き方の練習ですかね．

練習問題 1.2.1-1 　4点 $O=(0,0)$，$A=(x,y)$，$B=(0,y)$，$C=(x,0)$ $(0<x,y)$ について，ベクトル $\overrightarrow{OA}$ と $\overrightarrow{BC}$ が直交する条件を x, y で示せ．

練習問題 1.2.1-2 　任意の n 角形 $A_1 A_2 \cdots A_n$ があって，ベクトル $\mathbf{a}_i$ $(i=1, 2, \cdots, n-1)$ を頂点 A_i から頂点 A_{i+1} に向かうベクトル，また，ベクトル $\mathbf{a}_n$ を頂点 A_n から頂点 A_1 に向かうベクトル，と定義するとき，$\sum_i \mathbf{a}_i = \mathbf{0}$ であることを証明せよ．（例題 1.2.2-1 参照）

1.2.2. ベクトルの筆記表記

ベクトルの手書きの表記は，カルフォルニア工科大学（CIT）の教授だったファインマン教授は，ファインマン物理学 III（岩波書店）第 2 章で表記について上のように書かれています．要は，どう書いても良く，invent しても良いのです．スカラーと区別がつけばよいのです．

著者の筆記による表記は，ファインマン先生の顰みに倣って（つまり、従って），

1）ベクトルならば，小文字で，　　　2）行列ならば，大文字で，

のように書きます．そして，これらを用いて，例えば，

もちろん，筆記で，$\vec{a}$　$\vec{a}$ と書いても良いですよ．

とにかく重要なのは，スカラーなのか，ベクトルなのか，あるいは，行列なのかが明確に区別がつくことです．

のように書きます．これは重要です．数学の本では，英文字で，大文字で太文字は行列，小文字の太文字はベクトル，太文字でないのはスカラー，として書くのが基本です．一方，手書きの表記では，文字のどこかに，必ず，2 重線をつけるようにして下さい．これは，数式での混乱を避けるために重要です．しかし，世の中の線形代数の教科書で，この区別をしていない教科書は結構あります．ここで批判するつもりはありませんが，著者は，例えば，ベクトルは $\mathbf{a}$，行列は $\mathbf{A}$，スカラーは a，$\phi=|\mathbf{A}|$，ノルムは $\|\mathbf{a}\|$ と言う表式を用いています．要は，区別できれば良いのです．

1.2. ベクトル I

1.2.3. ベクトルのノルム

ここで、ベクトルの「長さ」について定義します。中学・高校では絶対値記号でベクトルの長さを表しましたね。大学では、絶対値記号は行列式（後述）でも用います。

定義 11　ベクトルの長さ（ノルム *norm*）

n 次元実ベクトル $\mathbf{a} = \{a_i\}$ $(i=1,2,\cdots,n) \in \Re$ の数学的な「長さ」は、2本の二重線 $\|\ \|$ を用いて、以下のように、

$$\|\mathbf{a}\| = \sqrt{a_1^2 + a_2^2 + \cdots + a_n^2} = \sqrt{\sum_{i=1}^{n} a_i^2} \tag{1.2.3-1}$$

と書いて L^2 （えるつう）ノルムと呼ぶ。

ノルム空間という言葉もあるよ。調べてみたらどうだろう？

ここで、上記のような定義を、特に、ユークリッドノルムと呼び、$\|\mathbf{a}\|_2$ と書く場合や、L^2 ノルムと書く場合があります。この表式にしたがって、p 次元ベクトル空間（基底ベクトルが p 個ある）では、L^p ノルムを $\|\mathbf{a}\|_p$ と書いて、その定義式は、

$$\|\mathbf{a}\|_p = \sqrt[p]{|a_1|^p + |a_2|^p + \cdots + |a_n|^p} = \sqrt[p]{\sum_{i=1}^{n}|a_i|^p} = \left(\sum_{i=1}^{n}|a_i|^p\right)^{\frac{1}{p}} \tag{1.2.3-2}$$

と書き、p 次平均ノルムとも呼びます。絶対値があるのは、要素 a_i が負の場合を考えているからです。以下に述べるのは L^1 ノルムです。式 1.2.3-1 は実空間の話で、2乗すれば必ず正で絶対値は不要です。しかし、式 1.2.3-2 は負数の奇数乗は負数になることを考慮しています。では、ベクトル $\mathbf{x}$ についての L^1 ノルム $\|\mathbf{x}\|_1$ とはなんでしょうか？　想像してみてください。そうです、L^1 ノルム $\|\mathbf{x}\|_1$ とは、式 1.2.3.-2 で、$p=1$ とすれば良いので、

$$\|\mathbf{x}\|_1 = |x_1| + |x_2| + \cdots + |x_n| = \sum_{i=1}^{n}|x_i| \tag{1.2.3-3}$$

と書きます。そのままですね(笑)。では、L^0 はどう考えますか？　ン〜？. L^0 ノルムは

$$\|\mathbf{x}\|_0 = \sum_{i=1}^{n}\delta(x_i), \quad \left(\delta(x_i) = \begin{cases} 1 & (x_i \neq 0) \\ 0 & (x_i = 0) \end{cases}\right) \tag{1.2.3-4}$$

と書きます。あるいは、

ノルムにはいろいろあるんだなあ！

$$\|\mathbf{x}\|_0 = |x_1|^0 + |x_2|^0 + \cdots + |x_n|^0 = \sum_{i=1}^{n}|x_i|^0 \tag{1.2.3-5}$$

です。つまり、x_i が 0 でなければ 1、0 ならば 0 を加算した値を意味します。例えば、ベクトル $\mathbf{x} = \{x_i\} = \{1, 2, 0, 0, 1, 5\}$ の L^0 ノルムは $\|\mathbf{x}\|_0 = 4$ です。お分かりですね。

さて、ノルムの性質は、高校時代の「絶対値」の延長として、以下のようになります。

$$\|\mathbf{a}\| = 0 \Leftrightarrow \mathbf{a} = \mathbf{o} \qquad \|k\mathbf{a}\| = |k|\|\mathbf{a}\| \qquad \|\mathbf{a} + \mathbf{b}\| \leq \|\mathbf{a}\| + \|\mathbf{b}\| \tag{1.2.3-6}$$

因みに、L^∞ ノルム $\|\mathbf{x}\|_\infty$ はどうですか？　その定義は、上限 sup と最大 max で表すと、

$$\|\mathbf{x}\|_\infty = \sup_{1 \leq i \leq n}\{|x_i|\}, \quad \text{あるいは、} \quad \|\mathbf{x}\|_\infty = \max\{|x_1|, |x_2|, \cdots, |x_n|\} \tag{1.2.3-7}$$

となっています。本書では、ノルムについて、いろいろ紹介しました。本書でも、また、殆どの読者も、L^2 ノルムだけで十分と思われます。したがって、本書では、特に、断らない限り、ベクトルの長さは、L^2 ノルムと考えてください $\left(e.g.\ \|\mathbf{a}\|_2 \Rightarrow \|\mathbf{a}\|\right)$。

ここで，ついでに関数のノルムを紹介しておきましょう．紹介だけですが…(笑)．

定義 12　関数のノルム
定義域 $a \le x \le b$ で定義された関数 $f_p(x)$ があって，その積分が存在すると仮定する．このとき，負でない $f_p(x) \cdot f_p(x)$ の平方根を関数 $f_p(x)$ のノルムと言う場合がある．
$$\|f_p(x)\| = \sqrt{f_p(x) \cdot f_p(x)} = \sqrt{\int_a^b f_p^2(x)}$$

高校時代はこんなの無かったでしょう．でも，ベクトルのノルムから類推できそうですよね．

本書での関数のノルムの出現は，恐らくここだけです．

練習問題 1.2.3-1　ベクトル $\mathbf{a} = (0, 1, 2)$，$\mathbf{b} = (-1, 2, -1)$ について，以下に示すベクトル $\mathbf{c}$ を要素表示せよ．
　(1) $\mathbf{c} = \mathbf{a} + \mathbf{b}$，(2) $\mathbf{c} = -\mathbf{a} + \mathbf{b}$，(3) $\mathbf{c} = 0.5\mathbf{a} - \mathbf{b}$，(4) $\mathbf{c} = 0.3\mathbf{a} + 2.4\mathbf{b}$

練習問題 1.2.3-2　ベクトル $\mathbf{a} = (0, 1, 2)$，$\mathbf{b} = (-1, 2, -1)$ について，以下に示すベクトル $\mathbf{p}$ の L^2 ノルム，$\|\mathbf{p}\|$ を，小数点 3 位以下を四捨五入し小数点 2 位まで計算せよ．
　(1) $\mathbf{p} = \mathbf{a} + \mathbf{b}$，(2) $\mathbf{p} = -\mathbf{a} + \mathbf{b}$，(3) $\mathbf{p} = 0.5\mathbf{a} - \mathbf{b}$，(4) $\mathbf{p} = 0.3\mathbf{a} + 2.4\mathbf{b}$

練習問題 1.2.3-3　ベクトル $\mathbf{a} = (0, 5, 3, 0, 6)^T$ について，L^0 ノルムを記せ．

練習問題 1.2.3-4　ベクトル $\mathbf{p} = (p_1, p_2)$ について，L^1, L^2, L^∞ について
　(1) $L^1 = 1$, (2) $L^2 = 1$, (3) $L^\infty = 1$
をそれぞれ，直交する p_1 軸および p_2 軸の図を用いて説明せよ．

1.2.4. 単位ベクトル

ここで，単位ベクトル（unit vector）を説明します．各座標軸に平行し，すなわち，互いに直交し，L^2（通常でいう「長さ」）が 1 であるベクトルを単位ベクトルと呼びます．第 4 章で説明するベクトル空間においては，基底ベクトルとも呼ばれます．xyz 座標系では，単位ベクトルを，$\mathbf{e}_x$，$\mathbf{e}_y$，$\mathbf{e}_z$ などと書き，この場合は，

$$\|\mathbf{e}_x\| = \|\mathbf{e}_y\| = \|\mathbf{e}_z\| = 1 \tag{1.2.4-1}$$

$$\mathbf{e}_x \cdot \mathbf{e}_y = \mathbf{e}_y \cdot \mathbf{e}_z = \mathbf{e}_z \cdot \mathbf{e}_x = 0 \text{，あるいは，} \mathbf{e}_i \cdot \mathbf{e}_j = \delta_{ij} \tag{1.2.4-2}$$

と書くわけです．式 1.2.4-2 は単位ベクトルの内積です（項 1.2.7 を参照）ここで，δ_{ij} はクロネッカーのデルタ（Kronecker's delta）と呼び，

$$\delta_{ij} = \begin{cases} 1 & (i = j) \\ 0 & (i \ne j) \end{cases} \tag{1.2.4-3}$$

となる記号で，すなわち，δ_{ij} は $i = j$ の場合は 1 であり，$i \ne j$ の場合は 0 である表式です．

単位ベクトルの 3 成分表示は，xyz 座標系では，
$$\mathbf{e}_x = (1, 0, 0)^T, \ \mathbf{e}_y = (0, 1, 0)^T, \ \mathbf{e}_z = (0, 0, 1)^T \tag{1.2.4-4}$$
と書きます．このとき，この 3 つの単位ベクトルは 1 次独立です．すなわち，
$$a_x \mathbf{e}_x + a_y \mathbf{e}_y + a_z \mathbf{e}_z = \mathbf{0} \tag{1.2.4-5}$$
となるのは，

1.2. ベクトル I

$$a_x\mathbf{e}_x + a_y\mathbf{e}_y + a_z\mathbf{e}_z = a_x\begin{pmatrix}1\\0\\0\end{pmatrix} + a_y\begin{pmatrix}0\\1\\0\end{pmatrix} + a_z\begin{pmatrix}0\\0\\1\end{pmatrix} = \begin{pmatrix}a_x\\a_y\\a_z\end{pmatrix} = \begin{pmatrix}0\\0\\0\end{pmatrix} = \mathbf{0} \tag{1.2.4-6}$$

という場合ですから，$a_x = a_y = a_z = 0$ のときに限ります．したがって，単位ベクトル：$\mathbf{e}_x, \mathbf{e}_y, \mathbf{e}_z$ は1次独立です．ここで，n 次元単位ベクトル $\mathbf{e}_i$ $(i = 1, 2, \cdots, n)$ は，

$$\mathbf{e}_i = \underbrace{(\overset{1}{0}, \cdots, \overset{i-1}{0}, \overset{i}{1}, \overset{i+1}{0}, \cdots, \overset{n}{0})^T}_{n} \tag{1.2.4-7}$$

と言うことになります．このとき，クロネッカーのデルタ δ （式 1.2.4-3）を用いれば

$$\mathbf{e}_i \cdot \mathbf{e}_j = \delta_{ij} \left(1 \leq (i, j) \leq n\right); \quad \|\mathbf{e}_i\| = 1 \quad (i = 1, 2, \cdots, n) \tag{1.2.4-8}$$

と書けます．では，練習問題で確かめてください．

練習問題 1.2.4-1 ベクトル $\mathbf{a}, \mathbf{b}$ が，$\mathbf{a} = (a_1, a_2, a_3)^T$，$\mathbf{b} = (b_1, b_2, b_3)^T$ であるときの演算方法を $\mathbf{a} \cdot \mathbf{b} = \sum a_i b_i$ とします．ここで，3次元単位ベクトル $\mathbf{e}_x, \mathbf{e}_y, \mathbf{e}_z$ について，
(1) $\mathbf{e}_x \cdot \mathbf{e}_y = \mathbf{e}_y \cdot \mathbf{e}_z = \mathbf{e}_z \cdot \mathbf{e}_x = 0$ を示せ． (2) $\|\mathbf{e}_x\| = \|\mathbf{e}_y\| = \|\mathbf{e}_z\| = 1$ を示せ

練習問題 1.2.4-2 3次元ベクトルを単位ベクトルの1次結合で表わせ．また，$\mathbf{b} = 2a\mathbf{e}_x - \mathbf{e}_y + 4b\mathbf{e}_z$ である場合，ベクトル $\mathbf{b}$ を要素表示せよ．

練習問題 1.2.4-3 ベクトル $\mathbf{a} = (a_1 \quad a_2 \quad a_3)^T$ および3次元単位ベクトル $\mathbf{e}_1, \mathbf{e}_2, \mathbf{e}_3$ およびクロネッカーのデルタ δ により，

$$\mathbf{a} = \sum_{①=1}^{3}\sum_{②=1}^{3} \delta_{①②} a_② \mathbf{e}_①$$

と書けるとすると，①，②に入るのは i, j のうちどれか．
また，ベクトル $\mathbf{a}$ が n 次元ベクトルの場合，上式はどのように書けるか答えよ．

1.2.5. ベクトルの幾何表現

他にベクトルの表式がありまして，それは具体的な幾何表現です．図 **1.2.5-1** に示すように，空間に点 A および点 B があって，点 A から点 B に向かうベクトルを $\overrightarrow{AB}$ と書きます．逆に，点 B から点 A に向かうベクトルを $\overrightarrow{BA}$ と書きます．このとき，起点を点 O とした位置ベクトルで表現すると，

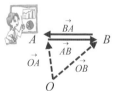

図 **1.2.5-1** ベクトルの和・差（幾何表現）

$$\left.\begin{array}{l}\overrightarrow{OA} + \overrightarrow{AB} = \overrightarrow{OB} \quad \therefore \overrightarrow{AB} = \overrightarrow{OB} - \overrightarrow{OA}\\ \overrightarrow{OB} + \overrightarrow{BA} = \overrightarrow{OA} \quad \therefore \overrightarrow{BA} = \overrightarrow{OA} - \overrightarrow{OB}\end{array}\right\} \quad \therefore \overrightarrow{BA} = -\overrightarrow{AB}$$

となります．勿論，この起点は空間上の任意の点 P （図 **1.2.5-1** には記載していません）でも良いので，

$$\overrightarrow{PA} + \overrightarrow{AB} = \overrightarrow{PB} \quad \therefore \overrightarrow{AB} = \overrightarrow{PB} - \overrightarrow{PA} \tag{1.2.5-1}$$

とも書けるわけです．ここで，数学で言う「空間」とは3次元に限らないことに注意して

ください.どうでしょう.こんな感じで説明をしていきますが,眠いでしょうか? 寝ても良いのですけれど,起床したら,しっかり眼を開けて読んでくださいまし.
　では,お待ちかねの例題です.ベクトルの向きに注意してください.

例題 1.2.5-1
　平行四辺形 $OABC$ において,対角線 OB および AC の交点を M とする.$\vec{OA}=\vec{a}$,$\vec{OC}=\vec{b}$ とするとき,$\vec{AM}$ および $\vec{BM}$ を,$\vec{a}$ および $\vec{b}$ で表せ.

　簡単なようで,簡単でないのが数学です.論理的に証明をして,あるいは,計算をして進めなければなりません.2次元でも3次元でもよいのですが,幾何的なイメージをお持ちでしょうか.将棋のように先読みをして,それをベクトルで表現すれば良いのです.解答のように図を描いてみると頭が整理されます.如何ですか?解答の筋道が,ぼや〜とでも浮かべば,解けたようなもんです.では,解答をご賞味ください.

例題 1.2.5-1 解答
　点 M が平行四辺形 $OABC$ の対角線の交点(図 **1.2.5-2** 参照)だから,
$$\vec{OM}=\vec{MB},\quad \vec{AM}=\vec{MC}$$
である.したがって,
$$\vec{AM}=\frac{1}{2}\vec{AC}=\frac{1}{2}\left(\vec{OC}-\vec{OA}\right)=\frac{1}{2}\left(\vec{b}-\vec{a}\right)$$
$$\vec{BM}=-\frac{1}{2}\vec{OB}=-\frac{1}{2}\left(\vec{OA}+\vec{OC}\right)=-\frac{1}{2}\left(\vec{a}+\vec{b}\right)$$
(1.2.5-2)

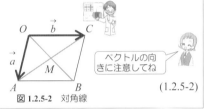
図 1.2.5-2　対角線

というわけです.内容は概念的には勿論お判りでしょうけれど,解答を書く技術は別です.
　ここで,$\vec{BM}=\vec{OM}-\vec{OB} \Rightarrow \vec{OM}=\vec{BM}+\vec{OB}$ ですから,
$$\vec{OM}=\vec{BM}+\vec{OB}=-\frac{1}{2}\left(\vec{a}+\vec{b}\right)+\left(\vec{a}+\vec{b}\right)=\frac{1}{2}\left(\vec{a}+\vec{b}\right) \quad (1.2.5\text{-}3)$$
です.このことは,平行四辺形 $OABC$ を均質な平面とするとき,その重心 M は対角線の交点である,ということを意味します.

　ここでは敢えて簡単な問題の解答例を示してみました.どうですか.昔,見たなあって感じでしょう.高校時代の復習のような問題です.ここで,注意すべきは符号です.方向に関する符号に注意して,納得いくまで,解答を読みましょう.ここで,注意すべき一言.解答は,ベクトルの要素の数は明示されていないのです.ですから,2次元空間でのベクトル,あるいは,3次元空間でのベクトル,もっと言えば,n 次元空間でのベクトルによる数学的な証明ができたと言えるのです.わぁ〜お!

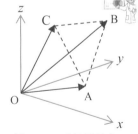
図 1.2.5-3　3次元ベクトル

　因みに,,3次元ベクトルについて,図 **1.2.5-3** を用いて説明します.3次元ベクトル $\vec{OA}$,$\vec{OB}$,$\vec{OC}$ は,任意に選んだ起点 O から3次元空間内の異なる3点 A, B, C 夫々に向かうベクトルであり,まさに,位置ベクトルです.ここで,
$$\vec{AB}=\vec{OB}-\vec{OA},\quad \vec{BC}=\vec{OC}-\vec{OB},\quad \vec{CA}=\vec{OA}-\vec{OC}$$

1.2. ベクトル I

ですから,
$$\vec{AB} + \vec{BC} + \vec{CA} = \vec{AA} = (\vec{OB} - \vec{OA}) + (\vec{OC} - \vec{OB}) + (\vec{OA} - \vec{OC}) = \vec{0}$$
が成り立ちます.

　まあ,当たり前なんですが,概念的に言うと,「#」や「&」を任意の文字とするとき,$\vec{O\#} + \vec{\#B} = \vec{OB}$ のように書けば,「#」が同じなら,ベクトルは「#」には関係なくなります（e.g. $\vec{OA} + \vec{AB} = \vec{OB}$）. 逆に,（実は,上記と同じことなんすけど）空間の任意の点 P について,ベクトルを,$\vec{\&\#} = \vec{\&P} + \vec{P\#}$ のように書けば,任意の点 P を経由点として書くことができるのです（e.g. $\vec{OB} = \vec{OP} + \vec{PB}$）.これって,面白くないですか？

　さあ,これから,大学で学ぶ数学のような内容になっていきます.その前に,ちょこっと,練習問題でご確認ください.

練習問題 1.2.5-1 　三角形 ABC の頂点で作るベクトル $\vec{AB}$ および $\vec{AC}$ とするとき,$\vec{CB}$ をベクトル $\vec{AB}$ および $\vec{AC}$ で表せ.

練習問題 1.2.5-2 　三角形 ABC の頂点 A を起点とするベクトル $\vec{AB}$ および $\vec{AC}$ を用いて辺 BC の中点を表せ.

1.2.6. ベクトル演算の定義

　さて,ベクトルの演算に関する公理（演算方法）を定義することで面白くなります.ここで,要素が3個のベクトルを用いて説明しましょう.また,ここで,ベクトルの加法・減法,内積・ベクトル積の基礎を紹介します.

> いよいよベクトルの話っすか

（1）加法・減法（*addition= summation, difference= subtraction*）という演算

　式 1.2.1-2 の定義をもとに,ベクトルの和と差の計算方法を説明します.要素が3つの場合の和差は,ベクトル $\mathbf{a} = (a_1, a_2, a_3)^T$ および $\mathbf{b} = (b_1, b_2, b_3)^T$ について,

---
定義 13　ベクトルの和差

$$\mathbf{a} \pm \mathbf{b} = \begin{pmatrix} a_1 \pm b_1 \\ a_2 \pm b_2 \\ a_3 \pm b_3 \end{pmatrix} \quad \text{あるいは,} \quad \mathbf{a} \pm \mathbf{b} = \{a_i \pm b_i\}, (i = 1, 2, \cdots, n) \quad (1.2.6\text{-}1)$$

と書きます.このとき,お互いの要素の数が同じであることが必要です.当然そうですね.

　一般的には,ベクトル $\mathbf{a} = (a_1 \quad a_2 \quad \cdots \quad a_n)^T$, および, $\mathbf{b} = (b_1 \quad b_2 \quad \cdots \quad b_n)^T$ という n 個の要素を持つベクトルについても,式 1.2.6-1 と同様で,加法・減法の表式は,

$$\mathbf{a} \pm \mathbf{b} = \{a_i \pm b_i\} = (a_1 \pm b_1 \quad a_2 \pm b_2 \quad \cdots \quad a_n \pm b_n)^T \quad (1.2.6\text{-}2)$$

です.さて,幾何的な意味は,**図 1.2.5-1** でも紹介しています.**図 1.2.6-1** を見てください.ベクトル $\mathbf{a}$ とベクトル $\mathbf{b}$ について,$\mathbf{a} \not\parallel \mathbf{b}$（非平行）である場合です.ここで,ベクトル和 $\mathbf{a} + \mathbf{b}$（太破線）は,ベクトル $\mathbf{a}$ とベクトル $\mathbf{b}$ とが作る平面上にあり,その状況は**図 1.2.6-1**に示す通りです.一方,差を表すベクトル $\mathbf{a} - \mathbf{b}$（点線）も,やはり,ベクトル $\mathbf{a}$ とベクトル $\mathbf{b}$ とが作る平面上にあり,ベクトル $\mathbf{b}$ のベクトル $\mathbf{a}$ に対して線対称である $-\mathbf{b}$ とベク

トル **a** との和となっています．違う言い方をすれば，ベクトル **a** − **b** は，点 B^+ から点 A に向かうベクトルと言っても良いでしょう．なぜなら，

$$-\mathbf{b} = \overrightarrow{OB^-} = \overrightarrow{B^+O}，\mathbf{a} = \overrightarrow{B^-A^-} = \overrightarrow{OA}$$

$$\therefore \overrightarrow{B^+A} = \overrightarrow{B^+O} + \overrightarrow{OA} = \mathbf{a} - \mathbf{b}，\overrightarrow{OA^-} = \overrightarrow{OB^-} + \overrightarrow{B^-A^-} = \mathbf{a} - \mathbf{b}$$

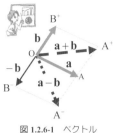

図 1.2.6-1 ベクトルの和・差

となるからです．また，このとき，式 1.2.6-1 の定義により，ベクトル **a** からベクトル **b** を引いた要素は，ベクトル **a** の要素にベクトル −**b** の要素を加えた要素と同じです．このことは，ベクトルの要素を考えてみる，という座標系からのアプローチです．また，前記のように幾何的なアプローチがあります．どちらを使うかはその時々で決めることになります．

(2) 内積という演算

ベクトルの演算で「加減乗除」のうち，「加・減」は式 1.2.6-1 で示したように，要素同士の，「数」と同じ演算で良いのですが，特徴的なのが，「乗除」の「乗」に対応するのが内積とベクトル積（外積）で，「除」はありません．敢えて例えれば，後述する「逆行列」を掛けることですかね．まずは，「積」の一つ目である，内積（*inner product, dot product*）の計算方法を見てみましょう．ベクトル **a** とベクトル **b** の内積を以下で定義します．

定義 14　内積

ベクトル **a** および **b** の内積とは，**a**・**b** と書き，その定義は，3 次元の場合 $\mathbf{a} = (a_1, a_2, a_3)^T，\mathbf{b} = (b_1, b_2, b_3)^T$

1) 要素による定義：

$$\mathbf{a} \cdot \mathbf{b} = a_1 b_1 + a_2 b_2 + a_3 b_3 \qquad (1.2.6\text{-}3)$$

内積の定義が 2 通りあるんですね！

2) 幾何的な定義：

$$\mathbf{a} \cdot \mathbf{b} = \|\mathbf{a}\| \|\mathbf{b}\| \cos\theta \qquad (1.2.6\text{-}4)$$

図 1.2.6-2　ベクトルの内積

です．$\|\mathbf{a}\|$ および $\|\mathbf{b}\|$ はそれぞれ，ベクトル **a** とベクトル **b** の長さ L^2 ノルムであり，

$$L^2 : \|\mathbf{a}\| = \sqrt{a_1^2 + a_2^2 + a_3^2}，\|\mathbf{b}\| = \sqrt{b_1^2 + b_2^2 + b_3^2} \qquad (1.2.6\text{-}5)$$

であり，また，θ はベクトル **a** とベクトル **b** とがなす角である（図 **1.2.6-2** 参照）．

このように，内積の結果がスカラーなので，スカラー積（*scalar product,*）とも言います．すなわち，$\|\mathbf{a}\| \|\mathbf{b}\| \cos\theta$ は，**a** の大きさ $\|\mathbf{a}\|$ にベクトル **b** のベクトル **a** に対する射影である $\|\mathbf{b}\| \cos\theta$（図 **1.2.6-2**）との積，あるいは，逆に，ベクトル **b** の大きさ $\|\mathbf{b}\|$ にベクトル **a** のベクトル **b** に対する射影 $\|\mathbf{a}\| \cos\theta$ との積，と言えます．これ以上の意味はありません．

さて，ベクトル **a** とベクトル **b** が直交する場合，すなわち，θ が 90°であり，$\cos 90° = 0$ である場合は，式 1.2.6-4 から直交 **a** ⊥ **b** の必要十分条件は，

$$\mathbf{a} \cdot \mathbf{b} = 0 \qquad (1.2.6\text{-}6)$$

となります．もちろん，ここで「0」は零で，スカラーです．

このように，内積はベクトル同士の幾何的な直交関係を表す簡単な表式であり，重要であり，便利で強力な方法です．

1.2. ベクトル I

(3) ベクトル積という演算

次は，もう一つの「積」であるベクトル積（*vector product*）です．この積は，外積（*outer product, cross product*）の計算方法の一部です（後述）．では，ベクトル **a** とベクトル **b** のベクトル積を定義します．まずは，分かり易いように，3 次元ベクトルで説明します．

定義 15　ベクトル積

ベクトル **a** および **b** のベクトル積とは，$\mathbf{a} \times \mathbf{b}$ と書き，3 次元ベクトルを $\mathbf{a}=(a_1, a_2, a_3)^T, \mathbf{b}=(b_1, b_2, b_3)^T$ とすれば，

1) 要素による定義：

$$\mathbf{a} \times \mathbf{b} = \mathbf{e}_1(a_2 b_3 - a_3 b_2) + \mathbf{e}_2(a_3 b_1 - a_1 b_3) + \mathbf{e}_3(a_1 b_2 - a_2 b_1) \quad (1.2.6\text{-}7)$$

ここで，$\mathbf{e}_1, \mathbf{e}_2, \mathbf{e}_3$ は単位ベクトルである（項 1.2.4 参照）．

2) 幾何的な定義：（図 **1.2.6-3** 参照）

$$\mathbf{a} \times \mathbf{b} = (\|\mathbf{a}\| \|\mathbf{b}\| \sin\theta) \mathbf{e}_{\perp \mathbf{a},\mathbf{b}} \quad (1.2.6\text{-}8)$$

ここで，$\mathbf{e}_{\perp \mathbf{a},\mathbf{b}}$ は単位ベクトルで，ベクトル **a** とベクトル **b** で構成する平面に垂直であり，その方向はベクトル **a** からベクトル **b** へと回転させた右ねじが進む方向とする．

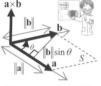

図 **1.2.6-3**　ベクトル積

$\mathbf{e}_{\perp \mathbf{a},\mathbf{b}}$ は表記上，ここでの説明のために著者が書いた記号です．したがって，表記は一般的ではありません．ご注意ください．$\|\mathbf{a}\|$ および $\|\mathbf{b}\|$ はそれぞれ，ベクトル **a** とベクトル **b** の長さであり，表記は一般的です．もちろん，θ はベクトル **a** からベクトル **b** へ測った角（右ねじ回転方向）（図 **1.2.6-3**）です．ここで，$\mathbf{a} \times \mathbf{b}$ の定義から，長さ $\|\mathbf{a} \times \mathbf{b}\|$ は，

$$\|\mathbf{a} \times \mathbf{b}\| = \|\|\mathbf{a}\| \|\mathbf{b}\| \sin\theta \, \mathbf{e}_{\perp \mathbf{a},\mathbf{b}}\| = \|\mathbf{a}\| \|\mathbf{b}\| \cdot |\sin\theta| \quad (1.2.6\text{-}9)$$

で，図 **1.2.6-3** から分かるように，$\|\mathbf{a} \times \mathbf{b}\|$ は，ベクトル **a** とベクトル **b** が作る平行四辺形の面積 S を表しています．実に面白い！　このように，ベクトル積は，定義 15 から分かるように，その結果がベクトルになるので，ベクトル積（*vector product*）と言うわけです．

(4) 三重積という演算

ここで，次のことに気が付くあなたは天才です．つまり，ベクトル **a** とベクトル **b** が作る面の上にない，他のベクトル **c** がある場合，$(\mathbf{a} \times \mathbf{b}) \cdot \mathbf{c}$ をスカラー三重積と呼び，なんと，ベクトル **a**, **b**, **c** が作る平行六面体（図 **1.2.6-4**）の体積を表します．何故かは，項 1.5.1 で後述しますが，スカラー三重積は 3 つのベクトルの要素で構成する行列式で表現できます．スカラー三重積が有るのならベクトル三重積も有りそうですよね．実際，有ります．お楽しみに．やや厄介な式ですが，計算練習ができます．さて，標準的な内積の例題を 2 題見ましょう．

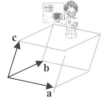

図 **1.2.6-4**　スカラー三重積

例題 1.2.6-1

ベクトル **a**, **b**, **c** について，内積に関する次の分配法則を証明せよ．

$$\mathbf{a} \cdot (\mathbf{b} + \mathbf{c}) = \mathbf{a} \cdot \mathbf{b} + \mathbf{a} \cdot \mathbf{c}$$

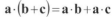

この問題は要素で簡単に証明できます．結果を想像してみてください．想像が創造力を生みます．．．．．如何でしょう．想像できましたか？　さあ，答えを見ましょう．

1. 線形代数 I

例題 1.2.6-1 解答

$\mathbf{a} = \{a_i\}, \mathbf{b} = \{b_i\}, \mathbf{c} = \{c_i\} \quad (i = 1, 2, \cdots, n)$ とすれば，
$\mathbf{b} + \mathbf{c} = \{b_i + c_i\} \quad (i = 1, 2, \cdots, n)$ ですから
$\mathbf{a} \cdot (\mathbf{b} + \mathbf{c}) = \left\{\sum a_i(b_i + c_i)\right\} = \left\{\sum a_i b_i + \sum a_i c_i\right\} = \mathbf{a} \cdot \mathbf{b} + \mathbf{a} \cdot \mathbf{c}$
$\therefore \mathbf{a} \cdot (\mathbf{b} + \mathbf{c}) = \mathbf{a} \cdot \mathbf{b} + \mathbf{a} \cdot \mathbf{c}$

要素での答えは簡単でしたが，では，幾何的に証明できますか？　ン～～，ですか？それでは，別解答を見てみましょう．注意深く読んでください．

例題 1.2.6-1 別解答

ベクトル OA を $\mathbf{a}$，ベクトル OB を $\mathbf{b}$，ベクトル BC を $\mathbf{c}$，また，OA に平行となる BB_1 を作成し，$\angle BOA = \alpha$，$\angle CBB_1 = \beta$，$\angle COA = \gamma$ とし，$OA \perp BB_0$，$OA \perp CC_0$ となるように B_0 と C_0 を選ぶとき，

$\mathbf{a} \cdot \mathbf{b} = \|\mathbf{a}\|\|\mathbf{b}\|\cos\alpha$ および $\mathbf{a} \cdot \mathbf{c} = \|\mathbf{a}\|\|\mathbf{c}\|\cos\beta$

であり，したがって，
$\mathbf{a} \cdot \mathbf{b} + \mathbf{a} \cdot \mathbf{c} = \|\mathbf{a}\|\|\mathbf{b}\|\cos\alpha + \|\mathbf{a}\|\|\mathbf{c}\|\cos\beta = \|\mathbf{a}\|(\|\mathbf{b}\|\cos\alpha + \|\mathbf{c}\|\cos\beta)$

ここで，$\|\mathbf{b}\|\cos\alpha = OB_0$，$\|\mathbf{c}\|\cos\beta = B_0C_0 = OC_0 - OB_0$，$OC_0 = \|\mathbf{b} + \mathbf{c}\|\cos\gamma$ ですから，
$\mathbf{a} \cdot \mathbf{b} + \mathbf{a} \cdot \mathbf{c} = \|\mathbf{a}\|(\|\mathbf{b}\|\cos\alpha + \|\mathbf{c}\|\cos\beta) = \|\mathbf{a}\|(OB_0 + (OC_0 - OB_0))$
$= \|\mathbf{a}\| OC_0 = \|\mathbf{a}\|\|\mathbf{b} + \mathbf{c}\|\cos\gamma = \mathbf{a} \cdot (\mathbf{b} + \mathbf{c})$　$\therefore \mathbf{a} \cdot (\mathbf{b} + \mathbf{c}) = \mathbf{a} \cdot \mathbf{b} + \mathbf{a} \cdot \mathbf{c}$

さて，α が $\angle R$ 以上の場合を検討しておく．右図により，
$OB_0 = \|\mathbf{b}\|\cos(\pi - \alpha) = -\|\mathbf{b}\|\cos(\alpha)$，$B_0C_0 = \|\mathbf{c}\|\cos\beta$
であるから，
$\mathbf{a} \cdot (\mathbf{b} + \mathbf{c}) = \|\mathbf{a}\|\|\mathbf{b} + \mathbf{c}\|\cos\gamma = \|\mathbf{a}\| OC_0 = \|\mathbf{a}\|(B_0C_0 - B_0O)$
$= \|\mathbf{a}\|\{\|\mathbf{c}\|\cos\beta - (-\|\mathbf{b}\|\cos\alpha)\} = \|\mathbf{a}\|\|\mathbf{b}\|\cos\alpha + \|\mathbf{a}\|\|\mathbf{c}\|\cos\beta$
$\therefore \mathbf{a} \cdot (\mathbf{b} + \mathbf{c}) = \mathbf{a} \cdot \mathbf{b} + \mathbf{a} \cdot \mathbf{c}$　Q.E.D

となります．これが，「幾何的な」証明です．解答はまるで文章を書くように構成します．如何でしょうか？　こんな解もあるのです．ただし，論理の「飛び」に注意してください．

次の例題は如何でしょうか．皆さんには簡単な問題でしょう．基本に忠実に式つくりをすれば，おのずと，答えが出ます．頭で，証明の道筋を考えて解答を見ましょう．高校の幾何問題であったはずの問題だと思います．この問題を，ベクトルを用いて証明するという例題です．

例題 1.2.6-2

平行四辺形 $ABCD$ について，以下の式を証明せよ．
$\overline{AB}^2 + \overline{BC}^2 + \overline{CD}^2 + \overline{DA}^2 = \overline{AC}^2 + \overline{BD}^2$

言うまでもないのですが，$\overline{AB}$ は平行四辺形 $ABCD$ の辺 AB の長さです．したがって，問題は，幾何的に，任意の平行四辺形の各辺の長さの 2 乗の和は，対角線の 2 乗の和に等しいことを証明して下さい，という事です．ベクトルを使った解答を見ると，な～あんだ，ということになります．そんじゃ，解答を見てみましょう．

1.2. ベクトル I

例題 1.2.6-2 解答
　題意により，$\vec{AB}$ を $\mathbf{a}$，$\vec{AD}$ を $\mathbf{b}$ とすると，$\vec{DC}$ は $\mathbf{a}$，$\vec{BC}$ は $\mathbf{b}$ である．
ここで，$\vec{AC}$ は $\mathbf{a}+\mathbf{b}$，$\vec{BD}$ は $\mathbf{b}-\mathbf{a}$ と書ける．したがって，

$$\overline{AC}^2 + \overline{BD}^2 = \|\mathbf{a}+\mathbf{b}\|^2 + \|\mathbf{b}-\mathbf{a}\|^2$$
$$= (\mathbf{a}+\mathbf{b})\cdot(\mathbf{a}+\mathbf{b}) + (\mathbf{b}-\mathbf{a})\cdot(\mathbf{b}-\mathbf{a})$$
$$= \|\mathbf{a}\|^2 + 2\mathbf{a}\cdot\mathbf{b} + \|\mathbf{b}\|^2 + \|\mathbf{b}\|^2 - 2\mathbf{a}\cdot\mathbf{b} + \|\mathbf{a}\|^2 = 2(\|\mathbf{a}\|^2 + \|\mathbf{b}\|^2)$$

また，
$$\overline{AB}^2 = \overline{CD}^2 = \|\mathbf{a}\|^2,\ \overline{BC}^2 = \overline{DA}^2 = \|\mathbf{b}\|^2$$
$$\therefore\ \overline{AB}^2 + \overline{BC}^2 + \overline{CD}^2 + \overline{DA}^2 = 2(\|\mathbf{a}\|^2 + \|\mathbf{b}\|^2) = \overline{AC}^2 + \overline{BD}^2$$
したがって，題意が証明された．

という訳なんですけれど，高校時代の気分ですかね．得るものはありましたか？ 如何でしょうか．いざとなれば，なかなかできない証明ではないでしょうか．
　ここで，さらに，簡単なベクトル積の例をみましょう．定義通りです．

例題 1.2.6-3
　式 1.2.6-7 にしたがって，ベクトル $\mathbf{a}=(1,0,2)$，$\mathbf{b}=(3,-1,1)$ について，ベクトル積 $\mathbf{a}\times\mathbf{b}$ を計算せよ．ただし，$\mathbf{e}_x,\mathbf{e}_y,\mathbf{e}_z$ を単位ベクトルとする．

例題 1.2.6-3 解答
　定義によれば，
$$\mathbf{a}\times\mathbf{b} = \mathbf{e}_x(0\times 1 - 2\times(-1)) + \mathbf{e}_y(2\times 3 - 1\times 1) + \mathbf{e}_z(1\times(-1) - 0\times 3)$$
$$\therefore\ \mathbf{a}\times\mathbf{b} = 3\mathbf{e}_x + 5\mathbf{e}_y - \mathbf{e}_z$$

　次は如何でしょうか．もう1つ内積の計算例（例題 1.2.6-4）を見ましょう．おなじみのピタゴラスの定理です．幾何で言うピタゴラスの定理[注1]は三平方の定理ともいわれます．実は，フェルマーの最終定理の累乗が 2 の場合とした，特化した定理です．この例題は，内積を用いる例題として，非常に分かりやすいでしょう．では，ちょっと頭の中で解答方針をたてて見てはどうでしょうか．例えば，ピタゴラスと言えば，直角三角形で，直角と言えば，内積は 0 というように発想を繋いでいくのです．

例題 1.2.6-4
　右の図に示すベクトルを用いてピタゴラスの定理を証明せよ．
$$\overline{AB}^2 + \overline{AC}^2 = \overline{BC}^2$$
ただし，ベクトル $\vec{AB}$ および $\vec{AC}$ は直交している．

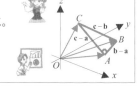

　全然，簡単じゃない！と思われる読者がいるでしょうけれど，非常に簡単です．例題 1.2.6-1 で紹介した内積の分配法則を用います．では，解答をご覧ください．

例題 1.2.6-4 解答
　3 次元空間に，頂点が ABC であり，∠A が直角である直角三角形がある．ここで，$\vec{OA}=\mathbf{a}$，$\vec{OB}=\mathbf{b}$，$\vec{OC}=\mathbf{c}$ とすると，$\vec{AB}=\mathbf{b}-\mathbf{a}$，$\vec{AC}=\mathbf{c}-\mathbf{a}$，$\vec{BC}=\mathbf{c}-\mathbf{a}$ である．∠A が直角である場合は，$\vec{AB}\cdot\vec{AC}=0$ である．したがって，

$$\vec{AB}\cdot\vec{AC} = (\mathbf{b}-\mathbf{a})\cdot(\mathbf{c}-\mathbf{a}) = \mathbf{b}\cdot\mathbf{c}-\mathbf{b}\cdot\mathbf{a}-\mathbf{a}\cdot\mathbf{c}+\mathbf{a}\cdot\mathbf{a} = 0$$
$$\therefore\ \mathbf{b}\cdot\mathbf{c} = \mathbf{b}\cdot\mathbf{a}+\mathbf{a}\cdot\mathbf{c}-\mathbf{a}\cdot\mathbf{a} \Rightarrow \mathbf{a}\cdot\mathbf{c} = \mathbf{b}\cdot\mathbf{c}-\mathbf{b}\cdot\mathbf{a}+\mathbf{a}\cdot\mathbf{a}$$

ここで，この上式を用いれば，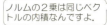
$$\|\mathbf{b}-\mathbf{a}\|^2+\|\mathbf{c}-\mathbf{a}\|^2 = (\mathbf{b}-\mathbf{a})\cdot(\mathbf{b}-\mathbf{a})+(\mathbf{c}-\mathbf{a})\cdot(\mathbf{c}-\mathbf{a})$$
$$= \mathbf{b}\cdot\mathbf{b}-2\mathbf{a}\cdot\mathbf{b}+\mathbf{a}\cdot\mathbf{a}+\mathbf{c}\cdot\mathbf{c}-2\mathbf{a}\cdot\mathbf{c}+\mathbf{a}\cdot\mathbf{a}$$
$$= \mathbf{b}\cdot\mathbf{b}-2\mathbf{a}\cdot\mathbf{b}+\mathbf{a}\cdot\mathbf{a}+\mathbf{c}\cdot\mathbf{c}-2(\mathbf{b}\cdot\mathbf{c}-\mathbf{b}\cdot\mathbf{a}+\mathbf{a}\cdot\mathbf{a})+\mathbf{a}\cdot\mathbf{a}$$
$$= \mathbf{b}\cdot\mathbf{b}-2\mathbf{b}\cdot\mathbf{c}+\mathbf{c}\cdot\mathbf{c} = \|\mathbf{c}-\mathbf{b}\|^2$$
$$\therefore\ \|\mathbf{b}-\mathbf{a}\|^2+\|\mathbf{c}-\mathbf{a}\|^2 = \|\mathbf{c}-\mathbf{b}\|^2 \quad \therefore\ \overline{AB}^2+\overline{AC}^2 = \overline{BC}^2 \quad Q.E.D.$$

(ノルムの2乗は同じベクトルの内積なんですよ．)

なんてことで，証明ができます．どうでした．大丈夫ですね，高校生程度ですから．

さて，気が付きましたか？ なんと，なんと，幾何的な証明は，ベクトルの要素は使用していません．したがって，実は幾何的な証明は，n 次元空間における一般的なピタゴラスの定理の証明になっているという訳です．どうでしょうか．わくわくしませんか？

えっ，読者のあなたが「ついていけない」ですって？ 大丈夫です．頑張らず気楽に読み続けてください．なんせ，読むだけで良いのですから．頑張らなくていいんですよ．

練習問題 1.2.6-1 図 1.2.5-4 で示す3つのベクトルで構成する平行六面体の体積がスカラー三重積で表せることを幾何的に証明せよ．

練習問題 1.2.6-2 $\mathbf{a}=(1,0,0), \mathbf{b}=(0,2,0), \mathbf{c}=(3,2,1)$ で構成する平行六面体の表面積および体積を計算せよ．

練習問題 1.2.6-3 ベクトル $\mathbf{a}=(1,3,-2)$, $\mathbf{b}=(2,-2,1)$ について，次の計算をせよ．
(1) $\mathbf{a}$ の大きさ $\|\mathbf{a}\|$ (2) $\mathbf{b}$ の大きさ $\|\mathbf{b}\|$ (3) $\mathbf{a}+\mathbf{b}$ (4) $\mathbf{a}-\mathbf{b}$

練習問題 1.2.6-4 ベクトル $\mathbf{a}=(1,3,-2)$, $\mathbf{b}=(2,-2,1)$ について，定義 14 にしたがって内積 $\mathbf{a}\cdot\mathbf{b}$ を計算せよ．また，その結果がスカラーかベクトルかを記せ

練習問題 1.2.6-5 ベクトル $\mathbf{a}=(1,3,-2)$, $\mathbf{b}=(2,-2,1)$ について，定義 15 にしたがって，ベクトル積 $\mathbf{a}\times\mathbf{b}$ を計算せよ．また，その結果がスカラーかベクトルかを記せ．ただし，3次元単位ベクトルを $\mathbf{e}_x, \mathbf{e}_y, \mathbf{e}_z$ とする．

Gallery 2.

右：雪景色
　　水彩画（模写）
　　著者作成
左：著者の自宅付近
　　ネギ坊主　写真
　　著者撮影

注1. ピタゴラスの定理
　　直角三角形の斜辺の2乗は，他の2辺の2乗の和に等しい．例題 1.2.6-4 では，$\|\mathbf{c}-\mathbf{b}\|^2 = \|\mathbf{b}-\mathbf{a}\|^2+\|\mathbf{c}-\mathbf{a}\|^2$ です．

1.2.7. 内積（スカラー積）

ここにおいて，単位ベクトルを用いて，ベクトル **a** とベクトル **b** の内積の，要素による定義式 1.2.6-3 と幾何的定義式 1.2.6-4，が等しいことを確かめることができます．さて，$\mathbf{a} = (a_1, a_2, a_3)^T$ および $\mathbf{b} = (b_1, b_2, b_3)^T$ について，単位ベクトル $\mathbf{e}_1, \mathbf{e}_2, \mathbf{e}_3$ を用いると，ベクトル **a** とベクトル **b** は，

$\mathbf{a} = a_1\mathbf{e}_1 + a_2\mathbf{e}_2 + a_3\mathbf{e}_3$，および，$\mathbf{b} = b_1\mathbf{e}_1 + b_2\mathbf{e}_2 + b_3\mathbf{e}_3$

となります．したがって，ベクトル **a** とベクトル **b** の内積は，

図 **1.2.7-1** 内積

$$\begin{aligned}
\mathbf{a} \cdot \mathbf{b} &= (a_1\mathbf{e}_1 + a_2\mathbf{e}_2 + a_3\mathbf{e}_3) \cdot (b_1\mathbf{e}_1 + b_2\mathbf{e}_2 + b_3\mathbf{e}_3) \\
&= a_1\mathbf{e}_1 \cdot b_1\mathbf{e}_1 + a_1\mathbf{e}_1 \cdot b_2\mathbf{e}_2 + a_1\mathbf{e}_1 \cdot b_3\mathbf{e}_3 \\
&\quad + a_2\mathbf{e}_2 \cdot b_1\mathbf{e}_1 + a_2\mathbf{e}_2 \cdot b_2\mathbf{e}_2 + a_2\mathbf{e}_2 \cdot b_3\mathbf{e}_3 \\
&\quad + a_3\mathbf{e}_3 \cdot b_1\mathbf{e}_1 + a_3\mathbf{e}_3 \cdot b_2\mathbf{e}_2 + a_3\mathbf{e}_3 \cdot b_3\mathbf{e}_3 \\
&= a_1b_1 + a_2b_2 + a_3b_3 = \sum_{i=1}^{3} a_i b_i
\end{aligned} \tag{1.2.7-1}$$

よ～く考えてみてね．$\mathbf{e}_i \cdot \mathbf{e}_j = \delta_{ij} \begin{cases} 0: & i \neq j \\ 1: & i = j \end{cases}$

というわけです．したがって，定義式 1.2.6-3 が単位ベクトルの表式から導出されました．しかし，これでは，要素による定義式 1.2.6-3 と幾何的定義式 1.2.6-4 が等しいことを確かめたことになりませんね．こんな説明もできますよ．図 **1.2.7-1** によれば，

$$\mathbf{a} \cdot \mathbf{b} = \sum a_i b_i = \|\mathbf{a}\|\|\mathbf{b}\|\cos\theta \tag{1.2.7-2}$$

なる式を証明します．

a, **b** のうち少なくとも 1 つが零ベクトルである場合は，

$$\mathbf{a} \cdot \mathbf{b} = 0, \text{あるいは，} a_1b_1 + a_2b_2 + a_3b_3 = 0 \tag{1.2.7-3}$$

は明らかです．$\mathbf{a} \neq \mathbf{0}$ かつ $\mathbf{b} \neq \mathbf{0}$ の場合は，第 2 余弦定理を用いると，

$$\|\mathbf{b} - \mathbf{a}\|^2 = \|\mathbf{a}\|^2 + \|\mathbf{b}\|^2 - 2\|\mathbf{a}\|\|\mathbf{b}\|\cos\theta \tag{1.2.7-4}$$

と書けます．ここで，ベクトルの成分を用います．

成分表示は強い！

$$\begin{aligned}
2\|\mathbf{a}\|\|\mathbf{b}\|\cos\theta &= \|\mathbf{a}\|^2 + \|\mathbf{b}\|^2 - \|\mathbf{b} - \mathbf{a}\|^2 \\
&= \{(a_1^2 + a_2^2 + a_3^2) + (b_1^2 + b_2^2 + b_3^2)\} - \{(b_1 - a_1)^2 + (b_2 - a_2)^2 + (b_3 - a_3)^2\} \\
&= 2(a_1b_1 + a_2b_2 + a_3b_3) = 2\mathbf{a} \cdot \mathbf{b} \\
\therefore \quad \mathbf{a} \cdot \mathbf{b} &= \|\mathbf{a}\|\|\mathbf{b}\|\cos\theta = a_1b_1 + a_2b_2 + a_3b_3 = \sum_{i=1}^{3} a_i b_i
\end{aligned} \tag{1.2.7-5}$$

ですから，要素による定義式 1.2.6-3 と幾何的定義式 1.2.6-4 が等しいことが分かります．ここまでは高校レベルですね．これで話を終りにするともったいない！3 次元ベクトルの式 1.2.6-5 を n 次元ベクトルまで拡張してみましょう．さて，式 1.2.6-3 の第 1 式は，実は，もともと，n 次元扱いです．したがって，式 1.2.7-5 と同様に，ベクトルの大きさの定義に従うと，式 1.2.6-3 の右辺を n 次元扱いにしましょう．

$$\begin{aligned}
2\|\mathbf{a}\|\|\mathbf{b}\|\cos\theta &= \|\mathbf{a}\|^2 + \|\mathbf{b}\|^2 - \|\mathbf{b} - \mathbf{a}\|^2 = \sum_{i}^{n} a_i^2 + \sum_{i}^{n} b_i^2 - \sum_{i}^{n} (b_i - a_i)^2 \\
&= \sum_{i}^{n} a_i^2 + \sum_{i}^{n} b_i^2 - \left(\sum_{i}^{n} b_i^2 - 2\sum_{i}^{n} b_i a_i + \sum_{i}^{n} a_i^2\right) = 2\sum_{i}^{n} b_i a_i
\end{aligned} \tag{1.2.7-6}$$

ですから，

$$\mathbf{a} \cdot \mathbf{b} = \|\mathbf{a}\|\|\mathbf{b}\|\cos\theta = \sum a_i b_i$$

であることが証明できました．ここで，n次元の単位ベクトル$\mathbf{e}_i$と内積を用いると，各要素が表現できます．すなわち，n次元ベクトル $\mathbf{a} = \{a_i\}$に対し，$a_i = \mathbf{a} \cdot \mathbf{e}_i$と書けます．目からウロコですか？ ここで，追加しますと，2次元ベクトルではありますが，別の幾何的な説明をします．

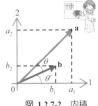

図 1.2.7-2　内積

$\mathbf{a} = (a_1, a_2)^T$ および $\mathbf{b} = (b_1, b_2)^T$ とします．ベクトル$\mathbf{a}$とベクトル$\mathbf{b}$のなす角，および，ベクトル$\mathbf{b}$と1軸となす角を，それぞれ，図 1.2.7-2 に示すθ およびθ'とするとき，

$$a_1 = \|\mathbf{a}\|\cos(\theta+\theta'),\ a_2 = \|\mathbf{a}\|\sin(\theta+\theta')\ ,\quad b_1 = \|\mathbf{b}\|\cos(\theta'),\ b_2 = \|\mathbf{b}\|\sin(\theta')$$

ここで，$\mathbf{a}\cdot\mathbf{b} = a_1 b_1 + a_2 b_2$であるとすると，

$$\begin{aligned}\mathbf{a}\cdot\mathbf{b} &= \|\mathbf{a}\|\cos(\theta+\theta')\|\mathbf{b}\|\cos(\theta') + \|\mathbf{a}\|\sin(\theta+\theta')\|\mathbf{b}\|\sin(\theta')\\ &= \|\mathbf{a}\|\|\mathbf{b}\|(\cos(\theta+\theta')\cos(\theta') + \sin(\theta+\theta')\sin(\theta'))\\ &= \|\mathbf{a}\|\|\mathbf{b}\|\cos\{(\theta+\theta')-\theta'\} = \|\mathbf{a}\|\|\mathbf{b}\|\cos\theta\end{aligned}\quad (1.2.7\text{-}7)$$

となり，要素が2つの2次元ベクトルでの証明ではありますが，要素による定義式 1.2.6-3 と幾何的定義式 1.2.6-4 が等しい，ということが確かめられました．式自体は，簡単ではありますが，いざとなると，なかなかできない証明ではないでしょうか．

突然ですが，ここで，円の接線でヘッセの標準形という式があることは高校で習われたかもしれません．これをベクトルで説明しましょう．「接線」と聞くと直角って感じがしませんか．そして，直角と言えば，内積が0と，次から次へと発想されますよね．

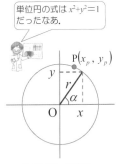

図 1.2.7-3　単位円
$r = 1$

図 1.2.7-3 を見てください．xy平面上に半径rの円を描きました．$r=1$の場合，これを単位円と呼びます．この円の円周上に点があると，その座標は(x, y)ですが，それを半径rと角度αで表すと，お分かりのように，$(r\cos\alpha, r\sin\alpha)$ですよね．さて，円は中心点Oから等距離$r$にある点の集合であるとも言えます．このとき，$r = \sqrt{x^2+y^2}$であり，したがって，円の方程式は，$x^2+y^2 = r^2$です．ここで，点$P(x_P, y_P)$がこの円周上にあると，

$$x_P{}^2 + y_P{}^2 = r^2 \qquad (1.2.7\text{-}8)$$

ですね．さて，直線$\overline{OP}$の式は，

$$x_P y = y_P x \qquad (1.2.7\text{-}9)$$

で，点Pでの接線ℓは，

$$y_P(y - y_P) = -x_P(x - x_P) \iff x_P x + y_P y = x_P{}^2 + y_P{}^2 \qquad (1.2.7\text{-}10)$$

であり，式 1.2.7-8 を用いると，

$$x_P x + y_P y = r^2 \qquad (1.2.7\text{-}11)$$

となります．ここで，$\overline{OP}$とx軸となす角をαとすると，式 1.2.7-11 は，

$$r\cos\alpha\cdot x + r\sin\alpha\cdot y = r^2 \quad \therefore\quad x\cos\alpha + y\sin\alpha = r \qquad (1.2.7\text{-}12)$$

と書けることが分かります．上式の第2の式をヘッセの標準形 (*Hesse standard form*) と呼びます．高校では，円の接線のところで習っていたでしょう．思い出しましたか？

1.2. ベクトル I

以下の例題はこの類題です．では，見てみましょう．

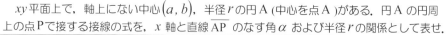

例題 1.2.7-2

xy 平面上で，軸上にない中心 (a, b)，半径 r の円 A (中心を点 A) がある．円 A の円周上の点 P で接する接線の式を，x 軸と直線 $\overrightarrow{AP}$ のなす角 α および半径 r の関係として表せ．

この例題を，ベクトルの内積を用いて解いてみましょう．ここは，じっくり考えるところです．どんな解答を書けば良いか，前もって，ちょっと考えてください．例えば，将棋と同じです．「次の一手をこうすると相手はこうくる．そうすると，こちらは，こうする…」と言うわけです．では，解答を見ましょう．

例題 1.2.7-2 解答

題意（図）により，線分 $\overrightarrow{AP} = r$，ベクトル $\overrightarrow{OA} = \mathbf{a} = (a, b)$ ベクトル $\overrightarrow{OP} = \mathbf{p} = (x_p, y_p)$ とし，接線上の任意の点 Q について，ベクトルを $\overrightarrow{OQ} = \mathbf{q} = (x, y)$ とする．ここで，$\overrightarrow{AP}$ と $\overrightarrow{PQ}$ は直交する．ここで，$\overrightarrow{PQ} = \overrightarrow{AQ} - \overrightarrow{AP}$ であることに注意して，
$$\overrightarrow{AP} \cdot \overrightarrow{PQ} = \overrightarrow{AP} \cdot (\overrightarrow{AQ} - \overrightarrow{AP}) = \overrightarrow{AP} \cdot \overrightarrow{AQ} - \|\overrightarrow{AP}\|^2$$
となり，$\overrightarrow{AP} \cdot \overrightarrow{PQ} = 0$，$\|\overrightarrow{AP}\|^2 = r^2$ であることに注意すれば，
$$\overrightarrow{AP} = \mathbf{p} - \mathbf{a} = (x_p - a, y_p - b), \quad \overrightarrow{AQ} = \mathbf{q} - \mathbf{a} = (x - a, y - b)$$
で成分表示すると，
$$(x_p - a)(x - a) + (y_p - b)(y - b) = r^2$$
また，$x_p - a = r\cos\alpha$，$y_p - b = r\sin\alpha$ だから，解は，
$$(x - a)\cos\alpha + (y - b)\sin\alpha = r$$
である．

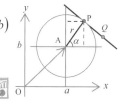

最後の式は，接線に関するヘッセの標準形の変形ですかね．実は，ヘッセの標準形は円の接線だけではないのです．平面上の直線や空間内の平面あるいは，より高次元の空間内の超平面を記述する方程式なのです．ピンときませんよね．

ヘッセの標準形は基本的に円の中心 A と直線との距離 h（= 半径 > 0）を計算するのに用いられます．そこで，任意の点 P が，円の中心を原点とする位置ベクトル $\mathbf{p}$ で表されるとし，P 点は，対象とする平面 Σ（3 次元の場合）またはある直線 g（2 次元の場合）の上にあるものと仮定します．ベクトル方程式として書けば，$\mathbf{p} \cdot \mathbf{n} = h$ です．ベクトル $\mathbf{n}$ は Σ または g に対する単位法線ベクトルで，特に，原点が座標系の原点の場合，原点から平面または直線への法線の長さ，換言すると，原点から平面または直線までの距離（= 定数 $h > 0$）に等しい，となります．因みに，ここでは，$\mathbf{n} = (\cos\alpha, \sin\alpha)$ です．

あっ！．そっか．単位円ってことだよね

練習問題 1.2.7-1 ベクトル $\mathbf{a} = (1, -2, 4)$，$\mathbf{b} = (4, 4, 1)$ の内積を計算せよ．

練習問題 1.2.7-2 ベクトル $\mathbf{a}$，$\mathbf{b}$ について，$\|\mathbf{a}\| = 3$，$\|\mathbf{b}\| = 2$ で，始点が同じで，間の角 $60°$ である場合，$\mathbf{a} \cdot \mathbf{b}$ を計算せよ．

練習問題 1.2.7-3 直線 $2x + y = 4$ に垂直なベクトル $\mathbf{p}$ を求めよ

練習問題 1.2.7-4 直線 $ax + by + c = 0$ に垂直なベクトル $\mathbf{p}$ を求めよ．

1.2.8. ベクトル積（狭義の「外積」）

ここにおいて，単位ベクトルを用いて，ベクトル $\mathbf{a}$ とベクトル $\mathbf{b}$ のベクトル積の，要素による定義式 1.2.6-7 と幾何的定義式 1.2.6-8 が等しいことを確かめることができます．よ～く見てください．大丈夫です．読むだけでわかります．

さて，$\mathbf{a} = (a_1, a_2, a_3)^T$，$\mathbf{b} = (b_1, b_2, b_3)^T$ および単位ベクトル $\mathbf{e}_1, \mathbf{e}_2, \mathbf{e}_3$ を用います．ベクトル $\mathbf{a}$ とベクトル $\mathbf{b}$ のベクトル積 $\mathbf{a} \times \mathbf{b}$ はベクトルであり，ベクトル $\mathbf{a}$ とベクトル $\mathbf{b}$ で構成する面に垂直です．ここで，

$$\mathbf{p} = \mathbf{a} \times \mathbf{b} \tag{1.2.8-1}$$

としますと，ベクトル $\mathbf{p}$ はベクトル $\mathbf{a}$ とベクトル $\mathbf{b}$ について，

$$\mathbf{p} \cdot \mathbf{a} = \mathbf{p} \cdot \mathbf{b} = 0 \tag{1.2.8-2}$$

です．ベクトル $\mathbf{p}$ の要素表示を $\mathbf{p} = (p_1, p_2, p_3)^T$ とすれば，式 1.2.8-2 は，

$$\mathbf{p} \cdot \mathbf{a} = p_1 a_1 + p_2 a_2 + p_3 a_3 = 0 \quad , \quad \mathbf{p} \cdot \mathbf{b} = p_1 b_1 + p_2 b_2 + p_3 b_3 = 0 \tag{1.2.8-3}$$

となります．式 1.2.8-3 の第 1 式に b_1 を，第 2 式に a_1 を，それぞれ乗じ，差し引くと，

$$p_2(a_2 b_1 - a_1 b_2) + p_3(a_3 b_1 - a_1 b_3) = 0 \tag{1.2.8-4}$$

また，式 1.2.8-3 の第 1 式に b_3 を，第 2 式に a_3 を，それぞれ乗じ，差し引くと，

$$p_1(a_1 b_3 - a_3 b_1) + p_2(a_2 b_3 - a_3 b_2) = 0 \tag{1.2.8-5}$$

ですから，式 1.2.8-4 および式 1.2.8-5 から，

$$p_1/(a_2 b_3 - a_3 b_2) = p_2/(a_3 b_1 - a_1 b_3) = p_3/(a_1 b_2 - a_2 b_1) \tag{1.2.8-6}$$

であることが分かります．ここで，本来，分母が 0 である場合は別途考慮すべきですが，ここでは「分母は 0 とならない」としましょう．式 1.2.8-6 で表される比の値を 0 でない定数 $q(\neq 0)$ とします．このとき，式 1.2.8-6 は，

$$p_1 = q(a_2 b_3 - a_3 b_2) \,, \quad p_2 = q(a_3 b_1 - a_1 b_3) \,, \quad p_3 = q(a_1 b_2 - a_2 b_1) \tag{1.2.8-7}$$

と書けます．ここで注意すべきは，添え字が，「1-23-32」，「2-31-13」，「3-12-21」ように，順序よく並びます．因みに，このような式を対称式（*symmetric polynomial*）と呼ぶのか，循環式（*cyclic polynomial*）と呼ぶのか…？ おそらく後者でしょう．ここにおいて，ベクトル $\mathbf{p}$ の要素が得られました．このとき，式 1.2.8-7 は式 1.2.8-3 を満たします．

ところで，ベクトル $\mathbf{p}$ の大きさ $\|\mathbf{p}\|$ は，$\|\mathbf{p}\| = \sqrt{p_1^2 + p_2^2 + p_3^2}$ ですから，式 1.2.8-7 から，

$$\begin{aligned}
\|\mathbf{p}\|^2 &= p_1^2 + p_2^2 + p_3^2 \\
&= \{q(a_2 b_3 - a_3 b_2)\}^2 + \{q(a_3 b_1 - a_1 b_3)\}^2 + \{q(a_2 b_1 - a_1 b_2)\}^2 \\
&= q^2 \left\{ (a_2 b_3 - a_3 b_2)^2 + (a_3 b_1 - a_1 b_3)^2 + (a_2 b_1 - a_1 b_2)^2 \right\}
\end{aligned}$$

$$\begin{aligned}
\|\mathbf{p}\|^2/q^2 &= a_2^2 b_3^2 - 2 a_2 a_3 b_2 b_3 + a_3^2 b_2^2 \\
&\quad + a_3^2 b_1^2 - 2 a_3 a_1 b_3 b_1 + a_1^2 b_3^2 + a_2^2 b_1^2 - 2 a_1 a_2 b_1 b_2 + a_1^2 b_2^2 \\
&= a_1^2 b_2^2 + a_1^2 b_3^2 + a_2^2 b_1^2 + a_2^2 b_3^2 + a_3^2 b_1^2 + a_3^2 b_2^2 \\
&\quad - 2 a_1 b_1 a_2 b_2 - 2 a_2 b_2 a_3 b_3 - 2 a_3 b_3 a_1 b_1
\end{aligned}$$

ですが，数学特有の証明法，「0 を加える」ことで式変形をします．足りない項を加え，加えた項を引いておく，という手法です．以下の式を見てください．ちょっと見は複雑ですが，よく見ると，なるほど，なるほど，と，思いませんか？

> 添字に注意し，計算をめげずにやってください．

1.2. ベクトル I

$$\|\mathbf{p}\|^2 / q^2 = a_1^2 b_1^2 + a_1^2 b_2^2 + a_1^2 b_3^2$$
$$+ a_2^2 b_1^2 + a_2^2 b_2^2 + a_2^2 b_3^2$$
$$+ a_3^2 b_1^2 + a_3^2 b_2^2 + a_3^2 b_3^2$$
$$- a_1^2 b_1^2 - a_2^2 b_2^2 - a_3^2 b_3^2 - 2a_1 b_1 a_2 b_2 - 2a_2 b_2 a_3 b_3 - 2a_3 b_3 a_1 b_1$$
$$= \|\mathbf{a}\|^2 \|\mathbf{b}\|^2 - (\mathbf{a} \cdot \mathbf{b})^2$$

$$\|\mathbf{p}\|^2 / q^2 = \left(a_1^2 + a_2^2 + a_3^2\right)\left(b_1^2 + b_2^2 + b_3^2\right) - \left(a_1 b_1 + a_2 b_2 + a_3 b_3\right)^2$$

$$\therefore \quad \|\mathbf{p}\|^2 = q^2 \left\{\|\mathbf{a}\|^2 \|\mathbf{b}\|^2 - (\mathbf{a} \cdot \mathbf{b})^2\right\} \tag{1.2.8-8}$$

> $(x+y+z)^2 = x^2 + y^2 + z^2 + 2xy + 2yz + 2zx$
> と言う公式を使うのよ。忘れた？

が得られます。いかがでしょう。うまく，きれいな式になったでしょう．ここで，q を評価します．それは簡単です．式 1.2.8-1 から，$\mathbf{a} \times \mathbf{b}$ の長さの 2 乗を計算すると，

$$\|\mathbf{p}\|^2 = \|\mathbf{a} \times \mathbf{b}\|^2 = \|\mathbf{a}\|^2 \|\mathbf{b}\|^2 |\sin\theta|^2 = \|\mathbf{a}\|^2 \|\mathbf{b}\|^2 \left(1 - \cos^2\theta\right)$$
$$= \|\mathbf{a}\|^2 \|\mathbf{b}\|^2 - \|\mathbf{a}\|^2 \|\mathbf{b}\|^2 \cos^2\theta = \|\mathbf{a}\|^2 \|\mathbf{b}\|^2 - \left(\|\mathbf{a}\|\|\mathbf{b}\|\cos\theta\right)^2 = \|\mathbf{a}\|^2 \|\mathbf{b}\|^2 - (\mathbf{a} \cdot \mathbf{b})^2$$

$$\therefore \quad \|\mathbf{p}\|^2 = \|\mathbf{a}\|^2 \|\mathbf{b}\|^2 - (\mathbf{a} \cdot \mathbf{b})^2 \tag{1.2.8-9}$$

となります．ここで，式 1.2.8-8 および式 1.2.8-9 を比較すると，$q^2 = 1$，即ち，$q = \pm 1$ であることが分かります．ベクトル積の定義を示した図 **1.2.6-3** あるいは式 1.2.6-8 を考えます．ベクトル $\mathbf{a}$ とベクトル $\mathbf{b}$ について，**0** ベクトルにせず，また，関係を変えずに，123 座標系の単位ベクトルとしても，向きに関しては，一般性は失いません．ここで，

$$\mathbf{a} \rightarrow \mathbf{e}_1, \quad \mathbf{b} \rightarrow \mathbf{e}_2, \quad \mathbf{a} \times \mathbf{b} \rightarrow \mathbf{e}_3$$

さらに，$\mathbf{a} = (1, 0, 0)^T$，$\mathbf{b} = (0, 1, 0)^T$，$\mathbf{p} = (\mathbf{a} \times \mathbf{b}) = (0, 0, 1)^T$ とします．ここで，式 1.2.8-7 の第 3 式に注目すると，

$$(\mathbf{p})_3 = p_3 = (\mathbf{a} \times \mathbf{b})_3 = 1 = q(1 \times 1 - 0 \times 0) = q$$

ですから，$q = 1$ であると決まります．したがって，

$$p_1 = a_2 b_3 - a_3 b_2, \quad p_2 = a_3 b_1 - a_1 b_3, \quad p_3 = a_1 b_2 - a_2 b_1 \tag{1.2.8-10}$$

あるいは，

$$\mathbf{a} \times \mathbf{b} = \left(a_2 b_3 - a_3 b_2, \ a_3 b_1 - a_1 b_3, \ a_1 b_2 - a_2 b_1\right)^T \tag{1.2.8-11}$$

$$\mathbf{a} \times \mathbf{b} = \mathbf{e}_1 (a_2 b_3 - a_3 b_2) + \mathbf{e}_2 (a_3 b_1 - a_1 b_3) + \mathbf{e}_3 (a_1 b_2 - a_2 b_1) \tag{1.2.8-12}$$

と表すことができます．

因みに，式 1.2.8-12 は，後述する行列式の表式（節 1.4 参照）を用いると，

$$\mathbf{a} \times \mathbf{b} = \begin{vmatrix} \mathbf{e}_x & \mathbf{e}_y & \mathbf{e}_z \\ a_1 & a_2 & a_3 \\ b_1 & b_2 & b_3 \end{vmatrix} \tag{1.2.8-13}$$

のように書けます．突然，行列式の表式が出てきましたが，大丈夫！1.4 節での説明で再び出てきますので，ここでは，そう書けるんだ！ふ〜ん，と流し読みで結構です．詳しい説明の後，また，一度，この辺をお浚いして頂けたらなと思います．

ここで，確認を例題でしておきましょう．またまた，幾何的な証明例です．ベクトルの要素を用いないので，一般的な説明になります．

例題 1.2.8-1

ベクトル $\mathbf{a}$, $\mathbf{b}$, $\mathbf{c}$ について，$\mathbf{a}\times(\mathbf{b}+\mathbf{c})=\mathbf{a}\times\mathbf{b}+\mathbf{a}\times\mathbf{c}$ を幾何的に証明せよ．

例題 1.2.8-1 解答

1) ベクトル $\mathbf{a}$, $\mathbf{b}$, $\mathbf{c}$ の中に零ベクトル $\mathbf{0}$ がある場合
 ベクトル積の定義から明らかに与式が成り立つ．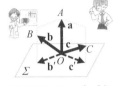

2) $\mathbf{a} \not\parallel \mathbf{b}$ かつ $\mathbf{a} \not\parallel \mathbf{c}$, および，$\mathbf{a}\neq\mathbf{0}$, $\mathbf{b}\neq\mathbf{0}$, $\mathbf{c}\neq\mathbf{0}$ とする場合
 平面 Σ 上に点 O があって，$\overrightarrow{OA}=\mathbf{a}$, $\overrightarrow{OB}=\mathbf{b}$, $\overrightarrow{OC}=\mathbf{c}$ とし，$\mathbf{a}\perp\Sigma$ としても一般性は失わない．ここで，$\mathbf{b}$ および $\mathbf{c}$ の平面 Σ への射影ベクトルをそれぞれ $\mathbf{b}'$ および $\mathbf{c}'$ とすると，ベクトル $\mathbf{b}'$, $\mathbf{c}'$ は，それぞれ，ベクトル $\mathbf{a}$ および $\mathbf{b}$ が張る平面，ベクトル $\mathbf{a}$ および $\mathbf{c}$ が張る平面の上にある．このとき，ベクトル $\mathbf{a}$, $\mathbf{b}$ およびベクトル $\mathbf{a}$, $\mathbf{c}$ が作る平行四辺形の面積は，それぞれ，ベクトル $\mathbf{a}$, $\mathbf{b}'$ およびベクトル $\mathbf{a}$, $\mathbf{c}'$ が作る平行四辺形の面積に等しい（等積変形）．また，$\mathbf{a}\times\mathbf{b}$ および $\mathbf{a}\times\mathbf{b}'$ の向き，$\mathbf{a}\times\mathbf{c}$ および $\mathbf{a}\times\mathbf{c}'$ の向きがそれぞれ等しい．したがって，$\mathbf{a}\times\mathbf{b}=\mathbf{a}\times\mathbf{b}'$, $\mathbf{a}\times\mathbf{c}=\mathbf{a}\times\mathbf{c}'$ である．ここで 2 辺を加えると面白いことが起きます．$\mathbf{a}\times(\mathbf{b}+\mathbf{c})=\mathbf{a}\times(\mathbf{b}'+\mathbf{c}')$ である．一方，ベクトル積の定義より，$(\mathbf{a}\times\mathbf{b}')\perp\mathbf{b}'$, $(\mathbf{a}\times\mathbf{c}')\perp\mathbf{c}'$ は自明であり，ベクトル $\mathbf{b}'$ および $\mathbf{c}'$ のなす角は，$\mathbf{a}\times\mathbf{b}'$ および $\mathbf{a}\times\mathbf{c}'$ がなす角に等しく，

$$\|\mathbf{a}\times\mathbf{b}'\|:\|\mathbf{b}'\|=\|\mathbf{a}\|\|\mathbf{b}'\|:\|\mathbf{b}'\|=\|\mathbf{a}\|:1, \text{ および，} \|\mathbf{a}\times\mathbf{c}'\|:\|\mathbf{c}'\|=\|\mathbf{a}\|\|\mathbf{c}'\|:\|\mathbf{c}'\|=\|\mathbf{a}\|:1$$

となる．ゆえに，$\mathbf{b}'$ および $\mathbf{c}'$ が作る平行四辺形と $\mathbf{a}\times\mathbf{b}'$ および $\mathbf{a}\times\mathbf{c}'$ が作る平行四辺が相似（比は $\|\mathbf{a}\|$）である．したがって，$\|\mathbf{a}\|\|\mathbf{b}'+\mathbf{c}'\|=\|\mathbf{a}\times\mathbf{b}'+\mathbf{a}\times\mathbf{c}'\|$ であることが分かる．ここで，$(\mathbf{b}'+\mathbf{c}')\perp(\mathbf{a}\times\mathbf{b}'+\mathbf{a}\times\mathbf{c}')$ だから，ベクトル $\mathbf{a}\times(\mathbf{b}'+\mathbf{c}')$ とベクトル $\mathbf{a}\times\mathbf{b}'+\mathbf{a}\times\mathbf{c}'$ とは平行で，向きが同じである．したがって，

$\mathbf{a}\times(\mathbf{b}'+\mathbf{c}')=\mathbf{a}\times\mathbf{b}'+\mathbf{a}\times\mathbf{c}'$ であり，∴ $\mathbf{a}\times(\mathbf{b}+\mathbf{c})=\mathbf{a}\times\mathbf{b}+\mathbf{a}\times\mathbf{c}$

3) $\mathbf{a}\parallel\mathbf{b}$, $\mathbf{a}\not\parallel\mathbf{c}$, または，$\mathbf{a}\parallel\mathbf{c}$, $\mathbf{a}\not\parallel\mathbf{b}$ の場合

 まず，右図のように，$\mathbf{a}\parallel\mathbf{b}$, $\mathbf{a}\not\parallel\mathbf{c}$ 場合，$\mathbf{a}\times\mathbf{b}=\mathbf{0}$ であることはベクトル積の定義から自明である．また，ベクトル $\mathbf{a}$ と $\mathbf{b}+\mathbf{c}$ で作る平行四辺形の面積は，ベクトル $\mathbf{a}$ と $\mathbf{c}$ で作る平行四辺形の面積と，底辺の長さが $\|\mathbf{a}\|$ で高さが同じなので，同じである．一方，ベクトル $\mathbf{b}+\mathbf{c}$ と $\mathbf{c}$ はベクトル $\mathbf{a}$ とは同一平面上にあり，ベクトル $\mathbf{a}\times(\mathbf{b}+\mathbf{c})$ と $\mathbf{a}\times\mathbf{c}$ の向きも同じである．したがって，

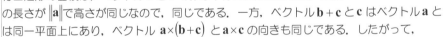

∴ $\mathbf{a}\times(\mathbf{b}+\mathbf{c})=\mathbf{a}\times\mathbf{c}=\mathbf{0}+\mathbf{a}\times\mathbf{c}=\mathbf{a}\times\mathbf{b}+\mathbf{a}\times\mathbf{c}$

が成立する．同様に $\mathbf{a}\parallel\mathbf{c}$, $\mathbf{a}\not\parallel\mathbf{b}$ の場合も同様に成立する．

4) $\mathbf{b}\parallel\mathbf{c}$ の場合

 この場合は，媒介変数 t を用いる．$\mathbf{c}=t\mathbf{b}$ と表すと，$\mathbf{b}+\mathbf{c}=(t+1)\mathbf{b}$ であり，

$\mathbf{a}\times(\mathbf{b}+\mathbf{c})=\mathbf{a}\times(t+1)\mathbf{b}=(t+1)\mathbf{a}\times\mathbf{b}$

となる．一方，

$\mathbf{a}\times\mathbf{b}+\mathbf{a}\times\mathbf{c}=\mathbf{a}\times\mathbf{b}+\mathbf{a}\times t\mathbf{b}=(t+1)\mathbf{a}\times\mathbf{b}$

であるから，∴ $\mathbf{a}\times(\mathbf{b}+\mathbf{c})=\mathbf{a}\times\mathbf{b}+\mathbf{a}\times\mathbf{c}$ である．

したがって，1), 2), 3), 4) から，$\mathbf{a}\times(\mathbf{b}+\mathbf{c})=\mathbf{a}\times\mathbf{b}+\mathbf{a}\times\mathbf{c}$ Q.E.D.

上記解答の中に，「張る」という文言が出てきますが，「構成する」という意味です．まあ，数学特有の言葉ですので，このまま覚えてください．

要素では簡単に証明はできますが，幾何的に証明することってちょっとややこしいですね．でも，じっくり見てみると，そんな難しい式は用いていないわけで，根気よく，解答を見てくだされば納得頂けると思います．

さて，解答の最後にあります「*Q.E.D.*」ですが，これまで何回か登場しています．ここで，若干，説明をしましょう．*Q.E.D.*はラテン語 *Quod Erat Demonstrandum* の略で，「かく示された」，このことを，「証明終わり」という意味で数学では証明に使います．一方，*Q.E.F.*と言うのがあります．同じような言葉で，ラテン語 *Quod Erat Faciendum* の略で，「これがなすべきことだった」，という意味です．「*Q.E.D.* 証明終了」とは少々ニュアンスが異なりますが，上記の例題の解答では *Q.E.F.* を用いても意味は通じます．

ここまで，ベクトルの内積とベクトル積の説明をしてきました．いかにも煩雑な説明でした．恐縮です．しかし，以後，読み進める上で重要なので，ここで，復習をしてみるのも良いでしょう．次項に，内積とベクトル積に関するまとめをしておきましょう．

練習問題 1.2.8-1　位置ベクトル $\mathbf{a} = (1, 1, 0)^\mathrm{T}$，$\mathbf{b} = (0, 1, 3)^\mathrm{T}$ について，内積 $\mathbf{a} \cdot \mathbf{b}$，およびベクトル積 $\mathbf{a} \times \mathbf{b}$ をそれぞれ求めよ．

練習問題 1.2.8-2　空間にすべて異なる 4 点
$$A = (a_1, a_2, a_3),\ B = (b_1, b_2, b_3),\ C = (c_1, c_2, c_3),\ D = (d_1, d_2, d_3)$$
が作る平行六面体の体積 V は，次式で表されることを示せ．
$$V = \begin{vmatrix} a_1 & b_1 & c_1 & d_1 \\ a_2 & b_2 & c_2 & d_2 \\ a_3 & b_3 & c_3 & d_3 \\ 1 & 1 & 1 & 1 \end{vmatrix}$$

Gallery 3.
右：ノートルダム大聖堂
　　フランス・パリ・シテ島
　　水彩画
　　著者製作
　　（執筆中，火災にあり尖塔
　　　がなくなった）
左：レオナルド・ダ・ヴィンチ像
　　（イタリア　ミラノ）
　　写真
　　著者撮影

1.2.9. 内積とベクトル積のまとめ

ここで，確認です．ベクトル $\mathbf{a}$，$\mathbf{b}$，その間の角度 θ，$\mathbf{e}_{\perp a,b}$，零ベクトル $\mathbf{0}$ があり，以下 1) から 7) が成り立ちます． 〈覚えておこう！〉

1) 内積の定義式　$\mathbf{a} \cdot \mathbf{b} = \|\mathbf{a}\|\|\mathbf{b}\|\cos\theta$　(1.2.9-1)
2) ベクトル積の定義式　$\mathbf{a} \times \mathbf{b} = \|\mathbf{a}\|\|\mathbf{b}\|\sin\theta\, \mathbf{e}_{\perp a,b}$　(1.2.9-2)
3) ベクトル $\mathbf{a}$，$\mathbf{b}$ が平行である場合，$|\mathbf{a} \cdot \mathbf{b}| = \|\mathbf{a}\|\|\mathbf{b}\|$，$\mathbf{a} \times \mathbf{b} = \mathbf{0}$　(1.2.9-3)
4) ベクトル $\mathbf{a}$，$\mathbf{b}$ が直交する場合，$\mathbf{a} \cdot \mathbf{b} = 0$，$\|\mathbf{a} \times \mathbf{b}\| = \|\mathbf{a}\|\|\mathbf{b}\|$　(1.2.9-4)
5) $\mathbf{a} \cdot \mathbf{b} = \mathbf{b} \cdot \mathbf{a}$，$\mathbf{a} \times \mathbf{b} = -\mathbf{b} \times \mathbf{a}$　（交換法則）　(1.2.9-5)
6) $(\mathbf{a} \times \mathbf{b}) \cdot \mathbf{a} = (\mathbf{a} \times \mathbf{b}) \cdot \mathbf{b} = 0$　(1.2.9-6)
7) $\mathbf{a} \times \mathbf{b} = \mathbf{0} \Leftrightarrow \mathbf{a} = \mathbf{0}$ or $\mathbf{b} = \mathbf{0}$ or $\mathbf{a} // \mathbf{b}$　（必要十分条件）　(1.2.9-7)
8) $(\lambda\mathbf{a}) \times (\mu\mathbf{b}) = (\lambda\mu)\mathbf{a} \times \mathbf{b}$　(1.2.9-8)
9) $\mathbf{a} \times (\mathbf{b} + \mathbf{c}) = \mathbf{a} \times \mathbf{b} + \mathbf{a} \times \mathbf{c}$，$(\mathbf{a} + \mathbf{b}) \times \mathbf{c} = \mathbf{a} \times \mathbf{c} + \mathbf{b} \times \mathbf{c}$　（分配法則）　(1.2.9-9)

練習問題 1.2.9-1　3次元ベクトルを $\mathbf{a} = (a_1, a_2, a_3)^T$，$\mathbf{b} = (b_1, b_2, b_3)^T$ として，
(1) 式 1.2.9-3 および (2) 式 1.2.9-4 を証明せよ．

練習問題 1.2.9-2　3次元ベクトルを $\mathbf{a} = (a_1, a_2, a_3)^T$，$\mathbf{b} = (b_1, b_2, b_3)^T$ として，
(1) 式 1.2.9-5 および (2) 式 1.2.9-6 を証明せよ．

練習問題 1.2.9-3　ベクトル $\mathbf{a}$，$\mathbf{b}$ について，$(\mathbf{a}+\mathbf{b}) \cdot (\mathbf{a}-\mathbf{b}) = \mathbf{a} \cdot \mathbf{a} - \mathbf{b} \cdot \mathbf{b}$ を示せ．

練習問題 1.2.9-4　ベクトル $\mathbf{a}$，$\mathbf{b}$ について，$(\mathbf{a}+\mathbf{b}) \times (\mathbf{a}-\mathbf{b}) = 2\mathbf{b} \times \mathbf{a} = -2\mathbf{a} \times \mathbf{b}$ を示せ．

練習問題 1.2.9-5　ベクトル $\mathbf{a}$，$\mathbf{b}$，$\mathbf{c}$，$\mathbf{d}$ について，次式が成り立つことを示せ．
$$\mathbf{a} \times (\mathbf{b} \times \mathbf{c}) + \mathbf{b} \times (\mathbf{c} \times \mathbf{a}) + \mathbf{c} \times (\mathbf{a} \times \mathbf{b}) = \mathbf{0}$$

1.2.10. 方向余弦

さて，ベクトル $\mathbf{p} = (p_x, p_y, p_z)^T$ を単位ベクトルの1次結合として
$$\mathbf{p} = p_x \mathbf{e}_x + p_y \mathbf{e}_y + p_z \mathbf{e}_z \quad (1.2.10\text{-}1)$$
と書け，ここで，$\mathbf{p}$ の大きさ $\|\mathbf{p}\|$ は，$\|\mathbf{p}\| = \sqrt{p_x^2 + p_y^2 + p_z^2}$ であり，復習を兼ねて，確かめますと，

$$\begin{aligned}
\mathbf{p} \cdot \mathbf{p} &= (p_x \mathbf{e}_x + p_y \mathbf{e}_y + p_z \mathbf{e}_z) \cdot (p_x \mathbf{e}_x + p_y \mathbf{e}_y + p_z \mathbf{e}_z) \\
&= p_x^2 \mathbf{e}_x \cdot \mathbf{e}_x + p_x p_y \mathbf{e}_x \cdot \mathbf{e}_y + p_x p_z \mathbf{e}_x \cdot \mathbf{e}_z \\
&\quad + p_y p_x \mathbf{e}_y \cdot \mathbf{e}_x + p_y^2 \mathbf{e}_y \cdot \mathbf{e}_y + p_y p_z \mathbf{e}_y \cdot \mathbf{e}_z \\
&\quad + p_z p_x \mathbf{e}_z \cdot \mathbf{e}_x + p_z p_y \mathbf{e}_z \cdot \mathbf{e}_y + p_z^2 \mathbf{e}_z \cdot \mathbf{e}_z = p_x^2 + p_y^2 + p_z^2
\end{aligned}$$

となりますから，$\|\mathbf{p}\| = \sqrt{\mathbf{p} \cdot \mathbf{p}} = \sqrt{p_x^2 + p_y^2 + p_z^2}$ と書けます．因みに，
$$\ell = p_x / \|\mathbf{p}\|,\ m = p_y / \|\mathbf{p}\|,\ n = p_z / \|\mathbf{p}\| \quad (1.2.10\text{-}2)$$
と書くとき，ℓ，m，n をベクトル $\mathbf{p}$ の方向余弦（*direction cosine*）と呼びます．聞いたことはありますか？　この場合，何故「余弦」という言葉を使うのでしょうか？　さて，ℓ，m，n の2乗和は，と言うと，

1.2. ベクトル I

$$\ell^2 + m^2 + n^2 = (p_x/\|\mathbf{p}\|)^2 + (p_y/\|\mathbf{p}\|)^2 + (p_z/\|\mathbf{p}\|)^2$$
$$= (p_x^2 + p_y^2 + p_z^2)/\|\mathbf{p}\|^2 = \|\mathbf{p}\|^2/\|\mathbf{p}\|^2 = 1 \quad (1.2.10\text{-}3)$$

です．方向余弦の幾何的意味は，図 1.2.10-1 を参照してください．なるほど，「余弦」という意味が分かります．さて，

$$\angle POx = \alpha,\ \angle POy = \beta,\ \angle POz = \gamma$$

とおけば，

$$p_x = \|\mathbf{p}\|\cos\alpha,\ p_y = \|\mathbf{p}\|\cos\beta,\ p_z = \|\mathbf{p}\|\cos\gamma \quad (1.2.10\text{-}4)$$

図 1.2.10-1 方向余弦の概念

と書けます．式と 1.2.10-2 と式 1.210-4 と比較すると，

$$\ell = \cos\alpha,\ m = \cos\beta,\ n = \cos\gamma \quad (1.2.10\text{-}5)$$

であり，以下の有名な関係が得られます．

$$\cos^2\alpha + \cos^2\beta + \cos^2\gamma = 1 \quad (1.2.10\text{-}6)$$

という訳です．さて，ベクトル $\mathbf{a}, \mathbf{b}$ の直交条件を方向余弦で表してみましょう．

$$\mathbf{a} = (a_1, a_2, a_3)^T,\ \mathbf{b} = (b_1, b_2, b_3)^T$$

とし，このベクトル $\mathbf{a}, \mathbf{b}$ のなす角を θ とすると，内積の定義から，

$$\mathbf{a}\cdot\mathbf{b} = a_1 b_1 + a_2 b_2 + a_3 b_3 = \|\mathbf{a}\|\|\mathbf{b}\|\cos\theta$$

であり，式 1.2.10-2 からわかるように，$a_i = \ell_i\|\mathbf{a}\|$, $b_i = m_i\|\mathbf{b}\|$ $(i = 1, 2, 3)$ ですから，

$$\cos\theta = \sum_{i=1}^{3}\frac{a_i}{\|\mathbf{a}\|}\frac{b_i}{\|\mathbf{b}\|} = \frac{\mathbf{a}\cdot\mathbf{b}}{\|\mathbf{a}\|\|\mathbf{b}\|} = \sum_{i=1}^{3}\ell_i m_i \quad (1.2.10\text{-}7)$$

となり，ベクトルの直交条件は $\cos\theta = 0$，方向余弦で表すベクトルの直交条件は，

$$\ell_1 m_1 + \ell_2 m_2 + \ell_3 m_3 = 0 \quad (1.2.10\text{-}8)$$

であることになります．訳が分かりましたか？　この辺はきれいな式ですね．

では，スゲー簡単な例題を見てください．

例題 1.2.10-1

ベクトル $\mathbf{a} = (3, 4, 0)^T$ の長さ $\|\mathbf{a}\|$ および方向余弦 ℓ_1, ℓ_2, ℓ_3 を求めよ．

例題 1.2.10-1 解答

$\|\mathbf{a}\| = \sqrt{3^2 + 4^2 + 0^2} = \sqrt{25} = 5$, $\ell_1 = 3/5 = 0.6$, $\ell_2 = 4/5 = 0.8$, $\ell_3 = 0/5 = 0$

したがって，$\|\mathbf{a}\| = 5$, $\ell_1 = 0.6$, $\ell_2 = 0.8$, $\ell_3 = 0$

どうでした，と聞くまでもない，でしょ．スゲー簡単な例題でした．因みに，

$$\ell^2 + m^2 + n^2 = 0.6^2 + 0.8^2 + 0^2 = 0.36 + 0.64 = 1$$

となり，方向余弦の 2 乗和が 1 になることを確かめることができました．如何でしょう．どこかで役に立てばよいのですが．．．

練習問題 1.2.10-1　ベクトル $\mathbf{a} = (3, 0, 4)$ の方向余弦 ℓ, m, n を求めよ．また，方向余弦の 2 乗和が $\ell^2 + m^2 + n^2 = 1$ であることを示せ．

練習問題 1.2.10-2　$\|\mathbf{a}\| = 6$ であるベクトル $\mathbf{a}$ が，x 軸と $\cos\theta_x = 2/3$, y 軸と $\cos\theta_y = 1/3$, z 軸と $\cos\theta_z = 2/3$ という方向余弦関係にあるとき，ベクトル $\mathbf{a}$ の座標 (a_x, a_y, a_z) を求めよ．

1.2.11. 有向平面

ここで，表・裏が指定された「有向平面 *oriented plane*」を少々説明します．名前の通り，向きを持った面であることは分かりますよね．「南向きの窓」ってなものです．ん！ちょっと違うかもしれない．高校の授業には出てきませんでしょう．

ここでは，「有向平面 Σ」の限られた領域 D を，面積ベクトル $\mathbf{S}$（*area vector*）と呼ぶことにします．この面積ベクトル $\mathbf{S}$ の方向は，有向平面の裏から表に向かう方向であり，あるいは，右ねじを有向平面に垂直に立てて置いたときに，右ねじが進む方向がプラスです．ここで，この面積ベクトル $\mathbf{S}$ を規定するのはこの有向平面 Σ の裏から表に向かう垂直なベクトル $\mathbf{n}$ です．このベクトルを有向平面における単位法線ベクトル（*normal unit vector*）と呼ぶことにします．果してその実体は，

$$\mathbf{n} = (n_1, n_2, n_3) = n_1 \mathbf{e}_1 + n_2 \mathbf{e}_2 + n_3 \mathbf{e}_3 \tag{1.2.11-1}$$

であり，n_1, n_2, n_3 は任意の平面（ここでは，有向平面 Σ）の方程式

$$n_1 x + n_2 y + n_3 z + c = 0 \tag{1.2.11-2}$$

の変数の係数にほかなりません．なぜなら，面上の任意の点 (x_p, y_p, z_p) がある場合，$n_1 x_p + n_2 y_p + n_3 z_p + c = 0$ ですから，$n_1(x - x_p) + n_2(y - y_p) + n_3(z - z_p) = 0$ と書けます．ベクトル $\mathbf{n} = (n_1, n_2, n_3)$ と面上の任意のベクトル $(x - x_p, y - y_p, z - z_p)$ が直交していることが分るからです．前述のように，面積ベクトル $\mathbf{S}$ は，その面積を S とし，有向平面 Σ 内に閉じた領域 D があり，その D に対する単位法線ベクトルを $\mathbf{n}$ とすると，$\mathbf{S} = S\mathbf{n}$ と書くことができます．

$$\|\mathbf{S}\| = \|S\mathbf{n}\| = S\|\mathbf{n}\| = S \tag{1.2.11-3}$$

となる訳です．

ここで，有向平面 Σ は面 Φ に対して角度 θ 傾いており，面 Φ に垂直な単位ベクトを $\mathbf{e}_\phi$ と書けば，面積ベクトル $\mathbf{S}$ の面 Φ に対する射影 S' は，内積を用いて，

$$S' = \mathbf{S} \cdot \mathbf{e}_\phi \tag{1.2.11-4}$$

となります（図 1.2.11-1 を参照）．なぜなら，

$$\mathbf{n} \cdot \mathbf{e}_\phi = \|\mathbf{n}\|\|\mathbf{e}_\phi\|\cos\theta = \cos\theta \quad (\because \|\mathbf{n}\| = \|\mathbf{e}_\phi\| = 1)$$

であり，$S' = S\cos\theta = \|S\mathbf{n}\|\cos\theta = \|S\|\|\mathbf{n}\|\cos\theta$

$$= \|\mathbf{S}\|\|\mathbf{e}_\phi\|\cos\theta = \mathbf{S} \cdot \mathbf{e}_\phi \tag{1.2.11-5}$$

となるからです．ここで，式 1.2.11-4 に示す $\mathbf{S} \cdot \mathbf{e}_\phi$ を有向面積（*oriented area*）と呼ぶことがあります．

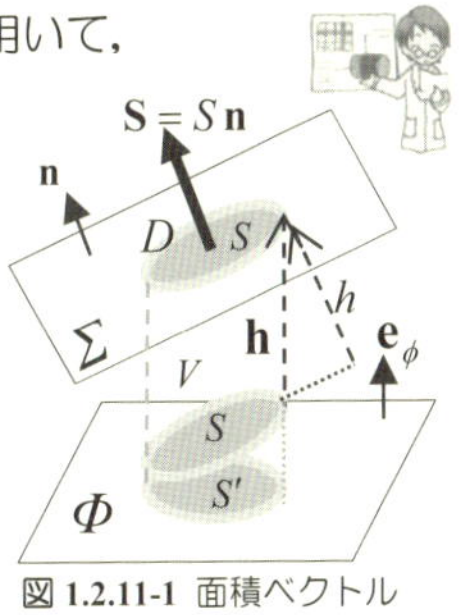

さて，底面が面積ベクトル $\mathbf{S}$ で，母線がベクトル $\mathbf{h}$ である斜柱の体積 V は簡単に，内積を用いて，$V = \mathbf{S} \cdot \mathbf{h}$ と書くことができます．なぜなら，

$$V = Sh = \|\mathbf{S}\| \cdot \|\mathbf{h}\|\cos\theta = \mathbf{S} \cdot \mathbf{h} \tag{1.2.11-6}$$

図 1.2.11-1 面積ベクトル

であり，ここで，V は有向体積（*oriented volume*）と呼ばれています．したがって，敢えて書くなら，$\mathbf{V} = V\mathbf{n}$ なる $\mathbf{V}$ を体積ベクトル（*volume vector*）と呼ぶことができます．

実際，有向面積や有向体積の「有向」という概念は，式を見て分かるようにスカラーで，ベクトルの意味はなく，表・裏の意味でプラスかマイナスかの意味と考えてください．

1.2.12. 媒介変数表示

ここでは，媒介変数による計算方法について，解説と例題を示します．媒介変数とはいったいなんでしょうか？　例えば，空間ベクトル $\mathbf{a}$ があって，ベクトル $\mathbf{b}$ （$\not\parallel \mathbf{a}$）に対し，

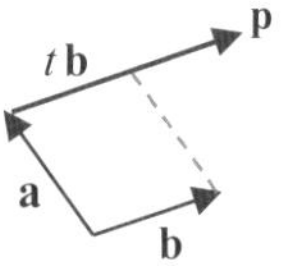

$$\mathbf{p} = \mathbf{a} + t\,\mathbf{b} \qquad (1.2.12\text{-}1)$$

で表すベクトル $\mathbf{p}$ を考えます（図 **1.2.12-1**）．ここで，ベクトル $\mathbf{a}$，$\mathbf{b}$ は共にその要素に 0 は無いとします．ここから，各 n 次元ベクトルの要素を

図 **1.2.12-1**　媒介変数表示

$$\mathbf{p} = \{p_i\},\ \mathbf{a} = \{a_i(\neq 0)\},\ \mathbf{b} = \{b_i(\neq 0)\},\ (i=1,\,2,\,\cdots,\,n) \qquad (1.2.12\text{-}2)$$

とすれば，式 1.2.12-1 は，

$$\{p_i\} = \{a_i\} + t\{b_i\}\ (i=1,\,2,\,\cdots,\,n) \qquad (1.2.12\text{-}3)$$

ですから，$b_i(\neq 0)\ (i=1,\,2,\,\cdots,\,n)$ に注意して，式 1.2.12-3 は，t を消去すれば，

$$\frac{p_1-a_1}{b_1} = \frac{p_2-a_2}{b_2} = \cdots = \frac{p_n-a_n}{b_n} \qquad (1.2.12\text{-}4)$$

というように，書くことができます．これが基本です．これらを踏まえて，内分①および外分②の考え方を説明します．　ここは，高校生レベルですから気楽に読み進めますね．

① 線分 AB の内分

　図 **1.2.12-2** に示すように，定点 O と，定点 O を通らない直線上に点 A，点 P，点 B がその順にある場合を考えます．前述の通り，ベクトル $\vec{OA}$ やベクトル $\vec{OB}$ などを，定点 O に対する位置ベクトル（*position vector*）と呼びます．因みに，定点 O が xyz 軸の原点（ゼロ点）である場合は，位置ベクトルの要素は，xyz 座標系の座標となります．ここで，ベクトル $\vec{OA}$ を $\mathbf{a}$，ベクトル $\vec{OB}$ を $\mathbf{b}$，

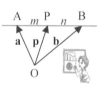

図 **1.2.12-2**　内分点 P

ベクトル $\vec{OP}$ を $\mathbf{p}$ としましょう．このとき，点 P が点 A と点 B の間にある場合，$\vec{AP} = \beta\vec{AB}$（ただし，$0 \leq \beta \leq 1$）とします．このとき，ベクトル $\vec{AB}$ は $\mathbf{b}-\mathbf{a}$ およびベクトル $\vec{AP}$ は $\mathbf{p}-\mathbf{a}$ ですから，

$$(\mathbf{p}-\mathbf{a}) = \beta(\mathbf{b}-\mathbf{a}) \quad \therefore\quad \mathbf{p} = (1-\beta)\mathbf{a} + \beta\mathbf{b}$$
$$\mathbf{p} = \alpha\mathbf{a} + \beta\mathbf{b} \quad (\alpha+\beta=1;\ 0\leq\alpha,\beta\leq 1) \qquad (1.2.12\text{-}5)$$

と書けます．これで，$\mathbf{p}$ が計算できます．

　さらに，一般的なことを考えることにしましょう．$\overline{AP}:\overline{PB} = m:n$ となっている場合です．図 **1.2.12-2** から，$n\vec{AP} = m\vec{PB}$ であり，したがって，$\forall m, n \in \Re\ |\ m>0,\,n>0$ により（式 1.2.12-5 でいうと，$\alpha = n/(m+n)$，$\beta = m/(m+n)$ です）したがって，

$$n(\mathbf{p}-\mathbf{a}) = m(\mathbf{b}-\mathbf{p}) \quad \therefore\quad \mathbf{p} = \frac{n\mathbf{a}+m\mathbf{b}}{m+n} \qquad (1.2.12\text{-}6)$$

と書けます．この場合は，点 P が点 A と点 B の間にある場合で，このような点 P を線分 AB の内分点（*internally dividing point*）と呼びます．ということは，内分点に対応し，以下に述べるように，外分点（*externally dividing point*）もあるわけです．ただし，符号に注意が必要です．

1. 線形代数 I

② 線分 AB の外分

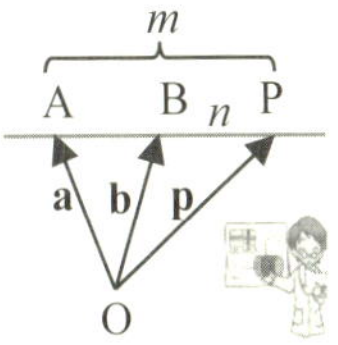

図 **1.2.12-3** に示すように，定点 O と，定点 O を通らない直線上に点 A，点 B，点 P がこの順にある場合，すなわち，$\overline{AP}:\overline{BP}=m:n$ を考えます．この場合は，

$$n(\mathbf{p}-\mathbf{a})=m(\mathbf{p}-\mathbf{b}) \quad \therefore \quad \mathbf{p}=\frac{(-n)\mathbf{a}+m\mathbf{b}}{m+(-n)} \qquad (1.2.12\text{-}7)$$

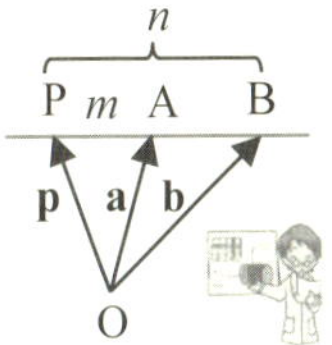

図 1.2.12-3 外分点 P

となります．もし，図 **1.2.12-4** に示すように，定点 O を通らない直線上に点 P，点 A，点 B がこの順にある場合，すなわち，$\overline{PA}:\overline{BP}=m:n$ である場合は，

$$n(\mathbf{a}-\mathbf{p})=m(\mathbf{b}-\mathbf{p}) \quad \therefore \quad \mathbf{p}=\frac{n\mathbf{a}+(-m)\mathbf{b}}{(-m)+n} \qquad (1.2.12\text{-}8)$$

図 1.2.12-4 外分点 P

と書けることが容易にわかります．したがって，一般的な内分・外分の式は，式 1.2.11-7 および式 1.2.11-8 を含む式 1.2.12-6 です．要は，有向線分 AB に対する分配点 P の位置で m, n の符号を選べばよいのです．もちろん，$\forall m, n \in \Re \mid m>0, n>0$ です．では，便利な？例題をさくっと見てみましょう．

例題 1.2.12-1 平行四辺形 $ABCD$ を 2 等分する方法を幾何的にベクトルで考えよ

簡単すぎますか？ 平行四辺形 ABCD について「対角線は互いに 2 等分する」ことは，幾何的に合同を用いれば容易に証明できます．ここでは，ベクトルで証明します．

例題 1.2.12-1 解答

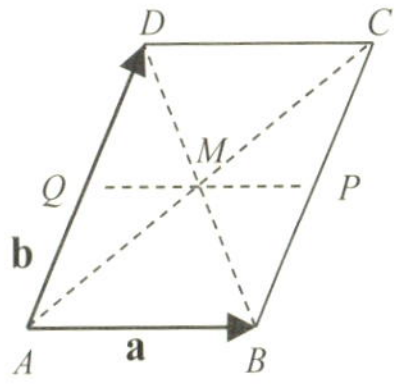

$\overrightarrow{AB}=\mathbf{a}$, $\overrightarrow{AD}=\mathbf{b}$ とし，対角線 AC および BD の交点を M とすれば，題意により，ベクトル $\mathbf{a}$, $\mathbf{b}$ を 1 次独立とすると，

$\overrightarrow{AC}=\overrightarrow{AB}+\overrightarrow{BC}=\overrightarrow{AB}+\overrightarrow{AD}=\mathbf{a}+\mathbf{b}$

$\overrightarrow{DB}=\overrightarrow{DA}+\overrightarrow{AB}=\overrightarrow{AB}-\overrightarrow{AD}=\mathbf{a}-\mathbf{b}$

と表せます．媒介変数 p, q を用いて，

$\overrightarrow{AM}=p\overrightarrow{AC}$, $\overrightarrow{AM}=\overrightarrow{AD}+q\overrightarrow{DB}=\mathbf{b}+q(\mathbf{a}-\mathbf{b})$

とかける．したがって，

$\overrightarrow{AM}=p(\mathbf{a}+\mathbf{b})=\mathbf{b}+q(\mathbf{a}-\mathbf{b}) \quad \therefore \quad (p-q)\mathbf{a}+(p+q-1)\mathbf{b}=\mathbf{0}$

ベクトル $\mathbf{a}$, $\mathbf{b}$ を 1 次独立としているので，$p=q$, $p+q=1$ $\therefore$ $p=q=1/2$ となる．したがって，

$\overrightarrow{AM}=\frac{1}{2}(\mathbf{a}+\mathbf{b})=\frac{1}{2}\overrightarrow{AC}$

$\overrightarrow{DM}=\overrightarrow{AM}-\overrightarrow{AD}=\frac{1}{2}(\mathbf{a}+\mathbf{b})-\mathbf{b}=\frac{1}{2}(\mathbf{a}-\mathbf{b})=\frac{1}{2}\overrightarrow{DB}$

したがって，点 M は，線分 AC および線分 BD を 2 等分する．すなわち，平行四辺形 $ABCD$ は点 M を通る線分 PQ で 2 等分される．

次に，平行四辺形を正確に 3 等分してみましょう．えっ，できるんですか？ と思われたでしょう．誰が考えたか，実に面白いですよ．3 人に，長方形のケーキを買ってきて，喧嘩しないように，3 等分するには，この方法が役に立ちます．

1.2. ベクトル I

例題 1.2.12-2　平行四辺形 ABCD を 3 等分する方法を幾何的にベクトルで示せ.

問題はいたってシンプル．さあ，答えは，媒介変数をうまく使います．
この方法を用いると，3 人兄弟がケーキを 3 等分できますが，解答はどんなんかな？

例題 1.2.12-2 解答

図に示すように，平行四辺形 ABCD があって，点 P を線分 CD の中点，点 Q を線分 BC の中点とする．ここで，$\vec{AB}=\mathbf{a}$, $\vec{AD}=\mathbf{b}$, $\vec{AP}=\mathbf{p}$, $\vec{AQ}=\mathbf{q}$ とおくと，題意から，
$$\vec{BQ}=\vec{QC}, \quad \vec{CP}=\vec{PD}$$
であるから，
$$\mathbf{p}=\frac{1}{2}\mathbf{a}+\mathbf{b}, \quad \mathbf{q}=\mathbf{a}+\frac{1}{2}\mathbf{b} \quad (1)$$

である．ここで，$\vec{AM}=\mathbf{m}$, $\vec{AN}=\mathbf{n}$ とすれば，$\mathbf{m}=k\mathbf{p}$, $\mathbf{n}=\ell\mathbf{q}$ となる $k, \ell\,(>0)$ が存在する．そこで，式(1)の $\mathbf{p}, \mathbf{q}$ を，
$$\mathbf{m}=k\left(\frac{1}{2}\mathbf{a}+\mathbf{b}\right), \quad \mathbf{n}=\ell\left(\mathbf{a}+\frac{1}{2}\mathbf{b}\right) \quad (2)$$
と書き直す．これらの式は，例えば，ベクトル $\mathbf{m}$ はベクトル $\mathbf{a}$ の $k/2$ 倍とベクトル $\mathbf{b}$ の k 倍で線形結合されていることになる（内分・外分の考え）．したがって，$k/2+k=1$ および $\ell+\ell/2=1$ であり，したがって，$k=\ell=2/3$ である．そこで，式(2)は，
$$\mathbf{m}=\frac{2}{3}\left(\frac{1}{2}\mathbf{a}+\mathbf{b}\right)=\frac{1}{3}\mathbf{a}+\frac{2}{3}\mathbf{b}, \quad \mathbf{n}=\frac{2}{3}\left(\mathbf{a}+\frac{1}{2}\mathbf{b}\right)=\frac{2}{3}\mathbf{a}+\frac{1}{3}\mathbf{b} \quad (3)$$

ここがミソ！

と書け，したがって，符号に注意して，
$$\left.\begin{array}{l}\vec{BN}=(-\mathbf{a})+\mathbf{n}=-\mathbf{a}+\frac{2}{3}\mathbf{a}+\frac{1}{3}\mathbf{b}=\frac{1}{3}(\mathbf{b}-\mathbf{a})=\frac{1}{3}\vec{BD}\\[4pt]\vec{NM}=\mathbf{m}-\mathbf{n}=\left(\frac{1}{3}\mathbf{a}+\frac{2}{3}\mathbf{b}\right)-\left(\frac{2}{3}\mathbf{a}+\frac{1}{3}\mathbf{b}\right)=\frac{1}{3}(\mathbf{b}-\mathbf{a})=\frac{1}{3}\vec{BD}\\[4pt]\vec{MD}=\mathbf{b}-\mathbf{m}=\mathbf{b}-\left(\frac{1}{3}\mathbf{a}+\frac{2}{3}\mathbf{b}\right)=\frac{1}{3}(\mathbf{b}-\mathbf{a})=\frac{1}{3}\vec{BD}\end{array}\right\} \quad (4)$$

となる．すなわち，式(4)から，$\vec{BN}=\vec{NM}=\vec{DM}=\vec{BD}/3$ であり，直線 AP および直線 AQ は直線 BD を三等分していることが分かる．

したがって，直線 AD に平行で，あるいは，直線 AB に平行で，点 M を通る直線と点 N を通る直線は平行四辺形を三等分する．

いかがでしょうか．納得されましたか？ こうすれば，長方形のケーキをきっちり三等分できます．めでたし，めでたし．ん？ 狐に騙された感じですって？ そうかも！

実は，これを利用すると 7 等分も，9 等分もできますよ．考えてみてください．面白くないですかね！ では，ちょっと変わった例題を見てみましょう．

例題 1.2.12-3　平行でなく，零ベクトル $\mathbf{0}$ ではない，異なるベクトル $\mathbf{a}$, $\mathbf{b}$ があって，スカラー係数 $\lambda\in\Re$ に対し，$\lambda(\mathbf{a}+\mathbf{b})=\lambda\mathbf{a}+\lambda\mathbf{b}$ であることを，成分表示を用いずに示せ．

「当たり前」って感じの問題です．しかし，「成分表示を用いず」という文言があります．どのように示しましょうか？

例題 1.2.12-3 解答
1) $\lambda = 0$ の場合　与式が成り立つことは自明である.
2) $\lambda > 0$ の場合,
　　平行四辺形の性質から,
　　　$\mathbf{a}' = \lambda \mathbf{a}$, $\mathbf{b}' = \lambda \mathbf{b}$
　　　$\therefore \overrightarrow{OP'} = \mathbf{a}' + \mathbf{b}' = \lambda \mathbf{a} + \lambda \mathbf{b}$
　　一方,
　　　$\overrightarrow{OP'} = \lambda(\mathbf{a}+\mathbf{b})$
　　　$\therefore \lambda(\mathbf{a}+\mathbf{b}) = \lambda \mathbf{a} + \lambda \mathbf{b}$
3) $\lambda < 0$ の場合, $\lambda = -\mu$ $(\mu > 0)$ として
　　　$\mathbf{a}'' = -\mu \mathbf{a}$, $\mathbf{b}'' = -\mu \mathbf{b}$
　　　$\therefore \overrightarrow{OP''} = \mathbf{a}'' + \mathbf{b}'' = -\mu \mathbf{a} - \mu \mathbf{b} = \lambda \mathbf{a} + \lambda \mathbf{b}$
　　一方,
　　　$\overrightarrow{OP''} = -\mu(\mathbf{a}+\mathbf{b}) = \lambda(\mathbf{a}+\mathbf{b})$
　　　$\therefore \lambda(\mathbf{a}+\mathbf{b}) = \lambda \mathbf{a} + \lambda \mathbf{b}$
1), 2), 3) から題意が示された.

ということなんです. 幾何的に証明するとは, このようにすることで, 一切, ベクトルの要素を用いていません. したがって, この証明は, 2 次元ベクトルあるいは 3 次元ベクトルのみならず n 次元ベクトルでの証明として考えられます. 実は, すごい話でしょう！ まさに, ベクトルの醍醐味でしょうかね. 言い過ぎか？

では, 少々確かめの意味で練習問題をして頂きます.

練習問題 1.2.12-1　位置ベクトル $\mathbf{a} = (1, 1, 0)^T$, $\mathbf{b} = (0, 1, 3)^T$ について, ベクトル $\mathbf{b} - \mathbf{a}$ を 3:2 に内分する点, および, ベクトル $\mathbf{b} - \mathbf{a}$ を 3:2 に外分する点への位置ベクトル $\mathbf{c}$ をそれぞれ求めよ.

練習問題 1.2.12-2　三角形 ABC があって, その重心 G の位置ベクトル $\mathbf{g}$ を, 三角形の各頂点 A, B, C に対する位置ベクトル $\mathbf{a}, \mathbf{b}, \mathbf{c}$ で表せ.

練習問題 1.2.12-3　点 $P(\mathbf{r}_P)$ を通り, ベクトル $\mathbf{a}$ により定義する直線のベクトル方程式 $\mathbf{r} = \mathbf{r}_P + t\mathbf{a}$ を, $\mathbf{r} = (x, y, z)$, $\mathbf{r}_P = (p_x, p_y, p_z)$, $\mathbf{a} = (a_x, a_y, a_z)$ の各座標で, t を消去して表せ. ただし, $a_x b_y c_z \neq 0$ とし, ここで, t は媒介変数で $t \neq 0$ とする.

練習問題 1.2.12-4　外に凸の四角形 ABCD があって辺 AB の中点を P, 辺 BC の中点を Q, 辺 CD の中点を R, 辺 DA の中点を S とする. このとき四角形 PQRS （右図）は平行四辺形となることをベクトルで示せ.

練習問題 1.2.12-5　原点を起点とする 2 つのベクトル $\mathbf{a}$, $\mathbf{b}$ について, $\|\mathbf{a}\| = \|\mathbf{b}\|$, $\mathbf{a} \neq \mathbf{b}$ であるとき, $\mathbf{c} = \mathbf{a} + \mathbf{b}$ となるベクトル $\mathbf{c}$ は, ベクトル $\mathbf{a}, \mathbf{b}$ のなす角を 2 等分することを示せ.

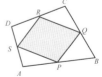

1.3. 行列 I

ベクトルは既に習っていても，行列という言葉を聞いた事がない学生もいるようです．高校で，線形代数を教えない学校があるようですが，不思議です．実は，理科系の解析には必須である計算方法であることは間違いないのです．その理由は，すぐ分かります．

1.3.1. 行列の表式

ベクトルの表式と同様に，行列（*matrix*）とは，括弧の中に数字または式（これも同様に要素と呼びます）を，横（行）および縦（列）に格子状に並べるのが基本です．単なるそれだけの話です．しかしながら，この表式は演算方法を定義することで面白くなります．

行列 $\mathbf{A}$ が，例えば，要素が，2 行 3 列で並んでいる行列であるということを，

$$\mathbf{A} = \{a_{ij}\} = \begin{pmatrix} a_{11} & a_{12} & a_{13} \\ a_{21} & a_{22} & a_{23} \end{pmatrix} \quad (i=1, 2;\ j=1, 2, 3) \tag{1.3.1-1}$$

のように書き，行列の一般的な要素は a_{ij} と書いて $\{\ \}$ で囲みます．添え字の ij は，要素の位置が (i, j)，即ち，i 行 j 列であることを意味します．したがって，a_{12} は「1 行 2 列の要素」ということです．ここで，式 1.3.1-1 で表す行列 $\mathbf{A}$ は 2×3 型行列と呼びます．

一般的には，すなわち，$m \times n$ 型の行列は，以下のように定義します．

定義 16　行列

$m \times n$ 型の行列とは，$\mathbf{A} = \{a_{ij}\}\ (i=1,2,\cdots,m;\ j=1,2,\cdots,n)$ ，または，

$$\mathbf{A} = \begin{pmatrix} a_{11} & a_{12} & \cdots & a_{1j} & \cdots & a_{1n} \\ a_{21} & a_{22} & \cdots & a_{2j} & \cdots & a_{2n} \\ \vdots & \vdots & \ddots & \vdots & \ddots & \vdots \\ a_{i1} & a_{i2} & \cdots & a_{ij} & \cdots & a_{in} \\ \vdots & \vdots & \ddots & \vdots & \ddots & \vdots \\ a_{m1} & a_{m2} & \cdots & a_{mj} & \cdots & a_{mn} \end{pmatrix},\quad \begin{pmatrix} i=1, 2, \cdots, m \\ j=1, 2, \cdots, n \end{pmatrix} \tag{1.3.1-2}$$

と書く．

ここで，「$\cdots$」や「$\ddots$」や「$\vdots$」などの記号は，書き切れない要素を表しています．行列は見たことがないって言われちゃうと困りますが，行列は，ベクトルと並んで，線形代数の代表的な表式の 1 つです．さあ，これは何に使うのでしょう？

1.3.2. 行列の演算

ベクトルとは異なり，行列の演算では，多少制約があるものの，「加減乗除」の計算方法があります．1 つ 1 つご説明しましょう．

（1）加法・減法

「加減」は，ベクトルと同じです．その制限も同じで，お互いの型が同じである必要があります．例えば，$m \times n$ 型の行列 $\mathbf{A} = \{a_{ij}\}$ および $\mathbf{B} = \{b_{ij}\}$ がある場合は，

$$\mathbf{A} \pm \mathbf{B} = \{a_{ij} \pm b_{ij}\} \quad (i=1, 2, \cdots, m;\ j=1, 2, \cdots, n) \tag{1.3.2-1}$$

と書けば良いのです．また，行列の定数倍は，要素の定数倍，すなわち，

> 加法・減法は，簡単！

$$k\mathbf{A} = \{ka_{ij}\} \quad (i=1, 2, \cdots, m ; \ j=1, 2, \cdots, n) \tag{1.3.2-2}$$

です．すなわち，行列 $\mathbf{A}$ および行列 $\mathbf{B}$ の加減とは，(i, j) 要素同士の加減で計算ができるということです．無茶苦茶，簡単ですね． しかし…．乗法・除法はスカラーと全く違います．さあ，お楽しみに．

(2) 乗法

乗法は，ちょっと複雑です．加法，減法に制限があったように，乗法にも制限がありますが，同じではありません．掛け算の順番が問題です．$m \times n$ 型の行列 $\mathbf{A}$ を $k \times \ell$ 型の行列 $\mathbf{B}$ の左からかける場合，すなわち，$\mathbf{C} = \mathbf{AB}$ と表す場合，行列 $\mathbf{C}$ が計算可能なのは，行列 $\mathbf{A}$ の列の要素数と行列 $\mathbf{B}$ の行の要素数が同じ数であることです．

すなわち，行列 $\mathbf{C}$ の要素 c_{ij} は，行列 $\mathbf{A}$ の行の要素 a_{ik} $(k=1, 2, \cdots, n)$ および行列 $\mathbf{B}$ の列の要素 b_{kj} $(k=1, 2, \cdots, n)$ とにより，

$$c_{ij} = a_{i1}b_{1j} + a_{i2}b_{2j} + \cdots + a_{ik}b_{kj} + \cdots + a_{in}b_{nj} = \sum_{k=1}^{n} a_{ik}b_{kj} \tag{1.3.2-3}$$

のように計算します．以下の式 1.3.2-4 を見てください．$m \times n$ 型の行列 $\mathbf{A}$ と $n \times \ell$ 型の行列 $\mathbf{B}$ との掛け算をして $m \times \ell$ 型の行列 $\mathbf{C}$ の (i, j) 要素を計算する場合の様子を示しています．要素の対応をよ〜く見てください．

$$\begin{pmatrix} c_{11} & \cdots & c_{1j} & \cdots & c_{1\ell} \\ \vdots & \ddots & \vdots & \ddots & \vdots \\ c_{i1} & \cdots & \boxed{c_{ij}} & \cdots & c_{i\ell} \\ \vdots & \ddots & \vdots & \ddots & \vdots \\ c_{m1} & \cdots & c_{mj} & \cdots & c_{m\ell} \end{pmatrix} = \begin{pmatrix} a_{11} & \cdots & a_{1k} & \cdots & a_{1n} \\ \vdots & \ddots & \vdots & \ddots & \vdots \\ \boxed{a_{i1} \quad \cdots \quad a_{ik} \quad \cdots \quad a_{in}} \\ \vdots & \ddots & \vdots & \ddots & \vdots \\ a_{m1} & \cdots & a_{mk} & \cdots & a_{mn} \end{pmatrix} \begin{pmatrix} b_{11} & \cdots & \boxed{b_{1j}} & \cdots & b_{1\ell} \\ \vdots & \ddots & \vdots & \ddots & \vdots \\ b_{k1} & \cdots & \boxed{b_{kj}} & \cdots & b_{k\ell} \\ \vdots & \ddots & \vdots & \ddots & \vdots \\ b_{n1} & \cdots & \boxed{b_{nj}} & \cdots & b_{n\ell} \end{pmatrix} \tag{1.3.2-4}$$

というように，行列 $\mathbf{A}$ の i 行から作るベクトル $\mathbf{a}_i$ と行列 $\mathbf{B}$ の j 列から作るベクトル $\mathbf{b}_j$ との内積 $\mathbf{a}_i \cdot \mathbf{b}_j$ が，行列 $\mathbf{A}$ と行列 $\mathbf{B}$ の積の結果としてできる行列 $\mathbf{C}$ の (i, j) 成分 c_{ij} である，とも言えます．ここで，行列 $\mathbf{A}$（横ベクトル表示）および行列 $\mathbf{B}$（縦ベクトル表示）を，

$$\mathbf{A} = \begin{pmatrix} \mathbf{a}_1 & \cdots & \mathbf{a}_i & \cdots & \mathbf{a}_m \end{pmatrix}^T ; \quad \mathbf{B} = \begin{pmatrix} \mathbf{b}_1 & \cdots & \mathbf{b}_j & \cdots & \mathbf{b}_\ell \end{pmatrix}$$

とするならば，行列 $\mathbf{A}$ と行列 $\mathbf{B}$ の積である行列を $\mathbf{C}$ の (i, j) である c_{ij} は

$$c_{ij} = \mathbf{a}_i \cdot \mathbf{b}_j = \sum_{k=1}^{n} a_{ik}b_{kj}$$

と書けます．行列の表式で書くと，

$$\mathbf{C} = \begin{pmatrix} \mathbf{a}_1 \cdot \mathbf{b}_1 & \cdots & \mathbf{a}_1 \cdot \mathbf{b}_j & \cdots & \mathbf{a}_1 \cdot \mathbf{b}_\ell \\ \vdots & \ddots & \vdots & \ddots & \vdots \\ \mathbf{a}_i \cdot \mathbf{b}_1 & \cdots & \mathbf{a}_i \cdot \mathbf{b}_j & \cdots & \mathbf{a}_i \cdot \mathbf{b}_\ell \\ \vdots & \ddots & \vdots & \ddots & \vdots \\ \mathbf{a}_m \cdot \mathbf{b}_1 & \cdots & \mathbf{a}_m \cdot \mathbf{b}_j & \cdots & \mathbf{a}_m \cdot \mathbf{b}_\ell \end{pmatrix} \tag{1.3.2-5}$$

で，$m \times \ell$ 型行列 $\mathbf{C}$ になる，ということなのです．

もう一度言いますと，「行列 $\mathbf{A}$ の i 行ベクトルと行列 $\mathbf{B}$ の j 列ベクトルの内積 $\mathbf{a}_i \cdot \mathbf{b}_j$ は

行列 **AB** の (i, j) 成分になる」，すなわち，「行」×「列」，とまあ，こういうことになります．「行列」を「列行」と書かなかったのはそのためだったか分かりませんが…(笑)．ちょっと，しつこかったかな？ ここで注意してほしいのは，この場合，行列 **C** の要素は，内積の形式であり，すなわち，すべての要素はスカラーということです．

この計算方法は数学体系の約束事ですので，そのまま受け入れざるを得ません．これが，線形代数のもっとも重要なルールの1つであり基礎的演算方法です．行列の，縦ベクトル表示や横ベクトル表示，とは違います．そこんとこ，よろしく！

そこで，例題です．まあ，簡単ですが，答えを見る前に頭の中で想像してみてください．ものすごく，基礎です．暗算でできます．

例題 1.3.2-1
つぎの行列 $\mathbf{A} = \begin{pmatrix} 1 & 2 \\ 3 & 4 \end{pmatrix}$, $\mathbf{B} = \begin{pmatrix} 5 & 6 \\ 7 & 8 \end{pmatrix}$ について，以下のの計算をせよ．

（1）$\mathbf{A} + \mathbf{B}$ （2）$\mathbf{A} - \mathbf{B}$ （3）$\mathbf{AB}$ （4）$\mathbf{BA}$

解答を見る前に少々暗算で計算してみてください．・・・・・・

では，そろそろ，解答を見てみましょう．

例題 1.3.2-1 解答

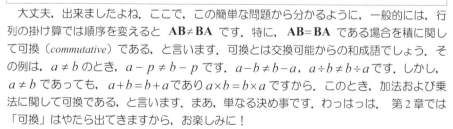

大丈夫，出来ましたよね．ここで，この簡単な問題から分かるように，一般的には，行列の掛け算では順序を変えると $\mathbf{AB} \neq \mathbf{BA}$ です．特に，$\mathbf{AB} = \mathbf{BA}$ である場合を積に関して可換（*commutative*）である，と言います．可換とは交換可能からの和成語でしょう．その例は，$a \neq b$ のとき，$a - p \neq b - p$ です．$a - b \neq b - a$，$a \div b \neq b \div a$ です．しかし，$a \neq b$ であっても，$a + b = b + a$ であり $a \times b = b \times a$ ですから．このとき，加法および乗法に関して可換である，と言います．まあ，単なる決め事です．わっはっは．第2章では「可換」はやたら出てきますから，お楽しみに！

その前に，ちょっとした行列の可換に関する基本的な例題を2つ見ましょう．簡単ですから．先読みしてみてください．

例題 1.3.2-2 数学的帰納法を用いて，可換な行列 **A**，**B** について，次式を証明せよ．
$$(\mathbf{AB})^n = \mathbf{A}^n \mathbf{B}^n$$

どうでしょう．可換は $\mathbf{AB} = \mathbf{BA}$ ですから，これを使います．

例題 1.3.2-2 解答　数学的帰納法を用いて証明する.
1）$n=1$ のとき
　　左辺$=(\mathbf{AB})^1=\mathbf{AB}$，右辺$=\mathbf{A}^1\mathbf{B}^1=\mathbf{AB}$　故に，与式は成立
2）$n=k$ のとき，与式から，$(\mathbf{AB})^k=\mathbf{A}^k\mathbf{B}^k$ が成立すると仮定
3）$n=k+1$ のときに与式が成立するすることを示す.
$$(\mathbf{AB})^{k+1}=(\mathbf{AB})^k(\mathbf{AB})=(\mathbf{A}^k\mathbf{B}^k)(\mathbf{AB})=\mathbf{A}^k\mathbf{B}^k\mathbf{AB}$$
$$=\mathbf{A}^k\mathbf{B}^{k-1}(\mathbf{BA})\mathbf{B}=\mathbf{A}^k\mathbf{B}^{k-1}(\mathbf{AB})\mathbf{B}=\mathbf{A}^k\mathbf{B}^{k-1}\mathbf{AB}^2$$
$$=\mathbf{A}^k\mathbf{B}^{k-2}(\mathbf{BA})\mathbf{B}^2=\mathbf{A}^k\mathbf{B}^{k-2}\mathbf{AB}^3=\cdots$$
$$=\mathbf{A}^k\mathbf{B}^2\mathbf{AB}^{k-1}=\mathbf{A}^k\mathbf{B}(\mathbf{BA})\mathbf{B}^{k-1}=\mathbf{A}^k\mathbf{ABB}^k$$
$$\therefore\ (\mathbf{AB})^{k+1}=\mathbf{A}^{k+1}\mathbf{B}^{k+1}$$

いいね！

4）上記 1），2），3）から，数学的帰納法により与式が証明された.

例題 1.3.2-3　数学的帰納法を用いて，可換な行列 $\mathbf{A}$，$\mathbf{B}$ について，次式を証明せよ.
$$(\mathbf{A}+\mathbf{B})^n=\sum_{r=0}^n {}_nC_r\mathbf{A}^{n-r}\mathbf{B}^r$$
ただし，$\mathbf{A}^0=\mathbf{B}^0=\mathbf{E}$ とし，${}_nC_r=\dfrac{n!}{(n-r)!r!}$，${}_{n+1}C_r={}_nC_r+{}_nC_{r-1}$ である.

ここでの式変形は，高校の「順列・組み合わせ」で復習してください.

例題 1.3.2-2 解答　数学的帰納法を用いて証明する.
1）$n=1$ のとき
　　左辺$=(\mathbf{A}+\mathbf{B})^1=\mathbf{A}+\mathbf{B}$，右辺は，
$$\sum_{r=0}^1 {}_1C_r\mathbf{A}^{1-r}\mathbf{B}^r={}_1C_0\mathbf{A}^1\mathbf{B}^0+{}_1C_1\mathbf{A}^0\mathbf{B}^1=\mathbf{A}+\mathbf{B}$$
$\left({}_1C_0=\dfrac{1!}{(1-0)!0!}=1\ ;\ {}_1C_1=\dfrac{1!}{0!1!}=1\right)$
故に，与式は成立
2）$n=k$ のとき，与式から，$(\mathbf{A}+\mathbf{B})^k=\sum_{r=0}^k {}_kC_r\mathbf{A}^{k-r}\mathbf{B}^r$ が成立すると仮定
3）$n=k+1$ のときに与式が成立することを示す.
$$(\mathbf{A}+\mathbf{B})^{k+1}=(\mathbf{A}+\mathbf{B})^k(\mathbf{A}+\mathbf{B})=\left(\sum_{r=0}^k {}_kC_r\mathbf{A}^{k-r}\mathbf{B}^r\right)(\mathbf{A}+\mathbf{B})$$
$$=\sum_{r=0}^k {}_kC_r\mathbf{A}^{k-r+1}\mathbf{B}^r+\sum_{r=0}^k {}_kC_r\mathbf{A}^{k-r}\mathbf{B}^{r+1}$$
$$={}_kC_0\mathbf{A}^{k+1}\mathbf{B}^0+{}_kC_1\mathbf{A}^k\mathbf{B}^1+{}_kC_2\mathbf{A}^{k-1}\mathbf{B}^2+\cdots+{}_kC_k\mathbf{A}^1\mathbf{B}^k$$
$$+{}_kC_0\mathbf{A}^k\mathbf{B}^1+{}_kC_1\mathbf{A}^{k-1}\mathbf{B}^2+\cdots+{}_kC_{k-1}\mathbf{A}^1\mathbf{B}^k+{}_kC_k\mathbf{A}^0\mathbf{B}^{k+1}$$
$$={}_kC_0\mathbf{A}^{k+1}+\sum_{r=1}^k \left({}_kC_r+{}_kC_{r-1}\right)\mathbf{A}^{k-r}\mathbf{B}^r+{}_kC_k\mathbf{B}^{k+1}$$
$$={}_{k+1}C_0\mathbf{A}^{k+1}+\sum_{r=1}^k {}_{k+1}C_r\mathbf{A}^{k-r}\mathbf{B}^r+{}_{k+1}C_k\mathbf{B}^{k+1}$$
$$\therefore\ (\mathbf{A}+\mathbf{B})^{k+1}=\sum_{r=0}^{k+1} {}_kC_r\mathbf{A}^{k-r}\mathbf{B}^r$$

ここがミソよ.
しっかり見て頂戴.

4）上記 1），2），3）から，数学的帰納法により与式が証明された.

練習問題 1.3.2-1　以下の行列 $\mathbf{A}$ と行列 $\mathbf{B}$ について，和と差をそれぞれ計算せよ.
$$\mathbf{A}=\begin{pmatrix}1 & 2\\ 3 & 4\end{pmatrix},\ \mathbf{B}=\begin{pmatrix}-2 & 4\\ 6 & 4\end{pmatrix}$$

練習問題 1.3.2-2 以下の行列 $\mathbf{A}$ と行列 $\mathbf{B}$ について，可換（$\mathbf{AB}=\mathbf{BA}$）であることを示せ．
$$\mathbf{A} = \begin{pmatrix} 1 & 2 \\ 3 & 4 \end{pmatrix}, \mathbf{B} = \begin{pmatrix} -2 & 4 \\ 6 & 4 \end{pmatrix}$$

練習問題 1.3.2-3 以下の行列 $\mathbf{A}$ と行列 $\mathbf{B}$ について，積 $\mathbf{AB}$ は，$\mathbf{AB}=-\mathbf{A}$ であることを示せ．ただし，ω は $x^3-1=0$ の虚数解の1つである．
$$\mathbf{A} = \begin{pmatrix} 1 & \omega \\ \omega^2 & 1 \end{pmatrix}, \mathbf{B} = \begin{pmatrix} \omega^2 & 1 \\ 1 & \omega \end{pmatrix}$$

練習問題 1.3.2-4 以下の行列 $\mathbf{A}$ と行列 $\mathbf{E}$ について，$\mathbf{AX}=\mathbf{E}$ となる 2×2 の行列 $\mathbf{X}$ を求めよ．また，$\mathbf{AX}=\mathbf{E}$ であることを確かめよ．
$$\mathbf{A} = \begin{pmatrix} 1 & 3 \\ 2 & 1 \end{pmatrix}, \mathbf{E} = \begin{pmatrix} 1 & 0 \\ 0 & 1 \end{pmatrix}$$

練習問題 1.3.2-5 計算可能な行列 $\mathbf{A}$, $\mathbf{B}$, $\mathbf{C}$ について $(\mathbf{AB})\mathbf{C}=\mathbf{A}(\mathbf{BC})$ であることを示せ．

1.3.3. 行列の呼び名

行列は，その性質により，特に，名前が付いている行列があります．主なものをここで紹介しましょう．ここで，(i,i) 成分を主対角線（*the main diagonal of the matrix*）と呼びます．再び，名前を覚えることに集中してください．難しいことは書いていません．頑張ってください．

（1）$m\times n$ 型行列　要素が m 行 n 列の格子点上に並んだ以下の行列
$$\mathbf{A} = \begin{pmatrix} a_{11} & a_{12} & \cdots & a_{1n} \\ a_{21} & a_{22} & \cdots & a_{2n} \\ \vdots & \vdots & \ddots & \vdots \\ a_{m1} & a_{m2} & \cdots & a_{mn} \end{pmatrix} \quad (1.3.3\text{-}1)$$

（2）正方行列（*square matrix*）特に，行も列も同じ n の格子点上に並んだ以下の行列
$$\mathbf{A} = \begin{pmatrix} a_{11} & a_{12} & \cdots & a_{1n} \\ a_{21} & a_{22} & \cdots & a_{2n} \\ \vdots & \vdots & \ddots & \vdots \\ a_{n1} & a_{n2} & \cdots & a_{nn} \end{pmatrix} \quad (1.3.3\text{-}2)$$

> 殆どの n 元 1 次方程式は，未知数も n であり，係数行列は正方行列となるんだよ．

（3）単位行列 $\mathbf{E}=\{\delta_{ij}\}$（*unit matrix*）主対角線の要素は全て1，それ以外は0である行列
$$\mathbf{A} = \mathbf{AE} = \mathbf{EA}$$

（4）逆行列 $\mathbf{A}^{-1}$（*inverse matrix*）正方行列 $\mathbf{A}$ に対して以下の式を満たす行列
$$\mathbf{A}^{-1}\mathbf{A} = \mathbf{AA}^{-1} = \mathbf{E} \quad (1.3.3\text{-}3)$$

1. 線形代数 I

(5) 三角行列 (*triangular matrix*)
主対角線の下部の要素が全て 0（上三角行列）であるか，あるいは，主対角線の上部の要素が全て 0（下三角行列）である行列．階段行列ともいう．

$$\mathbf{A} = \begin{pmatrix} a_{11} & a_{12} & \cdots & a_{1n} \\ 0 & a_{22} & \cdots & a_{2n} \\ \vdots & \ddots & \ddots & \vdots \\ 0 & \cdots & 0 & a_{nn} \end{pmatrix}, \quad \mathbf{A} = \begin{pmatrix} a_{11} & 0 & \cdots & 0 \\ a_{21} & a_{22} & \ddots & \vdots \\ \vdots & \vdots & \ddots & 0 \\ a_{n1} & a_{n2} & \cdots & a_{nn} \end{pmatrix} \quad (1.3.3\text{-}4)$$

(6) 対角行列 (*diagonal matrix*) 主対角線以外の要素が全て 0 である行列

$$\mathbf{A} = \begin{pmatrix} a_{11} & 0 & \cdots & 0 \\ 0 & a_{22} & \ddots & \vdots \\ \vdots & \ddots & \ddots & 0 \\ 0 & \cdots & 0 & a_{nn} \end{pmatrix} = \{a_{ij}\delta_{ij}\} \quad (1.3.3\text{-}5)$$

(7) 転置行列 $\mathbf{A}^T$ (*transposed matrix*) 正方行列で，(i, j) 成分を (j, i) の位置に変更した行列

$$\mathbf{A} \Rightarrow \mathbf{A}^T, \quad \{a_{ij}\} \Rightarrow \{a_{ji}\} \qquad 例えば, \qquad \mathbf{A} = \left(\mathbf{A}^T\right)^T \quad (1.3.3\text{-}6)$$

(8) 対称行列 $\mathbf{S}$ (*symmetric matrix*) 元の行列の転置行列と等しい行列

$$\mathbf{A} = \mathbf{A}^T, \quad \{a_{ij}\} = \{a_{ji}\} \quad (1.3.3\text{-}7)$$

(9) 交代行列 $\mathbf{T}$ *antisymmetric matrix* 元の行列の転置行列の符号がマイナスとなる行列

$$\mathbf{A} = -\mathbf{A}^T, \quad \{a_{ij}\} = \{-a_{ji}\} \quad (1.3.3\text{-}8)$$

(10) 直交行列 $\mathbf{R}$ *orthogonal matrix* 自身の転置行列との積が単位行列となる行列

$$\mathbf{R}^T\mathbf{R} = \mathbf{R}\mathbf{R}^T = \mathbf{E} \quad \left(\therefore\ \mathbf{R}^{-1} = \mathbf{R}^T\right) \quad (1.3.3\text{-}9)$$

(11) 余因子行列 (*cofactor matrix*) 実数行列の要素の余因子で，その要素と置き換えた行列

$$\mathbf{A} \Rightarrow \tilde{\mathbf{A}} \quad \{a_{ij}\} \Rightarrow \{\tilde{a}_{ij}\} \quad \tilde{\mathbf{A}} = \text{adj}\,\mathbf{A} \quad (1.3.3\text{-}10)$$

余因子行列は，*cofactor matrix*, または，*adjugate matrix* と呼ばれ，もとの行列の要素の余因子を同位置に置いて，さらに，転置した行列．（節 1.4 参照）

(12) 随伴行列 *adjoint matrix*   行列の複素数要素を共役複素数に変換し，さらに転置した行列

$$\mathbf{A} \Rightarrow \mathbf{A}^* \quad \{a_{ij}\} \Rightarrow \{\overline{a}_{ji}\} \quad (1.3.3\text{-}11)$$

あるいは，$\mathbf{A}^\dagger$ と書く場合があります．本によっては，*adjugate matrix* とも呼ばれることがありますが，余因子行列との混同を避けるため，本書では，行列の要素を複素共役とし転置した行列を随伴行列 *adjoint matrix* と呼ぶこととします．（節 3.4 参照）

1.3. 行列 I

（13）エルミート行列 **H**　*Hermitian matrix*　要素が複素数で，$\mathbf{H}^*$ は **H** の随伴行列
$$\mathbf{H} = \mathbf{H}^* \tag{1.3.3-12}$$

（14）反エルミート行列 **H**　*anti-Hermitian matrix*　要素が複素数で，$\mathbf{H}^*$ は **H** の随伴行列
$$\mathbf{H} = -\mathbf{H}^* \quad \text{あるいは，} \quad \mathbf{H} = -\overline{\mathbf{H}}^T \tag{1.3.3-13}$$
反エルミート行列は，歪エルミート行列 *skew-Hermitian matrix* とも言う．

（15）ユニタリー行列　**U**　*Unitary matrix*　要素が複素数で，$\mathbf{U}^*$ は **U** の随伴行列
$$\mathbf{U}\mathbf{U}^* = \mathbf{U}^*\mathbf{U} = \mathbf{E} \tag{1.3.3-14}$$

（16）正規行列　*normal matrix*　行列 **A** と自身の随伴行列 $\mathbf{A}^*$ の積が可換である行列
$$\mathbf{A}\mathbf{A}^* = \mathbf{A}^*\mathbf{A} \tag{1.3.3-15}$$
ユニタリー行列は正規行列である．

> ここで紹介された行列の種類は覚えておくと良いな．まとめておこう

このように，行列にはたくさんの種類がありますが，基本は，数を格子状に並べた表式であることに間違いないのです．恐れるに足らず，です．上記で説明なしで，実数行列と複素数行列と区別していますが，読者は察しが付いているとは思いますが，敢えて言いますと，行列の要素が全て実数の場合を実数行列（実行列），行列の要素の中に虚数単位 i を含む場合を複素数行列（複素行列）と呼びます．実は，広義では実数も複素数ですから，この説明は変かもしれないですね（笑）．　では，以下の練習問題でご確認ください．

練習問題 1.3.3-1　以下の行列 **R** が直交行列であることを示せ
$$\mathbf{R} = \begin{pmatrix} \cos\theta & -\sin\theta \\ \sin\theta & \cos\theta \end{pmatrix} \tag{1.3.3-15}$$

練習問題 1.3.3-2　式 1.3.3-14 の行列 **R** の $n(=1, 2, ,\cdots)$ 乗が次式になることを証明せよ．
$$\mathbf{R}^n = \begin{pmatrix} \cos n\theta & -\sin n\theta \\ \sin n\theta & \cos n\theta \end{pmatrix} \tag{1.3.3-16}$$

練習問題 1.3.3-3　任意の正方行列 **A** から作成した以下の **S** は対称行列であることを示せ．
$$\mathbf{S} = \frac{1}{2}\left(\mathbf{A} + \mathbf{A}^T\right) \tag{1.3.3-17}$$

練習問題 1.3.3-4　任意の正方行列 **A** から作成した以下の **T** は交代行列であることを示せ．
$$\mathbf{T} = \frac{1}{2}\left(\mathbf{A} - \mathbf{A}^T\right) \tag{1.3.3-18}$$

練習問題 1.3.3-5　次の行列 **A** に対し，$\mathbf{A} + \mathbf{B} = \mathbf{O}$ となる行列 **B** を求めよ．また，求めた行列 **B** を用いて，$\left|\mathbf{B} + \overline{\mathbf{A}}^T\right|$ および $\left|\left(\mathbf{B} - \overline{\mathbf{A}}^T\right)/6\right|$ を求めよ．
$$\mathbf{A} = \begin{pmatrix} i & 3i-1 \\ -3i+1 & 0 \end{pmatrix}$$

1.3.4. 他の行列

ここでは，以下の単位行列 $\mathbf{E}$（主対角線の要素はすべて1で他の要素は0）について，

$$\mathbf{E} = \begin{pmatrix} 1 & 0 & \cdots & 0 \\ 0 & 1 & \ddots & \vdots \\ \vdots & \ddots & \ddots & 0 \\ 0 & \cdots & 0 & 1 \end{pmatrix} \tag{1.3.4-1}$$

から派生した変わり種の行列をご紹介しましょう．$\mathbf{E}$とどこが違うのかに注意しながら読んでください．以下の(1), (2), (3)の行列を用いることを基本変換（*elementary transformation*）と呼ぶことがあります．

(1) $\mathbf{E}_i(k)$ 主対角線は1で，他は0で，ただし，(i,i)成分が$k(\neq 0)$である行列

$$\mathbf{E}_i(k) = \begin{pmatrix} 1 & 0 & \cdots & \cdots & \cdots & 0 \\ 0 & \ddots & & & & \vdots \\ \vdots & \ddots & 1 & \ddots & & 0 \\ \vdots & & \ddots & k & \ddots & \vdots \\ \vdots & & 0 & \ddots & 1 & \vdots \\ \vdots & & & \ddots & \ddots & 0 \\ 0 & \cdots & \cdots & \cdots & 0 & 1 \end{pmatrix} \! \Big\} i \tag{1.3.4-2}$$

> これ以降の行列は超面白いですよ．

(2) $\mathbf{E}_{ij}(k)$ 主対角線は1で，他は0で，ただし，(i,j)成分が$k(\neq 0)$である行列

$$\mathbf{E}_{ij}(k) = \begin{pmatrix} 1 & 0 & \cdots & & \cdots & \cdots & 0 \\ 0 & \ddots & \ddots & & & & \vdots \\ \vdots & \ddots & 1 & \ddots & k & \cdots & \vdots \\ \vdots & & & \ddots & \ddots & & \vdots \\ \vdots & & 0 & \ddots & 1 & \ddots & \vdots \\ \vdots & & & & \ddots & \ddots & 0 \\ 0 & \cdots & \cdots & \cdots & & 0 & 1 \end{pmatrix} \! \Big\} i \tag{1.3.4-3}$$

(3) $\mathbf{E}_{ij}$ 主対角線は1，他は0．ただし，(i,i)および(j,j)成分は0とし，(i,j)成分および(j,i)成分は1である行列（「行列単位」と呼ぶ書物がありますが一般的ではありません．）

$$\mathbf{E}_{ij} = \begin{pmatrix} 1 & & & & & & & & & \\ & \ddots & 0 & & & & & & & \\ & 0 & \ddots & 0 & 0 & 0 & 0 & & & \\ & & & 1 & & & & & & \\ & & & & 0 & & & 1 & & \\ & & & & & 1 & 0 & & & \\ & 0 & 0 & & \ddots & & 0 & 0 & & \\ & & & & & 0 & 1 & & & \\ & & & 1 & & & 0 & & & \\ & & & & & & & 1 & & \\ & 0 & 0 & 0 & 0 & 0 & & & \ddots & 0 \\ & & & & & & & & 0 & 1 \end{pmatrix} \! \begin{matrix} \\ \\ \\ \\ \Big\} i \\ \\ \\ \\ \Big\} j \\ \\ \\ \end{matrix} \tag{1.3.4-4}$$

1.3. 行列 I

(4) $\mathbf{E}_{ij}^{0}(k)$　正方ゼロ行列の, (i, j) 成分だけが k である行列. 本書では, 仮に, 歪単位行列 (*skew-unit matrix*) と呼ぶことにします. この行列は, 単位行列および式 1.3.4-3 の $\mathbf{E}_{ij}(k)$ を用いて

$$\mathbf{E}_{ij}^{0}(k) = \mathbf{E}_{ij}(k) - \mathbf{E} \tag{1.3.4-5}$$

と表現できます. (注:「歪単位行列」という呼び名は一般的ではなく本書のみで通用)
具体的に書くと, (後述する単位ベクトルの直積 (式 4.2.2-4) でも得られます)

$$\mathbf{E}_{ij}^{0}(k) = \begin{pmatrix} 0 & 0 & \cdots & \cdots & \cdots & \cdots & 0 \\ 0 & \ddots & \ddots & & & & \vdots \\ \vdots & \ddots & \ddots & k & & & \vdots \\ \vdots & & \ddots & \ddots & & & \vdots \\ \vdots & & 0 & \ddots & \ddots & & \vdots \\ \vdots & & & & \ddots & \ddots & 0 \\ 0 & \cdots & \cdots & \cdots & 0 & 0 & 0 \end{pmatrix} \begin{matrix} \\ \\ i \\ \\ \\ \\ \end{matrix}$$

この歪単位行列はほんとに面白いですよ.

となります. 因みに, 正方行列 $\mathbf{A}$:

$$\mathbf{A} = \begin{pmatrix} a_{11} & a_{12} \\ a_{21} & a_{22} \end{pmatrix}$$

の線形表現は, 後で正式に定義する歪単位行列を用いると,

$$\mathbf{A} = a_{11}\mathbf{E}_{11}^{0}(1) + a_{12}\mathbf{E}_{12}^{0}(1) + a_{21}\mathbf{E}_{21}^{0}(1) + a_{22}\mathbf{E}_{22}^{0}(1)$$

のように 1 次結合で表すことができます.

あら, ほんとに面白いですわね.

一般的に書きますと n 次の任意の正方行列 $\mathbf{A} = \{a_{ij}\}$ に対して, 歪単位行列を用いると,

$$\mathbf{A} = \sum_{i,j}^{n} a_{ij}\mathbf{E}_{ij}^{0}(1) \tag{1.3.4-6}$$

$k=1$ の歪単位行列は, 後述する単位ベクトルの直積 (式 4.2.2-4) でも得られます.

のように, 歪単位行列が恰も単位ベクトルのように, 1 次結合で書くことができます.

上記の (1), (2), (3), (4) で示した行列は, どんな行列なのか興味がありませんか? たぶん想像ができるでしょうけれど, ここで 3×3 型行列でちょっと確かめてみましょう.

(a) 式 1.3.4-2 について, 3×3 行列で, 次の行列 $\mathbf{A}$ と行列 $\mathbf{E}_{2}(k)$ について,

$$\mathbf{A} = \begin{pmatrix} a_{11} & a_{12} & a_{13} \\ a_{21} & a_{22} & a_{23} \\ a_{31} & a_{21} & a_{33} \end{pmatrix}, \quad \mathbf{E}_{2}(k) = \begin{pmatrix} 1 & 0 & 0 \\ 0 & k & 0 \\ 0 & 0 & 1 \end{pmatrix} \tag{1.3.4-7}$$

行列 $\mathbf{A}$ と $\mathbf{E}_{2}(k)$ の順序をかえて, かけてみます. 結果は,

$$\mathbf{AE}_{2}(k) = \begin{pmatrix} a_{11} & a_{12} & a_{13} \\ a_{21} & a_{22} & a_{23} \\ a_{31} & a_{32} & a_{33} \end{pmatrix}\begin{pmatrix} 1 & 0 & 0 \\ 0 & k & 0 \\ 0 & 0 & 1 \end{pmatrix} = \begin{pmatrix} a_{11} & ka_{12} & a_{13} \\ a_{21} & ka_{22} & a_{23} \\ a_{31} & ka_{32} & a_{33} \end{pmatrix}$$

$$\mathbf{E}_{2}(k)\mathbf{A} = \begin{pmatrix} 1 & 0 & 0 \\ 0 & k & 0 \\ 0 & 0 & 1 \end{pmatrix}\begin{pmatrix} a_{11} & a_{12} & a_{13} \\ a_{21} & a_{22} & a_{23} \\ a_{31} & a_{32} & a_{33} \end{pmatrix} = \begin{pmatrix} a_{11} & a_{12} & a_{13} \\ ka_{21} & ka_{22} & ka_{23} \\ a_{31} & a_{32} & a_{33} \end{pmatrix} \tag{1.3.4-8}$$

であり，行列 $\mathbf{A}$ に $\mathbf{E}_2(k)$ を右からかけると行列 $\mathbf{A}$ の第 2 列目が k 倍に，$\mathbf{E}_2(k)$ を左からかけると行列 $\mathbf{A}$ の第 2 行目が k 倍にするという仕事をします。

(b) 式 1.3.4-3 について，3×3 行列で，行列 $\mathbf{A}$ と行列 $\mathbf{E}_{13}(k)$ について，

$$\mathbf{A} = \begin{pmatrix} a_{11} & a_{12} & a_{13} \\ a_{21} & a_{22} & a_{23} \\ a_{31} & a_{21} & a_{33} \end{pmatrix}, \quad \mathbf{E}_{13}(k) = \begin{pmatrix} 1 & 0 & k \\ 0 & 1 & 0 \\ 0 & 0 & 1 \end{pmatrix} \tag{1.3.4-9}$$

行列 $\mathbf{A}$ と $\mathbf{E}_{13}(k)$ の順序をかえて，かけてみます。結果は，

$$\mathbf{A}\mathbf{E}_{13}(k) = \begin{pmatrix} a_{11} & a_{12} & a_{13} \\ a_{21} & a_{22} & a_{23} \\ a_{31} & a_{32} & a_{33} \end{pmatrix} \begin{pmatrix} 1 & 0 & k \\ 0 & 1 & 0 \\ 0 & 0 & 1 \end{pmatrix} = \begin{pmatrix} a_{11} & a_{12} & ka_{11}+a_{13} \\ a_{21} & a_{22} & ka_{21}+a_{23} \\ a_{31} & a_{32} & ka_{31}+a_{33} \end{pmatrix}$$

$$\mathbf{E}_{13}(k)\mathbf{A} = \begin{pmatrix} 1 & 0 & k \\ 0 & 1 & 0 \\ 0 & 0 & 1 \end{pmatrix} \begin{pmatrix} a_{11} & a_{12} & a_{13} \\ a_{21} & a_{22} & a_{23} \\ a_{31} & a_{32} & a_{33} \end{pmatrix} = \begin{pmatrix} a_{11}+ka_{31} & a_{12}+ka_{32} & a_{13}+ka_{33} \\ a_{21} & a_{22} & a_{23} \\ a_{31} & a_{32} & a_{33} \end{pmatrix}$$

となります。したがって，$\mathbf{E}_{13}(k)$ を行列 $\mathbf{A}$ の右からかけると行列 $\mathbf{A}$ の第 3 列目に第 1 列目を k 倍して加え，一方，$\mathbf{E}_{13}(k)$ を行列 $\mathbf{A}$ に左からかけると行列 $\mathbf{A}$ の第 1 行目に第 3 行目を k 倍して加えるという仕事をします。第 4 章でも出てきます。お楽しみに。

さあ，面白い行列でしたね。式 1.3.4-4 の行列の仕事は，演習問題としましょう。次に，少々，変わった行列の演算をご紹介します。たぶん，将来，お目にかかることがないかもしれませんので，敢て，ここで紹介だけでもしておきましょう。注意して読んで下さい。

(c) アダマール積（$Hadamard\ product$）

アダマール積は，要素ごとの積（$element\text{-}wise\ product$）あるいはシューア積（$Schur\ product$）とも呼び，名前の通り，$m \times n$ 型行列 $\mathbf{A}$ と同型の行列 $\mathbf{B}$ についての演算方法です。命名は，フランスの数学者ジャック・サロモン・アダマール（$Jacques\ Salomon\ Hadamard$、1865 年 12 月 8 日 - 1963 年 10 月 17 日）にちなんでいます。

さて，アダマール積の表式は，

$$\mathbf{A} \circ \mathbf{B} \tag{1.3.4-10}$$

こんな計算方法もあるです！

と表し，その演算方法は想像できますように，

$$\mathbf{A} \circ \mathbf{B} = \begin{pmatrix} a_{11} & a_{12} & \cdots & a_{1n} \\ a_{21} & a_{22} & \cdots & a_{2n} \\ \vdots & \vdots & \ddots & \vdots \\ a_{m1} & a_{m2} & \cdots & a_{nn} \end{pmatrix} \begin{pmatrix} b_{11} & b_{12} & \cdots & b_{1n} \\ b_{21} & b_{22} & \cdots & b_{2n} \\ \vdots & \vdots & \ddots & \vdots \\ b_{m1} & b_{m2} & \cdots & b_{nn} \end{pmatrix} \tag{1.3.4-11}$$

$$= \begin{pmatrix} a_{11}b_{11} & a_{12}b_{12} & \cdots & a_{1n}b_{1n} \\ a_{21}b_{21} & a_{22}b_{22} & \cdots & a_{2n}b_{2n} \\ \vdots & \vdots & \ddots & \vdots \\ a_{m1}b_{m1} & a_{m2}b_{m2} & \cdots & a_{mn}b_{mn} \end{pmatrix} = \left\{ \sum a_{ij}b_{ij} \right\} \quad \begin{cases} i = 1, 2, \cdots, m \\ j = 1, 2, \cdots, n \end{cases}$$

という計算方法です．いわば，$m \times n$ 行列同士の「内積」ですかね．ここで，アダマール積の公式を以下に示します．

1) $\mathbf{A} \circ \mathbf{B} = \mathbf{B} \circ \mathbf{A}$　　　　　　　　　　（交換法則 *commutative law*）　　　(1.3.4-12)
2) $\mathbf{A} \circ (\mathbf{B} + \mathbf{C}) = \mathbf{A} \circ \mathbf{B} + \mathbf{A} \circ \mathbf{C}$　　　　　（分配法則 *distributive law*）　　　(1.3.4-13)
3) $(\mathbf{A} \circ \mathbf{B}) \circ \mathbf{C} = \mathbf{A} \circ (\mathbf{B} \circ \mathbf{C})$　　　　　　（結合法則 *associative law*）　　　(1.3.4-14)
4) $(k\mathbf{A}) \circ \mathbf{B} = \mathbf{A} \circ (k\mathbf{B}) = k(\mathbf{A} \circ \mathbf{B})$　　　（定数法則 *constant law*）　　　(1.3.4-15)

如何ですか．こんなのは見たことがない読者も多いでしょう．

(d) クロネッカー積（*Kronecker product*）

クロネッカー積は，ポーランド生まれのレオポルト・クロネッカー（*Leopold Kronecker*：1823 - 1891）に由来します．$m \times n$ 型行列 $\mathbf{A}$ 型および $k \times \ell$ 型行列 $\mathbf{B}$ について，それらの型に関係になく，換言すれば，制限がなく，

こんな計算方法もあるです！

$$\mathbf{A} \otimes \mathbf{B} = \begin{pmatrix} a_{11} & a_{12} & \cdots & a_{1n} \\ a_{21} & a_{22} & \cdots & a_{2n} \\ \vdots & \vdots & \ddots & \vdots \\ a_{m1} & a_{m2} & \cdots & a_{nn} \end{pmatrix} \otimes \mathbf{B} = \begin{pmatrix} a_{11}\mathbf{B} & a_{12}\mathbf{B} & \cdots & a_{1n}\mathbf{B} \\ a_{21}\mathbf{B} & a_{22}\mathbf{B} & \cdots & a_{2n}\mathbf{B} \\ \vdots & \vdots & \ddots & \vdots \\ a_{m1}\mathbf{B} & a_{m2}\mathbf{B} & \cdots & a_{nn}\mathbf{B} \end{pmatrix} \quad (1.3.4\text{-}16)$$

のように計算する方法です．これは，ちょっとすぐにはイメージできませんが，じっくり見ていくと，各要素が見えてきませんでしょうか．行列 $\mathbf{A} \otimes \mathbf{B}$ であらわされる行列は，行の要素数が $m \times k$ 個，列の要素数が $n \times \ell$ 個の行列で，全体でやたら要素数が増えます．

ここで，クロネッカー積では可換ではない，すなわち，

$$\mathbf{A} \otimes \mathbf{B} \neq \mathbf{B} \otimes \mathbf{A} \quad (1.3.4\text{-}17)$$

であることを，計算方法の例を兼ねて，次の 2×2 型 $\mathbf{A}$ 行列および 2×1 型 $\mathbf{B}$ 行列，

$$\mathbf{A} = \begin{pmatrix} a_{11} & a_{12} \\ a_{21} & a_{22} \end{pmatrix}, \quad \mathbf{B} = \begin{pmatrix} b_{11} \\ b_{21} \end{pmatrix}$$

を用いて確かめてみましょう．このとき，$\mathbf{A} \otimes \mathbf{B}$ の結果の行列，$\mathbf{B} \otimes \mathbf{A}$ の結果の行列，はともに 4×2，すなわち，要素数は 8 です．では，やってみましょう．

式 1.3.4-16 により，$\mathbf{A} \otimes \mathbf{B}$ は，

$$\mathbf{A} \otimes \mathbf{B} = \begin{pmatrix} a_{11} & a_{12} \\ a_{21} & a_{22} \end{pmatrix} \otimes \begin{pmatrix} b_{11} \\ b_{21} \end{pmatrix} = \begin{pmatrix} a_{11}\begin{pmatrix} b_{11} \\ b_{21} \end{pmatrix} & a_{12}\begin{pmatrix} b_{11} \\ b_{21} \end{pmatrix} \\ a_{21}\begin{pmatrix} b_{11} \\ b_{21} \end{pmatrix} & a_{22}\begin{pmatrix} b_{11} \\ b_{21} \end{pmatrix} \end{pmatrix} = \begin{pmatrix} a_{11}b_{11} & a_{12}b_{11} \\ a_{11}b_{21} & a_{12}b_{21} \\ a_{21}b_{11} & a_{22}b_{11} \\ a_{21}b_{21} & a_{22}b_{21} \end{pmatrix}$$

です．一方，$\mathbf{B} \otimes \mathbf{A}$ は，

$$\mathbf{B} \otimes \mathbf{A} = \begin{pmatrix} b_{11} \\ b_{21} \end{pmatrix} \otimes \begin{pmatrix} a_{11} & a_{12} \\ a_{21} & a_{22} \end{pmatrix} = \begin{pmatrix} b_{11}\begin{pmatrix} a_{11} & a_{12} \\ a_{21} & a_{22} \end{pmatrix} \\ b_{21}\begin{pmatrix} a_{11} & a_{12} \\ a_{21} & a_{22} \end{pmatrix} \end{pmatrix} = \begin{pmatrix} a_{11}b_{11} & a_{12}b_{11} \\ a_{21}b_{11} & a_{22}b_{11} \\ a_{11}b_{21} & a_{12}b_{21} \\ a_{21}b_{21} & a_{22}b_{21} \end{pmatrix}$$

となります．$\mathbf{A} \otimes \mathbf{B} \neq \mathbf{B} \otimes \mathbf{A}$ は一目瞭然です．もちろん，ここでは，2 次の行列での説明

で，n 次の行列で証明したわけではないことに注意してください．

ここで，クロネッカー積の一般的な公式を以下に示します．

1) $\mathbf{A} \otimes (\mathbf{B}+\mathbf{C}) = \mathbf{A} \otimes \mathbf{B} + \mathbf{A} \otimes \mathbf{C}$　　（分配法則 distributive law）　　(1.3.4-18)
2) $(\mathbf{A}+\mathbf{B}) \otimes \mathbf{C} = \mathbf{A} \otimes \mathbf{C} + \mathbf{B} \otimes \mathbf{C}$　　（分配法則 distributive law）　　(1.3.4-19)
3) $(\mathbf{A} \otimes \mathbf{B}) \otimes \mathbf{C} = \mathbf{A} \otimes (\mathbf{B} \otimes \mathbf{C})$　　（結合法則 associative law）　　(1.3.4-20)
4) $(k\mathbf{A}) \otimes \mathbf{B} = \mathbf{A} \otimes (k\mathbf{B}) = k(\mathbf{A} \otimes \mathbf{B})$　　（定数法則 constant law）　　(1.3.4-21)

ここで，式 1.3.4-18 は，式 1.3.4-17 を参照すると想像できるかもしれませんね．想像できない読者は，具体的に要素を書いてみると分かります．「定数法則」はここだけの定義です．

おそらく，アダマール積やクロネッカー積はここでお会いするだけで，実際に使用することはないでしょう．公式 1.3.4-12 から公式 1.3.4-15 および公式 1.3.4-18 から公式 1.3.4-21 を証明してみてください．楽しいかも！？

練習問題 1.3.4-1　2 次の正方行列 $\mathbf{A}$ および行列 $\mathbf{E}_{12}(k)$ を
$$\mathbf{A} = \begin{pmatrix} a_{11} & a_{12} \\ a_{21} & a_{22} \end{pmatrix}, \quad \mathbf{E}_{12}(k) = \begin{pmatrix} 1 & k \\ 0 & 1 \end{pmatrix}$$
とするとき，$\mathbf{A}\mathbf{E}_{12}(k)$ および $\mathbf{E}_{12}(k)\mathbf{A}$ を計算し，比較せよ．

練習問題 1.3.4-2　行列 $\mathbf{A}$ および行列 $\mathbf{B}$ を
$$\mathbf{A} = \begin{pmatrix} 1 & 0 \\ 2 & 1 \end{pmatrix}, \quad \mathbf{B} = \begin{pmatrix} 1 & 2 \\ 1 & 3 \end{pmatrix}$$
とするとき，アダマール積 $\mathbf{A} \circ \mathbf{B}$ および $\mathbf{B} \circ \mathbf{A}$ を計算し，可換であることを示せ．

練習問題 1.3.4-3　行列 $\mathbf{A}$ および行列 $\mathbf{B}$ を
$$\mathbf{A} = \begin{pmatrix} 1 & 0 \\ 2 & 1 \end{pmatrix}, \quad \mathbf{B} = \begin{pmatrix} 1 & 2 \\ 1 & 3 \end{pmatrix}$$
とするとき，クロネッカー積 $\mathbf{A} \otimes \mathbf{B}$ および $\mathbf{B} \otimes \mathbf{A}$ を計算し，可換ではないことを示せ．

1.3.5. 行列のトレース

ここで，行列のトレース（跡，trace）について説明します．

> **定義 17　行列のトレース**
> n 次の正方行列 $\mathbf{A} = \{a_{ij}\}$，$|\mathbf{A}| \neq 0$ について，主対角線上の成分の和をトレースと呼び，$\mathrm{tr}(\mathbf{A})$，あるいは，$\mathrm{trace}\,\mathbf{A}$ と書いて，その計算は次式で行う：
> $$\mathrm{tr}(\mathbf{A}) = \sum_{(i,j)=1}^{n} a_{ij} \delta_{ij} = \sum_{i=1}^{n} a_{ii} \tag{1.3.5-1}$$
> また，$\mathrm{diag}\,\mathbf{A}$ と書く場合がある．（行列の対角線 diagonal に由来）

つまり，i と j が等しい要素を加える計算方法です．行列 $\mathbf{A}$ や行列 $\mathbf{B}$ の $\mathrm{tr}(\mathbf{A})$，$\mathrm{tr}(\mathbf{B})$ の係数 k について，以下の性質があります．ここで，明らかに，n 次の単位行列では，

$$\mathrm{tr}(\mathbf{E}) = \sum_{i=1}^{n} 1 = n \tag{1.3.5-2}$$

です．また，$k\mathbf{A}$ とは，行列 $\mathbf{A}$ の各要素に係数 k をかけることですから，

$$\mathrm{tr}(k\mathbf{A}) = \sum_{i=1}^{n} k a_{ii} = k \sum_{i=1}^{n} a_{ii} = k\,\mathrm{tr}(\mathbf{A}) \tag{1.3.5-3}$$

また，対角要素は，転置しても変わらないので，

$$\mathrm{tr}(\mathbf{A}^T) = \mathrm{tr}(\mathbf{A}) \tag{1.3.5-4}$$

です．また，行列の和および差 $\mathbf{A} \pm \mathbf{B}$ について

$$\mathrm{tr}(\mathbf{A} \pm \mathbf{B}) = \sum_{i=1}^{n}(a_{ii} \pm b_{ii}) = \sum_{i=1}^{n} a_{ii} \pm \sum_{i=1}^{n} b_{ii} = \mathrm{tr}(\mathbf{A}) \pm \mathrm{tr}(\mathbf{B}) \tag{1.3.5-5}$$

となります．では，例題を見ましょう．

例題 1.3.5-1 3 次の正方行列 $\mathbf{A}$，$\mathbf{B}$ について $\mathbf{AB}$ の $\mathrm{tr}(\mathbf{AB})$ を計算せよ．ただし，$\mathbf{A} = \{a_{ij}\}$, $\mathbf{B} = \{b_{ij}\}$ とし，$i, j = 1, 2, 3$ である．

ここで，例によって，答えを見る前に，答える方針をイメージして見て下さい．

因みに，3 次の正方行列で計算し，主対角線の要素を見てみると，

$$\mathbf{AB} = \begin{pmatrix} a_{11}b_{11} + a_{12}b_{21} + a_{13}b_{31} & a_{11}b_{12} + a_{12}b_{22} + a_{13}b_{32} & a_{11}b_{13} + a_{12}b_{23} + a_{13}b_{33} \\ a_{21}b_{11} + a_{22}b_{21} + a_{23}b_{31} & a_{21}b_{12} + a_{22}b_{22} + a_{23}b_{32} & a_{21}b_{13} + a_{22}b_{23} + a_{23}b_{33} \\ a_{31}b_{11} + a_{32}b_{21} + a_{33}b_{31} & a_{31}b_{12} + a_{32}b_{22} + a_{33}b_{32} & a_{31}b_{13} + a_{32}b_{23} + a_{33}b_{33} \end{pmatrix}$$

であり，したがって，

$$\mathrm{tr}(\mathbf{AB}) = (a_{11}b_{11} + a_{12}b_{21} + a_{13}b_{31})$$
$$+ (a_{21}b_{12} + a_{22}b_{22} + a_{23}b_{32}) + (a_{31}b_{13} + a_{32}b_{23} + a_{33}b_{33}) \tag{1.3.5-6}$$

です．添え字の法則（順序）を見て，Σ 記号を用いると，簡単になって，

$$\sum_{i=1}^{3}\left(\sum_{j=1}^{3} a_{ij} b_{ji}\right) = \sum_{i=1}^{3}(a_{i1}b_{1i} + a_{i2}b_{2i} + a_{i3}b_{3i})$$
$$= \underbrace{(a_{11}b_{11} + a_{12}b_{21} + a_{13}b_{31})}_{i=1,\ j=1,2,3} + \underbrace{(a_{21}b_{12} + a_{22}b_{22} + a_{23}b_{32})}_{i=2,\ j=1,2,3} + \underbrace{(a_{31}b_{13} + a_{32}b_{23} + a_{33}b_{33})}_{i=3,\ j=1,2,3} \tag{1.3.5-7}$$

ということで確かめられますね．

ここで，式 1.3.5-5 と式 1.3.5-6 比べてみてください．同じですね．

さあ，正式に（？）解答を書きます．ご賞味ください．賞味期限はありませんが（笑）．

例題 1.3.5-1 解答

行列 $\mathbf{AB}$ のトレースは行列 $\mathbf{AB}$ の (i, i) 成分の和だから，それだけ計算すると，

$$\mathbf{AB} = \begin{pmatrix} a_{11}b_{11} + a_{12}b_{21} + a_{13}b_{31} & * & * \\ * & a_{21}b_{12} + a_{22}b_{22} + a_{23}b_{32} & * \\ * & * & a_{31}b_{13} + a_{32}b_{23} + a_{33}b_{33} \end{pmatrix}$$

したがって，対角線部分の和は，行列 $\mathbf{AB}$ のトレースであり，

$$\mathrm{tr}\,\mathbf{AB} = \sum_{i=1}^{3}\left(\sum_{j=1}^{3} a_{ij} b_{ji}\right)$$

すなわち，式 1.3.5-6 あるいは式 1.3.5-7 である．

さらに，もう 1 題，如何でしょう？

例題 1.3.5-2 n 次の正方行列 $\mathbf{A}$ および $\mathbf{B}$ について
$$\operatorname{tr}(\mathbf{AB}) - \operatorname{tr}(\mathbf{BA}) = \operatorname{tr}(\mathbf{AB} - \mathbf{BA}) = 0 \tag{1.3.5-8}$$
を示せ．

まあ，ゆっくりと，定義通りで，行けそうですね．

例題 1.3.5-2 解答
$\mathbf{A} = (a_{ij})$, $\mathbf{B} = (b_{ij})$, $\mathbf{AB} = (\alpha_{ij})$, $\mathbf{BA} = (\beta_{ij})$, $(i, j = 1, 2, \cdots, n)$ とすると，
$$\operatorname{tr}(\mathbf{AB}) = \sum_{i=1}^{n} \alpha_{ii} = \sum_{i=1}^{n}\left(\sum_{j=1}^{n} a_{ij} b_{ji}\right) = \sum_{i=1}^{n}\left(\sum_{j=1}^{n} b_{ji} a_{ij}\right) = \operatorname{tr}(\mathbf{BA})$$
であるから， $\operatorname{tr}(\mathbf{AB}) - \operatorname{tr}(\mathbf{BA}) = 0$ となる．ここで，
$$\operatorname{tr}(\mathbf{AB} - \mathbf{BA}) = \sum_{i=1}^{n}(\alpha_{ii} - \beta_{ii}) = \sum_{i=1}^{n}\alpha_{ii} - \sum_{i=1}^{n}\beta_{ii} = \operatorname{tr}(\mathbf{AB}) - \operatorname{tr}(\mathbf{BA}) = 0$$

と言うわけなんですけど，いかがでしょう．では，次の簡単な練習問題で，頭の整理をしてみてください．

練習問題 1.3.5-1 次の行列 $\mathbf{A}$ について，$\operatorname{tr}\mathbf{A}^T = \operatorname{tr}\mathbf{A}$ を示せ．
$$\mathbf{A} = \begin{pmatrix} 1 & 2 \\ 3 & 4 \end{pmatrix}$$

練習問題 1.3.5-2 次の行列 $\mathbf{A}$, $\mathbf{B}$ について，$\operatorname{tr}\mathbf{AB} = \operatorname{tr}\mathbf{BA}$ であることを示せ．
$$\mathbf{A} = \begin{pmatrix} 1 & 2 \\ 3 & 4 \end{pmatrix},\ \mathbf{B} = \begin{pmatrix} 5 & 6 \\ 7 & 8 \end{pmatrix}$$

練習問題 1.3.5-3 次の行列 $\mathbf{A}$, $\mathbf{B}$, $\mathbf{C}$ について，$\operatorname{tr}\mathbf{ABC} = \operatorname{tr}\mathbf{CAB} = \operatorname{tr}\mathbf{BCA}$ であることを示せ．
$$\mathbf{A} = \begin{pmatrix} a_{11} & a_{12} \\ a_{21} & a_{22} \end{pmatrix},\ \mathbf{B} = \begin{pmatrix} b_{11} & b_{12} \\ b_{21} & b_{22} \end{pmatrix},\ \mathbf{C} = \begin{pmatrix} c_{11} & c_{12} \\ c_{21} & c_{22} \end{pmatrix}$$

1.3.6. 行列のノルム

実は，行列でも，その大きさを示す「ノルム norm」が定義されています．ただし，著者はよく知らないので，ここでは，込み入った記載を避け，紹介だけします．

定義 18 行列ノルム

行列ノルム（matrix norm）は誘導ノルム（induced norm）あるいは作用素ノルム（operator norm）と呼ばれ，n 次の正方行列の場合，誘導ノルム，作用素ノルムあるいはスペクトルノルムはベクトルの p ノルムに対応して，

$$\|\mathbf{A}\|_p = \max_{\mathbf{x} \neq \mathbf{0}} \frac{\|\mathbf{Ax}\|_p}{\|\mathbf{x}\|_p} \tag{1.3.6-1}$$

（長さの一般化ということです．ベクトルのノルムとは少々異なることに注意してください．）

と書かれる．ここで，特に，$p=1$, $p=\infty$ の場合，

$$\|\mathbf{A}\|_1 = \max_{1 \leq j \leq n}\left(\sum_{i=1}^{m}|a_{ij}|\right)\ \text{および}\ \|\mathbf{A}\|_\infty = \max_{1 \leq i \leq m}\left(\sum_{j=1}^{n}|a_{ij}|\right) \tag{1.3.6-2}$$

と書く．（という文献があるが，この表式が正しいのかは著者は分からない．）

1.3. 行列 I

また、
$$\|\mathbf{A}\| = \max_{\|\mathbf{x}\|=1}\{\|\mathbf{Ax}\|\} \tag{1.3.6-3}$$
と書く定義もある。

さらに，正方行列かつ $p=2$ に対してユークリッドノルム（長さ）を考えた場合には誘導された行列ノルムはスペクトルノルム（*spectral norm*）と呼ばれ，行列 $\mathbf{A}^*\mathbf{A}$ の最大固有値（後述） $\lambda_{\max}(\mathbf{A}^*\mathbf{A})$ の平方根を用いた「L^2 ノルム」は， $\|\mathbf{A}\|_2 = \sqrt{\lambda_{\max}(\mathbf{A}^*\mathbf{A})}$ と書く。

行列の成分ごとのノルムは，m 行 n 列の行列を $m \times n$ 成分のベクトルと見なして，ベクトルの通常のノルムを考えたもので，

$$\|\mathbf{A}\|_p = \left(\sum_{i=1}^{m}\sum_{j=1}^{n}|a_{ij}|^p\right)^{1/p} \tag{1.3.6-4}$$

なんだこれは？

において，特に，$p=2$ の場合はフロベニウスノルム（*Frobenius norm*）または，ヒルベルト＝シュミットノルム（*Hilbert-Schmidt norm*）と呼ばれ，次のように書く。

$$\|\mathbf{A}\|_F = \sqrt{\sum_{i=1}^{m}\sum_{j=1}^{n}|a_{ij}|^2} = \sqrt{\mathrm{tr}(\mathbf{AA}^*)} = \sqrt{\sum_{i=1}^{k=Min(m,n)}\sigma_i^2} \tag{1.3.6-5}$$

ここで，σ_i は行列 $\mathbf{A}$ の特異値と言われる値です。いきなり，難しい言葉が出ました。行列 $\mathbf{A}$ の特異値（Singular values）とは，$\mathbf{A}$ の随伴行列 $\mathbf{A}^*$ との積 $\mathbf{AA}^*$ の固有値の非負（$\geqq 0$）の平方根のことですが，工学での計算ではここまでご存知なくても良いと著者は思います。例えば，情報処理関係では，「スペクトルノルム」という名のノルムがあったりします。固有値については，節 3.2 で説明します。本当に，紹介だけでした。興味がある読者は，専門的な数学の本をお読みください。例を見てみましょう。

例題 1.3.6-1　フロベニウスノルムは，ユニタリー行列のような直交行列 $\mathbf{U}$ を任意の行列 $\mathbf{A}$ にかけても，変わらないことを示せ。

例題 1.3.6-解答　定義により，
$$\|\mathbf{UA}\|_F = \sqrt{\mathrm{tr}((\mathbf{UA})^*(\mathbf{UA}))} = \sqrt{\mathrm{tr}(\mathbf{A}^*\mathbf{U}^*\mathbf{UA})} = \sqrt{\mathrm{tr}(\mathbf{A}^*\mathbf{EA})} = \sqrt{\mathrm{tr}(\mathbf{A}^*\mathbf{A})} = \|\mathbf{A}\|_F$$

練習問題 1.3.6-1　行列 $\mathbf{A}$ のノルムに関して，$\|\mathbf{A}\|_1, \|\mathbf{A}\|_2, \|\mathbf{A}\|_p, \|\mathbf{A}\|_\infty$ の意味を説明せよ。

練習問題 1.3.6-1　行列の $\mathbf{A}, \mathbf{B}$ のノルムに関して，$\|\mathbf{A}+\mathbf{B}\| \leqq \|\mathbf{A}\| + \|\mathbf{B}\|$ であることを示せ。

Gallery 4.
右：風景画
　水彩画（模写）
　　著者作成
左：スカラ座
　（イタリア　ミラノ）
　　写真
　　著者撮影

Short Rest 1.
「法則」について
　さて，世の中には，「〜の法則」というのが数多く存在している．ウィキペディアに「法則の一覧」があって，多くの「法則」を掲載している．一般的には，「法則」について引用するならば，

　　自然現象についてだけでなく，法規上の規則を法則と呼ぶことがある．また，文法上の規則（例えば係り結びの法則など）も法則とされる．法則を大別し，自然現象に焦点が当てられているものが「自然法則」，人間の行動についての規範・規則は「道徳法則」，と分けられることがある．

という記載がある．ここでは「法則」に関する文言の紹介に留める．さて，法則について，例えば，数学では，定理が一般的で，法則の数は少ないようで，

　　　　交換法則 commutative law　　　　　　　　　　　　【数学】
　　　　分配法則 distributive law　　　　　　　　　　　　【数学】
　　　　結合法則 associative law　　　　　　　　　　　　【数学】
　　　　ド・モルガンの法則　De Morgan's law　　　　　　【数学】

物理では，「自然法則」（nature law）があり，これは多い．

　　　　ドルトンの法則　Dalton's law　　　　　　　　　　【力学】
　　　　ニュートンの運動の法則　Newtonian motion law　　【力学】
　　　　エネルギー保存の法則　energy conservation law　　【力学】
　　　　慣性の法則 inertia law　　　　　　　　　　　　　【力学】
　　　　フックの法則 Hooke's law　　　　　　　　　　　　【力学】
　　　　作用・反作用の法則　action-reaction law　　　　　【力学】
　　　　オームの法則　Ohm's law　　　　　　　　　　　　【電磁気学】
　　　　アンペールの法則　Ampère's circuital law　　　　【電磁気学】
　　　　ガウスの法則　Gauss' law (磁性)　　　　　　　　　【電磁気学】
　　　　ビオ・サバールの法則　Biot-Savart law　　　　　【電磁気学】
　　　　ボイル・シャルルの法則　combined gas law　　　　【熱力学】
　　　　エントロピー増大の法則　entropy growth law　　　【熱力学】
　　　　プランクの法則　Planck's law　　　　　　　　　　【量子力学】
　　　　ストークスの法則　Stokes's law　　　　　　　　　【流体力学】
　　　　スネルの法則　Snell's law　　　　　　　　　　　　【幾何光学】
　　　　シュテファン＝ボルツマンの法則　Stefan-Boltzmann law　【天文学】
　　　　メンデルの法則　Mendel's law　　　　　　　　　　【生物 - 遺伝】

まだあるかもしれない．ここで，最後に紹介したい面白い法則は，

　　　　マーフィーの法則　Murphy's law　　　　　　　　　【経験則】

　　　　「失敗する余地があるなら，失敗する」「落としたトーストがバターを塗った面を下にして着地する確率は，カーペットの値段に比例する」をはじめとする，先達の経験から生じた数々のユーモラスでしかも哀愁に富む経験則をまとめたものである（それが事実かどうかは別）．

ということで，「法則」について，まとめた（笑）．ほんとにまとめたのかな？

1.4. 行列式 I

お待たせしました．やっと，行列式に関する定義やその性質について説明することができます．ここで，今までの式変形に関してすっきりします．申し訳ありません．

1.4.1. 行列式の表式

行列式（*determinant*）は，連立方程式の解法，固有値問題，統計処理など多くの分野に関連して利用します．行列式は正方行列（*square matrix*）（行と列の要素が同じ）で定義され，正方行列でない行列に対して行列式は定義できません．行列式は，単なる数や関数，すなわち，スカラーではありますが，見た目は行列形式に並べた成分の計算方法を規定した表式です．「行列」に「式」が付くか付かないかで大きく違うという事です．

定義 19 行列式

n 次の正方行列 $\mathbf{A} = \{a_{ij}\}$ について，$|\mathbf{A}|$ と書いて，行列式と呼び，具体的な表式は，

$$|\mathbf{A}| = \begin{vmatrix} a_{11} & a_{12} & \cdots & a_{1n} \\ a_{21} & a_{22} & \cdots & a_{2n} \\ \vdots & \vdots & \ddots & \vdots \\ a_{n1} & a_{n2} & \cdots & a_{nn} \end{vmatrix} \qquad (1.4.1\text{-}1)$$

である．行と列の要素数が n 個のとき，n 次の行列式と呼ぶ．特に，$|\mathbf{A}| \neq 0$ である行列を正則行列（*regular matrix*）と呼ぶ．

行列の表式と違うのは，要素に対して括弧「（ ）」ではなく絶対値記号「| |」を用いる，ということで，しかも，行列式は計算式ですので，計算結果は，スカラーです．まずは，例として，2 次および 3 次の行列式について説明しましょう．高校で習った読者も多いでしょう．復習のつもりで読んでください．

（1）2 次の行列式 $|\mathbf{A}|$ の計算方法

$$|\mathbf{A}| = \begin{vmatrix} a_{11} & a_{12} \\ a_{21} & a_{22} \end{vmatrix} = a_{11}a_{22} - a_{12}a_{21}$$

（2）3 次の行列式 $|\mathbf{A}|$ の計算方法

$$\begin{aligned}|\mathbf{A}| &= \begin{vmatrix} a_{11} & a_{12} & a_{13} \\ a_{21} & a_{22} & a_{23} \\ a_{31} & a_{32} & a_{33} \end{vmatrix} \\ &= a_{11}a_{22}a_{33} + a_{12}a_{23}a_{31} + a_{13}a_{21}a_{32} \\ &\quad - a_{11}a_{23}a_{32} - a_{12}a_{21}a_{33} - a_{13}a_{22}a_{31}\end{aligned} \qquad (1.4.1\text{-}2)$$

のように，「襷掛け」方式で計算したと思います．矢印は掛け算方向で，右下向きは正，左下向きは負とします．これをサラス(*Sarrus*)の方法と呼びます．因みに，サラス（Pierre Frederic Sarrus, 1798-1861.）は，1846 年にこの方法を見出したと文献（阿部剛久と藤野清次，数理解析研究所講究録 1195 巻 2001 年 38-50）にあるそうです．

例題です．簡単です．しかし，簡単だからと言って，プラス・マイナスを間違えるようなケアレス・ミスはしないようにね．著者は失敗しないので．（ン？）

例題 1.4.1-1　サラスの方法で次の行列式を計算せよ．
(1) $\begin{vmatrix} 2 & -3 \\ 4 & 1 \end{vmatrix}$　(2) $\begin{vmatrix} 1 & 2 & 3 \\ 4 & 5 & 6 \\ 7 & 8 & 9 \end{vmatrix}$

(1) は暗算で出来そうですね．(2) は式 1.4.1-2 の④のように 2 列を右に追加して矢印にしたがって計算するだけです．読むだけでもちろん良いですが，メモ帳などでやってみると良いでしょう．

例題 1.4.1-1　解答

(1) $\begin{vmatrix} 2 & -3 \\ 4 & 1 \end{vmatrix} = 2 \times 1 - (-3) \times 4 = 2 + 12 = 14$

(2) $\begin{vmatrix} 1 & 2 & 3 \\ 4 & 5 & 6 \\ 7 & 8 & 9 \end{vmatrix} = 1 \times 5 \times 9 + 2 \times 6 \times 7 + 3 \times 4 \times 8 - 1 \times 6 \times 8 - 2 \times 4 \times 9 - 3 \times 5 \times 7$
$= (5 \times 9 - 6 \times 8) + 2 \times (6 \times 7 - 4 \times 9) + 3 \times (4 \times 8 - 5 \times 7)$
$= 45 - 48 + 2 \times (42 - 36) + 3 \times (32 - 35)$
$= -3 + 12 - 9 = 0$

　要素が 3 つで十分かと言えば，そうではありません．なぜなら，4 次以上の高次の行列式に対してはサラスの方法は利用できません．実は，行列式は，n 次元 1 次連立方程式でその威力を発します．すなわち，$n (\geq 4)$ 次の行列式を計算することが必須となります．そこで，「余因子」をここで登場させます．最後に，順列の転倒数について，行列式の表式に追加しておきます．何やら難しそうに聞こえますが，これもまた，1 つの行列式の表式として他の本にも書かれています．さて，行列式 $|\mathbf{A}|$ の展開式は，すでに，式 1.4.1-2 でサラスの方法で紹介しました．結果は，念のために書くと，

$$|\mathbf{A}| = \begin{vmatrix} a_{11} & a_{12} & a_{13} \\ a_{21} & a_{22} & a_{23} \\ a_{31} & a_{32} & a_{33} \end{vmatrix} = a_{11}a_{22}a_{33} + a_{12}a_{23}a_{31} + a_{13}a_{21}a_{32} \\ - a_{11}a_{23}a_{32} - a_{12}a_{21}a_{33} - a_{13}a_{22}a_{31} \tag{1.4.1-3}$$

でした．ここで，式 1.4.1-3 の添え字をよく見ると，

$$\begin{pmatrix} 1 & 2 & 3 \\ 1 & 2 & 3 \end{pmatrix}, \begin{pmatrix} 1 & 2 & 3 \\ 2 & 3 & 1 \end{pmatrix}, \begin{pmatrix} 1 & 2 & 3 \\ 3 & 1 & 2 \end{pmatrix}, \begin{pmatrix} 1 & 2 & 3 \\ 1 & 3 & 2 \end{pmatrix}, \begin{pmatrix} 1 & 2 & 3 \\ 2 & 1 & 3 \end{pmatrix}, \begin{pmatrix} 1 & 2 & 3 \\ 3 & 2 & 1 \end{pmatrix} \tag{1.4.1-4}$$

となっております．上段は添え字の左側で下段は添え字の右側の数字，であることに気が付きましたでしょうか？　ここで，上段の数字は，常に，1,2,3 ですので，自然数の並びになっています．この数字の並び方を基準順列（*standard permutation*）と呼びます．そして，下段の数列の数字を入れ替えて基準順列にする回数を転倒数と呼びます．例えば，1 行目は転倒数は明らかに 0 です．基準の並びですから（笑）．では，2 行目は，というと，

$$\begin{pmatrix} 1 & 2 & 3 \\ 2 & 3 & 1 \end{pmatrix} \Rightarrow \begin{pmatrix} 1 & 2 & 3 \\ 2 & 1 & 3 \end{pmatrix} \Rightarrow \begin{pmatrix} 1 & 2 & 3 \\ 1 & 2 & 3 \end{pmatrix} \tag{1.4.1-5}$$

ですから，転倒数は 2 です．このように，式 1.4.1-4 の転倒数は，0，2，2，1，1，3 となる

ことが分かります．例えば，式 1.4.1-5 の転倒数 2 が式 1.4.1-3 の第 2 式の符号と関係します．すなわち，転倒数が偶数の場合は符号がプラス，転倒数が奇数である場合は符号がマイナスとなっています．ここで，転倒数が偶数の場合の数字の並び方を偶順列（*even permutation*），奇数の場合は奇順列（*odd permutation*）と呼びます．単なる呼び方なのでそのまま覚えるだけでよく，難しさはありませんね．

ここで，サラスの方法を n 次の行列式 $\mathbf{A}$ に拡張する方法を示します．一般的には，

$$|\mathbf{A}| = \sum_{(\alpha,\beta,\cdots,\xi)} \varepsilon \begin{pmatrix} 1 & 2 & \cdots & n \\ \alpha & \beta & \cdots & \xi \end{pmatrix} a_{1\alpha} a_{2\beta} \cdots a_{n\xi} \quad (1.4.1\text{-}6)$$

（ただし，$1 \leq (\alpha,\beta,\cdots,\xi) \leq n$）と書いて行列式の値を表わす方法です．ここで，$\varepsilon(\ )$ は式 1.4.1-4 の各項目の符号，あるいは式 1.4.1-3 の添え字の転倒数による符号に相当します．この表式を用いて，行列式の性質を表してみましょう．式 1.4.1-7 に示すように，$|\mathbf{A}|$ の第 i 行または第 χ 列の全ての要素が c 倍された行列式を $|\mathbf{A}'|$ とすると，

$$|\mathbf{A}'| = \begin{vmatrix} a_{11} & a_{12} & \cdots & \cdots & a_{1n} \\ \vdots & \vdots & & & \vdots \\ ca_{i1} & ca_{i2} & \cdots & \cdots & ca_{in} \\ \vdots & \vdots & & & \vdots \\ a_{n1} & a_{n2} & \cdots & \cdots & a_{nn} \end{vmatrix}$$

$$= \sum_{(\alpha,\beta,\cdots,\xi)} \varepsilon \begin{pmatrix} 1 & 2 & \cdots & i & \cdots & n \\ \alpha & \beta & \cdots & \chi & \cdots & \xi \end{pmatrix} a_{1\alpha} a_{2\beta} \cdots (ca_{i\chi}) \cdots a_{n\xi}$$

$$= c \left(\sum_{(\alpha,\beta,\cdots,\xi)} \varepsilon \begin{pmatrix} 1 & 2 & \cdots & i & \cdots & n \\ \alpha & \beta & \cdots & \chi & \cdots & \xi \end{pmatrix} a_{1\alpha} a_{2\beta} \cdots a_{i\chi} \cdots a_{n\xi} \right) = c |\mathbf{A}|$$

(1.4.1-7)

のように計算できる，ということの証明ができます．また，第 i 行または第 χ 列の全ての要素が和の形になっている場合は，どうでしょうか．$|\mathbf{A}''|$ として書きますと，

$$|\mathbf{A}''| = \sum_{(\alpha,\beta,\cdots,\xi)} \varepsilon \begin{pmatrix} 1 & 2 & \cdots & i & \cdots & n \\ \alpha & \beta & \cdots & \chi & \cdots & \xi \end{pmatrix} a_{1\alpha} a_{2\beta} \cdots (a_{i\chi} + a'_{i\chi}) \cdots a_{n\xi} \quad (1.4.1\text{-}8)$$

となりますので，

$$|\mathbf{A}''| = \sum_{(\alpha,\beta,\cdots,\xi)} \varepsilon \begin{pmatrix} 1 & 2 & \cdots & i & \cdots & n \\ \alpha & \beta & \cdots & \chi & \cdots & \xi \end{pmatrix} a_{1\alpha} a_{2\beta} \cdots a_{i\chi} \cdots a_{n\xi}$$

$$+ \sum_{(\alpha,\beta,\cdots,\xi)} \varepsilon \begin{pmatrix} 1 & 2 & \cdots & i & \cdots & n \\ \alpha & \beta & \cdots & \chi & \cdots & \xi \end{pmatrix} a_{1\alpha} a_{2\beta} \cdots a'_{i\chi} \cdots a_{n\xi} = |\mathbf{A}| + |\mathbf{A}'|$$

(1.4.1-9)

のように，2 つに分離することができる，ということの証明ができます．まあ，読者は，この表式にはもうお目にかからないと思いますが，折角の知識ですから，記憶の奥の引き出しの片隅にでも入れて置いてくださればれば幸いです．

では，練習問題を楽しんでください．

練習問題 1.4.1-1 以下の行列式をサラスの方法で計算せよ.

(1) $|\mathbf{A}| = \begin{vmatrix} 1 & 0 \\ 3 & 2 \end{vmatrix}$ (2) $|\mathbf{A}| = \begin{vmatrix} 1 & 2 & 3 \\ 4 & 5 & 6 \\ 7 & 8 & 9 \end{vmatrix}$

練習問題 1.4.1-2 以下の行列式をサラスの方法で計算し,整数で答えよ. ただし, ω は $x^3 = 1$ の 3 つある解のうち $x = 1$ 以外の解の 1 つとする.

(1) $\mathbf{A} = \begin{vmatrix} \omega^2 & -1 \\ \omega & 1 \end{vmatrix}$ (2) $\mathbf{A} = \begin{vmatrix} 1 & \omega & \omega^2 \\ \omega & \omega^2 & 1 \\ \omega^2 & 1 & \omega \end{vmatrix}$

練習問題 1.4.1-3 以下の問いに答えよ.
(1) 1,2,3 で作る順列で,偶順列および奇順列を全て答えよ.
(2) (4,2,3,1) なる順列を基準順列にするための転倒数を答えよ.

1.4.2. 行列の余因子

満を持して(笑),余因子の登場です.余因子(*cofactor*)$\tilde{a}_{ij}$ とは,次の n 次の行列 $\mathbf{A}$

$$\mathbf{A} = \begin{pmatrix} a_{11} & a_{12} & \cdots & a_{1n} \\ a_{21} & a_{22} & & a_{2n} \\ \vdots & \vdots & a_{ij} & \vdots \\ a_{n1} & a_{n2} & \cdots & a_{nn} \end{pmatrix} \quad (1.4.2\text{-}1)$$

この余因子は最重要な計算方法の1つです.

について,要素 a_{ij} を含む i 行および j 列を取り除いて作った $n-1$ 次の行列式に,$(-1)^{i+j}$ を乗じた表式で,すなわち,

$$\tilde{a}_{ij} = (-1)^{i+j} \begin{vmatrix} a_{11} & \cdots & a_{1,j-1} & a_{1,j+1} & \cdots & a_{1n} \\ \vdots & \ddots & \vdots & \vdots & \ddots & \vdots \\ a_{i-1,1} & \cdots & a_{i-1,j-1} & a_{i-1,j+1} & \cdots & a_{i-1,n} \\ a_{i+1,1} & \cdots & a_{i+1,j-1} & a_{i+1,j+1} & \cdots & a_{i+1,n} \\ \vdots & \ddots & \vdots & \vdots & \ddots & \vdots \\ a_{n1} & \cdots & a_{n,j-1} & a_{n,j+1} & \cdots & a_{nn} \end{vmatrix} \quad (1.4.2\text{-}2)$$

を要素 a_{ij} の余因子と呼びます.式 1.4.2-2 から,余因子は行列式であり,スカラーであり,余因子の -1 の累乗で表された部分は,余因子 $\tilde{a}_{ij}$ の符号を表し,要素番号である i, j の和,すなわち,$i + j$ が偶数ならば 1, 奇数であれば -1 になります.例えば,

$$\mathbf{A} = \begin{pmatrix} a_{11} & a_{12} \\ a_{21} & a_{22} \end{pmatrix}$$

の要素 a_{11} の余因子の符号は $(-1)^{1+1} = (-1)^2 = 1$ でプラスとなり,余因子 $\tilde{a}_{11}$ は,

$$\tilde{a}_{11} = (-1)^{1+1} a_{22} = a_{22}$$

です.また,a_{12} の余因子の符号は $(-1)^{1+2}$ で -1 となり,余因子 $\tilde{a}_{12}$ は,

$$\widetilde{a}_{12} = (-1)^{1+2} a_{21} = -a_{21}$$

となります．どうです？ 超簡単な話でしょう！

では，行列を 3×3 として，例題を見てみましょう．

例題 1.4-2 行列 $\mathbf{P}$ の要素 p_{23} の余因子 $\widetilde{p}_{23}$ を求めよ．

$$\mathbf{P} = \begin{pmatrix} p_{11} & p_{12} & p_{13} \\ p_{21} & p_{22} & p_{23} \\ p_{31} & p_{32} & p_{33} \end{pmatrix}$$

例題 1.4-2 解答

行列 $\mathbf{P}$ の要素 p_{23} の余因子 $\widetilde{p}_{23}$ は，

のように，行列の枠内の要素を取り除いて，行列式にした

$$\begin{vmatrix} p_{11} & p_{12} \\ p_{31} & p_{32} \end{vmatrix}$$

に符号 $(-1)^{2+3}$ を乗じたものだから，

$$\widetilde{p}_{23} = (-1)^{2+3} \begin{vmatrix} p_{11} & p_{12} \\ p_{31} & p_{32} \end{vmatrix} = (-1)(p_{11}p_{32} - p_{12}p_{31}) = p_{12}p_{31} - p_{11}p_{32}$$

である．

如何ですか．余因子の計算方法が分かりましたか？ 全く難しくない計算方法ですよね．余因子は，行列の次数を下げるのに用いるのです．すなわち，n 次の行列式は，余因子を用いると，高々，$n-1$ 次の行列式の 1 次結合で表される，ということが重要です．

では，次の練習問題で余因子の計算の練習をしてください．

練習問題 1.4.2-1 次の行列 $\mathbf{A}$ について，余因子 $\widetilde{a}_{31}$ を計算せよ．ただし，(2) に用いられている ω とは $x^3 = 1$ の 3 つある解のうち $x = 1$ 以外の解の 1 つとする．

(1) $\mathbf{A} = \begin{pmatrix} 2 & -1 & 2 \\ 3 & 1 & 4 \\ 2 & -1 & 1 \end{pmatrix}$ (2) $\mathbf{A} = \begin{pmatrix} 1 & \omega & -1 \\ \omega & 1 & \omega^2 \\ -1 & \omega^2 & 1 \end{pmatrix}$

練習問題 1.4.2-2 行列式 $|\mathbf{A}| = -1$ のとき，a を計算せよ．

$$|\mathbf{A}| = \begin{vmatrix} 2 & -1 & 2 \\ 3 & 1 & a \\ 2 & 1 & 1 \end{vmatrix}$$

練習問題 1.4.2-3 式 1.4.1-3 で扱った行列式 $|\mathbf{A}|$ について，

(1) $a_{11}\widetilde{a}_{11} + a_{12}\widetilde{a}_{12} + a_{13}\widetilde{a}_{13}$ を計算せよ．

(2) $a_{11}\widetilde{a}_{11} + a_{21}\widetilde{a}_{21} + a_{31}\widetilde{a}_{31}$ を計算せよ．

(3) 式 1.4.1-3 と本問 (1) および (2) の結果とを比較せよ

1.4.3. 行列式の余因子展開

ここで，式 1.4.1-3 や式 1.4.1-4，練習問題 1.4.2-3 を参照しますと，

$$|\mathbf{A}| = \begin{vmatrix} a_{11} & a_{12} & a_{13} \\ a_{21} & a_{22} & a_{23} \\ a_{31} & a_{32} & a_{33} \end{vmatrix} = a_{11}a_{22}a_{33} + a_{12}a_{23}a_{31} + a_{13}a_{21}a_{32} \\ - a_{11}a_{23}a_{32} - a_{12}a_{21}a_{33} - a_{13}a_{22}a_{31} \quad (1.4.3\text{-}1)$$

$$= a_{11}(a_{22}a_{33} - a_{23}a_{32}) - a_{12}(a_{21}a_{33} - a_{23}a_{31}) + a_{13}(a_{21}a_{32} - a_{22}a_{31})$$

$$= a_{11}(-1)^{1+1}\begin{vmatrix} a_{22} & a_{23} \\ a_{32} & a_{33} \end{vmatrix} + a_{12}(-1)^{1+2}\begin{vmatrix} a_{21} & a_{23} \\ a_{31} & a_{33} \end{vmatrix} + a_{13}(-1)^{1+3}\begin{vmatrix} a_{21} & a_{22} \\ a_{31} & a_{32} \end{vmatrix}$$

$$\therefore \quad |\mathbf{A}| = a_{11}\widetilde{a}_{11} + a_{12}\widetilde{a}_{12} + a_{13}\widetilde{a}_{13} = \sum_{j=1}^{3} a_{1j}\widetilde{a}_{1j} \quad (1.4.3\text{-}2)$$

のように式を変形することができます．この，式 1.4.3-1 を3次の行列式 $|\mathbf{A}|$ の第1行目余因子列展開と呼びます．

では，一般的に書くとどうなるでしょう？ 皆さんには簡単でしょう．式 1.4.3-2 は3次元ですが，それを n 次元に拡張すれば良いのです．ということで，$\mathbf{A}$ を $n \times n$ の正方行列とするとき，余因子展開は，

（1）第 i 行目余因子列展開

> 余因子の最も重要な計算方法の1つだ．頭に入れておこう．

$$|\mathbf{A}| = a_{i1}\widetilde{a}_{i1} + a_{i2}\widetilde{a}_{i2} + \cdots + a_{in}\widetilde{a}_{in} = \sum_{j=1}^{n} a_{ij}\widetilde{a}_{ij} \quad (\forall i \in (1, 2, \cdots, n)) \quad (1.4.3\text{-}3)$$

（2）第 j 列目余因子行展開

$$|\mathbf{A}| = a_{1j}\widetilde{a}_{1j} + a_{2j}\widetilde{a}_{2j} + \cdots + a_{nj}\widetilde{a}_{nj} = \sum_{i=1}^{n} a_{ij}\widetilde{a}_{ij} \quad (\forall j \in (1, 2, \cdots, n)) \quad (1.4.3\text{-}4)$$

です．ここで，$\forall i \in (1, 2, \cdots, n)$ や $\forall j \in (1, 2, \cdots, n)$ は，i や j が1から n までの任意の数字のどれか1つについて，という意味の表現方法です．

このように，行列式の余因子による行展開や列展開においては，どの行でも，あるいは，どの列を用いても良い，という事なのです．もし，行列式を変形（後述）させて，0 でない要素が1つ（それ以外は 0）である行または列ができたとすると，その要素で展開すれば，展開項は1つになります．これは便利です．三角行列の場合で，例えば，

$$|\mathbf{A}| = \begin{vmatrix} 2 & 3 & 4 \\ 0 & 1 & 2 \\ 0 & 0 & 5 \end{vmatrix}$$

の場合，第1列目か第3行目で余因子展開をすると計算は暗算でできます．次式は第3行で余因子行展開した例です．

$$|\mathbf{A}| = \begin{vmatrix} 2 & 3 & 4 \\ 0 & 1 & 2 \\ 0 & 0 & 5 \end{vmatrix} = 0 + 0 + 5 \times (-1)^{3+3}\begin{vmatrix} 2 & 3 \\ 0 & 1 \end{vmatrix} = 10$$

のように簡単にできます．上記例は，襷掛けによる展開を考えれば，対角線上の要素を掛けるだけ良いことが見るだけで分かりますが，次数が高くて複雑な場合は，強力な展開法

になります.因みに,上記 **A** は,三角行列と呼ばれる(項 1.5.3 で後述)形式の行列です.
では,例題を見ましょう.

例題 1.4.3-1 次の行列式を第1列余因子行展開で計算せよ. $\begin{vmatrix} 1 & 2 & 3 \\ 4 & 5 & 6 \\ 7 & 8 & 9 \end{vmatrix}$

例題 1.4.3-1 解答

$$\begin{vmatrix} 1 & 2 & 3 \\ 4 & 5 & 6 \\ 7 & 8 & 9 \end{vmatrix} = 1 \times \begin{vmatrix} 5 & 6 \\ 8 & 9 \end{vmatrix} + (-4) \times \begin{vmatrix} 2 & 3 \\ 8 & 9 \end{vmatrix} + 7 \times \begin{vmatrix} 2 & 3 \\ 5 & 6 \end{vmatrix}$$

$$= 1 \times (45-48) - 4 \times (18-24) + 7 \times (12-15)$$

$$= -3 + 24 - 21 = 0$$

例題 1.4.3-1 別解答

$$\begin{vmatrix} 1 & 2 & 3 \\ 4 & 5 & 6 \\ 7 & 8 & 9 \end{vmatrix} = \begin{vmatrix} 1 & 2-1\times 2 & 3-1\times 3 \\ 4 & 5-4\times 2 & 6-4\times 3 \\ 7 & 8-7\times 2 & 9-7\times 3 \end{vmatrix} = \begin{vmatrix} 1 & 0 & 0 \\ 4 & -3 & -6 \\ 7 & -6 & -12 \end{vmatrix} = \begin{vmatrix} 3 & 6 \\ 6 & 12 \end{vmatrix} = 36-36 = 0$$

どうでした? あれ〜,そうです.例題 1.4.3-1 は,例題 1.4.1-1 (2) と同じ問題です.答えは同じく 0 です.

さあ,ここでは,ちょっと余因子の使い方が分からない読者がいるかもしれませんね.使い方? どういう意味でしょうか.ちょっと簡単に説明しておきましょう.例えば,

$$|\mathbf{A}| = \begin{vmatrix} a_{11} & a_{12} & a_{13} \\ a_{21} & a_{22} & a_{23} \\ a_{31} & a_{32} & a_{33} \end{vmatrix} = a_{11} \begin{vmatrix} a_{22} & a_{23} \\ a_{32} & a_{33} \end{vmatrix} + a_{12} \left(- \begin{vmatrix} a_{21} & a_{23} \\ a_{31} & a_{33} \end{vmatrix} \right) + a_{13} \begin{vmatrix} a_{21} & a_{22} \\ a_{31} & a_{32} \end{vmatrix}$$

です.ここで,行列式の係数 a_{11}, a_{12}, a_{13} をそれぞれ a_{21}, a_{22}, a_{23} で置き換えて,逆計算してみますと,

$$a_{21} \begin{vmatrix} a_{22} & a_{23} \\ a_{32} & a_{33} \end{vmatrix} + a_{22} \left(- \begin{vmatrix} a_{21} & a_{23} \\ a_{31} & a_{33} \end{vmatrix} \right) + a_{23} \begin{vmatrix} a_{21} & a_{22} \\ a_{31} & a_{32} \end{vmatrix} = \begin{vmatrix} a_{21} & a_{22} & a_{23} \\ a_{21} & a_{22} & a_{23} \\ a_{31} & a_{32} & a_{33} \end{vmatrix}$$

となりますね.ここで,第 1 行と第 2 行の要素が同じになります.そこで,上式の行列式について,第 3 行で余因子列展開すると,どうなりますか?

$$\begin{vmatrix} a_{21} & a_{22} & a_{23} \\ a_{21} & a_{22} & a_{23} \\ a_{31} & a_{32} & a_{33} \end{vmatrix} = a_{31} \begin{vmatrix} a_{22} & a_{23} \\ a_{22} & a_{23} \end{vmatrix} + a_{32} \left(- \begin{vmatrix} a_{21} & a_{23} \\ a_{21} & a_{23} \end{vmatrix} \right) + a_{33} \begin{vmatrix} a_{21} & a_{22} \\ a_{21} & a_{22} \end{vmatrix} = 0 \qquad (1.4.3\text{-}5)$$

なんと,2×2 の行列式は全て 0 であることは明らかで,したがって,元の行列式は 0 です.もちろん,第 1 行で余因子展開しても,一見,添え字の比較が煩雑ですが,実際,や

ってみると、

$$\begin{vmatrix} a_{21} & a_{22} & a_{23} \\ a_{21} & a_{22} & a_{23} \\ a_{31} & a_{32} & a_{33} \end{vmatrix} = a_{21}\begin{vmatrix} a_{22} & a_{23} \\ a_{32} & a_{33} \end{vmatrix} + a_{22}\left(-\begin{vmatrix} a_{21} & a_{23} \\ a_{31} & a_{33} \end{vmatrix}\right) + a_{23}\begin{vmatrix} a_{21} & a_{22} \\ a_{31} & a_{32} \end{vmatrix} \qquad (1.4.3\text{-}6)$$

$$= a_{21}a_{22}a_{33} - a_{21}a_{23}a_{32} - a_{22}a_{21}a_{33} + a_{22}a_{23}a_{31} + a_{23}a_{21}a_{32} - a_{23}a_{22}a_{31}$$

$$= a_{21}a_{22}a_{33} - a_{21}a_{22}a_{33} + a_{21}a_{23}a_{32} - a_{21}a_{23}a_{32} + a_{22}a_{23}a_{31} - a_{22}a_{23}a_{31} = 0$$

であり、同様に 0 になります。このように、3×3 の行列式ではありますが、同じ要素の行があると行列式の値は 0 になります。

ここで、式 1.4.3-3 や式 1.4.3-4 をさらに一般的に書くと、n 次の行列式 $|\mathbf{A}|$ について、
（1）第 i 行目余因子列展開では、

$$\sum_{i=1}^{n} a_{ij}\tilde{a}_{ik} = \delta_{jk}|\mathbf{A}| \quad (j,k = 1,2,\cdots,n) \qquad (1.4.3\text{-}7)$$

により、第 i 行目の第 k 列が、第 j 列の要素で置き換わるという意味で、この場合、$j \ne k$ ならば、行列式内に 2 つの同じ列が存在することになり、$|\mathbf{A}| = 0$ となります。そして、$j = k$ のときのみ、すなわち、$\sum a_{ij}\tilde{a}_{ik} = |\mathbf{A}|$ となります、という意味です。

（2）第 j 列目余因子行展開では、

$$\sum_{j=1}^{n} a_{ij}\tilde{a}_{kj} = \delta_{ik}|\mathbf{A}| \quad (i,k = 1,2,\cdots,n) \qquad (1.4.3\text{-}8)$$

により、第 j 列目の第 k 行が、第 i 行の要素で置き換わるという意味で、この場合、$i \ne k$ ならば、行列式内に 2 つの同じ行が存在することになり、$|\mathbf{A}| = 0$ となります。そして、$i = k$ のときのみ、すなわち、$\sum a_{ij}\tilde{a}_{kj} = |\mathbf{A}|$ となる、という意味です。

ちょっと、ややこしい説明でしたが、添え字に注目して、考えてみてください。そんなに難しいことではないでしょう。ここで、確認の意味で、例題を見てください。

例題 1.4.3-2　行列式（1）を第 2 行余因子列展開および行列式（2）を第 1 列余因子行展開で計算せよ。

（1）$\begin{vmatrix} 1 & 2 & 3 \\ 4 & 5 & 6 \\ 1 & 2 & 3 \end{vmatrix}$　　（2）$\begin{vmatrix} 3 & 1 & 1 \\ 4 & 2 & 2 \\ 5 & 3 & 3 \end{vmatrix}$

式 1.4.3-8 の意味を参考に、答えを連想してください。

例題 1.4.3-2 解答
（1）第 2 行で余因子列展開すると余因子を構成する 2×2 の小行列式の全てで、2 行が同じ要素となり、解は 0 となる。
（2）第 1 列で余因子行展開すると余因子を構成する 2×2 の小行列式の全てで、2 列が同じ要素となり、解は 0 となる。

もちろん、式 1.4.3-6 のように、実際、計算しても同じく 0 になります。

では、練習問題で頭の中をすっきりしましょう。基本問題ですから、読者のみなさんできると思います。さあ、頑張って！

1.4. 行列式 I

練習問題 1.4.3-1 ベクトル $\mathbf{a}, \mathbf{b}, \mathbf{c}$ を
$$\mathbf{a} = (a_1, a_2, a_3)^T, \mathbf{b} = (b_1, b_2, b_3)^T, \mathbf{c} = (c_1, c_2, c_3)^T$$
である 3 次元ベクトルとするとき，
$$\mathbf{a} \cdot (\mathbf{b} \times \mathbf{c}) = \begin{vmatrix} a_1 & a_2 & a_3 \\ b_1 & b_2 & b_3 \\ c_1 & c_2 & c_3 \end{vmatrix}$$
が成立することを確かめよ．

また，行ベクトルを 1 回，2 回，3 回と入れ替えた場合，および，列ベクトルを 1 回，2 回，3 回と入れ替えた場合，行列式の符号がどのように変わるか答えよ．

練習問題 1.4.3-2 次の行列式 $|\mathbf{A}|$，
$$|\mathbf{A}| = \begin{vmatrix} a_{11} & \cdots & a_{1n} \\ \vdots & \ddots & \vdots \\ a_{n1} & \cdots & a_{nn} \end{vmatrix}$$
を a_{ij} で偏微分すると，a_{ij} の余因子 $\tilde{a}_{ij}$ となることを証明せよ．すなわち，
$$\frac{\partial |\mathbf{A}|}{\partial a_{ij}} = \tilde{a}_{ij}$$

練習問題 1.4.3-3 1 次の行列式は展開すると 1 項である．2 次の行列式は展開すると 2 項の 1 次結合となる．しかし，3 次の行列式を展開すると 6 項の 1 次結合になる．では，4 次の行列式は展開すると，何項の 1 次結合になるか答えよ．さらに，n 次の行列式を展開すると，何項の 1 次結合になるか答えよ．ただし，いずれの場合も，各項は相殺などせず，計算後の項数は減らないものとする．

例 3 次の行列式を展開すると 6 項の 1 次結合になる
$$|\mathbf{A}| = \begin{vmatrix} a_{11} & a_{12} & a_{13} \\ a_{21} & a_{22} & a_{23} \\ a_{31} & a_{32} & a_{33} \end{vmatrix} = a_{11}a_{22}a_{33} + a_{12}a_{23}a_{31} + a_{13}a_{21}a_{32} \\ - a_{11}a_{23}a_{32} - a_{12}a_{21}a_{33} - a_{13}a_{21}a_{32}$$

Gallery 5.
右：秋の雰囲気
　水彩画（模写）
　　楓の葉は生葉
　　著者作成
左：おだまき？
　写真
　　自宅で開花
　　著者撮影

1.4.4. 行列式の性質

ここでは，n 次の行列式 $|\mathbf{A}|$ の演算における基本的な性質をご紹介いたします．

(1_D) $|\mathbf{A}|$ の行と列と入れ替えても値は変わりません．すなわち，$|\mathbf{A}| = |\mathbf{A}^T|$ である．
(2_D) $|\mathbf{A}|$ の任意の行または列を1回入れ替えると $|\mathbf{A}|$ の符号が変わる．
(3_D) $|\mathbf{A}|$ の任意の2つの行または列が等しいと，$|\mathbf{A}| = 0$ である．
(4_D) $|\mathbf{A}|$ の任意の1つの行または列を k 倍した行列式 $|\mathbf{A}'|$ は，$|\mathbf{A}'| = k|\mathbf{A}|$ である．
(5_D) $|\mathbf{A}|$ の任意の1つの行または列が2つの数の和であれば，2つの行列式に分解可能である．
　　　例）列ベクトルを用いた例は，$|\mathbf{A}| = |\mathbf{p} \pm \mathbf{q} \ \ \mathbf{a} \ \ \mathbf{b}| = |\mathbf{p} \ \ \mathbf{a} \ \ \mathbf{b}| \pm |\mathbf{q} \ \ \mathbf{a} \ \ \mathbf{b}|$
(6_D) $|\mathbf{A}|$ の任意の1つの行または列を k 倍して他の任意の行または列に加えても行列式の値は変わらない．
　　　例）列ベクトルを用いた例は，$|\mathbf{A}| = |\mathbf{a} \ \ \mathbf{b} \ \ \mathbf{c}| = |\mathbf{a} \pm k\mathbf{b} \ \ \mathbf{b} \ \ \mathbf{c}|$
　　　　　これは，(3_D)，(4_D)，(5_D) から証明可能である．
(7_D) 三角行列式の値は主対角線の要素の積である．
$$|\mathbf{A}| = \prod_{i=1}^{n} a_{ii} = a_{11} \cdot a_{22} \cdots a_{nn}$$
(8_D) 余因子で行展開や列展開が可能である．
$$|\mathbf{A}| = \sum_{i} a_{ij} \tilde{a}_{ij} = \sum_{j} a_{ij} \tilde{a}_{ij}$$
(9_D) 行列の積の行列式は，各々の行列の行列式の積に等しい．
$$|\mathbf{AB}| = |\mathbf{A}| \cdot |\mathbf{B}|$$

（吹き出し：行列式の性質！覚えとこ．）

練習問題 1.4.4-1 以下の行列 $\mathbf{A}$ について，$|\mathbf{A}| = |\mathbf{A}^T|$ を示せ．
$$\mathbf{A} = \begin{pmatrix} 1 & 2 \\ 3 & 4 \end{pmatrix}$$

練習問題 1.4.4-2 適当な3次の正方行列を用いて以下の式を示せ．
$$|\mathbf{A}| = |\mathbf{a} \ \ \mathbf{b} \ \ \mathbf{c}| = |\mathbf{a} \pm k\mathbf{b} \ \ \mathbf{b} \ \ \mathbf{c}|$$

1.4.5. 行列式の和の分離

ここでは，行列式の性質 5_D の証明をします．行列式の和形式の分離は，以下に示す定理15 の別解答で用いるので，ここで（変な位置ですが）少々説明を挟みます．式 1.4.1-8 および式 1.4.1-9 で示した方式のことを言います．ですから，すでに説明を終わっている，と言っても良いのですが，分りづらい，数学的（笑：数学ですから当たり前の）表式を使っていますよね．よく見ても何やらわからなかった読者もおられると思います．もっと簡単に，分離する表式がないのか？，という話です．

さあ，具体的に，要素の演算を見ながら，そして，一般的に，以下の行列 $\mathbf{A}$，$\mathbf{B}$，$\mathbf{C}$ を用いて説明をします．分って頂けると幸甚です．$|\mathbf{A}|$，$|\mathbf{B}|$，$|\mathbf{C}|$ の表式を以下のようにします．

$$|\mathbf{C}| = \begin{vmatrix} a_{1,1} & \cdots & a_{1,k-1} & a_{1,k}+kb_{1,k} & a_{1,k+1} & \cdots & a_{1,n} \\ a_{2,1} & \cdots & a_{2,k-1} & a_{2,k}+kb_{2,k} & a_{2,k+1} & \cdots & a_{2,n} \\ \vdots & \ddots & \vdots & \vdots & \vdots & \ddots & \vdots \\ a_{n,1} & \cdots & a_{n,k-1} & a_{n,k}+kb_{n,k} & a_{n,k+1} & \cdots & a_{n,n} \end{vmatrix} \tag{1.4.5-1}$$

$$|\mathbf{A}| = \begin{vmatrix} a_{1,1} & \cdots & a_{1,k-1} & a_{1,k} & a_{1,k+1} & \cdots & a_{1,n} \\ a_{2,1} & \cdots & a_{2,k-1} & a_{2,k} & a_{2,k+1} & \cdots & a_{2,n} \\ \vdots & \ddots & \vdots & \vdots & \vdots & \ddots & \vdots \\ a_{n,1} & \cdots & a_{n,k-1} & a_{n,k} & a_{n,k+1} & \cdots & a_{n,n} \end{vmatrix} \tag{1.4.5-2}$$

$$|\mathbf{B}| = \begin{vmatrix} a_{1,1} & \cdots & a_{1,k-1} & b_{1,k} & a_{1,k+1} & \cdots & a_{1,n} \\ a_{2,1} & \cdots & a_{2,k-1} & b_{2,k} & a_{2,k+1} & \cdots & a_{2,n} \\ \vdots & \ddots & \vdots & \vdots & \vdots & \ddots & \vdots \\ a_{n,1} & \cdots & a_{n,k-1} & b_{n,k} & a_{n,k+1} & \cdots & a_{n,n} \end{vmatrix} \tag{1.4.5-3}$$

ここで，$|\mathbf{C}|=|\mathbf{A}|+k|\mathbf{B}|$ と書いて良いか，ということです．

結論から言うと，良いのです．なぜなら（読者はもう分かっており，説明もしなくて良いでしょうけれど），証明を書きますと，余因子第 k 列行展開（式 1.4.3-4）を用いれば良いのです．すなわち，

$$|\mathbf{C}| = \sum_{i=1}^{n} c_{ik}\widetilde{c}_{ik} = \sum_{i=1}^{n}(a_{ik}+kb_{ik})\widetilde{c}_{ik} = \sum_{i=1}^{n}(a_{ik})\widetilde{c}_{ik} + \sum_{i=1}^{n}(kb_{ik})\widetilde{c}_{ik} = \sum_{i=1}^{n}a_{ik}\widetilde{a}_{ik} + \sum_{i=1}^{n}kb_{ik}\widetilde{b}_{ik}$$
$$\therefore \quad |\mathbf{C}| = |\mathbf{A}| + k|\mathbf{B}| \tag{1.4.5-4}$$

となります．証明は簡単でした．上式，式 1.4.5-4 は，線形代数の中で大きなパワーがあります．これは，複雑な行列式を簡単に計算できそうであると感じます．例えば，同じ列がある行列式は 0 であることを利用して計算ができるのです．

では例題です．

例題 1.4.5-1　行列式の性質 5_D を用いて，以下の（1），（2）を求めよ．	
（1）$\begin{vmatrix} 3 & 1 \\ 5 & 2 \end{vmatrix}$　（2）	

例題 1.4.5-1 解答

(1) $\begin{vmatrix} 3 & 1 \\ 5 & 2 \end{vmatrix} = \begin{vmatrix} 2+1 & 1 \\ 3+2 & 2 \end{vmatrix} = \begin{vmatrix} 2 & 1 \\ 3 & 2 \end{vmatrix} + \begin{vmatrix} 1 & 1 \\ 2 & 2 \end{vmatrix} = 1$

(2)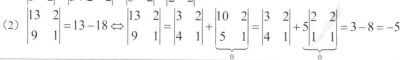

もう 1 つ 3 次の行列式の例題です．

例題 1.4.5-2　次の行列式を和形式の分離の方法で解け．
$$|\mathbf{A}| = \begin{vmatrix} 1 & 2 & 3 \\ 2 & 4 & 6 \\ 3 & 6 & 9 \end{vmatrix}$$

例題 1.4.5-2　解答
$$|\mathbf{A}| = \begin{vmatrix} 1 & 2 & 3 \\ 2 & 4 & 6 \\ 3 & 6 & 9 \end{vmatrix} = \begin{vmatrix} 1 & 2 & 1+1+1 \\ 2 & 4 & 2+2+2 \\ 3 & 6 & 3+3+3 \end{vmatrix} = 3\begin{vmatrix} 1 & 2 & 1 \\ 2 & 4 & 2 \\ 3 & 6 & 3 \end{vmatrix} = 0$$

いかがですか．無茶苦茶簡単でしたね．

練習問題 1.4.5-1　次の行列式を和形式の分離の方法で解け．$|\mathbf{A}| = \begin{vmatrix} 1 & 3 \\ 2 & 4 \end{vmatrix}$

練習問題 1.4.5-1　次の行列式を和形式の分離の方法で解け．$|\mathbf{A}| = \begin{vmatrix} 3 & -1 & 1 \\ 6 & 1 & 2 \\ 9 & -2 & 3 \end{vmatrix}$

1.4.6. 行列式の積の分離

ここでは，行列式の性質 9_D の証明をします．このような計算方法は，行列式の計算では，ある意味では公理であって，よく覚えておく必要があります．さあ，ここで，重要な式

$$|\mathbf{AB}| = |\mathbf{A}| \cdot |\mathbf{B}| \tag{1.4.6-1}$$

を行列の性質 6_D などから証明します．

1）証明 1

ちょっとややこしいので，まずは，2 次の正則行列 $\mathbf{A}$，$\mathbf{B}$ を

$$\mathbf{A} = \begin{pmatrix} a_{11} & a_{12} \\ a_{21} & a_{22} \end{pmatrix},\quad \mathbf{B} = \begin{pmatrix} b_{11} & b_{12} \\ b_{21} & b_{22} \end{pmatrix} \tag{1.4.6-2}$$

として様子を見ましょう．実際に計算すると，$|\mathbf{AB}|$ は，

$$\begin{aligned}
|\mathbf{AB}| &= \left| \begin{pmatrix} a_{11} & a_{12} \\ a_{21} & a_{22} \end{pmatrix}\begin{pmatrix} b_{11} & b_{12} \\ b_{21} & b_{22} \end{pmatrix} \right| = \begin{vmatrix} a_{11}b_{11} + a_{12}b_{21} & a_{11}b_{12} + a_{12}b_{22} \\ a_{21}b_{11} + a_{22}b_{21} & a_{21}b_{12} + a_{22}b_{22} \end{vmatrix} \\
&= (a_{11}b_{11} + a_{12}b_{21})(a_{21}b_{12} + a_{22}b_{22}) - (a_{11}b_{12} + a_{12}b_{22})(a_{21}b_{11} + a_{22}b_{21}) \\
&= a_{11}b_{11}a_{21}b_{12} + a_{11}b_{11}a_{22}b_{22} + a_{12}b_{21}a_{21}b_{12} + a_{12}b_{21}a_{22}b_{22} \\
&\quad - (a_{11}b_{12}a_{21}b_{11} + a_{11}b_{12}a_{22}b_{21} + a_{12}b_{22}a_{21}b_{11} + a_{12}b_{22}a_{22}b_{21}) \\
&= a_{11}b_{11}a_{22}b_{22} - a_{11}b_{12}a_{22}b_{21} + a_{12}b_{21}a_{21}b_{12} - a_{12}b_{22}a_{21}b_{11} \\
&= (a_{11}a_{22} - a_{12}a_{21})b_{11}b_{22} - (a_{11}a_{22} - a_{12}a_{21})b_{12}b_{21} \\
&= (a_{11}a_{22} - a_{12}a_{21})(b_{11}b_{22} - b_{12}b_{21}) = \begin{vmatrix} a_{11} & a_{12} \\ a_{21} & a_{22} \end{vmatrix}\begin{vmatrix} b_{11} & b_{12} \\ b_{21} & b_{22} \end{vmatrix} \quad \therefore\ |\mathbf{AB}| = |\mathbf{A}||\mathbf{B}|
\end{aligned} \tag{1.4.6-3}$$

ですので，これで 2 次の正方行列について式 1.4.6-1 の証明が出来ました．

1.4. 行列式 I

　証明はみなさんにとって簡単でしたでしょう．でもこれでは，n 次の正方行列についての証明ができたとは言えません．さあ，どうすれば良いでしょう．数学者は，いろいろな方法を考えます．筆者はそれを紹介するだけです．

　2 次の正則行列 $\mathbf{A}$，$\mathbf{B}$ を式 1.4.6-2 であるとし，4 次の行列式 ^4D を考えます．

$$^4D = \begin{vmatrix} \mathbf{A} & \mathbf{O} \\ -\mathbf{E} & \mathbf{B} \end{vmatrix} = \begin{vmatrix} a_{11} & a_{12} & 0 & 0 \\ a_{21} & a_{22} & 0 & 0 \\ -1 & 0 & b_{11} & b_{12} \\ 0 & -1 & b_{21} & b_{22} \end{vmatrix} \tag{1.4.6-4}$$

と書く表式は，式 1.4.6-1 の証明に用いるなんて，通常，思いつきませんよね．天才の閃きってやつでしょうか．さて，まず，第 1 列目余因子行展開をしてみましょう．結果は，

$$^4D = (-1)^{1+1}a_{11}\begin{vmatrix} a_{22} & 0 & 0 \\ 0 & b_{11} & b_{12} \\ -1 & b_{21} & b_{22} \end{vmatrix} + (-1)^{2+1}a_{21}\begin{vmatrix} a_{12} & 0 & 0 \\ 0 & b_{11} & b_{12} \\ -1 & b_{21} & b_{22} \end{vmatrix}$$

$$+ (-1)^{3+1}(-1)\begin{vmatrix} a_{12} & 0 & 0 \\ a_{22} & 0 & 0 \\ -1 & b_{21} & b_{22} \end{vmatrix} + (-1)^{4+1}(0)\begin{vmatrix} a_{12} & 0 & 0 \\ a_{22} & 0 & 0 \\ 0 & b_{11} & b_{12} \end{vmatrix} \tag{1.4.6-5}$$

となりますね．ここで，上式，式 1.4.6-5 の第 1 式，第 2 式では，いずれも，第 1 行目余因子列展開をすると，第 1 行目の第 1 項の余因子展開以外は 0 になります．しかも，第 3 式および第 4 式は 0 になるのは明らかです．大丈夫よね！　したがって，

$$^4D = a_{11}a_{22}\begin{vmatrix} b_{11} & b_{12} \\ b_{21} & b_{22} \end{vmatrix} - a_{21}a_{12}\begin{vmatrix} b_{11} & b_{12} \\ b_{21} & b_{22} \end{vmatrix}$$

$$= (a_{11}a_{22} - a_{21}a_{12}) \cdot \begin{vmatrix} b_{11} & b_{12} \\ b_{21} & b_{22} \end{vmatrix} = \begin{vmatrix} a_{11} & a_{12} \\ a_{21} & a_{22} \end{vmatrix} \cdot \begin{vmatrix} b_{11} & b_{12} \\ b_{21} & b_{22} \end{vmatrix} = |\mathbf{A}| \cdot |\mathbf{B}| \tag{1.4.6-6}$$

となることが分かります．

　一方，式 1.4.6-4 の第 1 行目に，第 3 行 $\times a_{11}$ および第 4 行 $\times a_{12}$ を加えると，第 1 行は，

$$0 \quad 0 \quad a_{11}b_{11} + a_{12}b_{21} \quad a_{11}b_{12} + a_{12}b_{22}$$

となります．さらに，式 1.4.6-4 の第 2 行目に，第 3 行 $\times a_{21}$ および第 4 行 $\times a_{22}$ をそれぞれ加えると，第 2 行は，

$$0 \quad 0 \quad a_{21}b_{11} + a_{22}b_{21} \quad a_{21}b_{12} + a_{22}b_{22}$$

となります．したがって，式 1.4.6-4 は，

$$^4D = \begin{vmatrix} 0 & 0 & a_{11}b_{11} + a_{12}b_{21} & a_{11}b_{12} + a_{12}b_{22} \\ 0 & 0 & a_{21}b_{11} + a_{22}b_{21} & a_{21}b_{12} + a_{22}b_{22} \\ -1 & 0 & b_{11} & b_{12} \\ 0 & -1 & b_{21} & b_{22} \end{vmatrix} \tag{1.4.6-7}$$

> ^4D のの要素展開に注目！

と変形できます．ここで，第 1 列余因子行展開をすると，

$$^4D = (-1)^{3+1}(-1)\begin{vmatrix} 0 & a_{11}b_{11}+a_{12}b_{21} & a_{11}b_{12}+a_{12}b_{22} \\ 0 & a_{21}b_{11}+a_{22}b_{21} & a_{21}b_{12}+a_{22}b_{22} \\ -1 & b_{21} & b_{22} \end{vmatrix}$$

だけが残り，さらに，第1列余因子行展開をすると，

$$^4D = (-1)(-1)^{3+1}(-1)\begin{vmatrix} a_{11}b_{11}+a_{12}b_{21} & a_{11}b_{12}+a_{12}b_{22} \\ a_{21}b_{11}+a_{22}b_{21} & a_{21}b_{12}+a_{22}b_{22} \end{vmatrix} = |\mathbf{AB}| \tag{1.4.6-8}$$

となります．ここで，式1.4.6-6と式1.4.6-8から

$$\therefore \quad ^4D = |\mathbf{A}|\cdot|\mathbf{B}| = |\mathbf{AB}| \tag{1.4.6-9}$$

の証明が出来ました．でもでも，しかしながら，ん～！　まだまだ，2次の行列式の証明でしかありません．残念！

　本来は，一般的な正方行列を考えねばなりませんが，今の段階では，ちょっと，難しいので，ここでは，2次の行列が分かった段階なので，さらに，3次の行列を用いてもっと考えてみましょう．少々休憩しますかね．・・・・さあ，証明2を説明します．だんだん，複雑になりますので頑張ってゆったりと読んでください．

2）証明2

　式1.4.6-4では，2次の行列 $\mathbf{A}$，$\mathbf{B}$ を扱いましたが，3次の行列では，どうでしょう．次の6次の行列式を見てください．^6D という行列式を第1列行余因子展開をしますと，

$$^6D = \begin{vmatrix} a_{11} & a_{12} & a_{13} & 0 & 0 & 0 \\ a_{21} & a_{22} & a_{23} & 0 & 0 & 0 \\ a_{31} & a_{32} & a_{33} & 0 & 0 & 0 \\ -1 & 0 & 0 & b_{11} & b_{12} & b_{13} \\ 0 & -1 & 0 & b_{21} & b_{22} & b_{23} \\ 0 & 0 & -1 & b_{31} & b_{32} & b_{33} \end{vmatrix} = {}^5D_{11}a_{11} + {}^5D_{12}a_{12} + {}^5D_{13}a_{13} \tag{1.4.6-10}$$

$$\therefore \quad D = a_{11}(-1)^{1+1}\underbrace{\begin{vmatrix} a_{22} & a_{23} & 0 & 0 & 0 \\ a_{32} & a_{33} & 0 & 0 & 0 \\ 0 & 0 & b_{11} & b_{12} & b_{13} \\ -1 & 0 & b_{21} & b_{22} & b_{23} \\ 0 & -1 & b_{31} & b_{32} & b_{33} \end{vmatrix}}_{{}^5D_{11}} + a_{12}(-1)^{1+2}\underbrace{\begin{vmatrix} a_{21} & a_{23} & 0 & 0 & 0 \\ a_{31} & a_{33} & 0 & 0 & 0 \\ -1 & 0 & b_{11} & b_{12} & b_{13} \\ 0 & 0 & b_{21} & b_{22} & b_{23} \\ 0 & -1 & b_{31} & b_{32} & b_{33} \end{vmatrix}}_{{}^5D_{12}}$$

$$+ a_{13}(-1)^{1+3}\underbrace{\begin{vmatrix} a_{21} & a_{22} & 0 & 0 & 0 \\ a_{31} & a_{32} & 0 & 0 & 0 \\ -1 & 0 & b_{11} & b_{12} & b_{13} \\ 0 & -1 & b_{21} & b_{22} & b_{23} \\ 0 & 0 & b_{31} & b_{32} & b_{33} \end{vmatrix}}_{{}^5D_{13}} \tag{1.4.6-11}$$

のように，行列式 $^5D_{12}$ を a_{11}, a_{12}, a_{13} とその余因子 $^5D_{11}, {}^5D_{12}, {}^5D_{13}$ で表現できます．式

1.4.6-11 の第 1 式は，

$$
{}^5D_{11}a_{11} = a_{11} \begin{vmatrix} a_{22} & a_{23} & 0 & 0 & 0 \\ a_{32} & a_{33} & 0 & 0 & 0 \\ 0 & 0 & b_{11} & b_{12} & b_{13} \\ -1 & 0 & b_{21} & b_{22} & b_{23} \\ 0 & -1 & b_{31} & b_{32} & b_{33} \end{vmatrix}
$$

$$
= a_{11}(-1)^{2+2}a_{22} \begin{vmatrix} a_{33} & 0 & 0 & 0 \\ 0 & b_{11} & b_{12} & b_{13} \\ 0 & b_{21} & b_{22} & b_{23} \\ -1 & b_{31} & b_{32} & b_{33} \end{vmatrix} + a_{11}(-1)^{3+2}a_{32} \begin{vmatrix} a_{23} & 0 & 0 & 0 \\ 0 & b_{11} & b_{12} & b_{13} \\ 0 & b_{21} & b_{22} & b_{23} \\ -1 & b_{31} & b_{32} & b_{33} \end{vmatrix}
$$

$$
\therefore \quad {}^5D_{11}a_{11} = (a_{11}a_{22}a_{33} - a_{11}a_{23}a_{32})|\mathbf{B}| \tag{1.4.6-12}
$$

と計算できます．同様に，式 1.4.6-11 の第 2 式および第 3 式は，

$$
{}^5D_{12}a_{12} = (a_{12}a_{23}a_{31} - a_{12}a_{21}a_{33})|\mathbf{B}| \tag{1.4.6-13}
$$

$$
{}^5D_{13}a_{13} = (a_{13}a_{21}a_{32} - a_{13}a_{22}a_{31})|\mathbf{B}| \tag{1.4.6-14}
$$

と計算できます．したがって，

$$
{}^6D = (a_{11}a_{22}a_{33} + a_{12}a_{23}a_{31} + a_{13}a_{21}a_{32} - a_{11}a_{23}a_{32} - a_{12}a_{21}a_{33} - a_{13}a_{22}a_{31})|\mathbf{B}|
$$

$$
\therefore \quad {}^6D = {}^5D_{11}a_{11} + {}^5D_{12}a_{12} + {}^5D_{13}a_{13} = |\mathbf{A}||\mathbf{B}| \tag{1.4.6-15}
$$

これは従来方法で何の難しさもないでしょう．ここで，D の左上の数字は行列式の次数です．ここまで，半分です．後は，${}^6D = |\mathbf{AB}|$ を示せば，${}^6D = |\mathbf{AB}| = |\mathbf{A}||\mathbf{B}|$ が証明できたことになります．${}^6D = |\mathbf{AB}|$ の証明は演習問題にしましょう．

上記説明した方法を拡張すれば，n 次の行列式についての式，行列式の性質 9_D あるいは式 1.4.6-1 が証明ができそうです．さあ，ここからが面白いところです．面白いですが，式ばかりで恐縮です

さて，本題に戻ります．次式のように，$2n$ 次の行列式を考えるわけです．すなわち，以下に示すように，4 つの n 次の正方行列 $\mathbf{A}$, $\mathbf{B}$, $\mathbf{E}$, $\mathbf{O}$ を考えます．

$$
D = \begin{vmatrix} \mathbf{A} & \mathbf{O} \\ -\mathbf{E} & \mathbf{B} \end{vmatrix} = \begin{vmatrix} a_{11} & a_{12} & a_{13} & \cdots & a_{1n} & 0 & 0 & 0 & \cdots & 0 \\ a_{21} & a_{22} & a_{23} & \cdots & a_{2n} & 0 & 0 & 0 & \cdots & 0 \\ a_{31} & a_{32} & a_{33} & \cdots & a_{3n} & 0 & 0 & 0 & \cdots & 0 \\ \vdots & \vdots & \vdots & \ddots & \vdots & \vdots & \vdots & \vdots & \ddots & \vdots \\ a_{n1} & a_{n2} & a_{n3} & \cdots & a_{nn} & 0 & 0 & 0 & \cdots & 0 \\ -1 & 0 & 0 & \cdots & 0 & b_{11} & b_{12} & b_{13} & \cdots & b_{1n} \\ 0 & -1 & 0 & \cdots & 0 & b_{21} & b_{22} & b_{23} & \cdots & b_{2n} \\ 0 & 0 & -1 & \cdots & 0 & b_{31} & b_{32} & b_{33} & \cdots & b_{3n} \\ \vdots & \vdots & \vdots & \ddots & \vdots & \vdots & \vdots & \vdots & \ddots & \vdots \\ 0 & 0 & 0 & \cdots & -1 & b_{n1} & b_{n2} & b_{n3} & \cdots & b_{nn} \end{vmatrix} \tag{1.4.6-16}
$$

です．行列式内の鎖線は見やすくするために書いています．ここで，「考え方は，2次や3次の正方行列と同じです」と言って，すぐ，式1.4.6-1の証明を証明1で終わらす教科書があります．しかし，本書は，ちょっとだけ読者の皆さんの味方です．逆に式が増えてややこしくて混乱するかもしれませんが（笑）

さて，式1.4.6-16について，右辺の1行目で余因子列展開を行います．そこで，a_{11}の余因子が$2n-1$次であることが分かりますよね．

ここで，表式$^{\lambda}D_{ij}$を導入します．行列式Dの(i, j)要素の余因子で次数が$\lambda = 2n - i$の小行列を表す，とします．すなわち，a_{11}に関する余因子は，$2n-1$次で，具体的には，

$$^{\lambda=2n-1}D_{11} = (-1)^{1+1} \begin{vmatrix} a_{22} & a_{23} & \cdots & a_{2n} & 0 & 0 & 0 & \cdots & 0 \\ a_{32} & a_{33} & \cdots & a_{3n} & 0 & 0 & 0 & \cdots & 0 \\ \vdots & \vdots & \ddots & \vdots & \vdots & \vdots & \vdots & & \vdots \\ a_{n2} & a_{n3} & \cdots & a_{nn} & 0 & 0 & 0 & \cdots & 0 \\ 0 & 0 & \cdots & 0 & b_{11} & b_{12} & b_{13} & \cdots & b_{1n} \\ -1 & 0 & \cdots & 0 & b_{21} & b_{22} & b_{23} & \cdots & b_{2n} \\ 0 & -1 & \cdots & 0 & b_{31} & b_{32} & b_{33} & \cdots & b_{3n} \\ \vdots & \vdots & \ddots & \vdots & \vdots & \vdots & \vdots & & \vdots \\ 0 & 0 & \cdots & -1 & b_{n1} & b_{n2} & b_{n3} & \cdots & b_{nn} \end{vmatrix}_{2n-1} \quad (1.4.6\text{-}17)$$

書きます．次は，a_{12}の余因子です．果たして，その実態は，

$$^{\lambda=2n-1}D_{12} = (-1)^{1+2} \begin{vmatrix} a_{21} & a_{23} & \cdots & a_{2n} & 0 & 0 & 0 & \cdots & 0 \\ a_{31} & a_{33} & \cdots & a_{3n} & 0 & 0 & 0 & \cdots & 0 \\ \vdots & \vdots & \ddots & \vdots & \vdots & \vdots & \vdots & & \vdots \\ a_{n1} & a_{n3} & \cdots & a_{nn} & 0 & 0 & 0 & \cdots & 0 \\ -1 & 0 & \cdots & 0 & b_{11} & b_{12} & b_{13} & \cdots & b_{1n} \\ 0 & 0 & \cdots & 0 & b_{21} & b_{22} & b_{23} & \cdots & b_{2n} \\ 0 & -1 & \cdots & 0 & b_{31} & b_{31} & b_{31} & \cdots & b_{31} \\ \vdots & \vdots & \ddots & \vdots & & & & \ddots & \\ 0 & 0 & \cdots & -1 & b_{n1} & b_{n2} & b_{n3} & \cdots & b_{nn} \end{vmatrix}_{2n-1}$$

であり，最終は，a_{1n}の余因子です．

$$^{\lambda=2n-1}D_{1n} = (-1)^{1+n} \begin{vmatrix} a_{21} & a_{23} & \cdots & a_{2,n-1} & 0 & 0 & 0 & \cdots & 0 \\ a_{31} & a_{33} & \cdots & a_{3,n-1} & 0 & 0 & 0 & \cdots & 0 \\ \vdots & \vdots & \ddots & \vdots & \vdots & \vdots & \vdots & & \vdots \\ a_{n1} & a_{n3} & \cdots & a_{n,n-1} & 0 & 0 & 0 & \cdots & 0 \\ -1 & 0 & \cdots & 0 & b_{11} & b_{12} & b_{13} & \cdots & b_{1n} \\ 0 & -1 & \cdots & 0 & b_{21} & b_{22} & b_{23} & \cdots & b_{21} \\ \vdots & \vdots & \ddots & \vdots & \vdots & \vdots & \vdots & \ddots & \vdots \\ 0 & 0 & \cdots & -1 & b_{n-1,1} & b_{n-1,2} & b_{n-1,3} & \cdots & b_{n-1,n} \\ 0 & 0 & \cdots & 0 & b_{n1} & b_{n2} & b_{n3} & \cdots & b_{nn} \end{vmatrix}_{2n-1}$$

1.4. 行列式 I

です. a_{1n} 以降右側は要素が 0 であることに注意すれば, 第 1 行余因子列展開は,

$$D = \begin{vmatrix} \mathbf{A} & \mathbf{O} \\ -\mathbf{E} & \mathbf{B} \end{vmatrix} = a_{11}{}^{\lambda=2n-1}D_{11} + a_{12}{}^{\lambda=2n-1}D_{12} + \cdots + a_{1n}{}^{\lambda=2n-1}D_{1n} \tag{1.4.6-18}$$

ということになります. さらに, 例として, 上式の第 1 項の ${}^{2n-1}D_{11}$ (式 1.4.6-17) を 1 行目の a_{22} から a_{2n} で余因子列展開しますと, 余因子の次数は $2n-2$ となりますから,

$${}^{2n-1}D_{11} = {}^{2n-2}D_{22}a_{22} + {}^{2n-2}D_{23}a_{23} + \cdots + {}^{2n-2}D_{2n}a_{2n} \tag{1.4.6-19}$$

のようになります. このようにして, 余因子展開をして行きますと, a_{nn} の余因子は, $|\mathbf{B}|$ だけとなります. さて, 式 1.4.6-16 の右下の $n+2$ 次の小行列 ${}^{\lambda=n+2}D$ は,

$${}^{\lambda=n+2}D = \begin{vmatrix} a_{n-1,n-1} & a_{n-1,n} & 0 & \cdots & 0 \\ a_{n-1,n} & a_{nn} & 0 & \cdots & 0 \\ 0 & 0 & b_{11} & \cdots & b_{1n} \\ \vdots & \vdots & \vdots & \ddots & \vdots \\ -1 & 0 & b_{n-1,1} & \cdots & b_{n-1,n} \\ 0 & -1 & b_{n1} & \cdots & b_{nn} \end{vmatrix}$$

$$= (-1)^{1+1} a_{n-1,n-1} {}^{\lambda=n+1}D_{i=n-1,j=n-1} + (-1)^{1+2} a_{n-1,n} {}^{\lambda=n+1}D_{i=n-1,j=n} \tag{1.4.6-20}$$

$$= (-1)^{1+1} a_{n-1,n-1} \begin{vmatrix} a_{nn} & 0 & \cdots & 0 \\ 0 & b_{11} & \cdots & b_{1n} \\ \vdots & \vdots & \ddots & \vdots \\ 0 & b_{n-1,1} & \cdots & b_{n-1,n} \\ -1 & b_{n1} & \cdots & b_{nn} \end{vmatrix} + (-1)^{1+2} a_{n-1,n} \begin{vmatrix} a_{n-1,n} & 0 & \cdots & 0 \\ 0 & b_{11} & \cdots & b_{1n} \\ \vdots & \vdots & \ddots & \vdots \\ -1 & b_{n-1,1} & \cdots & b_{n-1,n} \\ 0 & b_{n1} & \cdots & b_{nn} \end{vmatrix}$$

のようになりますから, 上式の 2 つの行列式で, 第 1 行で余因子列展開をしますと,

$${}^{\lambda=n+1}D_{i=n-1,j=n-1} = \begin{vmatrix} a_{nn} & 0 & \cdots & 0 \\ 0 & b_{11} & \cdots & b_{1n} \\ \vdots & \vdots & \ddots & \vdots \\ 0 & b_{n-1,1} & \cdots & b_{n-1,n} \\ -1 & b_{n1} & \cdots & b_{nn} \end{vmatrix} = (-1)^{1+1} a_{nn} |\mathbf{B}|$$

$${}^{\lambda=n+1}D_{i=n-1,j=n} = \begin{vmatrix} a_{n-1,n} & 0 & \cdots & 0 \\ 0 & b_{11} & \cdots & b_{1n} \\ \vdots & \vdots & \ddots & \vdots \\ -1 & b_{n-1,1} & \cdots & b_{n-1,n} \\ 0 & b_{n1} & \cdots & b_{nn} \end{vmatrix} = (-1)^{1+1} a_{n-1,n} |\mathbf{B}|$$

であり

$${}^{\lambda=n+2}D = a_{n-1,n-1} a_{nn} |\mathbf{B}| - a_{n-1,n} a_{n-1,n} |\mathbf{B}| = \left(a_{n-1,n-1} a_{nn} - a_{n-1,n} a_{n-1,n} \right) |\mathbf{B}| \tag{1.4.6-21}$$

ですから，

$$\therefore \quad {}^{\lambda=n+2}D = |{}^2\mathbf{A}|\cdot|\mathbf{B}| \quad \therefore \quad {}^2\mathbf{A} = \begin{pmatrix} a_{n-1,n-1} & a_{n-1,n} \\ a_{n-1,n} & a_{nn} \end{pmatrix} \tag{1.4.6-22}$$

となります．

このように，第1行余因子列展開を続けると，

$$D = (\cdots\cdots)\cdot|\mathbf{B}| \tag{1.4.6-23}$$

という形にまとめられます．ここでは厳密な証明は行いませんが，この$(\cdots\cdots)$の部分は，式 1.4.6-15 や式 1.4.6-21 に示すように，行列 $\mathbf{A}$ で要素の積の和を示したものになり，$|\mathbf{A}|$の展開しました式が括られます．したがって，$D = |\mathbf{A}|\cdot|\mathbf{B}|$ となります．

次に，$\mathbf{A}$ および $\mathbf{B}$ を n 次の行列として，

$$D = \begin{vmatrix} \mathbf{A} & \mathbf{O} \\ -\mathbf{E} & \mathbf{B} \end{vmatrix} = \begin{vmatrix} \mathbf{O} & \mathbf{AB} \\ -\mathbf{E} & \mathbf{B} \end{vmatrix} = |\mathbf{AB}| \tag{1.4.6-24}$$

となるかを考えます．式 1.4.6-7 の作成と同じ方法で，式 1.4.6-16 の $\mathbf{A}$ の部分を行列 $\mathbf{O}$ にしましょう．ここで，n 次の行列 $\mathbf{C}$ を n 次の行列 $\mathbf{A}$ および $\mathbf{B}$ の積，すなわち，

$$\mathbf{A}\{a_{ij}\}\mathbf{B}\{b_{jk}\} = \mathbf{C}\left\{c_{ik} = \sum_{j=1}^{n} a_{ij}b_{jk}\right\} \tag{1.4.6-25}$$

で定義します．ここで，式 1.4.6-16 で，第 1 行に対して，第 $n+1$ 行に a_{11} を掛け，第 $n+2$ 行に a_{12} を掛け，…，第 $2n$ 行に a_{1n} のように順に掛けて，加えると，第 1 行は，

$$\underbrace{0 \cdots 0}_{n} \quad \underbrace{a_{11}b_{11}+\cdots+a_{1n}b_{n1}}_{C:c_{11}} \quad \cdots \quad \underbrace{a_{11}b_{1n}+\cdots+a_{1n}b_{nn}}_{C:c_{1n}} \tag{1.4.6-26}$$

となります．

式 1.4.6-16 のように，同様な式変形を，第 2 行，第 3 行，…，第 n 行に対しても行えば，次式のように，

$$D = \begin{vmatrix} \mathbf{A} & \mathbf{C} \\ -\mathbf{E} & \mathbf{B} \end{vmatrix} = \begin{vmatrix} 0 & \cdots & 0 & a_{11}b_{11}+\cdots+a_{1n}b_{n1} & \cdots & a_{11}b_{1n}+\cdots+a_{1n}b_{nn} \\ \vdots & \ddots & \vdots & \vdots & \ddots & \vdots \\ 0 & \cdots & 0 & a_{n1}b_{11}+\cdots+a_{nn}b_{n1} & \cdots & a_{n1}b_{1n}+\cdots+a_{nn}b_{nn} \\ -1 & \cdots & 0 & b_{11} & \cdots & b_{1n} \\ \vdots & \ddots & \vdots & \vdots & \ddots & \vdots \\ 0 & \cdots & -1 & b_{n1} & \cdots & b_{nn} \end{vmatrix} = \begin{vmatrix} \mathbf{O} & \mathbf{AB} \\ -\mathbf{E} & \mathbf{B} \end{vmatrix} \tag{1.4.6-27}$$

となります．ここで，行列式 ${}^{2n}D$ の第 1 列余因子行展開しますと，第 $n+1$ 行第 1 列の展開だけとなります．さらに，残った ${}^{2n-1}D$ を第 1 列余因子行展開します．これを，行列式 ${}^{2n}D$ で言えば，第 n 列まで列余因子行展開を行うと，$D = {}^nD = |\mathbf{AB}|$ となることが分かります．したがって，$D = |\mathbf{A}|\cdot|\mathbf{B}|$ から $|\mathbf{A}|\cdot|\mathbf{B}| = |\mathbf{AB}|$ となります．少々，ややこしく，数学的には厳密な証明ではないのですが，ご了承ください．

ここでは，読むだけですから（笑），休憩なしで，読み続けましょう．

3) 証明3

さあ，本書ではもう1つ証明を試みます．n 次の正方行列 $\mathbf{A}$, $\mathbf{B}$ があり，積の定義から，

1.4. 行列式 I

$$|\mathbf{AB}| = \begin{vmatrix} \sum a_{1k}b_{k1} & \sum a_{1k}b_{k2} & \cdots & \sum a_{1k}b_{kn} \\ \sum a_{2k}b_{k1} & \sum a_{2k}b_{k2} & \cdots & \sum a_{2k}b_{kn} \\ \vdots & \vdots & \ddots & \vdots \\ \sum a_{nk}b_{k1} & \sum a_{nk}b_{k2} & \cdots & \sum a_{nk}b_{kn} \end{vmatrix} \quad (1.4.6\text{-}28)$$

であり，ここで，式 1.4.6-28 の第 1 行を具体的に書くと，

$$|\mathbf{AB}| = \begin{vmatrix} a_{11}b_{11}+\cdots+a_{1n}b_{n1} & a_{11}b_{12}+\cdots+a_{1n}b_{n2} & \cdots & a_{11}b_{1n}+\cdots+a_{1n}b_{nn} \\ \sum a_{2k}b_{k1} & \sum a_{2k}b_{k2} & \cdots & \sum a_{2k}b_{kn} \\ \vdots & \vdots & \ddots & \vdots \\ \sum a_{nk}b_{k1} & \sum a_{nk}b_{k2} & \cdots & \sum a_{nk}b_{kn} \end{vmatrix} \quad (1.4.6\text{-}29)$$

ですから，行列式の第 1 行目の和は行列式の性質 5_D（項 1.4.4 参照），すなわち，

$$|\mathbf{A}| = |\mathbf{p} \pm \mathbf{q} \quad \mathbf{a} \quad \mathbf{b}| = |\mathbf{p} \quad \mathbf{a} \quad \mathbf{b}| \pm |\mathbf{q} \quad \mathbf{a} \quad \mathbf{b}|$$

を用いると，式 1.4.6-29 は，共通項が括りだせて，

$$|\mathbf{AB}| = \sum_{i}^{n} a_{1i} \begin{vmatrix} b_{i1} & b_{i2} & \cdots & b_{in} \\ \sum a_{2k}b_{k1} & \sum a_{2k}b_{k2} & \cdots & \sum a_{2k}b_{kn} \\ \vdots & \vdots & \ddots & \vdots \\ \sum a_{nk}b_{k1} & \sum a_{nk}b_{k2} & \cdots & \sum a_{nk}b_{kn} \end{vmatrix} \quad (1.4.6\text{-}30)$$

と書けます．第 2 行，…，第 n 行についても同様なことを行うと，

$$|\mathbf{AB}| = \sum_{i}^{n} a_{1i} \sum_{j}^{n} a_{2j} \cdots \sum_{k}^{n} a_{nk} \begin{vmatrix} b_{i1} & b_{i2} & \cdots & b_{in} \\ b_{j1} & b_{j2} & \cdots & b_{jn} \\ \vdots & \vdots & \ddots & \vdots \\ b_{k1} & b_{k2} & \cdots & b_{kn} \end{vmatrix}$$

ここで，$i, j, \cdots, k$ のうち同じものがあれば行列式は 0 となることに注意してください．

$$|\mathbf{AB}| = \left[\sum_{(i,j,\cdots,k)}^{n} \varepsilon \begin{pmatrix} 1 & 2 & \cdots & n \\ i & j & \cdots & k \end{pmatrix} a_{1i} a_{2j} \cdots a_{nk} \right] \cdot \begin{vmatrix} b_{11} & b_{12} & \cdots & b_{1n} \\ b_{21} & b_{22} & \cdots & b_{2n} \\ \vdots & \vdots & \ddots & \vdots \\ b_{n1} & b_{n2} & \cdots & b_{nn} \end{vmatrix} \quad (1.4.6\text{-}31)$$

$$= \left[\sum_{(i,j,\cdots,k)}^{n} \varepsilon \begin{pmatrix} 1 & 2 & \cdots & n \\ i & j & \cdots & k \end{pmatrix} a_{1i} a_{2j} \cdots a_{nk} \right] \cdot |\mathbf{B}|$$

$\therefore \quad |\mathbf{AB}| = |\mathbf{A}| \cdot |\mathbf{B}|$

ということで，証明できました（式 1.4.1-6 を参照）．

4）証明 3'

証明 3 を少々整理します．

$\mathbf{A} = \begin{pmatrix} \mathbf{a}_1 & \mathbf{a}_2 & \cdots & \mathbf{a}_n \end{pmatrix}$ （ここで，$\mathbf{a}_j$ は，行列 $\mathbf{A}$ の第 j 列ベクトル）
$\mathbf{B} = \{b_{ij}\} \quad (i, j = 1, 2, \cdots, n)$

としましょう．ここで，

$$|\mathbf{AB}| = \begin{vmatrix} \sum_{k=1}^{n} \mathbf{a}_k b_{k1} & \sum_{k=1}^{n} \mathbf{a}_k b_{k2} & \cdots & \sum_{k=1}^{n} \mathbf{a}_k b_{kn} \end{vmatrix}$$

74

$$= \sum_{i=1}^{n} b_{i1} \left| \mathbf{a}_i \quad \sum_{k=1}^{n} \mathbf{a}_k b_{k2} \quad \cdots \quad \sum_{k=1}^{n} \mathbf{a}_k b_{kn} \right|$$

$$= \sum_{i=1}^{n} b_{i1} \sum_{j=1}^{n} b_{j2} \cdots \sum_{k=1}^{n} b_{kn} \left| \mathbf{a}_i \quad \mathbf{a}_j \quad \cdots \quad \mathbf{a}_k \right|$$

$$= \left[\sum_{(i,j,\cdots,k)}^{n} \varepsilon \begin{pmatrix} 1 & 2 & \cdots & n \\ i & j & \cdots & k \end{pmatrix} b_{i1} b_{j2} \cdots b_{kn} \right] \cdot \left| \mathbf{a}_i \quad \mathbf{a}_j \quad \cdots \quad \mathbf{a}_k \right|$$

$$= |\mathbf{A}| \cdot \left[\sum_{(i,j,\cdots,k)}^{n} \varepsilon \begin{pmatrix} 1 & 2 & \cdots & n \\ i & j & \cdots & k \end{pmatrix} b_{i1} b_{j2} \cdots b_{kn} \right] = |\mathbf{A}| \cdot |\mathbf{B}|$$

$$\left(\because \left| \mathbf{a}_i \quad \mathbf{a}_j \quad \cdots \quad \mathbf{a}_k \right| = \varepsilon \begin{pmatrix} 1 & 2 & \cdots & n \\ i & j & \cdots & k \end{pmatrix} \left| \mathbf{a}_1 \quad \mathbf{a}_2 \quad \cdots \quad \mathbf{a}_n \right| = |\mathbf{A}| \right)$$

$$\therefore \quad |\mathbf{AB}| = |\mathbf{A}| \cdot |\mathbf{B}| \tag{1.4.6-32}$$

ということですが，お分かりになられましたか？

　さて，ここまで，$|\mathbf{A}| \cdot |\mathbf{B}| = |\mathbf{AB}|$ の証明を3つ半（笑），紹介してきました．最後の証明なら，ある程度厳密な証明と言えるかもしれません．どうでした，分かりづらかったですか．証明方法は様々あります．内容は，まあ，数学科の学生や先生でない限り，全部，分からなくても良いのです．（証明は筆者も自信がないので．，笑）

　読者の研究は，数学の証明ではなく，導出された数学の式を，適宜利用して行けば良いので，式の表式と利用方法を覚えておきましょう．もちろん，読者自身で式の証明ができることが望ましいのは言わずもがな，ですが(笑)．

　見てきたように，線形代数でn次の正則な行列 $\mathbf{A}$, $\mathbf{B}$ の演算で，$|\mathbf{A}| \cdot |\mathbf{B}| = |\mathbf{AB}|$ が成立することが確かめられました．ここで，少々，式変形の補足をしましょう．

（補足）
$$|\mathbf{A}| = \sum_{(i,j,\cdots,k)}^{n} \varepsilon \begin{pmatrix} 1 & 2 & \cdots & n \\ i & j & \cdots & k \end{pmatrix} a_{1i} a_{2j} \cdots (k_1 a_m + k_2 a_m) \cdots a_{nk} \quad (1 \leq m \leq n)$$

$$= \sum_{(i,j,\cdots,k)}^{n} \varepsilon \begin{pmatrix} 1 & 2 & \cdots & n \\ i & j & \cdots & k \end{pmatrix} a_{1i} a_{2j} \cdots (k_1 a_m) \cdots a_{nk} + \sum_{(i,j,\cdots,k)}^{n} \varepsilon \begin{pmatrix} 1 & 2 & \cdots & n \\ i & j & \cdots & k \end{pmatrix} a_{1i} a_{2j} \cdots (k_2 a_m) \cdots a_{nk}$$

$$= k_1 \sum_{(i,j,\cdots,k)}^{n} \varepsilon \begin{pmatrix} 1 & 2 & \cdots & n \\ i & j & \cdots & k \end{pmatrix} a_{1i} a_{2j} \cdots (a_m) \cdots a_{nk} + k_2 \sum_{(i,j,\cdots,k)}^{n} \varepsilon \begin{pmatrix} 1 & 2 & \cdots & n \\ i & j & \cdots & k \end{pmatrix} a_{1i} a_{2j} \cdots (a_m) \cdots a_{nk}$$

$$= \sum_{\ell=1}^{2} k_\ell \left(\sum_{(i,j,\cdots,k)}^{n} \varepsilon \begin{pmatrix} 1 & 2 & \cdots & n \\ i & j & \cdots & k \end{pmatrix} a_{1i} a_{2j} \cdots a_m \cdots a_{nk} \right) \tag{1.4.6-33}$$

となります．ここで，補足の式を，さらに簡単に，2次の行列式を用いて書き下すと，

$$\begin{vmatrix} a_{11} + b_1 & a_{12} \\ a_{21} + b_2 & a_{22} \end{vmatrix} = \begin{vmatrix} a_{11} & a_{12} \\ a_{21} & a_{22} \end{vmatrix} + \begin{vmatrix} b_1 & a_{12} \\ b_2 & a_{22} \end{vmatrix}$$

$$\begin{vmatrix} a_{11} + b_1 & a_{12} + b_2 \\ a_{21} & a_{22} \end{vmatrix} = \begin{vmatrix} a_{11} & a_{12} \\ a_{21} & a_{22} \end{vmatrix} + \begin{vmatrix} b_1 & b_2 \\ a_{21} & a_{22} \end{vmatrix}$$

という式と

$$\begin{vmatrix} ca_{11} & a_{12} \\ ca_{21} & a_{22} \end{vmatrix} = c \begin{vmatrix} a_{11} & a_{12} \\ a_{21} & a_{22} \end{vmatrix}, \quad \begin{vmatrix} a_{11} & ca_{12} \\ a_{21} & ca_{22} \end{vmatrix} = c \begin{vmatrix} a_{11} & a_{12} \\ a_{21} & a_{22} \end{vmatrix} \tag{1.4.6-34}$$

ということになります．基本式です．お疲れ様でした．なんだ，そうか！ でしょ．と言っても，実は，まだ，終わりじゃないのです！ 寝ちゃだめですよ．ここで，行列式の性質を用いた別の例題を見てみます．簡単ですよ．ただし，解答はちょっと仕組んでいます．

例題 1.4.6-1　次の行列式 $^2\Theta$ を計算せよ
$$^2\Theta = \begin{vmatrix} 1 & 1 \\ a_1 & a_2 \end{vmatrix}$$

例題 1.4.6-1　解答
　与式の 1 行目×(-1) を 2 行目に加えると，
$$^2\Theta = \begin{vmatrix} 1 & 1 \\ a_1 & a_2 \end{vmatrix} = \begin{vmatrix} 1 & 0 \\ a_1 & a_2 - a_1 \end{vmatrix} = a_2 - a_1$$

　例題の意図が読めましたか？ えっ．分からないですか？ わざと，簡単な方法で解答を書いていませんね．解答方法が Hint:です．では，3 次の行列式は如何でしょう？

例題 1.4.6-2　次の行列式 $^3\Theta$ を計算せよ
$$^3\Theta = \begin{vmatrix} 1 & 1 & 1 \\ a_1 & a_2 & a_3 \\ a_1^2 & a_2^2 & a_3^2 \end{vmatrix}$$

では，解答です．

例題 1.4.6-2　解答
　まず，2 行目に $-a_1$ を掛けて，3 行目に加え，次に 1 行目に $-a_1$ を掛けて，2 行目に加え，さらに，第 1 列余因子行展開すると，
$$^3\Theta = \begin{vmatrix} 1 & 1 & 1 \\ a_1 & a_2 & a_3 \\ a_1^2 & a_2^2 & a_3^2 \end{vmatrix} = \begin{vmatrix} 1 & 1 & 1 \\ 0 & a_2 - a_1 & a_3 - a_1 \\ 0 & a_2^2 - a_1 a_2 & a_3^2 - a_1 a_3 \end{vmatrix} = \begin{vmatrix} a_2 - a_1 & a_3 - a_1 \\ a_2^2 - a_1 a_2 & a_3^2 - a_1 a_3 \end{vmatrix}$$
となる．ここで，共通因数を括りだして，整理すると，
$$^3\Theta = (a_2 - a_1)(a_3 - a_1) \begin{vmatrix} 1 & 1 \\ a_2 & a_3 \end{vmatrix} = (a_2 - a_1)(a_3 - a_1)(a_3 - a_2)$$
$$\therefore \quad ^3\Theta = (a_1 - a_2)(a_2 - a_3)(a_3 - a_1)$$

　どうでしょうか．行列式の性質を応用して解答を書いていますでしょ．ここで，数学の綺麗さが見て取れませんか？ 実に美しい光景です．添え字の数字が順次変わり，元に戻るという対称式が答えになりました．行列を定義し，行列式を定義し，シンプルな演算方式を定義しました．そして，見事な，対称式が得られたのです．

　そこで，ほとんどの教科書や問題集に載っている有名な次の行列式の計算方法を紹介します．ヴァンデルモンド Vandermonde の行列式とは，ある特殊な形をした正方行列の行列式で，名称は 18 世紀のフランスの数学者であるアレクサンドル＝テオフィル・ヴァンデルモンドに因みます．さて，例題を見ましょう．

例題 1.4.6-3 次の行列式を計算せよ （ヴァンデルモンド Vandermonde の行列式）

$$
{}^n\Theta = \begin{vmatrix} 1 & 1 & \cdots & 1 \\ a_1 & a_2 & \cdots & a_n \\ a_1^2 & a_2^2 & \cdots & a_n^2 \\ \vdots & \vdots & \ddots & \vdots \\ a_1^{n-1} & a_2^{n-1} & \cdots & a_n^{n-1} \end{vmatrix}
\tag{1.4.6-34}
$$

$n=2$，$n=3$ については，例題 1.4.6-1 および例題 1.4.6-2 で説明しました．同様に解答します．因みに，例題 1.4.6-3 の行列式は，転置して，

$$
{}^n\Psi = \begin{vmatrix} 1 & a_1 & a_1^2 & \cdots & a_1^{n-1} \\ 1 & a_2 & a_2^2 & \cdots & a_2^{n-1} \\ \vdots & \vdots & \vdots & \ddots & \vdots \\ 1 & a_n & a_n^2 & \cdots & a_n^{n-1} \end{vmatrix}
\tag{1.4.6-35}
$$

と書いても解答は同様に得られます．さあ，解答を楽しんでみてください．

例題 1.4.6-3 解答
　例題 1.4.6-1 と 1.4.6-2 と同様に，n 行 $-(n-1)$ 行 $\times a_n$ ，$\cdots$，2 行 -1 行 $\times a_n$ を行うと，

$$
{}^n\Theta = \begin{vmatrix} 1 & 1 & \cdots & 1 \\ a_1 & a_2 & \cdots & a_n \\ a_1^2 & a_2^2 & \cdots & a_n^2 \\ \vdots & \vdots & \ddots & \vdots \\ a_1^{n-1} & a_2^{n-1} & \cdots & a_n^{n-1} \end{vmatrix} = \begin{vmatrix} 1 & 1 & \cdots & 1 & 1 \\ a_1-a_n & a_2-a_n & \cdots & a_{n-1}-a_n & 0 \\ a_1(a_1-a_n) & a_2(a_2-a_n) & \cdots & a_{n-1}(a_{n-1}-a_n) & 0 \\ \vdots & \vdots & \ddots & \vdots & \vdots \\ a_1^{n-2}(a_1-a_n) & a_2^{n-2}(a_2-a_n) & \cdots & a_{n-1}^{n-2}(a_{n-1}-a_n) & 0 \end{vmatrix}
$$

となる．ここで，第 n 列余因子行展開すると，

$$
{}^n\Theta = (-1)^{n+1} \begin{vmatrix} a_1-a_n & a_2-a_n & \cdots & a_{n-1}-a_n \\ a_1(a_1-a_n) & a_2(a_2-a_n) & \cdots & a_{n-1}(a_{n-1}-a_n) \\ \vdots & \vdots & \ddots & \vdots \\ a_1^{n-2}(a_1-a_n) & a_2^{n-2}(a_2-a_n) & \cdots & a_{n-1}^{n-2}(a_{n-1}-a_n) \end{vmatrix}
$$

$$
\therefore \quad {}^n\Theta = (-1)^{n+1} \underbrace{(a_1-a_n)(a_2-a_n)\cdots(a_{n-1}-a_n)}_{n-1} \begin{vmatrix} 1 & 1 & \cdots & 1 \\ a_1 & a_2 & \cdots & a_{n-1} \\ \vdots & \vdots & \ddots & \vdots \\ a_1^{n-2} & a_2^{n-2} & \cdots & a_{n-1}^{n-2} \end{vmatrix}
$$

となる．ここで，上式の $n-1$ 項の括弧内の差の順番を変えると，結果的に，全体にかかる係数が $(-1)^{2n}$，すなわち，-1 の累乗が偶数になるので，結局，

$$
\therefore \quad {}^n\Theta = (a_n-a_1)(a_n-a_2)\cdots(a_n-a_{n-1})\,{}^{n-1}\Theta
$$

という漸化式が得られる．，${}^{n-1}\Theta$ についても同様に，

$$
{}^{n-1}\Theta = (a_{n-1}-a_1)(a_{n-1}-a_2)\cdots(a_{n-1}-a_{n-2})\,{}^{n-2}\Theta
$$

という漸化式が得られる．したがって，${}^n\Theta$ は，

1.4. 行列式 I

$$^n\Theta = \prod_{\substack{1 \leq i < j \leq n}}^{1,n} (a_j - a_i) \quad (1.4.6\text{-}36)$$

Π記号が重要です．忘れた読者は高校時代を振り返って調べてください．誰ですか，後ろを向いている人は！ そうよ，そこの人！

となる．あるいは，i, j の転倒数を考えれば，

$$^n\Theta = (-1)^{n(n-1)/2} \prod_{\substack{1 \leq i \leq j \leq n}}^{1,n} (a_i - a_j) \quad (1.4.6\text{-}37)$$

式の意味は，$i \leq j$ の関係を保ち，i, j が 1 から n までの項を順にかける，ということです．

とも書ける．

　ここで，納得いかない読者がいますよね．いきなり，式 1.4.6-36 式になったように見えます．でも，ここは，みなさんお得意の漸化式の計算ですから略したのです．では，例題 1.4.6-3 のヴァンデルモンドの行列式と比べてみましょう．要素の最高次は 2 次ですから，$^3\Theta$ を式 1.4.6-36 で計算すればよいわけで，

$$^3\Theta = \prod_{\substack{1 \leq i \leq j \leq 3}}^{1,3} (a_j - a_i)$$
$$= (a_2 - a_1)(a_3 - a_1)(a_3 - a_2) = (a_1 - a_2)(a_2 - a_3)(a_3 - a_1) \quad (1.4.6\text{-}38)$$

のように書けるので，例題 1.4.6-2 解答と同じです．どうです．納得いたしましたか，また，式 1.4.6-37 についても，

$$^3\Theta = (-1)^{3(3-1)/2} \prod_{\substack{1 \leq i \leq j \leq 3}}^{1,3} (a_i - a_j)$$
$$= -(a_1 - a_2)(a_1 - a_3)(a_2 - a_3) = (a_1 - a_2)(a_2 - a_3)(a_3 - a_1) \quad (1.4.6\text{-}39)$$

と確認できます．因みに，式 1.4.6-38 や式 1.4.6-39 は典型的な循環式ですね．

　では，練習問題でここで出てきた内容の確認をして頂きます．結構，大変で（式が多くなる可能性があり），厄介かもしれませんが，めげず，諦めずに挑戦してください

練習問題 1.4.6-1 行列式の性質（3_D）について，n 次の行列式 $|\mathbf{A}|$ で，2 つの行または列が等しいと $|\mathbf{A}| = 0$ であることを証明せよ．

練習問題 1.4.6-2 行列式の性質（4_D）について，n 次の $|\mathbf{A}'|$ は，行列式 $|\mathbf{A}|$ で，1 つの行（または，列）の要素すべてを k 倍した行列式は，$k|\mathbf{A}|$ であることを証明せよ．

練習問題 1.4.6-3 行列式の性質（5_D）について，行列式 $A = |\mathbf{p} \ \mathbf{a} \ \mathbf{b}|$，$B = |\mathbf{q} \ \mathbf{a} \ \mathbf{b}|$ の和 $A \pm B$ が，行列式 $|\mathbf{p} \pm \mathbf{q} \ \mathbf{a} \ \mathbf{b}|$ であることを証明せよ．

練習問題 1.4.6-4 行列式の性質（6_D）について，ベクトル $\mathbf{a}, \mathbf{b}, \mathbf{c}$ 作る次の行列式の式：$|\mathbf{a} + k\mathbf{b} \ \mathbf{b} \ \mathbf{c}| = |\mathbf{a} \ \mathbf{b} \ \mathbf{c}|$ を証明せよ．

練習問題 1.4.6-5 ヴァンデルモンドの行列式 $^4\Theta$ について，例題 1.4.6-2 の方式による方法と式 1.4.6-36 による方法で答えが同じであることを確かめよ．

$$^4\Theta = \begin{vmatrix} 1 & 1 & 1 & 1 \\ a_1 & a_2 & a_3 & a_4 \\ a_1^2 & a_2^2 & a_3^2 & a_4^2 \\ a_1^3 & a_2^3 & a_3^3 & a_4^3 \end{vmatrix}$$

1.5. ベクトル II

1.5.1. スカラー三重積

1次独立な3つのベクトル $\mathbf{a}$, $\mathbf{b}$, $\mathbf{c}$ で構成する式：
$$p = (\mathbf{a} \times \mathbf{b}) \cdot \mathbf{c}, \text{あるいは、} p = |\mathbf{abc}| \quad (1.5.1\text{-}1)$$
と表現し、この計算の結果がスカラーであることから、スカラー三重積と呼びます（練習問題 1.4.3-1 参照）。節 1.2 でお話ししましたベクトル積と内積の組み合わせですね。では、図 1.5.1-1 をご覧ください。平行四辺形 S の面積は、図 1.5.1-1 から分かるように、
$$S = \|\mathbf{a}\| \cdot h = \|\mathbf{a}\| \cdot \|\mathbf{b}\| \sin\theta$$
であることは明白で、$\|\mathbf{a}\| \cdot \|\mathbf{b}\| \sin\theta$ は、$\|\mathbf{a} \times \mathbf{b}\|$ であることはベクトル積の定義から明らかです。したがって、平行四辺形 S の面積は、
$$S = \|\mathbf{a} \times \mathbf{b}\| \quad (1.5.1\text{-}2)$$

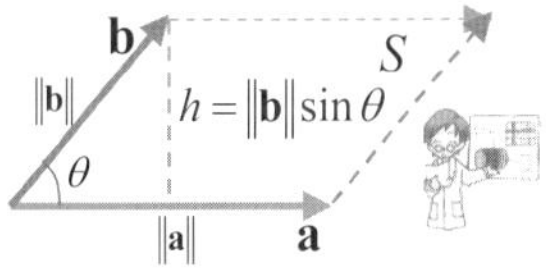

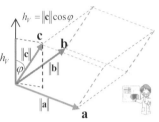

図 1.5.1-1　ベクトルの外積の意

図 1.5.1-2　スカラー三重積の意

です。図 1.5.1-2 をご覧ください。3つのベクトル $\mathbf{a}$, $\mathbf{b}$, $\mathbf{c}$ は1次独立であるとしています。すなわち、お互いに非平行です。ここで、ベクトル $\mathbf{c}$ はベクトル $\mathbf{a}$, $\mathbf{b}$ で作る平面（平行四辺形）と垂直な線に対して角度 φ を成すとしましょう。このとき、$h_V = \|\mathbf{c}\|\cos\varphi$ です。したがって、平行六面体の体積 V は、
$$V = S \cdot h_V = \|\mathbf{a} \times \mathbf{b}\| \cdot \|\mathbf{c}\| \cos\varphi \quad (1.5.1\text{-}3)$$
となります。この式は、まさに、ベクトル $\mathbf{a} \times \mathbf{b}$ とベクトル $\mathbf{c}$ の内積の大きさの式です。したがって、式 1.5.1-1 の p は平行六面体の体積を表しているのです。

しかしながら、お察しの通り、ベクトル $\mathbf{c}$ が図 1.5.1-2 で反対方向であれば、$\cos\varphi < 0$ であり、p は $p = |\mathbf{abc}|$ と書いてあっても負となることに注意してください。，ここでは、「| |」は絶対値記号ではなく、行列式を表す記号で、また、もし、$p = \mathbf{a} \cdot (\mathbf{b} \times \mathbf{c})$ の場合も、同様に、$p = |\mathbf{abc}|$ と書くことが約束です。すなわち、
$$p = \mathbf{a} \cdot (\mathbf{b} \times \mathbf{c}) = (\mathbf{a} \times \mathbf{b}) \cdot \mathbf{c} \quad (1.5.1\text{-}4)$$
です。これを3次元ベクトルの要素表示で証明してみましょう。

ベクトル $\mathbf{a}$, $\mathbf{b}$, $\mathbf{c}$ の要素表示を、$\mathbf{a} = (a_1, a_2, a_3)^T$, $\mathbf{b} = (b_1, b_2, b_3)^T$, $\mathbf{c} = (c_1, c_2, c_3)^T$ と書くとき、$\mathbf{a} \times \mathbf{b}$ は、
$$(\mathbf{a} \times \mathbf{b}) = \mathbf{e}_1(a_2 b_3 - a_3 b_2) + \mathbf{e}_2(a_3 b_1 - a_1 b_3) + \mathbf{e}_3(a_1 b_2 - a_2 b_1) \quad (1.5.1\text{-}5)$$
でしたから、
$$(\mathbf{a} \times \mathbf{b}) \cdot \mathbf{c} = (a_2 b_3 - a_3 b_2)c_1 + (a_3 b_1 - a_1 b_3)c_2 + (a_1 b_2 - a_2 b_1)c_3 \quad (1.5.1\text{-}6)$$
です。ここまで良いですか？　式 1.5.1-6 を展開し、ベクトル $\mathbf{a}$ の要素でまとめると、
$$(\mathbf{a} \times \mathbf{b}) \cdot \mathbf{c} = a_1 b_2 c_3 - a_1 b_3 c_2 + a_2 b_3 c_1 - a_2 b_1 c_3 + a_3 b_1 c_2 - a_3 b_2 c_1$$
$$= a_1(b_2 c_3 - b_3 c_2) + a_2(b_3 c_1 - b_1 c_3) + a_3(b_1 c_2 - b_2 c_1) = \mathbf{a} \cdot (\mathbf{b} \times \mathbf{c}) \quad (1.5.1\text{-}7)$$
となることは容易に分かりますね。　ますね！？

1.5. ベクトル II

ここで，$\mathbf{a} \times \mathbf{b}$ を行列式で表すと，

$$\mathbf{a} \times \mathbf{b} = \mathbf{e}_1(a_2 b_3 - a_3 b_2) + \mathbf{e}_2(a_3 b_1 - a_1 b_3) + \mathbf{e}_3(a_1 b_2 - a_2 b_1) = \begin{vmatrix} \mathbf{e}_1 & \mathbf{e}_2 & \mathbf{e}_3 \\ a_1 & a_2 & a_3 \\ b_1 & b_2 & b_3 \end{vmatrix} \quad (1.5.1\text{-}8)$$

です．覚えていますか？．式 1.5.1-7 と式 1.5.1-8 の関係から，

$$(\mathbf{a} \times \mathbf{b}) \cdot \mathbf{c} = \mathbf{c} \cdot (\mathbf{a} \times \mathbf{b}) = \begin{vmatrix} c_1 & c_2 & c_3 \\ a_1 & a_2 & a_3 \\ b_1 & b_2 & b_3 \end{vmatrix} = \mathbf{a} \cdot (\mathbf{b} \times \mathbf{c}) = \begin{vmatrix} a_1 & a_2 & a_3 \\ b_1 & b_2 & b_3 \\ c_1 & c_2 & c_3 \end{vmatrix} \quad (1.5.1\text{-}9)$$

と予想できます．そして，証明も容易ですので頭の中で考えてみて下さい．実は，式 1.5.1-9 は，行列式の c の行と a の行の交換，さらに，c の行と b の行との交換，というように，c の行を 2 回（偶数回）移動しても，行列式の符号が変わらないという行列式の性質を使えば証明ができます．行列式の詳細はもうすぐです．如何でしたでしょうか．再度申し上げますが，$(\mathbf{a} \times \mathbf{b}) \cdot \mathbf{c}$ にしても，$\mathbf{a} \cdot (\mathbf{b} \times \mathbf{c})$ にしても，ベクトルとベクトルの内積ですから，計算結果はスカラーであり，スカラー 3 重積と呼ぶのはこのためです．

練習問題 1.5.1-1　図 **1.5.1-2** で示す 3 つのベクトルで構成する平行六面体の体積がスカラー三重積で表せることを幾何的に証明せよ．

練習問題 1.5.1-2　$\mathbf{a} = (1, 0, 0), \mathbf{b} = (0, 2, 0), \mathbf{c} = (3, 2, 1)$ で構成する平行六面体の体積を計算せよ．

練習問題 1.5.1-3　ベクトル $\mathbf{a}, \mathbf{b}, \mathbf{c}$ を 3 次元ベクトルとして $(\mathbf{a} \times \mathbf{b}) \cdot \mathbf{c}$ と $(\mathbf{b} \times \mathbf{a}) \cdot \mathbf{c}$ を，要素表示で比較せよ．

練習問題 1.5.1-4　次の 4 点　$P_0(x_0, y_0, z_0), P_1(x_1, y_1, z_1), P_2(x_2, y_2, z_2), P_3(x_3, y_3, z_3)$ が同一平面上にある場合の十分条件が，次式であることを示せ．

$$\begin{vmatrix} x_1 - x_0 & y_1 - y_0 & z_1 - z_0 \\ x_2 - x_0 & y_2 - y_0 & z_2 - z_0 \\ x_3 - x_0 & y_3 - y_0 & z_3 - z_0 \end{vmatrix} = 0$$

練習問題 1.5.1-5　正則行列な行列 $\mathbf{P}$ について $\mathbf{P}^{-1}$ を求め，$\mathbf{P}\mathbf{P}^{-1} = \mathbf{E}$ となることを示せ．ただし，行列 $\mathbf{P}$ を次のように書くものとする．　$\mathbf{P} = \begin{pmatrix} p_{11} & p_{12} \\ p_{21} & p_{22} \end{pmatrix}$

Gallery 6.

右：南国の夕焼け
　　水彩画（模写）
　　　著者作成

左：ライオン　写真
　　旭川：旭山動物園
　　　著者撮影

1.5.2. ベクトル三重積

1次独立な3つのベクトル **a, b, c** で構成する式：
$$(\mathbf{a} \times \mathbf{b}) \times \mathbf{c}, \quad \text{あるいは,} \quad \mathbf{a} \times (\mathbf{b} \times \mathbf{c})$$
と表現し，これをベクトル三重積と呼びます．さて，

$$(\mathbf{a} \times \mathbf{b}) \times \mathbf{c} = (\mathbf{a} \cdot \mathbf{c})\mathbf{b} - (\mathbf{b} \cdot \mathbf{c})\mathbf{a} \tag{1.5.2-1}$$
$$\mathbf{a} \times (\mathbf{b} \times \mathbf{c}) = (\mathbf{a} \cdot \mathbf{c})\mathbf{b} - (\mathbf{a} \cdot \mathbf{b})\mathbf{c} \tag{1.5.2-2}$$

です．ここで，お分かりのようにベクトル三重積では ( ) のつける位置で答えが異なります．また，ヤコビの恒等式 (Jacobi identity) と言われる，

$$\mathbf{a} \times (\mathbf{b} \times \mathbf{c}) + \mathbf{b} \times (\mathbf{c} \times \mathbf{a}) + \mathbf{c} \times (\mathbf{a} \times \mathbf{b}) = 0 \tag{1.5.2-3}$$

という式があります．皆さんはもう証明をすることができますよね．ヤコビの恒等式の証明の1つは，式 1.5.2-2 を用いた次式 1.5.2-4 から式 1.5.2-6 を用いてできます．すなわち，

$$\mathbf{a} \times (\mathbf{b} \times \mathbf{c}) = (\mathbf{a} \cdot \mathbf{c})\mathbf{b} - (\mathbf{a} \cdot \mathbf{b})\mathbf{c} = (\mathbf{c} \cdot \mathbf{a})\mathbf{b} - (\mathbf{a} \cdot \mathbf{b})\mathbf{c} \tag{1.5.2-4}$$
$$\mathbf{b} \times (\mathbf{c} \times \mathbf{a}) = (\mathbf{b} \cdot \mathbf{a})\mathbf{c} - (\mathbf{b} \cdot \mathbf{c})\mathbf{a} = (\mathbf{a} \cdot \mathbf{b})\mathbf{c} - (\mathbf{b} \cdot \mathbf{c})\mathbf{a} \tag{1.5.2-5}$$
$$\mathbf{c} \times (\mathbf{a} \times \mathbf{b}) = (\mathbf{c} \cdot \mathbf{b})\mathbf{a} - (\mathbf{c} \cdot \mathbf{a})\mathbf{b} = (\mathbf{b} \cdot \mathbf{c})\mathbf{a} - (\mathbf{c} \cdot \mathbf{a})\mathbf{b} \tag{1.5.2-6}$$

であり，上記3式を加えると，式 1.5.2-3 が成り立ちます．簡単でした．

ここで，式 1.5.2-4 の第1式と第2式の等号を証明をしてみましょう．3次元ベクトルの要素表現で，$\mathbf{a} \times (\mathbf{b} \times \mathbf{c})$ の x 成分について，

$$\begin{aligned}
\{\mathbf{a} \times (\mathbf{b} \times \mathbf{c})\}_x &= a_y (\mathbf{b} \times \mathbf{c})_z - a_z (\mathbf{b} \times \mathbf{c})_y \\
&= a_y (b_x c_y - b_y c_x) - a_z (b_z c_x - b_x c_z) = (a_y b_x c_y - a_y b_y c_x) - (a_z b_z c_x - a_z b_x c_z) \\
&= (a_y b_x c_y + a_z b_x c_z) - (a_y b_y c_x + a_z b_z c_x) = b_x (a_y c_y + a_z c_z) - c_x (a_y b_y + a_z b_z) \\
&= b_x (a_y c_y + a_z c_z) - c_x (a_y b_y + a_z b_z) + a_x b_x c_x - a_x b_x c_x \\
&= b_x (a_x c_x + a_y c_y + a_z c_z) - c_x (a_x b_x + a_y b_y + a_z b_z) \\
&= b_x (\mathbf{a} \cdot \mathbf{c}) - c_x (\mathbf{a} \cdot \mathbf{b})
\end{aligned}$$

$$\therefore \quad \{\mathbf{a} \times (\mathbf{b} \times \mathbf{c})\}_x = \{(\mathbf{a} \cdot \mathbf{c})\mathbf{b} - (\mathbf{a} \cdot \mathbf{b})\mathbf{c}\}_x \tag{1.5.2-7}$$

となります．また，y 成分，z 成分も同様です．したがって，

$$\mathbf{a} \times (\mathbf{b} \times \mathbf{c}) = (\mathbf{a} \cdot \mathbf{c})\mathbf{b} - (\mathbf{a} \cdot \mathbf{b})\mathbf{c} \tag{1.5.2-8}$$

という証明ができます．また，同様にして，式 1.5.2-5 および式 1.5.2-6 までの等号の証明ができます．了解ですか？ ちょっと詳しすぎましたかね？ そんなことは無いですよね！ OK！でした？．では，練習問題をやってみてください．超・簡単でっしゃろ．ン？

練習問題 1.5.2-1　式 1.5.2-4 について，3次元ベクトル **a, b, c** を単位ベクトル $\mathbf{e}_x, \mathbf{e}_y, \mathbf{e}_z$ と置き換えて計算せよ．また，同様に，式 1.5.2-5，式 1.5.2-6 も計算せよ．

練習問題 1.5.2-2　$\mathbf{a} = (1, 2, 3), \mathbf{b} = (4, 5, 6), \mathbf{c} = (7, 8, 9)$ で表されるベクトルを用いて，$\mathbf{a} \times (\mathbf{b} \times \mathbf{c}), \mathbf{b} \times (\mathbf{c} \times \mathbf{a}), \mathbf{c} \times (\mathbf{a} \times \mathbf{b})$ をそれぞれ計算せよ．

練習問題 1.5.2-3　次の4点 $P_0(x_0, y_0, z_0), P_1(x_1, y_1, z_1), P_2(x_2, y_2, z_2), P_3(x_3, y_3, z_3)$ が同一平面上にある場合の十分条件を求めよ．

1.6. 連立 1 次方程式

　n 元連立 1 次方程式を解く方法を説明します．というと，唐突ですね．行列は n 元連立 1 次方程式を解くときに，非常に便利な計算方法を提供します．

1.6.1. 逆行列による解法

　ここでは，n 元連立 1 次方程式の解法を説明します．一般的な連立 1 次方程式

$$\begin{aligned} a_{11}x_1 + a_{12}x_2 + \cdots + a_{1n}x_n &= b_1 \\ a_{21}x_1 + a_{22}x_2 + \cdots + a_{2n}x_n &= b_2 \\ &\vdots \\ a_{n1}x_1 + a_{n2}x_2 + \cdots + a_{nn}x_n &= b_n \end{aligned} \quad (1.6.1\text{-}1)$$

について，

$$\mathbf{A} = \begin{pmatrix} a_{11} & a_{12} & \cdots & a_{1n} \\ a_{21} & a_{22} & \cdots & a_{2n} \\ \vdots & \vdots & \ddots & \vdots \\ a_{n1} & a_{n2} & \cdots & a_{nn} \end{pmatrix}, \quad \mathbf{x} = \begin{pmatrix} x_1 \\ x_2 \\ \\ x_n \end{pmatrix}, \quad \mathbf{b} = \begin{pmatrix} b_1 \\ b_2 \\ \\ b_n \end{pmatrix} \quad (1.6.1\text{-}2)$$

で表される係数行列 $\mathbf{A}$，未知数ベクトル $\mathbf{x}$，定数ベクトル $\mathbf{b}$ により，式 1.6.1-1 は，

$$\mathbf{Ax} = \mathbf{b} \quad (1.6.1\text{-}3)$$

と書けることは，行列演算で容易に想像できますよね．このとき，行列 $\mathbf{A}$ を正則行列とし，逆行列が存在し，それを $\mathbf{A}^{-1}$ とすれば，式 1.6.1-3 は，

$$\mathbf{A}^{-1}\mathbf{Ax} = \mathbf{A}^{-1}\mathbf{b} \quad \Leftrightarrow \quad \mathbf{Ex} = \mathbf{A}^{-1}\mathbf{b} \quad \Leftrightarrow \quad \therefore \quad \mathbf{x} = \mathbf{A}^{-1}\mathbf{b} \quad (1.6.1\text{-}4)$$

としてベクトル $\mathbf{x}$ が求まります．ただし，行列 $\mathbf{A}$ は，式 1.3.3-15 の（16）で紹介しました正則行列（$|\mathbf{A}| \neq 0$）であることが必須です．逆行列の詳細は項 1.6.3 で紹介します．

1.6.2. クラーメルの式による解法

　ここで，項 1.4.2 で紹介した行列 $\mathbf{A}$ の要素 a_{ij} の余因子を $\widetilde{a}_{ij}$ とします．そして，式 1.6.1-1 の各式の上から，順に，式の両辺に $\widetilde{a}_{i1} \; (i = 1, 2, \cdots, n)$ をかけると，

$$\begin{aligned} \widetilde{a}_{11}(a_{11}x_1 + a_{12}x_2 + \cdots + a_{1n}x_n) &= \widetilde{a}_{11}b_1 \\ \widetilde{a}_{21}(a_{21}x_1 + a_{22}x_2 + \cdots + a_{2n}x_n) &= \widetilde{a}_{21}b_2 \\ &\vdots \\ \widetilde{a}_{n1}(a_{n1}x_1 + a_{n2}x_2 + \cdots + a_{nn}x_n) &= \widetilde{a}_{n1}b_n \end{aligned} \quad (1.6.2\text{-}1)$$

となります．ここで，右辺・左辺同士の和をとり，左辺を $x_1, x_2, \cdots, x_n$ について整理すると，

$$\begin{aligned} & x_1(a_{11}\widetilde{a}_{11} + a_{21}\widetilde{a}_{21} + \cdots + a_{n1}\widetilde{a}_{n1}) \\ & + x_2(a_{12}\widetilde{a}_{11} + a_{22}\widetilde{a}_{21} + \cdots + a_{n2}\widetilde{a}_{n1}) \\ & + \cdots \\ & + x_n(a_{1n}\widetilde{a}_{11} + a_{2n}\widetilde{a}_{21} + \cdots + a_{nn}\widetilde{a}_{n1}) = b_1\widetilde{a}_{11} + b_2\widetilde{a}_{21} + \cdots + b_n\widetilde{a}_{n1} \end{aligned} \quad (1.6.2\text{-}2)$$

となります．ここで，余因子展開の逆を考えてください．$\mathbf{a}_i = (a_{i1}, a_{i2}, \cdots, a_{in})^T$ で列ベク

トル $\mathbf{a}_t$ を定義すると，x_1 の係数は，

$$a_{11}\widetilde{a}_{11} + a_{21}\widetilde{a}_{21} + \cdots + a_{n1}\widetilde{a}_{n1} = \begin{vmatrix} \mathbf{a}_1 & \mathbf{a}_2 & \cdots & \mathbf{a}_n \end{vmatrix} = |\mathbf{A}| \qquad (1.6.2\text{-}3)$$

です．これは行列式 $|\mathbf{A}|$ の第1列逆展開となります．x_2 の係数は，

$$a_{12}\widetilde{a}_{11} + a_{22}\widetilde{a}_{21} + \cdots + a_{n2}\widetilde{a}_{n1} = \begin{vmatrix} \mathbf{a}_2 & \mathbf{a}_2 & \cdots & \mathbf{a}_n \end{vmatrix} = 0 \qquad (1.6.2\text{-}4)$$

であり（行列式の性質 3_D による），同様に，$x_3, \cdots, x_n$ の各係数は 0 になります．一方，$\mathbf{b} = (b_1, b_2, \cdots, b_n)^T$ とすれば，式 1.6.2-2 の右辺は，第1列逆展開を考えて，

$$b_1\widetilde{a}_{11} + b_2\widetilde{a}_{21} + \cdots + b_n\widetilde{a}_{n1} = \begin{vmatrix} \mathbf{b} & \mathbf{a}_2 & \cdots & \mathbf{a}_n \end{vmatrix} = \begin{vmatrix} b_1 & a_{12} & \cdots & a_{1n} \\ b_2 & a_{22} & \cdots & a_{2n} \\ \vdots & \vdots & \ddots & \vdots \\ b_n & a_{n2} & \cdots & a_{nn} \end{vmatrix} = |\mathbf{A}_1| \qquad (1.6.2\text{-}5)$$

となります．したがって，式 1.6.1-1 に $\widetilde{a}_{11}, \widetilde{a}_{21}, \cdots, \widetilde{a}_{n1}$ を使えば，

$$x_1 = \frac{\begin{vmatrix} \mathbf{b} & \mathbf{a}_2 & \cdots & \mathbf{a}_n \end{vmatrix}}{|\mathbf{A}|} = \frac{|\mathbf{A}_1|}{|\mathbf{A}|}$$

が得られ，同様に，$\widetilde{a}_{12}, \widetilde{a}_{22}, \cdots, \widetilde{a}_{n2}$ を使えば，

$$x_2 = \frac{\begin{vmatrix} \mathbf{a}_1 & \mathbf{b} & \cdots & \mathbf{a}_n \end{vmatrix}}{|\mathbf{A}|} = \frac{|\mathbf{A}_2|}{|\mathbf{A}|}$$

クラーメルの式は線形代数で基本式ですから，計算方法などを覚えておいてくださいね．

となります．お察しの通り，一般的には，$\widetilde{a}_{1k}, \widetilde{a}_{2k}, \cdots, \widetilde{a}_{nk}$ を順に用いると

$$x_k = \frac{\begin{vmatrix} \mathbf{a}_1 & \cdots & \mathbf{a}_{k-1} & \mathbf{b} & \mathbf{a}_{k+1} & \cdots & \mathbf{a}_n \end{vmatrix}}{|\mathbf{A}|} = \frac{|\mathbf{A}_k|}{|\mathbf{A}|} \qquad (1.6.2\text{-}6)$$

が得られます．式 1.6.2-6 をクラーメル（Cramer）の式と呼びます．このように，行列が連立1次方程式を解くのに便利な表式であることがお分かり頂けましたでしょうか．

では，例題で確認しましょう．

例題 1.6.2-1　次の2元1次方程式をクラーメルの式を用いて解け．
$$2x + 3y = 7$$
$$x - 4y = -2$$

例題 1.6.2-1 解答

$$x = \frac{\begin{vmatrix} 7 & 3 \\ -2 & -4 \end{vmatrix}}{\begin{vmatrix} 2 & 3 \\ 1 & -4 \end{vmatrix}} = \frac{7 \times (-4) - 3 \times (-2)}{-11} = \frac{-22}{-11} = 1, \quad y = \frac{\begin{vmatrix} 2 & 7 \\ 1 & -2 \end{vmatrix}}{\begin{vmatrix} 2 & 3 \\ 1 & -4 \end{vmatrix}} = \frac{2 \times (-2) - 7 \times 1}{-11} = \frac{-11}{-11} = 1$$

$\therefore\ x = 2,\ y = 1$

もしかしたら，2次の行列式は簡単ですから，暗算でできた読者がいるかもしれませんね．ここで，注意してほしいのは，式 1.6.1-2 や式 1.6.1-3 で出てくる行列 $\mathbf{A}$ について，式 1.6.2-6 で「0 割」が起こらないように正則である（$|\mathbf{A}| \neq 0$）ことです．これは，計算する前にチェックが必要です．さて，計算の練習です．簡単な基本問題ばかりです．できますね．大丈夫です．

1.6. 連立1次方程式

練習問題 1.6.2-1　次の2元1次方程式をクラーメルの式を用いて解け．
$$a_{11}x + a_{12}y = b_1$$
$$a_{21}x + a_{22}y = b_2$$
ただし，$a_{11}a_{22} - a_{12}a_{21} \neq 0$ である．

練習問題 1.6.2-2　次の正則な行列 $\mathbf{A}$
$$\mathbf{A} = \begin{pmatrix} a_{11} & a_{12} & a_{13} \\ a_{21} & a_{22} & a_{23} \\ a_{31} & a_{32} & a_{33} \end{pmatrix} \quad (|\mathbf{A}| \neq 0)$$
の要素が係数となっている次の3元1次方程式をクラーメルの式により，行列式形式で答えよ．
$$a_{11}x_1 + a_{12}x_2 + a_{13}x_3 = b_1$$
$$a_{21}x_1 + a_{22}x_2 + a_{32}x_3 = b_2$$
$$a_{31}x_1 + a_{32}x_2 + a_{33}x_3 = b_3$$

練習問題 1.6.2-3　ω を $x^3 = 1$ の $x = 1$ 以外の解の1つとするとき，次式を満たす解 x, y, z を求めよ．
$$x + \omega y + z = 1$$
$$\omega x + y + \omega^2 z = 1$$
$$x + \omega^2 y + z = 1$$

練習問題 1.6.2-4　次の行列 $\mathbf{A}$，ベクトル $\mathbf{x}, \mathbf{p}$ があって，
$$\mathbf{A} = \begin{pmatrix} a & b \\ a & c \end{pmatrix} \quad (abc \neq 0), \quad \mathbf{x} = \begin{pmatrix} x_1 \\ x_2 \end{pmatrix}, \quad \mathbf{p} = \begin{pmatrix} p_1 \\ p_2 \end{pmatrix}$$
について，方程式 $\mathbf{A}\mathbf{x} = \mathbf{p}$ の解 $\mathbf{x}$ を議論せよ．

練習問題 1.6.2-5　次の正則な行列 $\mathbf{A}$，零ベクトルでないベクトル $\mathbf{x}, \mathbf{p}$ があって，
$$\mathbf{A} = \begin{pmatrix} a_{11} & a_{12} & a_{13} \\ a_{21} & a_{22} & a_{23} \\ a_{31} & a_{32} & a_{33} \end{pmatrix}, \quad \mathbf{x} = \begin{pmatrix} x_1 \\ x_2 \\ x_3 \end{pmatrix}, \quad \mathbf{p} = \begin{pmatrix} p_1 \\ p_2 \\ p_3 \end{pmatrix}$$
について，方程式 $\mathbf{A}\mathbf{x} = \mathbf{p}$ の解が，次のクラーメルの式で表される，すなわち，
$$\mathbf{x} = \begin{pmatrix} x_1 & x_2 & x_3 \end{pmatrix}^T = \begin{pmatrix} |\mathbf{A}_1|/|\mathbf{A}| & |\mathbf{A}_2|/|\mathbf{A}| & |\mathbf{A}_3|/|\mathbf{A}| \end{pmatrix}^T$$
であることを示せ．ただし，表式は，式 1.6.2-5 や式 1.6.2-6 に準ずる．

Gallery 7.
　右：犬
　　水彩画（模写）
　　（水彩画レッスン画材）
　　　著者作成
　左：ニッコウキスゲ
　　写真
　　　著者撮影

1.6.3. 余因子による逆行列

項 1.3.3（4）式 1.3.3-3 で出てきました逆行列についてここでは少々詳しく説明しましょう．内容は簡単で，行列 $\mathbf{A}$ に，ある行列を乗ずると単位行列 $\mathbf{E}$ になる場合，その乗じた行列を $\mathbf{A}^{-1}$ と書いて行列 $\mathbf{A}$ の逆行列と呼びます．その場合，$\mathbf{A}^{-1}\mathbf{A} = \mathbf{A}\mathbf{A}^{-1} = \mathbf{E}$（式 1.3.3-3）です．つまり，$\mathbf{A}^{-1}$ は $\mathbf{A}$ の右・左のどちらから乗じても単位行列 $\mathbf{E}$ になります（復習）．

さて，クラーメルの式 1.6.2-6 から，余因子行列を括り出せます．未知数ベクトル $\mathbf{x}$ は

$$\mathbf{x} = \begin{pmatrix} x_1 \\ x_2 \\ \vdots \\ x_n \end{pmatrix} = \frac{1}{|\mathbf{A}|}\begin{pmatrix} |\mathbf{A}_1| \\ |\mathbf{A}_2| \\ \vdots \\ |\mathbf{A}_n| \end{pmatrix} = \frac{1}{|\mathbf{A}|}\begin{pmatrix} b_1\widetilde{a}_{11} + b_2\widetilde{a}_{21} + \cdots + b_n\widetilde{a}_{n1} \\ b_1\widetilde{a}_{12} + b_2\widetilde{a}_{22} + \cdots + b_n\widetilde{a}_{n2} \\ \vdots \\ b_1\widetilde{a}_{1n} + b_2\widetilde{a}_{2n} + \cdots + b_n\widetilde{a}_{n1} \end{pmatrix}$$

$$= \frac{1}{|\mathbf{A}|}\begin{pmatrix} \widetilde{a}_{11} & \widetilde{a}_{21} & \cdots & \widetilde{a}_{n1} \\ \widetilde{a}_{12} & \widetilde{a}_{22} & \cdots & \widetilde{a}_{n2} \\ \vdots & \vdots & \ddots & \vdots \\ \widetilde{a}_{1n} & \widetilde{a}_{2n} & \cdots & \widetilde{a}_{nn} \end{pmatrix}\begin{pmatrix} b_1 \\ b_2 \\ \vdots \\ b_n \end{pmatrix} = \frac{1}{|\mathbf{A}|}\widetilde{\mathbf{A}}\mathbf{b} \tag{1.6.3-1}$$

と書くことができます．すなわち，$\widetilde{\mathbf{A}}$ の要素は行列 $\mathbf{A}$ の余因子 $\widetilde{a}_{ij}$ を転置した位置であり，

$$\widetilde{\mathbf{A}} = \{\widetilde{a}_{ji}\} = \begin{pmatrix} \widetilde{a}_{11} & \widetilde{a}_{21} & \cdots & \widetilde{a}_{n1} \\ \widetilde{a}_{12} & \widetilde{a}_{22} & \cdots & \widetilde{a}_{n2} \\ \vdots & \vdots & \ddots & \vdots \\ \widetilde{a}_{1n} & \widetilde{a}_{2n} & \cdots & \widetilde{a}_{nn} \end{pmatrix} \tag{1.6.3-2}$$

と書いて，$\widetilde{\mathbf{A}}$ を余因子行列と呼ぶのでした．繰り返しますが，余因子行列の成分は，行列 $\mathbf{A}$ の要素 a_{ij} の余因子は $\widetilde{a}_{ij}$ でしたから，$\widetilde{\mathbf{A}} = \{\widetilde{a}_{ji}\}$ と書けます．このとき，

$$\mathbf{x} = \frac{1}{|\mathbf{A}|}\widetilde{\mathbf{A}}\mathbf{b} = \mathbf{A}^{-1}\mathbf{b} \quad \therefore \quad \mathbf{A}^{-1} = \frac{\widetilde{\mathbf{A}}}{|\mathbf{A}|} \tag{1.6.2-3}$$

として，行列 $\mathbf{A}$ の逆行列 $\mathbf{A}^{-1}$ の正体が分かりました．逆行列はこんな形なんです．

当たり前ですが，$\mathbf{A}\mathbf{A}^{-1} = \mathbf{E}$ であり，$\mathbf{E} = \mathbf{B}^{-1}(\mathbf{B}^{-1})^{-1}$ ですから，すなわち，逆行列の逆行列はそれ自身なのです．ここで，当然ですが，$\mathbf{AB}(\mathbf{AB})^{-1} = \mathbf{E}$ です．ゆえに，$\mathbf{A}^{-1}\mathbf{AB}(\mathbf{AB})^{-1} = \mathbf{A}^{-1}\mathbf{E}$ となりますから，したがって，$\mathbf{EB}(\mathbf{AB})^{-1} = \mathbf{A}^{-1}\mathbf{E}$ であり，$\mathbf{B}^{-1}\mathbf{EB}(\mathbf{AB})^{-1} = \mathbf{B}^{-1}\mathbf{A}^{-1}\mathbf{E}$ と変形でき，ここで，$\mathbf{B}^{-1}\mathbf{EB} = \mathbf{E}$，$\mathbf{B}^{-1}\mathbf{A}^{-1}\mathbf{E} = \mathbf{B}^{-1}\mathbf{A}^{-1}$ ですから，

$$(\mathbf{AB})^{-1} = \mathbf{B}^{-1}\mathbf{A}^{-1} \tag{1.6.2-4}$$

が得られます．積の転置，$(\mathbf{AB})^T = \mathbf{B}^T\mathbf{A}^T$ と同じようになります．

さて，本当に，$\mathbf{A}\mathbf{A}^{-1} = \mathbf{A}^{-1}\mathbf{A} = \mathbf{E}$ となるでしょうか．興味ありませんか．これまで，説明をみてきたので，今更とお思いでしょう．次の例題で確かめましょう．

例題 1.6.3-1 式 $\mathbf{A}\mathbf{A}^{-1} = \mathbf{A}^{-1}\mathbf{A} = \mathbf{E}$ について，次の行列を用いて示せ．

$$\mathbf{A} = \begin{pmatrix} 1 & 2 \\ 3 & 4 \end{pmatrix}$$

簡単ですが，気を抜かないいよう．まずは，行列 $\mathbf{A}$ の $|\mathbf{A}|$ と逆行列 $\mathbf{A}^{-1}$ を計算しましょ

1.6. 連立 1 次方程式

例題 1.6.3-1 解答
　まず，$|\mathbf{A}|$ を計算すると，
$$|\mathbf{A}| = \begin{vmatrix} 1 & 2 \\ 3 & 4 \end{vmatrix} = 1 \times 4 - 2 \times 3 = -2$$
である．また，各要素の余因子は $\tilde{a}_{11} = 4, \tilde{a}_{12} = -3, \tilde{a}_{21} = -2, \tilde{a}_{22} = 1$ となるので，余因子行列 $\tilde{\mathbf{A}}$ は
$$\tilde{\mathbf{A}} = \begin{pmatrix} 4 & -2 \\ -3 & 1 \end{pmatrix}$$
である．したがって，$\mathbf{A}$ の逆行列 $\mathbf{A}^{-1}$ は，
$$\mathbf{A}^{-1} = \frac{\tilde{\mathbf{A}}}{|\mathbf{A}|} = \frac{1}{(-2)} \begin{pmatrix} 4 & -2 \\ -3 & 1 \end{pmatrix} = \begin{pmatrix} -2 & 1 \\ 1.5 & -0.5 \end{pmatrix}$$
である．ここで，
$$\mathbf{A}\mathbf{A}^{-1} = \begin{pmatrix} 1 & 2 \\ 3 & 4 \end{pmatrix} \begin{pmatrix} -2 & 1 \\ 1.5 & -0.5 \end{pmatrix} = \begin{pmatrix} -2+3 & 1-1 \\ -6+6 & 3-2 \end{pmatrix} = \begin{pmatrix} 1 & 0 \\ 0 & 1 \end{pmatrix} = \mathbf{E}$$
$$\mathbf{A}^{-1}\mathbf{A} = \begin{pmatrix} -2 & 1 \\ 1.5 & -0.5 \end{pmatrix} \begin{pmatrix} 1 & 2 \\ 3 & 4 \end{pmatrix} = \begin{pmatrix} -2+3 & -4+4 \\ 1.5-1.5 & 3-2 \end{pmatrix} = \begin{pmatrix} 1 & 0 \\ 0 & 1 \end{pmatrix} = \mathbf{E}$$
であるから，題意は示された．

できましたか？　大丈夫ですね．念のため，もう 1 つ例題を見てみましょう．

例題 1.6.3-2　次の 2 元 1 次方程式を解け．
$$2x + 3y = 7$$
$$x - 4y = -2$$

例題 1.6.3-2 解答
$$\begin{pmatrix} x \\ y \end{pmatrix} = \frac{\begin{pmatrix} -4 & -3 \\ -1 & 2 \end{pmatrix}}{\begin{vmatrix} 2 & 3 \\ 1 & -4 \end{vmatrix}} \cdot \begin{pmatrix} 7 \\ -2 \end{pmatrix}$$

（$\tilde{\mathbf{A}}$ です．　$|\mathbf{A}|$ です．）

$$= \frac{1}{2 \times (-4) - 3 \times 1} \begin{pmatrix} (-4) \times 7 + (-3) \times (-2) \\ (-1) \times 7 + 2 \times (-2) \end{pmatrix} = \frac{1}{-11} \begin{pmatrix} -22 \\ -11 \end{pmatrix} = \begin{pmatrix} 2 \\ 1 \end{pmatrix}$$
$$\therefore \quad x = 2, \quad y = 1$$

というわけです．式の変形の流れは読めますかね？　例題 1.6.1-1 と同じ答えが得られました．当然ですが（笑）．

今度の例題では，ちょっとテクニックが必要です．

例題 1.6.3-3　n 次の正則行列 $\mathbf{A}$ とその余因子行列 $\tilde{\mathbf{A}}$ について，$|\tilde{\mathbf{A}}| = |\mathbf{A}|^{n-1}$ を証明せよ．

　さあ，突然，難しそうな式証明が例題で現れました．Hint:は，行列 $\mathbf{A}$ の逆行列 $\mathbf{A}^{-1}$ を用いる，という事です．念のためにご説明しますと，例えば，n 次の正方行列 Ξ の要素表示を $\Xi = \{\delta_{ij}|\mathbf{A}|\}$ と書くとどうなるでしょう？　突然，何を言うんですか？　と思いました

か．そうですよね．解答を先に読んでもらい，前述のことを解説しましょう．

例題 1.6.3-3 解答

n 次の行列 $\mathbf{A}$ は正則であるから $|\mathbf{A}| \neq 0$ である．したがって，行列 $\mathbf{A}$ の逆行列 $\mathbf{A}^{-1}$ が存在し，行列 $\mathbf{A}$ の余因子行列 $\widetilde{\mathbf{A}}$ を用いると，

$$\mathbf{E} = \mathbf{A}\mathbf{A}^{-1} = \mathbf{A}\frac{\widetilde{\mathbf{A}}}{|\mathbf{A}|} \quad \therefore \quad \mathbf{A}\widetilde{\mathbf{A}} = |\mathbf{A}|\mathbf{E}$$

> ここは重要な式変形なのよ．よく理解してね！

であり，したがって，

$$|\mathbf{A}\widetilde{\mathbf{A}}| = \||\mathbf{A}|\mathbf{E}\| = \{\delta_{ij}|\mathbf{A}|\} = |\mathbf{A}|^n \quad \therefore \quad \||\mathbf{A}|\mathbf{E}\| = \{\delta_{ij}|\mathbf{A}|\} = \begin{pmatrix} |\mathbf{A}| & & 0 \\ & \ddots & \\ 0 & & |\mathbf{A}| \end{pmatrix} \Bigg\} n$$

なので，式 1.4.6-32 を用いて，

$$|\mathbf{A}\widetilde{\mathbf{A}}| = |\mathbf{A}||\widetilde{\mathbf{A}}| = |\mathbf{A}|^n \quad \therefore \quad |\widetilde{\mathbf{A}}| = |\mathbf{A}|^{n-1}$$

であるから，題意が証明された．

ということですが，ご理解のほどはいかがでしょう？

だめですか？．では確認しましょう．n 次の正方行列 $\boldsymbol{\Xi}$ の要素表示を $\boldsymbol{\Xi} = \{\delta_{ij}|\mathbf{A}|\}$ とすると，これは何を示しますか？ よく見ていただくと，$\boldsymbol{\Xi}$ は $\mathbf{E}$ の対角線要素「1」を，全て $|\mathbf{A}|$ で置き換えた行列であることが分かります．すなわち，具体的にクロネッカーの δ を用いて行列を表すと，

$$\boldsymbol{\Xi} = \{\delta_{ij}|\mathbf{A}|\} = \begin{pmatrix} \delta_{11}|\mathbf{A}| & \delta_{12}|\mathbf{A}| & \cdots & \delta_{1n}|\mathbf{A}| \\ \delta_{21}|\mathbf{A}| & \delta_{22}|\mathbf{A}| & \cdots & \delta_{2n}|\mathbf{A}| \\ \vdots & \vdots & \ddots & \vdots \\ \delta_{n1}|\mathbf{A}| & \delta_{n2}|\mathbf{A}| & \cdots & \delta_{nn}|\mathbf{A}| \end{pmatrix} = \begin{pmatrix} |\mathbf{A}| & 0 & \cdots & 0 \\ 0 & |\mathbf{A}| & \cdots & 0 \\ \vdots & \vdots & \ddots & \vdots \\ 0 & 0 & \cdots & |\mathbf{A}| \end{pmatrix} \Bigg\} n \quad \therefore \quad |\boldsymbol{\Xi}| = |\mathbf{A}|^n$$

ということなのです．これで納得でしょうか．因みに，上式を用いれば，

$$\mathrm{tr}(\boldsymbol{\Xi}) = n|\mathbf{A}|$$

です．トレース（tr）を忘れてないですね！ では，例題でさらに確認しましょう．

例題 1.6.3-4 次の行列の逆行列を求めよ．ただし，ω は 1 でない $x^3 = 1$ の解です．

(1) $\mathbf{A} = \begin{pmatrix} 2 & 1 \\ 3 & 4 \end{pmatrix}$ (2) $\mathbf{B} = \begin{pmatrix} 1 & \omega & \omega^2 \\ \omega & \omega^2 & 1 \\ \omega^2 & 1 & \omega \end{pmatrix}$

例題 1.6.3-4 解答

(1) $|\mathbf{A}| = 5, \widetilde{\mathbf{A}} = \begin{pmatrix} 4 & -1 \\ -3 & 2 \end{pmatrix}$ だから $\mathbf{A}^{-1} = \dfrac{\widetilde{\mathbf{A}}}{|\mathbf{A}|} = \dfrac{1}{5}\begin{pmatrix} 4 & -1 \\ -3 & 2 \end{pmatrix} = \begin{pmatrix} 0.8 & -0.2 \\ -0.6 & 0.4 \end{pmatrix}$

(2) $\omega^3 = 1$ であるから，$\omega^3 - 1 = (\omega - 1)(\omega^2 + \omega + 1) = 0$ であり，仮定 $\omega \neq 1$ から，$\omega^2 + \omega + 1 = 0$ である．このとき，第 1 行に第 2 行および第 3 行を加えると，

$$|\mathbf{B}| = \begin{vmatrix} 1 & \omega & \omega^2 \\ \omega & \omega^2 & 1 \\ \omega^2 & 1 & \omega \end{vmatrix} = \begin{vmatrix} 1+\omega+\omega^2 & \omega+\omega^2+1 & \omega^2+1+\omega \\ \omega & \omega^2 & 1 \\ \omega^2 & 1 & \omega \end{vmatrix} = \begin{vmatrix} 0 & 0 & 0 \\ \omega & \omega^2 & 1 \\ \omega^2 & 1 & \omega \end{vmatrix} = 0$$

したがって，行列 $\mathbf{B}$ の逆行列は存在しない．

1.6. 連立 1 次方程式

ということで，練習問題で口直しをしてください．ん？　そうだ！　その前に，公式を 5 つ紹介しましょう．証明も書きます．よ〜く，見てください．

(1) $(PQ)^{-1} = Q^{-1}P^{-1}$
$$(PQ)(Q^{-1}P^{-1}) = PQQ^{-1}P^{-1} = PEP^{-1} = E \quad \therefore \quad (PQ)^{-1} = (Q^{-1}P^{-1})$$

(2) $(P^{-1})^{-1} = P$
$$PP^{-1} = E \quad \Leftrightarrow \quad PP^{-1}(P^{-1})^{-1} = E(P^{-1})^{-1} \quad \therefore \quad (P^{-1})^{-1} = P$$

(3) $(P^{-1})^T = (P^T)^{-1}$
$$(PP^{-1})^T = (E)^T \quad \Leftrightarrow \quad (P^{-1})^T P^T = E$$
$$\Leftrightarrow \quad (P^{-1})^T P^T (P^T)^{-1} = E(P^T)^{-1} \quad \Leftrightarrow \quad (P^{-1})^T \underline{E} = (P^T)^{-1}$$
$$\therefore \quad (P^{-1})^T = (P^T)^{-1}$$

(4) $(\widetilde{P})^{-1} = |P|^{-1}P$
$$|\widetilde{P}| = |P|^{n-1}, \quad P\widetilde{P} = |P|E \quad \Leftrightarrow \quad |P|^{-1}P\widetilde{P} = E \quad \therefore \quad (\widetilde{P})^{-1} = |P|^{-1}P$$

(5) $|P^{-1}| = |P|^{-1}$
$$PP^{-1} = E \quad \Leftrightarrow \quad |PP^{-1}| = |E| = 1 \quad \Leftrightarrow \quad |P||P^{-1}| = 1 \quad \therefore \quad |P^{-1}| = |P|^{-1}$$

と証明もつけてご紹介しました．

分からないところはありませんか？　逆行列についての証明では，お気づきでしょうけれど，敢て，申し上げますと，「掛けて，単位行列 E になる 2 つの行列は，互いに逆行列である」ってことです．ちょっと，見方を変えれば上記の証明がどうしてそう書けるのかが見えてきますよ．

練習問題 1.6.3-1　次の 2 次の正方行列 P

$$P = \begin{pmatrix} p_{11} & p_{12} \\ p_{21} & p_{22} \end{pmatrix} \quad \text{が正則行列であって，}$$

(1) 行列 P の余因子行列 $\widetilde{P}$，および，逆行列 P^{-1} を要素で表せ．また，
$P^{-1}P = E$ を要素を用いて確かめよ．
(2) 上記，正則行列 P について，$|\widetilde{P}| = |P|$ を確かめよ．

練習問題 1.6.3-2　次の 2 次の正方行列 P, Q を

$$P = \begin{pmatrix} p_{11} & p_{12} \\ p_{21} & p_{22} \end{pmatrix}, \quad Q = \begin{pmatrix} q_{11} & q_{12} \\ q_{21} & q_{22} \end{pmatrix}$$

で表し，ともに正則行列であるとき，次式を　要素を用いて証明せよ

(1) $(PQ)^{-1} = Q^{-1}P^{-1}$　　(2) $(P^{-1})^{-1} = P$
(3) $(P^{-1})^T = (P^T)^{-1}$　　(4) $(\widetilde{P})^{-1} = |P|^{-1}P$
(5) $|P^{-1}| = |P|^{-1}$

練習問題 1.6.3-3　n 次行列 A, B は正則行列であって，適当な行列 X, Y により，

$$AX = B, \quad YA = B$$

が成り立つとき，$AB = BA$ ならば，$X = Y$ であることを示せ．

1.6.4. 掃き出し法による逆行列

掃き出し法（*sweeping-out method*）なんて変な名前ですね。どこかで，ご覧になった読者もいるかもしれませんね。実は，1次方程式を解いたり，係数行列の逆行列を求めたりするときに用いる場合があります。例えば，2×2型の係数行列 $\mathbf{A}$ の逆行列 $\mathbf{A}^{-1}$ を求める場合を見てみます。

ここでは，
$$\mathbf{A} = \begin{pmatrix} 3 & 1 \\ 1 & 2 \end{pmatrix} \Rightarrow |\mathbf{A}| = 5, \widetilde{\mathbf{A}} = \begin{pmatrix} 2 & -1 \\ -1 & 3 \end{pmatrix}, \tag{1.6.4-1}$$

を取り上げます。この場合は，簡単に逆行列 $\mathbf{A}^{-1}$ を求めることができますね。
$$\mathbf{A}^{-1} = \frac{\widetilde{\mathbf{A}}}{|\mathbf{A}|} = \begin{pmatrix} 2 & -1 \\ -1 & 3 \end{pmatrix} \Big/ 5 = \begin{pmatrix} 2/5 & -1/5 \\ -1/5 & 3/5 \end{pmatrix} \tag{1.6.4-2}$$

これを，掃き出し法で解きます。まず，行列 $\mathbf{A}$ と単位行列 $\mathbf{E}$ を以下のように横に並べ，

$$(\mathbf{A} \| \mathbf{E}) = \begin{pmatrix} 3 & 1 \| 1 & 0 \\ 1 & 2 \| 0 & 1 \end{pmatrix}$$

と書きます。そして，行の操作（加減乗除，交換など）を繰り返して，

$$\begin{pmatrix} 3 & 1 \| 1 & 0 \\ 1 & 2 \| 0 & 1 \end{pmatrix} \Rightarrow \begin{pmatrix} 1 & 2 \| 0 & 1 \\ 3 & 1 \| 1 & 0 \end{pmatrix} \Rightarrow \begin{pmatrix} 1 & 2 \| 0 & 1 \\ 3-3 & 1-6 \| 1 & -3 \end{pmatrix} \Rightarrow \begin{pmatrix} 1 & 2 \| 0 & 1 \\ 0 & -5 \| 1 & -3 \end{pmatrix}$$
$$\Rightarrow \begin{pmatrix} 1 & 2 \| 0 & 1 \\ 0 & 1 \| -1/5 & 3/5 \end{pmatrix} \Rightarrow \begin{pmatrix} 1 & 0 \| 2/5 & 1-6/5 \\ 0 & 1 \| -1/5 & 3/5 \end{pmatrix} = \begin{pmatrix} 1 & 0 \| 2/5 & -1/5 \\ 0 & 1 \| -1/5 & 3/5 \end{pmatrix}$$

のように行列 $\mathbf{A}$ を単位行列 $\mathbf{E}$ となるようにします。そうすると，あら不思議，最初単位行列 $\mathbf{E}$ だった部分が行列 $\mathbf{A}$ の逆行列 $\mathbf{A}^{-1}$ になっている（式 1.6.4-2 参照），という方法です。

ここで，2×2 型の係数行列 $\mathbf{A}$ の逆行列 $\mathbf{A}^{-1}$ を掃き出し法で一般的に計算してみましょう。でもちょっと手間がかかりますよ。

まず，行列 $\mathbf{A}$ を，逆行列 $\mathbf{A}^{-1}$ を持つ場合として，$|\mathbf{A}| \neq 0$ を前提として，
$$\mathbf{A} = \begin{pmatrix} a_{11} & a_{12} \\ a_{21} & a_{22} \end{pmatrix}$$

とすれば，$a_{11}a_{22} - a_{12}a_{21} \neq 0$ であり，

$$|\mathbf{A}| = a_{11}a_{22} - a_{12}a_{21}, \quad \widetilde{\mathbf{A}} = \begin{pmatrix} a_{22} & -a_{12} \\ -a_{21} & a_{11} \end{pmatrix} \quad \therefore \quad \mathbf{A}^{-1} = \frac{\widetilde{\mathbf{A}}}{|\mathbf{A}|} = \frac{\begin{pmatrix} a_{22} & -a_{12} \\ -a_{21} & a_{11} \end{pmatrix}}{a_{11}a_{22} - a_{12}a_{21}}$$

となります。そこで，

$$(\mathbf{A} \| \mathbf{E}) = \begin{pmatrix} a_{11} & a_{12} \| 1 & 0 \\ a_{21} & a_{22} \| 0 & 1 \end{pmatrix} \tag{1.6.4-3}$$

として，行の操作（加減乗除，交換など）を繰り返します。

$$(\mathbf{A} \| \mathbf{E}) = \begin{pmatrix} a_{11} & a_{12} \| 1 & 0 \\ a_{21} & a_{22} \| 0 & 1 \end{pmatrix} \Rightarrow \begin{pmatrix} a_{11} & a_{12} \| 1 & 0 \\ a_{21} - a_{11}\dfrac{a_{21}}{a_{11}} & a_{22} - a_{12}\dfrac{a_{21}}{a_{11}} \| -\dfrac{a_{21}}{a_{11}} & 1 \end{pmatrix}$$

$$\Rightarrow \begin{pmatrix} a_{11} & a_{12} & \bigg\| & 1 & 0 \\ 0 & \dfrac{a_{11}a_{22}-a_{12}a_{21}}{a_{11}} & \bigg\| & -\dfrac{a_{21}}{a_{11}} & 1 \end{pmatrix}$$

$$\Rightarrow \begin{pmatrix} a_{11} & a_{12} & \bigg\| & 1 & 0 \\ 0 & \dfrac{a_{11}a_{22}-a_{12}a_{21}}{a_{11}}\dfrac{a_{11}}{a_{11}a_{22}-a_{12}a_{21}} & \bigg\| & -\dfrac{a_{21}}{a_{11}}\dfrac{a_{11}}{a_{11}a_{22}-a_{12}a_{21}} & \dfrac{a_{11}}{a_{11}a_{22}-a_{12}a_{21}} \end{pmatrix}$$

$$\Rightarrow \begin{pmatrix} a_{11} & a_{12}-a_{12} & \bigg\| & 1-\dfrac{a_{12}a_{21}}{a_{11}a_{22}-a_{12}a_{21}} & -\dfrac{a_{12}a_{11}}{a_{11}a_{22}-a_{12}a_{21}} \\ 0 & 1 & \bigg\| & -\dfrac{a_{21}}{a_{11}a_{22}-a_{12}a_{21}} & \dfrac{a_{11}}{a_{11}a_{22}-a_{12}a_{21}} \end{pmatrix}$$

$$\Rightarrow \begin{pmatrix} a_{11} & 0 & \bigg\| & \dfrac{a_{11}a_{22}}{a_{11}a_{22}-a_{12}a_{21}} & \dfrac{-a_{12}a_{11}}{a_{11}a_{22}-a_{12}a_{21}} \\ 0 & 1 & \bigg\| & -\dfrac{a_{21}}{a_{11}a_{22}-a_{12}a_{21}} & \dfrac{a_{11}}{a_{11}a_{22}-a_{12}a_{21}} \end{pmatrix}$$

$$\Rightarrow \begin{pmatrix} a_{11}\dfrac{1}{a_{11}} & 0 & \bigg\| & \dfrac{a_{11}a_{22}}{a_{11}a_{22}-a_{12}a_{21}}\dfrac{1}{a_{11}} & \dfrac{-a_{12}a_{11}}{a_{11}a_{22}-a_{12}a_{21}}\dfrac{1}{a_{11}} \\ 0 & 1 & \bigg\| & -\dfrac{a_{21}}{a_{11}a_{22}-a_{12}a_{21}} & \dfrac{a_{11}}{a_{11}a_{22}-a_{12}a_{21}} \end{pmatrix}$$

$$\Rightarrow \begin{pmatrix} 1 & 0 & \bigg\| & \dfrac{a_{22}}{a_{11}a_{22}-a_{12}a_{21}} & \dfrac{-a_{12}}{a_{11}a_{22}-a_{12}a_{21}} \\ 0 & 1 & \bigg\| & \dfrac{-a_{21}}{a_{11}a_{22}-a_{12}a_{21}} & \dfrac{a_{11}}{a_{11}a_{22}-a_{12}a_{21}} \end{pmatrix} = (\mathbf{E}\|\mathbf{P})$$

$$\therefore \mathbf{P} = \begin{pmatrix} \dfrac{a_{22}}{a_{11}a_{22}-a_{12}a_{21}} & \dfrac{-a_{12}}{a_{11}a_{22}-a_{12}a_{21}} \\ \dfrac{-a_{21}}{a_{11}a_{22}-a_{12}a_{21}} & \dfrac{a_{11}}{a_{11}a_{22}-a_{12}a_{21}} \end{pmatrix}$$

$$= \dfrac{1}{a_{11}a_{22}-a_{12}a_{21}} \begin{pmatrix} a_{22} & -a_{12} \\ -a_{21} & a_{11} \end{pmatrix} = \dfrac{\widetilde{\mathbf{A}}}{|\mathbf{A}|} = \mathbf{A}^{-1} \qquad (1.6.4\text{-}4)$$

ということで，行列 $\mathbf{A}$ の逆行列 $\mathbf{A}^{-1}$ を求めることができました．計算が少々ややこしいですが，実際は，加減乗除だけの単純な計算です．

　掃き出し法は，*row reduction* とも言われます．計算の流れのそのままの呼名ですね．また，掃き出し法は，ガウスの消去法（*Gaussian elimination*）とも呼ばれ，通常は問題となる連立 1 次方程式の係数からなる拡大係数行列に対して行われる一連の行変形操作を意味します．例えば，連立 1 次方程式：

$$a_{11}x_1 + a_{12}x_2 + \cdots + a_{1n}x_n = b_1$$
$$a_{21}x_1 + a_{22}x_2 + \cdots + a_{2n}x_n = b_2$$
$$\vdots$$
$$a_{n1}x_1 + a_{n2}x_2 + \cdots + a_{nn}x_n = b_n$$

$$\Rightarrow \begin{pmatrix} a_{11} & a_{12} & \cdots & a_{1n} \\ a_{21} & a_{22} & \cdots & a_{2n} \\ \vdots & \vdots & \ddots & \vdots \\ a_{n1} & a_{n2} & \cdots & a_{nn} \end{pmatrix} \begin{pmatrix} x_1 \\ x_2 \\ \vdots \\ x_n \end{pmatrix} = \begin{pmatrix} b_1 \\ b_2 \\ \vdots \\ b_n \end{pmatrix} \Rightarrow \mathbf{Ax} = \mathbf{b}$$

があって，$(\mathbf{A}\|\mathbf{b}) \Rightarrow (\mathbf{E}\|\mathbf{x})$ となるように，掃き出し法が使われます．

では，方程式を掃き出し法で解いてみましょう．

例題 1.6.4-1 次の 2 つの方程式を同時に解け．

(1) $\begin{cases} x_1 - 2x_2 + x_3 = -1 \\ x_1 + x_2 + x_3 = 2 \\ -x_1 + x_2 + x_3 = -2 \end{cases}$ (2) $\begin{cases} x_1 - 2x_2 + x_3 = -1 \\ x_1 + x_2 + x_3 = 2 \\ -x_1 + x_2 + x_3 = 4 \end{cases}$

例題 1.6.4-1 解答

$$\begin{pmatrix} 1 & -2 & 1 & -1 & -1 \\ 1 & 1 & 1 & 2 & 2 \\ -1 & 1 & 1 & -2 & 4 \end{pmatrix} \Rightarrow \begin{pmatrix} 1 & -2 & 1 & -1 & -1 \\ 0 & 3 & 0 & 3 & 3 \\ -1 & 1 & 1 & -2 & 4 \end{pmatrix} \Rightarrow \begin{pmatrix} 1 & -2 & 1 & -1 & -1 \\ 0 & 1 & 0 & 1 & 1 \\ -1 & 1 & 1 & -2 & 4 \end{pmatrix}$$

$$\Rightarrow \begin{pmatrix} 1 & -2 & 1 & -1 & -1 \\ 0 & 1 & 0 & 1 & 1 \\ 0 & -1 & 2 & -3 & 3 \end{pmatrix} \Rightarrow \begin{pmatrix} 1 & -2 & 1 & -1 & -1 \\ 0 & 1 & 0 & 1 & 1 \\ 0 & 0 & 2 & -2 & 4 \end{pmatrix} \Rightarrow \begin{pmatrix} 1 & 0 & 1 & 1 & 1 \\ 0 & 1 & 0 & 1 & 1 \\ 0 & 0 & 1 & -1 & 2 \end{pmatrix}$$

$$\Rightarrow \begin{pmatrix} 1 & 0 & 0 & 2 & -1 \\ 0 & 1 & 0 & 1 & 1 \\ 0 & 0 & 1 & -1 & 2 \end{pmatrix} \quad \therefore \quad (1) \begin{pmatrix} x_1 \\ x_2 \\ x_3 \end{pmatrix} = \begin{pmatrix} 2 \\ 1 \\ -1 \end{pmatrix} \quad (2) \begin{pmatrix} x_1 \\ x_2 \\ x_3 \end{pmatrix} = \begin{pmatrix} -1 \\ 1 \\ 2 \end{pmatrix}$$

ということです．結果が方程式を満たすことを確かめてください．練習問題では，実際に紙に書いてやってみてください．なるほど，と思いますよ．

練習問題 1.6.4-1 式 1.6.4-4 を導出する別の方法を試行せよ．

練習問題 1.6.4-2 次の方程式を掃き出し法で解け．
$$x_1 - 2x_2 + x_3 = 1$$
$$x_1 + x_2 + x_3 = -2$$
$$-x_1 + x_2 + x_3 = 2$$

練習問題 1.6.4-3 次の 2 つ方程式を掃き出し法で同時に解け．

(1) $\begin{cases} x_1 - 2x_2 + x_3 = 0 \\ x_1 + x_2 + x_3 = 3 \\ -x_1 + x_2 + x_3 = 1 \end{cases}$ (2) $\begin{cases} x_1 - 2x_2 + x_3 = -4 \\ x_1 + x_2 + x_3 = -1 \\ -x_1 + x_2 + x_3 = 1 \end{cases}$

演習問題　第1章

1-1. ブール代数において，$(a+b)\cdot(a+c)=a+b\cdot c$ を証明せよ．

1-2. 空間にある互いに平行ではなく，零ベクトルでもないベクトル $\mathbf{a}$，$\mathbf{b}$，$\mathbf{c}$ に関する結合法則 $(\mathbf{a}+\mathbf{b})+\mathbf{c}=\mathbf{a}+(\mathbf{b}+\mathbf{c})$ を成分表示を用いず，幾何的に証明せよ．

1-3. ベクトルのノルムに関して，以下の式を証明せよ．ただし，$k \in \Re$ とする．
(1) $\|k\mathbf{a}\|=|k|\|\mathbf{a}\|$　　(2) $\|\mathbf{a}+\mathbf{b}\|\leqq\|\mathbf{a}\|+\|\mathbf{b}\|$

1-4. 三角形 ABC の辺 BC，CA，AB を任意に同比 $m:n$ に分ける点をそれぞれ P，Q，R とするとき，三角形 ABC および三角形 PQR の重心が一致することを示せ．

1-5. 三角形 ABC の各頂点 A，B，C の位置ベクトルを，それぞれ $\mathbf{a}$，$\mathbf{b}$，$\mathbf{c}$ とするとき，三角形 ABC の内心 I の位置ベクトル $\mathbf{i}$ を位置ベクトル $\mathbf{a}$，$\mathbf{b}$，$\mathbf{c}$ で表せ．

1-6. 単位ベクトル $\mathbf{e}_x=(1,0,0)$，$\mathbf{e}_y=(0,1,0)$，$\mathbf{e}_z=(0,0,1)$ について，1次独立であること，また，$\mathbf{e}_x \perp \mathbf{e}_y$，$\mathbf{e}_y \perp \mathbf{e}_z$，$\mathbf{e}_z \perp \mathbf{e}_x$ であることをそれぞれ示せ．

1-7. n 個の要素を持つ単位ベクトル $\mathbf{e}_1=(1,0,\cdots,0)$，$\mathbf{e}_2=(0,1,\cdots,0)$，$\mathbf{e}_n=(0,0,\cdots,1)$ について，直交性すなわち，$\mathbf{e}_i \perp \mathbf{e}_j$ $(i \neq j; i=1,\cdots,n; j=1,\cdots,n)$ であることを示せ．

1-8. 零ベクトルでないベクトル $\mathbf{a},\mathbf{b}$ が同一平面上にあって，起点を同じくして三角形の2辺である場合，そのなす角を θ とするとき，第2余弦定理をベクトル $\mathbf{a},\mathbf{b}$ を用いて表せ．また，そのベクトルの要素を $\mathbf{a}=(a_1,a_2)$，$\mathbf{b}=(b_1,b_2)$ とするとき，内積に関する式を要素で示したとき，$\mathbf{a}\cdot\mathbf{b}=a_1b_1+a_2b_2$ であることを示せ．

1-9. 長方形を5等分，7等分，また，9等分する方法を考えよ．

1-10. 次の行列 $\mathbf{A}$，$\mathbf{B}$ について，$\mathbf{AB}=\mathbf{C}$ である行列 $\mathbf{C}$ は $m\times\ell$ の行列であり，その i,j 成分 c_{ij} が行列 $\mathbf{A}$，$\mathbf{B}$ の要素により，$c_{ij}=\sum_{k=1}^{n}a_{ik}b_{kj}$ $(i=1,\cdots,m; j=1,\cdots,\ell)$ であることを示せ．
$$\mathbf{A}=\underbrace{\begin{pmatrix} a_{11} & \cdots & a_{1n} \\ \vdots & \ddots & \vdots \\ a_{m1} & \cdots & a_{mn} \end{pmatrix}}_{m\times n}, \quad \mathbf{B}=\underbrace{\begin{pmatrix} b_{11} & \cdots & b_{1\ell} \\ \vdots & \ddots & \vdots \\ b_{n1} & \cdots & b_{n\ell} \end{pmatrix}}_{n\times\ell}$$

1-11. 3 正方行列 $\mathbf{A}$，$\mathbf{B}$ について，$^6D=|\mathbf{AB}|$（式 1.4.4-10 参照）であることを示せ．

1-12. n 次の正方行列 $\mathbf{A}=\{a_{ij}\}$，$(i=1,\cdots,n; j=1,\cdots,n)$ について，積 $\mathbf{A\Delta}$，また，$\mathbf{\Delta A}$ を求めよ．ただし，$\mathbf{\Delta}=\{\delta_{ij}\}$ であり，δ_{ij} はクロネッカーのデルタである．

1-13. 1次独立な3つの3次元ベクトル $\mathbf{a}$，$\mathbf{b}$，$\mathbf{c}$ について，$(\mathbf{a}\times\mathbf{b})\times\mathbf{c}=(\mathbf{a}\cdot\mathbf{c})\mathbf{b}-(\mathbf{b}\cdot\mathbf{c})\mathbf{a}$ であることを要素表現で証明せよ．

1-14. ベクトル $\mathbf{a}$，$\mathbf{b}$，$\mathbf{c}$，$\mathbf{d}$ について，次式を証明せよ．
$$(\mathbf{a}\times\mathbf{b})\cdot(\mathbf{c}\times\mathbf{d})=\begin{vmatrix} \mathbf{a}\cdot\mathbf{c} & \mathbf{a}\cdot\mathbf{d} \\ \mathbf{b}\cdot\mathbf{c} & \mathbf{b}\cdot\mathbf{d} \end{vmatrix}$$

1-15. 例えば，3 次の行列式を展開すると項数は 9 つである．では，n 次の行列式を展開した場合，項数はいくつあるかを n で表せ．

1-16. 行列の積の逆行列について，$(\mathbf{AB}\cdots\mathbf{YZ})^{-1}=\mathbf{Z}^{-1}\mathbf{Y}^{-1}\cdots\mathbf{B}^{-1}\mathbf{A}^{-1}$を証明せよ．

1-17. n次の正方行列$\mathbf{A}=\{a_{ij}\}$について，その逆行列$\mathbf{A}^{-1}$を行列$\mathbf{A}$の要素a_{ij}の余因子$\tilde{a}_{ij}$を用いて，$\mathbf{A}\mathbf{A}^{-1}=\mathbf{A}^{-1}\mathbf{A}=\mathbf{E}$を確かめよ．

1-18. n次の正方行列$\mathbf{A}=\{a_{ij}\}$の主対角線上の要素a_{ii}の和$\sum_{i}^{n}a_{ii}$を行列$\mathbf{A}$のトレース（跡）と呼び，$\mathrm{tr}(\mathbf{A})$で表す．このとき，n次の正方行列$\mathbf{A}$, $\mathbf{B}$について，次式を証明せよ．
$$\mathrm{tr}(\mathbf{AB})-\mathrm{tr}(\mathbf{BA})=\mathrm{tr}(\mathbf{AB}-\mathbf{BA})=0$$

1-19. 3頂点が$P_1(x_1, y_1)$, $P_2(x_2, y_2)$, $P_3(x_3, y_3)$である三角形について，その面積Sをその頂点の座標（P_1, P_2, P_3）を用いて，行列式形式で表せ．

1-20. 行列$\mathbf{E}_{ij}$（式1.3.4-4）の性質を調べよ．

$$\mathbf{E}_{ij}=\begin{pmatrix} 1 & & & & & & & & \\ & \ddots & 0 & 0 & 0 & 0 & & & \\ 0 & & 1 & & & & & & \\ & & & 0 & & 1 & & & \\ & & & & \ddots & 0 & & & \\ & & & 1 & & 0 & & & \\ & & & & & & 1 & & \\ 0 & 0 & 0 & 0 & & & & \ddots & 0 \\ & & & & & & & & 1 \end{pmatrix}\begin{matrix} \\ \\ \\ i \\ \\ \\ j \\ \\ \end{matrix}$$

1-21. 次の行列式の値を求めよ．ただし，ωは$x^3=1$の解で，1以外の虚数解とする．

（1）$|\boldsymbol{\omega}_3|=\begin{vmatrix} 1 & \omega & \omega^2 \\ \omega & \omega^2 & 1 \\ \omega^2 & 1 & \omega \end{vmatrix}$　　（2）$|\boldsymbol{\omega}_4|=\begin{vmatrix} 1 & \omega & \omega^2 & \omega^3 \\ \omega & \omega^2 & \omega^3 & 1 \\ \omega^2 & \omega^3 & 1 & \omega \\ \omega^3 & 1 & \omega & \omega^2 \end{vmatrix}$

1-22. 行列$\mathbf{A}$, $\mathbf{B}$について可換である場合，$(\mathbf{A}\pm\mathbf{B})^2=\mathbf{A}^2\pm 2\mathbf{AB}+\mathbf{B}^2$であることを証明せよ．ただし，$\mathbf{AA}=\mathbf{A}^2$である．

1-23. 空間の同じでない4点$P_i(x_i, y_i, z_i)$ $(i=1,2,3,4)$が作る三角錐（4面体）の体積Vが次式で表されることを示せ．

$$V=\frac{1}{6}\begin{vmatrix} 1 & 1 & 1 & 1 \\ x_1 & x_2 & x_3 & x_4 \\ y_1 & y_2 & y_3 & y_4 \\ z_1 & z_2 & z_3 & z_4 \end{vmatrix}$$

1-24. n次の正方行列$\mathbf{A}$, $\mathbf{B}$, $\mathbf{C}$, $\mathbf{O}$について，以下を満たす$\mathbf{P}^{-1}$を$\mathbf{A}$, $\mathbf{B}$, $\mathbf{C}$, $\mathbf{O}$で表せ．

$$\mathbf{P}=\begin{pmatrix} \mathbf{A} & \mathbf{C} \\ \mathbf{O} & \mathbf{B} \end{pmatrix}\text{と書くとき，}\quad \mathbf{P}\mathbf{P}^{-1}=\begin{pmatrix} \mathbf{E} & \mathbf{O} \\ \mathbf{O} & \mathbf{E} \end{pmatrix}$$

1-25. 次の3元1次の方程式をクラーメルの式を用いて計算せよ．

$$\sum_{j=1}^{3}a_{ij}x_j=b_i\ (i=1, 2, 3)$$

Short Rest 2.
「ヘッセ行列」

　ヘッセの標準形のヘッセは，主に詩と小説によって知られる 20 世紀前半のドイツ文学を代表する文学者で詩を書くヘルマン・ヘッセ（Hermann Hesse）ではなく（笑），ここでいうヘッセは，同じドイツ人ですが，数学者のルードヴィヒ・オットー・ヘッセ（Ludwig Otto Hesse）のことです．因みに，ドイツですから，もう 1 人有名な，作曲家のルードヴィヒ・ヴァン・ベートーヴェン（Ludwig van Beethoven）がいます．偶然か，同じ Ludwig です．

ルードヴィヒ・オットー・ヘッセ
出典ウィキペディアより
https://upload.wikimedia.org/wikipedia/commons/6/65/Ludwig_Otto_Hesse.jpg

　L.ヘッセは，プロイセン王国のケーニヒスベルク（現在のロシア，カリーニングラード）で 1811 年 4 月 22 日に生まれ，1840 年にケーニヒスベルク大学で博士号を取得し，1845 年からケーニヒスベルク大学の員外教授となりました．1856 年からハイデルベルク大学，1868 年からミュンヘン高等技術学校の教授を務め，ミュンヘンにて 1874 年 8 月 4 日その生涯を終えました．L.ヘッセは線形不変量を研究し，ヘッセ曲線，ヘッセ行列，ヘッセ標準形は彼にちなんで名づけられました．（ウィキペディアより）

　因みに，ヘッセ行列とは，

$$H(f(x)) = \nabla^2 f(x) = \begin{pmatrix} \dfrac{\partial^2 f(x)}{\partial^2 x_1} & \dfrac{\partial^2 f(x)}{\partial x_1 \partial x_2} & \cdots & \dfrac{\partial^2 f(x)}{\partial x_1 \partial x_n} \\ \dfrac{\partial^2 f(x)}{\partial x_2 \partial x_1} & \dfrac{\partial^2 f(x)}{\partial^2 x_2} & \cdots & \dfrac{\partial^2 f(x)}{\partial x_2 \partial x_n} \\ \vdots & \vdots & \ddots & \vdots \\ \dfrac{\partial^2 f(x)}{\partial x_n \partial x_1} & \dfrac{\partial^2 f(x)}{\partial x_n \partial x_2} & \cdots & \dfrac{\partial^2 f(x)}{\partial^2 x_n} \end{pmatrix}$$

であらわされる行列であり，要素は，上記の式からわかりますように，関数の 2 階偏微分を計算した形でスカラーです．ヘッセ行列を行列式の形式としたものをヘッシアン（Hessian）と呼びます．ここで，簡単ですが，念のため，ヘッセ行列の具体例を見てみましょう．

　関数を $f(x) = 2x_1^3 + x_1^2 x_2 - 3x_2^2$ とすると，

$$f_{x_1} = 6x_1^2 + 2x_1 x_2, \Rightarrow f_{x_1 x_1} = 12x_1 + 2x_2, \ f_{x_1 x_2} = 2x_1$$
$$f_{x_2} = x_1^2 - 6x_2, \Rightarrow f_{x_2 x_1} = 2x_1, \ f_{x_2 x_2} = -6$$

したがって，ヘッセ行列は，

$$\nabla^2 f(x) = \begin{pmatrix} f_{x_1 x_1} & f_{x_1 x_2} \\ f_{x_2 x_1} & f_{x_2 x_2} \end{pmatrix} = \begin{pmatrix} 12x_1 + 2x_2 & 2x_1 \\ 2x_1 & -6 \end{pmatrix}$$

となります．ちょっとややこしかったでしょうか？　でも，偏微分は，何を微分するかは「決め打ち」のような計算方法のため，分かり易いですね．偏微分の詳細は，本書の兄弟版，微分・積分編（出版：インデックス社）でご確認いただければと存じます．

　工学的にどんな意味があるかは分かりませんが，一応，ここで，紹介しました．

応用編

2. 群・環・整域・体

群・環・整域・体

　分かっているつもりでも分からないのが最も基本的なことです．
　ベクトルや行列は，第1章で見てきたように，ベクトルや行列に関して加法（減法も含める），乗法（除法も含める）の演算法の定義を行いました．そして，ベクトルや行列には，「数」のような性質をもち，また，ある場合には「数」のようでない性質を持っていることがお分かりになったと思います．このような性質をある「集合」の性質として考え，その諸性質を一般的な考えでまとめることは，演算の複雑さを整理することにほかなりません．以下で述べる中には，読者にとって，聞いたことがない言葉もあるでしょうけれど，単なる，決め事あるいは定義であって，恐れるに足らずと思って，ああ，そうなんですか！と読み流していただければ良いと思います．初めて知る方にとっては，逆に面白いかもしれませんよ．
　ここでちょっとコメントさせてください．本章では「要素」と「元」が混在していますが，本質的にはなんら違いはありません．使い分けは，著者の「なんとなく」の感覚で使い分けしている部分もありますが．．．（笑），慣例に従って用いているとご理解ください．例えば．方程式関連では，2元1次方程式のように，「元」を未知数の数（かず）の意味で使います．因みに，2要素1次方程式とは言いませんよね（笑）．ベクトルや行列では，要素と呼び，元とは言いません．
　では，*Bon voyage !*

2.1. 群

高校で「群」などを習った読者に申しますと，本書で言う「群」の概念は，高校のそれとはまったく異なり，集合論で用いる概念です．読者にとっては，あまり耳にしたことがない文言が出てくるかもしれませんが，まあ，ぼちぼち，本章を気楽に読んでください．

2.1.1. 群の定義

まずは，集合についてです．

群論っちゅうやっちゃなあ．おんどりゃあ，読みたおしたるさかいに，まっとれや！（なんで関西弁もどき？）

定義 20 有限集合・無限集合
集合 A を，n 個の要素を持つ集合，すなわち，$A = \{a_i\}(i = 1, 2, \cdots, n)$ である場合，A は有限集合 (*finite set*) と呼び，$a_i \in A (i = 1, 2, \cdots, n)$ とも書く．それに対して，無限個の要素を持つ集合を無限集合 (*infinite set*) と呼ぶ．

え！そのまんまですね，と笑わないでください．でも，このままでは，面白くないですね．だからなんなの？って感じです．線形代数では，行列やベクトルの演算方法を定義し，ただの数の羅列ではないことを説明しました．ここからは，集合論に基づく群論の基礎を説明します．すなわち，集合の要素同士の興味ある演算を定義します．ここでの議論は，後述の「ベクトル空間」などで利用されますので，頭の隅にでも残しておいて下さい．

さて，群 (*group*) とは，以下の条件を満たす要素 (*element*) の集合 (*set*) を言います．

定義 21 群 G
集合 (*set*) S の任意の要素 a, b ($\forall a, b \in S$) について，演算により一意的に集合 S の要素 p が存在する ($\exists p \in S$) 場合，$p = a + b$ と書いて要素の「和」と呼び，$p = ab$ と書いて要素の「積」と呼ぶ．一般的に，積は必ずしも可換（→アーベル群）ではない．このとき，

（条件 1_G）集合 S の任意の要素 a, b について，積 ab は集合 S の要素として存在する．
　これを，$\forall a, b \in S \Rightarrow \exists ab \in S$ と書く．
　例：1.5 と 4.0 は実数で，その積 6.0 も実数．

（条件 2_G）$\forall a, b, c \in S$ について，結合法則 $(ab)c = a(bc)$ が成立する．
　例：1.5, 4.0, 2.0 は実数で，$(1.5 \times 4.0) \times 2.0 = 1.5 \times (4.0 \times 2.0)$ が成立．

（条件 3_G）$\forall a \in S$ について，$a{}^R e = a$ となる右単位元 ${}^R e$ (*right unit element*) が，少なくとも 1 つ，集合 S の要素として存在する．
　これを，$\forall a \in S, a{}^R e = a \Rightarrow \exists {}^R e \in S$ と書く．
　例：$2.5 \times 1.0 = 2.5$ で，1.0 が右単位元である．

ふむ，ふむ，ややこしい．ン！よく見ると簡単だな．

（条件 4_G）$\forall a \in S$ について，$ax = {}^R e$（右単位元）となる右逆元 ${}^R x$ (*right inverse element*) が少なくとも 1 つ，集合 S の要素として存在する．
　これを，$\forall a \in S, a{}^R x = {}^R e \Rightarrow \exists {}^R x = a^{-1} \in S$ と書く．
　例：$2.5 \times 0.4 = 1.0$ で，2.5 の右逆元が 0.4 $(= 2.5^{-1})$．

という条件が成立する集合 S は群 G をなす，と言う．

ここで，気になる左単位元および左逆元については後述します．

2.1. 群

いやいや，大上段に構えた（？）定義群（かたまり）の文言です．しかし，これらは決め事です．定義や定理が以下にも再三再四出てきます．文字面（づら）を見ると，難しく感じますが，定義 21 の実数で示した例を見れば，果たしてその実態は，超簡単なのです！恐れることなし．難しいと決めつけないで，良〜く見ると，な〜ンだってことに気付かれるでしょう．因みに，お察しの通り，「$\forall$」は any，「$\exists$」は existing の頭文字で，歴とした数学記号です．たとえば，$\forall a \in \Re \Rightarrow \exists a^2 \in \Re$ という記号は，「実数という集合 $\Re$ があって，そのどんな要素 a も，二乗した a^2 は集合 $\Re$ の要素として存在する」ということです．例えば，ある数 $a+ib \left(\forall a, b \in \Re, i = \sqrt{-1}\right)$ が実数 $\Re$ の要素でない場合 $(b \neq 0)$ は，$a+ib \notin \Re$ という記号 $\notin$ を用います．このとき，$a+ib \in \mathbf{C}$ です（項 1.1.4 参照）．

ここから，群の種類を表現する言葉を紹介します．覚える必要は全くないのですが，行きがかり上（ン？），少々，ご紹介します．

定義 22 可換群，加群 G_A

（条件 5$_G$）集合 S の任意の要素，例えば，a, b について，$ab = ba$ である場合，集合 S は可換群（commutative group）あるいはアーベル群（Abelian group）を成す，と言う．このとき，可換群の要素は互いに交換可能（commutable）である，と言う．また，加法に関して交換可能（$a+b = b+a$）な場合は，特に，加群（additive group）を成す，と言う．

集合論のように，要素の数により，有限か無限かを定義すると

定義 23 有限群，位数，無限群

（条件 6$_G$）集合 S が有限個の要素で群 G を成すとき，群 G は有限群（finite group）と呼ばれ，その要素数 n を $|G| = n$ または $\mathrm{ord}(G)$ と書いて群 G の位数（order）と呼ぶ．また，集合 S の要素が無限個の要素で群 G を成す場合，群 G を無限群（infinite group）と呼ぶ．

のようになります．ここで，位数という文言も出て来ました．たとえば，単位元 e のみの集合は群を成し，その位数は 1 です．

ここで，巡回群と呼ぶ群があります．果たして，その定義は，

> ふむ，ふむ，ややこしい．この辺は知らなくても良いな！

定義 24 巡回群

群 G_C の全ての要素が，$\forall a^n \in G_C ; n \in \aleph$（整数）である群 G_C を巡回群（cyclic group）と呼ぶ．巡回群は可換群である．

ここで，特に，a を巡回群 G_C の生成元（generating element）と呼ぶ．

どういうことかと言いますと，$\forall a^n, a^k \in G_C ; n, k \in \aleph$，すなわち，$n, k$ を整数とするとき巡回群の生成元が a であれば，a^n や a^k は巡回群 G_C の要素となり，

$$a^n \cdot a^k = a^{n+k} = a^{k+n} = a^k \cdot a^n$$

ですから，巡回群 G_C は可換群である，ということになりますが，何か問題でも？

さて，群はわかりましたが，半群って奇妙な表現があります．定義を見てください．

定義 25 半群

集合 S の任意の要素 $\forall a, b, c \in S$ についての演算：

$a*b \in S$ ，$(a*b)*c = a*(b*c) \in S$

を満足する集合 S は半群 G_H（semigroup）を成す，と言う．

98

半群 G_H は群の概念の拡張であって、単位元の存在と逆元の存在を無視したもので、ただし、単位元の存在のほうは条件につけることもあります。定義 25 では 2 項の演算を「*」で表していますが、関数 f で表す場合は、$f(a, b)$ と書き、

$f(a, b) = a+b$, $a-b$, ab , a/b

などの表式をまとめて書く場合があり、例えば、結合法則を $\forall a, b, c \in S$ に対して、

$f(f(a, b), c) = f(a, f(b, c))$

のように書く場合です。ちょっと、不可解ですが、紹介だけしておきます。

このように、群と集合との違いは、要素同士の演算が群の定義に従うことです。単なる、要素の集まりである集合の概念とは全く違います。他人事のように言ってますが、筆者もちょっと説明が危なくなってきました、が、しかし、どんどん進みましょう（笑）。

2.1.2. 群の性質

群の性質が良く分かる例題を見てみましょう。ちょっとややこしいですが・・・

例題 2.1.2-1　以下の群の要素に関する記述(1)および(2)を証明せよ。

（1）群 G の $\forall a \in G$ に対して、p が右単位元 ^Re (*right unit element*) である場合は $ap = a$ であり、また、群 G の $\forall a \in G$ に対し、q が左単位元 ^Le である場合は $qa = a$ であり、右単位元 ^Re は常に左単位元 ^Le (*left unit element*) で、ただ 1 つである。このとき、^Re および ^Le を単に単位元 e (*unit element*) と書くことができる。

（2）群 G の $\forall a \in G$ に対して u が右逆元 $^Ra^{-1}$ (*right inverse element*) である場合は、$au = e$ であり、また、群 G の $\forall a \in G$ に対して v が左逆元 $^La^{-1}$ (*left inverse element*) である場合は、$va = e$ であり、右逆元 $^Ra^{-1}$ は常に左逆元 $^La^{-1}$ で、ただ 1 つである。このとき、$^Ra^{-1}$ および左逆元 $^La^{-1}$ を単に逆元 a^{-1} （*inverse element*）と書くことができる。

この例題は単位元は左から作用しても右から作用しても同じ効果となり、また、逆元も左から作用しても右から作用しても同じ効果となる、ということの証明です。まさに、数体系の公理を支える基本概念と言えます。すなわち、例題 2.1.2-1 の (1) は、

$\forall a \in G$, $\exists(^Re), (^Le) \in G \Rightarrow a(^Re) = (^Le)a = a \Rightarrow ae = ea = a$

と書けることの証明を要求し、一方、例題 2.1.2-1 の (2) は、

$\forall a \in G$, $\exists(^Ra^{-1}), (^La^{-1}) \in G \Rightarrow a(^Ra^{-1}) = (^La^{-1})a = e \Rightarrow aa^{-1} = a^{-1}a = e$

と書けることの証明を要求しています。それでは、解答を見ましょう。

例題 2.1.2-1 解答

証明 (1)

仮定により、群 G の任意の要素 $\forall a \in G$ について、条件 3_G から、右単位元 $(^Re) \in G$ があって、$a(^Re) = a$ である。また、条件 4_G から、$\forall a \in G$ について、$a(^Ra^{-1}) = (^Re)$ となる右逆元が存在する（$\exists(^Ra^{-1}) \in G$）。ここで、群 G には、ほかにもいくつか右単位元があるとし、その 1 つを、$(^Re') \in G$ としよう。ここで、

$ap = (^Re')$, $pq = (^Re')$ 　　　　　　　　　　　　　　　　　　　　　　　(1)

を満たす $p, q \in G$ があるとしよう。このとき、

2.1. 群

$$({}^Re')q = (ap)q = a(pq) = a({}^Re') = a \quad \therefore \quad a = ({}^Re')q \tag{2}$$

である．ここで，

$$ap = ({}^Re') \;\Rightarrow\; a(pq) = ({}^Re')q \;\Rightarrow\; a({}^Re') = ({}^Re')q \;\Rightarrow\; a = ({}^Re')q \tag{3}$$

と変形できる．．また，式（2）により，

$$({}^Re')a = ({}^Re')\{({}^Re')q\} = \{({}^Re')({}^Re')\}q = ({}^Re')q = a \tag{4}$$

であり，上式の $({}^Re')$ は左単位元となっている．ここで，

$$({}^Le)({}^Re') = ({}^Le), \quad ({}^Le)({}^Re') = ({}^Re') \quad \therefore \quad ({}^Re') = ({}^Le) \tag{5}$$

である．また，$({}^Le')$ をいくつかある左単位元の1つとすれば，

$$({}^Re') = ({}^Le')({}^Re') = ({}^Le') \quad \therefore \quad ({}^Le') = ({}^Le) \tag{6}$$

であり，左単位元は唯一である．また，$\forall a \ne 0 \in G$ に対しても，常に，

$$a({}^Re') = a, \quad a({}^Re) = a \quad \therefore \quad ({}^Re') = ({}^Re) \tag{7}$$

が成り立つので，右単位元は唯一である．ここにおいて，群 G において，右単位元は $({}^Re)$ で唯一であり，同様に，左単位元は $({}^Le)$ で唯一である．ここで，

$$({}^Le)({}^Re) = ({}^Le), \quad ({}^Le)({}^Re) = ({}^Re) \quad \therefore \quad ({}^Le) = ({}^Re) \tag{8}$$

であるから，$({}^Le), ({}^Re)$ を単に e とし，$ae = ea = a$ と書いて，群 G の単位元とすることができる．

<u>証明 (2)</u>

証明(1)で，式（1）から，$ap = e$，$pq = e$ であるから，$ap = e \;\Rightarrow\; apq = eq$ であり，

$$pa = p(eq) = (pe)q = pq = e \tag{9}$$

であるから，p は a の左逆元である．ここで，p' を a のいくつかの右逆元の1つであるとする．このとき，$ap' = e$，$pa = e$ であるから，

$$p(ap') = p(e) = p, \quad \text{および} \quad (pa)p' = ep' = p' \quad \therefore \quad p = p' \tag{10}$$

である．

一方，u' を a のいくつかある左逆元の1つとすれば，

$$u'(ap') = u'(e) = u', \quad \text{および} \quad (u'a)p' = ep' = p' \text{ であるから，} \;\therefore\; u' = p' \tag{11}$$

となる．すなわち，a のいくつかある左逆元の1つは，a のいくつかの右逆元の1つである．ここで，群 G の右逆元が唯一で，$({}^Ra^{-1}) = p'$ であり，したがって，

$$({}^Ra^{-1}) = p' = u' = ({}^La^{-1})$$

となり，$({}^La^{-1})$ も唯一となり，$({}^La^{-1})a = a({}^Ra^{-1}) = e$ であるから，$({}^La^{-1})$, $({}^Ra^{-1})$ を単に a^{-1} とし，$aa^{-1} = a^{-1}a = e$ と書いて，群 G の a の逆元とすることができる．

したがって，題意は証明された．

ということなんです．ちょっと冗長な証明ですが，了解でしょうか？

この単位元と逆元について，右単位元と左単位元は実は同じものであり，そうであれば，右逆元と左逆元は実は同じものである，という群論の基礎でした．（^÷^）

定理1 群要素

（条件 6_G）群 G の要素で，$\forall a, b \in G$ に対して，$ax = b$，$ya = b$ を満たす x, y が存在する（$\exists x, y \in G$）

2. 群・環・整域・体

定理1の証明
群 G における $\forall a, b \in G$ について，条件 4_G により $\exists a^{-1}, b^{-1} \in G$ である．したがって，$\exists a^{-1}b \in G$ および $\exists ba^{-1} \in G$ である．ここで，$x = a^{-1}b, y = ba^{-1}$ とおけば，$x, y \in G$ であり，$ax = aa^{-1}b = eb = b, ya = ba^{-1}a = be = b$ であるから，$ax = b, ya = b$ を満たす x, y が，群 G に存在する（$\exists x, y \in G$）．

定理2 有限群
（条件 7_G）有限群 G について，要素 $a, b \in G$ が $a = b$ である場合，任意の x に対して，$ax = bx, xa = xb$ である．これを簡約法則（cancellation law）と呼ぶ．

ここでは，簡約法則という名前だけ紹介し，証明は省略します．それでは，例題です．

例題 2.1.2-2
一般的に，正則行列は可換群をなさないことを 2×2 の行列を用いて示せ．

この例題は，2×2 の行列の乗法についてですが，高校時代，習っていない場合は，読み飛ばし，後章での説明を見てから確認して良いでしょう．

例題 2.1.2-2 解答
2 つの行列が可換群を成さないことは，1 つの例を示せば十分である．そこで以下の 2 つの行列について，要素がすべて 0 でなく，$t \neq d$ について考えれば十分であり，

$$DT = \begin{pmatrix} a & b \\ c & d \end{pmatrix} \begin{pmatrix} a & b \\ c & t \end{pmatrix} = \begin{pmatrix} a^2 + bc & ab + b\underline{t} \\ ac + \underline{c}d & bc + dt \end{pmatrix}$$

$$TD = \begin{pmatrix} a & b \\ c & t \end{pmatrix} \begin{pmatrix} a & b \\ c & d \end{pmatrix} = \begin{pmatrix} a^2 + bc & ab + b\underline{d} \\ ac + \underline{c}t & bc + dt \end{pmatrix}$$

となり，下線で示した要素比較すると，可換でないことが分かる．Q.E.D.

例題 2.1.2-3 群 G の $\forall a, b \in G$ について，以下の式を証明せよ．
$(ab)^{-1} = b^{-1}a^{-1}$

例題 2.1.2-3 解答
$ab(ab)^{-1} = e, \quad a^{-1}a = e, \quad b^{-1}b = e$ であるから
$a^{-1}ab(ab)^{-1} = a^{-1}e \Leftrightarrow b(ab)^{-1} = a^{-1}$
$\Leftrightarrow b^{-1}b(ab)^{-1} = b^{-1}a^{-1} \quad \therefore \quad (ab)^{-1} = b^{-1}a^{-1}$

いかがです，当たり前のようですね．

Gallery 8.
右：海辺の家
　　水彩画（模写）
　　　著者作成
左：レデントーレ教会
　（イタリア・ベネチア）
　　写真
　　　著者撮影

2.1. 群

2.1.3. アーベル群

線形空間を成すアーベル群[注2]（可換群；*commutative groupe*）という数体系を簡単に説明します．アーベル群とは，

> アーベル群ってなんじゃ知らないぞ．覚えておこうっと！．

定義 26　アーベル群

ある集合 Φ があって，その任意の元 $\forall a, b \in \Phi$ に対し，以下のように，記号「$*$」により，二項演算が定義され，

(1_A) $\forall a, b, c \in \Phi$ に対して，結合法則 $a*(b*c)=(a*b)*c$ が成り立つ
(2_A) $\forall a, b \in \Phi$ に対して，交換法則 $a*b=b*a$ が成り立つ（可換です）
(3_A) 単位元 $\exists e \in \Phi$ があって，$a*e=e*a=a$ が成り立つ
(4_A) $\forall a \in \Phi$ の逆元 $\exists a^{-1} \in \Phi$ があって，$a*a^{-1}=a^{-1}*a=e$ が成り立つ

で定義されています．このアーベル群の定義で二項演算の記号「$*$」が「$\times$，$\cdot$」であれば乗法に関する定義であり，「$+$」であれば加法群の定義となります．異なるところは，減法であり，マイナス元あるいは反数 *additive inverse*（a に対して，$a+x=0$ を満たす x のこと）の導入で拡張されます．では，加法に関するアーベル群の定義は，というと，

定義 27　アーベル群での加法

ある集合 Φ があって，その任意の元 $\forall a, b \in \Phi$ に対し，記号「$+$」で加法が定義され，

(1_{A+}) $\forall a, b, c \in \Phi$ に対して，結合法則 $a+(b+c)=(a+b)+c$ が成り立つ
(2_{A+}) $\forall a, b \in \Phi$ に対して，交換法則 $a+b=b+a$ が成り立つ　（可換）
(3_{A+}) 零元 $\exists 0 \in \Phi$ があって，$a+0=0+a=a$ が成り立つ
(4_{A+}) $\forall a \in \Phi$ のマイナス元 $\exists(-a) \in \Phi$ があり，$a+(-a)=(-a)+a=0$ が成り立つ

これが，加法に関するアーベル群の定義です．「可換」とは，演算する元同士の位置を交換しても，式の値は同じであることを覚えてください．如何でしょう？「ちんぷんかんぷん」の読者もいますね．分からずとも結構です．著者も危ないです．

> 要するに，アーベル群って，普通の群の中で加法で可換である要素を集めた群ってことだな！

練習問題 2.1.2-1　$a \in G$ なる a について $a=aa$ または $aa=a$ ならば，いずれの場合も $a=e$ であることを示せ．

練習問題 2.1.2-2　$\forall a, b, c \in G$ なる a, b, c について，$ab=ac$ ならば $b=c$ であることを示せ．

練習問題 2.1.2-3　$\forall a, b \in G$ なる a, b について，$ab=e$ ならば，$b=a^{-1}$ あるいは $a=b^{-1}$ であることを示せ．

練習問題 2.1.2-4　$\forall a \in G$ なる a について，$\left(a^{-1}\right)^{-1}=a$ を示せ．

練習問題 2.1.2-5　群の位数 (order) はその濃度，すなわち，その集合に入っている元の個数である．単位群 $E=\{e\}$ の位相．また，群 $G=\{1, 2, 3\}$ の位数をそれぞれ答えよ．

[注2]. アーベル

アーベル群の名称は，ノルウェーのフィンドー(Findö)に生まれた数学者ニールス・アーベル(Niels Henrik Abel)（1802〜1829）に由来します．ヤコビやルジャンドルはアーベルの業績を認めていたが，ガウスはアーベルの研究論文に不快感を示し，コーシーは彼の論文をまともに審査しないまま放置するなど，アーベルには正当な評価が与えられなかったようだ．しかし，その後，無限級数の収束に関するアーベルの定理アーベル方程式等や，アーベル積分，アーベル関数，アーベル多様体，遠アーベル幾何学等の数多くの業績があり，アーベルの名を冠している数学用語は多い．

2.1.4. 部分群

ここでちょっと，部分群について触れておきましょう．部分群と言われれば，部分集合を思い出しませんか？　そうなんです．集合論の部分集合は，群論では部分群となりますが，少々，以下の定義でわかるように約束があります．

定義28　部分群 G_S

群を成す集合 Θ の空 ϕ でない部分集合 Φ が Θ と同じ計算方法に関して群となるとき，集合 Φ は群 Θ の部分群 G_S(subgroup) を成す，と言う．集合論では，$\Phi \subseteq \Theta$ と書く．

部分群で最も要素の少ないものは，単位群で，果たして，その定義は，

定義29　単位群 G_U

群 G が持つ単位元 e だけが要素の部分群を単位群 G_U(unit group) と呼ぶ．

です．単位元 e は群の定義の条件を満たすことは確かめればわかります．

さて，部分群に関する定理を以下に記述します．

定理3　集合 S が集合 G の部分集合であり，集合 S が群 G の部分群 G_S であるための条件は，

(条件 1_{G_S})　$\forall a, b \in S \Rightarrow \exists ab \in S$　　　　　　　　　　　　　(2.1.3-1)

(条件 2_{G_S})　$\forall a \in S \Rightarrow \exists a^{-1} \in S$　　　　　　　　　　　　　(2.1.3-2)

であることである．

定理3の証明　群の定義21に記載の条件 1_G から条件 4_G により明らかである．

定理4　集合 S が集合 G の部分集合であり，集合 S が群 G の部分群 G_S であるための条件は，

(条件 3_{G_S})　$\forall a, b \in S \Rightarrow \exists ab^{-1} \in S$　　　　　　　　　　　　　(2.1.3-3)

であることである．

定理3から定理4の証明での必要条件は，式 2.1.3-1 および式 2.1.3-2 が成り立つとき，式 2.1.3-1 は式 2.1.3-2 から，

$\forall a, b \in S, b^{-1} \in S \therefore \exists ab^{-1} \in S$　（→　式 2.1.3-3）

として証明ができます．次に，十分条件を示します．式 2.1.3-3 が成り立つとき，$\forall a \in S \Rightarrow aa^{-1} = e \in S$ ですから，

$\forall a \in S \Rightarrow ea^{-1} = a^{-1} \in S$　（→　式 2.1.3-2）

$\forall a, b \Rightarrow a, b^{-1} \in S \Rightarrow a(b^{-1})^{-1} = ab \in S$　（→　式 2.1.3-1）

のように，式 2.1.3-3 から式 2.1.3-1 および式 2.1.3.2 を導出することができます．したがって，互いに必要十分条件になっています．

少々，補足します．まずは，集合論の基礎です．

ここで，集合論の簡単な記号と2つの集合 A, B の関係をベン図を用いてお浚いしましょう．つまり，要素の立ち位置の表現の話です．**表 2.1.3-1** および**図 2.1.3-1** を見てください．

さて，**図 2.1.3-1** のような図を，ベン図（Venn diagram）と呼びます．いつの時代か，読者は習ったのではないでしょうか．習ったことがない方は，良かったですね．ここで知ることができました．因みに，ベン図あるいはヴェン図と呼ばれる名は，イギリスの数学者 John Venn（1834—1923）が1880年に導入したことに由来します．「便利だから」は恐らく違います（笑えない！　実は，著者も，始めそう思ったんですよ．これは実話です）．

2.1. 群

表 2.1.3-1　集合記号のまとめ

集合記号	状況
$A \cap B = \phi$	共通の要素がない
$A \cap \overline{B}$	集合 A の要素から集合 B と共通の要素を除去
$A \cap B$	集合 A と集合 B の共通の要素の集合
$\overline{A} \cap B$	集合 B の要素から集合 A と共通の要素を除去
$A = B$	集合 A の要素と集合 B の要素が全く同じ
$B \subseteq A$	集合 B が集合 A の部分集合（ $B \subset A \text{ or } B = A$ ）
$B \subset A$	集合 B が集合 A の真部分集合（ $B \subset A \text{ and } B \neq A$ ）

図 2.1.3-1　集合 A と B の関係

このように，要素がどの集合に入るのかを考えるのです．すなわち，群を成す集合 Θ 自身が群 Θ の部分群と言えます．そして，集合との違いは，要素同士の演算が群の定義に従うことです．単なる，要素の集まりである集合の概念とは全く違います．

さて，例題を見ましょう．

例題 2.1.3-1　集合 S で構成する群 P が群 G の部分群である場合，$\forall a, b \in P$ である a, b について，$\exists ab^{-1} \in P$ であることを証明せよ．

例題 2.1.3-1　解答
$\exists e \in P$ であり，および，$\forall a, b \in P$ について，$e = bb^{-1}$ であるから，$\exists bb^{-1} \in P$ である．したがって，$\exists b^{-1} \in P$ であり，したがって，$\exists ab^{-1} \in P$ である．

如何でしょう．まあ，ここでは，言葉を理解してほしい，ということです．小説なんかを読んでいても，わからない漢字があったりすると文脈が追えない場合があると思います．皆さんはその時は辞書を引くでしょう．たとえば，「幸甚（こうじん）」や「垂涎（すいぜん）」，「蟋蟀（しっしゅつ）」などです．あ，知ってましたか．恐縮です．

数学でも同じで，記号や言葉の意味が分からなければ先には進めません．頑張って，覚えましょう．因みに，数学事典なども販売はされてはいますが，しかしながら，お高いです．しかし，そういう高い本は，お近くの図書館で見ることができます．皆さん，お近くの図書館を是非活用しましょう．なんせ，図書館は公共施設であり，入館無料で，自由に閲覧したり，登録すれば貸出しは無料ですから（笑）．

さて，ちょっと余計な話ですが，以下の定義は，一部の興味ある読者のために，示す定義でして，全くスルーしても構いません．著者もなにやらさっぱり・・・（笑）

有限集合 A, B (要素数はともに n) の積について,単に AB と書き,できる要素数は,高々, n^2 であり, AB は明らかに有限集合となります.さて,有限集合 AB について,
$$AB = \{a_i b_j \mid a_i \in A, b_j \in B\} \quad \text{あるいは,} \quad BA = \{b_k a_\ell \mid b_k \in B, a_\ell \in A\} \tag{2.1.3-5}$$
と表すとき,例えば,集合 B の要素がただ1つ b とする場合は,上式は,
$$Ab = \{a_i b \mid a_i \in A\} \quad \text{あるいは} \quad bA = \{b a_\ell \mid a_\ell \in A\} \tag{2.1.3-6}$$
と表します.まあ,釈迦に説法でしたかね.そこで,式 2.1.3-6 を踏まえて,新しい言葉が出てきます.

定義 30　剰余類

P が群 G の部分群である場合,要素 $a \in G$ について,
$$Pa = \{pa \mid p \in P\} \quad \text{および} \quad aP = \{ap \mid p \in P\} \tag{2.1.3-7}$$
と書いて,それぞれ, P に関する右剰余類(right coset)および左剰余類(left coset)と呼ぶ.

ここでは紹介だけしておきます.しょうかい？　なんてね (^÷^).式 2.1.3-7 は,文献によっては左右が逆になっている定義があります.また,群 P が群 G の部分群でも, Pa および aP は群ではなく単なる集合となります.いずれも,ご注意ください.

ここで,さらにご紹介だけですが,共役部分群,正規化群などに触れます.まず,群論での共役の意味を述べると,

定義 31　共役

群 G の $\forall a, b \in G$ について,
$$b = x^{-1} a x \quad \Rightarrow \quad \exists x \in G$$
の場合, $a, b \in G$ は共役であるという.

ということなのですが,これを踏まえて,共役部分群 (conjugate subgroup) があって,果たしてその定義は,

---
定義 32　共役部分群

P を群 G の部分群とするとき, $\forall a \in G$ に対して,
$$a^{-1} P a = \{a^{-1} p a \mid p \in P\}$$
で表される群は群 G の部分群であり,共役部分群と言う

となります.

これ以上,「群」について立ち入りません.著者の能力をはるかに超えてしまったからです.もし,読者で興味があれば,ガロア理論の正規部分群の話から始めたら如何でしょうか.

練習問題 2.1.3-1　　P が群 G の部分群である場合, P の単位元 e_P は群 G の単位元 e_G に等しいことを証明せよ.

練習問題 2.1.3-2　　P が群 G の部分群である場合, $p \in P$ の逆元 p^{-1} は, $p \in G$ の逆元に等しいことを証明せよ.

2.2. 環・整域・体

　読者の皆さんは「環」とか「整域」とか「体」とかいう言葉をお聞きになったことがありますか？　恐らく，絶対と言って良いほど，高校時代は，習っていませんでしょうし，まあ，大学の数学科の学生でもない限り耳にしないと思います．もしかして「数体」はあるかもしれませんね．筆者もこの本を書くために少々勉強しました．内容はほとんどが受け売りで，至らない説明ですが，雰囲気が伝えられれば成功と思っています．定義ばかりで申し訳ないです．さらっと見てもらうだけで結構です．

2.2.1. 環の定義

　環（ring）には加法と乗法の二つの演算があります．群にはない可換が定義され，環は群よりは厳密な構造です．しかし，乗法に逆元や単位元は必ずしも必要ないので，体（後述）よりはルーズな構造であるという言い方があります．集合 R において，$\forall a, b, c \in R$ に対して，環を以下のように定義します．

定義 33　環 R

　集合 R の任意の要素 a, b に対して，加法「+」および乗法「・」の演算が存在し，
（条件 1$_R$）加法+についてアーベル群（項 2.1.3）であり，$a+b=b+a$ で加群をなし，
（条件 2$_R$）乗法・について，$(ab)c=a(bc)$ であり，結合法則が成立し，
（条件 3$_R$）分配法則について $(a+b)c=ac+bc$ および $c(a+b)=ca+cb$ が成立する，
という条件を満たすとき，集合 R は $\forall a, b, c \in R$ に対し，加法「+」および乗法「・」の演算に関して R は環（ring）をなす，と言う．

　冒頭からなにやら難しそうですね？　少々，説明をしましょう．上記3つの条件には，単位元の話がありませんよね．また，交換法則や逆元の話もありません．このとき，

定義 34　環 R における交換法則

　$\forall a, b \in R$ である a, b について
　　$ab = ba$
が成立する場合は，集合 R は可換環（commutative ring），と言う．

　さらに，集合 R が可換環をなす場合，

定義 35　環 R における乗法の単位元

　$\forall a \in R$ に対して，
　　$ae = ea = a$
なる e が存在するとき（$\exists e \in R$）はただ1つあって，e を単位元（unit element），と言う．

　ここで，例題 2.1.2-1 で示しましたように，左単位元（$^L e$）$\in R$ および右単位元（$^R e$）$\in R$ が存在し，$a(^R e) = (^L e)a = a$ です．このとき，$(^L e)(^R e) = (^L e)$，$(^L e)(^R e) = (^R e)$ ですから，$(^L e) = (^R e) = e$（同値）となります．ということで，e は $e \in R$ であり，環 R の単位元ということになります．ちょっと，諄いですね．しかし，諄いのが本書の特徴かもしれません．釈迦に説法する場面が多いと思いますので，ご容赦くださいますようお願い申し上げます．丁寧な本です(笑)．

2.2.2. 零因子

唐突ですが，零因子について定義します．

定義36 環 R における零因子（*zero-factor*）
環 R において，$a \neq 0$ および $b \neq 0$ であっても，$ab = 0$ となる場合に，a, b を零因子と呼ぶ．ここで，零因子ではない元は正則である（*regular*），または，非零因子（*non-zero-divisor*）という．非零因子（*non-zero-divisor*）は，非自明な零因子（*nontrivial zero divisor*）とも呼ぶ．

また，ややこしいですね．言葉の難しさに負けないでください．さて，零因子は，右零因子，左零因子と分けて呼ぶ場合があります．すなわち，

(1) $\forall p(\neq 0) \in R$ に対して，$pa = 0(\in R)$ となるとき，$\exists a \in R$ を右零因子と呼びます．
(2) $\forall p(\neq 0) \in R$ に対して，$ap = 0(\in R)$ となるとき，$\exists a \in R$ を左零因子と呼びます．

ここで，$0(\in R)$ という表記は，言うまでもなく，「環 R の元 0」ということを表しています．零因子は，数としての例が見つかりませんが，行列演算では重要です．

2.2.3. 環の性質

では，環とは何か，群にはない性質を順に見ていきましょう．環において，零元および逆元が存在し，その定義を以下に示します．

定義37 環 R における加法の零元および逆元
加法に関する単位元を 0 と書いて零元，と言う．また，$\forall a \in R$ について，$-a$ が存在し，これを加法に関する逆元，と言う．

さて，これを踏まえて，環において，以下の乗法と加法を組み合わせた様々な特徴的性質も存在します．以下にその性質を列挙します．

(1) $\forall a \in R$ である a について $a0 = 0a = 0$ が成立します．条件 1_R および条件 3_R により，
$$(0+0)a = 0a + 0a = 0a \quad \therefore \quad 0a = 0$$
$$a(0+0) = a0 + a0 = a0 \quad \therefore \quad a0 = 0$$

(2) 乗法の単位元が存在するとき，$-a = (-1)a$ が成り立ちます．条件 3_R により，
$$(1-1)a = 1a + (-1)a = a + (-1)a = 0a = 0 \quad a + (-1)a - a = -a \quad \therefore \quad (-1)a = -a$$

(3) $(-a)(-b) = ab$ が成り立ちます．
$$0 = (a-a)(-b) = \{a + (-a)\}(-b) = a(-b) + (-a)(-b)$$
$$-ab + (-a)(-b) = 0 \Rightarrow ab - ab + (-a)(-b) = ab$$
$$\therefore \quad (-a)(-b) = ab$$

如何でしょうか？ 目に鱗ってやつでしょうか？ えっ！ 知ってましたか！

2.2.4. 部分環

部分環（*subring*）というのがあります．その定義は，

定義38 部分環 R_S
環を成す集合 Θ の空でない部分集合 Φ が環 Θ と同じ計算方法に関して環を成し，しかも，環 Θ の単位元を含むとき，集合 Φ は環 Θ の部分環 R_S を成す，と言う．

2.2. 環・整域・体

集合 Φ が環 Θ の部分環 R_S を成す条件は，$\forall \mathbf{a}, \mathbf{b} \in R_S$ ならば，$\mathbf{a}+\mathbf{b} \in R_S$，$\mathbf{ab} \in R_S$ であることです．

部分集合との関係は項 2.1.1 の最後でちょこっと説明していますが，思い出せなかったら復習してください．だんだんややこしくなりますので．と脅しをかけたりして（笑）

2.2.5. 整域の定義

整域（integral domain）って聞いたことさえない著者ですが，勉強して，説明させていただきます．まずは，零環（zero ring）または自明環(trivial ring)を定義します．

定義39 零環または自明環

零環 $R_0 = \{0\}$ または自明環とは，1つの元からなる（同型を除いて）唯一の環として定義され，一元集合 $\{0\}$ において演算 + と · を，
$$0+0=0 \ \mathrm{と}\ 0\cdot 0 = 0,\quad (\mathrm{したがって}, \ 0\cdot(0+0)=(0+0)\cdot 0 = 0)$$
で定義したものを言う．

として定義され，整域は，この零環により定義されます．「整域」，果たしてその定義は，

定義40 整域 R_I

単位元を持つ可換環で，その任意の非零元の積は零とならない環を整域 R_I と言う．
$$\forall a(\neq 0), b(\neq 0) \in R \Rightarrow \exists ab(\neq 0) \in R$$
言い換えれば，零因子のない可換環，あるいは，自明環でない可換環を，整域と言う．

です．ややこしいですね．とりあえず，ここで，「整域」について紹介いたしました．零因子は，第3章の行列演算でも出てきますが，意味合いは同じです．

2.2.6. 体の定義

体（field）の定義があります．「単位的環であって，その非零元の全体が乗法に関して群を成すものと定義する．あるいは，非自明な単位的環であって，任意の非零元が乗法逆元を持つものと定義する」と言うように，書かれている文書がありますが，これでは，意味不明ですね． もうちょっとだけ簡単な定義は，

定義41 体 F

0以外の要素を持つ環 R において，要素全体の積が群 G を成すとき，
$$a(\neq 0), b(\neq 0) \in R \Rightarrow ab \in G$$
であり，また，分配法則 $(a+b)\cdot c = a\cdot c + b\cdot c$，$a\cdot(b+c) = a\cdot b + a\cdot c$ が成り立つ，
さらに，$0 \neq \forall a \in R \Rightarrow \exists -a \in R; \exists a^{-1} \in R$ （加法・乗法の逆元が存在する），
となる場合，体 F を成す，という．

ということなんですが，要するに 体 F とは四則演算が可能な集合のことであり，その集合の元の加法は，必ず，零元 0 および逆元が存在する数体系です．したがって，体ならば整域です．また，整数の集合は体を作らないことが言えます．言葉の定義ですが，特に，乗法の交換法則 $a\cdot b = b\cdot a$ が成り立つ場合，可換体（commutative field）と呼び，また，成り立たない場合，すなわち，$a\cdot b \neq b\cdot a$，は非可換体（non-commutative field）と呼びます．

このように，小中学校でやってきた数とは，体の要素演算を行ってきた，と言うことです．ここで，安心しましたか？（笑）

さて，単位的環（unital/unitary ring）であるとは，以下の演算を満たすことを言います．

定義 42 単位的環 Λ

$\forall a, b, c \in \Lambda$ の二項ないし三項の加法・乗法の演算（ ＋および・（省略可能））を持つ代数系であり，

条件 1_{UR}) 加法の可換性： に対して が成立 $a + b = b + a$
条件 2_{UR}) 加法の結合性： に対して $(a+b) + c = a + (b+c)$ が成立
条件 3_{UR}) 加法単位元：$0 \in \Lambda$ が存在し，$\forall a \in \Lambda$ に対して，$a + 0 = 0 + a = a$ を満す
条件 4_{UR}) 加法逆元：$a + (-a) = (-a) + a = 0$ となる $\forall (-a) \in \Lambda$
条件 5_{UR}) 乗法の可換性：$a \cdot b = b \cdot a$ が成立
条件 6_{UR}) 乗法の結合性：$(a*b)*c = a*(b*c)$, $(ab)c = a(bc)$ が成立
条件 7_{UR}) 乗法単位元：$1 \in \Lambda$，$\forall a \in \Lambda$ に対し，$a \cdot 1 = 1 \cdot a = a$ を満す
条件 8_{UR}) 左右分配性：$a*(b+c) = (a*b) + (a*c)$ あるいは $a(b+c) = ab + ac$ が成立
   および，$(a+b)*c = (a*c) + (b*c)$ あるいは $(a+b)c = ac + bc$ が成立

こんなような定義をどこかで見たよね．調べようか！

一見，難しそうに見えますが，よく見ると，今までやってきたユークリッド数学の数学的な言い方で，公理を定式化したようなもので，ちょっと大袈裟ですよね．なんのことはなく，整数の全体 **Z** や任意の体（有理数体 **Q**，実数体 **R**，複素数体 **C** など）は，単位的環です．さらに，体には他に，有限体，関数体，代数体，p進数体，などがあります．上記のように，可換体という言葉もあります．

このように，体とは，これまで皆さんが使用してきた数学の演算と何ら変わらないのです．記号は記号で，それ以上でもなく，それ以下でもないのです．記号に負けないでください．記号は書物の中で多用できるようにしたものですからその意味だけ知っていればよいのです．ただし，整数の全体の集合 **Z** は「単位的環」であっても「体」を成しません．

2.2.7. 部分体

部分体（subfield）とは何か，定義を見ましょう．部分環の定義38と同様です．

定義 43 部分体 F_S

体を成す集合 Θ の部分集合 Φ が Θ と同じ計算方法に関して体を成し，$\forall a (\neq 0) \in \Theta$ について，$\exists a^{-1} \in \Theta$ のとき，集合 Φ は体 Θ の部分体 F_S を成すと言う．

要するに，体を成す集合 Θ があって，その部分集合 Φ の任意要素 $\forall a, b \in \Phi$ について，

$\forall a, b \in \Phi \Rightarrow \exists (a+b) \in \Phi, \exists ab \in \Phi$

である場合に，体を成す集合 Θ の部分集合 Φ は部分体を成す，と言うのです．部分群，部分環と同様ですね．複素数は体を成し，複素数体と呼びます．複素数体の部分集合で体を成すものは部分体ですが，数体（number field）と呼び，実数体，有理数体も体の例です．

この章は，数体系における，集合論に基づく，群・環・体についてご紹介しました．理学系・工学系の読者には，ほとんどお目にかかることはないと思われますが，本書が「線

形代数」と書いているのでご紹介だけでもと思いまして，ページを使わせてもらいました．
実は，部分群などの言葉がベクトル空間で部分空間として出てきます．

2.3. 群・環・整域・体の定義表

きっと，読者は，いろいろ混乱されていると思います．なんせ，著者が混乱しているくらいですから（笑）．ここで，復習しておきましょうかね．群，環，整域，体の定義では，定義での文言が微妙に異なります．そこで，**表 2.3-1** に各定義の例を書きました．

表 2.3-1　群・環・整域・体

分類	法則	定義	備考
群 G	加法で閉じる	$\forall a, b \in G \Rightarrow \exists (a+b) \in G$	
	加法 結合法則	$\forall a, b, c \in G, a+(b+c)=(a+b)+c=d \Rightarrow \exists d \in G$	
	加法 単位元	$\forall a \in G, a+0=0+a=a \Rightarrow \exists 0 \in G$	
	加法 逆元	$\forall a \in G, a+(-a)=(-a)+a=0 \Rightarrow \exists (-a) \in G$	
アーベル群 G_A	加法 可換	$\forall a, b \in G_A \quad a+b=b+a$	
環 R	乗法で閉じる	$\forall a, b \in R \Rightarrow \exists ab \in R$	
	乗法 結合法則	$\forall a, b, c \in R, a(bc)=(ab)c=d \Rightarrow \exists d \in R$	
	乗法・加法 分配法則	$\forall a, b, c \in R, a(b+c)=ab+ac=d_1 \Rightarrow \exists d_1 \in R$	
		$\forall a, b, c \in R, (a+b)c=ac+bc=d_2 \Rightarrow \exists d_2 \in R$	
可換環 R_k	乗法 可換	$\forall a, b \in \Lambda, ab=ba=d \quad \exists d \in \Lambda$	
単位的環 R_u	乗法 単位元	$\forall a \in R, a1=1a=a \Rightarrow \exists 1 \in R$	
整域 R_i	自明環 $\{0\}$ でない	$\forall a, b \in R, ab \neq 0 \Leftrightarrow \neg 0 \in R$	零因子非存在
体 F	乗法 逆元	$\forall a (\neq 0) \in F, aa^{-1}=a^{-1}a=1 \Rightarrow \exists a^{-1} \in F$	

読者は，表 2.3-1 を見て，数字や文字（スカラー）を考えるかもしれませんが，実は，要素が，ベクトルや行列，関数にも対応して考えられるのです．読者は，こんなややこしい定義をしなくても，とお思いでしょうけれど，代数の公理は，他にブール代数（既に説明）などもあり，他の数体系と区別できる明確な定義が必要であったのです．

Gallery 9.
右：民芸
　　色鉛筆（模写）
　　著者作成
左：槿（むくげ）木槿　中国
　　写真
　　著者撮影

演習問題　第2章

2-1. 集合論において，集合 A，集合 B および集合 C について，$(A \subseteq B) \cap (B \subseteq C)$ ならば $A \subseteq C$ であることを示せ．

2-2. 集合論において，集合 A および集合 B について，次式を示せ．
　（1）$(A \cap B \subseteq A) \cup (A \cap B \subseteq B)$　　（2）$(A \subseteq A \cup B) \cup (B \subseteq A \cup B)$

2-3. 群をなす集合 G があって，$\forall a, b \in G$ について $\exists ab \in G$ であり，$a, b, c \in G$ について，$a(bc) = (ab)c$ が成立することを示せ．

2-4. 群をなす G について，$\forall a, b \in G$ なる a, b について，$ax = b$ を満たす x は一意的に存在することを示せ．

2-5. 群 G において，以下が成り立つことを示せ
　（1）$\forall a \in G \Rightarrow (a^{-1})^{-1} = a$　（2）$\forall a \in G \Rightarrow (ab)^{-1} = b^{-1}a^{-1}$
　（3）$\forall a \in G, \exists p \in G \Rightarrow (ap = a) \vee (pa = a) \Leftrightarrow p = e \in G$

2-6. 2つ元を持つ集合 $G = \{1, -1\}$ は群をなすことを示せ

2-7. 環 R において，$a, b, c \in R$ のとき，次式を証明せよ．
　（1）$0a = a0 = 0$　（2）$a \cdot (-b) = (-a)b = -ab$　（3）$(-a)(-b) = ab$

2-8. $\forall p, q \in \Re$ （実数）に対して，次の形式の2次の行列は環を成すことを示せ．また，この環について左単位元は無限にあることを示せ．

$$\Psi = \begin{pmatrix} p & q \\ 0 & 0 \end{pmatrix}$$

また，次の形式の2次の行列は環を成すことを示せ．また，この環について右単位元は無限にあることを示せ．$\Phi = \begin{pmatrix} p & 0 \\ q & 0 \end{pmatrix}$

2-9. $\forall p, q \in \Re$ に対して，次の形式の2次の行列の集合 Θ，例えば，$\Phi = \begin{pmatrix} p & q \\ -q & p \end{pmatrix}$

は，体 F を成し，集合 Θ における単位元 $\mathbf{E}$ があって，$p \neq 0$ であるとき

$$\mathbf{E} = \begin{pmatrix} 1 & 0 \\ 0 & 1 \end{pmatrix}$$

により逆元が集合 Θ にあることを示せ．

2-10. 可換環の場合，右零因子および左零因子は等しいことを示せ．

2-11. 環 R における $\forall a, b, c \in R; c \neq 0$ について，簡約法則（*cancellation law*）
　　　$ac = bc$ or $ca = cb$ $\Leftrightarrow$ $a = b$
　が成り立つことと，環 R に零因子がないことが同じであることを示せ．

2-12. 補題：例えば，群 G の要素 a について，$a^m = a^n$ （$m > n$）の場合，$a^{m-n} = e$ （e は G の単位元）となる自然数が存在し，$\alpha = \min(m - n)$ なる α があって，α を a の位数と呼ぶ場合がある．これを踏まえて，群 G の要素 a の位数を α とし，$\exists k \in \mathbb{Z}$ があって，$a^k = e$ となるための必要十分条件は k が α で割り切れることであることを証明せよ．

Short Rest 3.
「楽器と楽譜」

　楽器は「ド」のポジションの音が全て同じ音ではありません．どういう事かと言いますと，仮に，曲が，音階でいうと，ピアノの鍵盤の「ド」（Cの音）を基本音とする調である場合はハ長調と呼びます．このとき，例えば，トランペットの基準調がBb管の場合，ピアノでハ長調の「ド」と合わせるには，トランペットは「レ」（Dの音）のポジションで吹かないと同音になりません．すなわち，Bb管の基準調はbが2つ（変ロ長調）ですので，ピアノのハ長調に合わせるには，#を2つ付けて，トランペットは二長調の楽譜で演奏しなければなりません（*e.g.* 調号の変更が必要）．Eb管のホルンは変ホ長調楽器でbが3つですので，ピアノのハ長調に合わせるには，#を3つ付けてイ長調で演奏しなければなりません．また，F管のホルンはヘ長調楽器でbが1つ付いていますから，#を1つ付けてト長調で演奏しなければなりません．以下の表は，楽器名，調，調号の変更について，その一部を紹介します．表の「調」は基準調で楽器そのもの調で，ピアノがハ長調で演奏するときに，その楽器の楽譜にある調号（#やbの数）を示しています．すなわち，「実音調号」は演奏する楽譜の調号です．以上は，長調についてですが，短調についても同様に考えます．

楽器の移調とピアノがハ長調の場合に対する変更調号

移調楽器	移調	実音調号	移調楽器	移調	実音調号	移調楽器	移調	実音調号
ピッコロ	Db	5#	バリトンオーボエ	C	-		Ab	4#
	C	-	コントラファゴット	C	-		G	1b
クラリネット	C	-	ホルン（シングル）	G	1b	トランペット	Gb	6#
	Bb	2#		Gb	6#		F	1#
	A	3b		F	1#		E	4b
小クラリネット	Eb	3#		E	4b		Eb	3#
バスクラリネット	Bb	2#		Eb	3#		D	2b
アルトクラリネット	Eb	3#		Bb	2#		Db	5#
コントラバス	C	-	イングリッシュホルン	F	1#		C	-
チューバ	Eb	3#	アルトフルート	G	1b		B	5b
	Bb	2#	トロンボーン	Bb	2#		Bb	2#

　因みに，発表会で，全楽器が行う音の微調整は，コンサートマスター（通常，第1バイオリン）が鳴らすA（アー）（ピアノのラ）の音で行うと思いがちですが，実は，音程の調整が難しいオーボエが鳴らすA（アー）の音なのです．演奏者はこの音を耳で聞き，自音との違いで音を調整します．音の高低を周波数でいうと，A4（アー）の音は440Hzで，1オクターブ下（A3）が220Hz，1オクターブ上（A5）が880Hzです．このように，周波数は，直線的に増加せず，ハープやピアノの弦のように，実は，指数関数的に増加します．

　コンサートや合奏に用いる全部の楽器の楽譜を縦に並べたものを「スコア」と呼び，指揮者はそれを見ながら指揮をします．しかし，一流と呼ばれる指揮者は，通常，自分が指揮するスコア全体を暗譜しています．……のはずです(笑)

3. 線形代数 II

線形代数 II

　分かっているつもりでも分からないのが最も基本的なことです．
　行列は，第1章で見てきたように，行列に関して加法（減法も含める），定数倍，乗法の演算法の定義を行いました．そして，行列は，「数」のような性質を持ち，また，ある場合には「変数」や「関数」となる性質も持っていることがお分かりになったと思います．
　ここで行うことは，その諸性質を一般的な考えでまとめることで，演算の複雑さを整理することにほかなりません．以下で述べる中には，読者にとって，聞いたことがない文言もあるでしょうけれど，単なる，決め事あるいは定義であって，恐れるに足らずと思って，読み流していただければ良いと思います．初めて知る方にとっては，ええぇ，そうなんだ！そんなこともあるのか？，と逆に面白いかもしれませんよ．
　ところで，気が付いている読者はいらっしゃいますか？　本書ではベクトル積は要素が3つ，すなわち，$\forall \mathbf{a} \in V^3$ のベクトルにだけ限定しています．2つのベクトル $\forall \mathbf{a}, \mathbf{b} \in V^3$ の「外積」と「ベクトル積」は，3次元空間を扱う，物理やベクトル解析の教科書では，2つの言葉を，特に断らず，特に区別せずに，というよりは隠蔽して（これは言い過ぎ，（笑）），同一のものであるとして使っています．実は，そうではないのです．本来，4次以上の高次のベクトルを扱う数学の世界では，「外積」と「ベクトル積」は別々の概念であり，実際4次元以上の空間では異なった表式を用います．「外積代数（*exterior algebra*）」とか「グラスマン代数（*Grassman algebra*）」（古典幾何学を4次元以上の n 次元幾何学へと一般化した『広延論』の中で述べられている）という代数体系があります．それらは，工学や理学ではお目にかかることはなく，本書の読者や著者にとっては3次元ユークリッド幾何学空間（非ユークリッド幾何やアインシュタインの相対性理論に出てくるような曲がった空間ではない空間）で十分ではないでしょうか．3次元ユークリッド幾何学空間の分野だけでも，多くの難しい世界が広がっているのです．これらを知っていることだけでも読者自身の宝になります．
　请做一个好的旅程．

3.1. 行列 II

ここでは，行列の演算をさらに詳しく説明しようと思います．高校で習う線形代数よりはやや高度な計算方法ですので，第 1 章を読み返してみなければ分からない場合もあるでしょう．そのときは，必要に応じて，戻って読んでください．さあ，始めましょう．

3.1.1. 零因子

零行列 $\mathbf{O}$ は全ての要素が 0 である行列です．したがって，積が可能で，$m \times n$ 型の任意の零行列ではない行列 $\mathbf{A}$ に対して，$n \times \ell$ 型の零行列 $\mathbf{O}$ との積 $\mathbf{AO}$ は，$m \times \ell$ 型の零行列 $\mathbf{O}$ になります．これは，自明ですね．

しかしながら，いずれも零行列ではない行列 $\mathbf{C}$ および $\mathbf{D}$ の積が，零行列になることがあります．

> **定義 44 零因子** （*zero divisor*）
> 零行列 $\mathbf{O}$ ではない 2 つの行列 $\mathbf{A}$, $\mathbf{B}$ があって，$\mathbf{AB} = \mathbf{O}$ となる場合，行列 $\mathbf{A}$ は行列 $\mathbf{B}$ の左零因子と呼ぶ．逆に，行列 $\mathbf{B}$ は行列 $\mathbf{A}$ の右零因子と呼ぶ．

簡単な例は，$pq (\neq 0) \in \Re$ （実数）である場合，すなわち，零行列 $\mathbf{O}$ ではない行列 $\mathbf{C}$ および $\mathbf{D}$ の積は，

$$\mathbf{C} = \begin{pmatrix} p & 0 \\ 0 & 0 \end{pmatrix}, \mathbf{D} = \begin{pmatrix} 0 & 0 \\ q & 0 \end{pmatrix} \Rightarrow \mathbf{CD} = \begin{pmatrix} 0 & 0 \\ 0 & 0 \end{pmatrix} = \mathbf{O} \tag{3.1.1-1}$$

となります．このような行列 $\mathbf{C}$, $\mathbf{D}$ を零因子（*zero divisor*）と言います．行列 $\mathbf{C}$ は行列 $\mathbf{D}$ の左零因子，逆に，行列 $\mathbf{D}$ は行列 $\mathbf{C}$ の右零因子とも言います．さて，任意の行列 $\mathbf{P}$, $\mathbf{Q}$:

$$\mathbf{P} = \begin{pmatrix} p_{11} & p_{12} \\ p_{21} & p_{22} \end{pmatrix}, \quad \mathbf{Q} = \begin{pmatrix} q_{11} & q_{12} \\ q_{21} & q_{22} \end{pmatrix} \tag{3.1.1-2}$$

の両方が零行列 $\mathbf{O}$ でない場合，$\mathbf{PQ} = \mathbf{O}$ であるならば，

$$\begin{aligned}&(1)\ p_{11}q_{11} + p_{12}q_{21} = 0 \quad (2)\ p_{11}q_{12} + p_{12}q_{22} = 0 \\ &(3)\ p_{21}q_{11} + p_{22}q_{21} = 0 \quad (4)\ p_{21}q_{12} + p_{22}q_{22} = 0\end{aligned} \tag{3.1.1-3}$$

と書けます．そこで，

$$\begin{aligned}&\text{横ベクトル：} \mathbf{p}_1 = (p_{11}, p_{12}),\ \mathbf{p}_2 = (p_{21}, p_{22}) \\ &\text{縦ベクトル：} \mathbf{q}_1 = (q_{11}, q_{21})^T,\ \mathbf{q}_2 = (q_{12}, q_{22})^T\end{aligned} \tag{3.1.1-4}$$

を考えれば，上記式 (1) から (4) は，内積を用いて，

$$(1)\ \mathbf{p}_1 \cdot \mathbf{q}_1 = 0 \quad (2)\ \mathbf{p}_1 \cdot \mathbf{q}_2 = 0 \quad (3)\ \mathbf{p}_2 \cdot \mathbf{q}_1 = 0 \quad (4)\ \mathbf{p}_2 \cdot \mathbf{q}_2 = 0 \tag{3.1.1-5}$$

というように表すことができます．念のため書きました．

例えば，行列 $\mathbf{P}$ の左零因子を求める場合，式 3.1.1-3 や式 3.1.1-5 を用いるのです．おっと，釈迦に説法でしたね．

行列の演算なのに，いきなり，零因子の説明をしてしまいました．

実は，今後，本書では零因子は出て来ないかもしれません．そして，応用面がどこなのか，著者は知りません．だからこそ，ここで，少しだけ紹介しました．ちょっと，変な文章ですが，そういうことです．ご容赦ください．

練習問題 3.1.1-1　次の行列 **A** および行列 **B** について
$$\mathbf{A} = \begin{pmatrix} 1 & 0 \\ 0 & 0 \end{pmatrix}, \mathbf{B} = \begin{pmatrix} 0 & 0 \\ 0 & 1 \end{pmatrix}$$
であるとき，$\mathbf{A}^2 = \mathbf{O}$ および $\mathbf{AB} = \mathbf{O}$ であることを示せ．

練習問題 3.1.1-2　行列 **A** について零行列 **O** ではない右零因子の１つを示せ．
$$\mathbf{A} = \begin{pmatrix} 1 & 2 \\ 2 & 4 \end{pmatrix}$$

練習問題 3.1.1-3　行列 **A** および行列 **B** が 2×2 型である場合，互いに零因子になっている場合，行列 **A** および行列 **B** の例を示せ．

練習問題 3.1.1-4　次の行列 **A** の右零因子行列が次の行列 **B** であることを示し，行列 **B** は左零因子行列にはならないことを示せ．
$$\mathbf{A} = \begin{pmatrix} 1 & 3 \\ 2 & 6 \end{pmatrix}, \mathbf{B} = \begin{pmatrix} 3 & -6 \\ -1 & 2 \end{pmatrix}$$

3.1.2. 行列の分割による積

　行列の積で，行列の中に行列を設定して計算する方法です．行列 **P** は $M \times N$ の行列で，以下のように分割し，行列 $\mathbf{P}_1, \mathbf{P}_2, \mathbf{P}_3, \mathbf{P}_4$ を導入します．

$$\mathbf{P} = \begin{pmatrix} p_{11} & \cdots & p_{1n} & p_{1,n+1} & \cdots & p_{1,N} \\ \vdots & \ddots & \vdots & \vdots & \ddots & \vdots \\ p_{m,1} & \cdots & p_{m,n} & p_{m,n+1} & \cdots & p_{m,N} \\ \hline p_{m+1,1} & \cdots & p_{m+1,n} & p_{m+1,n+1} & \cdots & p_{m+1,N} \\ \vdots & \ddots & \vdots & \vdots & \ddots & \vdots \\ p_{M,1} & \cdots & p_{M,n} & p_{M,n+1} & \cdots & p_{MN} \end{pmatrix} = \begin{pmatrix} \mathbf{P}_1 & \mathbf{P}_2 \\ \mathbf{P}_3 & \mathbf{P}_4 \end{pmatrix} \quad (3.1.2\text{-}1)$$

と考えます．このとき，$\mathbf{P}_1$ は $m \times n$ 型行列，$\mathbf{P}_2$ は $m \times (N-n)$ 型行列，$\mathbf{P}_3$ は $(M-m) \times n$ 型行列，$\mathbf{P}_4$ は $(M-m) \times (N-n)$ 型行列です．さて，$N \times L$ 型の行列 **Q** があって，

$$\mathbf{Q} = \begin{pmatrix} q_{1,1} & \cdots & q_{1,\ell} & q_{1,\ell+1} & \cdots & q_{1,L} \\ \vdots & \ddots & \vdots & \vdots & \ddots & \vdots \\ q_{n,1} & \cdots & q_{n,\ell} & q_{n,\ell+1} & \cdots & q_{n,L} \\ \hline q_{n+1,1} & \cdots & q_{n+1,\ell} & q_{n+1,\ell+1} & \cdots & q_{n+1,L} \\ \vdots & \ddots & \vdots & \vdots & \ddots & \vdots \\ q_{N,1} & \cdots & q_{N,\ell} & q_{N,\ell+1} & \cdots & q_{N,L} \end{pmatrix} = \begin{pmatrix} \mathbf{Q}_1 & \mathbf{Q}_2 \\ \mathbf{Q}_3 & \mathbf{Q}_4 \end{pmatrix} \quad (3.1.2\text{-}2)$$

と表すとき，行列 **P** と行列 **Q** の積 **PQ** は，なんと，通常通りの行列の積の計算で良いのです．すなわち，その行列の要素数は $M \times L$ です．ここで，行列 $\mathbf{G} = \mathbf{PQ}$ とすると，

$$\mathbf{G} = \begin{pmatrix} \mathbf{G}_1 & \mathbf{G}_2 \\ \mathbf{G}_3 & \mathbf{G}_4 \end{pmatrix} = \begin{pmatrix} \mathbf{P}_1 & \mathbf{P}_2 \\ \mathbf{P}_3 & \mathbf{P}_4 \end{pmatrix} \begin{pmatrix} \mathbf{Q}_1 & \mathbf{Q}_2 \\ \mathbf{Q}_3 & \mathbf{Q}_4 \end{pmatrix} = \begin{pmatrix} \mathbf{P}_1\mathbf{Q}_1 + \mathbf{P}_2\mathbf{Q}_3 & \mathbf{P}_1\mathbf{Q}_2 + \mathbf{P}_2\mathbf{Q}_4 \\ \mathbf{P}_3\mathbf{Q}_1 + \mathbf{P}_4\mathbf{Q}_3 & \mathbf{P}_3\mathbf{Q}_2 + \mathbf{P}_4\mathbf{Q}_4 \end{pmatrix}$$

3.1. 行列 II

とすることができます．ここで，$\mathbf{G}$ の「要素」$\mathbf{G}_1, \mathbf{G}_2, \mathbf{G}_3, \mathbf{G}_4$ の要素数を確認しておきましょう．行列の積の計算では横ベクトルと縦ベクトルの内積で定義されていることを思い出してください．行列 $\mathbf{P}_1$ は $m \times n$ 型であり，行列 $\mathbf{Q}_1$ は $n \times \ell$ 型であるので，行列 $\mathbf{P}_1\mathbf{Q}_1$ は $m \times \ell$ となります．同様に考えると，行列 $\mathbf{G}$ の「要素」$\mathbf{G}_1, \mathbf{G}_2, \mathbf{G}_3, \mathbf{G}_4$ の要素数は，以下の $(m \times n) \times (n \times \ell) = m \times \ell$ のような要素数の計算法によると，

$$\mathbf{G}_1 = \mathbf{P}_1\mathbf{Q}_1 + \mathbf{P}_2\mathbf{Q}_3$$
$$\Rightarrow (m \times n) \times (n \times \ell)$$
$$+ (m \times (N-n)) \times ((N-n) \times \ell) = m \times \ell$$

$$\mathbf{G}_2 = \mathbf{P}_1\mathbf{Q}_2 + \mathbf{P}_2\mathbf{Q}_4$$
$$\Rightarrow (m \times n) \times (n \times (L-\ell))$$
$$+ (m \times (N-n)) \times ((N-n) \times (L-\ell)) = m \times (L-\ell)$$

$$\mathbf{G}_3 = \mathbf{P}_3\mathbf{Q}_1 + \mathbf{P}_4\mathbf{Q}_3$$
$$\Rightarrow ((M-m) \times n) \times (n \times \ell)$$
$$+ ((M-m) \times (N-n)) \times ((N-n) \times \ell) = (M-m) \times \ell$$

$$\mathbf{G}_4 = \mathbf{P}_3\mathbf{Q}_2 + \mathbf{P}_4\mathbf{Q}_4$$
$$\Rightarrow ((M-m) \times n) \times (n \times (L-\ell))$$
$$+ ((M-m) \times (N-n)) \times ((N-n) \times (L-\ell)) = (M-m) \times (L-\ell)$$

> 行列の行数と列数に注意して，読んでください．

という事になります．元の行列 $\mathbf{G}$ の要素数は $M \times L$ です．行列 $\mathbf{G}_1$ および $\mathbf{G}_3$ を合わせた行数は $m + (M-m) = M$ であり，行列 $\mathbf{G}_1$ および $\mathbf{G}_2$ を合わせた列数は $\ell + (L-\ell) = L$ ですから，要素数に関して，$\mathbf{G}_1, \mathbf{G}_2, \mathbf{G}_3, \mathbf{G}_4$ が作る行列は $M \times L$ で行列 $\mathbf{PQ}$ と同じになります．

練習問題 3.1.2-1　次の 2 次の正方行列 $\mathbf{A}$，$\mathbf{B}$ について，
$$\begin{vmatrix} \mathbf{E} & \mathbf{A} \\ \mathbf{O} & \mathbf{B} \end{vmatrix} = |\mathbf{B}|$$
であることを示せ．ただし，$\mathbf{E}$ は 2 次の単位行列，$\mathbf{O}$ は 2 次の零行列である．

練習問題 3.1.2-2　次の n 次の正方行列 $\mathbf{A}$，$\mathbf{B}$ について，
$$\begin{vmatrix} \mathbf{E} & \mathbf{A} \\ \mathbf{O} & \mathbf{B} \end{vmatrix} = |\mathbf{B}|$$
であることを示せ．ただし，$\mathbf{E}$ は n 次の単位行列，$\mathbf{O}$ は n 次の零行列である．

Gallery 10.
　右：富士山
　　水彩画（模写）
　　　著者作成
　左：ベスビオ火山
　　（イタリア　ナポリ）
　　写真
　　　著者撮影

3.1.3. 行列の演算

まずは念のため，行列の演算方の復習です．計算に意味のある行列 $\mathbf{A}, \mathbf{B}, \mathbf{C}$ を選べば，以下の（1）から（4）までの演算が成り立ちます．順に，見ていきましょう．ここで，以下で，$i = 1 \sim X$, $j = 1 \sim Y$ などの表式は，$i = 1, 2, \cdots, X$, $j = 1, 2, \cdots, Y$ という意味ですので，ご了解ください．では始めましょう．

(1) $(\mathbf{A} + \mathbf{B})\mathbf{C} = \mathbf{AC} + \mathbf{BC}$

ここでは，$\mathbf{A} = \{a_{ij}\}, \mathbf{B} = \{b_{ij}\}$ $(i = 1 \sim m, j = 1 \sim n)$, $\mathbf{C} = \{c_{ij}\}$ $(i = 1 \sim n, j = 1 \sim \ell)$ とします．ここで $\mathbf{A} + \mathbf{B} = \{a_{ij} + b_{ij}\}$ $(i = 1 \sim m, j = 1 \sim n)$（式 1.3.2-1 および式 1.3.2-3 により）ですから，

$$(\mathbf{A} + \mathbf{B})\mathbf{C} = \left\{\sum_{k=1}^{n} (a_{ik} + b_{ik}) c_{ik}\right\} = \left\{\sum_{k=1}^{n} a_{ik} c_{ik} + \sum_{k=1}^{n} b_{ik} c_{ik}\right\}$$

$$= \left\{\sum_{k=1}^{n} a_{ik} c_{ik}\right\} + \left\{\sum_{k=1}^{n} b_{ik} c_{ik}\right\} = \mathbf{AC} + \mathbf{BC} \quad (m \times \ell)$$

(2) $\mathbf{A}(\mathbf{B} + \mathbf{C}) = \mathbf{AB} + \mathbf{AC}$

ここでは，$\mathbf{A} = \{a_{ij}\}$ $(i = 1 \sim m, j = 1 \sim n)$, $\mathbf{B} = \{b_{ij}\}, \mathbf{C} = \{c_{ij}\}$ $(i = 1 \sim n, j = 1 \sim \ell)$ としますと（式 1.3.2-1 および式 1.3.2-3 により），

$$\mathbf{A}(\mathbf{B} + \mathbf{C}) = \left\{\sum_{k=1}^{n} a_{ik} (b_{ik} + c_{ik})\right\} = \left\{\sum_{k=1}^{n} a_{ik} b_{ik} + \sum_{k=1}^{n} a_{ik} c_{ik}\right\}$$

$$= \left\{\sum_{k=1}^{n} a_{ik} b_{ik}\right\} + \left\{\sum_{k=1}^{n} a_{ik} c_{ik}\right\} = \mathbf{AB} + \mathbf{AC} \quad (m \times \ell)$$

(3) $(\lambda \mathbf{A})\mathbf{B} = \lambda(\mathbf{AB})$

ここでは，$\mathbf{A} = \{a_{ij}\}$ $(i = 1 \sim m, j = 1 \sim n)$, $\mathbf{B} = \{b_{ij}\}$ $(i = 1 \sim n, j = 1 \sim \ell)$ とします．また，$\lambda(\neq 0) \in \Re$ とします．

式 1.3.2-3 により，

$$(\lambda \mathbf{A})\mathbf{B} = \left\{\sum_{k=1}^{n} (\lambda a_{ik}) b_{kj}\right\} = \left\{\lambda \sum_{k=1}^{n} a_{ik} b_{kj}\right\} = \lambda \left\{\sum_{k=1}^{n} a_{ik} b_{kj}\right\} = \lambda \mathbf{AB}$$

(4) $\mathbf{A}(\lambda \mathbf{B}) = \lambda(\mathbf{AB})$

ここでは，$\mathbf{A} = \{a_{ij}\}$ $(i = 1 \sim m, j = 1 \sim n)$, $\mathbf{B} = \{b_{ij}\}$ $(i = 1 \sim n, j = 1 \sim \ell)$ とします．また，$\lambda(\neq 0) \in \Re$ とします．

式 1.3.2-3 により，

$$\mathbf{A}(\lambda \mathbf{B}) = \left\{\sum_{k=1}^{n} a_{ik} (\lambda b_{kj})\right\} = \left\{\lambda \sum_{k=1}^{n} a_{ik} b_{kj}\right\} = \lambda \left\{\sum_{k=1}^{n} a_{ik} b_{kj}\right\} = \lambda \mathbf{AB}$$

(5) $(\mathbf{AB})\mathbf{C} = \mathbf{A}(\mathbf{BC})$

ここでは，$\mathbf{A} = \{a_{ij}\}$ $(i = 1 \sim k, j = 1 \sim \ell)$，$\mathbf{B} = \{b_{ij}\}$ $(i = 1 \sim \ell, j = 1 \sim m)$，および，$\mathbf{C} = \{c_{ij}\}$ $(i = 1 \sim m, j = 1 \sim n)$ とします．

式 1.3.2-3 により，$\mathbf{AB} = \{p_{ij}\}$ は $k \times m$ 型で，$\mathbf{BC} = \{q_{ij}\}$ は $\ell \times n$ 型で，証明すべき行列は $(\mathbf{AB})\mathbf{C} = \mathbf{A}(\mathbf{BC}) = \mathbf{D} = \{d_{ij}\}$ であり，行列 $\mathbf{D}$ が $k \times n$ 型となることです．

3.1. 行列 II

ここで，，行列 $(\mathbf{AB})\mathbf{C}$ の要素 α_{ij} を計算する表式は，
$$\alpha_{ij} = \sum_{t=1}^{m} p_{it} c_{tj} = \sum_{t=1}^{m} \left(\sum_{s=1}^{\ell} a_{is} b_{st} \right) c_{tj}$$
であり，行列の $\mathbf{A}(\mathbf{BC})$ 要素 β_{ij} を計算する表式は，
$$\beta_{ij} = \sum_{t=1}^{\ell} a_{it} q_{tj} = \sum_{s=1}^{\ell} a_{is} \left(\sum_{t=1}^{m} b_{st} c_{tj} \right)$$
です．ここで，具体的に展開します．すなわち，
$$\begin{aligned}
\alpha_{ij} &= \sum_{t=1}^{m} \left(\sum_{s=1}^{\ell} a_{is} b_{st} \right) c_{tj} = \left(\sum_{s=1}^{\ell} a_{is} b_{s1} \right) c_{1j} + \left(\sum_{s=1}^{\ell} a_{is} b_{s2} \right) c_{2j} + \cdots + \left(\sum_{s=1}^{\ell} a_{is} b_{sm} \right) c_{mj} \\
&= (a_{i1} b_{11} + a_{i2} b_{21} + \cdots + a_{i\ell} b_{\ell 1}) c_{1j} \\
&\quad + (a_{i1} b_{12} + a_{i2} b_{22} + \cdots + a_{i\ell} b_{\ell 2}) c_{2j} \\
&\quad \vdots \\
&\quad + (a_{i1} b_{1m} + a_{i2} b_{2m} + \cdots + a_{i\ell} b_{\ell m}) c_{mj} \\
&= a_{i1} (b_{11} c_{1j} + b_{12} c_{2j} + \cdots + b_{1m} c_{mj}) \\
&\quad + a_{i2} (b_{21} c_{1j} + b_{22} c_{2j} + \cdots + b_{2m} c_{mj}) \\
&\quad \vdots \\
&\quad + a_{i\ell} (b_{\ell 1} c_{1j} + b_{\ell 2} c_{2j} + \cdots + b_{\ell m} c_{mj}) \\
&= a_{i1} \sum_{t=1}^{m} b_{1t} c_{tj} + a_{i2} \sum_{t=1}^{m} b_{2t} c_{tj} + \cdots + a_{i\ell} \sum_{t=1}^{m} b_{\ell t} c_{tj} \\
&= \sum_{s=1}^{\ell} \left(a_{is} \sum_{t=1}^{m} b_{st} c_{tj} \right) = \beta_{ij}
\end{aligned}$$

したがって，$\alpha_{ij} = \beta_{ij} = d_{ij}$ となりますので，$(\mathbf{AB})\mathbf{C} = \mathbf{A}(\mathbf{BC})$ です．

さあ，行列の演算の説明でした．如何だったでしょうか？ 覚えてましたか？ 特に，上記（5）の証明がちょっとややこしかったでしょうか．Σ記号の添え字に十分注意して読んでください．間違っているかもしれませんので（—_—）！

練習問題 3.1.3-1　次の行列 $\mathbf{A}$, $\mathbf{B}$, $\mathbf{C}$ について，
$$\mathbf{A} = \begin{pmatrix} 1 & 2 \\ 3 & 4 \end{pmatrix}, \quad \mathbf{B} = \begin{pmatrix} -1 & 1 \\ 1 & -1 \end{pmatrix}, \quad \mathbf{C} = \begin{pmatrix} 4 & 3 \\ 2 & 1 \end{pmatrix}$$
$(\mathbf{AB})\mathbf{C}$ および $\mathbf{A}(\mathbf{BC})$ をそれぞれ要素の表式で求め．等しいことを示せ．

練習問題 3.1.3-2　次の行列 $\mathbf{A}$, $\mathbf{B}$, $\mathbf{C}$ について，
$$\mathbf{A} = \begin{pmatrix} a_{11} & a_{12} \\ a_{21} & a_{22} \end{pmatrix}, \quad \mathbf{B} = \begin{pmatrix} b_{11} & b_{12} \\ b_{21} & b_{22} \end{pmatrix}, \quad \mathbf{C} = \begin{pmatrix} c_{11} & c_{12} \\ c_{21} & c_{22} \end{pmatrix}$$
$(\mathbf{AB})\mathbf{C}$ および $\mathbf{A}(\mathbf{BC})$ をそれぞれ要素の表式で求め．等しいことを示せ．

3.2. 固有値 I

さて，ここからは，固有値や固有ベクトルについて解説します．固有値（*eigen value*）や固有ベクトル（*eigen vector*）あるいは，固有方程式って，聞いたことはないかもしれませんね．詳しくは説明できないので（笑），簡単にですが，ここで，説明をします．

3.2.1. 固有ベクトル

ベクトルの名前として，固有ベクトルという言葉があります．それは，

定義 45 固有ベクトル

n 次の正方行列 $\mathbf{A}$ および，n 次のベクトル $\mathbf{p}(\|\mathbf{p}\| \neq 0)$ があって，

$$\mathbf{A}\mathbf{p} = \lambda \mathbf{p} \tag{3.2.1-1}$$

を満たすスカラー λ がある場合，ベクトル $\mathbf{p}$ をスカラー λ に関する行列 $\mathbf{A}$ の固有ベクトル（*eigen vector*）と言う．

のように定義されます．逆に，行列 $\mathbf{A}$ が固有値を持つとき，固有ベクトル $\mathbf{p}$ の左から行列 $\mathbf{A}$ をかけることは，固有ベクトル $\mathbf{p}$ の大きさ（ノルム）が固有値(λ)倍になるということです．このとき，$|\mathbf{A} - \lambda \mathbf{E}| = \varphi(\lambda) = (-1)^n (\lambda - \lambda_1)^{p_1} (\lambda - \lambda_2)^{p_2} \cdots (\lambda - \lambda_r)^{p_r} \ (1 \leq r \leq n)$ と書くとき，行列 $\mathbf{A}$ の固有値 λ の重複度（*multiplicity*）と呼びます．例えば，固有値 λ_i の重複度は p_i である，と言います．同じことなのですが，他の定義として，行列 $\mathbf{A}$ の 1 次独立な固有ベクトルが最大 r 個である場合，r を行列 $\mathbf{A}$ の固有値の重複度と呼びます．ただし，n 次の正方行列 $\mathbf{A}$ に必ずしも n 個の 1 次独立な固有ベクトルが存在するとは限りません．このことは，節 5.2 で説明する階数（ランク）に関係します．

固有値と固有ベクトルは重要だよな！

3.2.2. 行列の固有値

n 次の正方行列 $\mathbf{A}$ に対して，固有値 λ という言葉があります．それは，

定義 46 固有値 λ

行列 $\mathbf{A}$ が n 次の正方行列であるとき，行列式 $|\mathbf{A} - \lambda \mathbf{E}| = 0$ はスカラー λ に関する n 次の方程式であって，

$$|\mathbf{A} - \lambda \mathbf{E}| = 0 \tag{3.2.2-1}$$

を満たすスカラー λ を行列 $\mathbf{A}$ の固有値（特性値, *eigen value*），また，式 3.2.2-1 を行列 $\mathbf{A}$ の固有方程式（特性方程式）*characteristic eqation* と呼ぶ．

のように定義されます．さて，簡単な例を見ましょう．

例題 3.2.2-1 次の 2 次行列 $\mathbf{A}$ の固有値 λ と固有ベクトル $\mathbf{p}$ を求めよ．$\mathbf{A} = \begin{pmatrix} 0 & 1 \\ 1 & 0 \end{pmatrix}$

例題 3.2.2-1 解答 題意より，$\|\mathbf{A} - \lambda \mathbf{E}\| = \begin{vmatrix} 0 & 1 \\ 1 & 0 \end{vmatrix} - \lambda \begin{vmatrix} 1 & 0 \\ 0 & 1 \end{vmatrix} = \begin{vmatrix} -\lambda & 1 \\ 1 & -\lambda \end{vmatrix} = \lambda^2 - 1 = 0$ したがって，固有値は，$\lambda = \pm 1$ である．

3.2. 固有値 I

> (1) $\lambda = 1$ のとき
> $$\mathbf{Ap} = \begin{pmatrix} 0 & 1 \\ 1 & 0 \end{pmatrix}\begin{pmatrix} p_1 \\ p_2 \end{pmatrix} = \lambda \mathbf{p} = 1 \times \begin{pmatrix} p_1 \\ p_2 \end{pmatrix} \quad \therefore \quad \begin{pmatrix} p_2 \\ p_1 \end{pmatrix} = \begin{pmatrix} p_1 \\ p_2 \end{pmatrix} \quad \therefore \quad p_2 = p_1$$
> このとき，固有ベクトル $\mathbf{p}$ は $\mathbf{p} = \begin{pmatrix} 1 & 1 \end{pmatrix}^T$ である．
>
> (2) $\lambda = -1$ のとき
> $$\mathbf{Ap} = \begin{pmatrix} 0 & 1 \\ 1 & 0 \end{pmatrix}\begin{pmatrix} p_1 \\ p_2 \end{pmatrix} = \lambda \mathbf{p} = (-1) \times \begin{pmatrix} p_1 \\ p_2 \end{pmatrix} \quad \therefore \quad \begin{pmatrix} p_2 \\ p_1 \end{pmatrix} = \begin{pmatrix} -p_1 \\ -p_2 \end{pmatrix} \quad \therefore \quad p_2 = -p_1$$
> このとき，固有ベクトル $\mathbf{p}$ は $\mathbf{p} = \begin{pmatrix} 1 & -1 \end{pmatrix}^T$ である．

ここで得られた，固有ベクトル $\mathbf{p}$ が，実際に，$\mathbf{Ap} = \lambda \mathbf{p}$ を満たすか，気になりませんか？気になるって！．じゃあ，練習問題でやってみてください．

練習問題 3.2.2-1 次の 2 次行列 $\mathbf{A}$ の固有値 λ と固有ベクトル $\mathbf{p}$ を求め，$\mathbf{Ap} = \lambda \mathbf{p}$ が成り立つかを確かめよ．

(1) $\mathbf{A} = \begin{pmatrix} 0 & 1 \\ 1 & 0 \end{pmatrix}$，　(2) $\mathbf{A} = \begin{pmatrix} 0 & 2 \\ 2 & 0 \end{pmatrix}$

3.2.3. 固有値の意味

実は，式 3.2.1-1 と式 3.2.2-1 は同じことを言っています．式 3.2.1-1 を変形すると，

$$\mathbf{Ap} = \lambda \mathbf{p} \Leftrightarrow \mathbf{Ap} = \lambda \mathbf{E} \mathbf{p} \Leftrightarrow \mathbf{Ap} - \lambda \mathbf{E} \mathbf{p} = \mathbf{O}$$
$$\Leftrightarrow |\mathbf{A} - \lambda \mathbf{E}|\|\mathbf{p}\| = 0 \Leftrightarrow |\mathbf{A} - \lambda \mathbf{E}| = 0 \quad (\because \|\mathbf{p}\| \neq 0)$$

ということです．もう 1 つ言うならば，n 次の 1 次変換 $\mathbf{y} = \mathbf{Ax}$ があって，零ベクトルでない $\mathbf{x}$ およびベクトル $\mathbf{y}$ と同じ向きを持つ $\mathbf{x}$ の定数（λ）倍のベクトル $\lambda \mathbf{x}$ が存在すると仮定する場合です．すなわち，

$$\mathbf{y} = \mathbf{Ax} = \lambda \mathbf{x} \tag{3.2.3-1}$$

となるような場合を考えます．式 3.2.3-1 を具体的に書くと，

$$\begin{aligned} y_1 &= a_{11}x_1 + a_{12}x_2 + \cdots + a_{1n}x_n = \lambda x_1 \\ y_2 &= a_{21}x_1 + a_{22}x_2 + \cdots + a_{2n}x_n = \lambda x_2 \\ &\vdots \\ y_n &= a_{n1}x_1 + a_{n2}x_2 + \cdots + a_{nn}x_n = \lambda x_n \end{aligned} \tag{3.2.3-2}$$

であり，さらに変形すると，

$$\begin{aligned} (a_{11} - \lambda)x_1 + a_{12}x_2 + \cdots + a_{1n}x_n &= 0 \\ a_{21}x_1 + (a_{22} - \lambda)x_2 + \cdots + a_{2n}x_n &= 0 \\ &\vdots \\ a_{n1}x_1 + a_{n2}x_2 + \cdots + (a_{nn} - \lambda)x_n &= 0 \end{aligned} \tag{3.2.3-3}$$

となります．上式を行列形式で表現しますと，

$$\begin{pmatrix} a_{11}-\lambda & a_{12} & \cdots & a_{1n} \\ a_{21} & a_{22}-\lambda & \cdots & a_{2n} \\ \vdots & \vdots & \ddots & \vdots \\ a_{n1} & a_{n2} & \cdots & a_{nn}-\lambda \end{pmatrix} \begin{pmatrix} x_1 \\ x_2 \\ \vdots \\ x_n \end{pmatrix} = \mathbf{O} \tag{3.2.3-4}$$

ですが、

$$\left\{ \begin{pmatrix} a_{11} & a_{12} & \cdots & a_{1n} \\ a_{21} & a_{22} & \cdots & a_{2n} \\ \vdots & \vdots & \ddots & \vdots \\ a_{n1} & a_{n2} & \cdots & a_{nn} \end{pmatrix} - \lambda \begin{pmatrix} 1 & 0 & \cdots & 0 \\ 0 & 1 & \cdots & 0 \\ \vdots & \vdots & \ddots & \vdots \\ 0 & 0 & \cdots & 1 \end{pmatrix} \right\} \begin{pmatrix} x_1 \\ x_2 \\ \vdots \\ x_n \end{pmatrix} = \mathbf{O}$$

と書き直せるので、

$$(\mathbf{A}-\lambda\mathbf{E})\mathbf{x} = \mathbf{O}$$

と書けます。ここで、ベクトル $\mathbf{x}$ は零ベクトルでないので、$\|\mathbf{x}\| \neq 0$ であることを考慮して、ベクトル $\mathbf{x}$ を $n \times 1$ 型の行列と考えれば、$\|\mathbf{x}\| \neq 0$ ですから、

$$|\mathbf{A}-\lambda\mathbf{E}|\|\mathbf{x}\| = |\mathbf{O}| = 0 \quad \therefore \quad |\mathbf{A}-\lambda\mathbf{E}| = 0 \tag{3.2.3-5}$$

でして、この上式は、まさに、式 3.2.2-1 です。ここで、この行列式の展開を考えると λ に関する高々 n 次の方程式に他なりません。すなわち、式 3.2.3-2 を

$$|\mathbf{A}-\lambda\mathbf{E}| = \varphi(\lambda) \tag{3.2.3-6}$$

と書くならば、適当な係数 $c_i\ (i=1, 2, \cdots n)$ を選んで、

$$\varphi(\lambda) = (-1)^n \lambda^n + c_1 \lambda^{n-1} + \cdots + c_{n-1}\lambda^1 + c_n = (-1)^n \lambda^n + \sum_{i=1}^{n} c_i \lambda^{n-i} \tag{3.2.3-7}$$

および、

$$\varphi(\lambda) = (\lambda_1-\lambda)(\lambda_2-\lambda)\cdots(\lambda_n-\lambda) = \prod_{i=1}^{n}(\lambda_i-\lambda) \tag{3.2.3-8}$$

とできることが分かりますね。方程式 $\varphi(\lambda)=0$ は、重根の数も 2 個と数えて、高々 n 個の解があるからです。諄い説明でしたかね。「諄い」のは本書の特徴です（笑）。

ところで、何故、固有値（*eigen value*）に λ と言う文字を使うのかは分かりませんが、過去の線形代数のほとんどの教科書の中で固有値は λ でした。固有値は間違いなくスカラーであり、本書でも λ を用いています、ということでご了承ください。

Gallery 11.

　右：葡萄

　　水彩画　（模写）

　　（水彩画レッスン画材）

　　著者作成

　左：オオハンゴンソウ花

　　（Rudbeckia triloba）自宅

　　写真　著者撮影

3.2.4. 行列の三角化

n次の正方行列 $\mathbf{A}$ の三角化について考えます．行列 $\mathbf{A}$ の固有値を $\lambda_1, \lambda_2, \cdots, \lambda_n$ とします（重複があっても良い）．ここでは，適当な正則行列 $\mathbf{P} = \{p\}$ ($|\mathbf{P}| \neq 0, \ p \neq 0$) により，，

$$\mathbf{P}^{-1}\mathbf{A}\mathbf{P} = \begin{pmatrix} \lambda_1 & * & \cdots & * \\ 0 & \lambda_2 & \ddots & \vdots \\ \vdots & \ddots & \ddots & * \\ 0 & \cdots & 0 & \lambda_n \end{pmatrix} \tag{3.2.4-1}$$

（これを，二次形式と言うのね！項 3.5 に説明があるわよ．ところで，行列の要素で*は，何某か数式が入る，ということです．これ以降も同様ですわ！）

となることを行列 $\mathbf{A}$ の三角化と言うこととします．これを数学的帰納法で示します．

1) $n = 1$ の場合

行列 $\mathbf{A}$ の要素は 1 つで，その要素を a とします．このとき，$|\mathbf{A} - \lambda\mathbf{E}| = (a - \lambda) = 0$ から，行列 $\mathbf{A}$ の固有値 λ は $\lambda = a$ です．要素が 1 つの任意の行列を $\mathbf{P} = \{p\}$ ($p \neq 0$) とすれば，$\mathbf{P}^{-1} = \{p^{-1}\}$ です．なぜなら，$\mathbf{P}^{-1}\mathbf{P} = \mathbf{Q} = \{q_{11}\} = \{p^{-1}p\} = \{1\} = \mathbf{E}$ だからです．したがって，$\mathbf{P}^{-1}\mathbf{A}\mathbf{P}$ は，$\mathbf{P}^{-1}\mathbf{A}\mathbf{P} = \{p^{-1}ap\} = \{a\} = \{\lambda\}$ と計算できます．これで，式 3.2.4-1 の $n = 1$ の場合が証明できました．何も，ここまで，きっちりしなくても，と思いますよね．でも敢えて，書きました．

2) $n = 2$ の場合

具体的な計算は，例題 3.2.2-1 で済んでいます．2 次の行列 $\mathbf{A}$ を，いつものように，

$$\mathbf{A} = \begin{pmatrix} a_{11} & a_{12} \\ a_{21} & a_{22} \end{pmatrix} \tag{3.2.4-2}$$

とします．ここで，$|\mathbf{A} - \lambda\mathbf{E}| = 0$ の解を，λ_1, λ_2 とします．それに対応する固有ベクトルを

$$\mathbf{x}_1 = \begin{pmatrix} x_{11} \\ x_{21} \end{pmatrix}, \quad \mathbf{x}_2 \begin{pmatrix} x_{12} \\ x_{22} \end{pmatrix} \tag{3.2.4-3}$$

とし，適当な正則行列 $\mathbf{P}$ を $\mathbf{P} = (\mathbf{x}_1 \ \mathbf{x}_2)$ とすると，行列 $\mathbf{P}$ およびその逆行列は $\mathbf{P}^{-1}$ は

$$\mathbf{P} = (\mathbf{x}_1 \ \mathbf{x}_2) = \begin{pmatrix} x_{11} & x_{12} \\ x_{21} & x_{22} \end{pmatrix} \Rightarrow \mathbf{P}^{-1} = \frac{1}{|\mathbf{P}|}\begin{pmatrix} x_{22} & -x_{12} \\ -x_{21} & x_{11} \end{pmatrix} \tag{3.2.4-4}$$

となります．間違わないでください．一方，$\mathbf{x}_1, \mathbf{x}_2$ は，行列 $\mathbf{A}$ の固有ベクトルですから，

$$\mathbf{A}\mathbf{x}_1 = \lambda_1\mathbf{x}_1, \quad \mathbf{A}\mathbf{x}_2 = \lambda_2\mathbf{x}_2 \tag{3.2.4-5}$$

です．さあ，計算してみましょう．何をって？ $\mathbf{P}^{-1}\mathbf{A}\mathbf{P}$ ですよ．そうだと思ったでしょう！
さあ，計算ですよ．嫌がらずにね．

$$\mathbf{P}^{-1}\mathbf{A}\mathbf{P} = \mathbf{P}^{-1}\mathbf{A}(\mathbf{x}_1 \ \mathbf{x}_2) = \mathbf{P}^{-1}(\mathbf{A}\mathbf{x}_1 \ \mathbf{A}\mathbf{x}_2) = \mathbf{P}^{-1}(\lambda_1\mathbf{x}_1 \ \lambda_2\mathbf{x}_2) \tag{3.2.4-6}$$

$$= |\mathbf{P}|^{-1}\begin{pmatrix} x_{22} & -x_{12} \\ -x_{21} & x_{11} \end{pmatrix}\begin{pmatrix} \lambda_1 x_{11} & \lambda_2 x_{12} \\ \lambda_1 x_{21} & \lambda_2 x_{22} \end{pmatrix}$$

$$= |\mathbf{P}|^{-1}\begin{pmatrix} \lambda_1 x_{22}x_{11} - \lambda_1 x_{12}x_{21} & \lambda_2 x_{22}x_{12} - \lambda_2 x_{12}x_{22} \\ -\lambda_1 x_{21}x_{11} + \lambda_1 x_{11}x_{21} & -\lambda_2 x_{21}x_{12} + \lambda_2 x_{11}x_{22} \end{pmatrix} = |\mathbf{P}|^{-1}\begin{pmatrix} \lambda_1|\mathbf{P}| & 0 \\ 0 & \lambda_2|\mathbf{P}| \end{pmatrix} = \begin{pmatrix} \lambda_1 & 0 \\ 0 & \lambda_2 \end{pmatrix}$$

$$\tag{3.2.4-7}$$

となりました．やったー．上式は，三角化というより対角化ですね．対角化は三角化の一部と考えてください．これで，式 3.2.4-1 の $n = 2$ の場合が証明できました．

3) 数学的帰納法の最終段階です．式 3.2.4-1 が $n-1$ 次の場合の概念が成立するとします．このとき，n 次の正方行列 $\mathbf{A}$ の固有ベクトル $\lambda_1, \lambda_2, \cdots, \lambda_n$ が存在し，それに対応する固有ベクトル $\mathbf{x}_1, \mathbf{x}_2, \cdots, \mathbf{x}_n$ が存在すると仮定します．ここで，第 1 列が $\mathbf{x}_1$ とする正則な行列 $\mathbf{Q}$ ，すなわち，

$$\mathbf{Q} = \begin{pmatrix} \mathbf{x}_1 & \mathbf{q}_2 & \mathbf{q}_3 & \cdots & \mathbf{q}_n \end{pmatrix} \tag{3.2.4-8}$$

を考えます．さて，これからどんなドラマが展開するのでしょう．しかし，過去の数学者は，よくこんなことを考えたものです．果たして，証明は面白いです．

$\mathbf{x}_1$ に対応する n 次の単位ベクトル $\mathbf{e}_1$：

$$\mathbf{e}_1 = (1 \ \underbrace{0 \ \cdots \ 0}_{n-1})^T$$

により，

$$\begin{aligned}
\mathbf{Q}\mathbf{e}_1 &= \begin{pmatrix} \mathbf{x}_1 & \mathbf{q}_2 & \mathbf{q}_3 & \cdots & \mathbf{q}_n \end{pmatrix} \mathbf{e}_1 \\
&= \begin{pmatrix} \mathbf{x}_1 & \mathbf{q}_2 & \mathbf{q}_3 & \cdots & \mathbf{q}_n \end{pmatrix}(1 \ \underbrace{0 \ \cdots \ 0}_{n-1})^T = \mathbf{x}_1
\end{aligned} \tag{3.2.4-9}$$

となります．また，$\mathbf{A}\mathbf{x}_1 = \lambda_1 \mathbf{x}_1$ ですから，

$$\mathbf{Q}^{-1}\mathbf{A}\mathbf{Q}\mathbf{e}_1 = \mathbf{Q}^{-1}\mathbf{A}\mathbf{x}_1 = \mathbf{Q}^{-1}\lambda_1\mathbf{x}_1 = \lambda_1\mathbf{Q}^{-1}\mathbf{x}_1 = \lambda_1\mathbf{Q}^{-1}\mathbf{Q}\mathbf{e}_1 = \lambda_1\mathbf{e}_1 \tag{3.2.4-10}$$

となり，なにやら，面白い展開ですね．これは，$\mathbf{Q}^{-1}\mathbf{A}\mathbf{Q}$ の第 1 列目が $\lambda_1\mathbf{e}_1$ であることを示しています．ということは，横ベクトル $\mathbf{b}$ と行列 $\mathbf{A}_{n-1}$ によって，

$$\mathbf{Q}^{-1}\mathbf{A}\mathbf{Q} = \begin{pmatrix} \lambda_1 & \mathbf{b} \\ 0 & \\ \vdots & \mathbf{A}_{n-1} \\ 0 & \end{pmatrix} \tag{3.2.4-11}$$

と表すことができることを示しています．したがって，同様に，この方法によれば，

$$\mathbf{e}_j = (\underbrace{0 \ \cdots \ 0}_{j-1} \ 1 \ \underbrace{0 \ \cdots \ 0}_{n-j})^T \tag{3.2.4-12}$$

により

$$\mathbf{Q}^{-1}\mathbf{A}\mathbf{Q}\mathbf{e}_j = \lambda_j \mathbf{e}_j \ (1 \leq j \leq n) \tag{3.2.4-13}$$

すなわち，$\mathbf{Q}^{-1}\mathbf{A}\mathbf{Q}$ の第 j 列を $\lambda_j \mathbf{e}$ で置き換えることができるということになります．ここで，思い出してください．式 1.3.4-2 の $\mathbf{E}_j(1)$ を用いてもできそうですね．
　一方，$\mathbf{Q}^{-1}\mathbf{A}\mathbf{Q}$ の固有値について考えますと，$\mathbf{Q} = \mathbf{E}\mathbf{Q} \Rightarrow \mathbf{E} = \mathbf{Q}^{-1}\mathbf{E}\mathbf{Q}$ と書け，

$$\begin{aligned}
\left|\mathbf{Q}^{-1}\mathbf{A}\mathbf{Q} - \lambda\mathbf{E}\right| &= \left|\mathbf{Q}^{-1}\mathbf{A}\mathbf{Q} - \lambda\mathbf{Q}^{-1}\mathbf{E}\mathbf{Q}\right| = \left|\mathbf{Q}^{-1}(\mathbf{A}-\lambda\mathbf{E})\mathbf{Q}\right| = \left|\mathbf{Q}^{-1}\right|\left|\mathbf{A}-\lambda\mathbf{E}\right|\left|\mathbf{Q}\right| \\
&= \left|\mathbf{Q}^{-1}\right|\left|\mathbf{Q}\right|\left|\mathbf{A}-\lambda\mathbf{E}\right| = \left|\mathbf{Q}^{-1}\mathbf{Q}\right|\left|\mathbf{A}-\lambda\mathbf{E}\right| = \left|\mathbf{E}\right|\left|\mathbf{A}-\lambda\mathbf{E}\right| = \left|\mathbf{A}-\lambda\mathbf{E}\right|
\end{aligned} \tag{3.2.4-14}$$

ということですから，行列 $\mathbf{Q}^{-1}\mathbf{A}\mathbf{Q}$ と行列 $\mathbf{A}$ の固有値が一致することが分かります．なんと驚くべきことです．また，

$$\left|\mathbf{Q}^{-1}\mathbf{A}\mathbf{Q} - \lambda\mathbf{E}\right| = (\lambda_1 - \lambda)(\lambda_2 - \lambda)\cdots(\lambda_n - \lambda) \tag{3.2.4-15}$$

ですが，見方を変えて，$n-1$ 次の行列を $\mathbf{A}_{n-1}$ および $\mathbf{E}_{n-1}$ を用いて，$\left|\mathbf{Q}^{-1}\mathbf{A}\mathbf{Q} - \lambda\mathbf{E}\right|$ を次のように

3.2. 固有値 I

$$\left| \mathbf{Q}^{-1}\mathbf{A}\mathbf{Q} - \lambda \mathbf{E} \right| = \left| \begin{pmatrix} \lambda_1 & \mathbf{b} \\ 0 & \\ \vdots & \mathbf{A}_{n-1} \\ 0 & \end{pmatrix} - \lambda \begin{pmatrix} 1 & & & 0 \\ & 1 & & \\ & & \ddots & \\ 0 & & & 1 \end{pmatrix} \right| = \left| \begin{pmatrix} \lambda_1 - \lambda & \mathbf{b} \\ 0 & \\ \vdots & \mathbf{A}_{n-1} - \lambda \mathbf{E}_{n-1} \\ 0 & \end{pmatrix} \right|$$

(3.2.4-16)

と書けます．ふ～．ここまで大丈夫ですか？ したがって，

$$\left| \mathbf{A}_{n-1} - \lambda \mathbf{E} \right| = (\lambda_2 - \lambda)(\lambda_3 - \lambda)\cdots(\lambda_n - \lambda) \tag{3.2.4-17}$$

であり，式 3.2.4-1 が $n-1$ 次の場合の概念が成立するという仮定により，正則な $n-1$ 次の正方行列 $\mathbf{R}$ を用いると，

$$\mathbf{R}^{-1}\mathbf{A}_{n-1}\mathbf{R} = \begin{pmatrix} \lambda_2 & * & \cdots & * \\ 0 & \lambda_3 & \ddots & \vdots \\ \vdots & \ddots & \ddots & * \\ 0 & \cdots & 0 & \lambda_n \end{pmatrix} \tag{3.2.4-18}$$

とすることができます．ここで，

$$\mathbf{P} = \mathbf{Q} \begin{pmatrix} 1 & 0 & \cdots & 0 \\ 0 & & & \\ \vdots & & \mathbf{R} & \\ 0 & & & \end{pmatrix}, \quad \mathbf{P}^{-1} = \begin{pmatrix} 1 & 0 & \cdots & 0 \\ 0 & & & \\ \vdots & & \mathbf{R}^{-1} & \\ 0 & & & \end{pmatrix} \mathbf{Q}^{-1} \tag{3.2.4-19}$$

とおくとき，

$$\mathbf{P}^{-1}\mathbf{A}\mathbf{P} = \begin{pmatrix} 1 & 0 & \cdots & 0 \\ 0 & & & \\ \vdots & & \mathbf{R}^{-1} & \\ 0 & & & \end{pmatrix} \mathbf{Q}^{-1}\mathbf{A}\mathbf{Q} \begin{pmatrix} 1 & 0 & \cdots & 0 \\ 0 & & & \\ \vdots & & \mathbf{R} & \\ 0 & & & \end{pmatrix}$$

$$= \begin{pmatrix} 1 & 0 & \cdots & 0 \\ 0 & & & \\ \vdots & & \mathbf{R}^{-1} & \\ 0 & & & \end{pmatrix} \begin{pmatrix} \lambda_1 & \mathbf{b} \\ 0 & \\ \vdots & \mathbf{A}_{n-1} \\ 0 & \end{pmatrix} \begin{pmatrix} 1 & 0 & \cdots & 0 \\ 0 & & & \\ \vdots & & \mathbf{R} & \\ 0 & & & \end{pmatrix}$$

$$= \begin{pmatrix} 1 & 0 & \cdots & 0 \\ 0 & & & \\ \vdots & & \mathbf{R}^{-1} & \\ 0 & & & \end{pmatrix} \begin{pmatrix} \lambda_1 & \mathbf{b}\mathbf{R} \\ 0 & \\ \vdots & \mathbf{A}_{n-1}\mathbf{R} \\ 0 & \end{pmatrix} = \begin{pmatrix} \lambda_1 & \mathbf{b}\mathbf{R} \\ 0 & \\ \vdots & \mathbf{R}^{-1}\mathbf{A}_{n-1}\mathbf{R} \\ 0 & \end{pmatrix}$$

$$= \begin{pmatrix} \lambda_1 & & \mathbf{b}\mathbf{R} & \\ 0 & \lambda_2 & & \\ \vdots & & \ddots & \\ 0 & & & \lambda_n \end{pmatrix} = \begin{pmatrix} \lambda_1 & * & \cdots & * \\ 0 & \lambda_2 & \ddots & \vdots \\ \vdots & & \ddots & * \\ 0 & \cdots & 0 & \lambda_n \end{pmatrix}$$

したがって,

$$\therefore \mathbf{P}^{-1}\mathbf{A}\mathbf{P} = \begin{pmatrix} \lambda_1 & * & \cdots & * \\ 0 & \lambda_2 & \ddots & \vdots \\ \vdots & \ddots & \ddots & * \\ 0 & \cdots & 0 & \lambda_n \end{pmatrix} \quad (3.2.4\text{-}20)$$

（三角化って分かったかなぁ．）

いうことで，行列 $\mathbf{A}$ は行列 $\mathbf{Q}^{-1}\mathbf{A}\mathbf{Q}$ により三角化されることが分ります．読者は納得いきましたでしょうか？

さて，例題ですが，結構，ややこしいですよ．しっかり読んでください．そんなに有名な定理でもなく，応用も考え付かない定理なのですが，まあ，計算練習のつもりで見てください．

例題 3.2.4-1 n 次正方行列 $\mathbf{A}$ の固有値を $\lambda_1,\,\lambda_2,\,\cdots,\,\lambda_n$ とするとき，x に関する任意の整式 $f(x)$ について，$f(\mathbf{A})$ の固有値が $f(\lambda_1),\,f(\lambda_2),\,\cdots,\,f(\lambda_n)$ であることを示せ．（フロベニウス Frobenius の定理[注3]）

例題 3.2.4-1 解答

n 次正方行列 $\mathbf{A}$ の固有値 $\lambda_1,\,\lambda_2,\,\cdots,\,\lambda_n$ は，$|\mathbf{A} - \lambda\mathbf{E}| = \varphi(\lambda) = 0$ の高々 n 次の方程式の解である．したがって，

$$\varphi(\lambda) = (\lambda_1 - \lambda)(\lambda_2 - \lambda)\cdots(\lambda_n - \lambda) = \prod_{i=1}^{n}(\lambda_i - \lambda) = 0$$

が成り立つ．また，整式 $f(x)$ が，$f(x) = p_0 x^m + p_1 x^{m-1} + \cdots + p_{m-1}x + p_m$ のように，0 でない適当な係数 $p_i\,(i=1,2,\cdots,m)$ により表されるとする．ここで，$f(x) - \lambda = 0$ の解を重解はないとして，その解を $\alpha_i\,(i=1,2,\cdots,m)$ とする．すなわち，

$$f(x) - \lambda = p_0(x - \alpha_1)(x - \alpha_2)\cdots(x - \alpha_n) = p_0 \prod_{j=1}^{m}(x - \alpha_j) = 0 \quad (1)$$

と表せる．ここで，上式を行列 $\mathbf{A}$ の整式とすれば，

$$f(\mathbf{A}) - \lambda\mathbf{E} = p_0(\mathbf{A} - \alpha_1\mathbf{E})(\mathbf{A} - \alpha_2\mathbf{E})\cdots(\mathbf{A} - \alpha_m\mathbf{E}) = p_0\prod_{j=1}^{m}(\mathbf{A} - \alpha_j\mathbf{E}) = \mathbf{O} \quad (2)$$

と表せる．そこで，$f(\mathbf{A})$ の固有方程式は，

$$|f(\mathbf{A}) - \lambda\mathbf{E}| = \left| p_0\prod_{j=1}^{m}(\mathbf{A} - \alpha_j\mathbf{E}) \right| \quad (3)$$

となりますが，何か？ 前半戦が終わりました．ここから，式(3)を変形していきましょう．

ここで注意が必要です．どんな注意かと言いますと，式(3)の右辺の行列式の中の行列の次数は，あくまでも n 次です．n 次の行列を含む式が m 回乗じた形になっています．

ここまで，いかがでしょう．ふ～．さあ，一息ついた後，後半戦です．

注3. Frobenius
　フェルディナント・ゲオルク・フロベニウス Ferdinand Georg Frobenius，1849 年～1917 年）はドイツの数学者で，ベルリンに生まれ，1867 年ゲッティンゲン大学に入学，その後ベルリン大学に転じて，1870 年に博士号を取得しました．1874 年ベルリン大学助教授，1875 年から 1902 年までチューリッヒ工科大学教授を務めました．1902 年からベルリン大学教授となり，最期までその職にあり続けました．有限群の表現論を実質的に完成し，これは後に量子力学に不可欠な理論となる，ということで，数多くの偉業を達成しました．

$$|f(\mathbf{A}) - \lambda \mathbf{E}| = \left| p_0 \prod_{j=1}^{m}(\mathbf{A} - \alpha_j \mathbf{E}) \right| = p_0^n \left| \prod_{j=1}^{m}(\mathbf{A} - \alpha_j \mathbf{E}) \right|$$

$$= p_0^n \prod_{j=1}^{m}|(\mathbf{A} - \alpha_j \mathbf{E})| = p_0^n \prod_{j=1}^{m}\left(\prod_{i=1}^{n}(\lambda_i - \alpha_j) \right) = p_0^n \prod_{i=1}^{n}\left(\prod_{j=1}^{m}(\lambda_i - \alpha_j) \right)$$

$|p\mathbf{E}| = |\{p\delta_{ij}\}| = p^n$ を参考

掛ける順番を変えただけだよ

ここで，式(1)から，

$$f(\lambda_i) - \lambda = p_0 \prod_{j=1}^{m}(\lambda_i - \alpha_j)$$

ですから，

$$|f(\mathbf{A}) - \lambda \mathbf{E}| = p_0^n \prod_{i=1}^{n}\left(\prod_{j=1}^{m}(\lambda_i - \alpha_j) \right) = p_0^n \prod_{i=1}^{n}\left(\frac{f(\lambda_i) - \lambda}{p_0} \right) = \prod_{i=1}^{n}(f(\lambda_i) - \lambda) \quad (4)$$

$\prod_{i=1}^{n} \frac{1}{p_0} = \frac{1}{p_0^n}$ ですから．

となる．この式は，$f(\mathbf{A})$ の固有値が

$$f(\lambda_1), f(\lambda_2), \cdots, f(\lambda_n)$$

であることを示している．Q.E.D.

ということなんですが，如何でしたでしょうか？

さて，ここで別解答があります．え～，と言わないで，続けましょう

例題 3.2.4-1 別解答

n 次正方行列 $\mathbf{A}$ の固有値を $\lambda_1, \lambda_2, \cdots, \lambda_n$ とするとき，適当な正則行列 $\mathbf{P}$ により，

$$\mathbf{P}^{-1}\mathbf{A}\mathbf{P} = \begin{pmatrix} \lambda_1 & * & \cdots & * \\ 0 & \lambda_2 & \ddots & \vdots \\ \vdots & \ddots & \ddots & * \\ 0 & \cdots & 0 & \lambda_n \end{pmatrix}$$ となり，このとき，$(\mathbf{P}^{-1}\mathbf{A}\mathbf{P})^n = \mathbf{P}^{-1}\mathbf{A}^n\mathbf{P}$

であるから，任意の整式 $f(x)$ を $f(x) = p_0 x^m + p_1 x^{m-1} + \cdots + p_{m-1}x + p_m$ とすると，

$$\mathbf{P}^{-1}f(\mathbf{A})\mathbf{P} = \mathbf{P}^{-1}(p_0\mathbf{A}^m + p_1\mathbf{A}^{m-1} + \cdots + p_{m-1}\mathbf{A} + p_m\mathbf{E})\mathbf{P}$$
$$= p_0\mathbf{P}^{-1}\mathbf{A}^m\mathbf{P} + p_1\mathbf{P}^{-1}\mathbf{A}^{m-1}\mathbf{P} + \cdots + p_m\mathbf{P}^{-1}\mathbf{E}\mathbf{P}$$
$$= p_0(\mathbf{P}^{-1}\mathbf{A}\mathbf{P})^m + p_1(\mathbf{P}^{-1}\mathbf{A}\mathbf{P})^{m-1} + \cdots + p_m(\mathbf{P}^{-1}\mathbf{E}\mathbf{P})$$

これは面白い展開です

したがって，

$$\mathbf{P}^{-1}f(\mathbf{A})\mathbf{P} = p_0 \begin{pmatrix} \lambda_1^m & * & \cdots & * \\ 0 & \lambda_2^m & \ddots & \vdots \\ \vdots & \ddots & \ddots & * \\ 0 & \cdots & 0 & \lambda_n^m \end{pmatrix} + p_1 \begin{pmatrix} \lambda_1^{m-1} & * & \cdots & * \\ 0 & \lambda_2^{m-1} & \ddots & \vdots \\ \vdots & \ddots & \ddots & * \\ 0 & \cdots & 0 & \lambda_n^{m-1} \end{pmatrix} + \cdots + p_m \begin{pmatrix} 1 & * & \cdots & * \\ 0 & 1 & \ddots & \vdots \\ \vdots & \ddots & \ddots & * \\ 0 & \cdots & 0 & 1 \end{pmatrix}$$

$$\therefore \quad \mathbf{P}^{-1}f(\mathbf{A})\mathbf{P} = \begin{pmatrix} f(\lambda_1) & * & \cdots & * \\ 0 & f(\lambda_2) & \ddots & \vdots \\ \vdots & \ddots & \ddots & * \\ 0 & \cdots & 0 & f(\lambda_n) \end{pmatrix} \quad (\because \; e.g. \;\; f(\lambda_k) = p_0\lambda_k^m + p_1\lambda_k^{m-1} + \cdots + p_{m-1}\lambda_k + p_m)$$

となる．最後の式が，$f(\mathbf{A})$ の固有値が $f(\lambda_1), f(\lambda_2), \cdots, f(\lambda_n)$ であることを示している．

さあ，ちょっと，ややこしい説明が続きました．この辺は読み飛ばして，後から振り返るのも手です．そうすると，な～んだ！ となる場合が多いのです．

3.2.5. 行列の相似形（2次形式）

行列 $\mathbf{A}, \mathbf{B}$ について，相似を定義します．

> **定義 47　行列の相似**
> 行列 $\mathbf{A}, \mathbf{B}$ が n 次の行列であるとし，同じ n 次の任意の正則行列 $\mathbf{P}$ により，
> $$\mathbf{B} = \mathbf{P}^{-1}\mathbf{A}\mathbf{P} \tag{3.2.5-1}$$
> という式で表すことができるとき，行列 $\mathbf{A}, \mathbf{B}$ は互いに相似（*similitude*）であるという．

ここで，式 3.2.5-1 のように表された変換は，時に，変換行列 $\mathbf{P}$ に関する相似変換 (*similarity transformation*) と呼ばれます．相似な行列の間では，例えば，階数 (節 5.2 を参照)，行列式，トレース，固有値 (ただし，固有ベクトルは一般には異なる) が同じである，という性質があります．

この表式を，行列の固有値について試してみましょう．すなわち，相似な行列は，同じ固有値を持つことです．まず，$\mathbf{B} = \mathbf{P}^{-1}\mathbf{A}\mathbf{P}$ ですね．行列 $\mathbf{B}$ の固有値は，$|\mathbf{B}-\lambda\mathbf{E}| = 0$ から得られるのでした．そして，$\mathbf{E} = \mathbf{P}^{-1}\mathbf{E}\mathbf{P}$ は自明ですから，

$$|\mathbf{B}-\lambda\mathbf{E}| = |\mathbf{P}^{-1}\mathbf{A}\mathbf{P}-\lambda\mathbf{P}^{-1}\mathbf{E}\mathbf{P}| = |\mathbf{P}^{-1}\mathbf{A}\mathbf{P}-\mathbf{P}^{-1}(\lambda\mathbf{E})\mathbf{P}| = |\mathbf{P}^{-1}(\mathbf{A}-\lambda\mathbf{E})\mathbf{P}| \tag{3.2.5-2}$$
$$|\mathbf{P}^{-1}(\mathbf{A}-\lambda\mathbf{E})\mathbf{P}| = |\mathbf{P}^{-1}||\mathbf{A}-\lambda\mathbf{E}||\mathbf{P}| \quad \therefore \quad |\mathbf{B}-\lambda\mathbf{E}| = |\mathbf{A}-\lambda\mathbf{E}| \tag{3.2.5-3}$$

となり，行列 $\mathbf{A}, \mathbf{B}$ が同じ固有値を持つことが分かります．ここで，使用した公式
$$|\mathbf{P}^{-1}| = |\mathbf{P}|^{-1}, \quad |\mathbf{A}\mathbf{B}| = |\mathbf{A}||\mathbf{B}| \tag{3.2.5-4}$$
です．納得！簡単な例題を見てください．

> **例題 3.2.5-1** 次の行列 $\mathbf{A}, \mathbf{P}$ について，$\mathbf{B} = \mathbf{P}^{-1}\mathbf{A}\mathbf{P}$ であれば，$\mathbf{A} = \mathbf{P}\mathbf{B}\mathbf{P}^{-1}$ となることを示せ．

> **例題 3.2.5-1 解答**
> 1) $\mathbf{P}$ が零行列 $\mathbf{O}$ の場合は自明である
> 2) $\mathbf{P} \neq \mathbf{O}$ である場合は，行列は正則で，$\mathbf{P}^{-1}$ が存在するから，
>   与式 $\mathbf{B} = \mathbf{P}^{-1}\mathbf{B}\mathbf{P}$ に対して，右から $\mathbf{P}^{-1}$，左から $\mathbf{P}$ をかけると
> $$\mathbf{P}\mathbf{B}\mathbf{P}^{-1} = \mathbf{P}\mathbf{P}^{-1}\mathbf{A}\mathbf{P}\mathbf{P}^{-1} = \mathbf{E}\mathbf{A}\mathbf{E} = \mathbf{A}$$
> $$\therefore \quad \mathbf{A} = \mathbf{P}\mathbf{B}\mathbf{P}^{-1}$$

ということで，無茶苦茶簡単でした．しかし，1) のように行列 $\mathbf{P}$ が正則であるか，すなわち，逆行列 $\mathbf{P}^{-1}$ を持つかどうかのチェックを忘れずに解答を書いてください．ここで，$\mathbf{B} = \mathbf{P}^{-1}\mathbf{A}\mathbf{P}$ のような表式を，2次形式 (*quadratic form*) (節 3.5 参照) と呼びます．

練習問題 3.2.5-1 次の行列 $\mathbf{A}, \mathbf{P}$ について，$\mathbf{B} = \mathbf{P}^{-1}\mathbf{A}\mathbf{P}$ を計算し，$\mathbf{A} = (\mathbf{P}^{-1})^{-1}\mathbf{B}\mathbf{P}^{-1}$ すなわち，$\mathbf{A} = \mathbf{P}\mathbf{B}\mathbf{P}^{-1}$ となることを示せ．
$$\mathbf{A} = \begin{pmatrix} 1 & 2 \\ 3 & 4 \end{pmatrix}, \quad \mathbf{P} = \begin{pmatrix} 2 & 0 \\ 1 & 1 \end{pmatrix}$$

練習問題 3.2.5-2 n 次の行列 $\mathbf{A}, \mathbf{B}$ が，正則な n 次の行列 $\mathbf{P}$ について，相似ならば，$\mathbf{A}^\alpha, \mathbf{B}^\alpha$ $(\alpha \in \mathbb{N})$ も相似であることを示せ．また，行列 $\mathbf{A}$ の整式 $f(\mathbf{A})$ について，$f(\mathbf{A}), f(\mathbf{B})$ は相似であることを示せ．

3.2.6. 行列の対角化

n 次の正方行列 $\mathbf{A}$ があって，その固有値を $\lambda_i\ (i=1,2,\cdots,n)$ とし，それらに対応した固有ベクトルを $\mathbf{p}_i\ (i=1,2,\cdots,n)$ とします．このとき，
$$\mathbf{A}\mathbf{p}_1 = \lambda_1 \mathbf{p}_1,\ \mathbf{A}\mathbf{p}_2 = \lambda_2 \mathbf{p}_2,\ \cdots,\ \mathbf{A}\mathbf{p}_n = \lambda_n \mathbf{p}_n \tag{3.2.6-1}$$
ですから，
$$\mathbf{AP} = \mathbf{A}(\mathbf{p}_1\ \mathbf{p}_2\ \cdots\ \mathbf{p}_n) = (\mathbf{A}\mathbf{p}_1\ \mathbf{A}\mathbf{p}_2\ \cdots\ \mathbf{A}\mathbf{p}_n) = (\lambda_1\mathbf{p}_1\ \lambda_2\mathbf{p}_2\ \cdots\ \lambda_n\mathbf{p}_n) \tag{3.2.6-2}$$
と書けます．

ここで例題です．

例題 3.2.6-1 n 次の正方行列 $\mathbf{A}$ があって，横ベクトルにより
$$\mathbf{A} = \begin{pmatrix} \mathbf{a}^{(1)} & \mathbf{a}^{(2)} & \cdots & \mathbf{a}^{(n)} \end{pmatrix}^T$$
と表されている．一方，正方行列 $\mathbf{P}$ があって，縦ベクトルにより
$$\mathbf{P} = \begin{pmatrix} \mathbf{p}_{(1)} & \mathbf{p}_{(2)} & \cdots & \mathbf{p}_{(n)} \end{pmatrix}$$
と表されている．このとき
$$\mathbf{AP} = \mathbf{A}\begin{pmatrix} \mathbf{p}_{(1)} & \mathbf{p}_{(2)} & \cdots & \mathbf{p}_{(n)} \end{pmatrix} = \begin{pmatrix} \mathbf{A}\mathbf{p}_{(1)} & \mathbf{A}\mathbf{p}_{(2)} & \cdots & \mathbf{A}\mathbf{p}_{(n)} \end{pmatrix} \tag{3.2.6-3}$$
となることをを証明せよ

例題 3.2.6-1 解答
行列 $\mathbf{A}$，$\mathbf{P}$ についてベクトル表示について，行ベクトルを $\mathbf{a}^{(i)}$，列ベクトルを $\mathbf{p}_{(i)}$ と表すことにすると，
$$\mathbf{AP} = \begin{pmatrix} \mathbf{a}^{(1)} \\ \mathbf{a}^{(2)} \\ \vdots \\ \mathbf{a}^{(n)} \end{pmatrix} \begin{pmatrix} \mathbf{p}_{(1)} & \mathbf{p}_{(2)} & \cdots & \mathbf{p}_{(n)} \end{pmatrix} = \begin{pmatrix} \mathbf{a}^{(1)}\cdot\mathbf{p}_{(1)} & \mathbf{a}^{(1)}\cdot\mathbf{p}_{(2)} & \cdots & \mathbf{a}^{(1)}\cdot\mathbf{p}_{(n)} \\ \mathbf{a}^{(2)}\cdot\mathbf{p}_{(1)} & \mathbf{a}^{(2)}\cdot\mathbf{p}_{(2)} & \cdots & \mathbf{a}^{(2)}\cdot\mathbf{p}_{(n)} \\ \vdots & \vdots & \ddots & \vdots \\ \mathbf{a}^{(n)}\cdot\mathbf{p}_{(1)} & \mathbf{a}^{(n)}\cdot\mathbf{p}_{(2)} & \cdots & \mathbf{a}^{(n)}\cdot\mathbf{p}_{(n)} \end{pmatrix}$$
と書ける．ここで，$\mathbf{AP}$ の i 番目の列に注目すると，
$$\begin{pmatrix} \mathbf{a}^{(1)}\cdot\mathbf{p}_{(i)} \\ \mathbf{a}^{(2)}\cdot\mathbf{p}_{(i)} \\ \vdots \\ \mathbf{a}^{(n)}\cdot\mathbf{p}_{(i)} \end{pmatrix} = \begin{pmatrix} \mathbf{a}^{(1)} \\ \mathbf{a}^{(2)} \\ \vdots \\ \mathbf{a}^{(n)} \end{pmatrix} \cdot \mathbf{p}_{(i)} = \mathbf{A}\mathbf{p}_{(i)} \quad\therefore\quad \mathbf{AP} = \begin{pmatrix} \mathbf{A}\mathbf{p}_{(1)} & \mathbf{A}\mathbf{p}_{(2)} & \cdots & \mathbf{A}\mathbf{p}_{(n)} \end{pmatrix}$$
したがって題意は証明された．

さて，ここで，固有ベクトルを列ベクトルとした行列 $\mathbf{P}$ を考えます．すなわち，
$$\mathbf{P} = \begin{pmatrix} \mathbf{p}_1 & \mathbf{p}_2 & \cdots & \mathbf{p}_n \end{pmatrix} = \begin{pmatrix} p_{11} & p_{12} & \cdots & p_{1n} \\ p_{21} & p_{22} & \cdots & p_{2n} \\ \vdots & \vdots & \ddots & \vdots \\ p_{n1} & p_{n2} & \cdots & p_{nn} \end{pmatrix} \tag{3.2.6-4}$$
です．ここで，
$$\begin{pmatrix} \lambda_1\mathbf{p}_1 & \lambda_2\mathbf{p}_2 & \cdots & \lambda_n\mathbf{p}_n \end{pmatrix}$$

を考えます．すなわち，

$$
(\lambda_1 \mathbf{p}_1 \quad \lambda_2 \mathbf{p}_2 \quad \cdots \quad \lambda_n \mathbf{p}_n) = \begin{pmatrix} \lambda_1 p_{11} & \lambda_2 p_{12} & \cdots & \lambda_n p_{1n} \\ \lambda_1 p_{21} & \lambda_2 p_{22} & \cdots & \lambda_n p_{2n} \\ \vdots & \vdots & \ddots & \vdots \\ \lambda_1 p_{n1} & \lambda_2 p_{n2} & \cdots & \lambda_n p_{nn} \end{pmatrix}
$$

$$
= \begin{pmatrix} p_{11} & p_{12} & \cdots & p_{1n} \\ p_{21} & p_{22} & \cdots & p_{2n} \\ \vdots & \vdots & \ddots & \vdots \\ p_{n1} & p_{n2} & \cdots & p_{nn} \end{pmatrix} \begin{pmatrix} \lambda_1 & 0 & \cdots & 0 \\ 0 & \lambda_2 & \cdots & 0 \\ \vdots & \vdots & \ddots & \vdots \\ 0 & 0 & \cdots & \lambda_n \end{pmatrix} = \mathbf{P\Lambda} \quad (3.2.6\text{-}5)
$$

と書けます．ここで，行列 $\mathbf{\Lambda}$ は，行列 $\mathbf{A}$ の固有値 λ_i $(i=1, 2, \cdots, n)$ を対角線に並べた対角行列です．したがって，式 3.2.6-2 および式 3.2.6-5 から，

$$\mathbf{AP} = \mathbf{P\Lambda}$$

が得られます．もし，$\mathbf{P} = \mathbf{O}$ ならば，上式は不定で，意味がありません，でしょ．ですから，$\mathbf{P} \neq \mathbf{O}$ で正則行列とすれば，

$$\mathbf{AP} = \mathbf{P\Lambda} \quad \Rightarrow \quad \mathbf{P^{-1}AP} = \mathbf{P^{-1}P\Lambda} = \mathbf{\Lambda}$$

というわけで，行列 $\mathbf{A}$ の固有ベクトルを列ベクトルで構成する行列を用いて，行列 $\mathbf{A}$ が，行列 $\mathbf{A}$ の固有値を対角要素に持つ対角行列 $\mathbf{\Lambda}$ に変換できることがわかりました，よね．

次に，行列の対角化についてご紹介しましょう．正方行列 $\mathbf{A}$ が正則行列 $\mathbf{P}$ により，対角行列 $\mathbf{L}$ にすることができた，と仮定します．対角行列 $\mathbf{L}$ の対角要素を ℓ_i $(i=1, 2, \cdots, n)$ とします．すなわち，

$$
\mathbf{P^{-1}AP} = \mathbf{L} = \begin{pmatrix} \ell_1 & 0 & \cdots & 0 \\ 0 & \ell_2 & \ddots & \vdots \\ \vdots & \ddots & \ddots & 0 \\ 0 & \cdots & 0 & \ell_n \end{pmatrix} \quad (3.2.5\text{-}1)
$$

ただし，ℓ_i の中に 0 があっても良いです．ここで，上式に左から $\mathbf{P}$ を乗ずると，

$$\mathbf{PP^{-1}AP} = \mathbf{PL} \quad \Leftrightarrow \quad \mathbf{EAP} = \mathbf{PL} \quad \Leftrightarrow \quad \mathbf{AP} = \mathbf{PL} \quad (3.2.5\text{-}2)$$

となりますよね．また，行列 $\mathbf{P}$ は正則行列であり，$\mathbf{P}$ を列ベクトルで表すと，

$$\mathbf{P} = (\mathbf{p}_1 \quad \mathbf{p}_2 \quad \cdots \quad \mathbf{p}_n) \quad \mathbf{p}_i \neq \mathbf{o} \quad (i=1, 2, \cdots, n) \quad (3.2.5\text{-}3)$$

ですから，

$$
\mathbf{PL} = (\mathbf{p}_1 \quad \mathbf{p}_2 \quad \cdots \quad \mathbf{p}_n) \begin{pmatrix} \ell_1 & 0 & \cdots & 0 \\ 0 & \ell_2 & \ddots & \vdots \\ \vdots & \ddots & \ddots & 0 \\ 0 & \cdots & 0 & \ell_n \end{pmatrix} = (\ell_1 \mathbf{p}_1 \quad \ell_2 \mathbf{p}_2 \quad \cdots \quad \ell_n \mathbf{p}_n) \quad (3.2.5\text{-}4)
$$

となります．また，

$$\mathbf{AP} = \mathbf{A}(\mathbf{p}_1 \quad \mathbf{p}_2 \quad \cdots \quad \mathbf{p}_n) = (\mathbf{Ap}_1 \quad \mathbf{Ap}_2 \quad \cdots \quad \mathbf{Ap}_n) \quad (3.2.5\text{-}5)$$

と書けるならば，式 3.2.5-2 であることから，式 3.2.5-4 と式 3.2.5-5 により，

$$(\mathbf{Ap}_1 \quad \mathbf{Ap}_2 \quad \cdots \quad \mathbf{Ap}_n) = (\ell_1\mathbf{p}_1 \quad \ell_2\mathbf{p}_2 \quad \cdots \quad \ell_n\mathbf{p}_n) \tag{3.2.5-6}$$

となり，列ベクトル表示をまとめて，

$$\mathbf{Ap}_i = \ell_i \mathbf{p}_i \quad (i=1,2,\cdots,n) \tag{3.2.5-7}$$

と書けることになります．あっ！ これって，式 3.2.1-1 と同じ形で，固有方程式です．気が付きませんでしたでしょうか．ここで，式 3.2.5-5 の証明を以下の例題で取り上げます．

さて，行列の対角化の話を続けましょう．式 3.2.5-7 が意味することは，行列 $\mathbf{L}$ の対角要素 $\ell_i\,(i=1,2,\cdots,n)$ は，実は，行列 $\mathbf{A}$ の固有値であり，$\mathbf{p}_i\,(i=1,2,\cdots,n)$ は個々の固有値に対する固有ベクトルである，と言えます．逆に言えば，任意の行列の固有値を求め，それに対する固有ベクトルを求めて，その固有ベクトルを列ベクトルとする行列を作れば，式 3.2.5-1 により対角化ができる．もっと言えば，任意の行列を対角化した結果は，固有値を対角線とする行列と同値である，ということでしょうか．

因みに，行列 $\mathbf{A}$ の固有値を $\lambda_i\,(i=1,2,\cdots,n)$ とし，それに対応した固有ベクトル $\mathbf{p}_i$ について，固有ベクトルを列ベクトルとした行列 $\mathbf{P}$ を作れば，

$$\left|\mathbf{P}^{-1}\mathbf{AP}\right| = \prod_{i=1}^{n}\lambda_i$$

と表せます．あるいは，また，

$$\mathrm{tr}\!\left(\mathbf{P}^{-1}\mathbf{AP}\right) = \sum_{i=1}^{n}\lambda_i$$

$$\mathbf{P}^{-1}\mathbf{AP} = \begin{pmatrix} \lambda_0 & 0 & \cdots & 0 \\ 0 & \lambda_2 & \ddots & \vdots \\ \vdots & \ddots & \ddots & 0 \\ 0 & \cdots & 0 & \lambda_n \end{pmatrix}$$

ですから，分かりますよねぇ．

と表せます．まあ，言わずもがな，でしょうかね．単に，記号遊びです．

さて，固有値や固有ベクトルを求める練習をしてみましょう．例題は，行列の対角化を計算する実践です．

例題 3.2.5-2 つぎの行列 $\mathbf{A}$ の固有値および固有ベクトルを求め，固有ベクトルを縦ベクトルとする $\mathbf{P}$ により，$\mathbf{P}^{-1}\mathbf{AP}$ を計算し，行列 $\mathbf{A}$ が対角行列になっていることを示せ．

$$\mathbf{A} = \begin{pmatrix} 4 & 6 \\ 1 & 5 \end{pmatrix}$$

まず，固有値を求めます．固有値の求め方は分かりますね．元の行列は 2 次ですから固有値は 2 個（重根なら 1 個）求まります．固有ベクトルの作成には自由度がありますが，できる限り，シンプルな要素で作成しましょう．後の計算も楽になります．

例題 3.2.5-2　解答

求める固有ベクトル $\mathbf{p}_1, \mathbf{p}_2$ をとし，題意により，$\mathbf{P}$ を，

$$\mathbf{P} = (\mathbf{p}_1 \quad \mathbf{p}_2) = \begin{pmatrix} p_{11} & p_{12} \\ p_{21} & p_{22} \end{pmatrix}$$

とする．ここで，$|\mathbf{A}-\lambda\mathbf{E}|=0$ により，

$$|\mathbf{A}-\lambda\mathbf{E}| = \begin{pmatrix} 4-\lambda & 6 \\ 1 & 5-\lambda \end{pmatrix} = 0 \quad (4-\lambda)(5-\lambda)-6 = 0$$

$$\lambda^2 - 9\lambda + 14 = 0 \quad (2-\lambda)(7-\lambda) = 0$$

ここで，固有値は，$\lambda = 2,\,7$ と求まる．

次に，固有ベクトルを求める。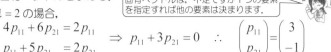
(a) $\lambda = 2$ の場合，
$$4p_{11} + 6p_{21} = 2p_{11}$$
$$p_{11} + 5p_{21} = 2p_{21}$$
$\Rightarrow p_{11} + 3p_{21} = 0 \quad \therefore \begin{pmatrix} p_{11} \\ p_{21} \end{pmatrix} = \begin{pmatrix} 3 \\ -1 \end{pmatrix}$

(b) $\lambda = 7$ の場合
$$4p_{12} + 6p_{22} = 7p_{12}$$
$$p_{12} + 5p_{22} = 7p_{22}$$
$\Rightarrow p_{12} - 2p_{22} = 0 \quad \therefore \begin{pmatrix} p_{12} \\ p_{22} \end{pmatrix} = \begin{pmatrix} 2 \\ 1 \end{pmatrix}$

となる．したがって，
$$\mathbf{P} = \begin{pmatrix} 3 & 2 \\ -1 & 1 \end{pmatrix}, \ |\mathbf{P}| = 5, \ \tilde{\mathbf{P}} = \begin{pmatrix} 1 & -2 \\ 1 & 3 \end{pmatrix}, \ \mathbf{P}^{-1} = \frac{1}{5}\begin{pmatrix} 1 & -2 \\ 1 & 3 \end{pmatrix}$$
であるから
$$\mathbf{P}^{-1}\mathbf{A}\mathbf{P} = \frac{1}{5}\begin{pmatrix} 1 & -2 \\ 1 & 3 \end{pmatrix}\begin{pmatrix} 4 & 6 \\ 1 & 5 \end{pmatrix}\begin{pmatrix} 3 & 2 \\ -1 & 1 \end{pmatrix} = \frac{1}{5}\begin{pmatrix} 2 & -4 \\ 7 & 21 \end{pmatrix}\begin{pmatrix} 3 & 2 \\ -1 & 1 \end{pmatrix}$$
$$= \frac{1}{5}\begin{pmatrix} 2 & -4 \\ 7 & 21 \end{pmatrix}\begin{pmatrix} 3 & 2 \\ -1 & 1 \end{pmatrix} = \frac{1}{5}\begin{pmatrix} 10 & 0 \\ 0 & 35 \end{pmatrix} = \begin{pmatrix} 2 & 0 \\ 0 & 7 \end{pmatrix}$$

このように，三角化（この場合は，対角化）している．如何でしたか？ 固有ベクトルは固有値から一意的には決まりませんが，比があっていれば，対角化はできるのです．

練習問題 3.2.6-1 行列 $\mathbf{A}$, $\mathbf{B}$ が相似であるとき，$|\mathbf{A}| = |\mathbf{B}|$ であることを示せ．

練習問題 3.2.6-2 n 次の正方行列 $\mathbf{A}$ について，$\mathbf{A}\mathbf{e}_j$ は列 $\mathbf{A}$ の第 j 列目を要素とするベクトルであることを確かめよ．ただし，$\mathbf{e}_j$ は，第 j 行目が 1 で，他の要素が全てが 0 である単位ベクトルである．すなわち，$\mathbf{e}_j = (\underbrace{0, \cdots, 0}_{j-1}, 1, \underbrace{0, \cdots, 0}_{n-j})^T$ を表す．

練習問題 3.2.6-3 つぎの行列 $\mathbf{A}$，
$$\mathbf{A} = \begin{pmatrix} 1 & 2 \\ 3 & 0 \end{pmatrix}$$
の固有値および固有ベクトルを求め，
固有ベクトルを縦ベクトルとする $\mathbf{P}$ により，$\mathbf{P}^{-1}\mathbf{A}\mathbf{P}$ を計算し，
行列 $\mathbf{A}$ が対角行列になっていることを示せ．

練習問題 3.2.6-4 つぎの行列 $\mathbf{A}$，
$$\mathbf{A} = \begin{pmatrix} -1 & 4 \\ 2 & 1 \end{pmatrix}$$
の固有値および固有ベクトルを求め，
固有ベクトルを縦ベクトルとする $\mathbf{P}$ により，$\mathbf{P}^{-1}\mathbf{A}\mathbf{P}$ を計算し，
行列 $\mathbf{A}$ が対角行列になっていることを示せ．

3.2.7. 固有ベクトルの交換

例題 3.2.5-2 で，行列 $\mathbf{P}$ の固有ベクトル $\mathbf{p}_1$ と $\mathbf{p}_2$ を入れ替えてみましょうか．

$$\mathbf{P} = \begin{pmatrix} 2 & 3 \\ 1 & -1 \end{pmatrix},\ |\mathbf{P}| = -5,\ \widetilde{\mathbf{P}} = \begin{pmatrix} -1 & -3 \\ -1 & 2 \end{pmatrix},\ \mathbf{P}^{-1} = -\frac{1}{5}\begin{pmatrix} -1 & -3 \\ -1 & 2 \end{pmatrix} \quad (3.2.7\text{-}1)$$

ですから

$$\mathbf{P}^{-1}\mathbf{A}\mathbf{P} = -\frac{1}{5}\begin{pmatrix} -1 & -3 \\ -1 & 2 \end{pmatrix}\begin{pmatrix} 4 & 6 \\ 1 & 5 \end{pmatrix}\begin{pmatrix} 2 & 3 \\ 1 & -1 \end{pmatrix} = \cdots = -\frac{1}{5}\begin{pmatrix} -35 & 0 \\ 0 & -10 \end{pmatrix} = \begin{pmatrix} 7 & 0 \\ 0 & 2 \end{pmatrix} \quad (3.2.7\text{-}2)$$

やはり，対角化しています．しかし，対角要素が反対になっています．念のために，$\mathbf{PP}^{-1} = \mathbf{P}(\widetilde{\mathbf{P}}/|\mathbf{P}|) = \mathbf{E}$ であることを確かめましょう．

練習問題 3.2.7-1　式 3.2.7-2 の「…」を埋めよ．

練習問題 3.2.7-2　例題 3.2.6-3 の固有（列）ベクトルを交換し，すなわち，

$$\mathbf{P} = (\mathbf{p}_1, \mathbf{p}_2) \Rightarrow \mathbf{Q} = (\mathbf{q}_1, \mathbf{q}_2) = \begin{pmatrix} q_{11} & q_{12} \\ q_{21} & q_{22} \end{pmatrix} = (\mathbf{p}_2, \mathbf{p}_1) = \begin{pmatrix} p_{12} & p_{11} \\ p_{22} & p_{21} \end{pmatrix}$$

$\mathbf{Q}^{-1}\mathbf{A}\mathbf{Q}$ を計算し，例題 3.2.6-3 の結果と比較せよ．

練習問題 3.2.7-3　次の行列 $\mathbf{A}$：

$$\mathbf{A} = \begin{pmatrix} 1 & 2 \\ 3 & 0 \end{pmatrix}$$

について，固有値，固有ベクトルを求め，固有ベクトルで構成する行列 $\mathbf{P}$ で，行列 $\mathbf{A}$ が演算 $\mathbf{P}^{-1}\mathbf{A}\mathbf{P}$ によって対角化されることを示せ．また，練習問題 3.2.7-2 と同様，行列 $\mathbf{P}$ の列（行列 $\mathbf{A}$ の固有ベクトル）を入れ替えた行列 $\mathbf{Q}$，すなわち，

$$\mathbf{P} = (\mathbf{p}_1, \mathbf{p}_2) \Rightarrow \mathbf{Q} = (\mathbf{q}_1, \mathbf{q}_2) = \begin{pmatrix} q_{11} & q_{12} \\ q_{21} & q_{22} \end{pmatrix} = (\mathbf{p}_2, \mathbf{p}_1) = \begin{pmatrix} p_{12} & p_{11} \\ p_{22} & p_{21} \end{pmatrix}$$

とするとき，$\mathbf{Q}^{-1}\mathbf{A}\mathbf{Q}$ を計算し，$\mathbf{P}^{-1}\mathbf{A}\mathbf{P}$ の結果を比較せよ．

Gallery 12.
　右：池のほとり
　　水彩画　（模写）
　　　著者作成
　左：札幌テレビ塔
　　写真
　　　著者撮影

3. 線形代数 II

3.3. ケーリー・ハミルトンの定理

3.3.1. ケーリー・ハミルトンの定理とは

ケーリー・ハミルトンの定理（Caley-Hamilton theorem）は，行列の固有値に関する定理です．はたして，その実態は，

定理5 ケーリー・ハミルトンの定理

n 次の正方行列 $\mathbf{A}$ があって，行列 $\mathbf{A}$ の固有値 λ，単位行列 $\mathbf{E}$ とで構成する行列式 $|\mathbf{A}-\lambda\mathbf{E}|$ を固有値 λ の関数 $\varphi(\lambda)$ と考えたとき，$\varphi(\mathbf{A})=\mathbf{O}$ となる．

という定理です．どういうことでしょうか？ 具体的に考えてみましょう．

いつものように，分かり易くするため，2次の正方行列 $\mathbf{A}$ を，

$$\mathbf{A} = \begin{pmatrix} a_{11} & a_{12} \\ a_{21} & a_{22} \end{pmatrix} \tag{3.3.1-1}$$

とします．定理の文章にしたがうと，

$$|\mathbf{A}-\lambda\mathbf{E}| = \left|\begin{pmatrix} a_{11} & a_{12} \\ a_{21} & a_{22} \end{pmatrix} - \lambda\begin{pmatrix} 1 & 0 \\ 0 & 1 \end{pmatrix}\right| = \begin{vmatrix} a_{11}-\lambda & a_{12} \\ a_{21} & a_{22}-\lambda \end{vmatrix} = (a_{11}-\lambda)(a_{22}-\lambda) - a_{12}a_{21}$$

ですから，$|\mathbf{A}-\lambda\mathbf{E}|$ は，

$$|\mathbf{A}-\lambda\mathbf{E}| = (-1)^2\lambda^2 - (a_{11}+a_{22})\lambda + a_{11}a_{22} - a_{12}a_{21} \tag{3.3.1-2}$$

と書けます．ここで，$a_{11}+a_{22}=\mathrm{tr}\,\mathbf{A}$ であり，また，$a_{11}a_{22}-a_{12}a_{21}=|\mathbf{A}|$ です．気が付きましたか？ $\varphi(\lambda)=(-1)^2\lambda^2-(a_{11}+a_{22})\lambda+a_{11}a_{22}-a_{12}a_{21}$ が求まりましたので，$\varphi(\mathbf{A})$ を実際に計算してみます．まず，$\varphi(\mathbf{A})=\mathbf{A}^2-(a_{11}+a_{22})\mathbf{A}+(a_{11}a_{22}-a_{12}a_{21})\mathbf{E}$ となります．$\varphi(\lambda)$ はスカラー関数ですが，$\varphi(\mathbf{A})$ とした時点で，2次の正方行列となりますので，最後に，2次の単位行列 $\mathbf{E}$ が加わります．さて，

$$\mathbf{A}^2 = \begin{pmatrix} a_{11} & a_{12} \\ a_{21} & a_{22} \end{pmatrix}\begin{pmatrix} a_{11} & a_{12} \\ a_{21} & a_{22} \end{pmatrix} = \begin{pmatrix} a_{11}^2+a_{12}a_{21} & a_{11}a_{12}+a_{12}a_{22} \\ a_{21}a_{11}+a_{22}a_{21} & a_{21}a_{12}+a_{22}^2 \end{pmatrix} \tag{3.3.1-3}$$

ですから，

$$\begin{aligned}\varphi(\mathbf{A}) &= \begin{pmatrix} a_{11}^2+a_{12}a_{21} & a_{11}a_{12}+a_{12}a_{22} \\ a_{21}a_{11}+a_{22}a_{21} & a_{21}a_{12}+a_{22}^2 \end{pmatrix} - (a_{11}+a_{22})\begin{pmatrix} a_{11} & a_{12} \\ a_{21} & a_{22} \end{pmatrix} \\ &\quad + \begin{pmatrix} a_{11}a_{22}-a_{12}a_{21} & 0 \\ 0 & a_{11}a_{22}-a_{12}a_{21} \end{pmatrix} \\ &= \begin{pmatrix} a_{11}^2+a_{12}a_{21}-(a_{11}+a_{22})a_{11}+a_{11}a_{22}-a_{12}a_{21} & a_{11}a_{12}+a_{12}a_{22}-(a_{11}+a_{22})a_{12} \\ a_{21}a_{11}+a_{22}a_{21}-(a_{11}+a_{22})a_{21} & a_{21}a_{12}+a_{22}^2-(a_{11}+a_{22})a_{22}+a_{11}a_{22}-a_{12}a_{21} \end{pmatrix}\end{aligned}$$

$$\therefore\ \varphi(\mathbf{A}) = \begin{pmatrix} 0 & 0 \\ 0 & 0 \end{pmatrix} = \mathbf{O}$$

ということです．納得しましたか？ 納得することこそが超大事なのです．

3.3. ケーリー・ハミルトンの定理

2次の正方行列で確かめられました．では，n次の正方行列に関してはどうでしょうか？ n次の正方行列の場合は，2次のように，具体的な計算はできません．数学的帰納法はどうでしょう？ 2次の正方行列で成り立っているので，n次の正方行列で成り立つ仮定し，$n+1$次ではどうかと考えるわけです．

ここで，例題1.6.3-3を振り返ります．逆行列について，

$$\mathbf{E} = \mathbf{A}\mathbf{A}^{-1} = \mathbf{A}\frac{\widetilde{\mathbf{A}}}{|\mathbf{A}|} \quad \therefore \quad \mathbf{A}\widetilde{\mathbf{A}} = |\mathbf{A}|\mathbf{E} \tag{3.3.1-4}$$

を示しました．すでに，以下のように変形できることを例題1.6.3-3の解答で示しています．

$$\left|\mathbf{A}\widetilde{\mathbf{A}}\right| = |\mathbf{A}|\left|\widetilde{\mathbf{A}}\right| = \left||\mathbf{A}|\mathbf{E}\right| = \left|\delta_{ij}|\mathbf{A}|\right| = |\mathbf{A}|^n \tag{3.3.1-5}$$

$$|\mathbf{A}|\left|\widetilde{\mathbf{A}}\right| = |\mathbf{A}|^n \quad \therefore \quad \left|\widetilde{\mathbf{A}}\right| = |\mathbf{A}|^{n-1} \tag{3.3.1-6}$$

ここは $|\mathbf{A}|\mathbf{E} = \begin{pmatrix} |\mathbf{A}| & \cdots & 0 \\ \vdots & \ddots & \vdots \\ 0 & \cdots & |\mathbf{A}| \end{pmatrix}$ ですわよ．

式3.3.1-4の第2式を要素を用いて復習してみましょう．$\mathbf{A} = \{a_{ij}\}$ $(1 \leq (i,j) \leq n)$ 行列について，余因子行列 $\widetilde{\mathbf{A}} = \{\widetilde{a}_{ji}\}$ $(1 \leq (i,j) \leq n)$ が存在するとき，

$$\mathbf{A}\widetilde{\mathbf{A}} = \left\{\sum_{k=1}^{n} a_{ik}\widetilde{a}_{jk}\right\} \quad (1 \leq (i,j) \leq n) \tag{3.3.1-7}$$

となります．ここで，$i=j$のとき，要素は$|\mathbf{A}|$であり，$i \neq j$のときは0ですから，

$$\mathbf{A}\widetilde{\mathbf{A}} = \left\{\delta_{ij}|\mathbf{A}|\right\} \tag{3.3.1-8}$$

となります．このことは，単位行列の主対角線の要素の全てが$|\mathbf{A}|$であることを，すなわち，

$$\mathbf{A}\widetilde{\mathbf{A}} = |\mathbf{A}|\mathbf{E} \tag{3.3.1-9}$$

となります．どうでしょうか．納得ですか？

さて，$|\mathbf{A} - \lambda\mathbf{E}| = 0$を満たす$\lambda$が固有値ですが，

$$|\mathbf{A} - \lambda\mathbf{E}| = \varphi(\lambda) \tag{3.3.1-10}$$

と書くと，固有値λは方程式$\varphi(\lambda) = 0$の根です．行列$\mathbf{A}$はn次ですから，$\varphi(\lambda)$はλの高々n次方程式

$$\varphi(\lambda) = (-1)^n \lambda^n + c_{n-1}\lambda^{n-1} + \cdots + c_1\lambda + c_0 \tag{3.3.1-11}$$

となります．ここで，c_i $(i = 0, 1, \cdots, n-1)$は適当な係数です．さあ，ケーリー・ハミルトンの定理とは

$$\varphi(\mathbf{A}) = (-1)^n \mathbf{A}^n + c_{n-1}\mathbf{A}^{n-1} + \cdots + c_1\mathbf{A} + c_0\mathbf{E} = \mathbf{O} \tag{3.3.1-12}$$

すなわち，$\varphi(\lambda)$というλのn次方程式のλに，行列$\mathbf{A}$を代入した行列の1次結合がセロ行列になる，と言う定理です．ここまで大丈夫ですね．

ここにおいて，ケーリー・ハミルトンの定理を証明する準備ができましたので，証明をしてみましょう．次項の定理の証明(1)では，余因子行列を用いてのアプローチです．次々項の定理の証明(2)では，行列の2次形式を用い行列の三角化を用いてのアプローチです．さあ，どんな世界が読者を待ち受けているのでしょう．途中でわからなくなっても，読み続けてください．ただし，ゴールまでいって，もう一度，戻ってきてください．再度，詳細を基本に戻って，チェックしてみてください．

えっ，そこまで，ひどくないって！ 失礼しました．では，証明を見比べてください．

3.3.2. 定理 5 の証明（1）

式 3.3.1-9 および式 3.3.1.10 により，

$$(A-\lambda E)\widetilde{(A-\lambda E)} = (A-\lambda E)\mathrm{adj}(A-\lambda E) = |A-\lambda E|E = \varphi(\lambda)E \qquad (3.3.2\text{-}1)$$

と書けます．また，式 3.3.1-11 から，適当な係数 c_i $(i=0, 1, \cdots, n-1)$ により，

$$\varphi(\lambda)E = \{(-1)^n\lambda^n + c_{n-1}\lambda^{n-1} + \cdots + c_1\lambda^1 + c_0\}E \qquad (3.3.2\text{-}2)$$

と書けます．一方，$\mathrm{adj}(A-\lambda E)$ は，行列 $(A-\lambda E)$ の余因子行列であり，式 1.4.2-2 から明白に，λ に関して $n-1$ 次ですから，適当な行列 P_i $(i=0, 1, \cdots, n-1)$ により，

$$\mathrm{adj}(A-\lambda E) = P_{n-1}\lambda^{n-1} + P_{n-2}\lambda^{n-2} + \cdots + P_1\lambda^1 + P_0 \qquad (3.3.2\text{-}3)$$

と表すことができます．したがって，

$$\begin{aligned}
(A-\lambda E)\mathrm{adj}(A-\lambda E) &= (A-\lambda E)(P_{n-1}\lambda^{n-1} + P_{n-2}\lambda^{n-2} + \cdots + P_1\lambda^1 + P_0) \\
&= A(P_{n-1}\lambda^{n-1} + P_{n-2}\lambda^{n-2} + \cdots + P_1\lambda^1 + P_0) - (P_{n-1}\lambda^n + P_{n-2}\lambda^{n-1} + \cdots + P_1\lambda^2 + P_0\lambda^1) \\
&= -P_{n-1}\lambda^n + (AP_{n-1} - P_{n-2})\lambda^{n-1} + \cdots + (AP_1 - P_0)\lambda^1 + AP_0
\end{aligned} \qquad (3.3.2\text{-}4)$$

と計算できます．したがって，式 3.3.2-2 および式 3.3.2-4 と λ のべき乗の係数を比較すると，

$$\begin{aligned}
\lambda^n &: & -P_{n-1} &= (-1)^n E \\
\lambda^{n-1} &: & AP_{n-1} - P_{n-2} &= c_{n-1}E \\
&\vdots & \vdots & \\
\lambda^1 &: & AP_1 - P_0 &= c_1 E \\
\lambda^0 &: & AP_0 &= c_0 E
\end{aligned} \qquad (3.3.2\text{-}5)$$

であり，さらに，上から順番に $A^n, A^{n-1}, \cdots, A, E$ を乗じると，

$$\begin{aligned}
\lambda^n &: & -A^n P_{n-1} &= (-1)^n A^n \\
\lambda^{n-1} &: & A^n P_{n-1} - A^{n-1}P_{n-2} &= c_{n-1}A^{n-1} \\
&\vdots & \vdots & \\
\lambda^1 &: & A^2 P_1 - AP_0 &= c_1 A \\
\lambda^0 &: & AP_0 &= c_0 E
\end{aligned} \qquad (3.3.2\text{-}6)$$

となり，ここで，両辺を加え，式 3.3.1-12 と比較すると，

$$O = (-1)^n A^n + c_{n-1}A^{n-1} + \cdots + c_1 A + c_0 E = \varphi(A) \qquad (3.3.2\text{-}7)$$

となります．すなわち，定理 5 が証明されました．

3.3.3. 定理 5 の証明（2）

行列の三角化を用いる別解答があります．行列 $A = \{a_{ij}\}$ $(1 \le (i,j) \le n)$ の固有方程式

$$|A - \lambda E| = \varphi(\lambda) = 0 \qquad (3.3.3\text{-}1)$$

:の解である固有値を $\lambda_1, , \lambda_2, \cdots, \lambda_n$ とすると，

$$\varphi(\lambda) = (-1)^n \lambda^n + a_1\lambda^{n-1} + \cdots + a_{n-1}\lambda^1 + a_n \qquad (3.3.3\text{-}2)$$

$$\varphi(A) = (-1)^n A^n + a_1 A^{n-1} + \cdots + a_{n-1}A + a_n E \qquad (3.3.3\text{-}3)$$

と表すことは，すでに触れていまして，ここで，適当な正則行列 P をえらべば，

$$P^{-1}AP = \begin{pmatrix} \lambda_1 & * & \cdots & * \\ 0 & \lambda_2 & \ddots & \vdots \\ \vdots & \ddots & \ddots & * \\ 0 & \cdots & 0 & \lambda_n \end{pmatrix} \qquad (3.3.3\text{-}4)$$

3.3. ケーリー・ハミルトンの定理

のように行列 $\mathbf{A}$ を三角化できると仮定しましょう．このとき，式 3.3.3-.3 により，
$$\varphi(\mathbf{P}^{-1}\mathbf{AP}) = (-1)^n(\mathbf{P}^{-1}\mathbf{AP})^n + a_1(\mathbf{P}^{-1}\mathbf{AP})^{n-1} + \cdots + a_{n-1}(\mathbf{P}^{-1}\mathbf{AP}) + a_n\mathbf{E}$$
が成り立ち，式 3.2.5-3 から，$\mathbf{P}^{-1}\mathbf{AP}$ の固有値は $\mathbf{A}$ の固有値と同じです．

ここで，$(\mathbf{P}^{-1}\mathbf{AP})(\mathbf{P}^{-1}\mathbf{AP}) = \mathbf{P}^{-1}\mathbf{APP}^{-1}\mathbf{AP} = \mathbf{P}^{-1}\mathbf{AEAP} = \mathbf{P}^{-1}\mathbf{A}^2\mathbf{P}$ ですから

$$\begin{aligned}\varphi(\mathbf{P}^{-1}\mathbf{AP}) &= (-1)^n\mathbf{P}^{-1}\mathbf{A}^n\mathbf{P} + a_1\mathbf{P}^{-1}\mathbf{A}^{n-1}\mathbf{P} + \cdots + a_{n-1}\mathbf{P}^{-1}\mathbf{AP} + a_n\mathbf{P}^{-1}\mathbf{EP} \\ &= \mathbf{P}^{-1}\left((-1)^n\mathbf{A}^n + a_1\mathbf{A}^{n-1} + \cdots + a_{n-1}\mathbf{A} + a_n\mathbf{E}\right)\mathbf{P} = \mathbf{P}^{-1}\varphi(\mathbf{A})\mathbf{P}\end{aligned} \quad (3.3.3\text{-}5)$$

となります．ここで，$a_n\mathbf{E} = a_n\mathbf{P}^{-1}\mathbf{EP}$ であることを断らずに使っています．

また，式 3.2.3-8 から，$\varphi(\lambda) = \prod_i^n(\lambda - \lambda_i)$ であり，$\mathbf{P}^{-1}\mathbf{AP}$ が行列であることに注意して，

$$\varphi(\mathbf{P}^{-1}\mathbf{AP}) = \prod_i^n(\mathbf{P}^{-1}\mathbf{AP} - \lambda_i\mathbf{E}) \quad (3.3.3\text{-}6)$$

ここがミソ！

とすることができます．上式を行列で表示すると，

$$\varphi(\mathbf{P}^{-1}\mathbf{AP}) = (\mathbf{P}^{-1}\mathbf{AP} - \lambda_1\mathbf{E})(\mathbf{P}^{-1}\mathbf{AP} - \lambda_2\mathbf{E})\cdots(\mathbf{P}^{-1}\mathbf{AP} - \lambda_{n-1}\mathbf{E})(\mathbf{P}^{-1}\mathbf{AP} - \lambda_n\mathbf{E})$$

ですから，

$$\varphi(\mathbf{P}^{-1}\mathbf{AP}) = \begin{pmatrix} 0 & * & \cdots & * \\ 0 & \lambda_2 & \ddots & \vdots \\ \vdots & \ddots & \ddots & * \\ 0 & \cdots & 0 & \lambda_n \end{pmatrix} \begin{pmatrix} \lambda_1 - \lambda_2 & * & \cdots & * \\ 0 & 0 & \ddots & \vdots \\ \vdots & \ddots & \ddots & * \\ 0 & \cdots & 0 & \lambda_n \end{pmatrix} \cdots \begin{pmatrix} \lambda_1 & * & \cdots & * \\ 0 & \lambda_2 & \ddots & \vdots \\ \vdots & \ddots & \ddots & * \\ 0 & \cdots & 0 & 0 \end{pmatrix} = \mathbf{O}$$

のように，主対角線の要素が順に 0 となる n 個の行列の積になります．したがって，式 3.3.3-5 により，$\varphi(\mathbf{P}^{-1}\mathbf{AP}) = \mathbf{P}^{-1}\varphi(\mathbf{A})\mathbf{P} = \mathbf{O}$ ですから，$\varphi(\mathbf{A}) = \mathbf{PO}\mathbf{P}^{-1} = \mathbf{O}$ が得られました．したがって，定理 5 が証明されました．

このように，ケーリー・ハミルトンの定理（定理 5）の証明が終わりました．解答は 2 種類紹介しました．如何でしたか？　読むだけで分かりましたか？　ちょっと無理だったかな…もう一度読み返して，間違いがあったら，ご指摘ください．式をみてわかると楽しくなりますね，著者はそうでした．練習問題で確認しましょう．

練習問題 3.3.3-1　次の行列 $\mathbf{A} = \begin{pmatrix} 1 & 2 \\ 3 & 0 \end{pmatrix}$ について，ケーリー・ハミルトンの定理を用いて $\mathbf{A}^2$ を計算せよ．

練習問題 3.3.3-2　次の行列 $\mathbf{A} = \begin{pmatrix} 1 & 2 \\ 3 & 4 \end{pmatrix}$ について，ケーリー・ハミルトンの定理を用いて $\mathbf{A}^3$ を計算せよ．

Gallery 13.
右：風の森ガーデン
　水彩画（模写）
　　著者作成
左：風の森ガーデン
　写真（箱根）
　　著者撮影

3.4. 複素行列

ここから，行列の要素が複素数である場合の行列 $\mathbf{A} = \{z_{ij}\}$ について説明をします．ここで，要素は，$z_{ij} = a_{ij} + ib_{ij}$ です．$z = a + ib$ などと書くときの i は，虚数単位（*imaginary unit*）と呼び，2 乗したら -1 になる数で，$i = \sqrt{-1}$ と書きます．ご存知ならいいのですが，老婆心，いや，老爺心ながら，書いてみました．

3.4.1. 複素ベクトルと複素行列

複素ベクトル（*complex vector*），複素行列（*complex matrix*）は，後に項 3.4.2 から項 3.4.4 で説明するエルミート行列やユニタリー行列で用いるベクトルおよび行列の表式です．ゆとり世代や最近の高校の授業では複素数やベクトルや行列などを教えていない場合があります．そんな読者には，ちょっと，ここで頭の隅に入れておいてください．

さて，最初に戻ります．一般的に，複素数 z は，虚数単位 $i = \sqrt{-1}$ により，
$$z = a + ib \in \mathbf{C} \quad (a, b \in \Re) \quad \text{あるいは，} \quad z = \Re(z) + i\Im(z)$$
と表現することはご存知でしょうか．この式は，複素数の基本式であり，実数 a, b と虚数単位 i による表式です．グラフでは，図 **3.4.1-1** に示すように，実軸と虚軸があって，$z = (a, b)$ と書くこともあります．この場合，複素数 z の大きさは，
$$|z| = \sqrt{a^2 + b^2} \tag{3.4.1-1}$$
と表します．さて，どうやって，計算するのでしょう．

$z = (a, b)$ と書くということは，ベクトルの表現に似ています．要素が実数の実ベクトル $\mathbf{v} = (v_1, v_2)$ については，その大きさを，
$$\|\mathbf{v}\| = \sqrt{\mathbf{v} \cdot \mathbf{v}} = \sqrt{v_1^2 + v_2^2} \quad \text{（項 1.2.3 式 1.2.3-1 参照）}$$
と書くのでした（ベクトルのノルム）．この方法を複素数の世界にそのまま適用してみますと，

図 **3.4.1-1** 複素共役

$$\sqrt{zz} = \sqrt{(a+bi)(a+bi)} = \sqrt{a^2 + 2iab - b^2} \quad (\because i^2 = -1)$$
です．なんか変ですね．綺麗さや整合性とかに欠けますね．果たして，昔の数学者は，頭が良いのです．複素共役を使うことで，このことを解決しました．すなわち，$z = a + ib$ の共役複素数を $\bar{z}$ と表し，$\bar{z} (= a - ib)$ とすれば，
$$\sqrt{z\bar{z}} = \sqrt{(a+ib)(a-ib)} = \sqrt{a^2 + iab - iab + b^2} = \sqrt{a^2 + b^2}$$
$$\sqrt{\bar{z}z} = \sqrt{(a-ib)(a+ib)} = \sqrt{a^2 + iab - iab + b^2} = \sqrt{a^2 + b^2}$$
となり，
$$|z| = \sqrt{z\bar{z}} = \sqrt{\bar{z}z} = \sqrt{a^2 + b^2} \tag{3.4.1-2}$$
と表現できることが分かります．図 **3.4.1-1** における複素数 z の長さ $\|\mathbf{z}\|$ の表現や実ベクトルとの整合性も取れました．さあ，ここから，この複素数の概念を拡張して，複素ベクトルや複素行列を説明しましょう．

複素数を要素に持つベクトルを複素ベクトル，複素数を要素に持つ行列を複素行列と呼びます．まず，複素ベクトルは，例えば，要素が 3 つの 3 次元ベクトル $\mathbf{z}$ は，
$$\mathbf{z} = \begin{pmatrix} z_1 & z_2 & z_3 \end{pmatrix}^T = \begin{pmatrix} a_1 + ib_1 & a_2 + ib_2 & a_3 + ib_3 \end{pmatrix}^T \tag{3.4.1-3}$$

と表現します．ベクトルの肩の T は，相変わらず（笑），転置の意味です．一般的には a_i, b_i $((i=1, 2, \cdots, n) \mid a_i > 0, b_i > 0 \in \Re)$ を用いて，$\mathbf{z} = \{a_i + ib_i\}$ と表します．複素ベクトルの内積は，例えば，

$$\mathbf{z} = \begin{pmatrix} z_1 & z_2 & \cdots & z_n \end{pmatrix}^T, \quad \mathbf{w} = \begin{pmatrix} w_1 & w_2 & \cdots & w_n \end{pmatrix}^T \quad (3.4.1\text{-}4)$$

について，$\mathbf{z}^T = \begin{pmatrix} z_1 & z_2 & \cdots & z_n \end{pmatrix}$ とも書けるので，

$$\mathbf{z} \cdot \mathbf{w} = \overline{\mathbf{z}}^T \mathbf{w} = \begin{pmatrix} \overline{z}_1 & \overline{z}_2 & \cdots & \overline{z}_n \end{pmatrix}\begin{pmatrix} w_1 & w_2 & \cdots & w_n \end{pmatrix}^T = \sum_{i=1}^{n} \overline{z}_i w_i \quad (3.4.1\text{-}5)$$

という表式となります．ちょっと，ややこしいですね．
　ここで，複素ベクトルの内積を定義します．

> **定義 48　複素ベクトルの内積　（エルミート内積）**
> 複素数 $\forall \mathbf{z}, \mathbf{w} \in C$ について，$\quad \mathbf{z} \cdot \mathbf{w} = \mathbf{z}^T \overline{\mathbf{w}} = |\mathbf{z}||\mathbf{w}|\cos\theta \quad (3.4.1\text{-}6)$
> と計算する．ここで，＊は随伴を意味し，転置して共役とすることを意味する

例えば，2次のベクトル $\mathbf{z}$, $\mathbf{w}$ について，図 **3.4.1-2** のように，

$$\mathbf{z} = \begin{pmatrix} z_1 \\ z_2 \end{pmatrix} = \begin{pmatrix} 1 \\ i \end{pmatrix}, \quad \mathbf{w} = \begin{pmatrix} w_1 \\ w_2 \end{pmatrix} = \begin{pmatrix} 1 \\ -i \end{pmatrix}$$

であるとき，

$$\mathbf{z} \cdot \mathbf{w} = \mathbf{z}^T \overline{\mathbf{w}} = \begin{pmatrix} 1 & i \end{pmatrix}\begin{pmatrix} 1 & i \end{pmatrix}^T = 1^2 + i^2 = 1 - 1 = 0$$

図 **3.4.1-2**　複素ベクトル $\mathbf{z}$, $\mathbf{w}$

となり，この場合は，複素ベクトル $\mathbf{z}$, $\mathbf{w}$ は直交することが分かります．

> **例題 3.4.1-1**　2つの複素数 z, w について，$z =\,^R z + i\,^I z$，$w =\,^R w + i\,^I w$ と書くとき，$\overline{zw} = \overline{z}\,\overline{w}$ を証明せよ．

> **例題 3.4.1-1 解答**
> $\overline{zw} = \overline{(^R z + i\,^I z)(^R w + i\,^I w)} = \overline{(^R z\,^R w -\,^I z\,^I w) + i(^R z\,^I w +\,^I z\,^R w)}$
> $\quad = (^R z\,^R w -\,^I z\,^I w) - i(^R z\,^I w +\,^I z\,^R w)$
> $\overline{z}\,\overline{w} = \overline{(^R z + i\,^I z)}\,\overline{(^R w + i\,^I w)} = (^R z - i\,^I z)(^R w - i\,^I w)$
> $\quad = (^R z\,^R w -\,^I z\,^I w) - i(^R z\,^I w +\,^I z\,^R w)$
> ∴ $\overline{zw} = \overline{z}\,\overline{w}$　　Q.E.D.

ここで，有用な定理があります

> **定理 6　複素数ベクトルの内積の性質**
> 複素数ベクトルを $\forall \mathbf{a}, \mathbf{b}, \mathbf{c} \in C^n$，$\forall \lambda \in C$ とするとき，以下が成り立つ
> 1) 交換法則　　$\mathbf{a} \cdot \mathbf{b} = \mathbf{b} \cdot \mathbf{a}$ $\quad (3.4.1\text{-}8)$
> 2) 分配法則　　$(\mathbf{a} + \mathbf{b}) \cdot \mathbf{c} = \mathbf{a} \cdot \mathbf{c} + \mathbf{b} \cdot \mathbf{c}$; $\mathbf{a} \cdot (\mathbf{b} + \mathbf{c}) = \mathbf{a} \cdot \mathbf{c} + \mathbf{a} \cdot \mathbf{c}$ $\quad (3.4.1\text{-}9)$
> 3) 結合法則（定義 48 による）　$(\lambda \mathbf{a}) \cdot \mathbf{b} = \overline{(\lambda \mathbf{a})} \mathbf{b}^T = \overline{\lambda}\,\overline{\mathbf{a}} \mathbf{b}^T = \overline{\lambda}(\mathbf{a} \cdot \mathbf{b})$ $\quad (3.4.1\text{-}10)$
> $\quad\quad\quad\quad\quad\quad\quad\quad \mathbf{a} \cdot (\lambda \mathbf{b}) = \overline{\mathbf{a}}(\lambda \mathbf{b})^T = \lambda \overline{\mathbf{a}} \mathbf{b}^T = \lambda(\mathbf{a} \cdot \mathbf{b})$
> 4) 長さ　　　$\mathbf{a} \neq \mathbf{0} \Rightarrow 0 < \mathbf{a} \cdot \mathbf{a} = \overline{\mathbf{a}}^T \mathbf{a} = \|\mathbf{a}\|^2 \in \Re$ $\quad (3.4.1\text{-}12)$

という演算方法があります．式 3.4.1-10 にご注意してください．複素係数が複素共役になる場合が異なります．

さて，項1.3.3（12）に書きましたが，複素行列 $\mathbf{A}$ があって，$\mathbf{A}^*$ のように，行列の表式の肩に＊が付いている場合は，「随伴」と呼ぶ表式であり．具体的には，行列の全要素を複素共役で置き換え，さらに転置する，という意味です．通常，複素数について複素共役と言う場合は，複素数 $z = a + ib$ に対して $\bar{z} = a - ib$ が複素共役です．行列もベクトルも同じで，例えば，複素数を要素に持つ行列 $\mathbf{A}$ について，$\mathbf{A} = \{z_{ij}\}$ と表す場合，複素共役行列 $\overline{\mathbf{A}}$ は，行列の各要素を複素共役とした行列で $\overline{\mathbf{A}} = \{\bar{z}_{ij}\}$ と書きます．そして，行列 $\overline{\mathbf{A}}$ の転置した行列 $\overline{\mathbf{A}}^T$ は，$\mathbf{A}^* = \overline{\mathbf{A}}^T = \{\bar{z}_{ji}\}$ と書き，これを行列 $\mathbf{A}$ の随伴行列と呼ぶわけです（式1.3.3-11を参照）．したがって，n 次の複素行列 $\mathbf{Z}$ の表式は，

$$\mathbf{Z} = \{z_{jk}\} = \{{}^R z_{jk} + i\, {}^I z_{jk}\} \quad \left({}^R z_{jk},\ {}^I z_{jk} \in \mathfrak{R}\,;\ j,k = 1, 2, \cdots, n\,;\ i = \sqrt{-1}\right) \quad (3.4.1\text{-}7)$$

$$\mathbf{Z} = \{z_{ij}\} = \begin{pmatrix} z_{11} & \cdots & z_{1n} \\ \vdots & \ddots & \vdots \\ z_{n1} & \cdots & z_{nn} \end{pmatrix} = \begin{pmatrix} {}^R z_{11} + i\, {}^I z_{11} & \cdots & {}^R z_{1n} + i\, {}^I z_{1n} \\ \vdots & \ddots & \vdots \\ {}^R z_{n1} + i\, {}^I z_{n1} & \cdots & {}^R z_{nn} + i\, {}^I z_{nn} \end{pmatrix},$$

$$\overline{\mathbf{Z}} = \{\bar{z}_{ij}\} = \begin{pmatrix} \bar{z}_{11} & \cdots & \bar{z}_{1n} \\ \vdots & \ddots & \vdots \\ \bar{z}_{n1} & \cdots & \bar{z}_{nn} \end{pmatrix} = \begin{pmatrix} {}^R z_{11} - i\, {}^I z_{11} & \cdots & {}^R z_{1n} - i\, {}^I z_{1n} \\ \vdots & \ddots & \vdots \\ {}^R z_{n1} - i\, {}^I z_{n1} & \cdots & {}^R z_{nn} - i\, {}^I z_{nn} \end{pmatrix}$$

のように表します．

ここで，複素行列の定理を紹介します．

定理7 転置行列，複素共役行列，随伴行列の性質

それぞれ，$m \times n$ 型，$n \times \ell$ 型の複素行列 $\mathbf{A}$，$\mathbf{B}$ および $\forall p \in \mathbf{C}$ である複素数，$\forall k \in \mathfrak{R}$ である実定数について，以下の式が成り立つ．

1) $\left(\mathbf{A}^T\right)^T = \mathbf{A}$ 2) $(\mathbf{A} + \mathbf{B})^T = \mathbf{A}^T + \mathbf{B}^T$ 3) $(\mathbf{AB})^T = \mathbf{B}^T \mathbf{A}^T$ 4) $(k\mathbf{A})^T = k\mathbf{A}^T$

であり，複素行列 $\mathbf{A}$，$\mathbf{B}$ が，行列の型など和・積が定義できる場合，

5) $\overline{\overline{\mathbf{A}}} = \mathbf{A}$ 6) $\overline{\mathbf{A} + \mathbf{B}} = \overline{\mathbf{A}} + \overline{\mathbf{B}}$ 7) $\overline{\mathbf{AB}} = \overline{\mathbf{A}}\,\overline{\mathbf{B}}$ 8) $\overline{p\mathbf{A}} = \bar{p}\overline{\mathbf{A}}$

9) $\overline{\mathbf{A}} = \mathbf{A}$ （$\mathbf{A}$ は実行列） 10) $(\mathbf{A} + \mathbf{B})^* = \mathbf{A}^* + \mathbf{B}^*$ 11) $\left(\mathbf{A}^*\right)^* = \mathbf{A}$

12) $(\mathbf{AB})^* = \mathbf{B}^* \mathbf{A}^*$ 13) $(p\mathbf{A})^* = \bar{p}\mathbf{A}^*$

読者のみなさんは，1)～13)の定理を練習問題で証明してみてください．

その2つ，7)および13)の転置がない場合を例題にします．

例題 3.4.1-1 複素行列 $\mathbf{A}$ および $\mathbf{B}$ について，$\overline{\mathbf{AB}} = \overline{\mathbf{A}}\,\overline{\mathbf{B}}$ を証明せよ．

例題 3.4.1-1 解答

複素行列 $\mathbf{A}$ および $\mathbf{B}$ の複素数の要素を $\forall z_{ij}, w_{ij} \in \mathbf{C}\ (i, j = 1, 2, \cdots, n)$，すなわち，

$$\mathbf{A} = \{z_{ij}\},\quad \mathbf{B} = \{w_{ij}\}\ (i, j = 1, 2, \cdots, n) \quad \mathbf{AB} = \left\{\sum_{k=1}^{n} z_{ik} w_{kj}\right\}$$

であり，その共役行列は，

$$\overline{\mathbf{A}} = \{\bar{z}_{ij}\},\quad \overline{\mathbf{B}} = \{\bar{w}_{ij}\}$$

です．したがって，

$$\overline{\mathbf{AB}} = \left\{\overline{\sum_{k}^{n} z_{ik} w_{kj}}\right\} = \left\{\sum_{k}^{n} \bar{z}_{ik}\, \bar{w}_{kj}\right\} = \overline{\mathbf{A}}\,\overline{\mathbf{B}}$$

もう1つ簡単な例題です．

3.4. 複素行列

例題 3.4.1-2 複素行列 $\mathbf{A}$ および複素数 α について, $\overline{\alpha \mathbf{A}} = \overline{\alpha}\,\overline{\mathbf{A}}$ を示せ.

例題 3.4.1-2 解答
行列 $\mathbf{A}$ の要素表示を $\mathbf{A} = \{a_{ij}\}$, および, $\alpha = a+ib$ とすれば, $\alpha\mathbf{A} = \{\alpha\, a_{ij}\}$ だから
$$\overline{\alpha\mathbf{A}} = \overline{\{\alpha\, a_{ij}\}} = \overline{\alpha}\{\overline{a_{ij}}\} = \overline{\alpha}\,\overline{\mathbf{A}}$$
となる. したがって, 題意は証明された.

まあ, 大丈夫, 理解できましたね.

練習問題 3.4.1-1 n 次の複素行列 $\mathbf{A}$, $\mathbf{B}$ について, $\left(\overline{\mathbf{A}+\mathbf{B}}\right)^T = \mathbf{A}^* + \mathbf{B}^*$ であることを示せ.

練習問題 3.4.1-2 n 次の複素行列 $\mathbf{A}$ について, $\left(\mathbf{A}^*\right)^* = \mathbf{A}$ あることを示せ.

練習問題 3.4.1-3 n 次の複素行列 $\mathbf{A}$, $\mathbf{B}$ について, $(\mathbf{AB})^* = \mathbf{B}^*\mathbf{A}^*$ あることを示せ.

練習問題 3.4.1-4 複素ベクトルの内積を $\mathbf{z}\cdot\mathbf{w} = \overline{\mathbf{z}}^T\mathbf{w}$ と定義するとき, $(\lambda\mathbf{a})\cdot\mathbf{b} = \overline{\lambda}(\mathbf{a}\cdot\mathbf{b})$, $\mathbf{a}\cdot(\lambda\mathbf{b}) = \lambda(\mathbf{a}\cdot\mathbf{b})$ を証明せよ. また, 複素ベクトルの内積を $\mathbf{z}\cdot\mathbf{w} = \mathbf{z}\overline{\mathbf{w}}^T$ と定義すると, どうなるか？

練習問題 3.4.1-5 2 次の複素行列 $\mathbf{A}$, $\mathbf{B}$ について,
$$\mathbf{A} = \begin{pmatrix} z_{11} & z_{12} \\ z_{21} & z_{22} \end{pmatrix}, \mathbf{B} = \begin{pmatrix} w_{11} & w_{12} \\ w_{21} & w_{22} \end{pmatrix}$$
要素の行列配置を用いて, $\overline{\mathbf{AB}} = \overline{\mathbf{A}}\,\overline{\mathbf{B}}$ を示せ.

練習問題 3.4.1-6 2 次の複素行列 $\mathbf{A}$, $\mathbf{B}$ について,
$$\mathbf{A} = \begin{pmatrix} z_{11} & z_{12} \\ z_{21} & z_{22} \end{pmatrix}, \mathbf{B} = \begin{pmatrix} w_{11} & w_{12} \\ w_{21} & w_{22} \end{pmatrix}$$
要素の行列配置を用いて, $(\mathbf{AB})^* = \mathbf{B}^*\mathbf{A}^*$ を示せ.

練習問題 3.4.1-7 2 次の複素行列 $\mathbf{A}$ および複素数 $p\in\mathbf{C}$ について,
$$\mathbf{A} = \begin{pmatrix} z_{11} & z_{12} \\ z_{21} & z_{22} \end{pmatrix}$$
要素の行列配置を用いて, $(p\mathbf{A})^* = \overline{p}\mathbf{A}^*$ を示せ.

Gallery 14.

右：窓辺の花瓶
　河口湖
　　チーズケーキ店で写真
　　　水彩画
　　　　著者作成
左：柚子鈴生り
　　写真　自宅
　　　著者撮影

3.4.2. エルミート行列．

項 1.3.3 で紹介しました，要素に複素数を含むエルミート行列 $\mathbf{H}$ (*Hermitian matrix*) です．

> **定義 49　エルミート行列 (Hermitian matrix)**
> 複素行列 $\mathbf{A}$ があって，その随伴行列 $\mathbf{A}^*$ との関係において，
> $$\mathbf{A}^* = \mathbf{A} \quad \text{あるいは，} \quad \overline{\mathbf{A}^T} = \mathbf{A} \tag{3.4.2-1}$$
> を満たす行列をエルミート行列 (*Hermitian matrix*) という．自己随伴行列 (*self-adjoint matrix*) とも言います．

エルミート行列は通常，$\mathbf{H}$ と書きます．なぜ，エルミート行列を $\mathbf{H}$ と書くかと言えば，このエルミート行列 $\mathbf{H}$ はフランスの数学者シャルル・エルミート Charles Hermite の名の H を使っているからです．ご存知でしょうけれど，フランス語では H は発音しませんので，Hermite はヘルミートではなく，エルミートと発音するのです．因みに，練習問題 3.4.1-1 から分かるように，$\mathbf{H}^* = (\overline{\mathbf{H}})^T$ ですから，式 3.4.2-1 で $\mathbf{A} \to \mathbf{H}$ とし，両辺の転置をとると，

$$\mathbf{H} = \mathbf{H}^* \Leftrightarrow (\mathbf{H})^T = (\mathbf{H}^*)^T = (\overline{\mathbf{H}^T})^T = \overline{\mathbf{H}} \quad \therefore \quad \mathbf{H}^T = \overline{\mathbf{H}} \tag{3.4.2-2}$$

であることが分かります．さて，行列の要素で書くならば，

$$\mathbf{H} = \{h_{ij}\} \Leftrightarrow \mathbf{H}^* = \{\overline{h_{ji}}\}$$

と書くのです．

> $\mathbf{H}^* = \overline{\mathbf{H}}^T$ ですから．

唐突ですが，ここで，エルミート行列 $\mathbf{H}$ の固有値を考えましょう．エルミート行列 $\mathbf{H}$ の固有値は，

$$|\mathbf{H} - \lambda \mathbf{E}| = 0 \tag{3.4.2-3}$$

から得られますね．このことは，振り返ってみれば，方程式，

$$(\mathbf{H} - \lambda \mathbf{E})\mathbf{x} = \mathbf{0} \tag{3.4.2-4}$$

が，$\|\mathbf{x}\| \neq 0$ である解を持つことに他なりません．式 3.4.2-3 から求めた任意の固有値 λ に対する固有ベクトルを $\mathbf{p} \, (\|\mathbf{p}\| \neq 0)$ とします（項 3.2.3 参照）．このとき，

$$\mathbf{H}\mathbf{p} = \lambda \mathbf{p} \tag{3.4.2-5}$$

なる固有方程式が成立します．ここで，両辺に $\mathbf{p}^*$ を左から掛けると

$$\mathbf{p}^* \cdot \mathbf{H}\mathbf{p} = \mathbf{p}^*(\mathbf{H}\mathbf{p}) = \mathbf{p}^* \cdot (\lambda \mathbf{p}) = \lambda \mathbf{p}^* \cdot \mathbf{p} \tag{3.4.2-6}$$

となります．また，練習問題 3.4.1-3 の結果および式 3.4.2-5 から，

> $\mathbf{H} = \mathbf{H}^*$ ですから．

$$(\mathbf{H}\mathbf{p})^* = (\lambda \mathbf{p})^* \Leftrightarrow \mathbf{p}^* \mathbf{H}^* = \overline{\lambda} \mathbf{p}^* \Leftrightarrow (\mathbf{p}^* \mathbf{H}) \cdot \mathbf{p} = \overline{\lambda} \mathbf{p}^* \cdot \mathbf{p} \tag{3.4.2-7}$$

となります．ここで，式 3.4.2-6 および式 3.4.2-7 から，

$$\lambda \mathbf{p}^* \cdot \mathbf{p} = \overline{\lambda} \mathbf{p}^* \cdot \mathbf{p} \Leftrightarrow (\lambda - \overline{\lambda}) \mathbf{p}^* \cdot \mathbf{p} = 0 \Rightarrow \lambda = \overline{\lambda} \; (\because \; \mathbf{p}^* \cdot \mathbf{p} = \|\mathbf{p}\|^2 \neq 0)$$

です．固有値 λ が複素数で，$\lambda = a + ib \; (\forall a, b \in \Re)$ と書くとき，$\overline{\lambda} = a - ib$ ですから

$$\lambda = \overline{\lambda} \Leftrightarrow \lambda - \overline{\lambda} = (a + ib) - (a - ib) = 2ib = 0 \quad \therefore \quad b = 0 \quad \therefore \quad \lambda = \overline{\lambda} = a \in \Re$$

すなわち，エルミート行列 $\mathbf{H}$ の固有値は実数であることが分かります．

さて，エルミート行列 $\mathbf{H}$ の任意の固有ベクトルが直交することを示しましょう．また，式 3.4.2-5 にある固有値と固有ベクトルの関係式を用います．

まず，エルミート行列 $\mathbf{H}$ の任意の異なる固有値を $\lambda_i, \lambda_j \; (\lambda_i \neq \lambda_j)$ とします．その固有値に対する固有ベクトルを $\mathbf{p}_i, \mathbf{p}_j$ とすると，例によって，

3.4. 複素行列

$$\mathbf{H}\mathbf{p}_i = \lambda_i \mathbf{p}_i, \quad \mathbf{H}\mathbf{p}_j = \lambda_j \mathbf{p}_j \qquad (3.4.2\text{-}8)$$

ですね．式 3.4.2-8 や $\mathbf{H} = \mathbf{H}^*$ やエルミート行列の固有値が実数（$\lambda = \bar{\lambda}$）ですから，

$$\mathbf{p}_i^* \mathbf{H} \mathbf{p}_j = \mathbf{p}_i^* (\mathbf{H}\mathbf{p}_j) = \mathbf{p}_i^* \lambda_j \mathbf{p}_j = \lambda_j \mathbf{p}_i^* \mathbf{p}_j$$
$$\mathbf{p}_i^* \mathbf{H} \mathbf{p}_j = (\mathbf{p}_i^* \mathbf{H}) \mathbf{p}_j = (\mathbf{H}^* \mathbf{p}_i)^* \mathbf{p}_j = (\mathbf{H}\mathbf{p}_i)^* \mathbf{p}_j = (\lambda_i \mathbf{p}_i)^* \mathbf{p}_j = \bar{\lambda}_i \mathbf{p}_i^* \mathbf{p}_j = \lambda_i \mathbf{p}_i^* \mathbf{p}_j$$
$$\therefore \quad (\lambda_i - \lambda_j) \mathbf{p}_i^* \mathbf{p}_j = 0 \qquad (3.4.2\text{-}9)$$

であることが分かります．なんか，面白い展開ですね．式 3.4.2-9 で，$\lambda_i \neq \lambda_j$ ですから，

$$\mathbf{p}_i^* \mathbf{p}_j = 0 \qquad (3.4.2\text{-}10)$$

となります．したがって，エルミート行列の任意の 2 つの固有ベクトルの内積が 0 ですから，任意の 2 つの固有ベクトルは直交することが分かります．

ここで，練習問題を見ます．

> 例題 3.4.2-1　2 次のエルミート行列 $\mathbf{H}_1$，$\mathbf{H}_2$ の積 $\mathbf{H}_1\mathbf{H}_2$ がエルミート行列であるための必要十分条件は，エルミート行列 $\mathbf{H}_1$，$\mathbf{H}_2$ が可換 $\mathbf{H}_1\mathbf{H}_2 = \mathbf{H}_2\mathbf{H}_1$ であることを示せ．

この例題は，定義通りですから簡単です．

> 例題 3.4.2-1 解答
> $\mathbf{H}_1$，$\mathbf{H}_2$ はエルミート行列であるから，$\mathbf{H}_1^* = \mathbf{H}_1$，$\mathbf{H}_2^* = \mathbf{H}_2$ である．ここで，$\mathbf{H}_1\mathbf{H}_2 = \mathbf{H}_2\mathbf{H}_1$ であるとき，$(\mathbf{H}_1\mathbf{H}_2)^* = \mathbf{H}_2^*\mathbf{H}_1^* = \mathbf{H}_2\mathbf{H}_1 = \mathbf{H}_1\mathbf{H}_2$ となる．逆に，$\mathbf{H}_1\mathbf{H}_2$ がエルミート行列ならば，$\mathbf{H}_1\mathbf{H}_2 = (\mathbf{H}_1\mathbf{H}_2)^* = \mathbf{H}_2^*\mathbf{H}_1^* = \mathbf{H}_2\mathbf{H}_1$ である．Q.E.D.

どうでした，簡単でしたか？　もう 1 つ，見てみましょうか．

> 例題 3.4.2-2　n 次のエルミート行列 $\mathbf{H}$ があって，零行列ではない任意の正方行列 $\mathbf{P}$ により作成された $\mathbf{P}^*\mathbf{H}\mathbf{P}$ はエルミート行列であることを示せ．

ちょっと，解答方針を立ててから解答を見ましょう．先読みの訓練です（重要）．

> 例題 3.4.2-2 解答
> $\mathbf{H} = \mathbf{H}^*$ だから，
> $$(\mathbf{P}^*\mathbf{H}\mathbf{P})^* = (\mathbf{H}\mathbf{P})^*(\mathbf{P}^*)^* = \mathbf{P}^*\mathbf{H}^*\mathbf{P} = \mathbf{P}^*\mathbf{H}\mathbf{P}$$
> したがって，$\mathbf{P}^*\mathbf{H}\mathbf{P}$ はエルミート行列である．　Q.E.D.

如何でした？　じっくり見ると，そう難しくはないでしょう．分かったとき，脳に活性化が起き，すっきりしませんか．よくテレビでそんなクイズ番組がありますよね．どの程度，活性化されるのかも不明で，精神の問題であって，科学的な分析がないとねえ・・・ところで，月刊雑誌で PHP というのがありますね．ご存知でしょうか？　例題 3.4.2-2 を見てて思い出しました．まだ，出版しているみたいですね．話はそれで終わり (笑)．

では，練習問題を楽しんでください．読むだけじゃ～ね．

練習問題 3.4.2-1　n 次の実行列 $\mathbf{A}$ が，$\mathbf{A}^T = -\mathbf{A}$ （交代行列）であるとき，行列 $i\mathbf{A}$ は，エルミート行列であることを示せ．

練習問題 3.4.2-2　以下の行列 $\mathbf{A}$ はエルミート行列であるか？

(1) $\quad \mathbf{A} = \begin{pmatrix} 1 & i \\ -i & 1 \end{pmatrix} \qquad$ (2) $\quad \mathbf{A} = \begin{pmatrix} -2i & i \\ i & 0 \end{pmatrix}$

3.4.3. 交代エルミート行列

交代エルミート行列，反（はん）エルミート行列あるいは歪（わい）エルミート行列がありますが，呼び名が異なるだけで同じ表式です．果たして，その定義は，

定義 50 交代エルミート行列，反エルミート行列あるいは歪エルミート行列

行列 $\mathbf{A}$ があって，その随伴行列 $\mathbf{A}^*$ に対して，
$$\mathbf{A}^* = -\mathbf{A} \quad \text{あるいは，} \quad \overline{\mathbf{A}}^T = -\mathbf{A}$$
を満たす行列を交代エルミート行列（*alternative-Hermitian matrix*），反エルミート行列（*anti-Hermitian mtrix*）あるいは，歪エルミート行列（*skew-Hermitian matrix*）と呼ぶ．

となっております．いきなり，練習問題です．そのほうが，分かり易いでしょう．

例題 3.4.3-1 次の行列 $\mathbf{A}$ は，交代エルミート行列であることを示せ．
$$\mathbf{A} = \begin{pmatrix} i & 1+i \\ -1+i & 0 \end{pmatrix}$$

例題 3.4.3-1 解答」
$$\mathbf{A} = \begin{pmatrix} i & 1+i \\ -1+i & 0 \end{pmatrix} \Rightarrow \overline{\mathbf{A}} = \begin{pmatrix} -i & 1-i \\ -1-i & 0 \end{pmatrix}$$
$$\overline{\mathbf{A}}^T = \begin{pmatrix} -i & 1-i \\ -1-i & 0 \end{pmatrix}^T = \begin{pmatrix} -i & -1-i \\ 1-i & 0 \end{pmatrix} = -\begin{pmatrix} i & 1+i \\ -1+i & 0 \end{pmatrix} \quad \therefore \overline{\mathbf{A}}^T = -\mathbf{A}$$
このことは，行列 $\mathbf{A}$ が反エルミート行列であることを示している． Q.E.D.

練習問題で確認してください．

練習問題 3.4.3-1 n 次の実行列 $\mathbf{A}$ が，$\mathbf{A}^T = \mathbf{A}$（対称行列）であるときは，行列 $i\mathbf{A}$ は，交代エルミート行列であることを示せ．

練習問題 3.4.3-2 以下の行列 $\mathbf{A}$ は交代エルミート行列であるか？

(1) $\mathbf{A} = \begin{pmatrix} 1 & i \\ -i & 1 \end{pmatrix}$ (2) $\mathbf{A} = \begin{pmatrix} -2i & i \\ i & 0 \end{pmatrix}$

3.4.4. ユニタリー行列

項 1.3.3 で紹介しました，要素に複素数を含むユニタリー行列 $\mathbf{U}$ です．
$$\mathbf{U}\mathbf{U}^* = \mathbf{U}^*\mathbf{U} = \mathbf{E} \tag{3.4.4-1}$$
とはどういう意味でしょうか．上記しましたように，随伴行列という文言を使えば，元の複素数行列と，その随伴行列との積が単位行列 $\mathbf{E}$ に等しい，ということです．このような場合，$\mathbf{U}$ をユニタリー行列と呼びます（項 1.3.3 式 1.3.3-12 を参照）．もう，感の良い読者はお気づきでしょう．$\mathbf{U}$ の逆行列 $\mathbf{U}^{-1}$ によれば，式 3.4.4-1 に注意して，
$$\mathbf{U}\mathbf{U}^{-1} = \mathbf{U}^{-1}\mathbf{U} = \mathbf{E} = \mathbf{U}\mathbf{U}^* = \mathbf{U}^*\mathbf{U} \tag{3.4.4-2}$$
ですから，式 3.4.4-2 により，
$$\mathbf{U}^{-1} = \mathbf{U}^* \tag{3.4.4-3}$$

なのです．なぜなら，

$$(\mathbf{U}^{-1}\mathbf{U})^{-1} = (\mathbf{U}^*\mathbf{U})^{-1} \Leftrightarrow \mathbf{U}^{-1}\mathbf{U} = \mathbf{U}^{-1}(\mathbf{U}^*)^{-1}$$
$$\Leftrightarrow \mathbf{U} = (\mathbf{U}^*)^{-1} \Leftrightarrow (\mathbf{U})^{-1} = ((\mathbf{U}^*)^{-1})^{-1} \Leftrightarrow \mathbf{U}^{-1} = \mathbf{U}^*$$

ですからです．したがって，ここで，ユニタリー行列の再定義をすると，

定義 51 ユニタリー行列

正方行列 $\mathbf{U}$ が，正則行列（$|\mathbf{U}| \neq 0$）であって

$$\mathbf{U}^{-1} = \mathbf{U}^* = \overline{\mathbf{U}}^T$$

である場合，$\mathbf{U}$ をユニタリー行列（*Unitary Matrix*）と呼ぶ．

となります．例題です．

例題 3.4.4-1 ユニタリー行列 $\mathbf{U}$ について，

$\mathbf{U}^T = \overline{\mathbf{U}}^{-1}$ を証明せよ．

例題 3.4.4-1 解答

行列 $\mathbf{U}$ はユニタリー行列だから，定義から，

$$\mathbf{U}^{-1} = \overline{\mathbf{U}}^T \Leftrightarrow \overline{(\mathbf{U}^{-1})} = \overline{(\overline{\mathbf{U}}^T)} \Leftrightarrow \overline{\mathbf{U}}^{-1} = \mathbf{U}^T$$

であるから，題意は示された． *Q.E.D.*

例題 3.4.4-2 行列 $\mathbf{A}$ が，エルミート行列であるとき，

$$\mathbf{U} = \alpha(\mathbf{E} - i\mathbf{A})(\mathbf{E} + i\mathbf{A})^{-1}$$

である行列 $\mathbf{U}$ はユニタリー行列であり，上記 $\mathbf{U}$ について，

$$|\alpha \mathbf{E} + \mathbf{U}| \neq 0$$

であることを示せ．ただし，$\alpha \in C$, $|\alpha| = 1$, $i = \sqrt{-1}$ である．

ここで，$|\alpha| = 1$ は，$\alpha\overline{\alpha} = 1$ とも書けますね．また，例えば，行列 $\mathbf{A}$ が逆行列を持つということは，$|\mathbf{A}| \neq 0$ であり，行列 $\mathbf{A}$ が正則行列であることを示しています．さて，この例題の解答を予測してみると，与式に $\mathbf{E} + i\mathbf{A}$ を右からかけることで，与式の逆行列が単位行列になりますよね．エルミート行列の性質 $\mathbf{A} = \mathbf{A}^*$ を使うだろうから，与式に $\mathbf{E} + i\mathbf{A}$ を右からかけた後，両辺の随伴を取ることになるだろうと予測できます．さあ，そんなことを頭の隅において，解答を見てみましょう．

例題 3.4.4-2 解答

1) 行列 $\mathbf{A}$ はエルミート行列であるから，

$$\mathbf{A} = \mathbf{A}^* \tag{1}$$

である．また，$\mathbf{E} + i\mathbf{A}$ は与式から逆行列をもつので，

$$\mathbf{E} + i\mathbf{A} \neq \mathbf{O} \tag{2}$$

である．そこで，与式に $\mathbf{E} + i\mathbf{A}$ を右からかけると，

$$\mathbf{U}(\mathbf{E} + i\mathbf{A}) = \alpha(\mathbf{E} - i\mathbf{A}) \tag{3}$$

となり，さらに，両辺を随伴行列にすれば，

$$(\mathbf{E} + i\mathbf{A})^* \mathbf{U}^* = \overline{\alpha}(\mathbf{E} - i\mathbf{A})^* \Rightarrow (\mathbf{E} - i\mathbf{A})\mathbf{U}^* = \overline{\alpha}(\mathbf{E} + i\mathbf{A}) \tag{4}$$

ここで，式 $\mathbf{E} - i\mathbf{A} = \mathbf{O}$ ならば，式（4）で $|\alpha| = 1(\neq 0)$ なので，$\mathbf{U} = \mathbf{O}$ となり題意に反する．したがって，$\mathbf{E} - i\mathbf{A}$ は正則で，逆行列を持つ．したがって，

$$\therefore \quad \mathbf{U}^* = \overline{\alpha}(\mathbf{E} - i\mathbf{A})^{-1}(\mathbf{E} + i\mathbf{A}) \tag{5}$$

ここで，与式と式（5）の両辺同士を乗ずると，
$$\mathbf{U}^*\mathbf{U} = \overline{\alpha}(\mathbf{E} - i\mathbf{A})^{-1}(\mathbf{E} + i\mathbf{A}) \cdot \alpha(\mathbf{E} - i\mathbf{A})(\mathbf{E} + i\mathbf{A})^{-1} \tag{6}$$
$$= \alpha\overline{\alpha}(\mathbf{E} - i\mathbf{A})^{-1}(\mathbf{E} - i\mathbf{A})(\mathbf{E} + i\mathbf{A})(\mathbf{E} + i\mathbf{A})^{-1} = \mathbf{E}$$

したがって，$\mathbf{U}^*\mathbf{U} = \mathbf{E}$ であり，$\mathbf{U}$ はユニタリー行列である．

2) 次に，
$$\alpha\mathbf{E} + \mathbf{U} = \alpha\mathbf{E} + \alpha(\mathbf{E} - i\mathbf{A})(\mathbf{E} + i\mathbf{A})^{-1} \tag{7}$$

である．ここで，
$$(\alpha\mathbf{E} + \mathbf{U})(\mathbf{E} + i\mathbf{A}) = \alpha\mathbf{E} \cdot (\mathbf{E} + i\mathbf{A}) + \alpha(\mathbf{E} - i\mathbf{A}) = \alpha\mathbf{E} + i\alpha\mathbf{E}\mathbf{A} + \alpha\mathbf{E} - i\alpha\mathbf{E}\mathbf{A}$$
$$= \alpha\mathbf{E} + i\alpha\mathbf{A} + \alpha\mathbf{E} - i\alpha\mathbf{E}\mathbf{A} = 2\alpha\mathbf{E}$$

$$\therefore \quad (\alpha\mathbf{E} + \mathbf{U})\left(\frac{\mathbf{E} + i\mathbf{A}}{2\alpha}\right) = \mathbf{E} \tag{8}$$

さて，ここで式（8）で

$\left(\dfrac{\mathbf{E} + i\mathbf{A}}{2\alpha}\right)$ は $\alpha\mathbf{E} + \mathbf{U}$ の逆行列であることが分かる．ゆえに，

$\alpha\mathbf{E} + \mathbf{U}$ は正則行列で，$|\alpha\mathbf{E} + \mathbf{U}| \neq 0$ である．Q.E.D.

では，例題をもう1つやってみましょう．ところで，等比数列の初項から n 項までの和の公式はご存知ですよね．忘れたって？ しょうがないですねぇ．初項1，公比 r の数列の場合，初項から n 項までの和を S とすると，
$$S = 1 + r + r^2 + \cdots + r^{n-1} \tag{3.4.4-3}$$

であり，上式の両辺に公比 r をかけると，
$$rS = r + r^2 + \cdots + r^{n-1} + r^n \tag{3.4.4-4}$$

ですから，式 3.4.4-4 から式 3.4.4-3 を差し引くと，$(r-1)S = (r^n - 1)$ なので，

$r = 1$ の場合は，式 3.4.4-3 から
$$S = n$$

$r \neq 1$ の場合は，
$$S = (r^n - 1)/(r - 1) \tag{3.4.4-5}$$

となります．釈迦に説法で，書かなくても良かったでしょうか．ご容赦ください．

さて，これを踏まえて，例題と解答を読んで，理解してください．

例題 3.4.4-3 以下の行列がユニタリー行列であることを証明せよ．

$$\mathbf{U} = \frac{1}{\sqrt{n}}\begin{pmatrix} 1 & 1 & 1 & \cdots & 1 \\ 1 & \omega_1 & \omega_1^2 & \cdots & \omega_1^{n-1} \\ 1 & \omega_2 & \omega_2^2 & \cdots & \omega_2^{n-1} \\ \vdots & \vdots & \vdots & \ddots & \vdots \\ 1 & \omega_{n-1} & \omega_{n-1}^2 & \cdots & \omega_{n-1}^{n-1} \end{pmatrix}$$

ただし，ω_k $(k = 1, 2, \cdots, n-1)$ は，実数ではない1の n 乗根である．

3.4. 複素行列

ちょっと厄介かも・・・しっかり解答を読んでください．でも，いきなりは，少々，分かりづらいので，例題の簡易版を最初に見てみましょう．

なので，3次の行列式ではどうでしょうか？ 例題の期待される解答の流れが見えてくるはずです．では，やってみましょう．

$$\mathbf{U} = \frac{1}{\sqrt{3}}\begin{pmatrix} 1 & 1 & 1 \\ 1 & \omega_1 & \omega_1^2 \\ 1 & \omega_2 & \omega_2^2 \end{pmatrix}, \quad \mathbf{U}^* = \frac{1}{\sqrt{3}}\begin{pmatrix} 1 & 1 & 1 \\ 1 & \overline{\omega}_1 & \overline{\omega}_2 \\ 1 & \overline{\omega}_1^2 & \overline{\omega}_2^2 \end{pmatrix} \quad (3.4.4\text{-}6)$$

ですから

$$\mathbf{UU}^* = \frac{1}{3}\begin{pmatrix} 1 & 1 & 1 \\ 1 & \omega_1 & \omega_1^2 \\ 1 & \omega_2 & \omega_2^2 \end{pmatrix}\begin{pmatrix} 1 & 1 & 1 \\ 1 & \overline{\omega}_1 & \overline{\omega}_2 \\ 1 & \overline{\omega}_1^2 & \overline{\omega}_2^2 \end{pmatrix}$$

$$= \frac{1}{3}\begin{pmatrix} 3 & 1+\overline{\omega}_1+\overline{\omega}_1^2 & 1+\overline{\omega}_2+\overline{\omega}_2^2 \\ 1+\omega_1+\omega_1^2 & 1+\omega_1\overline{\omega}_1+\omega_1^2\overline{\omega}_1^2 & 1+\omega_1\overline{\omega}_2+\omega_1^2\overline{\omega}_2^2 \\ 1+\omega_2+\omega_2^2 & 1+\omega_2\overline{\omega}_1+\omega_2^2\overline{\omega}_1^2 & 1+\omega_2\overline{\omega}_2+\omega_2^2\overline{\omega}_2^2 \end{pmatrix} \quad (3.4.4\text{-}7)$$

となります．さて，ここで，題意から，ω_1, ω_2 は，1の3乗根ですから，

$$\omega_1^3 = 1, \ (\omega_1-1)(\omega_1^2+\omega_1+1) = 0 \ \therefore \ \omega_1^2+\omega_1+1 = 0 \ (\because \ \omega_1 \neq 1 \in \Re)$$
$$\omega_2^3 = 1, \ (\omega_2-1)(\omega_2^2+\omega_2+1) = 0 \ \therefore \ \omega_2^2+\omega_2+1 = 0 \ (\because \ \omega_2 \neq 1 \in \Re)$$
$$\omega_1^2+\omega_1+1 = 0, \ \omega_2^2+\omega_2+1 = 0 \ \Rightarrow \ \overline{\omega}_1^2+\overline{\omega}_1+1 = 0, \ \overline{\omega}_2^2+\overline{\omega}_2+1 = 0$$

ですが，もともと，ω_1, ω_2 は，$\omega^2+\omega+1=0$ の2つ解の1つですから，

$$\omega = \frac{-1\pm i\sqrt{3}}{2} \ \Rightarrow \ \omega_1 = \frac{-1+i\sqrt{3}}{2}, \ \omega_2 = \frac{-1-i\sqrt{3}}{2} \quad (3.4.4\text{-}8)$$

としても一般性は失わないので，

$$\omega_1^2 = \left(\frac{-1+i\sqrt{3}}{2}\right)^2 = \frac{1}{4}(1-2i\sqrt{3}-3) = \frac{-1-i\sqrt{3}}{2} = \omega_2 = \overline{\omega}_1 = \overline{\omega}_2^2 \quad (3.4.4\text{-}9)$$

$$\omega_2^2 = \left(\frac{-1-i\sqrt{3}}{2}\right)^2 = \frac{1}{4}(1+2i\sqrt{3}-3) = \frac{-1+i\sqrt{3}}{2} = \omega_1 = \overline{\omega}_2 = \overline{\omega}_1^2 \quad (3.4.4\text{-}10)$$

$$\overline{\omega}_1^2 = \left(\frac{-1-i\sqrt{3}}{2}\right)^2 = \omega_1 = \overline{\omega}_2 = \omega_2^2 \quad (3.4.4\text{-}11)$$

$$\overline{\omega}_2^2 = \left(\frac{-1+i\sqrt{3}}{2}\right)^2 = \omega_2 = \overline{\omega}_1 = \omega_1^2 \quad (3.4.4\text{-}12)$$

ということになり，したがって，

$$1+\omega_1\overline{\omega}_1+\omega_1^2\overline{\omega}_1^2 = 1+\omega_1\omega_1^2+\omega_1^2\omega_1 = 3$$
$$1+\omega_2\overline{\omega}_2+\omega_2^2\overline{\omega}_2^2 = 1+\omega_2\omega_2^2+\omega_2^2\omega_2 = 3$$
$$1+\omega_2\overline{\omega}_1+\omega_2^2\overline{\omega}_1^2 = 1+\omega_2\omega_2+\omega_2^2\omega_2^2 = 1+\omega_2^2+\omega_2 = 0$$
$$1+\omega_1\overline{\omega}_2+\omega_1^2\overline{\omega}_2^2 = 1+\omega_1\omega_1+\omega_1^2\omega_1^2 = 1+\omega_1^2+\omega_1 = 0$$

ですから，式 3.4.4-7 は，

$$\mathbf{U}\mathbf{U}^* = \frac{1}{3}\begin{pmatrix} 1 & 1 & 1 \\ 1 & \omega_1 & \omega_1^2 \\ 1 & \omega_2 & \omega_2^2 \end{pmatrix}\begin{pmatrix} 1 & 1 & 1 \\ 1 & \overline{\omega}_1 & \overline{\omega}_2 \\ 1 & \overline{\omega}_1^2 & \overline{\omega}_2^2 \end{pmatrix} = \frac{1}{3}\begin{pmatrix} 3 & 0 & 0 \\ 0 & 3 & 0 \\ 0 & 0 & 3 \end{pmatrix} = \begin{pmatrix} 1 & 0 & 0 \\ 0 & 1 & 0 \\ 0 & 0 & 1 \end{pmatrix} = \mathbf{E} \quad (3.4.4\text{-}13)$$

となり，題意が $n=3$ の場合が証明されました．ここから，数学的帰納法という証明方法を用いてもできそうですが，本書では，オイラー公式を応用することにします．

例題 3.4.4-3 解答

まず，$\omega = e^{i\theta}$ とおけば，n 乗すれば，$\omega^n = 1 = \left(e^{i\theta}\right)^n = e^{in\theta}$ と書けるので，したがって，

$$n\theta = 2k\pi \quad k \in N \tag{1}$$

であるから，

$$\omega_k = e^{i\frac{2k\pi}{n}}, \quad \overline{\omega}_k = e^{-i\frac{2k\pi}{n}} \quad (k=1, 2, \cdots, n-1) \tag{2}$$

と書ける．題意は $\mathbf{U}\mathbf{U}^* = \mathbf{E}$ を示すことである．$\mathbf{U}^*$ は，$\mathbf{U}^* = \overline{\mathbf{U}}^T$ であるから，与式から，

$$\mathbf{U}^* = \frac{1}{\sqrt{n}}\begin{pmatrix} 1 & 1 & 1 & \cdots & 1 \\ 1 & \overline{\omega}_1 & \overline{\omega}_2 & \cdots & \overline{\omega}_{n-1} \\ 1 & \overline{\omega}_1^2 & \overline{\omega}_2^2 & \cdots & \overline{\omega}_{n-1}^2 \\ \vdots & \vdots & \vdots & \ddots & \vdots \\ 1 & \overline{\omega}_1^{n-1} & \overline{\omega}_2^{n-1} & \cdots & \overline{\omega}_{n-1}^{n-1} \end{pmatrix} \tag{3}$$

となる．目指すは，

$$\mathbf{U}\mathbf{U}^* = \frac{1}{\sqrt{n}}\begin{pmatrix} 1 & 1 & 1 & \cdots & 1 \\ 1 & \omega_1 & \omega_1^2 & \cdots & \omega_1^{n-1} \\ 1 & \omega_2 & \omega_2^2 & \cdots & \omega_2^{n-1} \\ \vdots & \vdots & \vdots & \ddots & \vdots \\ 1 & \omega_{n-1} & \omega_{n-1}^2 & \cdots & \omega_{n-1}^{n-1} \end{pmatrix} \cdot \frac{1}{\sqrt{n}}\begin{pmatrix} 1 & 1 & 1 & \cdots & 1 \\ 1 & \overline{\omega}_1 & \overline{\omega}_2 & \cdots & \overline{\omega}_{n-1} \\ 1 & \overline{\omega}_1^2 & \overline{\omega}_2^2 & \cdots & \overline{\omega}_{n-1}^2 \\ \vdots & \vdots & \vdots & \ddots & \vdots \\ 1 & \overline{\omega}_1^{n-1} & \overline{\omega}_2^{n-1} & \cdots & \overline{\omega}_{n-1}^{n-1} \end{pmatrix} = \mathbf{E} \tag{4}$$

である．実際に計算すると，$\ell \in N$ を用いて

$$\mathbf{U}\mathbf{U}^* = \frac{1}{n}\begin{pmatrix} n & \sum_{\ell=0}^{n-1}\overline{\omega}_1^\ell & \sum_{\ell=0}^{n-1}\overline{\omega}_2^\ell & \cdots & \sum_{\ell=0}^{n-1}\overline{\omega}_{n-1}^\ell \\ \sum_{\ell=0}^{n-1}\omega_1^\ell & u_{22} & \omega_{23} & \cdots & \omega_{2n} \\ \sum_{\ell=0}^{n-1}\omega_2^\ell & u_{32} & u_{33} & \cdots & u_{3n} \\ \vdots & \vdots & \vdots & \ddots & \vdots \\ \sum_{\ell=0}^{n-1}\omega_{n-1}^\ell & u_{n2} & u_{n3} & \cdots & u_{nn} \end{pmatrix} \tag{5}$$

と書ける．ただし，例えば，式 5 の u_{23} について考えてみると，

3.4. 複素行列

$$u_{23} = 1 + \omega_1 \overline{\omega}_2 + \omega_1^2 \overline{\omega}_2^2 + \cdots + \omega_1^{n-1} \overline{\omega}_2^{n-1} \tag{6}$$

ですから，$u_{st}\ (2 \leq (s,t) \leq n)$ に対して式1および式2を参照すれば，

$$u_{st} = \sum_{\ell=0}^{n-1} \omega_{s-1}^{\ell} \overline{\omega}_{t-1}^{\ell} = \sum_{\ell=0}^{n-1} e^{i\frac{2(s-1)\pi}{n}\ell} e^{-i\frac{2(t-1)\pi}{n}\ell} = \sum_{\ell=0}^{n-1} e^{i\frac{2(s-t)\pi}{n}\ell} \tag{7}$$

と書ける．ここで，場合分けをする．

1) $s=t$ の場合

$$u_{ss} = \sum_{\ell=0}^{n-1} e^{i\frac{2(s-s)\pi}{n}\ell} = \sum_{\ell=0}^{n-1} e^0 = \sum_{\ell=0}^{n-1} 1 = n \tag{8}$$

したがって，この場合は，式5で表す行列の対角要素はすべて n であることが分かる．

2) $s \neq t$ の場合

$$u_{st} = \sum_{\ell=0}^{n-1} e^{i\frac{2(s-t)\pi}{n}\ell} = 1 + (e^{i\frac{2(s-t)\pi}{n}})^1 + (e^{i\frac{2(s-t)\pi}{n}})^2 + \cdots + (e^{i\frac{2(s-t)\pi}{n}})^{n-1} \tag{9}$$

と書ける．これは初項1で公比 $e^{i\frac{2(s-t)\pi}{n}}$ の等比級数の和であるから，

$$u_{st} = \frac{1 - e^{i\frac{2(s-t)\pi}{n}n}}{1 - e^{i\frac{2(s-t)\pi}{n}}} = \frac{1 - e^{i2(s-t)\pi}}{1 - e^{i\frac{2(s-t)\pi}{n}}} = \frac{1-1}{1 - e^{i\frac{2(s-t)\pi}{n}}} = 0 \quad (2 \leq (s,t) \leq n) \tag{10}$$

となります．残りは，式5の1行目と1列目の

$$\sum_{\ell=0}^{n-1} \omega_s^{\ell},\ \sum_{\ell=0}^{n-1} \overline{\omega}_t^{\ell}\quad (s,t=2,3,\cdots,n-1)$$

ですが，いずれも等比級数ですから，

$$\sum_{\ell=0}^{n-1} \omega_s^{\ell} = \sum_{\ell=0}^{n-1} e^{i\frac{2s\pi}{n}\ell} = \frac{1 - e^{i\frac{2s\pi}{n}n}}{1 - e^{i\frac{2s\pi}{n}}} = \frac{1 - e^{i2s\pi}}{1 - e^{i\frac{2s\pi}{n}}} = \frac{1-1}{1 - e^{i\frac{2s\pi}{n}}} = 0 \quad (\because\ s \in N) \tag{11}$$

$$\sum_{\ell=0}^{n-1} \overline{\omega}_t^{\ell} = \sum_{\ell=0}^{n-1} e^{-i\frac{2t\pi}{n}\ell} = \frac{1 - e^{-i\frac{2t\pi}{n}n}}{1 - e^{-i\frac{2t\pi}{n}}} = \frac{1 - e^{-i2t\pi}}{1 - e^{-i\frac{2t\pi}{n}}} = \frac{1-1}{1 - e^{-i\frac{2t\pi}{n}}} = 0 \quad (\because\ t \in N) \tag{12}$$

となります．したがって，

$$\mathbf{UU}^* = \frac{1}{n}\begin{pmatrix} n & 0 & 0 & \cdots & 0 \\ 0 & n & 0 & \cdots & 0 \\ 0 & 0 & n & \cdots & 0 \\ \vdots & \vdots & \vdots & \ddots & \vdots \\ 0 & 0 & 0 & \cdots & n \end{pmatrix} = \begin{pmatrix} 1 & 0 & 0 & \cdots & 0 \\ 0 & 1 & 0 & \cdots & 0 \\ 0 & 0 & 1 & \cdots & 0 \\ \vdots & \vdots & \vdots & \ddots & \vdots \\ 0 & 0 & 0 & \cdots & 1 \end{pmatrix} = \mathbf{E} \tag{13}$$

となり，題意は示された． *Q.E.D.*

というように，無事証明をしました．何か，ご不満でもございますでしょうか．

ところで，例題の $\mathbf{U}$ や式3.4.4-6 の $\mathbf{U}$ のそれぞれの係数 $1/\sqrt{n}$ および $1/\sqrt{3}$ のことが気になった読者がいらっしゃるかと思いますが，ここにおいて，すっきり，お分かりのことと

思います．いずれも，$UU^* = E$ を示すための係数で重要な係数です．というわけで，例題を考える上で，例えば，例題の式(13)で，$UU^* = nE$ とならないようにするための，涙ぐましい著者の熟考だったのです（＾÷＾）．はっはっは．練習問題 3.4.4-1 の U の係数 $\sqrt{2}$ 然りです．えっ！大袈裟だっていうのですか？　ん～，確かに・・・．
厳しいご意見もございますでしょうけれど，めげずに，例題です．

例題 3.4.4-4　ユニタリー行列 U の固有値 λ の絶対値は 1 であることを示せ．

例題 3.4.4-4 解答

ユニタリー行列 U の固有値 $\lambda \in C$ が存在すれば固有ベクトル p は，一般的な状況では，$p \neq 0$ とすることができ，
$$Up = \lambda p \quad (1)$$
である．ここで，両辺の随伴をとると，
$$p^* U^* = \bar{\lambda} p^* \quad (\because (Up)^* = p^* U^*) \quad (2)$$

行列やベクトル，定数までも複素数として考えねばならないことに注意してください．

と書ける．したがって，式（1）の右からそれぞれ式（2）をかけると，
$$p^* U^* Up = \bar{\lambda} p^* \lambda p \quad \Rightarrow \quad p^* p = \bar{\lambda} \lambda p^* p \quad (\because U^* U = E)$$
となり，
$$\|p\|^2 (\bar{\lambda}\lambda - 1) = 0 \quad \Rightarrow \quad |\lambda|^2 = 1 \quad (\because \bar{\lambda}\lambda = |\lambda|^2) \quad \Rightarrow \quad |\lambda| = 1 \quad Q.E.D.$$

でいかがでしょうか？　ここで，別解答もあります．

例題 3.4.4-4 別解答
$$\|Up\|^2 = |\lambda|^2 \|p\|^2, \quad \|Up\|^2 = (Up)^*(Up) = p^* U^* Up = \|p\|^2 \Rightarrow \|p\|^2 \neq 0 \therefore |\lambda|^2 = 1$$

途中端折っていますが，このような解答もあります．最初の導入部が少々違いますが，そう，変わりはないですね．では，練習問題で，リフレッシュ（？）です．

練習問題 3.4.4-1　行列 $U = \dfrac{1}{\sqrt{2}} \begin{pmatrix} 1 & i \\ i & 1 \end{pmatrix}$ がユニタリー行列であることを示せ．

練習問題 3.4.4-2　行列 H (1) について，①行列 H がエルミート行列であることを示し，②固有ベクトル p_1, p_2 を計算し，③以下の（2）を満たすユニタリー行列 U を求めよ．
$$(1) \quad H = \begin{pmatrix} 1 & i \\ -i & 1 \end{pmatrix} \qquad (2) \quad U^* HU = \begin{pmatrix} 2 & 0 \\ 0 & 0 \end{pmatrix}$$

練習問題 3.4.4-3　次の行列 U がユニタリー行列であることを示し，次のベクトル x があって，$P = \bar{x}^T Ux$ を計算せよ．
$$U = \begin{pmatrix} i & 0 \\ 0 & -i \end{pmatrix}, \quad x = \begin{pmatrix} 1 \\ i \end{pmatrix}$$

練習問題 3.4.4-4　n 次のユニタリー行列 U の n 個の固有ベクトルが互いに直交することを示せ．

練習問題 3.4.4-5　行列 U がユニタリー行列であれば，U^* もまた，ユニタリー行列であることを示せ．

3.4. 複素行列

3.4.5. 正規行列

正規行列という言葉があります．果たして，その定義は，

> **定義 52　正規行列**
> 行列 A があって，
> $$A^*A = AA^* \quad \text{あるいは，} \quad \overline{A}^T A = A\overline{A}^T$$
> を満たす行列を正規行列（*normal matrix*）と呼ぶ．

まあ，それだけなんですけど．．．（笑）．実は，エルミート行列，交代エルミート行列，ユニタリー行列，また，実数要素の対称行列，交代行列，直交行列はすべて正規行列なのです．

> **例題 3.4.5-1**　エルミート行列 H は正規行列であることを示せ．

> **例題 3.4.5-1 解答**
> 行列 H がエルミート行列ならば，$H = H^*$ である．したがって，$H^* = H$ とも書けます．そこで，$H = H^*$ の両辺に左から $H^* = H$ かけると，$H^*H = HH^*$ になります．これは，まさに，行列 H がエルミート行列ならば，正規行列であることを示している．

んなことで，よろしかったですか．

> **例題 3.4.5-2**　ユニタリー行列 U は正規行列であることを示せ．

> **例題 3.4.5-1 解答**
> 行列 U がユニタリー行列ならば，$UU^* = U^*U = E$ であり，行列 U は正規行列である．

なあ〜んだ，そのまんまじゃないですか，と言われそうですが，そのまんまです（笑）．でも，そこで，気を抜かず，*Go ahead*！

練習問題 3.4.5-1　要素が実数の対称行列は正規行列であることを示せ．
練習問題 3.4.5-2　ユニタリー行列 U は単位円上に固有値を持つ正規行列であることを示せ．
練習問題 3.4.5-3　ある正方行列 A がユニタリー行列 U で対角化可能で Ξ :
$$\Xi = \begin{pmatrix} \xi_1 & & 0 \\ & \ddots & \\ 0 & & \xi_n \end{pmatrix}$$
となるならば，正方行列 A は正則行列であることを示せ．

Gallery 15.
右：バラ
　水彩画（模写）
　　著者作成
左：はなもも
　写真（著者自宅）
　　著者撮影

3.5. 2次形式

ここでは，2次形式（*quadratic form*）について少々説明します．

3.5.1. 双1次形式

2次形式の説明に入る前に，双1次形式（*bilinear form*）なる表式を説明します．双1次形式とは，現れる2種の変数の，高々1次の積に対して，2種の変数に対応した任意の係数を乗じて，1次結合で表した表式です．一般的に分かり易い双1次形式，$P = \mathbf{x}^T \mathbf{A} \mathbf{y}$ なる表式で，計算すると，

$$P = \mathbf{x}^T \mathbf{A} \mathbf{y} \quad (3.5.1\text{-}1)$$

$$= \begin{pmatrix} x_1 & x_2 & \cdots & x_n \end{pmatrix} \begin{pmatrix} a_{11} & a_{12} & \cdots & a_{1n} \\ a_{21} & a_{22} & \cdots & a_{2n} \\ \vdots & \vdots & \ddots & \vdots \\ a_{n1} & a_{n2} & \cdots & a_{nn} \end{pmatrix} \begin{pmatrix} y_1 \\ y_2 \\ \vdots \\ y_n \end{pmatrix}$$

$$= \begin{pmatrix} x_1 & x_2 & \cdots & x_n \end{pmatrix} \begin{pmatrix} a_{11}y_1 + a_{12}y_2 + \cdots + a_{1n}y_n \\ a_{21}y_1 + a_{22}y_2 + \cdots + a_{2n}y_n \\ \vdots \\ a_{n1}y_1 + a_{n2}y_2 + \cdots + a_{nn}y_n \end{pmatrix}$$

$$= a_{11}x_1 y_1 + a_{12}x_1 y_2 + \cdots + a_{1n}x_1 y_n$$
$$+ a_{21}x_2 y_1 + a_{22}x_2 y_2 + \cdots + a_{2n}x_2 y_n$$
$$+ \cdots +$$
$$+ a_{n1}x_n y_1 + a_{n2}x_n y_2 + \cdots + a_{nn}x_n y_n \quad (3.5.1\text{-}2)$$

の最後の式 3.5.1-2 が，説明のように，双1次形式の表式になります．すなわち，式 3.5.1-2 をよく見ると，各項の $x_i y_j$ が，$i = 1, 2, \cdots, n$ および $j = 1, 2, \cdots, n$ の全ての組み合わせになっています．しかも，変数の2乗の形式になる項がありません．この形式が，一般的に，双1次形式と呼ばれている所以です．

お気付きでしょうけれど，式 3.5.1-1 は，行列 $\mathbf{A}$ を単位行列 $\mathbf{E}$ とすれば，

$$P = \mathbf{x}^T \mathbf{E} \mathbf{y} = \mathbf{x}^T \mathbf{y} = \mathbf{x} \cdot \mathbf{y} \quad (3.5.1\text{-}3)$$

のように，ベクトル $\mathbf{x}, \mathbf{y}$ の内積になります．それだけなんですけど，気が付いたもんで．

では，2次形式の表式を少々詳しく見ていきましょう．2次形式は幾何の分野でも，曲線を表現する方程式で良く利用されています．

3.5.2. 2次形式とは

さあ，2次形式（*quadratic form*）とはなんでしょう？ 一般的な整式では，

$$x^2 + 2xy + 3y^2 \quad (3.5.2\text{-}1)$$

のように，変数の最大次数が2次である場合を言い，2次の同次多項式のことです．そして，変数の数によって，一元，二元，三元，‥と2次形式が分類されます．さて，式 3.5.1-1 をベクトル $\mathbf{a}$ と行列 $\mathbf{A}$ によって，以下のように表すことができます．すなわち，

3.5.2 次形式

$$\mathbf{a} = \begin{pmatrix} x \\ y \end{pmatrix}, \quad \mathbf{A} = \begin{pmatrix} 1 & 2 \\ 0 & 3 \end{pmatrix} \quad (3.5.2\text{-}2)$$

とすると，

$$\mathbf{a}^T \mathbf{A} \mathbf{a} = \begin{pmatrix} x & y \end{pmatrix} \begin{pmatrix} 1 & 2 \\ 0 & 3 \end{pmatrix} \begin{pmatrix} x \\ y \end{pmatrix} = \begin{pmatrix} x & y \end{pmatrix} \begin{pmatrix} x+2y \\ 3y \end{pmatrix} = x(x+2y) + 3y^2 = x^2 + 2xy + 3y^2$$

というようになります．どうですか？ 式3.5.2-1の導出ができました．一般的には，

$$\begin{pmatrix} x & y \end{pmatrix} \begin{pmatrix} a & b \\ c & d \end{pmatrix} \begin{pmatrix} x \\ y \end{pmatrix} = \begin{pmatrix} x & y \end{pmatrix} \begin{pmatrix} ax+by \\ cx+dy \end{pmatrix} = ax^2 + (b+c)xy + dy^2 \quad (3.5.2\text{-}3)$$

とすれば，行列 $\mathbf{A}$ の要素を $a=1, b=2, c=0, d=3$ として式 3.5.2-3 に代入すると式 3.5.2-1 が逆に計算することができます．ですので，上記の逆の流れは練習問題などの作成に使用する方法です(笑)．

3.5.3. 2次形式の定義

満を持して(笑)，ここで，複素ベクトルと行列について，2次形式の定義をします．基本形式やエルミート形式，交代エルミート形式などを提起していきます．ただし，この項で扱う以下のベクトル $\mathbf{x}$ は，$\mathbf{x}(z_i \in C; i=1 \sim n) \in V^n$ なる複素ベクトルとします．

定義53　2次形式

n次の複素ベクトル $\mathbf{x}$ および n 次の正方行列 $\mathbf{A}$ について，

$$Q = \mathbf{x}^T \mathbf{A} \mathbf{x} \quad (3.5.3\text{-}1)$$

で表す表式を2次形式（*quadratic form*）と呼び，スカラーかスカラー関数となる．

ここで，式3.4.2-1に示しました，エルミート行列を用いたエルミート形式を定義します．

定義54　エルミート行列の2次形式

要素が複素数であるエルミート行列，$\mathbf{H} = \mathbf{H}^*$ あるいは $\overline{\mathbf{H}} = \mathbf{H}^T$ について，複素ベクトル $\mathbf{x}$ があるとき，

$$H = \overline{\mathbf{x}}^T \mathbf{H} \mathbf{x} \quad (3.5.3\text{-}2)$$

と書いて，単に，エルミート形式（*Hermitian form*）と呼び，常に実数を得る．

定義に従えば，次の定理が成り立ちます．

定理8 複素ベクトル $\mathbf{x}$ について，エルミート行列 $\mathbf{H}$ による
　　　　エルミート形式の値 $H = \overline{\mathbf{x}}^T \mathbf{H} \mathbf{x}$ は，常に実数である．

ここで，定理8の証明をします．エルミート行列の性質，$\overline{\mathbf{H}}^T = \mathbf{H}$，および定理6，定理7を用いると，

$$\overline{H} = \overline{\overline{\mathbf{x}}^T \mathbf{H} \mathbf{x}} = \mathbf{x}^T \overline{\mathbf{H}} \overline{\mathbf{x}} = \mathbf{x}^T \mathbf{H} \overline{\mathbf{x}} = (\overline{\mathbf{x}}^T \mathbf{H} \mathbf{x})^T = \overline{H}^T$$

ここで，$H = a + ib \ (a, b \in \Re, i = \sqrt{-1})$ とすれば，$H = a + ib = \overline{H} = a - ib$ だから，$2ib = 0$ であり，$i = \sqrt{-1} \neq 0$ により，常に，$b = 0$ であり，したがって，$H = a$ となり，題意が証明されます．例えば，次の行列 $\mathbf{H}$ は，

$$\mathbf{H} = \begin{pmatrix} 2 & 1-i \\ 1+i & 1 \end{pmatrix} \Rightarrow \mathbf{H}^T = \begin{pmatrix} 2 & 1+i \\ 1-i & 1 \end{pmatrix} \Rightarrow \overline{\mathbf{H}}^T = \begin{pmatrix} 2 & 1-i \\ 1+i & 1 \end{pmatrix} = \mathbf{H} \quad (3.5.3\text{-}3)$$

ですからエルミート行列です。$\mathbf{x} \in V^n$ $\left(\mathbf{x} = \begin{pmatrix} x_1 & x_2 \end{pmatrix}^T, \forall x_1, x_2 \in \mathbf{C}\right)$とすれば，エルミート形式は，

$$H = \overline{\mathbf{x}}^T \mathbf{H} \mathbf{x} = \begin{pmatrix} \overline{x}_1 & \overline{x}_2 \end{pmatrix} \begin{pmatrix} 2 & 1-i \\ 1+i & 1 \end{pmatrix} \begin{pmatrix} x_1 \\ x_2 \end{pmatrix} = \begin{pmatrix} \overline{x}_1 & \overline{x}_2 \end{pmatrix} \begin{pmatrix} 2x_1 + (1-i)x_2 \\ (1+i)x_1 + x_2 \end{pmatrix}$$

$$= 2\overline{x}_1 x_1 + (1-i)\overline{x}_1 x_2 + (1+i)\overline{x}_2 x_1 + \overline{x}_2 x_2 = 2|x_1|^2 + |x_2|^2 + (1-i)\overline{x}_1 x_2 + \overline{(1-i)\overline{x}_1 x_2}$$

$$= 2|x_1|^2 + |x_2|^2 + 2 \times \mathrm{Re}\{(1-i)\overline{x}_1 x_2\} \in \Re$$

ということで，エルミート形式は常に実数です。

行列 $\mathbf{A}$ が交代エルミート行列の場合，$\mathbf{A}^* = \overline{\mathbf{A}}^T = -\mathbf{A}$ であることは，すでに項 3.4.3 で説明済ですが，これは実の交代行列（式 1.3.3-8）の拡張となっています。なぜなら，実数を要素とすれば，$\overline{\mathbf{A}}^T = \mathbf{A}^T$ であるからです。さて，

交代エルミート形式の定義です。

定義 55 交代エルミート行列の 2 次形式

行列 $\mathbf{J}$ を交代エルミート行列とし，複素ベクトル $\mathbf{x}$ により

$$J = \overline{\mathbf{x}}^T \mathbf{J} \mathbf{x} \tag{3.5.3-3}$$

と構成される形式を，単に，交代エルミート形式（Skew-Hermitian form）と呼ぶ。

この定義にしたがえば，以下の定理が証明できます。

定理 9 複素ベクトル $\mathbf{x}$ について，交代エルミート行列 $\mathbf{J}$ による交代エルミート形式の値は純虚数かまたは 0 である。

ここで，定理 9 の証明をします。交代エルミート行列の 2 次形式を $J = \overline{\mathbf{x}}^T \mathbf{J} \mathbf{x}$ とし，交代エルミート行列の性質である $\mathbf{J}^* = \overline{\mathbf{J}}^T = -\mathbf{J}$ から，$\overline{\mathbf{J}} = -\mathbf{J}^T$ であり，および，定理 6 および定理 7 を用いると，

$$\overline{J} = \overline{\left(\overline{\mathbf{x}}^T \mathbf{J} \mathbf{x}\right)} = \mathbf{x}^T \overline{\mathbf{J}} \overline{\mathbf{x}} = -\mathbf{x}^T \mathbf{J}^T \overline{\mathbf{x}} = -\left(\overline{\mathbf{x}}^T \mathbf{J} \mathbf{x}\right)^T = -J^T = -J \quad \therefore \quad J + \overline{J} = 0$$

ここで，$J = a + ib$ $(a, b \in \Re, i = \sqrt{-1})$ とすれば，$\overline{J} = a - ib$ ですから，

$$J + \overline{J} = (a+ib) + (a-ib) = 2a = 0 \quad \therefore \quad a = 0$$

したがって，J は，$J = ib$ $(b \neq 0)$（純虚数）か，あるいは，$J = 0$ $(b = 0)$ です。

納得でしょうか？ 例えば，次の行列 $\mathbf{J}$ は，

$$\mathbf{J} = \begin{pmatrix} 2i & 1+i \\ -1+i & 0 \end{pmatrix} \Rightarrow (\mathbf{J})^T = \begin{pmatrix} 2i & -1+i \\ 1+i & 0 \end{pmatrix}$$

$$\Rightarrow \overline{(\mathbf{J})^T} = \begin{pmatrix} -2i & -1-i \\ 1-i & 0 \end{pmatrix} = -\begin{pmatrix} 2i & 1+i \\ -1+i & 0 \end{pmatrix} = -\mathbf{J} \quad \therefore \quad \mathbf{J}^* = -\mathbf{J}$$

なので，ここで示す $\mathbf{J}$ は交代エルミート行列です。$\mathbf{x} \in V^n$ $\left(\mathbf{x} = \begin{pmatrix} x_1 & x_2 \end{pmatrix}^T, \forall x_1, x_2 \in \mathbf{C}\right)$を用いて，交代エルミート形式を作成すると，

$$J = \overline{\mathbf{x}}^T \mathbf{J} \mathbf{x} = \begin{pmatrix} \overline{x}_1 & \overline{x}_2 \end{pmatrix} \begin{pmatrix} 2i & 1+i \\ -1+i & 0 \end{pmatrix} \begin{pmatrix} x_1 \\ x_2 \end{pmatrix} = \begin{pmatrix} \overline{x}_1 & \overline{x}_2 \end{pmatrix} \begin{pmatrix} 2ix_1 + (1+i)x_2 \\ (-1+i)x_1 \end{pmatrix}$$

$$= 2i\overline{x}_1 x_1 + (1+i)\overline{x}_1 x_2 + (-1+i)\overline{x}_2 x_1$$

$$= 2i|x_1|^2 + (1+i)\overline{x}_1 x_2 - \overline{(1+i)\overline{x}_1 x_2}$$

$$= 2i\left(|x_1|^2 + \mathrm{Im}\{(1+i)\overline{x}_1 x_2\}\right)$$

3.5. 2 次形式

となり，J は純虚数かあるいは 0 です．なぜなら，
$(1+i)\overline{x_1}x_2 = a+ib$ および $\overline{(1+i)\overline{x_1}x_2} = a-ib$ と置けば，
$(1+i)\overline{x_1}x_2 - \overline{(1+i)\overline{x_1}x_2} = (a+ib)-(a-ib) = 2ib$
というわけです．ここまで，簡単でしたね．

項 3.2.5 で，行列の相似の説明のとき少々触れました．すなわち，2 つの正則行列 **A**，**B** について，行列 **A** が正則行列 **P** により変換され，

$$\mathbf{B} = \mathbf{P}^{-1}\mathbf{A}\mathbf{P} \tag{3.5.3-4}$$

という関係ができた場合，相似変換と呼びました．因みに，このとき

$$\mathbf{B} = \mathbf{P}^{-1}\mathbf{A}\mathbf{P} \iff \mathbf{P}\mathbf{B} = \mathbf{A}\mathbf{P} \iff \mathbf{P}\mathbf{B}\mathbf{P}^{-1} = \mathbf{A} \tag{3.5.3-5}$$

が成り立ちます．この表式も 2 次形式です（例題 3.2.5-1）．復習，oh, my God！，復習でした（著者の受け狙い，失敗？）．

さて，ここまで来たら，一般的な 2 次形式とは，どんなだろうと思うでしょう？ 読者は，もうお気づきでしょうけれど，そうなんです，一般的な双 1 次形式は式 3.5.1-1 で，既に紹介しているのでした．果たしてその一般的な双 1 次形式はと言うと，

$$\sum_{i,j=1}^{n} a_{ij}x_i y_j \quad \text{あるいは} \quad \sum_{i=1}^{n}\sum_{j=1}^{n} a_{ij}x_i y_j \tag{3.5.3-6}$$

になります．すっきりとした良い表式です．意味としては，データ (x_i, y_j) に対応した任意の係数 a_{ij} があって，それらの積が 1 次結合になっている形式です．同様な形式ですが，今度は，データ (x_i, x_j) に対応した任意の係数 a_{ij} があって，それらの積が 1 次結合になっている形式です．果たしてその一般的な形式はと言うと，

$$\sum_{i,j=1}^{n} a_{ij}x_i x_j \quad \text{あるいは} \quad \sum_{i=1}^{n}\sum_{j=1}^{n} a_{ij}x_i x_j \tag{3.5.3-7}$$

になります．これを，2 次形式と呼びます．双 1 次形式と 2 次形式の大きな違いは，変数の次数です．双 1 次形式では，変数が高々 1 次ですが，2 次形式はその名の通り，高々 2 次となります．両者は同じような表式ですが，内容は全く違います．お分かりになりましたでしょうか．

さて，第 3 章が終わりました．さらに，大学の数学のような説明が続きますよ．

Gallery 16.
右：紅葉と朝靄
　水彩画（模写）
　　著者作成
左：ミニ・トマト
　写真（著者自宅近辺）
　　著者撮影

演習問題　第3章

3-1. 次のエルミート行列 $\mathbf{H}$ の固有値と固有ベクトルを求めよ。
$$\mathbf{H} = \begin{pmatrix} 1 & i \\ -i & 1 \end{pmatrix}$$

3-2. 次の行列 $\mathbf{A}$ のついて，$|\mathbf{A} - \lambda\mathbf{E}| = \varphi(\lambda)$ と表すとき，$\varphi(\mathbf{A}) = \mathbf{O}$ を示せ。
$$\mathbf{A} = \begin{pmatrix} 2 & 1 \\ 0 & 1 \end{pmatrix}$$

3-3. 以下の複素ベクトル $\mathbf{a}, \mathbf{b}$ があって，
$$\mathbf{a} = \begin{pmatrix} z_1 \\ z_2 \\ \vdots \\ z_n \end{pmatrix}, \quad \mathbf{b} = \begin{pmatrix} w_1 \\ w_2 \\ \vdots \\ w_n \end{pmatrix} \quad ; \quad (z_i, w_j \in C \mid i.j = 1, 2, \cdots, n)$$
とするとき，（1）内積 $\mathbf{a} \cdot \mathbf{b}$，（2）$\mathbf{a} \cdot \mathbf{b}^T$，をそれぞれ要素で示せ。

3-4. n 次エルミート行列 $\mathbf{H}$ の行列式 $|\mathbf{H}|$ は実数であることを示せ。

3-5. n 次エルミート行列 $\mathbf{H}$ とユニタリー行列 $\mathbf{U}$ で作る $\mathbf{U}^*\mathbf{H}\mathbf{U}$ はエルミート行列であることを示せ。

3-6. n 次任意の複素正方行列 $\mathbf{P}$ は，複素行列 $\mathbf{Q}_1, \mathbf{Q}_2$ による次の和の形式，すなわち，
$$\mathbf{P} = \mathbf{Q}_1 + i\mathbf{Q}_2$$
として表せた場合，行列 $\mathbf{Q}_1, \mathbf{Q}_2$ はエルミート行列であることを示せ。

3-7. n 次のユニタリー行列 $\mathbf{U}$ の行列式の絶対値は1であることを示せ。

3-8. n 次のエルミート行列 $\mathbf{U}$ が実行列の場合，対称行列であることを示せ。

3-9. n 次のユニタリー行列 $\mathbf{U}$ が実行列の場合，直交行列であることを示せ。

3-10. n 次の行列 $\mathbf{U}$ がユニタリー行列で，単位行列 $\mathbf{E}$ について，$|\mathbf{E} + \mathbf{U}| \neq 0$ である場合，$\mathbf{A} = i \cdot (\mathbf{E} - \mathbf{U})(\mathbf{E} + \mathbf{U})^{-1}$ で表す行列 $\mathbf{A}$ がエルミート行列であるであることを示せ。

3-11. n 次の交代エルミート行列 $\mathbf{A}$ は，正規行列であることを示せ。

3-12. n 次の正方行列 $\mathbf{H}$ がユニタリー行列 $\mathbf{U}$ により実対角行列 $\mathbf{\Phi}$ となるとき，$\mathbf{H}$ はエルミート行列であることを示せ。

3-13. n 次のユニタリー行列 $\mathbf{U}$ の全体は乗法に関して群を成すことを示せ。

3-14. 2次形式 $F(x, y) = ax^2 + by^2 + cxy + d = 0$ が表すグラフを試作せよ。

3-15. 3次の行列 $\mathbf{A}$ およびベクトル $\mathbf{x} = (x, y, z)^T$ により2次形式 $Q(\mathbf{x})$ の具体的な表式を示せ。
$$\mathbf{A} = \begin{pmatrix} 1 & 1 & -1 \\ 1 & -1 & 1 \\ -1 & 1 & 1 \end{pmatrix}$$

Short Rest 4.
「静止衛星は地球に常時落下」

　静止衛星（Geostationary satellite）は，天空の一点に固定した位置にいると思われますよね．「静止衛星」と言えば，思い浮かべるのは，やはり「ひまわり」（気象衛星，Meteorological satellite）ですかね．（ちょっと大袈裟でしょうか？）知る人ぞ知るですが，実際は，静止衛星は，地球に向かって落ちながら，地球の周りをまわっているのです．すなわち，地球人にとっては，静止衛星が地球に対して相対的に同じ位置（静止軌道，Geostationary orbit）にいるように見えますが，宇宙の固定点で宇宙人？が見ると地球の自転周期（rotation period）と同じ周期で運動していることが実際に観測できます．右図を見てください．

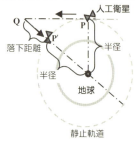

　静止衛星は，本来，地球の自転と同じ角速度で運動をしています．ここで，もし，衛星が直線運動を続けるのであれば，宇宙の彼方に飛んで行ってしまいます．しかし，衛星は地球の引力（万有引力，universal gravitation）$\vec{QP'}$ で引っ張られているのです．すなわち，地球への落下運動が加わり，ちょうど良い落下距離を保ちます．「ちょうど良い」とは，衛星は円移動している際の遠心力と引力と釣り合うように落ちているのです．さあ，静止衛星が地球の赤道上の天空にある場合，静止衛星の軌道半径（図の「半径」）を計算してみてください．軌道半径から，静止衛星の高度が分ります．果たして，その高度は約 35,786km（およそ，36,000km）（=軌道半径から地球の半径を引いた値）で，円軌道（circular orbit），または，静止軌道（Geostationary orbit）を，地球の自転周期（rotation period）と同じ周期で，すなわち，約 24 時間の軌道周期（orbital period）で，地球に対して公転していることが分ります．一方，周回衛星（Orbiting satellite）と言う衛星があります．静止衛星とは違います．すなわち，一般に，低軌道で地球の自転周期と異なる周期で地球を周回する衛星です．静止衛星は約 24 時間の軌道周期をとりますが，周回衛星の軌道周期は，1 時間から 10 時間程度で，高度も様々で，数百 km から 10,000km となり，衛星寿命も 3～5 年程度と短いものが普通です．因みに，IKONOS（イコノス，ギリシャ語で「画像」の意味）衛星は，まさに写真撮影用として，SPACEIMAGING 社(現 GeoEye 社)が打ち上げたリモートセンシング衛星で，144 日で直上に戻る軌道を描いています．

　さて，月はどうでしょう．おおむね南の夜空に見えるのですが，季節や時間でその位置が変わりますよね．実は，地球の周りをまわる月の軌道は，多くの不規則性（摂動）を持ち，その研究（月理論）は長い歴史を持っているのです．全く，摩訶不思議な行動をしています．月の半径 は 1,737km で地球は 6,371km です．月には，大気がほとんどなく，オゾン層もなく，宇宙線や太陽風なども大気や磁場にさえぎられることなく月面に到達するため，月面の有人探査や，あるいは，もし，将来の月面基地建設，月への移民に際しては，生きていくために，太陽からの放射線や宇宙線などから身を守る必要があります．地球で核戦争が勃発し，全地球が汚染されたら，月への移民が現実になるかもしれません．準備のほどを(笑)．

　月の写真は，インターネットで掲載のもの（左），と，著者が超安～いデジカメで撮った写真（右）です．本当です．デジカメでも結構良く取れていませんか？

4. 線形代数 III

線形代数 III

　分かっているつもりでも分からないのが最も基本的なことです．
　ベクトルは，第1章で見てきたように，ベクトルや行列に関して加法（減法も含める），定数倍，乗法（除法も含める）の演算法の定義を行いました．そして，ベクトルや行列は，「数」のような性質をもち，また，ある場合には「数」のようでない性質を持っていることがお分かりになったと思います．ここでは，このような性質を，ある集合の性質として考え，その諸性質を一般的な考えでまとめます．このことは，演算の複雑さを整理することにほかなりません．以下で述べる「ベクトル空間」の説明の中には，読者にとって，聞いたことがない言葉もあるでしょうけれど，単なる，決め事あるいは定義であって，恐れるに足らずと思って，読み流していただければ良いと思います．逆に，初めて知る方にとっては面白いかもしれませんよ．因みに，「空間」は何かの隙間とか，宇宙という3次元空間ではなく，数学的に定義で決められた n 次元の概念で構成し，その中で演算が設定できる集合のことです．
　では，*Buon viaggio!*

4.1. ベクトル空間の基礎

ベクトル空間に関する紹介は，項 1.2.1 で触れました．ここでは，ベクトル空間の定義をしましょう．第 2 章の概念が重要です．

4.1.1. ベクトル空間の定義

さて，ここで，ベクトル空間 V の公理に基づく定義を示します．実は，ベクトル空間 V は，アーベル群として構築することを前提としているので，ベクトル空間 V の公理は以下のようになります．

定義 56　ベクトル空間 V

数体 K を $\Re$ や $\mathbf{C}$ とし，ベクトルの集合 V があって，以下の 1_V から 9_V までの条件を満たすとき，ベクトルの集合 V は，数体 K の上のベクトル空間 V （*vector space*）と呼ぶ．

任意のベクトルを $\forall \mathbf{a}, \mathbf{b}, \mathbf{c} \in V$，任意のスカラー係数を $\forall \lambda, \mu \in K$ とし，それらの演算がベクトル空間を定義する条件は，

(1_V) ベクトルの和 $\mathbf{a}+\mathbf{b}$ が定義できて：$\mathbf{a}+\mathbf{b} = \mathbf{b}+\mathbf{a}$ が成立，

(2_V) $(\mathbf{a}+\mathbf{b})+\mathbf{c} = \mathbf{a}+(\mathbf{b}+\mathbf{c})$ が成立，

(3_V) 任意の $\mathbf{a}$ について，$\mathbf{a}+\mathbf{0} = \mathbf{a}$ である零ベクトル $\mathbf{0}$ が存在，

(4_V) すべての $\mathbf{a}$ について，$\mathbf{a}+\mathbf{x} = \mathbf{0}$ なる $\mathbf{x}$ が $\mathbf{x} = -\mathbf{a}$ として存在，

(5_V) 実数のスカラー λ, μ とベクトル $\mathbf{a}, \mathbf{b}$ について $\lambda\mathbf{a}, \mu\mathbf{b}$ が定義可能，

(6_V) 実数のスカラー λ, μ とベクトル $\mathbf{a}$ により，$(\lambda+\mu)\mathbf{a} = \lambda\mathbf{a} + \mu\mathbf{a}$ が成立，

(7_V) 実数のスカラー λ とベクトル $\mathbf{a}, \mathbf{b}$ により，$\lambda(\mathbf{a}+\mathbf{b}) = \lambda\mathbf{a} + \lambda\mathbf{b}$ が成立，

(8_V) 実数のスカラー λ, μ とベクトル $\mathbf{a}$ により，$(\lambda\mu)\mathbf{a} = \lambda(\mu\mathbf{a})$ が成立，

(9_V) $1\mathbf{a} = \mathbf{a}$，$0\mathbf{a} = \mathbf{0}$ なる演算が成立，

ここで，係数に関して，$K = \Re \to V$ は実ベクトル空間，$K = \mathbf{C} \to V$ は複素ベクトル空間と呼ぶことがあります．まあ，単なる呼び名で，決め事です．

さて，ここまでは，内容的には高校のベクトル計算方法を述べているにすぎません．この辺りは，数学科の先生のような書き方で申し訳ありません．しかしながら，恐れるに足らずです．要は，ちゃんと体系化しようという事です．　高校の教科書をまだお持ちなら，比較してみてください．形を変えて解説していることがきっと分かるでしょう．

例えば，公理や零ベクトル $\mathbf{0}$ により，

$$\mathbf{a}+\mathbf{a} = 1\mathbf{a}+1\mathbf{a} = (1+1)\mathbf{a} = 2\mathbf{a} \tag{4.1.1-1}$$

$$\mathbf{a}-\mathbf{a} = 1\mathbf{a}+(-1)\mathbf{a} = (1+(-1))\mathbf{a} = 0\mathbf{a} = \mathbf{0} \tag{4.1.1-2}$$

体系化や公理については，後で，また，お目にかかります．

となります．こういうことです．当たり前だろうと思えることを公理で示しているにすぎません．皆さんには，何の難しさもありませんでしょ．この公理が基本になります．後述する「線形空間」の概念については，世の中の同様な書物との整合性を図るため，敢て，ここに書きました．ご了承ください．

4.1.2. 基底ベクトル

ベクトル空間 V^n の全要素の中に，1 次独立なベクトルが n 個あるとしましょう．このとき，その 1 次独立なベクトルを $\mathbf{a}_1, \mathbf{a}_2, \cdots, \mathbf{a}_n \in V^n$ とします．その他のベクトルは，この 1 次独立なベクトルの 1 次結合で表されます．例えば，$\forall \mathbf{b} \in V^n$ について，

$$\mathbf{b} = b_1 \mathbf{a}_1 + b_2 \mathbf{a}_2 + \cdots + b_n \mathbf{a}_n \tag{4.1.2-1}$$

と書けるような，$b_1, b_2, \cdots, b_n \in \Re$ が存在し，$b_1, b_2, \cdots, b_n$ をベクトル $\mathbf{a}_1, \mathbf{a}_2, \cdots, \mathbf{a}_n$ の張る空間にあるベクトル $\mathbf{b}$ の「要素」（または成分，または座標）と呼びます．

また，ここで，ベクトル $\mathbf{a}_1, \mathbf{a}_2, \cdots, \mathbf{a}_n$ について，

$$\mathbf{e}_i = \frac{\mathbf{a}_i}{\sqrt{\mathbf{a}_i \cdot \mathbf{a}_i}} = \frac{\mathbf{a}_i}{\|\mathbf{a}_i\|} \quad (i = 1, 2, \cdots, n) \tag{4.1.2-2}$$

で計算される $\mathbf{e}_1, \mathbf{e}_2, \cdots, \mathbf{e}_n$ は，式 4.1.2-2 から明らかなように，$\|\mathbf{e}_i\| = 1 \ (i = 1, 2, \cdots, n)$ であり，ベクトル空間 V^n の基底ベクトル，あるいは，基底や基と呼びます．さらに，

$$\mathbf{e}_i \cdot \mathbf{e}_j = \delta_{ij} \begin{cases} 1 : i = j \\ 0 : i \neq j \end{cases}$$

> 出ました！クロネッカーのデルタ δ_{ij} ですね．

となる場合，$\mathbf{e}_1, \mathbf{e}_2, \cdots, \mathbf{e}_n$ は，正規直交系のベクトル空間 V^n の基底ベクトルと呼びます．

ここらで，集合とベクトル空間の違いを述べておきましょう．集合には要素がありますが，要素どうしの関連付けで無限に値があります．例えば，自然数という集合 $\mathbf{Z}$ は，初期値として $a_1 = 1$ とし，$a_{n+1} = a_n + 1$ と関連付けた無限集合です．しかし，ベクトル空間では，その基底ベクトルがあって要素はその基底ベクトルの 1 次結合でしかない．いわば，ベクトル空間の要素はその基底ベクトルのクローンのような存在です．著者のイメージですが，分かってもらえますでしょうか？ 同意を要求しているわけではなく，著者の呟きを聞いてもらっているだけですので，穿った目で見ないように（笑）．

4.1.3. ベクトル部分空間

ベクトル部分空間 W は，お察しの通りで，ベクトル空間 V を構成するベクトルの集合の部分集合で構成するベクトル空間です．

定義 57　ベクトル部分空間

数体 K 上のベクトル空間 V の ϕ（空）でなく，ベクトル空間 V の零ベクトルを含む，部分集合 W が，以下の条件を満たすとき，W は V のベクトル部分空間（*vector subspace*）あるいは線形部分空間（*linear subspace*）と言う．ベクトル $\mathbf{a}, \mathbf{b}$ がベクトル部分空間 W の要素である場合，

（1_W）$\forall \mathbf{a}, \mathbf{b} \in W$ ならば，$\mathbf{a} + \mathbf{b} \in W$
（2_W）$\forall \mathbf{a} \in W, \lambda \in K$ ならば，$\lambda \mathbf{a} \in W$

である．

> ベクトル空間の条件を前提にこの条件を確認する必要があります．

ここで，当たり前ですが，V は V の最大の部分空間であり，零ベクトル $\mathbf{0}$ は V の最小の部分空間です．例えば，集合 V の要素のいくつかを取り出して W という集合を作れば，$W \subseteq V$ と書けるのと似ています．もっと砕いて言えば，1 組 30 人のクラスがあって，その

クラスから，メンバー5人，10人，15人で構成する3つのグループを作っても，それぞれのメンバーは同じクラスであるという，そう言う事です．納得ですか？

練習問題を見るとなあ〜んだってなことになります．かね？

例題 4.1.3-1　1次の数体 K 上のベクトル空間 V^3 の3個の要素で作るベクトルの集合が，ベクトル部分空間 W^3 構成するか，「定義56」に従って，判定せよ．
(1)　$W^3 = \{(x,y,z) \in V^3 \mid xy \geq 0\}$
(2)　$W^3 = \{(x,y,z) \in V^3 \mid x+2y+z = 0\}$

あまり難しく考えないで良いのです．解答をみたらびっくり．

例題 4.1.3-1 解答
(1) 例えば，反証をあげる．$\mathbf{u}=(-1,-2,0)$, $\mathbf{v}=(2,1,0)$ は，$\mathbf{u},\mathbf{v} \in V^3$ である．
ここで，$\mathbf{u}+\mathbf{v}=(-1,-2,0)^T+(2,1,0)^T=(1,-1,0)^T$　$\therefore$　$1 \times (-1) < 0$
したがって，W^3 は V^3 の部分空間ではない．
(2) $\mathbf{a}=(x,y,z)=(0,0,0)=\mathbf{0} \in W^3$ ($\because x+2y+z=0$) である．$\forall \mathbf{a},\mathbf{u} \in W^3$ とし，
$\mathbf{a}=(x,y,z)$, $\mathbf{u}=(u,v,w)$ とすれば，$\mathbf{a}+\mathbf{u}=(x+u,y+v,z+w)$．また，
$(x+u)+2(y+v)+(z+w)=(x+2y+z)+(u+2v+w)=0$　$\therefore$　$\mathbf{a}+\mathbf{u} \in W^3$
次に，$c \in \Re$ である c について，
$c\mathbf{a}=(cx,cy,cz)$　$\therefore$　$cx+2(cy)+cz=c(x+2y+z)=c0=0$
したがって，W^3 は V^3 の部分空間である．

なんか，訳の分からない解答でしたが，読者のみなさん，如何，お過ごしですか？

練習問題 4.1.3-1　ベクトル $\mathbf{u}=(x,y,0)^T$, $\mathbf{v}=(u,v,0)^T$ は，ベクトル空間 V^3 の要素でる．すなわち，$\mathbf{u},\mathbf{v} \in W^3$ である．そこで，ベクトル空間 $W^3 = \{(x,y,z) \in V^3 \mid z=0\}$ を考えると，$\mathbf{u},\mathbf{v} \in V^3$ であり，W^3 は，V^3 の部分空間となるか判定せよ．

4.1.4. 共通ベクトル部分空間

ベクトル空間 V の部分空間 W^1 および W^2 について，共通ベクトル部分空間を定義します．共通というくらいですから，集合でいうと，共通集合を頭に描けばと思います．

定義58 共通ベクトル部分空間
ベクトル空間 V の部分空間 W^1 および W^2 について，$\mathbf{a} \in W^1$ であり，$\mathbf{a} \in W^2$ であるベクトル $\mathbf{a}$ は，$W = W^1 \cap W^2$ と表すベクトル空間 W を張り，
$$W = W^1 \cap W^2 = \{\mathbf{a} \mid \mathbf{a} \in W^1, \mathbf{a} \in W^2\} \tag{4.1.4-1}$$
と書いて，ベクトル空間 W を部分空間 W^1 および W^2 の共通ベクトル部分空間と呼ぶ．

というわけです．ここで，$\forall \mathbf{a},\mathbf{b} \in V$ について，$\forall \mathbf{a},\mathbf{b} \in W^1 \cap W^2$ のとき，
$(\mathbf{a} \in W^1) \cap (\mathbf{a} \in W^2)$, $(\mathbf{b} \in W^1) \cap (\mathbf{b} \in W^2)$
ですから，$\lambda, \mu \in \Re$ に対して，$(\lambda\mathbf{a}+\mu\mathbf{b} \in W^1) \cap (\lambda\mathbf{a}+\mu\mathbf{b} \in W^2)$ であり，したがって，$\lambda\mathbf{a}+\mu\mathbf{b} \in W^1 \cap W^2$ ですから，$W^1 \cap W^2$ は V の部分空間，すなわち，$W^1 \cap W^2 \subseteq V$ となります．

4.1.5. ベクトル空間の和空間・直和

ベクトル空間 V の部分空間 W^1 および W^2 について，
$$W = W^1 + W^2 = \{\mathbf{a}_1 + \mathbf{a}_2 \mid \mathbf{a}_1 \in W^1, \mathbf{a}_2 \in W^2\} \tag{4.1.5-1}$$
という計算において，和空間が構成されます．ここで，

> **定義 59 ベクトル空間の直和**
> 　ベクトル空間の和空間とは，ベクトル空間 V の部分空間 W^1 および W^2 について，
> $$W = W^1 + W^2 = \{\mathbf{a}_1 + \mathbf{a}_2 \mid \mathbf{a}_1 \in W^1, \mathbf{a}_2 \in W^2\}$$
> で定義され，特に，$W^1 \bigcap W^2 = \{\phi\}$ である場合，
> $$W = W^1 \oplus W^2$$
> と書いて，ベクトル部分空間の直和（*direct sum*）と呼ぶ．

「直和」とか言葉に負けないでください．単なる呼名なので．これまで得た知識に自信を持ってください．

　一般的には，ベクトル空間 V のベクトル部分空間 $W^1, W^2, \cdots, W^n$ があって，
$$W^i \bigcap \sum_{i \neq j}^{n} W^j = \{\phi\} \tag{4.1.5-2}$$
である場合，$W = W^1 + W^2 + \cdots + W^n$ は，$W = W^1 \oplus W^2 \oplus \cdots \oplus W^n$ と書いて直和と呼ぶ本があります．こういう表式があるのですね．でも，式 4.1.5-2 は不備があって，詳しくは，
$$\underset{i(1 \leq i \leq n)}{W^i} \bigcap \sum_{j(\neq i, 1 \leq j \leq n)}^{n} W^j = \{\phi\} \tag{4.1.5-3}$$
ではないだろうか，と著者は思います．いずれにしても，直和とは，共通元のない集合の和と言えば良いでしょう．

　ここで，項 4.1.4 で言いかけたことを書きます．例えば，自然数 $\mathbf{N}$ は偶数と奇数で構成されています．ここで，偶数 n_{even} の集合 $\mathbf{N}_{even}$ は，$\mathbf{N}_{even} = \{\forall n \in \mathbf{N}_{even} \mid n \bmod 2 \equiv 0\}$ のように，位置付けられ，奇数 n_{odd} の集合 $\mathbf{N}_{odd}$ は，$\mathbf{N}_{odd} = \{\forall n \in \mathbf{N}_{odd} \mid n \bmod 2 \equiv 1\}$ のように位置付けられますので，$\mathbf{N}_{even} \bigcap \mathbf{N}_{odd} = \{\phi\}$（空集合）であり，$\mathbf{N} = \mathbf{N}_{even} \oplus \mathbf{N}_{odd}$ と書くことが出来ます．如何ですか．ベクトル空間における直和と似ていますね．

> **例題 4.1.5-1**　ベクトル空間 V の部分空間 W^1 および W^2 について，共通ベクトル空間 $W^1 \bigcap W^2$ はベクトル空間 V の共通ベクトル部分空間であることを示せ．

例題 4.1.5-1 解答
$V = W^1 \bigcap W^2$ とおけば，$\forall \mathbf{a}, \mathbf{b} \in V$ であり，また，$\forall \mathbf{a}, \mathbf{b} \in W^1$ かつ $\forall \mathbf{a}, \mathbf{b} \in W^2$ であるから，$\forall \mathbf{a} \in W^1, \forall \mathbf{a} \in W^2$，かつ，$\forall \mathbf{b} \in W^1, \forall \mathbf{b} \in W^2$ である．
したがって，
$$(\mathbf{a} + \mathbf{b} \in W^1) \bigcap (\mathbf{a} + \mathbf{b} \in W^2) \tag{1}$$
である．また，$\forall \mathbf{a} \in V, \forall \lambda \in K$ とするとき，$(\mathbf{a} \in W^1) \bigcap (\mathbf{a} \in W^2)$ であるから，
$$(\lambda \mathbf{a} \in W^1) \bigcap (\lambda \mathbf{a} \in W^2)$$
であるから，
$$\lambda \mathbf{a} \in W^1 \bigcap W^2 = V \tag{2}$$
となる．したがって，(1) および (2) より，
共通空間 $W^1 \bigcap W^2$ はベクトル空間 V の共通ベクトル部分空間である．

如何でした？　前項 4.1.4 の最後の 4 行と似ていますね．次の例題はどうでしょう？

例題 4.1.5-2　ベクトル空間 V の部分空間 W^1 および W^2 について，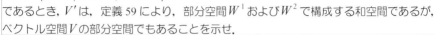
$V' = \{\mathbf{u} + \mathbf{v} \mid \mathbf{u} \in W^1, \mathbf{v} \in W^2\}$
であるとき，V' は，定義 59 により，部分空間 W^1 および W^2 で構成する和空間であるが，ベクトル空間 V の部分空間でもあることを示せ．

例題 4.1.5-2 解答
　$\forall \mathbf{u} \in V'$，$\forall \mathbf{v} \in V'$ と書くとき，仮定により，
　　$\mathbf{u} = \mathbf{u}_1 + \mathbf{u}_2 \ (\mathbf{u}_1 \in W^1, \mathbf{u}_2 \in W^2)$，$\mathbf{v} = \mathbf{v}_1 + \mathbf{v}_2 \ (\mathbf{v}_1 \in W^1, \mathbf{v}_2 \in W^2)$
である．また，$W_1 \subset V'$，$W_2 \subset V'$ であるから，$\mathbf{u}_1 + \mathbf{v}_1 \in W^1$，$\mathbf{u}_2 + \mathbf{v}_2 \in W^2$ であり，
　　$\mathbf{u} + \mathbf{v} = (\mathbf{u}_1 + \mathbf{u}_2) + (\mathbf{v}_1 + \mathbf{v}_2) = \underbrace{(\mathbf{u}_1 + \mathbf{v}_1)}_{\in W^1} + \underbrace{(\mathbf{u}_2 + \mathbf{v}_2)}_{\in W^2} \in V' \quad \therefore \quad \mathbf{u} + \mathbf{v} \in V'$ 　　(1)
である．したがって，
　　$\mathbf{u} = \mathbf{u}_1 + \mathbf{u}_2 \in V'$，$\mathbf{u}_1 \in W^1$，$\mathbf{u}_2 \in W^2$
である．このとき，$\forall \lambda \in \Re$ により，$\lambda \mathbf{u}_1 \in W^1$，$\lambda \mathbf{u}_2 \in W^2$ であるから，
　　$\lambda \mathbf{u} = \lambda(\mathbf{u}_1 + \mathbf{u}_2) = (\lambda \mathbf{u}_1) + (\lambda \mathbf{u}_2) \in V' \quad \therefore \quad \lambda \mathbf{u} \in V'$ 　　(2)
ゆえに，式 (1) および式 (2) から，ベクトル空間 V' はベクトル空間 V の部分空間である．

と言うわけですが，如何だったでしょう．以後，同じような証明が続きます．恐縮です．

少々，追加のコメントを書きます．3 次元ベクトル空間 R^3 において，基底ベクトルが $\mathbf{e}_1, \mathbf{e}_2, \mathbf{e}_3$ で張るベクトル空間を W^3 とするとき，ベクトル空間 W^3 の基底ベクトルからとった $\mathbf{e}_1, \mathbf{e}_2$ を基底ベクトルとして張るベクトル空間を W^2，ベクトル空間 W^3 の基底ベクトルからとった $\mathbf{e}_3$ を基底ベクトルとして張るベクトル空間を W^1 とするとき，集合関係は，$W^2 \subset W^3$，$W^1 \subset W^3$ です．ここで，
　　$\forall \mathbf{a} = \alpha_1 \mathbf{e}_1 + \alpha_2 \mathbf{e}_2 \in W^2 \ (\alpha_1, \alpha_2 \in \Re)$；　$\forall \mathbf{b} = \beta \mathbf{e}_3 \in W^1$
について，
　　$\mathbf{a} + \mathbf{b} \in W^2 + W^1$ ですが，$\mathbf{a} + \mathbf{b} = \alpha_1 \mathbf{e}_1 + \alpha_2 \mathbf{e}_2 + \beta \mathbf{e}_3 \notin W^2 \bigcup W^1$
となります．これが，和空間 $W^2 + W^1$ と和集合 $W^2 \bigcup W^1$ の違いです．納得ですか？

ここで，再度，確認ですが，「基底ベクトル」は，「基底」あるいは単に「基」と呼ぶ場合がありますので覚えておいて下さい．例えば，ベクトル空間 W^3 の基底ベクトルは，$W^3 = [\mathbf{e}_1, \mathbf{e}_2, \mathbf{e}_3]$ と表す，あるいは，部分ベクトル空間 W^3 の基を $[\mathbf{e}_1, \mathbf{e}_2, \mathbf{e}_3]$ で表す，という具合です．

練習問題 4.1.5-1　$W = \{\mathbf{x} = (x_1, 0, x_2, 0, x_3) \mid x_1, x_2, x_3 \in \Re\}$ は，5 次のベクトル空間 V^5 の部分空間であることを示せ．

練習問題 4.1.5-2　ベクトル空間 V の部分空間 W^1 および W^2 について，和空間 $W^1 + W^2$ はベクトル空間 V の部分ベクトル空間であることを示せ．

4.1.6. 次元 dim

　ベクトル空間には次元という定義があります．ちょっと難しそうですが，これが超簡単です．数学的な発想で，零ベクトルのみからなるベクトル空間と言う空間が定義でき，それを零（ベクトル）空間ということができます．まあ，あまり意味がないように思えますが（笑）．このとき，その次元は 0 と定義されています．そこで，次元の定義です．

定義 60　ベクトル空間の次元

　数体 K 上のベクトル空間 V の基底ベクトルが有限個であるとき V を有限次元ベクトル空間と呼び，このとき，（1 次独立な）基底ベクトルの個数（基底ベクトルのとり方にはよらない）をベクトル空間 V の次元（$dimension$）と呼び，ベクトル空間 V を構成する基底ベクトルの個数が n である場合は，$\dim V = n$ と書く．特に，零（ベクトル）空間 V_O では，$\dim V_O = 0$ と定義する．基底ベクトルは，単に，空間の「基」と称する場合がある．

　ベクトル空間 V の基底ベクトルが，n 個の $\mathbf{e}_1, \mathbf{e}_2, \cdots, \mathbf{e}_n$ である場合，
$$V = [\mathbf{e}_1, \mathbf{e}_2, \cdots, \mathbf{e}_n]$$
と書く表式があります．もちろん，このときは，$\dim V = n$ である．

　定義は，なんてことはないのですが，和空間の概念が入ると集合論や群論が出てきて，ややこしくなります．

例題 4.1.6-1　ベクトル空間 V が $\mathbf{a}_1, \mathbf{a}_2, \cdots, \mathbf{a}_n$ で構成されるときは $\dim V \leq n$ であることを示せ．

例題 4.1.6-1 解答

　ベクトル空間 V が $V = [\mathbf{e}_1, \mathbf{e}_2, \cdots, \mathbf{e}_n]$ であるならば，$\mathbf{a}_1, \mathbf{a}_2, \cdots, \mathbf{a}_n$ は，それぞれ基底ベクトル $\mathbf{e}_1, \mathbf{e}_2, \cdots, \mathbf{e}_n$ のどれかの，または，複数の 1 次結合で表すことができる．このとき，$\dim V = n$ である．もし，ベクトル空間 V が $V = [\mathbf{e}_1, \mathbf{e}_2, \cdots, \mathbf{e}_r]$；$r < n$ であるときは，$\mathbf{a}_1, \mathbf{a}_2, \cdots, \mathbf{a}_n$ は基底ベクトル $\mathbf{e}_1, \mathbf{e}_2, \cdots, \mathbf{e}_r$ のどれかの，または，複数の項による 1 次結合で表されることになる．したがって，ベクトル空間 V が $\mathbf{a}_1, \mathbf{a}_2, \cdots, \mathbf{a}_n$ で構成される（張る）ときは，$\dim V = r$ で，$r \leq n$ である．したがって，$\dim V \leq n$ である．

　ここまで説明したように，ベクトル空間をその要素の 1 次独立な基底ベクトルの数で表す次元で特徴づけています．

　すなわち，数体 $K = \Re$ 上のベクトル空間 V を，基底ベクトル $\mathbf{e}_1, \mathbf{e}_2, \mathbf{e}_3$ で張る空間とするならば，ベクトル空間 V の $\mathbf{e}_1, \mathbf{e}_2$ で張る部分ベクトル空間 W^2 では，$\dim W^2 = 2$ であり，ベクトル空間 V の $\mathbf{e}_3$ で張る部分ベクトル空間 W^1 では，$\dim W^1 = 1$ です．

　ここで，基底ベクトルについて少々補足します．

　ベクトル空間 V を張る 1 次独立なベクトル $\mathbf{a}_1, \mathbf{a}_2, \cdots, \mathbf{a}_n$ があるとき，$\dim V = n$ と書く（次々項で説明）訳ですが，$\forall \mathbf{x} \in V$ なるベクトル $\mathbf{x}$ は，$\mathbf{a}_1, \mathbf{a}_2, \cdots, \mathbf{a}_n$ の 1 次結合で表すとき，その表し方は唯一通りです．この議論はどこかで見たことがあるでしょう．$\mathbf{a}_1, \mathbf{a}_2, \cdots, \mathbf{a}_n$ は 1 次独立ですから，係数 $\forall \lambda_i \ (i = 1, 2, \cdots, n) \in \Re$ を用いて，

$$\lambda_1 \mathbf{a}_1 + \lambda_2 \mathbf{a}_2 + \cdots + \lambda_n \mathbf{a}_n = \mathbf{0} \tag{4.1.6-1}$$

であるのは，$\lambda_1 = \lambda_2 = \cdots = \lambda_n = 0$ のときに限る，という定義はすで紹介済です（定義 5 お

4.1. ベクトル空間の基礎

よび定義 6 参照.)．このとき，$\exists \mathbf{b} \in V$ であるベクトルにより，

$$\mathbf{a}_1, \mathbf{a}_2, \cdots, \mathbf{a}_n, \mathbf{b} \tag{4.1.6-2}$$

が 1 次従属である場合，すなわち，

$$\lambda_1 \mathbf{a}_1 + \lambda_2 \mathbf{a}_2 + \cdots + \lambda_n \mathbf{a}_n + \mu \mathbf{b} = \mathbf{0} \tag{4.1.6-3}$$

と書くとき，係数 $\lambda_1, \lambda_2, \cdots, \lambda_n, \mu$ の中に少なくとも 1 つ 0 でない係数があります．ここで，$\mu = 0$ とすれば，$\lambda_1, \lambda_2, \cdots, \lambda_n$ の中に 0 でない係数があり，$\mathbf{a}_1, \mathbf{a}_2, \cdots, \mathbf{a}_n$ が 1 次独立であることに反します．したがって，$\mu \neq 0$ です．このとき，

$$k_i = \lambda_i / \mu \ (i = 1, 2, \cdots, n) \tag{4.1.6-4}$$

とすれば，

頑張って，読みましょう．お応援してますよ．

$$\mathbf{b} = k_1 \mathbf{a}_1 + k_2 \mathbf{a}_2 + \cdots + k_n \mathbf{a}_n \tag{4.1.6-5}$$

と書けますが，別の係数 $\ell_i \ (i = 1, 2, \cdots, n) \in \Re$ があって，

$$\mathbf{b} = \ell_1 \mathbf{a}_1 + \ell_2 \mathbf{a}_2 + \cdots + \ell_n \mathbf{a}_n \tag{4.1.6-6}$$

と表せた，としますと，式 4.1.6-5 から式 4.1.6-6 を差し引くと，

$$(k_1 - \ell_1) \mathbf{a}_1 + (k_2 - \ell_2) \mathbf{a}_2 + \cdots + (k_n - \ell_n) \mathbf{a}_n = \mathbf{0} \tag{4.1.6-7}$$

となります．このとき，$\mathbf{a}_1, \mathbf{a}_2, \cdots, \mathbf{a}_n$ は 1 次独立ですから，式 4.1.6-7 により，

$$k_1 = \ell_1, k_2 = \ell_2, \cdots, k_n = \ell_n$$

であり，1 次結合での表し方は唯一通りであることが分かります．

さて，$\mathbf{a}_1, \mathbf{a}_2, \cdots, \mathbf{a}_n$ は 1 次独立ですが，そのノルムは全て 1 であるとは限りません．そこで，ベクトル空間 V の基底ベクトルを作成しましょう．

ベクトル空間 V が，互いに直交する n 本の座標軸を持つ n 次元ベクトル空間とします．ここで，それぞれの座標軸に対する $\mathbf{a}_1, \mathbf{a}_2, \cdots, \mathbf{a}_n$ の射影を作ることができます．例えば，ベクトル $\mathbf{a}_i$ と i 番目の座標軸と成す角度を $\theta_i \ (\neq 90°)$ とし，$\boldsymbol{\varepsilon}_i = \mathbf{a}_i \cos \theta_i$ とすれば，

$$\mathbf{e}_i = \boldsymbol{\varepsilon}_i / \sqrt{\boldsymbol{\varepsilon}_i \cdot \boldsymbol{\varepsilon}_i} = \boldsymbol{\varepsilon}_i / \|\boldsymbol{\varepsilon}_i\| \ (i = 1, 2, \cdots, n)$$

により，$\mathbf{e}_i \ (i = 1, 2, \cdots, n)$ を n 次元ベクトル空間 V の基底ベクトルとすることができます．ここで，ベクトル $\mathbf{e}_i \ (i = 1, 2, \cdots, n)$ は，当たり前ですが，

$$\|\mathbf{e}_i\| = \|(\boldsymbol{\varepsilon}_i / \|\boldsymbol{\varepsilon}_i\|)\| = \|\boldsymbol{\varepsilon}_i\| / \|\boldsymbol{\varepsilon}_i\| = 1 \tag{4.1.6-8}$$

です．実際，頭で考えられるのは 3 次元ですから，敢て，ここまで書く必要もなく，むしろ，釈迦に説法的説明でした．ご勘弁ください．では，な～んだ！と言いながら練習問題で楽しんでください．

練習問題 4.1.6-1 　ベクトル $\mathbf{a}_1 = \begin{pmatrix} 1 & 1 & 0 \end{pmatrix}, \mathbf{a}_2 = \begin{pmatrix} 0 & 0 & 1 \end{pmatrix}, \mathbf{a}_3 = \begin{pmatrix} 1 & 1 & 1 \end{pmatrix}$ が張るベクトル空間 W の次元 $\dim W$ を求めよ．

練習問題 4.1.6-2 　$m \times n$ の行列 $\mathbf{A}$ の張る空間 $V^{m \times n}$ の次元と基の 1 種を考えよ．

練習問題 4.1.6-3 　$\mathbf{x} = (x_1, x_2) \ (\forall x_1, x_2 \in \Re)$ が張るベクトル空間 R^2（ベクトル空間 V の部分空間）について，その次元を答えよ．

練習問題 4.1.6-4 　$\mathbf{x} = (x_1, x_2, x_3) \ (\forall x_1, x_2, x_3 \in \Re)$ が張るベクトル空間 R^3（ベクトル空間 V の部分空間）について，その次元を答えよ．

4.1.7. 次元 dim の性質

ここでは，次元に関する幾つかの定理について説明しましょう．恐らく退屈で，眠くなりますことをご容赦下さい．定理は定義や公理から証明して初めて定理となります．したがって，以下の定理は証明が必要です．この証明で，眠くなることを確信します（笑）．

定理10　ベクトル空間と次元　その1

$\dim V = n$ であるベクトル空間 V の部分空間 W について，$\dim W = r \leq n$ とし，部分空間 W の基底ベクトルを $\mathbf{e}_1, \mathbf{e}_2, \cdots, \mathbf{e}_r$ とするとき，適当にベクトル $\mathbf{e}_{r+1}, \mathbf{e}_{r+2}, \cdots, \mathbf{e}_n$ を加えて，n 個のベクトル $\mathbf{e}_1, \mathbf{e}_2, \cdots, \mathbf{e}_r, \mathbf{e}_{r+1}, \mathbf{e}_{r+2}, \cdots, \mathbf{e}_n$ を作り，ベクトル空間 V の基底ベクトルとすることができる．

定理10の証明

$\dim V = n$ であるベクトル空間 V があって，その基底ベクトルを $\mathbf{e}_1, \mathbf{e}_2, \cdots, \mathbf{e}_n$ とする．ベクトル空間 V から $\dim W = r \leq n$ である部分空間 W を作るとき，ベクトル空間 V の基底ベクトル $\mathbf{e}_1, \mathbf{e}_2, \cdots, \mathbf{e}_r$ を選び，部分空間 W を張るとしても，一般性は失われない．ここで，ベクトル空間 V の全ての元が $\mathbf{e}_1, \mathbf{e}_2, \cdots, \mathbf{e}_r$ の1次結合で表されるならば，$\mathbf{e}_1, \mathbf{e}_2, \cdots, \mathbf{e}_r$ がベクトル空間 V の全基底ベクトルであることになり，$\dim V = n$ であることに反する．そこで，$\mathbf{e}_1, \mathbf{e}_2, \cdots, \mathbf{e}_r$ の1次結合で表されない $\exists \mathbf{x} \in V$ を仮定し，ベクトル $\mathbf{x}$ を新たに $\mathbf{e}_{r+1}$ とすれば，$\mathbf{e}_1, \mathbf{e}_2, \cdots, \mathbf{e}_r, \mathbf{e}_{r+1}$ は1次独立となる．ここで，ベクトル空間 V の全ての元が $\mathbf{e}_1, \mathbf{e}_2, \cdots, \mathbf{e}_r, \mathbf{e}_{r+1}$ の1次結合で表されるなら，$\mathbf{e}_1, \mathbf{e}_2, \cdots, \mathbf{e}_r, \mathbf{e}_{r+1}$ はベクトル空間 V の全基底ベクトルであり，$\dim V = r+1$ となり $r+1 = n$ である．しかしながら，$r < r+1 < n$ の場合は，$r+1 < n = \dim V$ で題意に反する．．ここで，$\mathbf{e}_1, \mathbf{e}_2, \cdots, \mathbf{e}_r, \mathbf{e}_{r+1}$ の1次結合で表されないベクトル空間 V の元 $\mathbf{y}$ があるときは，同様に，$\mathbf{y}$ を新たに $\mathbf{e}_{r+2}$ とすれば，$\mathbf{e}_1, \mathbf{e}_2, \cdots, \mathbf{e}_r, \mathbf{e}_{r+1}, \mathbf{e}_{r+2}$ は1次独立となる．したがって，$\dim V = r+2$ となり，仮定より，$r+2 = n$ である．しかしながら，$r < r+1 < r+2 < n$ の場合は題意に反する．このように，上記の議論を高々 $n-r$ 回繰り返すことで，$\mathbf{e}_1, \mathbf{e}_2, \cdots, \mathbf{e}_r, \mathbf{e}_{r+1}, \mathbf{e}_{r+2}, \cdots, \mathbf{e}_n$ は一次独立で，ベクトル空間 V の基底ベクトルとすることができる．このとき，$\dim V = n$ である．

以下の定理11は，おそらく，世の中の線形代数の本の多くに書かれている定理です．

定理11　ベクトル空間と次元　その2

ベクトル空間 V の部分空間を V_1, V_2 とするとき，
$$\dim(V_1 + V_2) = \dim V_1 + \dim V_2 - \dim(V_1 \cap V_2)$$
である．

アッ．この式は線形空間では有名だな．．

(4.1.7-1)

定理11の証明

空間ベクトル V ($\dim V = n$ $(r \leq n)$) の部分空間 V_1, V_2 について，共通ベクトル部分空間 $V_1 \cap V_2$ の基底ベクトルを
$$\{\hat{\mathbf{e}}_1, \hat{\mathbf{e}}_2, \cdots, \hat{\mathbf{e}}_r\} \quad (\exists \hat{\mathbf{e}}_i \in V \mid i = 1, 2, \cdots, r) \tag{1}$$
とし，部分空間 V_1, V_2 の基底ベクトルを，それぞれ，
$$\{\hat{\mathbf{e}}_1, \hat{\mathbf{e}}_2, \cdots, \hat{\mathbf{e}}_r, {}^{(1)}\mathbf{e}_1, {}^{(1)}\mathbf{e}_2, \cdots, {}^{(1)}\mathbf{e}_s\} \text{ および } \{\hat{\mathbf{e}}_1, \hat{\mathbf{e}}_2, \cdots, \hat{\mathbf{e}}_r, {}^{(2)}\mathbf{e}_1, {}^{(2)}\mathbf{e}_2, \cdots, {}^{(2)}\mathbf{e}_t\} \tag{2}$$

4.1. ベクトル空間の基礎

とする．このとき，次元 dim の定義から，
$$\dim V_1 \cap V_2 = r, \quad \dim V_1 = r+s, \quad \dim V_2 = r+t \tag{3}$$
と書ける．このとき，式（3）を式 4.1.7-1 の右辺に代入すると，
$$\dim(V_1 + V_2) = (r+s)+(r+t)-r = r+s+t \tag{4}$$
であるから，部分空間 V_1, V_2 の和空間 $V_1 + V_2$ の基底ベクトルが，
$$\{\hat{\mathbf{e}}_1, \hat{\mathbf{e}}_2, \cdots, \hat{\mathbf{e}}_r, {}^{(1)}\mathbf{e}_1, {}^{(1)}\mathbf{e}_2, \cdots, {}^{(1)}\mathbf{e}_s, {}^{(2)}\mathbf{e}_1, {}^{(2)}\mathbf{e}_2, \cdots, {}^{(2)}\mathbf{e}_t\} \tag{5}$$
であることを示せば良い．

基底が式（5）で表される部分空間 V_1, V_2 の和空間 $V_1 + V_2$ において，定数：
$$\lambda_i, \mu_j, \nu_k \quad (\in \Re \mid i=1\sim r, \; j=1\sim s, \; k=1\sim t) \tag{6}$$
を用いると，
$$(\lambda_1 \hat{\mathbf{e}}_1 + \lambda_2 \hat{\mathbf{e}}_2 + \cdots + \lambda_r \hat{\mathbf{e}}_r) + (\mu_1{}^{(1)}\mathbf{e}_1 + \mu_2{}^{(1)}\mathbf{e}_2 + \cdots + \mu_s{}^{(2)}\mathbf{e}_s)$$
$$+ (\nu_1{}^{(2)}\mathbf{e}_1 + \nu_2{}^{(2)}\mathbf{e}_2 + \cdots + \nu_t{}^{(2)}\mathbf{e}_t) = \mathbf{0} \tag{7}$$
と書くとき，
$$(\lambda_1 \hat{\mathbf{e}}_1 + \lambda_2 \hat{\mathbf{e}}_2 + \cdots + \lambda_r \hat{\mathbf{e}}_r) + (\mu_1{}^{(1)}\mathbf{e}_1 + \mu_2{}^{(1)}\mathbf{e}_2 + \cdots + \mu_s{}^{(2)}\mathbf{e}_s)$$
$$= -(\nu_1{}^{(2)}\mathbf{e}_1 + \nu_2{}^{(2)}\mathbf{e}_2 + \cdots + \nu_t{}^{(2)}\mathbf{e}_t) \tag{8}$$
と書きなおせば，
$$(\lambda_1 \hat{\mathbf{e}}_1 + \lambda_2 \hat{\mathbf{e}}_2 + \cdots + \lambda_r \hat{\mathbf{e}}_r) + (\mu_1{}^{(1)}\mathbf{e}_1 + \mu_2{}^{(1)}\mathbf{e}_2 + \cdots + \mu_s{}^{(2)}\mathbf{e}_s) \in V_1 \tag{9}$$
であるから，
$$-(\nu_1{}^{(2)}\mathbf{e}_1 + \nu_2{}^{(2)}\mathbf{e}_2 + \cdots + \nu_t{}^{(2)}\mathbf{e}_t) \in V_1 \tag{10}$$
であることになるが，もともと，
$$-(\nu_1{}^{(2)}\mathbf{e}_1 + \nu_2{}^{(2)}\mathbf{e}_2 + \cdots + \nu_t{}^{(2)}\mathbf{e}_t) \in V_2 \tag{11}$$
であるので，
$$-(\nu_1{}^{(2)}\mathbf{e}_1 + \nu_2{}^{(2)}\mathbf{e}_2 + \cdots + \nu_t{}^{(2)}\mathbf{e}_t) \in V_1 \cap V_2 \tag{12}$$
である．したがって，
$$-(\nu_1{}^{(2)}\mathbf{e}_1 + \nu_2{}^{(2)}\mathbf{e}_2 + \cdots + \nu_t{}^{(2)}\mathbf{e}_t)$$
$$= (\alpha_1 \hat{\mathbf{e}}_1 + \alpha_2 \hat{\mathbf{e}}_2 + \cdots + \alpha_r \hat{\mathbf{e}}_r) \in V_1 \cap V_2 \quad (\exists \alpha_i \in \Re \mid i=1\sim r) \tag{13}$$
であるような係数 $\alpha_1, \alpha_2, \cdots, \alpha_r$ が存在する．しかしながら，
$$\{\hat{\mathbf{e}}_1, \hat{\mathbf{e}}_2, \cdots, \hat{\mathbf{e}}_r, {}^{(2)}\mathbf{e}_1, {}^{(2)}\mathbf{e}_2, \cdots, {}^{(2)}\mathbf{e}_t\} \tag{14}$$
は部分空間 V_2 の基底ベクトルであるから，1次独立であり，式（13）：
$$(\nu_1{}^{(2)}\mathbf{e}_1 + \nu_2{}^{(2)}\mathbf{e}_2 + \cdots + \nu_t{}^{(2)}\mathbf{e}_t) + (\alpha_1 \hat{\mathbf{e}}_1 + \alpha_2 \hat{\mathbf{e}}_2 + \cdots + \alpha_r \hat{\mathbf{e}}_r) = \mathbf{0} \tag{15}$$
が成立するためには，
$$\nu_1 = \nu_2 = \cdots = \nu_t (= \alpha_1 = \alpha_2 = \cdots = \alpha_r) = 0 \tag{16}$$
である．したがって，式（8）から，
$$(\lambda_1 \hat{\mathbf{e}}_1 + \lambda_2 \hat{\mathbf{e}}_2 + \cdots + \lambda_r \hat{\mathbf{e}}_r) + (\mu_1{}^{(1)}\mathbf{e}_1 + \mu_2{}^{(1)}\mathbf{e}_2 + \cdots + \mu_s{}^{(1)}\mathbf{e}_s) = \mathbf{0} \tag{17}$$
となる．またここで，
$$\{\hat{\mathbf{e}}_1, \hat{\mathbf{e}}_2, \cdots, \hat{\mathbf{e}}_r, {}^{(1)}\mathbf{e}_1, {}^{(1)}\mathbf{e}_2, \cdots, {}^{(1)}\mathbf{e}_s\} \tag{18}$$
は部分空間 V_1 の基底ベクトルであるから，1次独立であり，式（17）が成立するためには，

4. 線形代数 III

$$\lambda_1 = \lambda_2 = \cdots = \lambda_r = \mu_1 = \mu_2 = \cdots = \mu_s = 0 \tag{19}$$

である．式（16）および式（19）により，

$$\left\{\hat{\mathbf{e}}_1, \hat{\mathbf{e}}_2, \cdots, \hat{\mathbf{e}}_r, {}^{(1)}\mathbf{e}_1, {}^{(1)}\mathbf{e}_2, \cdots, {}^{(1)}\mathbf{e}_s, {}^{(2)}\mathbf{e}_1, {}^{(2)}\mathbf{e}_2, \cdots, {}^{(2)}\mathbf{e}_t\right\} \tag{20}$$

は，1次独立であり，部分空間 V_1, V_2 の和空間 $V_1 + V_2$ の基底ベクトルであり，故に，

$$\dim(V_1 + V_2) = r + s + t \tag{21}$$

である．

逆に，$\dim(V_1 + V_2) = r + s + t$ であって，$\dim(V_1) = r + s$，$\dim(V_2) = r + t$ であるとき，$\forall \mathbf{p} \in (V_1 + V_2)$ について，

$$\mathbf{p} = \mathbf{p}_1 + \mathbf{p}_2 \quad (\mathbf{p}_1 \in V_1, \ \mathbf{p}_2 \in V_2) \tag{21}$$

と書くことができるならば，

$$\mathbf{p}_1 = \left(\alpha_1 \hat{\mathbf{e}}_1 + \alpha_2 \hat{\mathbf{e}}_2 + \cdots + \alpha_r \hat{\mathbf{e}}_r\right) + \left(\mu_1{}^{(1)}\mathbf{e}_1 + \mu_2{}^{(1)}\mathbf{e}_2 + \cdots + \mu_s{}^{(1)}\mathbf{e}_s\right) \tag{22}$$

$$\mathbf{p}_2 = \left(\mu_1'{}^{(1)}\mathbf{e}_1 + \mu_2'{}^{(1)}\mathbf{e}_2 + \cdots + \mu_s'{}^{(1)}\mathbf{e}_s\right) + \left(\nu_1{}^{(2)}\mathbf{e}_1 + \nu_2{}^{(2)}\mathbf{e}_2 + \cdots + \nu_t{}^{(2)}\mathbf{e}_t\right) \tag{23}$$

であるから，式（22）と式（23）の両辺を加えて，

$$\begin{aligned}
\mathbf{p}_1 + \mathbf{p}_2 &= \alpha_1 \hat{\mathbf{e}}_1 + \alpha_2 \hat{\mathbf{e}}_2 + \cdots + \alpha_r \hat{\mathbf{e}}_r \\
&\quad + (\mu_1 + \mu_1'){}^{(1)}\mathbf{e}_1 + (\mu_2 + \mu_2'){}^{(1)}\mathbf{e}_2 + \cdots + (\mu_s + \mu_s'){}^{(1)}\mathbf{e}_s \\
&\quad + \nu_1{}^{(2)}\mathbf{e}_1 + \nu_2{}^{(2)}\mathbf{e}_2 + \cdots + \nu_t{}^{(2)}\mathbf{e}_t
\end{aligned} \tag{24}$$

のように，1次結合として表され，基底ベクトルは，式（20）であり，

$$\begin{aligned}
\dim(V_1 + V_2) &= r + s + t = (r+s) + (r+t) - r \\
&= \dim(V_1) + \dim(V_2) - \dim(V_1 \cap V_2)
\end{aligned} \tag{25}$$

したがって，

$$\dim(V_1 + V_2) = \dim V_1 + \dim V_2 - \dim V_1 \cap V_2 \quad \text{Q.E.D.}$$

ふ～．やっと，Q.E.D. となりましたが，論理展開に間違いがあるやもしれません．著者もアップアップです．もし，気が付かれた読者は，ご連絡ください．お気づきの読者がおられると思いますが，上記の証明で，

$$\lambda_1 \hat{\mathbf{e}}_1 + \lambda_2 \hat{\mathbf{e}}_2 + \cdots + \lambda_r \hat{\mathbf{e}}_r = \sum_{i=1}^{r} \lambda_i \hat{\mathbf{e}}_i$$

$$\nu_1{}^{(2)}\mathbf{e}_1 + \nu_2{}^{(2)}\mathbf{e}_2 + \cdots + \nu_t{}^{(2)}\mathbf{e}_t = \sum_{i=1}^{t} \nu_i{}^{(2)}\mathbf{e}_i$$

$$\mu_1{}^{(1)}\mathbf{e}_1 + \mu_2{}^{(1)}\mathbf{e}_2 + \cdots + \mu_s{}^{(1)}\mathbf{e}_s = \sum_{i=1}^{s} \mu_i{}^{(1)}\mathbf{e}_i$$

> このように，行列では1次独立な縦または横ベクトルで作る最大の正則な小行列の次数を rank と呼び，一方，ベクトル空間を構成する要素ベクトルで1次独立なベクトルの数，または，その空間を張る基底ベクトルの数を次元 dim と言っている，て～ことです．

などと加算記号を用いると，もっとすっきり書けます．本質的な話ではありませんので気になさらずにいてください．

さて，思ったんですけれど，式 4.1.7-1 を一般的な形で書くとどうなりますかねぇ？　著者も定かではないのですが，ちょっと挑戦してみますと，もしかして，以下のようになるかもしれません．ベクトル空間 V の部分空間を $W_1, W_2, \cdots, W_n$ とするとき，

$$\dim\left(\sum_{i=1}^{n} W_i\right) = \sum_{i=1}^{n} \dim W_i - \sum_{i=1}^{n-1} \dim\left[\left(\sum_{k=1}^{i} W_k\right) \bigcap W_{i+1}\right] \tag{4.1.7-2}$$

と予想できますが，さて如何でしょうか．何故かと言いますと，定理 11 の部分空間の式：

4.1. ベクトル空間の基礎

$$\dim(W_1+W_2)=\dim(W_1)+\dim(W_2)-\dim(W_1\cap W_2) \quad (4.1.7\text{-}3)$$

が証明されました．このとき，$\dim(W_1+W_2+W_3)$ はどう考えるのでしょう？

この場合，W_1+W_2 を1つの部分空間と考えれば，

$$\dim((W_1+W_2)+W_3)=\dim(W_1+W_2)+\dim W_3-\dim((W_1+W_2)\cap W_3) \quad (4.1.7\text{-}4)$$

として，この式 4.1.7-4 に式 4.1.7-3 を挿入すれば，すなわち，右辺は，

$$\dim(W_1+W_2+W_3)=[(\dim W_1+\dim W_2)-\dim(W_1\cap W_2)]$$
$$+\dim W_3-\dim((W_1+W_2)\cap W_3)$$

したがって，

$$\dim(W_1+W_2+W_3)=[(\dim W_1+\dim W_2+\dim W_3)]$$
$$-[\dim(W_1\cap W_2)+\dim((W_1+W_2)\cap W_3)] \quad (4.1.7\text{-}5)$$

となって，

$$\dim\left(\sum_{i=1}^{3}W_i\right)=\sum_{i=1}^{3}\dim W_i-\sum_{i=1}^{2}\dim\left[\left(\sum_{k=1}^{i}W_k\right)\cap W_{i+1}\right] \quad (4.1.7\text{-}6)$$

ですから，式 4.1.7-2 を満たします．表式も美しく見えます．そして，式 4.1.7-1 の $n=3$ の場合に相当します．ここまではうまくいってます．そこで，数学的帰納法の登場でしょうか．あとは，読者で，この分野に興味のある方は証明できるか挑戦してみてください．と言ってもしないでしょ．じゃあ，やりますか！ 式 4.1.7-2 はあくまでも，いまだに，予想の域を出ていません．そこで，$n=k$ で式 4.1.7-1 が成り立つと仮定して，$n=k+1$ の場合に成立すれば，式 4.1.7-1 は正式に定理になります．もしかすると，定理 11 の証明の式（3），式（4）に見る各空間の次元の加減計算の確認が必要かもしれませんが，現実には，相当煩雑になることが予想されますので，ここでは，「定理 11」のような証明はしません．さて，数学的帰納法の後半です．

さて，$n=k+1$ の場合を考えてみましょうか．まず，nで式 4.1.7-6 が満たされていると仮定するならば，すなわち，あらためて書くと

$$\dim\left(\sum_{i=1}^{n}W_i\right)=\sum_{i=1}^{n}\dim W_i-\sum_{i=1}^{n-1}\dim\left[\left(\sum_{k=1}^{i}W_k\right)\cap W_{i+1}\right] \quad (4.1.7\text{-}7)$$

です．では，$n+1$ の場合はどうなりますか？

> この辺り計算が入り組んでますわよ．ご注意くださいませ．

$$\dim\left(\sum_{i=1}^{n+1}W_i\right)=\dim\left(\sum_{i=1}^{n}W_i+W_{n+1}\right)$$

> 複雑さが半端じゃねーぞ．じっくり見るか．よし！

$$=\sum_{i=1}^{n}\dim W_i-\sum_{i=1}^{n-1}\dim\left[\left(\sum_{k=1}^{i}W_k\right)\cap W_{i+1}\right]+\dim(W_{n+1})-\dim\left[\left(\sum_{k=1}^{n}W_k\right)\cap W_{i+1}\right]$$

$$=\left\{\sum_{i=1}^{n}\dim W_i+\dim(W_{n+1})\right\}-\left\{\sum_{i=1}^{n-1}\dim\left[\left(\sum_{k=1}^{i}W_k\right)\cap W_{i+1}\right]+\dim\left[\left(\sum_{k=1}^{n}W_k\right)\cap W_{i+1}\right]\right\}$$

$$\therefore\quad \dim\left(\sum_{i=1}^{n+1}W_i\right)=\sum_{i=1}^{n+1}\dim W_i-\sum_{i=1}^{n}\dim\left[\left(\sum_{k=1}^{i}W_k\right)\cap W_{i+1}\right] \quad (4.1.7\text{-}7)$$

ということになります．このように，$n=k+1$ の場合にも成立することになりました．

したがって，数学的帰納法により，式 4.1.7-6 は，式 4.1.7-1 を拡張した式になっています．

定理12　ベクトル空間と次元　その3
　ベクトル空間 V の部分空間を $W_i\ (i=1, 2, \cdots, n)$ とするとき，
$$\dim\left(\sum_{i=1}^{n} W_i\right) = \sum_{i=1}^{n} \dim W_i - \sum_{i=1}^{n-1} \dim\left[\left(\sum_{k=1}^{i} W_k\right) \cap W_{i+1}\right] \quad (4.1.7\text{-}8)$$
である．

と言うことで，定理としてここで書いておきましょう．何か，ご不満でも・・・

ここまで来ましたが定理 10 や定理 11，況してや（「ましてや」と読む）定理 12 など工学系の読者にはあまりご縁がないかもしれませんですね．お気づきでしょうか？．定理 12 に至っては，まだ，次数による検討がされていません．すなわち，数学専門家の正式な評価を受けていません．ご留意ください．

では，とっても難しい（笑）例題です．なんちゃって．

例題 4.1.7-1　ベクトル部分空間 W^3 において，
　(1) $\mathbf{e}_1 = (1, 0, 0)^T$，$\mathbf{e}_2 = (0, 1, 0)^T$，$\mathbf{e}_3 = (0, 0, 1)^T$ は基底ベクトルになるか．
　(2) $\mathbf{p}_1 = (1, 1, 0)^T$，$\mathbf{p}_2 = (0, 1, 1)^T$，$\mathbf{p}_3 = (1, 0, 1)^T$ は基底ベクトルになるか．

例題 4.1.7-1 解答
　(1) $\forall \mathbf{x} = (x, y, z)^T \in W^3$ について，$\mathbf{x} = x\mathbf{e}_1 + y\mathbf{e}_2 + z\mathbf{e}_3 = \mathbf{0}$ とすれば，
$x(1, 0, 0)^T + y(0, 1, 0)^T + z(0, 0, 1)^T = (0, 0, 0)^T$ ですから，
$x = y = z = 0$ のときに限り，$\mathbf{x} = \mathbf{0}$ となるのは明らかで．したがって，
$\mathbf{e}_1, \mathbf{e}_2, \mathbf{e}_3$ は基底ベクトルとなる．

　(2) $\forall \mathbf{x} = (x, y, z)^T \in W^3$ について，$\mathbf{x} = x\mathbf{p}_1 + y\mathbf{p}_2 + z\mathbf{p}_3 = \mathbf{0}$ とすれば，
$x + z = 0, x + y = 0, y + z = 0$ であり，したがって，$x = y = z = 0$ となり
故に，$x = y = z = 0$ のときに限り，$\mathbf{x} = \mathbf{0}$ となる．したがって，
$\mathbf{p}_1, \mathbf{p}_2, \mathbf{p}_3$ は基底ベクトルとなる．

というように，基底となるためには，1 次独立でなければなりません．そして，その基底でその他のベクトルが 1 次従属で，基底ベクトルにより 1 次結合で表されます．

　ベクトル空間 V^3 の部分空間を V_1, V_2 とするとき，式 4.1.7-1：
$$\dim(V_1 + V_2) = \dim V_1 + \dim V_2 - \dim(V_1 \cap V_2)$$
である，と敢えて書きましたが，3 次元の幾何学では簡単です．

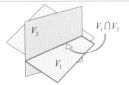

図 4.1.7-1　ベクトルの和空間

図 4.1.7-1 を見てください．1 次独立なベクトルの共通部分が 2 度加算されているので，式 4.1.7-1 では，1 次独立なベクトルの数の重なり部分を取り除く，という意味があります．数学的に難しい上記の証明より視覚的な図の方が分かり易いですね．

例題 4.1.7-2　ベクトル空間 V の元から m 個のベクトル $\mathbf{a}_i\ (i=1, 2, \cdots, m)$ が張る空間 V の部分空間 W の次元は $\mathbf{a}_i\ (i=1, 2, \cdots, m)$ から作り得る 1 次独立なベクトルの最大個数に等しいことを示せ．

4.1. ベクトル空間の基礎

同じような例題で恐縮です．諄い説明は本書の特徴ですから（笑）

例題 4.1.7-2 解答

$\mathbf{a}_i\ (i=1, 2, \cdots, m)$ から作り得る1次独立なベクトルの個数を r とする．このとき，1次独立なベクトルを $\mathbf{a}_1, \mathbf{a}_2, \cdots, \mathbf{a}_r$ としても一般性は失わない．ここで，部分空間 W' をベクトル $\mathbf{a}_1, \mathbf{a}_2, \cdots, \mathbf{a}_r$ が張る空間とすれば，明らかに，W' は W の部分集合で，$W' \subset W$ であり，このとき，部分空間 W' を張る1次独立なベクトルの個数は，ベクトル空間 W の中の1次独立なベクトルの個数を超えない．したがって，$\dim W' \leq \dim W$ である．

一方，$\mathbf{a}_i\ (i=1, 2, \cdots, m)$ の中で，$\mathbf{a}_i\ (i=1, 2, \cdots, r)\ (r \leq m)$ が1次独立であるから，$\lambda_1 \mathbf{a}_1 + \lambda_2 \mathbf{a}_2 + \cdots + \lambda_r \mathbf{a}_r = \mathbf{0}$ と書くとき，$\lambda_1 = \lambda_2 = \cdots = \lambda_r = 0$ のときのみ成立する．また，$\lambda_1 \mathbf{a}_1 + \lambda_2 \mathbf{a}_2 + \cdots + \lambda_r \mathbf{a}_r + \mu \mathbf{a}_s = \mathbf{0}\ (s = r+1, \cdots, m)$ と書くとき，$\mathbf{a}_1, \cdots, \mathbf{a}_r, \mathbf{a}_s$ は，一次従属であり，係数 $\lambda_1, \lambda_2, \cdots, \lambda_r, \mu$ の中で0でないものがある．$\lambda_1, \lambda_2, \cdots, \lambda_r$ の中に0でないものがあると，$\mathbf{a}_1, \mathbf{a}_2, \cdots, \mathbf{a}_r$ が1次独立であることに反する．ゆえに，$\mu \neq 0$ である．ここで，$\nu_i = \lambda_i / \mu\ (i=1,2,\cdots,r)$ とおけば，$\forall \mathbf{a}_s \in W\ (s=r+1, \cdots, m)$ について，$\mathbf{a}_s = \nu_1 \mathbf{a}_1 + \nu_2 \mathbf{a}_2 + \cdots + \nu_r \mathbf{a}_r$ のように1次結合で表される．ここで，$\mathbf{a}_s \in W$ であり，$\mathbf{a}_s = \nu_1 \mathbf{a}_1 + \nu_2 \mathbf{a}_2 + \cdots + \nu_r \mathbf{a}_r \in W'$ であるから，$W \subset W'$ と言え，$\dim W \leq \dim W'$ となる．したがって，$\dim W = \dim W' = r$ である．

いかがです．お気づきでしょうけれど，証明方法は，決まった大きな幾つかの流れの方法があります．例えば，$a = \cdots = \cdots = b \therefore a = b$ というように証明するフォワード証明に対して，$a \geq b$ と $a \leq b$ ならば，$a = b$ とする場合や，

$$1 - \frac{1}{n} \leq x \leq 1 + \frac{1}{n} \Rightarrow n \to \infty\quad x = 1$$

のように，数列や関数の範囲で縛る証明法があります．また，数学的帰納法のように，論理・推測などの手続きによる個々の具体的な事柄から，一般的な命題や法則を導き出す方法もあります．各問題に最適な解答を考える方法を問題を解く前に考えることを習慣づけましょう．

この場所で言うことはないのですが，書き忘れを考えると，思いついたときに書くべきと思って，敢えて書きました．お節介ですかね〜．

練習問題 4.1.7-1 ベクトル空間 V^n において，$\forall \mathbf{a}, \mathbf{b}, \mathbf{c} \in V^n$，$\lambda, \mu, \xi, \nu \in \Re$ および $\xi \mathbf{a} = \mathbf{b}$ であるとき，部分ベクトル空間 $W_1 = [\mathbf{a}, \mathbf{c}]$ および $W_2 = [\mathbf{a}, \mathbf{b}, \mathbf{c}]$ は $W_1 = W_2$ であることを示せ．

練習問題 4.1.7-2 ベクトル空間 V^n において，部分ベクトル空間 W_1, W_2 の $W_1 \cap W_2$ について，$\dim(W_1 \cap W_2) = 0$ の場合，$\forall \mathbf{p} \in W_1 + W_2$ なるベクトル $\mathbf{p}$ は，$\exists \mathbf{p}_1 \in W_1$，$\exists \mathbf{p}_2 \in W_2$ であるベクトル $\mathbf{p}_1, \mathbf{p}_2$ の和 $\mathbf{p}_1 + \mathbf{p}_2$ として一意的に表されることを示せ．ただし，ベクトル空間 V は，体 K 上のベクトル空間である．

4.2. ベクトル III

ここでは，ベクトルの和や積をベクトルの部分空間と結び付けて紹介します．高校時代は2次元ベクトル同士あるいは3次元ベクトル同士という，決まった「ベクトル」の演算でした．ここでは，大学の教養で習う，集合論をベースにした「空間」同士の扱いを大学の講義らしく説明します．え！　嫌だって！　じゃあ，元の雰囲気で．

4.2.1. ベクトルの媒介変数表示

媒介変数表示は項 1.2.12 でも触れました．再度，幾何の問題を媒介変数で解く方法を説明します．例えば，$\forall \mathbf{a}, \mathbf{b} \in V$ について，ベクトル $\mathbf{a}, \mathbf{b}$ が平行である場合は，

$$\mathbf{b} = t\mathbf{a} \quad (t \in \Re) \tag{4.2.1-1}$$

と書けますね．ここで，$\|\mathbf{b}\| = t\|\mathbf{a}\|$ ですから，t は $\|\mathbf{a}\|$ に対する $\|\mathbf{b}\|$ の比を表しています．ここで，t が正ならば $\mathbf{a}, \mathbf{b}$ は同じ向き，負ならば反対向きになる，と言うことです．これは基本です．この事を踏まえて，例題を見てみましょう．

例題 4.2.1-1

ベクトル空間 V 空間内にある任意ベクトル $\forall \mathbf{a}, \mathbf{b} \in V$ を位置ベクトルとする2点 $A(\mathbf{a})$ および $B(\mathbf{b})$ を通る直線を通り，位置ベクトル $\mathbf{p}$ で表される任意の点 $P(\mathbf{p})$ について，

$$\mathbf{p} = \lambda \mathbf{a} + \mu \mathbf{b} \quad (\lambda + \mu = 1) \tag{4.2.1-2}$$

で表されることを示せ．（直線のベクトル方程式）

例題 4.2.1-1 解答

3点 A, B, P は1直線上にあるので，点 P が点 A, B を $m:n$ に分ける点であるとしても一般性は失わない．内分・外分は，m, n の符号で決まるだけで，一般的に，

$$\mathbf{p} = \frac{n}{m+n}\mathbf{a} + \frac{m}{m+n}\mathbf{b}$$

と表すことができる．ここで，

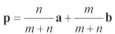

$$\lambda = \frac{n}{m+n}, \quad \mu = \frac{m}{m+n}$$

とおけば，$\lambda + \mu = 1$ となる．したがって，

$$\mathbf{p} = \lambda \mathbf{a} + \mu \mathbf{b} \quad (\lambda + \mu = 1)$$

である．　　Q.E.D.

これら式は項 1.2.12 でも説明しました．こんな説明もできます，という復習の意味があります．くれぐれも，問題文を読んで難しい，とは思わないでください．

例題 4.2.1-2

空間内に三角形 ABC があって，頂点は $A(\mathbf{a}), B(\mathbf{b}), C(\mathbf{c})$ のように，位置ベクトル $\mathbf{a}, \mathbf{b}, \mathbf{c} \in V$ で表されるとき，辺 $\overline{BC} = a, \overline{CA} = b, \overline{AB} = c$ とすると，内心を $I(\mathbf{i})$ のように表す位置ベクトル $\mathbf{i} \in V$ を $\mathbf{a}, \mathbf{b}, \mathbf{c} \in V$ および $a, b, c \in \Re$ で表せ．

そもそも，内心とは何か，覚えていますか？　内心は内接円の略で，したがって，円を三角形の中に描くとき円の中心は各辺から等距離にあり，しかも，辺に接する必要があり

ます．さあ，どのように解きますか？　これは難しいですね．まずは，内心の説明です．
　内心は，各頂点の角度を二等分する直線の交点です．そこで，図を見てください．図 4.2.1-1
に示す $\triangle$AIQ, $\triangle$AIR について，　$\angle$QAI $=$ $\angle$RAI であるように，点 A を起点とした半直
線 ℓ を引きます．半直線 ℓ 上の任意の点 L があるとします．ここで，点 L から辺 AB に垂
直に下した足を L_R，垂線の長さを ℓ_R とし，点 L から辺
AC に垂直に下した垂線の足を L_Q，垂線の長さを ℓ_Q とす
ることで，$\triangle$ALL_R および $\triangle$ALL_Q において，以下のことが
言えます．

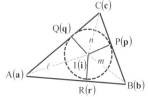

図 4.2.1-1　三角形の内心―1

① $\overline{AL}$ は共通，
② $\angle AL_R L = \angle AL_Q L = \angle R (= \pi/2)$
③ $\angle LAL_R = \angle LAL_Q$（$\because$ ℓ は $\angle$A の二等分線）
④ $\angle ALL_R = 2\pi - \angle R - \angle LAL_R$，および，$\angle ALL_Q = 2\pi - \angle R - \angle LAL_Q$
　　$\therefore$ $\angle ALL_R = \angle ALL_Q$　（$\because$ ③）

したがって，$\triangle ALL_R \equiv \triangle ALL_Q$ であるので，$\overline{LL_R} = \overline{LL_Q}$，
すなわち，$\ell_R = \ell_Q$ が証明できました．ここで，点 L を
$\ell_R = \ell_Q$ の関係を保ちながら，点 I(i) 方向に移動してい
くことができ，このとき，$\ell_R \to \overline{I(i)R(r)}$, $\ell_Q \to \overline{I(i)Q(q)}$
とすることができます．したがって，$\triangle$AIR $\equiv$ $\triangle$AIQ で
すから，$\overline{I(i)R(r)} = \overline{I(i)Q(q)}$ となります．ここまで大丈
夫ですか？　あとは楽です．同様にして，点 B を起点と

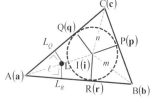

図 4.2.1-2　三角形の内心―2

する $\angle$B を二等分する半直線 m 上の任意の点を M とし，点 M から辺 AB に垂直に下し
た垂線足を M_R およびその垂線の長さを m_R とし，点 M から辺 BC に垂直に下した垂線
の足を M_P およびその垂線の長さを m_P とすれば，$m_R = m_P$ であることが分かります．こ
こで，点 M を $m_R = m_P$ の関係を保って点 I(i) 方向に移動していくことで，$m_R \to \overline{I(i)R(r)}$
および $m_P \to \overline{I(i)P(p)}$ とすることができます．したがって，$\overline{I(i)R(r)} = \overline{I(i)P(p)}$ と書けま
す．したがって，
$$\overline{I(i)R(r)} = \overline{I(i)Q(q)} = \overline{I(i)P(p)} = r$$
となり，直線 ℓ, m の交点が点 I(i) であり，交点 I(i) から辺 AB，辺 BC，辺 CA に下し
た垂線の足の長さは全て同じ r ということが分かりました．
　また，同様に，点 C を起点とする $\angle$C を二等分する半直線 n 上の任意の点を N と
し，・・・と考えるほうが良いのでしょうけれど，ひねくれの著者は，直線 ℓ, m の交点 I(i)
と点 C を結ぶとき，$\triangle$CQI, $\triangle$CPI について，
① 辺 CI が共通，
② $\overline{CQ} = \overline{CP}$（円の外の任意の点から円にひく接線の長さは等しい）
③ $\angle CQI = \angle CPI = \angle R (= \pi/2)$

ですから，$\triangle$CQI $\equiv$ $\triangle$CPI であり，したがって，$\angle$QCI $=$ $\angle$PCI ですから，直線 n は，$\angle$C
を二等分することが分かりました．したがって，点 I(i) は，$\angle$CAB を二等分する直線 ℓ，

4. 線形代数 III

∠ABC を二等分する直線 m，∠BCA を二等分する直線 n の 3 直線の交点であり，交点 I($\mathbf{i}$) から各辺までの距離が等しく，その距離は，ΔABC に内接する円の半径であると言えます．

ちょっと，ややこしい説明になりましたが，如何でしょうか．ここで前置きができました．え〜〜〜でしょうけれど，これからです．

例題 4.2.1-1 で見たような解答方法を踏まえて，やっとですが，媒介変数を用いた解答を見て頂くことができます．解答は，**図 4.2.1-3** を参考にしてください．

例題 4.2.1-2 解答

$a = \overline{\mathrm{BC}}$, $b = \overline{\mathrm{CA}}$, $c = \overline{\mathrm{AB}}$ とし，∠BAC の 2 等分線を ℓ とする．そこで，起点を点 A として，AB 方向の単位ベクトルを $\mathbf{e}_{\mathrm{AB}}$ とし，起点を点 A として，AC 方向の単位ベクトルを $\mathbf{e}_{\mathrm{AC}}$ とすると，点 A から内心 I($\mathbf{i}$) までの直線 ℓ を表すベクトル方程式は，媒介変数により，線 ℓ 上の任意の点を L($\mathbf{r}_L$) とし，ΔARI $\equiv$ ΔAQI に注意すれば，

図 4.2.1-3 三角形の内心−3

$$\mathbf{r}_L = \mathbf{a} + t(\mathbf{e}_{\mathrm{AB}} + \mathbf{e}_{\mathrm{AC}}) = \mathbf{a} + t\left(\frac{\mathbf{b}-\mathbf{a}}{c} + \frac{\mathbf{c}-\mathbf{a}}{b}\right)$$

で表される（**図 4.2.1-3**）．一方，∠ABC の 2 等分線 m の方程式は，起点を点 B として，BA 方向の単位ベクトルを $\mathbf{e}_{\mathrm{BA}}(=-\mathbf{e}_{\mathrm{AB}})$，起点を点 B として，BC 方向の単位ベクトルを $\mathbf{e}_{\mathrm{BC}}$ とすると，点 B から内心 I($\mathbf{i}$) までの直線 m を表すベクトル方程式は，線 m 上の任意の点を M($\mathbf{r}_M$) とすれば，ΔBRI $\equiv$ ΔBPI であることに注意して，

$$\mathbf{r}_M = \mathbf{b} + s(\mathbf{e}_{\mathrm{BA}} + \mathbf{e}_{\mathrm{BC}}) = \mathbf{b} + s\left(\frac{-(\mathbf{b}-\mathbf{a})}{c} + \frac{\mathbf{c}-\mathbf{b}}{a}\right)$$

で表される．ここで，線 ℓ と線 m とは I($\mathbf{i}$) で交差するので，$\mathbf{r}_L = \mathbf{r}_M = \mathbf{i}$ となれば良い．

したがって

$$\mathbf{a} + t\left(\frac{\mathbf{b}-\mathbf{a}}{c} + \frac{\mathbf{c}-\mathbf{a}}{b}\right) = \mathbf{b} + s\left(\frac{-(\mathbf{b}-\mathbf{a})}{c} + \frac{\mathbf{c}-\mathbf{b}}{a}\right)$$

> 媒介変数の利用の醍醐味って感じだなあ

である．ここで，

$$\left(1 - \frac{s}{c} - \frac{t}{c}\right)(\mathbf{b}-\mathbf{a}) + \frac{s}{a}\mathbf{c} - \frac{s}{a}\mathbf{b} - \frac{t}{b}\mathbf{c} + \frac{t}{b}\mathbf{a} + \left(-\frac{s}{a}\mathbf{a} + \frac{s}{a}\mathbf{a}\right) = 0$$

$$\left(1 - \frac{s}{c} - \frac{t}{c} - \frac{s}{a}\right)(\mathbf{b}-\mathbf{a}) + \left(\frac{s}{a} - \frac{t}{b}\right)(\mathbf{c}-\mathbf{a}) = 0$$

である．ここで，$\mathbf{b}-\mathbf{a} = \overrightarrow{\mathrm{AB}}$, $\mathbf{c}-\mathbf{a} = \overrightarrow{\mathrm{AC}}$ であり，3 点 A, B, C が三角形を形成するためには，ベクトル $\mathbf{b}-\mathbf{a}$ および $\mathbf{c}-\mathbf{a}$ は 1 次独立でなければならない．言い換えると，ベクトル $\mathbf{b}-\mathbf{a}$ および $\mathbf{c}-\mathbf{a}$ は平行でなく，零ベクトルでもない．したがって，

$$1 - \frac{s}{c} - \frac{t}{c} - \frac{s}{a} = 0, \quad \frac{s}{a} - \frac{t}{b} = 0 \quad \Rightarrow \quad s = \frac{ac}{a+b+c}$$

となり，求めた s を $\mathbf{r}_M$ に入れて計算すると，$\mathbf{r}_M$，すなわち，内心 I($\mathbf{i}$) の位置ベクトル $\mathbf{i}$ は，

173

4.2. ベクトル III

$$\mathbf{i} = \mathbf{b} + s\left(\frac{\mathbf{a}-\mathbf{b}}{c} + \frac{\mathbf{c}-\mathbf{b}}{a}\right) = \mathbf{b} + \frac{ac}{a+b+c}\left(\frac{\mathbf{a}-\mathbf{b}}{c} + \frac{\mathbf{c}-\mathbf{b}}{a}\right)$$

$$= \frac{(a+b+c)\mathbf{b}}{a+b+c} + \frac{a(\mathbf{a}-\mathbf{b})}{a+b+c} + \frac{c(\mathbf{c}-\mathbf{b})}{a+b+c}$$

$$= \frac{a\mathbf{b}+b\mathbf{b}+c\mathbf{b}+a\mathbf{a}-a\mathbf{b}+c\mathbf{c}-c\mathbf{b}}{a+b+c}$$

$$\therefore \quad \mathbf{i} = \frac{a\mathbf{a}+b\mathbf{b}+c\mathbf{c}}{a+b+c}$$

として，$\mathbf{a},\mathbf{b},\mathbf{c} \in V$ および $a, b, c \in \Re$ で表される．*Q.E.D.*

なんと綺麗な表式じゃあないですか？ 十分ご理解頂けたと思います．

因みに，三角形には 5 心と言う中心があります．内心に加え，外心，重心，垂心，傍心がその 5 心です．それらが何を意味するかは，ここでは，主題から外れるのでこれ以上説明しません！

と，言いつつも（笑），5 心について，護身（ごしん）ではありませんが（笑），少しぐらい書いておかないとお叱りを受けそうなので，ここでまとめておきます．

1）内心　内接円の中心で，各辺までの距離が同じです．幾何的には，各角の二等分線の交点です(図 4.2.1-4).

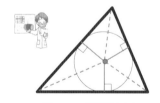

図 4.2.1-4　三角形の内心

2）外心　外接円の中心で，各頂点までの距離は同じです．幾何的には，各辺の垂直 2 等分線の交点です(図 4.2.1-5).

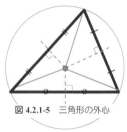

図 4.2.1-5　三角形の外心

3）重心　各頂点と作る 3 つの三角形の面積が同じとなる点です．幾何的には，各頂点から対辺の中点にひく直線の交点です(図 4.2.1-6).

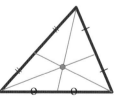

図 4.2.1-6　三角形の重心

4）垂心　各頂点から対辺に直交するように引いた線の交点です(図 4.2.1-7).

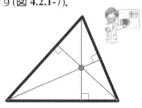

図 4.2.1-7　三角形の垂心

5) 傍心　1つの角の2等分線（内心を通る直線）上にあって，その角を作る2辺の延長線とその角の対辺とで構成する三角形の外部領域でその3線に接する円（傍接円という）の中心です．したがって，1つの三角形には傍心が3つ存在します(図 **4.2.1-8**)．

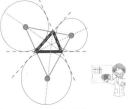

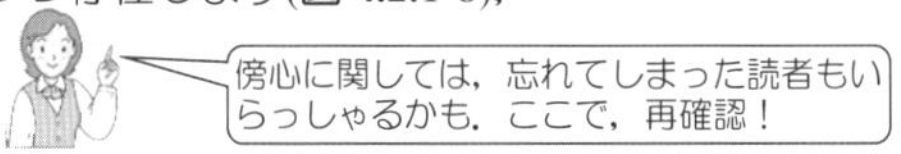

図 4.2.1-8　三角形の傍心

次は，空間内にある面に関する式についての紹介です．果たしてその実態は，次式で表されます．実係数 $\lambda, \mu, \nu \in \Re$ により

$$\mathbf{r} = \lambda \mathbf{a} + \mu \mathbf{b} + \nu \mathbf{c} \quad (\lambda + \mu + \nu = 1) \tag{4.2.1-3}$$

とする表式で，面のベクトル方程式と呼ばれます．何故，そう呼べるのでしょうか．このことを調べるために，状況設定を行います．

空間 R^n に平面があって，ベクトル $\mathbf{a}$，$\mathbf{b}$，$\mathbf{c}$ に対して平面上に，3点 $A(\mathbf{a})$, $B(\mathbf{b})$, $C(\mathbf{c})$ があり，その面上の任意の位置 $P(\mathbf{p})$ がある状況を考えてください（図 **4.2.1-9**）．すなわち，$\triangle ABC$ の辺 $\overline{AB}$ 上に任意の点 $Q(\mathbf{q})$ があって，線分 $\overline{CQ}$ 上に任意の点 $P(\mathbf{p})$ があるとします．このとき，点Qは辺 $\overline{AB}$ 上にあるので，

$$\mathbf{q} = t\mathbf{a} + (1-t)\mathbf{b} \quad (0 \leq t \leq 1) \tag{4.2.1-4}$$

と表すことができます．同様に，点Pは，線分 $\overline{CQ}$ 上にあるので，

$$\mathbf{p} = s\mathbf{q} + (1-s)\mathbf{c} \quad (0 \leq s \leq 1) \tag{4.2.1-5}$$

と書けます．したがって，

$$\mathbf{p} = s(t\mathbf{a} + (1-t)\mathbf{b}) + (1-s)\mathbf{c} = st\mathbf{a} + s(1-t)\mathbf{b} + (1-s)\mathbf{c}$$

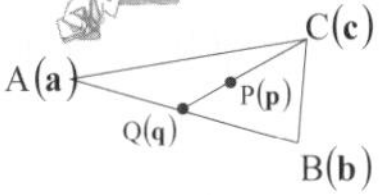

です．ここで，$\lambda = st$, $\mu = s(1-t)$, $\nu = (1-s)$ とすれば

$$\lambda + \mu + \nu = st + s(1-t) + (1-s) = st + s - st + 1 - s = 1 \tag{4.2.1-6}$$

図 4.2.1-9　面の設定

となります．点Pは，$\triangle ABC$ 内の任意の点であり，$\mathbf{p} \to \mathbf{r}$ とできます．したがって，式 4.2.1-3 が導出することができました．また，$\triangle ABC$ は，空間 R^n にある任意の3点 $A(\mathbf{a})$, $B(\mathbf{b})$, $C(\mathbf{c})$ で作る三角形と考えられますから，式 4.2.1-1 は空間 R^n にある平面を表すベクトル方程式となります．もちろん，空間は，2次元空間 R^2 や3次元空間 R^3 に留まらず，n 次元 R^n 空間でも良いのです．素晴らしいことですね．

次の問題は，ベクトルの大きさに関する定理です．

定理13　ベクトルの大きさ

3次元ベクトル空間 V^3 で，$\forall \mathbf{a}, \mathbf{b}, \mathbf{c} \in V^3$ に対し，L^2 ノルムに関して

$$\|\mathbf{a} + \mathbf{b} + \mathbf{c}\|_2 \leq \|\mathbf{a}\|_2 + \|\mathbf{b}\|_2 + \|\mathbf{c}\|_2 \tag{4.2.1-7}$$

なる式が成立する．

すでに，ベクトルの大きさはノルムとして説明済みです．式 1.2.3-1 で定義した L^2 ノルムで，スパースモデリングなどの特別な場合を除き，理学的・工学的な分野のほぼ全域で利用します．まず，$\|\mathbf{a} + \mathbf{b}\|_2 \leq \|\mathbf{a}\|_2 + \|\mathbf{b}\|_2$ は表式が違うにしても，高校で習ったはずです．この証明はできますよね．

例えば，空間に任意の3点A, B, Cを選び，$\vec{AB}=\mathbf{a}$, $\vec{BC}=\mathbf{b}$とし，$p=\|\mathbf{a}+\mathbf{b}\|_2$ および $q=\|\mathbf{a}\|_2+\|\mathbf{b}\|_2$ とします（図 4.2.1-10）．このとき，ユークリッド幾何学の三角形法則によれば，

図 4.2.1-10　ベクトルの和

$$\left.\begin{array}{l}\overline{AB} \le \overline{BC}+\overline{CA} \\ \overline{BC} \le \overline{CA}+\overline{AB} \\ \overline{CA} \le \overline{AB}+\overline{BC}\end{array}\right\} \quad (4.2.1\text{-}8)$$

です．図 4.2.1-10 から，$\|\mathbf{a}+\mathbf{b}\|_2 = \|-\mathbf{c}\|_2 = \|\mathbf{c}\|_2$ ですから，$\overline{CA} \le \overline{AB}+\overline{BC}$ により，

$$\|\mathbf{c}\|_2 = \|\mathbf{a}+\mathbf{b}\|_2 \le \|\mathbf{a}\|_2+\|\mathbf{b}\|_2 \quad (4.2.1\text{-}9)$$

が得られます．同様に，（$\|\ \|_2$ はすでに説明しましたL^2ノルムです．）

$$\|\mathbf{b}\|_2 = \|\mathbf{c}+\mathbf{a}\|_2 \le \|\mathbf{c}\|_2+\|\mathbf{a}\|_2, \quad \|\mathbf{a}\|_2 = \|\mathbf{b}+\mathbf{c}\|_2 \le \|\mathbf{b}\|_2+\|\mathbf{c}\|_2 \quad (4.2.1\text{-}10)$$

が得られます．この場合，要素で説明していないことに注意してください．すなわち，ベクトルの要素数（次数）に制限はありません．したがって，この証明はベクトル空間V^nにおいて成立します．ただし，ユークリッド幾何学の三角形法則を説明なしに用いていることが気になっているでしょう．そこで，説明です．図 4.2.1-11 をご覧ください．三角形が，ユークリッド空間（アインシュタインの相対性理論に出てくるような歪空間ではない空間，ちょっと大袈裟！）の中にあって，直線BC上の点

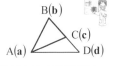

図 4.2.1-11　三角形の辺-1

Cより外側の任意の点 D について，∠BAC≤∠BADの場合であり，このとき，$\overline{BC} \le \overline{BD}$ は自明ですから，つぎの命題「三角形の2辺が作る角度が大きいほど，対辺の長さは大きい」が成立します．これらを踏まえて，さらに説明が続きます．

図 4.2.1-12 に $\overline{BC} = \overline{CE}$ となる点 E を直線AC の点C の外側に加えました．したがって，ΔCEB は二等辺三角形となりますから，$\overline{AC}+\overline{CB}=\overline{AE}$ です．ここで，∠CEB = ∠CBE ですから，∠AEB ≤ ∠ABE です．したがって，先の命題から，$\overline{AB} \le \overline{AE}$ が言えます．したがって，$\overline{AB} \le \overline{AE} = \overline{AC}+\overline{CB}$ が説明できました．

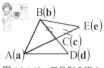

図 4.2.1-12　三角形の辺-2

数学の教科書では，公理として「2点間を結ぶ最短距離は直線であり，ただ1本ある」の考えと同じ意味を持ちます．すなわち，どんな空間でも，まっすぐ行くほうが，寄り道するより絶対早く行けるということです．当たり前のようなことを数学で証明しました．わ～お！ちょっと，寄り道しちゃいました．したがって，読む時間も増えました（笑）．で，何を言いたかったかと言うと $\|\mathbf{a}+\mathbf{b}\|_2 \le \|\mathbf{a}\|_2+\|\mathbf{b}\|_2$ の証明でした．さあ，ここで，この式を利用すれば，$\|\mathbf{a}+\mathbf{b}+\mathbf{c}\|_2 = \|\mathbf{a}+(\mathbf{b}+\mathbf{c})\|_2 \le \|\mathbf{a}\|_2+\|\mathbf{b}+\mathbf{c}\|_2 \le \|\mathbf{a}\|_2+\|\mathbf{b}\|_2+\|\mathbf{c}\|_2$ と書けますので，定理13 が証明できたことになります．因みに，これを繰り返せば，

$$\|\mathbf{a}_1+\mathbf{a}_2+\cdots+\mathbf{a}_n\|_2 \le \|\mathbf{a}_1\|_2+\|\mathbf{a}_2\|_2+\cdots+\|\mathbf{a}_n\|_2 \quad \Leftrightarrow \quad \left\|\sum_{i=1}^{n}\mathbf{a}_i\right\|_2 \le \sum_{i=1}^{n}\|\mathbf{a}_i\|_2 \quad (4.2.1\text{-}11)$$

のように一般的な式に拡張できます．まあ，当たり前っちゃ，当たり前ですが（^÷^）．

このように，ベクトルの大きさの和に関して，証明ができました．なんと，ややこしいことか！　当たり前と思っていることの証明って難しいですね．

4.2.2. ベクトルの直積

ここまでは，ベクトルの和と媒介変数についての説明でしたが，これから紹介するのはベクトルの積の計算方式です．著者は，ここで説明するベクトルの積の計算方法を，全く使ったことはないのですが・・・（笑），一応，ここで紹介します．内積や外積（ベクトル積）については，すでに説明済みですが，ここで説明するのは「直積」と呼ばれる方法です．直積は内積や外積と異なります．高校では「直積」の名前や計算方法は紹介されなかったと思います．まあ，ためになると思って，以下を読んでください．

ベクトルの直積とは，例えば，m 次元ベクトル $\mathbf{a}$ および n 次元ベクトル $\mathbf{b}$ があるとしましょう．ベクトル $\mathbf{a}$ およびベクトル $\mathbf{b}$ の内積は，要素数が $m \neq n$ の場合は定義できないことは自明と思いがちですが，直積はそれができるのです．以下は直積の定義です．

定義 61　ベクトルの直積

m 次と n 次のベクトル $\mathbf{a}, \mathbf{b} \in V^n$ に対して，$\mathbf{a} \cdot \mathbf{b}^T$ あるいは $\mathbf{a}\mathbf{b}^T$ と書いて，直積（direct product）と呼び，$\mathbf{a} \otimes \mathbf{b}$ で表す．その結果は $m \times n$ 型の行列となる．

ここで，定義 61 が成立するかが気になるところですね．実際に，やってみましょう．

例題 4.2.2-1　以下のベクトル $\mathbf{a}, \mathbf{b} \in V$ について，$\mathbf{a} \otimes \mathbf{b}$ を計算せよ．
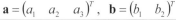

定義通りです．すなわち，定義に従って書くだけです．

例題 4.2.2-1 解答
定義に従えば，

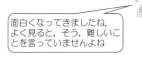

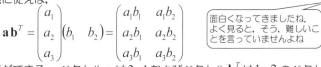

と計算ができる．ベクトル $\mathbf{a}$ は 3×1 およびベクトル $\mathbf{b}^T$ は 1×2 のベクトルですから，できた行列は，3×2 型になる．

もうお分かりのように，i 行の要素と j 列の要素を順番にかけるので，行列同士の掛け算の方法と全く変わりません．したがって，新しい言葉に「恐れるに足らず」です．

一般的な書き方は，$\mathbf{a} = (a_1, \cdots, a_m)^T$, $\mathbf{b} = (b_1, \cdots, b_n)^T$ の直積は $m \times n$ 型の行列になります．すなわち，

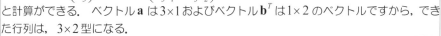
(4.2.2-1)

となるわけです．内積がスカラーになるのに対して，直積は行列になるのです．

例えば，$\mathbf{e}_1 = (1, 0, 0)^T$，$\mathbf{e}_3 = (0, 0, 1)^T$ の直積 $\mathbf{e}_1 \otimes \mathbf{e}_3$ は，

$$\mathbf{e}_1 \otimes \mathbf{e}_3 = \mathbf{e}_1 \mathbf{e}_3^T = \begin{pmatrix} 1 \\ 0 \\ 0 \end{pmatrix}(0, 0, 1) = \begin{pmatrix} 0 & 0 & 1 \\ 0 & 0 & 0 \\ 0 & 0 & 0 \end{pmatrix}$$
(4.2.2-2)

4.2. ベクトル III

となります．特に，説明はしなくて良いですね．ここで，式 4.2.2-2 をよく見ると，単位ベクトルの添え字が 1 および 3 であり，一方，右辺の（直積の結果である）行列の $(1, 3)$ 成分が 1 で，他の成分は 0 となっています．あっ！と思い出しましたか？そうです．ここで思い浮かべてほしいのは，式 1.3.4-3 の $\mathbf{E}_{ij}(k)$ です．しかし，ちょっと違いますよね．式 4.2.2-2 では，対角要素が 0 で，$k=1$ の場合ですね．言い換えれば，零行列の (i,j) 成分が 1 で，他の成分は全て 0 である行列とも言えます．果たして，その実態は，

$$\mathbf{e}_i \otimes \mathbf{e}_j = \begin{pmatrix} 0 & \cdots & \cdots & 0 & 0 & \cdots & 0 \\ \vdots & \ddots & & 0 & \ddots & & \vdots \\ 0 & & \ddots & 1 & \ddots & & 0 \\ & & & 0 & & 0 & 0 \\ \vdots & & 0 & & \ddots & & \\ & & & & & \ddots & \\ 0 & \cdots & \cdots & \cdots & 0 & \cdots & 0 \end{pmatrix} \begin{matrix} \\ \\ i \\ \\ \\ \\ \end{matrix} \qquad (4.2.2\text{-}3)$$

（上に j）

と書けばよいのです．ここで，「歪単位行列」（式 1.3.4-5）を思い出してください．例えば，式 4.2.2-3 の単位ベクトルの直積は，

$$\mathbf{e}_i \otimes \mathbf{e}_j = \mathbf{E}_{ij}(1) - \mathbf{E} = \mathbf{E}_{ij}^0(1) \qquad (4.2.2\text{-}4)$$

と書けます．$\mathbf{E}_{ij}^0(1)$ は，この定義はあくまでも本書のみでの定義であって，再度書きます．数学の偉い先生の書物に見当たりませんが．もし，ご存じなら，ご一報ください．拡張性の点から言えば，$\mathbf{E}_{ij}^0(1)$ は $\mathbf{E}_{ij}^0(k)$ に含まれますから，$\mathbf{E}_{ij}^0(k)$ の方が拡張性がある，と考えられます．さて，ここで，例題を用いて，思い出してもらいましょう．

例題 4.2.2-1 行列 $\mathbf{A}$ について，

$$\mathbf{A} = \begin{pmatrix} a_{11} & a_{12} & a_{13} \\ a_{21} & a_{22} & a_{23} \\ a_{31} & a_{32} & a_{33} \end{pmatrix}$$

（1）$\mathbf{A}\mathbf{E}_{13}^0(k)$　（2）$\mathbf{E}_{13}^0(k)\mathbf{A}$

を計算せよ．

例題 4.2.2-1 解答

(1) $\mathbf{A}\mathbf{E}_{13}^0(k) = \begin{pmatrix} a_{11} & a_{12} & a_{13} \\ a_{21} & a_{22} & a_{23} \\ a_{31} & a_{32} & a_{33} \end{pmatrix} \begin{pmatrix} 0 & 0 & k \\ 0 & 0 & 0 \\ 0 & 0 & 0 \end{pmatrix} = \begin{pmatrix} 0 & 0 & ka_{11} \\ 0 & 0 & ka_{21} \\ 0 & 0 & ka_{31} \end{pmatrix}$

(2) $\mathbf{E}_{13}^0(k)\mathbf{A} = \begin{pmatrix} 0 & 0 & k \\ 0 & 0 & 0 \\ 0 & 0 & 0 \end{pmatrix} \begin{pmatrix} a_{11} & a_{12} & a_{13} \\ a_{21} & a_{22} & a_{23} \\ a_{31} & a_{32} & a_{33} \end{pmatrix} = \begin{pmatrix} ka_{31} & ka_{32} & ka_{33} \\ 0 & 0 & 0 \\ 0 & 0 & 0 \end{pmatrix}$

この辺は，簡単ですね．例題 4.2.2-1 の解答を見てみましょう．$\mathbf{A}\mathbf{E}_{13}^0(k)$ では，右からかけた $\mathbf{E}_{13}^0(k)$ が，行列 $\mathbf{A}$ の 1 列目の要素に k をかけ，計算結果の行列の 3 列目の要素にしています．一方，左からかけた $\mathbf{E}_{13}^0(k)$ が，行列 $\mathbf{A}$ の 3 行目の要素に k をかけ，計算結果

の行列の1行目の要素にしています．面白くないですか？　ここでは3次の正方行列を例にしていますが，実は，すでにご承知でしょうけれど，n 次の正方行列を対象に考えても，まったく同じ表式です．ここで，例題 4.2.1-1 の結果から予想してみますと，

> （1）歪単位行列を右からかける場合，
>   1）2つの添え字のはじめの数字は，k がかけられる行列の列番号
>   2）2つの添え字のあとの数字は，k をかけた結果を書く行列の列番号
> （2）歪単位行列を左からかける場合
>   1）2つの添え字のはじめの数字は，k をかけた結果を書く行列の行番号
>   2）2つの添え字のあとの数字は，k がかけられる行列の行番号

となります．一方，例題 4.2.1-1 (1) の歪単位行列 $\mathbf{E}_{13}^{0}(k)$ を転置して，計算してみますと，

$$\mathbf{A}\left\{\mathbf{E}_{13}^{0}(k)\right\}^{T} = \begin{pmatrix} a_{11} & a_{12} & a_{13} \\ a_{21} & a_{22} & a_{23} \\ a_{31} & a_{32} & a_{33} \end{pmatrix} \begin{pmatrix} 0 & 0 & 0 \\ 0 & 0 & 0 \\ k & 0 & 0 \end{pmatrix} = \begin{pmatrix} ka_{13} & 0 & 0 \\ ka_{23} & 0 & 0 \\ ka_{33} & 0 & 0 \end{pmatrix} = \mathbf{A}\mathbf{E}_{31}^{0}(k)$$

$$\left\{\mathbf{E}_{13}^{0}(k)\right\}^{T}\mathbf{A} = \begin{pmatrix} 0 & 0 & 0 \\ 0 & 0 & 0 \\ k & 0 & 0 \end{pmatrix}\begin{pmatrix} a_{11} & a_{12} & a_{13} \\ a_{21} & a_{22} & a_{23} \\ a_{31} & a_{32} & a_{33} \end{pmatrix} = \begin{pmatrix} 0 & 0 & 0 \\ 0 & 0 & 0 \\ ka_{11} & ka_{12} & ka_{13} \end{pmatrix} = \mathbf{E}_{31}^{0}(k)\mathbf{A}$$

のようになります．まとめると，

> （1）歪単位行列の<u>転置</u>行列を右からかける場合，
>   1）2つの添え字のはじめの数字は，k をかけた結果を書く行列の列番号
>   2）2つの添え字のあとの数字は，k がかけられる行列の列番号
> （2）歪単位行列の<u>転置</u>行列を左からかける場合，
>   1）2つの添え字のはじめの数字は，k がかけられる行列の行番号
>   2）2つの添え字のあとの数字は，k をかけた結果を書く行列の行番号

となります．ややこしいですがまとまっています．

したがって，一般的には，

$$\mathbf{E}_{ij}^{0}(k) = \left\{\mathbf{E}_{ji}^{0}(k)\right\}^{T}, \quad \mathbf{E}_{ji}^{0}(k) = \left\{\mathbf{E}_{ij}^{0}(k)\right\}^{T} \tag{4.2.2-5}$$

と書けますので，これが，歪単位行列の転置による性質と呼んでも良いでしょう．

如何ですか？　チョッと面白くなってきました．次の例題は例題 4.2.2-1 と同じような例題ですが，興味があるところです．歪単位行列の k の位置を変えています．

例題 4.2.2-2　行列 $\mathbf{A}$ について，
$$\mathbf{A} = \begin{pmatrix} a_{11} & a_{12} & a_{13} \\ a_{21} & a_{22} & a_{23} \\ a_{31} & a_{32} & a_{33} \end{pmatrix}$$

（1）$\mathbf{A}\mathbf{E}_{23}^{0}(k)$　（2）$\mathbf{E}_{23}^{0}(k)\mathbf{A}$

を計算せよ．

4.2. ベクトル III

例題 4.2.2-2 解答

(1) $\mathbf{AE}_{23}^0(k) = \begin{pmatrix} a_{11} & a_{12} & a_{13} \\ a_{21} & a_{22} & a_{23} \\ a_{31} & a_{32} & a_{33} \end{pmatrix} \begin{pmatrix} 0 & 0 & 0 \\ 0 & 0 & k \\ 0 & 0 & 0 \end{pmatrix} = \begin{pmatrix} 0 & 0 & ka_{12} \\ 0 & 0 & ka_{22} \\ 0 & 0 & ka_{32} \end{pmatrix}$

(2) $\mathbf{E}_{23}^0(k)\mathbf{A} = \begin{pmatrix} 0 & 0 & 0 \\ 0 & 0 & k \\ 0 & 0 & 0 \end{pmatrix} \begin{pmatrix} a_{11} & a_{12} & a_{13} \\ a_{21} & a_{22} & a_{23} \\ a_{31} & a_{32} & a_{33} \end{pmatrix} = \begin{pmatrix} 0 & 0 & 0 \\ ka_{31} & ka_{32} & ka_{33} \\ 0 & 0 & 0 \end{pmatrix}$

　ベクトルの演算の話が，「直和」にいたり，さらに，「歪単位行列」を用いたり，なにか，行列の話になってしまいましたね．ここまで来て，何か気づきませんか？ そうなんです．空間の概念です．節 4.4 での話は，「行列空間」という線形空間への拡張です．

練習問題 4.2.2-1 ベクトル空間 V^3 における単位ベクトル $\mathbf{e}_1 = (1, 0, 0)^T$, $\mathbf{e}_2 = (0, 1, 0)^T$ について，$\mathbf{P} = \mathbf{e}_1 \otimes \mathbf{e}_2 + (\mathbf{e}_1 \otimes \mathbf{e}_2)^T$ を計算し，3次の任意の行列 $\mathbf{A}$ に対し，積 $\mathbf{AP}$ および $\mathbf{AP}$ を計算し，結果を比較せよ．

練習問題 4.2.2-2 ベクトル $\mathbf{b} = (b_1, b_2, \cdots, b_n)^T$, $\mathbf{a} = (a_1, a_2, \cdots, a_n)^T$ について，$\mathbf{b} \otimes \mathbf{a}$ を計算せよ．

練習問題 4.2.2-3 ベクトル $\mathbf{a} = (a_1, a_2, \cdots, a_n)^T$, $\mathbf{b} = (b_1, b_2, \cdots, b_n)^T$ について，直積が可換かを議論せよ

練習問題 4.2.2-4 3次の任意の行列 $\mathbf{A}$ に対し，歪単位行列 $\mathbf{E}_{33}^0(2)$ を右から乗じた結果と左から乗じた結果を比較せよ．

練習問題 4.2.2-5 複素ベクトル $\mathbf{u}, \mathbf{v}$ の直積で得られる行列 $\mathbf{A}$ の要素は複素ベクトル $\mathbf{u}$ の各成分と $\mathbf{v}$ の各成分の複素共役との積が成分となる．すなわち，$\mathbf{u} \otimes \mathbf{v} = \mathbf{u}\mathbf{v}^*$ とする．そこで，複素ベクトル $\mathbf{u}, \mathbf{v}$ の要素表示を，$\mathbf{u} = (u_1, u_2)^T$, $\mathbf{v} = (v_1, v_2)^T$ とし，各要素を $u_1, u_2, v_1, v_2 \in C$ とする場合，直積 $\mathbf{u} \otimes \mathbf{v}$ の表式を要素 u_1, u_2, v_1, v_2 で表せ．

Gallery 17.
右：合掌造り民家
　　水彩画（模写）
　　（水彩画レッスン画材）
　　　著者作成
左：冬の白川郷　富山県
　　写真
　　　著者撮影

4.2.3. ウェッジ積の基礎

外積と称される「積」には，①ベクトル積（クロス積），②ウェッジ積（楔積），③テンソル積（直積）などがあります．高校までは，狭義の外積，すなわち，ベクトル積，または，クロス積を外積と呼ぶ，としていましたが，実は，ベクトル積は外積の１つの種類だったのです（眼から鱗ですか？）．テンソル積については後述します．上記の楔（くさび）積とも言われる，ウェッジ積の計算方法は，ベクトルの直積の差として求めます．ただし，ここでは，非ユークリッド幾何やアインシュタインの相対性理論に出てくるような曲がった空間ではなく，3次元直交座標系を基底とする，3次元ユークリッド幾何空間を扱うことにします．何か，ご不満でも？ (-_-)！．

さあ，ベクトルのウェッジ積を体験しましょう．まず，本書では，その定義を，

定義 62　ウェッジ積

$\forall \mathbf{a}, \mathbf{b} \in V^3$ を用いて，2つの直積の差を計算した結果をウェッジ積 $\wedge$（wedge product）と呼び，果たしてその表式は，

$$\mathbf{a} \wedge \mathbf{b} = \mathbf{a} \otimes \mathbf{b} - \mathbf{b} \otimes \mathbf{a} \tag{4.2.3-1}$$

である．ここで，ウェッジ積は楔（くさび）積とも言う．

のようにします．さて，体 K の上で張る3次元ベクトル空間 V^3 を考えます．このとき，$\forall \mathbf{a}, \mathbf{b} \in V^3$ について，$\mathbf{a} \otimes \mathbf{b} = \mathbf{a}\mathbf{b}^T$ および $\mathbf{b} \otimes \mathbf{a} = \mathbf{b}\mathbf{a}^T$ ですから，結果は行列であり，

$$\mathbf{a} \otimes \mathbf{b} = \mathbf{a}\mathbf{b}^T = \left(\mathbf{b}\mathbf{a}^T\right)^T = \begin{pmatrix} a_1 \\ a_2 \\ a_3 \end{pmatrix}\begin{pmatrix} b_1 \\ b_2 \\ b_3 \end{pmatrix}^T = \begin{pmatrix} a_1 b_1 & a_1 b_2 & a_1 b_3 \\ a_2 b_1 & a_2 b_2 & a_2 b_3 \\ a_3 b_1 & a_3 b_2 & a_3 b_3 \end{pmatrix} \tag{4.2.3-2}$$

$$\mathbf{b} \otimes \mathbf{a} = \mathbf{b}\mathbf{a}^T = \left(\mathbf{a}\mathbf{b}^T\right)^T = \begin{pmatrix} b_1 \\ b_2 \\ b_3 \end{pmatrix}\begin{pmatrix} a_1 \\ a_2 \\ a_3 \end{pmatrix}^T = \begin{pmatrix} a_1 b_1 & a_2 b_1 & a_3 b_1 \\ a_1 b_2 & a_2 b_2 & a_3 b_2 \\ a_1 b_3 & a_2 b_3 & a_3 b_3 \end{pmatrix} \tag{4.2.3-3}$$

となります．直積の定義から，

$$\mathbf{a} \otimes \mathbf{b} = \mathbf{a}\mathbf{b}^T = \left(\mathbf{b}\mathbf{a}^T\right)^T = \left(\mathbf{b} \otimes \mathbf{a}\right)^T \quad \therefore \quad \left(\mathbf{b} \otimes \mathbf{a}\right)^T = \mathbf{a} \otimes \mathbf{b} \tag{4.2.3-4}$$

$$\mathrm{tr}(\mathbf{a} \otimes \mathbf{b}) = \mathrm{tr}(\mathbf{b} \otimes \mathbf{a}) \tag{4.2.3-5}$$

なる性質があります．ウェッジ積 $\mathbf{a} \wedge \mathbf{b}$ は，式4.2.3-2 および式4.2.3-3 から，

$$\mathbf{a} \wedge \mathbf{b} = \mathbf{a} \otimes \mathbf{b} - \mathbf{b} \otimes \mathbf{a} = \begin{pmatrix} a_1 b_1 & a_1 b_2 & a_1 b_3 \\ a_2 b_1 & a_2 b_2 & a_2 b_3 \\ a_3 b_1 & a_3 b_2 & a_3 b_3 \end{pmatrix} - \begin{pmatrix} a_1 b_1 & a_2 b_1 & a_3 b_1 \\ a_1 b_2 & a_2 b_2 & a_3 b_2 \\ a_1 b_3 & a_2 b_3 & a_3 b_3 \end{pmatrix} \tag{4.2.3-6}$$

$$= \begin{pmatrix} 0 & a_1 b_2 - a_2 b_1 & a_1 b_3 - a_3 b_1 \\ a_2 b_1 - a_1 b_2 & 0 & a_2 b_3 - a_3 b_2 \\ a_3 b_1 - a_1 b_3 & a_3 b_2 - a_2 b_3 & 0 \end{pmatrix} \tag{4.2.3-6}$$

と表されます．結果は，主対角線の要素が0で，他の要素は主対角線を対称軸として対称（ただし，符号が変わる）になっているので，3次のウェッジ積は3次交代行列となります．

4.2. ベクトル III

式 4.2.3-6 をよく見ると，$\mathbf{a} \wedge \mathbf{b}$ はもう少し簡単になりそうですよ．そこで，

$$\mathbf{e}_1 \otimes \mathbf{e}_2 = \begin{pmatrix} 1 \\ 0 \\ 0 \end{pmatrix}\begin{pmatrix} 0 & 1 & 0 \end{pmatrix} = \begin{pmatrix} 0 & 1 & 0 \\ 0 & 0 & 0 \\ 0 & 0 & 0 \end{pmatrix}, \mathbf{e}_2 \otimes \mathbf{e}_1 = \begin{pmatrix} 0 \\ 1 \\ 0 \end{pmatrix}\begin{pmatrix} 1 & 0 & 0 \end{pmatrix} = \begin{pmatrix} 0 & 0 & 0 \\ 1 & 0 & 0 \\ 0 & 0 & 0 \end{pmatrix}$$

$$\therefore \;\; \mathbf{e}_1 \wedge \mathbf{e}_2 = \mathbf{e}_1 \otimes \mathbf{e}_2 - \mathbf{e}_2 \otimes \mathbf{e}_1 = \begin{pmatrix} 0 & 1 & 0 \\ 0 & 0 & 0 \\ 0 & 0 & 0 \end{pmatrix} - \begin{pmatrix} 0 & 0 & 0 \\ 1 & 0 & 0 \\ 0 & 0 & 0 \end{pmatrix} = \begin{pmatrix} 0 & 1 & 0 \\ -1 & 0 & 0 \\ 0 & 0 & 0 \end{pmatrix}$$

$$\mathbf{e}_2 \otimes \mathbf{e}_3 = \begin{pmatrix} 0 \\ 1 \\ 0 \end{pmatrix}\begin{pmatrix} 0 & 0 & 1 \end{pmatrix} = \begin{pmatrix} 0 & 0 & 0 \\ 0 & 0 & 1 \\ 0 & 0 & 0 \end{pmatrix}, \mathbf{e}_3 \otimes \mathbf{e}_2 = \begin{pmatrix} 0 \\ 0 \\ 1 \end{pmatrix}\begin{pmatrix} 0 & 1 & 0 \end{pmatrix} = \begin{pmatrix} 0 & 0 & 0 \\ 0 & 0 & 0 \\ 0 & 1 & 0 \end{pmatrix}$$

$$\therefore \;\; \mathbf{e}_3 \wedge \mathbf{e}_2 = \mathbf{e}_3 \otimes \mathbf{e}_2 - \mathbf{e}_2 \otimes \mathbf{e}_3 = \begin{pmatrix} 0 & 0 & 0 \\ 0 & 0 & 1 \\ 0 & 0 & 0 \end{pmatrix} - \begin{pmatrix} 0 & 0 & 0 \\ 0 & 0 & 0 \\ 0 & 1 & 0 \end{pmatrix} = \begin{pmatrix} 0 & 0 & 0 \\ 0 & 0 & 1 \\ 0 & -1 & 0 \end{pmatrix}$$

$$\mathbf{e}_1 \otimes \mathbf{e}_3 = \begin{pmatrix} 1 \\ 0 \\ 0 \end{pmatrix}\begin{pmatrix} 0 & 0 & 1 \end{pmatrix} = \begin{pmatrix} 0 & 0 & 1 \\ 0 & 0 & 0 \\ 0 & 0 & 0 \end{pmatrix}, \mathbf{e}_3 \otimes \mathbf{e}_1 = \begin{pmatrix} 0 \\ 0 \\ 1 \end{pmatrix}\begin{pmatrix} 1 & 0 & 0 \end{pmatrix} = \begin{pmatrix} 0 & 0 & 0 \\ 0 & 0 & 0 \\ 1 & 0 & 0 \end{pmatrix}$$

$$\therefore \;\; \mathbf{e}_1 \wedge \mathbf{e}_3 = \mathbf{e}_1 \otimes \mathbf{e}_3 - \mathbf{e}_3 \otimes \mathbf{e}_1 = \begin{pmatrix} 0 & 0 & 1 \\ 0 & 0 & 0 \\ 0 & 0 & 0 \end{pmatrix} - \begin{pmatrix} 0 & 0 & 0 \\ 0 & 0 & 0 \\ 1 & 0 & 0 \end{pmatrix} = \begin{pmatrix} 0 & 0 & 1 \\ 0 & 0 & 0 \\ -1 & 0 & 0 \end{pmatrix}$$

ここで，よ〜く添字を見て，その関係を考えてみてください．

(4.2.3-7)

を計算してみると，見えてきたでしょう？ そうなんです．

$$\mathbf{a} \wedge \mathbf{b} = \begin{pmatrix} 0 & a_1 b_2 - a_2 b_1 & a_1 b_3 - a_3 b_1 \\ a_2 b_1 - a_1 b_2 & 0 & a_2 b_3 - a_3 b_2 \\ a_3 b_1 - a_1 b_3 & a_3 b_2 - a_2 b_3 & 0 \end{pmatrix}$$

$$= (a_1 b_2 - a_2 b_1)\begin{pmatrix} 0 & 1 & 0 \\ -1 & 0 & 0 \\ 0 & 0 & 0 \end{pmatrix} + (a_2 b_3 - a_3 b_2)\begin{pmatrix} 0 & 0 & 0 \\ 0 & 0 & 1 \\ 0 & -1 & 0 \end{pmatrix} + (a_1 b_3 - a_3 b_1)\begin{pmatrix} 0 & 0 & 1 \\ 0 & 0 & 0 \\ -1 & 0 & 0 \end{pmatrix}$$

と行列を分離して書けば，

$$\mathbf{a} \wedge \mathbf{b} = (a_1 b_2 - a_2 b_1)(\mathbf{e}_1 \wedge \mathbf{e}_2) + (a_2 b_3 - a_3 b_2)(\mathbf{e}_2 \wedge \mathbf{e}_3) + (a_1 b_3 - a_3 b_1)(\mathbf{e}_1 \wedge \mathbf{e}_3)$$

$$\therefore \;\; \mathbf{a} \wedge \mathbf{b} = \sum_{i<j}^{(i,j) \le 3} (a_i b_j - a_j b_i)(\mathbf{e}_i \wedge \mathbf{e}_j) \tag{4.2.3-8}$$

と書けることがわかります．わ〜お！どうです簡単に書けましたね．まあ，証明は 3 次元ベクトルについてだけなんですけれど，何か問題でも？

182

次に，ウェッジ積の定理を示します．

定理14　ウェッジ演算定理
さて，ウェッジ積の持つ性質は，$\forall \mathbf{a}, \mathbf{b}, \mathbf{c} \in V^n, \lambda, \mu \in \Re$ とするとき，
① $\mathbf{a} \wedge \mathbf{a} = \mathbf{O}$　　　　　　　　　　　　　　　　　　　　　　　　(4.2.3-9)
② $\mathbf{a} \wedge \mathbf{b} = -\mathbf{b} \wedge \mathbf{a}$　（交代行列）　　　　　　　　　　　　(4.2.3-10)
③ $(\lambda \mathbf{a} + \mu \mathbf{b}) \wedge \mathbf{c} = \lambda \mathbf{a} \wedge \mathbf{c} + \mu \mathbf{b} \wedge \mathbf{c}$　　　　　　　　　　(4.2.3-11)
④ $(\mathbf{a} \wedge \mathbf{b})^T = \mathbf{b} \wedge \mathbf{a}$　　　　　　　　　　　　　　　　　　　　(4.2.3-12)

が成り立ちます．定理を証明しましょう．②に示したように，ウェッジ積が交代行列となることから，ウェッジ積を交代積（*alternative product*）と呼ぶ場合があります．

定理 14 の証明
①は，式 4.2.3-6 から明らかです．
②は，$\mathbf{a} \wedge \mathbf{b} = \mathbf{a} \otimes \mathbf{b} - \mathbf{b} \otimes \mathbf{a}$ で $\mathbf{a} \to -\mathbf{b}, \mathbf{b} \to \mathbf{a}$ と置き換えれば，
$$-\mathbf{b} \wedge \mathbf{a} = (-\mathbf{b}) \otimes \mathbf{a} - \mathbf{a} \otimes (-\mathbf{b})$$
ここで，
$$-\mathbf{b} \otimes \mathbf{a} = (-\mathbf{b}) \mathbf{a}^T = -\mathbf{b} \mathbf{a}^T, \text{ および } \mathbf{a} \otimes (-\mathbf{b}) = \mathbf{a}(-\mathbf{b})^T = \mathbf{a}(-\mathbf{b}^T) = -\mathbf{a}\mathbf{b}^T$$
したがって，
$$-\mathbf{b} \wedge \mathbf{a} = -\mathbf{b}\mathbf{a}^T - (-\mathbf{a}\mathbf{b}^T) = \mathbf{a}\mathbf{b}^T - \mathbf{b}\mathbf{a}^T = \mathbf{a} \wedge \mathbf{b} \quad \therefore \quad \mathbf{a} \wedge \mathbf{b} = -\mathbf{b} \wedge \mathbf{a}$$
③は，$\mathbf{p} = \lambda \mathbf{a} + \mu \mathbf{b}$ と置くと，
$$\mathbf{p} \wedge \mathbf{c} = \mathbf{p} \otimes \mathbf{c} - \mathbf{c} \otimes \mathbf{p} = (\lambda \mathbf{a} + \mu \mathbf{b}) \otimes \mathbf{c} - \mathbf{c} \otimes (\lambda \mathbf{a} + \mu \mathbf{b})$$
$$= \{(\lambda \mathbf{a}) \otimes \mathbf{c} - \mathbf{c} \otimes (\lambda \mathbf{a})\} + \{(\mu \mathbf{b}) \otimes \mathbf{c} - \mathbf{c} \otimes (\mu \mathbf{b})\}$$
$$= \lambda (\mathbf{a} \otimes \mathbf{c} - \mathbf{c} \otimes \mathbf{a}) + \mu (\mathbf{b} \otimes \mathbf{c} - \mathbf{c} \otimes \mathbf{b})$$
$$\therefore (\lambda \mathbf{a} + \mu \mathbf{b}) \wedge \mathbf{c} = \lambda \mathbf{a} \wedge \mathbf{c} + \mu \mathbf{b} \wedge \mathbf{c}$$
④は，$\mathbf{a} \otimes \mathbf{b} = \mathbf{a}\mathbf{b}^T$ を使えば，
$$(\mathbf{a} \wedge \mathbf{b})^T = (\mathbf{a} \otimes \mathbf{b} - \mathbf{b} \otimes \mathbf{a})^T = (\mathbf{a}\mathbf{b}^T - \mathbf{b}\mathbf{a}^T)^T = \mathbf{b}\mathbf{a}^T - \mathbf{a}\mathbf{b}^T = \mathbf{b} \otimes \mathbf{a} - \mathbf{a} \otimes \mathbf{b} = \mathbf{b} \wedge \mathbf{a}$$
$$\therefore \quad (\mathbf{a} \wedge \mathbf{b})^T = \mathbf{b} \wedge \mathbf{a} \quad Q.E.D.$$
因みに，②は，①および③を使えば，
$$\mathbf{O} = (\mathbf{a}+\mathbf{b}) \wedge (\mathbf{a}+\mathbf{b}) = \mathbf{a} \wedge \mathbf{a} + \mathbf{b} \wedge \mathbf{a} + \mathbf{a} \wedge \mathbf{b} + \mathbf{b} \wedge \mathbf{b} = \mathbf{b} \wedge \mathbf{a} + \mathbf{a} \wedge \mathbf{b}$$
$$\mathbf{b} \wedge \mathbf{a} + \mathbf{a} \wedge \mathbf{b} = \mathbf{O} \quad \therefore \quad \mathbf{b} \wedge \mathbf{a} = -\mathbf{a} \wedge \mathbf{b}$$

ここでは，あくまでも，2 つの 3 次元ベクトルによる証明をしてきたことを強調しておきます．

> ということは3次以上の高次に関する拡張した世界がある，ということなのです．お気付きかしら？　楽しみですね．

練習問題 4.2.3-1　ベクトル $\mathbf{a}(a_1, a_2)^T, \mathbf{b}(b_1, b_2)^T$ について，
　1) $\text{tr}(\mathbf{a} \otimes \mathbf{b}) = \text{tr}(\mathbf{b} \otimes \mathbf{a})$　を示せ．
　2) $\text{tr}(\mathbf{a} \wedge \mathbf{b}) = \text{tr}(\mathbf{b} \wedge \mathbf{a}) = 0$　を示せ．

練習問題 4.2.3-2　2 ベクトル $\mathbf{a}(a_1, a_2, a_3)^T, \mathbf{b}(b_1, b_2, b_3)^T$ について
$$\mathbf{a} \wedge \mathbf{b} = -\mathbf{b} \wedge \mathbf{a}$$
を要素を用いて示せ．

4.2.4. ウェッジ積の拡張

さて，簡単なように見える，3 つの 3 次元ベクトル **a**, **b**, **c** による，

$$(\mathbf{a} \wedge \mathbf{b}) \wedge \mathbf{c} = \mathbf{a} \wedge (\mathbf{b} \wedge \mathbf{c}) \tag{4.2.4-1}$$

とする結合法則は，項 4.2.3 で述べてきた方法では説明できません．ではどうすれば良いでしょう．さあ，困りました．

実は，外積代数（*exterior algebra*）（テンソル代数（*tensor algebra*））という言葉があります．外積代数はまた，グラスマン代数（*Grassmann algebra*）とも呼ばれ，「与えられた体 K 上のベクトル空間 V において，外積によって生成される複数の元や単位元を持つ環を生成します．形式的には，外積代数は $\wedge(V)$ で表され，V を部分空間として含む，楔積，ウェッジ積，あるいは，外積と呼ばれる $\wedge$ で表される乗法が定義される体 K 上の単位的結合代数と呼ばれる代数」という文献の難しい言葉はこれくらいにしましょう．したがって，前項でも述べたように．ここでの「外積」は『×』ではなく，『∧』です．

そこで，外積代数の定義です．

定義 63　外積代数

外積代数とは，ベクトル空間の一種であり，ベクトル間のウェッジ積の演算表式を「∧」で定義し，ベクトル $\mathbf{e}_i$ 間でこの演算を繰り返すことで得られるすべての元，すなわち，

$$\mathbf{e}_i, \mathbf{e}_i \wedge \mathbf{e}_j, \mathbf{e}_i \wedge \mathbf{e}_j \wedge \mathbf{e}_k, \cdots$$

などを基底とするベクトル空間を扱う式形態を，代数空間とする．

特に，ベクトル 3 つの場合，ウェッジ積の交換法則を，

$$\mathbf{e}_i \wedge \mathbf{e}_j \wedge \mathbf{e}_k = \varepsilon_{ijk} \mathbf{e}_1 \wedge \mathbf{e}_2 \wedge \mathbf{e}_3 \tag{4.2.4-2}$$

と表す．ここで，ε_{ijk} は左辺の式，$\mathbf{e}_1 \wedge \mathbf{e}_2 \wedge \mathbf{e}_3$ の符号を決める係数である．

ε_{ijk} は，概念的には，行列式の展開の説明でも出てきました順列の記号

$$\varepsilon_{ijk} = \varepsilon \begin{pmatrix} 1 & 2 & 3 \\ i & j & k \end{pmatrix} \tag{4.2.4-3}$$

ですが，果たしてその実態は，i, j, k を 1, 2, 3 のどれかとすると，厳密には，

$$\varepsilon_{ijk} = \begin{vmatrix} \mathbf{e}_i & \mathbf{e}_j & \mathbf{e}_k \end{vmatrix} = \begin{vmatrix} \delta_{i1} & \delta_{j1} & \delta_{k1} \\ \delta_{i2} & \delta_{j2} & \delta_{k2} \\ \delta_{i3} & \delta_{j3} & \delta_{k3} \end{vmatrix} \tag{4.2.4-4}$$

という表式です．でも，なんか変ですよね．要素数が 9 ではなく，事実上は 27 です．ここに出てきたのがテンソルと呼ばれる表式です．テンソルって，ご存じですか？　というわけで，著者もよく知らないテンソルについて，次節で，少々触れておきましょう．

外積代数で表される，公理ともいうべき，演算方法は以下のようになります．

定理15　外積代数で表される演算方法

交換法則	$\mathbf{e}_j \wedge \mathbf{e}_k = -\mathbf{e}_k \wedge \mathbf{e}_j$	(4.2.4-5)
結合法則	$\mathbf{e}_i \wedge (\mathbf{e}_j \wedge \mathbf{e}_k) = (\mathbf{e}_i \wedge \mathbf{e}_j) \wedge \mathbf{e}_k$	(4.2.4-6)
分配法則	$\mathbf{e}_i \wedge (\mathbf{e}_j + \mathbf{e}_k) = \mathbf{e}_i \wedge \mathbf{e}_j + \mathbf{e}_i \wedge \mathbf{e}_k$	(4.2.4-7)

さて，式 4.2.4-5 の証明は，定理 14 の②ですでに証明済ですが，式 4.2.4-3 を用いて，その

例を示しますと，
$$\mathbf{e}_j \wedge \mathbf{e}_k = \varepsilon \begin{pmatrix} 1 & 2 \\ j & k \end{pmatrix} \mathbf{e}_1 \wedge \mathbf{e}_2 = \varepsilon \begin{pmatrix} 2 & 1 \\ k & j \end{pmatrix} \mathbf{e}_2 \wedge \mathbf{e}_1 = -\mathbf{e}_2 \wedge \mathbf{e}_1 = -\mathbf{e}_k \wedge \mathbf{e}_j \quad (4.2.4\text{-}8)$$
のようにして，式 4.2.4-5 が証明できます．因みに，式 4.2.4-8 において，をk に変えれば，
$$\mathbf{e}_j \wedge \mathbf{e}_j = -\mathbf{e}_j \wedge \mathbf{e}_j \Leftrightarrow 2\mathbf{e}_j \wedge \mathbf{e}_j = \mathbf{O} \quad \therefore \quad \mathbf{e}_j \wedge \mathbf{e}_j = \mathbf{O} \quad (4.2.4\text{-}9)$$
が容易にわかります．よね！．

さらに，式 4.2.4-5 の証明は式 4.2.3-8 および，以下の 4.2.4-7 を用いることでも証明ができます．すなわち，式 4.2.3-9 から
$$(\mathbf{a}+\mathbf{b}) \wedge (\mathbf{a}+\mathbf{b}) = \mathbf{O}$$

> まずは，式 4.2.3-9 を用いるのがミソ．

です．一方，式 4.2.3-9 や式 4.2.3-11 を用いると，
$$(\mathbf{a}+\mathbf{b}) \wedge (\mathbf{a}+\mathbf{b}) = (\mathbf{a}+\mathbf{b}) \wedge \mathbf{a} + (\mathbf{a}+\mathbf{b}) \wedge \mathbf{b}$$
$$= \mathbf{a} \wedge \mathbf{a} + \mathbf{b} \wedge \mathbf{a} + \mathbf{a} \wedge \mathbf{b} + \mathbf{b} \wedge \mathbf{b} = \mathbf{b} \wedge \mathbf{a} + \mathbf{a} \wedge \mathbf{b} = \mathbf{O}$$
したがって，
$$\mathbf{b} \wedge \mathbf{a} + \mathbf{a} \wedge \mathbf{b} = \mathbf{O} \quad \therefore \quad \mathbf{b} \wedge \mathbf{a} = -\mathbf{a} \wedge \mathbf{b}$$
のように証明ができました．また，ウェッジ積の交換に関して
$$\mathbf{e}_1 \wedge \mathbf{e}_2 \wedge \mathbf{e}_3 = -\mathbf{e}_2 \wedge \mathbf{e}_1 \wedge \mathbf{e}_3 = \mathbf{e}_2 \wedge \mathbf{e}_3 \wedge \mathbf{e}_1 = -\mathbf{e}_3 \wedge \mathbf{e}_2 \wedge \mathbf{e}_1 \quad (4.2.4\text{-}10)$$
が成り立つことが分かります．さて，式 4.2.4-6 はどう証明しましょうか？ ちょっと，式が多いのですが，式が多いだけで，計算は掛け算と足し算だけですから大丈夫です．

さて，定義から
$$\mathbf{e}_i \wedge \mathbf{e}_j \wedge \mathbf{e}_k = e_{ijk} \mathbf{e}_1 \wedge \mathbf{e}_2 \wedge \mathbf{e}_3 \quad (4.2.4\text{-}11)$$
あるいは，
$$\mathbf{e}_i \wedge \mathbf{e}_j \wedge \mathbf{e}_k = \varepsilon \begin{pmatrix} 1 & 2 & 3 \\ i & j & k \end{pmatrix} \mathbf{e}_1 \wedge \mathbf{e}_2 \wedge \mathbf{e}_3 \quad (4.2.4\text{-}12)$$
です．ここで，
$$\mathbf{a} \wedge \mathbf{b} = a_i b_j \mathbf{e}_i \wedge \mathbf{e}_j$$
$$= a_1 b_1 \mathbf{e}_1 \wedge \mathbf{e}_1 + a_1 b_2 \mathbf{e}_1 \wedge \mathbf{e}_2 + a_1 b_3 \mathbf{e}_1 \wedge \mathbf{e}_3$$
$$+ a_2 b_1 \mathbf{e}_2 \wedge \mathbf{e}_1 + a_2 b_2 \mathbf{e}_2 \wedge \mathbf{e}_2 + a_2 b_3 \mathbf{e}_2 \wedge \mathbf{e}_3$$
$$+ a_3 b_1 \mathbf{e}_3 \wedge \mathbf{e}_1 + a_3 b_2 \mathbf{e}_3 \wedge \mathbf{e}_2 + a_3 b_3 \mathbf{e}_3 \wedge \mathbf{e}_3$$
$$= (a_1 b_2 \mathbf{e}_1 \wedge \mathbf{e}_2 + a_2 b_1 \mathbf{e}_2 \wedge \mathbf{e}_1)$$
$$+ (a_1 b_3 \mathbf{e}_1 \wedge \mathbf{e}_3 + a_3 b_1 \mathbf{e}_3 \wedge \mathbf{e}_1)$$
$$+ (a_2 b_3 \mathbf{e}_2 \wedge \mathbf{e}_3 + a_3 b_2 \mathbf{e}_3 \wedge \mathbf{e}_2)$$
$$= (a_1 b_2 - a_2 b_1)(\mathbf{e}_1 \wedge \mathbf{e}_2) + (a_1 b_3 - a_3 b_1)(\mathbf{e}_1 \wedge \mathbf{e}_3) + (a_2 b_3 - a_3 b_2)(\mathbf{e}_2 \wedge \mathbf{e}_3)$$
であり，
$$(\mathbf{a} \wedge \mathbf{b}) \wedge \mathbf{c}$$
$$= \{(a_1 b_2 - a_2 b_1)(\mathbf{e}_1 \wedge \mathbf{e}_2) + (a_1 b_3 - a_3 b_1)(\mathbf{e}_1 \wedge \mathbf{e}_3) + (a_2 b_3 - a_3 b_2)(\mathbf{e}_2 \wedge \mathbf{e}_3)\} \wedge (c_1 \mathbf{e}_1 + c_2 \mathbf{e}_2 + c_3 \mathbf{e}_3)$$
$$= (a_1 b_2 - a_2 b_1) c_1 (\mathbf{e}_1 \wedge \mathbf{e}_2) \wedge \mathbf{e}_1 + (a_1 b_2 - a_2 b_1) c_2 (\mathbf{e}_1 \wedge \mathbf{e}_2) \wedge \mathbf{e}_2 + (a_1 b_2 - a_2 b_1) c_3 (\mathbf{e}_1 \wedge \mathbf{e}_2) \wedge \mathbf{e}_3$$
$$+ (a_1 b_3 - a_3 b_1) c_1 (\mathbf{e}_1 \wedge \mathbf{e}_3) \wedge \mathbf{e}_1 + (a_1 b_3 - a_3 b_1) c_2 (\mathbf{e}_1 \wedge \mathbf{e}_3) \wedge \mathbf{e}_2 + (a_1 b_3 - a_3 b_1) c_3 (\mathbf{e}_1 \wedge \mathbf{e}_3) \wedge \mathbf{e}_3$$

$$+(a_2b_3-a_3b_2)c_1(\mathbf{e}_2\wedge\mathbf{e}_3)\wedge\mathbf{e}_1+(a_2b_3-a_3b_2)c_2(\mathbf{e}_2\wedge\mathbf{e}_3)\wedge\mathbf{e}_2+(a_2b_3-a_3b_2)c_3(\mathbf{e}_2\wedge\mathbf{e}_3)\wedge\mathbf{e}_3$$
$$=(a_1b_2-a_2b_1)c_3(\mathbf{e}_1\wedge\mathbf{e}_2)\wedge\mathbf{e}_3+(a_1b_3-a_3b_1)c_2(\mathbf{e}_1\wedge\mathbf{e}_3)\wedge\mathbf{e}_2+(a_2b_3-a_3b_2)c_1(\mathbf{e}_2\wedge\mathbf{e}_3)\wedge\mathbf{e}_1$$
$$=\{(a_1b_2-a_2b_1)c_3-(a_1b_3-a_3b_1)c_2+(a_2b_3-a_3b_2)c_1\}(\mathbf{e}_1\wedge\mathbf{e}_2\wedge\mathbf{e}_3)$$
$$=(a_1b_2c_3+a_3b_1c_2+a_2b_3c_1-a_2b_1c_3-a_1b_3c_2-a_3b_2c_1)(\mathbf{e}_1\wedge\mathbf{e}_2\wedge\mathbf{e}_3) \quad (4.2.4\text{-}13)$$

$\because\ (\mathbf{e}_1\wedge\mathbf{e}_2)\wedge\mathbf{e}_3=\mathbf{e}_1\wedge\mathbf{e}_2\wedge\mathbf{e}_3$

$\because\ (\mathbf{e}_1\wedge\mathbf{e}_3)\wedge\mathbf{e}_2=-\mathbf{e}_1\wedge\mathbf{e}_2\wedge\mathbf{e}_3$

$\because\ (\mathbf{e}_2\wedge\mathbf{e}_3)\wedge\mathbf{e}_1=\mathbf{e}_1\wedge\mathbf{e}_2\wedge\mathbf{e}_3$

$\because\ (\mathbf{e}_1\wedge\mathbf{e}_2)\wedge\mathbf{e}_3=(\mathbf{e}_1\wedge\mathbf{e}_2)\wedge\mathbf{e}_2=(\mathbf{e}_1\wedge\mathbf{e}_3)\wedge\mathbf{e}_1=\mathbf{O}$

$\because\ (\mathbf{e}_1\wedge\mathbf{e}_3)\wedge\mathbf{e}_3=(\mathbf{e}_2\wedge\mathbf{e}_3)\wedge\mathbf{e}_2=(\mathbf{e}_2\wedge\mathbf{e}_3)\wedge\mathbf{e}_3=\mathbf{O}$

また,

$\mathbf{a}\wedge(\mathbf{b}\wedge\mathbf{c})$

$=(a_1\mathbf{e}_1+a_2\mathbf{e}_2+a_3\mathbf{e}_3)\wedge\{(b_1c_2-b_2c_1)(\mathbf{e}_1\wedge\mathbf{e}_2)+(b_1c_3-b_3c_1)(\mathbf{e}_1\wedge\mathbf{e}_3)+(b_2c_3-b_3c_2)(\mathbf{e}_2\wedge\mathbf{e}_3)\}$

$=a_1(b_1c_2-b_2c_1)\mathbf{e}_1\wedge(\mathbf{e}_1\wedge\mathbf{e}_2)+a_1(b_1c_3-b_3c_1)\mathbf{e}_1\wedge(\mathbf{e}_1\wedge\mathbf{e}_3)+a_1(b_2c_3-b_3c_2)\mathbf{e}_1\wedge(\mathbf{e}_2\wedge\mathbf{e}_3)$

$+a_2(b_1c_2-b_2c_1)\mathbf{e}_2\wedge(\mathbf{e}_1\wedge\mathbf{e}_2)+a_2(b_1c_3-b_3c_1)\mathbf{e}_2\wedge(\mathbf{e}_1\wedge\mathbf{e}_3)+a_2(b_2c_3-b_3c_2)\mathbf{e}_2\wedge(\mathbf{e}_2\wedge\mathbf{e}_3)$

$+a_3(b_1c_2-b_2c_1)\mathbf{e}_3\wedge(\mathbf{e}_1\wedge\mathbf{e}_2)+a_3(b_1c_3-b_3c_1)\mathbf{e}_3\wedge(\mathbf{e}_1\wedge\mathbf{e}_3)+a_3(b_2c_3-b_3c_2)\mathbf{e}_3\wedge(\mathbf{e}_2\wedge\mathbf{e}_3)$

$=a_1(b_2c_3-b_3c_2)\mathbf{e}_1\wedge(\mathbf{e}_2\wedge\mathbf{e}_3)+a_2(b_1c_3-b_3c_1)\mathbf{e}_2\wedge(\mathbf{e}_1\wedge\mathbf{e}_3)+a_3(b_1c_2-b_2c_1)\mathbf{e}_3\wedge(\mathbf{e}_1\wedge\mathbf{e}_2)$

$=\{a_1(b_2c_3-b_3c_2)-a_2(b_1c_3-b_3c_1)+a_3(b_1c_2-b_2c_1)\}(\mathbf{e}_1\wedge\mathbf{e}_2\wedge\mathbf{e}_3)$

$$=(a_1b_2c_3+a_2b_3c_1+a_3b_1c_2-a_1b_3c_2-a_2b_1c_3-a_3b_2c_1)(\mathbf{e}_1\wedge\mathbf{e}_2\wedge\mathbf{e}_3) \quad (4.2.4\text{-}14)$$

$\because\ \mathbf{e}_1\wedge(\mathbf{e}_2\wedge\mathbf{e}_3)=\mathbf{e}_1\wedge\mathbf{e}_2\wedge\mathbf{e}_3$

$\because\ \mathbf{e}_2\wedge(\mathbf{e}_1\wedge\mathbf{e}_3)=-\mathbf{e}_1\wedge\mathbf{e}_2\wedge\mathbf{e}_3$

$\because\ \mathbf{e}_3\wedge(\mathbf{e}_1\wedge\mathbf{e}_2)=\mathbf{e}_1\wedge\mathbf{e}_2\wedge\mathbf{e}_3$

$\because\ \mathbf{e}_1\wedge(\mathbf{e}_1\wedge\mathbf{e}_2)=\mathbf{e}_1\wedge(\mathbf{e}_1\wedge\mathbf{e}_3)=\mathbf{e}_2\wedge(\mathbf{e}_1\wedge\mathbf{e}_2)=\mathbf{O}$

$\because\ \mathbf{e}_2\wedge(\mathbf{e}_2\wedge\mathbf{e}_3)=\mathbf{e}_3\wedge(\mathbf{e}_1\wedge\mathbf{e}_3)=\mathbf{e}_3\wedge(\mathbf{e}_2\wedge\mathbf{e}_3)_3=\mathbf{O}$

となりますから，式 4.2.4-13 および式 4.2.4-14 から，式 4.2.4-1 が証明できました．

お気付きでしょうけれど，この証明では，式 4.2.4-7 の分配法則が使われておりますが，式 4.2.4-7 は，まだ証明されていません．そこで，式 4.2.4-7 の証明を練習問題とします．

因みに，スカラー三重積 $|\mathbf{abc}|$ を用いると，なんと，

$$(\mathbf{a}\wedge\mathbf{b})\wedge\mathbf{c}=\mathbf{a}\wedge(\mathbf{b}\wedge\mathbf{c})=|\mathbf{abc}|(\mathbf{e}_1\wedge\mathbf{e}_2\wedge\mathbf{e}_3)$$

と書けます．これは，お気付きでしたか？

これまで説明してきました外積が作るベクトル空間はここまでにしておきます，と言うか，これ以上は，著者が説明できません．ご勘弁ください．

練習問題 4.2.4-1　ベクトル $\mathbf{a}=\{a_i\},\ \mathbf{b}=\{b_i\},\ \mathbf{c}=\{c_i\}\ (i=1,\ 2,\ \cdots,\ n)$ について, 定理 15 の式 4.2.4-7（分配法則）$\mathbf{a}\wedge(\mathbf{b}+\mathbf{c})=\mathbf{a}\wedge\mathbf{b}+\mathbf{a}\wedge\mathbf{c}$ を証明しなさい

練習問題 4.2.4-2　ベクトル $\mathbf{a},\ \mathbf{b},\ \mathbf{c}\in V$ について，係数を $\alpha,\ \beta,\ \gamma,\ \mu,\ \rho,\ \sigma\in\Re$ とするとき, $(\alpha\mathbf{a}+\beta\mathbf{b}+\gamma\mathbf{c})\wedge(\mu\mathbf{b}\wedge\mathbf{c}+\rho\mathbf{c}\wedge\mathbf{a}+\sigma\mathbf{a}\wedge\mathbf{b})$ を計算しなさい．

4.3. テンソル

ここでは，テンソル(*tensor*)について，なるべく簡単に基本的内容だけについてご紹介をします．テンソルは行列形式ではありますが，複雑であり，正直言いまして，著者にとって，複雑怪奇です．多くのテンソルの専門書がありますが，果たして，専門書ごとに定義が異なり，しかも，テンソルの概念や表式は難解です．いや，わざと難解に書いているのかと著者は思います．著者が多少知りうるテンソルと言えば，唯一，物理学での応力テンソルくらいでしょうか．将来，テンソルを扱うことになる読者は，テンソルの専門書を「頑張って」詳細ご覧ください．

ここで一言．テンソル学会という学会（創立 1938 年，河口商次）があります．実は，著者が昔，虎ノ門病院に入院していたとき，78 歳の河口商次先生がテンソル学会の学会誌のエディターとして，向いのベッドの上で仕事をされていたことを思い出します．お住まいは辻堂で，一度，病院退院後，訪問させて頂きました．母屋の横に，立派な RC 構造の書庫がありました．

では，テンソルの説明を始めますか！

4.3.1. テンソルの基礎

テンソルとは，線形的な量または線形的な幾何概念を一般化したもので，基底ベクトルを選べば，多次元の配列として表現できるようなものです．しかしながら，テンソル自身は特定の座標系によらないで決定されます．因みに，スカラーやベクトルは，（シャレではありませんが，）それを規定する基底系に左右されません．ただし，要素は変わります．簡単な例としては，ある位置を原点とする直交座標系の位置ベクトルは，同じ原点を起点とする斜交座標系で見た場合，そのノルムは変わりませんが，位置ベクトルの要素が異なります．おっと，釈迦に説法でしたね．恐れ入ります．さて，スカラーには「体」という，いわば，「スカラー空間」があります．ベクトルには，「ベクトル空間」があります．テンソルにも「テンソル空間」があります．

テンソル空間の元について，まとめると，

「0 階のテンソル」はスカラーと呼ぶ．その要素は添え字がつかない．（例えば，a ）
「1 階のテンソル」をベクトルと呼ぶ．その要素は添え字が 1 個付く．（例えば，a_i ）
「2 階のテンソル」を行列と呼ぶ．その要素は添え字が 2 個付く．（例えば，a_{ij} ）
「3 階のテンソル」とテンソルと呼び，その要素は添え字が 3 個付く．（例えば，a_{ijk} ）
「n 階のテンソル」その要素は添え字が n 個付く．（例えば，$a_{\overbrace{\alpha\beta\cdots\xi}^{n}}$ ）

となります．したがって，テンソル空間はスカラー空間およびベクトル空間を包含していると言えます．何やら，難しいですね．まあ，読み流すのも手です．

テンソルの成分表示では，上記のように，スカラーの成分は $\{a\}$，ベクトルの成分 $\{a_i\}$，行列の成分は $\{a_{ij}\}$，そして，テンソルの成分は，例えば，$\{a_{ijk}\}$ です．と言われても，イメージできませんよね．図 4.3.1-1 を見てください．この図を見て，スカラー，ベクトル，行列，テンソルの区別がお分かりになりますかね．

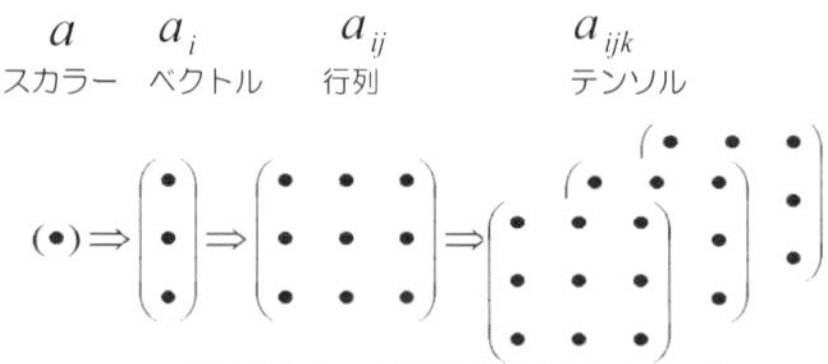

4.3. テンソル

著者は，上記の説明から考えるに，スカラーとかベクトルとか行列とか区別しないで，すべて，テンソルと言っても良いのではないか，と考えてしまいます．

$$
\underset{\text{スカラー}}{a} \quad \underset{\text{ベクトル}}{a_i} \quad \underset{\text{行列}}{a_{ij}} \quad \underset{\text{テンソル}}{a_{ijk}}
$$

$$(\bullet) \Rightarrow \begin{pmatrix} \bullet \\ \bullet \\ \bullet \end{pmatrix} \Rightarrow \begin{pmatrix} \bullet & \bullet & \bullet \\ \bullet & \bullet & \bullet \\ \bullet & \bullet & \bullet \end{pmatrix} \Rightarrow \begin{pmatrix} \begin{pmatrix} \bullet \\ \bullet \\ \bullet \end{pmatrix} & \begin{pmatrix} \bullet \\ \bullet \\ \bullet \end{pmatrix} & \begin{pmatrix} \bullet \\ \bullet \\ \bullet \end{pmatrix} \end{pmatrix}$$

図 4.3.1-1 多形式の変数のイメージ

ここで，テンソルを定義します．

定義 64　2 階のテンソル

2 階のテンソルとは，ベクトル空間 V の要素 $\forall \mathbf{a} \in V$ について，関数 $\mathsf{T}(\mathbf{a})$ があって，ベクトル $\forall \mathbf{a}, \mathbf{b} \in V$ および係数 $\forall \alpha \in K$ に対して，

$$\mathsf{T}(\mathbf{a}+\mathbf{b}) = \mathsf{T}(\mathbf{a}) + \mathsf{T}(\mathbf{b}), \quad \mathsf{T}(\alpha \mathbf{a}) = \alpha \mathsf{T}(\mathbf{a}) \tag{4.3.1-1}$$

を満たすとき T を 2 階のテンソル，または，単にテンソルと呼ぶ．

このとき，$\forall \mathbf{a}, \mathbf{b} \in V^3$ である場合，ベクトル空間 V^3 を直交座標系とします．その基底ベクトルを $\mathbf{e}_1, \mathbf{e}_2, \mathbf{e}_3$ と書きます．このとき，定義 64 は，言い換えれば，体 K 上で張るベクトル空間 V（$\forall \mathbf{a}, \mathbf{b} \in V$）から，体 K 上で張るベクトル空間 W への写像 T（写像は関数のようなもの）であり，線形写像（節 4.4 で後述）であると言えます．

さて，少々具体的に説明していきましょう．ベクトル空間 V^3 における基底ベクトルが $\mathbf{e}_1, \mathbf{e}_2, \mathbf{e}_3$ であるとき，$\forall \mathbf{a}, \mathbf{b} \in V^3$ について，

$$\mathbf{b} = \begin{pmatrix} b_1 \\ b_2 \\ b_3 \end{pmatrix} = \mathsf{T}(\mathbf{a}) = \begin{pmatrix} T_{11} & T_{12} & T_{13} \\ T_{21} & T_{22} & T_{23} \\ T_{31} & T_{32} & T_{33} \end{pmatrix} \begin{pmatrix} a_1 \\ a_2 \\ a_3 \end{pmatrix} \tag{4.3.1-2}$$

と書きます．このとき，もうお分かりのように，$\mathsf{T}(\mathbf{a})$ なる表記はベクトルです．表記にまどわされないでください．単なる表記ですから．ここで，

$$\mathsf{T}(\mathbf{e}_1) = \sum_{i=1}^{3} T_{i1} \mathbf{e}_i, \quad \mathsf{T}(\mathbf{e}_2) = \sum_{i=1}^{3} T_{i2} \mathbf{e}_i, \quad \mathsf{T}(\mathbf{e}_3) = \sum_{i=1}^{3} T_{i3} \mathbf{e}_i \tag{4.3.1-3}$$

と書くことができます．なぜなら，

$$\sum_{i=1}^{3} T_{i1} \mathbf{e}_i = T_{11}\mathbf{e}_1 + T_{21}\mathbf{e}_2 + T_{31}\mathbf{e}_3 = T_{11}\begin{pmatrix}1\\0\\0\end{pmatrix} + T_{21}\begin{pmatrix}0\\1\\0\end{pmatrix} + T_{31}\begin{pmatrix}0\\0\\1\end{pmatrix} = \begin{pmatrix}T_{11}\\T_{21}\\T_{31}\end{pmatrix} \tag{4.3.1-4}$$

$$\sum_{i=1}^{3} T_{i2} \mathbf{e}_i = T_{12}\mathbf{e}_1 + T_{22}\mathbf{e}_2 + T_{32}\mathbf{e}_3 = T_{12}\begin{pmatrix}1\\0\\0\end{pmatrix} + T_{22}\begin{pmatrix}0\\1\\0\end{pmatrix} + T_{32}\begin{pmatrix}0\\0\\1\end{pmatrix} = \begin{pmatrix}T_{12}\\T_{22}\\T_{32}\end{pmatrix} \tag{4.3.1-5}$$

$$\sum_{i=1}^{3} T_{i3} \mathbf{e}_i = T_{13}\mathbf{e}_1 + T_{23}\mathbf{e}_2 + T_{33}\mathbf{e}_3 = T_{13}\begin{pmatrix}1\\0\\0\end{pmatrix} + T_{23}\begin{pmatrix}0\\1\\0\end{pmatrix} + T_{33}\begin{pmatrix}0\\0\\1\end{pmatrix} = \begin{pmatrix}T_{13}\\T_{23}\\T_{33}\end{pmatrix} \tag{4.3.1-6}$$

となりますので，$\mathbf{T}(\mathbf{e}_1)$, $\mathbf{T}(\mathbf{e}_2)$, $\mathbf{T}(\mathbf{e}_3)$は，それぞれ，テンソル$\mathbf{T}$の列ベクトルに相当します．ここで，テンソル$\mathbf{T}$を基底ベクトル $\mathbf{e}_1$, $\mathbf{e}_2$, $\mathbf{e}_3$ を用いて別の表現をする方法があります．それは，項 4.2.2 定義 63 で説明しましたテンソル積（直積）を用います．果たして，その表式は，

$$\left.\begin{array}{l}\mathbf{T} = T_{11}\mathbf{e}_1 \otimes \mathbf{e}_1 + T_{12}\mathbf{e}_1 \otimes \mathbf{e}_2 + T_{13}\mathbf{e}_1 \otimes \mathbf{e}_3 \\ + T_{21}\mathbf{e}_2 \otimes \mathbf{e}_1 + T_{22}\mathbf{e}_2 \otimes \mathbf{e}_2 + T_{23}\mathbf{e}_2 \otimes \mathbf{e}_3 \\ + T_{31}\mathbf{e}_3 \otimes \mathbf{e}_1 + T_{32}\mathbf{e}_3 \otimes \mathbf{e}_2 + T_{33}\mathbf{e}_3 \otimes \mathbf{e}_3 \end{array}\right\} \quad (4.3.1\text{-}7)$$

あるいは，

$$\mathbf{T} = \sum_{i=1}^{3}\sum_{j=1}^{3} T_{ij}\mathbf{e}_i \otimes \mathbf{e}_j \qquad (4.3.1\text{-}8)$$

です．式 4.2.3-7 を振り返ってみてください．納得でしょ．直積がテンソル積と言われる所以が何となく見えた気がしませんか？

　数学から離れて応用を考えると，テンソルは二つの独立なベクトルとベクトルとを結びつける物理量と考えることができます．たとえば，電束密度というベクトルと電界というベクトルを結びつけるものが誘電率というテンソルです．力というベクトルと面というベクトルを関係づけるのが応力というテンソルです．

　さて，項 1.3.4 の（4）で示した歪単位行列で3次のを使えば，

$$\mathbf{E}_{ij}^0(1) = \mathbf{E}_{ij}(1) - \mathbf{E} = \mathbf{e}_i \otimes \mathbf{e}_j \quad (i, j = 1, 2, 3) \qquad (4.3.1\text{-}9)$$

です．式 1.3.4-5 を振りかえってみても良いですか？　例えば，3次で見ると，

$$\mathbf{E}_{23}^0(1) = \begin{pmatrix} 0 & 0 & 0 \\ 0 & 0 & 1 \\ 0 & 0 & 0 \end{pmatrix} = \mathbf{E}_{23}(1) - \mathbf{E} = \begin{pmatrix} 1 & 0 & 0 \\ 0 & 1 & 1 \\ 0 & 0 & 1 \end{pmatrix} - \begin{pmatrix} 1 & 0 & 0 \\ 0 & 1 & 0 \\ 0 & 0 & 1 \end{pmatrix} \qquad (4.3.1\text{-}10)$$

です．一方，

$$\mathbf{e}_2 \otimes \mathbf{e}_3 = \mathbf{e}_2 \cdot (\mathbf{e}_3)^T = \begin{pmatrix} 0 \\ 1 \\ 0 \end{pmatrix}\begin{pmatrix} 0 & 0 & 1 \end{pmatrix} = \begin{pmatrix} 0 & 0 & 0 \\ 0 & 0 & 1 \\ 0 & 0 & 0 \end{pmatrix} \qquad (4.3.1\text{-}11)$$

となり，式 4.3.1-9 が出ました．他の場合も含めて 9 個の場合で同じように説明できます．

4.3.2. テンソルの演算 I

　2 階のテンソルの演算方法を示します．テンソル $\mathbf{T}$, $\mathbf{S}$ があって．ベクトル$\mathbf{T}(\mathbf{a})$, $\mathbf{S}(\mathbf{a})$が定義されたとき，その和 $\mathbf{P}(\mathbf{a})$は，

$$\mathbf{P}(\mathbf{a}) = \mathbf{T}(\mathbf{a}) + \mathbf{S}(\mathbf{a}) \quad \text{あるいは，単に，} \quad \mathbf{P} = \mathbf{T} + \mathbf{S} \qquad (4.3.2\text{-}1)$$

と表されます．差$\mathbf{Q}(\mathbf{a})$は，同様に，

$$\mathbf{Q}(\mathbf{a}) = \mathbf{T}(\mathbf{a}) - \mathbf{S}(\mathbf{a}) \quad \text{あるいは，単に，} \quad \mathbf{Q} = \mathbf{T} - \mathbf{S} \qquad (4.3.2\text{-}2)$$

と表されます．

　さて，式 4.3.1-2 から，ここで言う$\mathbf{P}$, $\mathbf{Q}$, $\mathbf{T}$, $\mathbf{S}$ は単なるベクトルと考えれば良い訳です．したがって，考え方は，ベクトル空間の演算となんら変わりません．ただし，テンソルそ

4.3. テンソル

れ自信については，1 階のテンソルはベクトルで，2 階のテンソルは行列と呼び，さらに，ベクトルの直積 $\otimes$ が表れて，多少ややこしくなっていると思えば気が楽でしょう．

さて，テンソルの演算では，公理があります．それは，予想しましたよね．ゆっくりで良いですから，見てください．ベクトルの演算や行列の演算の公理と同じです．

ということで，テンソルの演算の公理を以下にまとめます．ただし，ここで，テンソルを，$\mathbf{T}, \mathbf{S}, \mathbf{P}$ とし，定数を $\alpha, \beta \in \Re$ とします．

定理16　テンソルの演算の公理

(1) $\mathbf{T}+\mathbf{S}=\mathbf{S}+\mathbf{T}$ (4.3.2-3)

(2) $\mathbf{T}+(\mathbf{S}+\mathbf{P})=(\mathbf{T}+\mathbf{S})+\mathbf{P}$ (4.3.2-4)

(3) $\alpha(\beta\mathbf{T})=(\alpha\beta\mathbf{T})$ (4.3.2-5)

(4) $\alpha(\mathbf{T}+\mathbf{S})=\alpha\mathbf{T}+\alpha\mathbf{S}$ (4.3.2-6)

(5) $(\alpha+\beta)\mathbf{T}=\alpha\mathbf{T}+\beta\mathbf{T}$ (4.3.2-7)

(6) $1\mathbf{T}=\mathbf{T}$, $0\mathbf{T}=\mathbf{0}$, $\mathbf{T}+\mathbf{0}=\mathbf{T}$ (4.3.2-8)

(7) $\mathbf{T}-\mathbf{S}=\mathbf{T}+(-1)\mathbf{S}=\mathbf{T}+(-\mathbf{S})$ (4.3.2-9)

となります．

さて，ここで，テンソルは行列と同じように，転置テンソルや対称テンソル，交代テンソルがあります．

定義 65　テンソルの内積

テンソル $\mathbf{T}=\{T_{ij}\}$ $(i,j=1, 2, 3)$ があって，ベクトル $\forall \mathbf{a}, \mathbf{b} \in V$ に対して，内積を，

$$\mathbf{T} \cdot \mathbf{a} = \left(\sum_{j=1}^{3} T_{1j} a_j \quad \sum_{j=1}^{3} T_{2j} a_j \quad \sum_{j=1}^{3} T_{3j} a_j \right) \tag{4.3.2-10}$$

$$\mathbf{b} \cdot \mathbf{T} = \left(\sum_{i=1}^{3} b_i T_{i1} \quad \sum_{i=1}^{3} b_i T_{i2} \quad \sum_{i=1}^{3} b_i T_{i3} \right) \tag{4.3.2-11}$$

とする．

したがって，この定義に従えば，

$$\mathbf{b} \cdot \mathbf{T} \cdot \mathbf{a} = \sum_{i=1}^{3} \sum_{j=1}^{3} b_i T_{ij} a_j \tag{4.3.2-12}$$

と表せます．ここで，式 4.2.3-7 の一連の式から，9 個の $\mathbf{e}_i \otimes \mathbf{e}_j$ $(i, j = 1, 2, 3)$ と表される単位行列の直積を用いて，

$$\mathbf{T} = \sum_{i=1}^{3} \sum_{j=1}^{3} T_{ij} \mathbf{e}_i \otimes \mathbf{e}_j \tag{4.3.2-13}$$

は明らかですから，式 4.3.2-10 および式 4.3.2-11 は以下の 2 式のように，

$$\mathbf{T} \cdot \mathbf{a} = \left(\sum_{i=1}^{3} \sum_{j=1}^{3} T_{ij} \mathbf{e}_i \otimes \mathbf{e}_j \right) \cdot \mathbf{a} = \sum_{i=1}^{3} \left(\sum_{j=1}^{3} T_{ij} a_j \right) \mathbf{e}_i \tag{4.3.2-14}$$

$$\mathbf{b} \cdot \mathbf{T} = \mathbf{b} \cdot \left(\sum_{j=1}^{3} \sum_{i=1}^{3} T_{ij} \mathbf{e}_i \otimes \mathbf{e}_j \right) = \sum_{j=1}^{3} \left(\sum_{i=1}^{3} b_i T_{ij} \right) \mathbf{e}_j \tag{4.3.2-15}$$

と書けます．

テンソルにも対称テンソルと交代テンソルがあります．

定義 66　対称・交代　テンソル

任意のテンソル $\mathbf{T} = \{T_{ij}\}$ $(i, j = 1, 2, 3)$ があって，

1) 対称テンソル（symmetric tensor）を以下のように書く：

$$\mathbf{S} = \frac{\mathbf{T} + \mathbf{T}^T}{2} \quad \therefore \quad \mathbf{S}^T = \left(\frac{\mathbf{T} + \mathbf{T}^T}{2}\right)^T = \frac{\mathbf{T}^T + \mathbf{T}}{2} = \mathbf{S} \tag{4.3.2-16}$$

2) 交代テンソル（alternating tennsor）を以下のように書く：

$$\mathbf{A} = \frac{\mathbf{T} - \mathbf{T}^T}{2} \quad \therefore \quad \mathbf{A}^T = \left(\frac{\mathbf{T} - \mathbf{T}^T}{2}\right)^T = \frac{\mathbf{T}^T - \mathbf{T}}{2} = -\frac{\mathbf{T} - \mathbf{T}^T}{2} = -\mathbf{A} \tag{4.3.2-17}$$

ここで，$\mathbf{T}^T$ は転置テンソル（transposed tensor）で，$\mathbf{T} = \{T_{ij}\}$ のとき，$\mathbf{T}^T = \{T_{ji}\}$ です．

このとき，以下の式が成り立ちます．

$$\mathbf{a} \cdot \mathbf{T}^T \cdot \mathbf{b} = \sum_{i=1}^{3}\sum_{j=1}^{3} a_i T_{ji} b_j = \sum_{j=1}^{3}\sum_{i=1}^{3} a_j T_{ij} b_i = \sum_{i=1}^{3}\sum_{j=1}^{3} b_i T_{ij} a_j = \mathbf{b} \cdot \mathbf{T} \cdot \mathbf{a}$$

$$\therefore \quad \mathbf{a} \cdot \mathbf{T}^T \cdot \mathbf{b} = \mathbf{b} \cdot \mathbf{T} \cdot \mathbf{a} \tag{4.3.2-18}$$

というわけです．さあ，大丈夫ですか？　大丈夫でなくても説明を続けます (笑)．

4.3.3. テンソルの演算 II

テンソルを用いる応用の1つは，弾性波理論で現れる応力テンソル（stress tensor）です．早速で恐縮ですが，応力テンソルを少々紹介します．

弾性波理論では，高々，$10^{-4} \sim 10^{-5}$ strain 程度の微小な歪現象を扱うとして，無限小歪弾性論が基礎となります．3次元空間に任意の点 P があって，点 P を囲む，縦 $\varDelta x$ 横 $\varDelta y$ 高さ $\varDelta z$ の微小なキューブ（微小体積）を考えます．このとき，その体積 $\varDelta v$ は $\varDelta v = \varDelta x \varDelta y \varDelta z$ となります．ここで，体積力[注4]

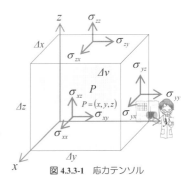

図 4.3.3-1　応力テンソル

（body force）と面積力[注4]（surface force）と慣性力（inertial force）が釣りあっているという状況を考えます．このとき，体積 $\varDelta v$ の一辺の長さを ℓ とすると，体積力及び慣性力が ℓ^3 に比例し，面応力は ℓ^2 に比例するので，体積要素が微小であれば，体積力及び慣性力は面応力に対して無視できます．面積力（面応力）は，図 4.3.3-1 のように9つの応力で表現できます．このとき，

$$\mathbf{T}_\sigma = \begin{pmatrix} \sigma_{xx} & \sigma_{xy} & \sigma_{xz} \\ \sigma_{yx} & \sigma_{yy} & \sigma_{yz} \\ \sigma_{zx} & \sigma_{zy} & \sigma_{zz} \end{pmatrix} \tag{4.3.3-1}$$

を応力テンソルと呼びます．作用点が同じ位置である場合，偶力が釣り合うので，

注4．物質の体積や質量に比例する力を体積力(body force)と呼び，例えば，引力や電気力，慣性力などがあります．
　　一方，接触面の面積に比例する力を面積力(surface force)と呼び，例えば圧力があります．

4.3. テンソル

$$\sigma_{xy} = \sigma_{yx}, \sigma_{yz} = \sigma_{zy}, \sigma_{zx} = \sigma_{xz} \tag{4.3.3-2}$$

が成り立ちます．ここで，各 x, y, z 軸方向の単位ベクトルを，それぞれ，

$$\mathbf{e}_x = (1, 0, 0)^T, \mathbf{e}_y = (0, 1, 0)^T, \mathbf{e}_z = (0, 0, 1)^T \tag{4.3.3-3}$$

とするならば，

$$\sigma_{xx} = \mathbf{e}_x^T \mathbf{T}_\sigma \mathbf{e}_x = (1, 0, 0) \begin{pmatrix} \sigma_{xx} & \sigma_{xy} & \sigma_{xz} \\ \sigma_{yx} & \sigma_{yy} & \sigma_{yz} \\ \sigma_{zx} & \sigma_{zy} & \sigma_{zz} \end{pmatrix} \begin{pmatrix} 1 \\ 0 \\ 0 \end{pmatrix}$$

$$\sigma_{yy} = \mathbf{e}_y^T \mathbf{T}_\sigma \mathbf{e}_y = (0, 1, 0) \begin{pmatrix} \sigma_{xx} & \sigma_{xy} & \sigma_{xz} \\ \sigma_{yx} & \sigma_{yy} & \sigma_{yz} \\ \sigma_{zx} & \sigma_{zy} & \sigma_{zz} \end{pmatrix} \begin{pmatrix} 0 \\ 1 \\ 0 \end{pmatrix} \tag{4.3.3-4}$$

$$\sigma_{zz} = \mathbf{e}_z^T \mathbf{T}_\sigma \mathbf{e}_z = (0, 0, 1) \begin{pmatrix} \sigma_{xx} & \sigma_{xy} & \sigma_{xz} \\ \sigma_{yx} & \sigma_{yy} & \sigma_{yz} \\ \sigma_{zx} & \sigma_{zy} & \sigma_{zz} \end{pmatrix} \begin{pmatrix} 0 \\ 0 \\ 1 \end{pmatrix}$$

> 2 次形式の面白い使い方，だっちゃ．

のように，各軸方向の応力が応力テンソルの 2 次形式で表されます．因みに，

$$\mathbf{e}_x^T \mathbf{T}_\sigma \mathbf{e}_y = (1, 0, 0) \begin{pmatrix} \sigma_{xx} & \sigma_{xy} & \sigma_{xz} \\ \sigma_{yx} & \sigma_{yy} & \sigma_{yz} \\ \sigma_{zx} & \sigma_{zy} & \sigma_{zz} \end{pmatrix} \begin{pmatrix} 0 \\ 1 \\ 0 \end{pmatrix} = (\sigma_{xx}, \sigma_{xy}, \sigma_{xz}) \begin{pmatrix} 0 \\ 1 \\ 0 \end{pmatrix} = \sigma_{xy}$$

$$\mathbf{e}_y^T \mathbf{T}_\sigma \mathbf{e}_x = (0, 1, 0) \begin{pmatrix} \sigma_{xx} & \sigma_{xy} & \sigma_{xz} \\ \sigma_{yx} & \sigma_{yy} & \sigma_{yz} \\ \sigma_{zx} & \sigma_{zy} & \sigma_{zz} \end{pmatrix} \begin{pmatrix} 1 \\ 0 \\ 0 \end{pmatrix} = (\sigma_{yx}, \sigma_{yy}, \sigma_{yx}) \begin{pmatrix} 1 \\ 0 \\ 0 \end{pmatrix} = \sigma_{yx}$$

ということで，一般的に，

$$\sigma_{ij} = \mathbf{e}_i^T \mathbf{T}_\sigma \mathbf{e}_j \quad (i, j = x, y, z) \tag{4.3.3-5}$$

ということになります．

確認のために図を書きます．図 4.3.3-1 の z 軸に垂直な方向で書きますと，図 4.3.3-2 になります．

さて，力学の基本式の 1 つのフックの法則は，

$$\mathbf{F} = k\mathbf{x}$$

と表されます．ここで，$\mathbf{F}$ は力，$\mathbf{x}$ は変位，k は弾性定数であり，特に，力学系がバネ系である場合は，k はバネ定数とも呼びます．議論を進めると，最終的には，波動方程式を導出することができます．

本書では，応力テンソルの紹介に留めます．

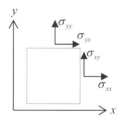

図 4.3.3-2 応力テンソル
z 軸に垂直なテンソル成分

> テンソルは工学系理学系でよく利用しますので世の中には専門書が山ほどあります．その方面の読者は，自分に合った本を購入して，あるいは，図書館で自習されることをお勧めします．

4.4. 行列空間

4.4.1. 空間とは

いろいろ探しても，「行空間，列空間，ゼロ空間」はあっても「行列空間」というのは見つかりません．

そもそも，数学における空間（space）とは，集合に適当な数学的構造を加味したものをいう，と定義され，n 次元ベクトルが，以下に示す条件を満たすとき n 次ベクトル空間と呼び，$\mathbf{u}, \mathbf{v}, \mathbf{w} \in V^n$ という集合論的表記をする理由です（項 4.1.1 定義 57 参照）．

空間での演算

演算名	演算
加法の交換法則 （1_V）	$\mathbf{u} + \mathbf{v} = \mathbf{v} + \mathbf{u}$
加法の結合法則 （2_V）	$\mathbf{u} + (\mathbf{v} + \mathbf{w}) = (\mathbf{u} + \mathbf{v}) + \mathbf{w}$
加法の単位元の存在 （3_V）	零ベクトル $\mathbf{0} \in V$ が存在して、全ての $\mathbf{v} \in V$ において $\mathbf{v} + \mathbf{0} = \mathbf{v}$ を満たす
加法の逆元の存在 （4_V）	各ベクトル $\mathbf{v} \in V$ に、その加法逆元 $-\mathbf{v} \in V$ が存在して、$\mathbf{v} + (-\mathbf{v}) = \mathbf{0}$ できる。
定数との乗法 （5_V）	$a\mathbf{v}$，$b\mathbf{v}$ の存在
加法に対するスカラー乗法の分配法則 （6_V）	$(a+b)\mathbf{v} = a\mathbf{v} + b\mathbf{v}$ が成立
加法に対するスカラー乗法の分配法則 （7_V）	$a(\mathbf{u}+\mathbf{v}) = a\mathbf{u} + a\mathbf{v}$ が成立
乗法とスカラー乗法の両立条件 （8_V）	$a(b\mathbf{v}) = (ab)\mathbf{v}$ が成立
スカラー乗法の単位元 1 の存在，および，0 元の存在（9_V）	$1\mathbf{v} = \mathbf{v}$ （左辺の 1 は乗法の単位元） $0\mathbf{v} = \mathbf{0}$

しからば，行列について，「行列空間」が定義できるのでしょうか？

さて，上記の表から，「行列空間」ができそうです．ベクトル空間では，数体 K を $\Re$ や C とし，数体 K 上で n 次元ベクトルがベクトル空間 V^n を張ったように，正方行列が空間を張れるか検討しましょう．

Gallery 18.
右：林の小道
　　パステル画（模写）
　　　著者作成
左：大涌谷（箱根）
　　写真
　　　著者撮影

4.4.2. 行列空間

ここで，行列空間 M の公理に基づく定義を示します．実は，行列空間 M は，ベクトル空間 V と同様に，アーベル群として構築することを前提としているので，行列空間 M の公理は以下のようになります．

定義 67　行列空間 M

数体 K を $\Re$ や C とし，行列の集合 M があって，以下の 1_M から 9_M までの条件を満たすとき，行列の集合 M は，数体 K の上の行列空間 M （*matrix space*）と呼ぶ．

行列を $\forall \mathbf{A}, \mathbf{B}, \mathbf{C} \in M$ とし，任意のスカラー係数を $\forall \lambda, \mu \in K$ とし，それらの演算を規定する公理は，

(1_M) $\exists (\mathbf{A}+\mathbf{B}) \in M$ のとき，$\mathbf{A}+\mathbf{B} = \mathbf{B}+\mathbf{A}$ が成立．（交換法則）
(2_M) $(\mathbf{A}+\mathbf{B})+\mathbf{C} = \mathbf{A}+(\mathbf{B}+\mathbf{C})$ が成立．（結合法則）
(3_M) $\mathbf{A}+\mathbf{O} = \mathbf{A}$ であるとき，$\exists \mathbf{O} \in M$ である．
(4_M) $\mathbf{A}+\mathbf{X} = \mathbf{O}$ が成立するとき，$\exists \mathbf{X} \in M$ である．このとき，$\mathbf{X} = -\mathbf{A}$ と書く
(5_M) $\lambda \mathbf{A},\, \mu \mathbf{B}$ が定義可能．
(6_M) $(\lambda + \mu)\mathbf{A} = \lambda \mathbf{A} + \mu \mathbf{A}$ が成立．
(7_M) $\lambda (\mathbf{A}+\mathbf{B}) = \lambda \mathbf{A} + \lambda \mathbf{B}$ が成立．
(8_M) $(\lambda \mu)\mathbf{A} = \lambda(\mu \mathbf{A})$ が成立．
(9_M) $\exists \mathbf{E}, \mathbf{O} \in M$ について，$\mathbf{EA}=\mathbf{A}$，$\mathbf{OA}=\mathbf{O}$ なる行列演算が成立．

以上の条件は，行列の演算で実証済です．ここで，正方行列の次数を n とすれば，行列空間は，M^n と書きます．例えば，2×2 型の行列 $\mathbf{P}$ は，行列空間 M^2 の元で，$\mathbf{P} \in M^2$ と書けます．ここで気になるのは，基底ベクトルのような，「基底行列」の存在です．そして，1次独立であることですが，しかし，それはすでに紹介済みで，本書で歪単位行列と呼んでいる $\mathbf{E}_{ij}^0(1)(= \mathbf{E}_{ij}(1) - \mathbf{E})$ です．

テンソル積 $\mathbf{e}_i \otimes \mathbf{e}_j$ を使えば，

$$\mathbf{A} = \{a_{ij}\} = \sum_{i,j}^{n} a_{ij} \mathbf{E}_{ij}^0(1) = \sum_{i,j}^{n} a_{ij} \mathbf{e}_i \otimes \mathbf{e}_j \tag{4.4.2-1}$$

ですし，a_{ij} を係数と考え，

$$\sum_{i,j}^{n} a_{ij} \mathbf{E}_{ij}^0(1) = \sum_{i,j}^{n} a_{ij} \mathbf{e}_i \otimes \mathbf{e}_j = \mathbf{O} \tag{4.4.2-2}$$

とすれば，この式が成立するためには，

$$a_{ij}(i, j = 1, 2, \cdots, n) = 0$$

でなければなりません．すなわち，歪単位行列 $\mathbf{E}_{ij}^0(1)$ や $\mathbf{e}_i \otimes \mathbf{e}_j$ は，1次独立的な扱いが出来るとともに，行列空間の基底であると言えます．

再度，申し上げますが，「歪単位行列」や「行列空間」という文言は，本書のみでの使用ですのでご注意ください．ここで一言，言わせてもらえば，行列は2階のテンソルとも呼べますから，「行列空間」はテンソル空間の部分空間であるといえるでしょう．数学の専門家ではないので，ご意見のある数学の専門家にお話を伺いたいものです．

4.5. 写像

いきなり写像の説明ですが，ご容赦ください．世の中には，写像についての項目を線形代数の教科書で取り上げている場合があります．ここで軽く触れておこうと思います．

4.5.1. 写像の基礎

いきなり定義で恐縮です．

定義 68 写像
2つの集合 A, B があって，規則 f によって，$\forall a \in A$ に対し $\exists b \in B$ が対応する場合
$$f : A \to B \tag{4.5.1-1}$$
と書いて規則 f による写像（*mapping*）と呼び，ここで，A を規則 f の定義域，B を規則 f の値域と呼ぶ．また，$a \in A$ が規則 f により $b \in B$ に対応するとき，
$$b = f(a) \tag{4.5.1-2}$$
と書き，b は a の f による像（*image*）あるいは値（*value*）という．

と言われても？ 決め事ですから，そういうもんだと，ご了承ください．

4.5.2. 線形写像

さあ，線形写像とは何でしょう？ 定義 68 を踏まえて，以下の話を読んでください．ほとんどが決め事ですので，そのまま，受け入れてください．

定義 69 線形写像（*linear mapping*）
2つのベクトル空間 V, V' があって，規則 f によって，$f : V \to V'$ と表すとき，W を V の部位分空間，W' を V' の部分空間とすれば，集合論的には，
$$W \subset V, \quad W' \subset V' \tag{4.5.2-1}$$
と書き，規則 f により，写像は，
$$\mathrm{Im}\, f = f(V) \subset V';\ \{f(\mathbf{a}) \in V' \mid \mathbf{a} \in V\} \subset V' \tag{4.5.2-2}$$
と書く．ただし，$\mathrm{Im}\, f$ は，規則 f の像（像空間）（*image*）と呼ぶ．逆に，
$$\mathrm{Ker}\, f = f^{-1}(\mathbf{0}) \subset V, \quad \text{あるいは，} \quad \mathrm{Ker}\, f = \{\mathbf{a} \in V \mid f(\mathbf{a}) = \mathbf{0}\} \tag{4.5.2-3}$$
それをまとめて，
$$\mathrm{Ker}\, f = f^{-1}(\mathbf{0}) = \{\mathbf{a} \in V \mid f(\mathbf{a}) = \mathbf{0}\} \tag{4.5.2-4}$$
と書く．ここで，$\mathrm{Ker}\, f$ は規則 f の核（核空間）または，カーネル（*Kernel*）と呼ぶ．

何やらさっぱり分からないと思います．著者も正直言って分かりません．ただし，Hint: があります．**図 4.5.2-1** を見てください．定義 69 における，規則 f による写像の概念が，ぼやっとでも分かる気がしませんか？ 定義 69 は，往々にして，数学の先生が書く数学の定義に近い表現です．正しい書き方なのかもしれませんがよくわかりませんね．ここで，Ker は *kernel*，Im は *image* の略式です．と言われても，なかなか理解できませんね（著者もそうですが（笑））．もうちょっと，分かりやすく書くならば，

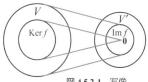

図 4.5.2-1 写像

4.5. 写像

① $\mathbf{a} \in V$ について，$f(\mathbf{a})$ 全体の集合全体を $f(V)$，または，$\mathrm{Im}\, f$ で表し，規則 f による集合 V の像と呼び，このとき，$\mathrm{Im}\, f = f(V) = \{f(\mathbf{a}) \mid \mathbf{a} \in V\}$ と書くのです．
② 集合 V の部分集合 V' に対して，規則 f で写した V' の像を，$f(V') = \{f(\mathbf{a}) \mid \mathbf{a} \in V'\}$ と書くのです．

如何でしょう．①および②の違いは，集合全体か部分集合かであり，$\mathrm{Im}\, f$ の定義です．次に，線形写像に関する定理を示します．

定理17　線形写像（*linear mapping*）
ある規則 f があって，その写像が線形であるとは，
$$f(\mathbf{a}+\mathbf{b}) = f(\mathbf{a}) + f(\mathbf{b}) \quad (\mathbf{a}, \mathbf{b} \in V) \tag{4.5.2-5}$$
$$f(c\mathbf{a}) = cf(\mathbf{a}) \quad (\mathbf{a} \in V,\ c \in K) \tag{4.5.2-6}$$
が成り立つことである．

このことは，定義として書かれる場合もあります．また，この性質は「線形性」とも呼ばれています．まさに2階テンソルの定義（定義64）そのものではありませんか．でしょ．

もう1つの定理は，

定理18　線形写像（*linear mapping*）
ある $m \times n$ 型の行列 $\mathbf{A}$ があって，ある写像 f により，例えば，ベクトル $\forall \mathbf{p} \in V^n$ について，$f(\mathbf{p}) = \mathbf{A}\mathbf{p}$ のように書けることを線形写像あるいは1次変換と呼ぶ．

なのですが，定理17と定理18とは，ちょっと，違った感じですね．しかしながら，$\forall \mathbf{p}, \mathbf{q} \in V$ について，
$$f(\mathbf{p}+\mathbf{q}) = \mathbf{A}(\mathbf{p}+\mathbf{q}) = \mathbf{A}\mathbf{p} + \mathbf{A}\mathbf{q} = f(\mathbf{p}) + f(\mathbf{q}) \tag{4.5.2-7}$$
$$f(c\mathbf{p}) = \mathbf{A}(c\mathbf{p}) = c\mathbf{A}\mathbf{p} = cf(\mathbf{p}) \quad (\forall c \in \Re) \tag{4.5.2-8}$$
ですから，同じっちゃあ，同じで，同値の定理と言っても良いのではないでしょうか．

さて，$\mathbf{e}_i\, (i = 1, 2, \cdots, n)$ をベクトル空間 V^n の基底ベクトルとするとき，ベクトル $\mathbf{p}$ の要素 $p_i\, (i = 1, 2, \cdots, n)$ によって
$$\mathbf{p}(\in V^n) = \{p_i\} = \sum_{i=1}^{n} p_i \mathbf{e}_i \tag{4.5.2-7}$$
と表すことができます．このとき，線形写像により，
$$f(\mathbf{p}) = f\left(\sum_{i=1}^{n} p_i \mathbf{e}_i\right) = \sum_{i=1}^{n} f(\mathbf{e}_i) p_i = (\,f(\mathbf{e}_1) \quad f(\mathbf{e}_2) \quad \cdots \quad f(\mathbf{e}_n)\,)\mathbf{p} = \mathbf{F}\mathbf{p} \tag{4.5.2-8}$$
となり，ここで，行列 $\mathbf{F}$ は，$\mathbf{F} = (\,f(\mathbf{e}_1) \quad f(\mathbf{e}_2) \quad \cdots \quad f(\mathbf{e}_n)\,)$ です．行列 $\mathbf{F}$ の i 番目の列ベクトル $f(\mathbf{e}_i)$ は，m 行1列の縦ベクトルです．したがって，行列 $\mathbf{F}$ は，$m \times n$ 型です．

4.5.3. 写像の種類

では，ここで，写像の種類について少々書き加えます．写像の種類として説明をするのは，「単射」，「逆写像」，「中への写像」，「上への写像」です．読者はあまり見たことがないかもしれませんね．さくっと，読んで頂ければと思います．

定義 70 写像の種類

①単射（*injection, one-to-one mapping*）全単射（*bijective function, bijection*）

集合 A, B があって，$f: A \to B$ で，$a_1 \in A, a_2 \in A, a_1 \neq a_2$ のとき，
$$f(a_1) \in B, f(a_2) \in B, f(a_1) \neq f(a_2) \tag{4.5.3-1}$$
である場合を単射と呼ぶ．もちろん，$a_1 \in A, a_2 \in A, a_1 = a_2$ のとき，
$$f(a_1) \in B, f(a_2) \in B, f(a_1) = f(a_2) \tag{4.5.3-2}$$
と書く場合があり，論理式でいう「対偶（*contraposition*）」に相当する．
集合 A, B があって，$f: A \to B$ が定義され，全要素が単射の場合，全単射という．
特に，集合 A から集合 A への全単射のことを恒等写像と呼び，集合 A から集合 B への全単射のことを置換写像（*substitution*）と呼ぶ場合がある．

②逆写像（*inverse mapping*）

集合 A, B があって，$f: A \to B$ で $b = f(a) \in B$ のとき，$f^{-1}(b) \in A$ ならば，$f^{-1}: B \to A$ と書いて，規則 f による B の原像（*preimage*，逆像）と呼ぶ．
$$f^{-1}(b) = \{a \in A | b = f(a) \in B\} \tag{4.5.3-3}$$
ゆえに，逆写像を定義するときには，規則 f が単射である（前提条件）．

③中への写像（*into-mapping*）

集合 A, B があって，$A \subset B$ のとき $f: A \to B$ で表される写像において，$\forall a \in A$ について，$b = f(a)$ である写像で，$f^{-1}: B \to A$ の場合，$f^{-1}(b) = \phi$ である場合があるとき，$f: A \to B$ を中への写像と言う．（単射と意味は同じ）

④上への写像（*onto-mapping, onto and one-to-one correspondence*）

全射（*surjection*）とも言う．$f: A \to B$ のとき，$f(a) = \{\forall a \in A | \exists b = f(a) \in B\}$ であるが，逆像 $f^{-1}(b) \in A$ は存在するが一意的ではない．

ここで，さらに，分かりやすくするために，要素で図に示します．図 4.5.3-1 の (1) に示すように，要素数が同じで，全要素が 1 対 1 の対応のある写像が全単射です．(2) に示す単射では，単に要素の写像であって，終域に対応しない要素があっても良く，「中への写像」と呼ばれます．(3) に示す全射では，始域の要素が全て終域の要素のどれかに写される場合で，重複の単射がありえる場合ですすなわち，全単射ではないということです．

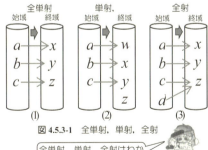

図 4.5.3-1　全単射，単射，全射

全単射，単射，全射はわかった！だからなんなの？

さて，図 4.5.3-1 で，$f: V \to V'$ において写像は全射ならば，$\mathrm{Im}\, f = V'$ と言えます．このことは，図 4.5.3-1 の全射を見ると，像がすべて終域に入りますから，イメージできますね．と言っても，訳の分かったような，分からないような説明で，恐縮です．

ここでは，全単射，単射，全射について，図を使って説明しました．どうでしょうか．納得ですか？　数学科で写像を専門にしている方からご教示頂ければ，幸甚です．

4.5.4. 写像と階数

ここで，見方を変えた，ちょっと面白い考え方を紹介します．

定義69で，カーネルの要素が線形写像によりすべて $\mathbf{0}$ になる，と書きました．すなわち，線形代数におけるカーネルとは，例えば，$m \times n$ の行列 $\mathbf{A}$ をかけると，ベクトル $\mathbf{a} \in V^n$ が全て $\mathbf{0}$ になるベクトルの集合と考えられます．ここで，写像の規則 f は，もうお分かりでしょうけれど，$m \times n$ の行列 $\mathbf{A}$ をかける，ということですね．さあ，ここまでの説明で，著者は何を説明しようとしているのかが分かりますか？　そうなんです，固有値問題です．

行列 $\mathbf{A}$ の固有値を λ とすれば，それは，$\mathbf{Ax} = \lambda \mathbf{x}$ を満たすベクトル $\mathbf{x}$ があって，これを固有ベクトルと呼ぶのでした．固有値を求めるには，

$$(\mathbf{A} - \lambda \mathbf{E})\mathbf{x} = 0 \tag{4.5.4-1}$$

を解くことに他なりません．しかし，この場合，$\mathbf{x} = \mathbf{0}$ は自明の解ですが，これには，興味ありませんね．では，$\mathbf{x} \neq \mathbf{0}$ の場合は，となると，$\mathbf{A} - \lambda \mathbf{E} = \mathbf{O}$ であることを考えねばなりません．したがって，この場合，

$$|\mathbf{A} - \lambda \mathbf{E}| = 0 \tag{4.5.4-2}$$

です．この式は，見覚えのある，固有値を求める式ですね．ここで，確認します．線形代数におけるカーネルとは，行列 $\mathbf{A} - \lambda \mathbf{E}$ をかけるとゼロベクトル $\mathbf{0}$ になるすべてのベクトルというわけで，写像の概念が，固有値問題と結びついたことになります（^_^）．

満を持して（大袈裟？），ここで，写像と階数（rank）関係をご説明します．写像に現れる行列のカーネルとその行列の階数の関係です．ちょっとワクワクしませんか？　順に説明します．その関係とは，定理19に示す関係です．写像を行列と見なした場合，

定理19　行列の次元定理

行列 $\mathbf{A}$ について，その列の数を n とすると，階数と写像には以下の関係がある．

$$\operatorname{rank} \mathbf{A} + \dim(\operatorname{Ker} \mathbf{A}) = n$$

ということなんです．「階数・退化次数（nullity）の定理（rank-nullity theorem）」と呼ぶ場合があります．実は，本来の定理は，$\dim(\operatorname{Ker} \mathbf{A}) = \operatorname{nullity} f$ で，

$$\operatorname{rank} \mathbf{A} + \operatorname{nullity} \mathbf{A} = n \tag{4.5.4-3}$$

と書くようです．ここで，n は行列 $\mathbf{A}$ の列の数です．線形写像で，$f : V \to V'$ の場合，

$$\dim(\operatorname{Im} f) + \dim(\operatorname{Ker} f) = \dim V \tag{4.5.4-4}$$

であり，ここで，写像 f の退化次数（nullity f）は $\operatorname{Ker} f$ の次数であり，したがって，

$$\operatorname{rank} f + \operatorname{nullity} f = \dim V \tag{4.5.4-5}$$

と書けます．ここで，$\operatorname{rank} f$ とは写像 f の像 $\operatorname{Im} f$ の次元 $\dim(\operatorname{Im} f)$ です．また，写像 f の退化次数である nullity f は，$\operatorname{Ker} f$ の次数です（確認です）．この定理19の証明は著者には出来ませんので，ご興味があれば，専門書でご確認ください．

いかがでした？　写像の概念が何かの Hint: になればと思い，著者の能力を超えて説明しましたが，不十分だったと思います．工学系の読者が写像の概念を利用する機会があるかどうか分かりませんが，詳細な説明が必要な読者は専門書で見てください．

実は，いかなる入門書も，このように逃げられる強みがあります(笑)．

4.6. ベクトル IV

ベクトルの微分・積分について簡単に説明しようと思います．さらに詳しい演算方法を知りたい読者は，本書の姉妹版の「読むだけでわかる数学再入門　微分・積分編」（インデックス社）をご購入頂くと幸甚です．すいません，宣伝しちゃいました．

4.6.1. ベクトルを微分

ベクトルを，あるいは，ベクトルで，微分するとは何を意味するかを考えてみます．恐らく，読者は，物理的な微分の基本をじっくり考えたことが無いでしょう．

まずは，「ベクトルを微分する」です．ベクトルを微分する，と言われて，ふと，思い出すのは，変位ベクトル⇒速度ベクトル⇒加速度ベクトル，の流れではないでしょうか．式で書くと，

$$\mathbf{x} \Rightarrow \mathbf{v} = \frac{d\mathbf{x}}{dt} \Rightarrow \mathbf{a} = \frac{d\mathbf{v}}{dt} = \frac{d}{dt}\left(\frac{d\mathbf{x}}{dt}\right) = \frac{d^2\mathbf{x}}{dt^2} \tag{4.6.1-1}$$

ですね．式 4.6.1-1 の最初の式は，「位置」を表し，第 2 式は「位置」が時間と共に変化する速度の表現に用います．ここで，「速度」と「速さ」の違いとは，いったい，何でしょうか？「速度」は $\mathbf{v}$ でベクトルであり，向きと大きさの情報を持っています．

「速さ」は，ベクトル $\mathbf{v}$ の大きさで，ノルム $\|\mathbf{v}\|$ で表します．一般的には，節 1.2 で示したように，通常，L^2 ノルムと呼ぶ $\|\mathbf{v}\|_2$ で表します．式 4.6.1-1 の第 3 式は速度 $\mathbf{v}$ の時間的な変化率である加速度 $\mathbf{a}$ の表現に用います．物理学的表現を用いて例を示すならば，車の走行で，アクセルを踏むことで，速度が時間とともに変化します．その速度の時間変化の割合が加速度 $\mathbf{a}$ です．もちろん，アクセルを踏む度合いを時間と共に弱めれば，負の加速度もあるわけです．アクセルを外し，ブレーキを踏むと，車は負の加速度として認識します，見かけ上，車は後方に力を受けて，止まろうとします．これが，慣性力（*inertia*）で，その大きさは，慣性力を受ける物体の質量に比例します．すなわち，慣性力 $\mathbf{F}$ とは，ニュートンの運動方程式から，進行方向を「+」とすれば，ベクトルで，

$$\mathbf{F} = -m\mathbf{a} \tag{4.6.1-2}$$

と表せます．ここで，m は物体の質量で，$\mathbf{a}$ は物体に働く加速度です．なぜ，速度や加速度にベクトルを用いるかというと，速度と同様に，加速度の変化する方向が進行方向と異なる場合を考えているのです．ベクトルが時間の関数である場合の例でした．

今度はベクトルが空間の位置の関数である場合を説明します．$\mathbf{p}$ を 3 次元ベクトルとし，単位ベクトルで $\mathbf{e}_x$，$\mathbf{e}_y$，$\mathbf{e}_z$ 表し，その要素が，独立変数 u の関数であるとすれば，

$$\mathbf{p}(u) = p_x(u)\mathbf{e}_x + p_y(u)\mathbf{e}_y + p_z(u)\mathbf{e}_z \tag{4.6.1-3}$$

として，$\mathbf{p}(u)$ は単位ベクトルの一次結合で表せます．この場合，独立変数の増分 Δu に対応した，ベクトル $\mathbf{p}(u)$ の増分 $\Delta \mathbf{p}$ は，

$$\Delta \mathbf{p} = \mathbf{p}(u + \Delta u) - \mathbf{p}(u) \tag{4.6.1-4}$$

と書きます．この，微小な増分の極限が，

$$\lim_{\Delta u \to 0} \frac{\Delta \mathbf{p}}{\Delta u} = \lim_{\Delta u \to 0} \frac{\mathbf{p}(u + \Delta u) - \mathbf{p}(u)}{\Delta u} = \frac{d\mathbf{p}}{du} \tag{4.6.1-5}$$

（定義に従った，ベクトルの微分です．察しはついたでしょう．）

4.6. ベクトル IV

であり，式 4.6.1-5 の最後の式は，ベクトル $\mathbf{p}$ の微係数で，1 階微分と呼びます。

もちろん，式 4.6.1-3 からもわかるように，

$$\frac{d\mathbf{p}}{du} = \frac{dp_x(u)}{du}\mathbf{e}_x + \frac{dp_y(u)}{du}\mathbf{e}_y + \frac{dp_z(u)}{du}\mathbf{e}_z \tag{4.6.1-6}$$

ということになります。そして，読者の想定通り，ベクトル $\mathbf{p}$ の 2 階微分は，

$$\frac{d^2\mathbf{p}}{du^2} = \frac{d^2 p_x(u)}{du^2}\mathbf{e}_x + \frac{d^2 p_y(u)}{du^2}\mathbf{e}_y + \frac{d^2 p_z(u)}{du^2}\mathbf{e}_z \tag{4.6.1-7}$$

となります。何か，難しいことが有りましたか？ 無いですよね！ そこで，定理をまとめておきましょう。

定理20 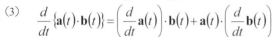が微分可能であり，定数 $\forall k \in K$ について，以下の式が成立する。

(1) $\dfrac{d}{dt}k\mathbf{a}(t) = k\dfrac{d}{dt}\mathbf{a}(t)$

(2) $\dfrac{d}{dt}\{\mathbf{a}(t) + \mathbf{b}(t)\} = \dfrac{d}{dt}\mathbf{a}(t) + \dfrac{d}{dt}\mathbf{b}(t)$

(3) $\dfrac{d}{dt}\{\mathbf{a}(t) \cdot \mathbf{b}(t)\} = \left(\dfrac{d}{dt}\mathbf{a}(t)\right) \cdot \mathbf{b}(t) + \mathbf{a}(t) \cdot \left(\dfrac{d}{dt}\mathbf{b}(t)\right)$

ということです。定理ですから，例によって，証明が必要です。(1) 及び (2) の証明は練習問題で，(3) の証明を参考にして，挑戦してみてください。(3) の証明は以下の例題にします。

さて，例題です。

例題 4.6.1-1 定理 20 の (3) を証明しなさい

例題 4.6.1-1 解答

ベクトル $\forall \mathbf{a}(t), \mathbf{b}(t) \in V^n$ を，
$$\mathbf{a}(t) = (a_1(t), a_2(t), \cdots, a_n(t))^T, \quad \mathbf{b}(t) = (b_1(t), b_2(t), \cdots, b_n(t))^T$$
とする。ここで，
$$\mathbf{a}(t) \cdot \mathbf{b}(t) = \sum_{i=1}^{n} a_i(t)b_i(t)$$
であるから，
$$\frac{d}{dt}\{\mathbf{a}(t) \cdot \mathbf{b}(t)\} = \frac{d}{dt}\left\{\sum_{i=1}^{n} a_i(t)b_i(t)\right\} = \sum_{i=1}^{n}\left\{\left(\frac{d}{dt}a_i(t)\right)b_i(t) + a_i(t)\left(\frac{d}{dt}b_i(t)\right)\right\}$$
したがって，
$$\therefore \quad \frac{d}{dt}\{\mathbf{a}(t) \cdot \mathbf{b}(t)\} = \left(\frac{d}{dt}\mathbf{a}(t)\right) \cdot \mathbf{b}(t) + \mathbf{a}(t) \cdot \left(\frac{d}{dt}\mathbf{b}(t)\right) \quad Q.E.D.$$

高校レベルでしたね。もう 1 つ，例題です。

例題 4.6.1-2 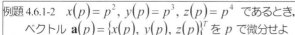 であるとき，ベクトル $\mathbf{a}(p) = \{x(p), y(p), z(p)\}^T$ を p で微分せよ

簡単な問題ですが，解答方法を，まず，頭に浮かべてみてください。

200

例題 4.6.1-2 解答
$$\frac{d}{dp}\mathbf{a}(p) = \left\{\frac{d}{dp}x(p), \frac{d}{dp}y(p), \frac{d}{dp}z(p)\right\}^T = (2p, 3p^2, 4p^3)^T$$

無茶苦茶, 易しい例題でした. さあ, 練習問題で確かめてください.

練習問題 4.6.1-1　定理 20 の（1）を証明せよ.
練習問題 4.6.1-2　定理 20 の（2）を証明せよ.
練習問題 4.6.1-3　$\mathbf{p}(t) = (a\cos\omega t)\mathbf{e}_x + (b\sin\omega t)\mathbf{e}_y + (ct)\mathbf{e}_z$ を t で微分せよ.
　　ここで, $\mathbf{e}_x, \mathbf{e}_y, \mathbf{e}_z$ は, x, y, z 方向の単位ベクトルである.

4.6.2. ベクトルの微分方程式
　ベクトルを微分する方法がわかりましたから, 微分方程式も解けますね. 恐れることはありません. 微分方程式では, 求める変数である y や x などの実変数がベクトルに代わっただけです. では, その微分方程式と一般解を示します.

$$\frac{d^n\mathbf{p}}{dx^n} = \mathbf{q} \Rightarrow \mathbf{p} = \frac{1}{n!}\mathbf{q}x^n + \mathbf{c}_1 x^{n-1} + \mathbf{c}_2 x^{n-2} + \cdots + \mathbf{c}_{n-1}x + \mathbf{c}_n \quad (4.6.2\text{-}1)$$

$$\frac{d\mathbf{p}}{dx} + S(x)\mathbf{p} = \mathbf{T}(x) \Rightarrow \mathbf{p} = e^{-\int S(x)dx}\left\{\int \mathbf{T}(x)e^{\int S(x)dx}dx + \mathbf{c}_0\right\} \quad (4.6.2\text{-}2)$$

ここで, $\mathbf{c}_0, \mathbf{c}_1, \cdots, \mathbf{c}_n$ は, 要素がすべて任意の定数ベクトルです.
　有名なベクトルの微分方程式は電磁気学における電磁波に関する Maxwell 方程式で, 電場 $\mathbf{E}$ および磁場 $\mathbf{H}$ の空間（位置）に関する 2 階微分方程式です.
　さあ, 練習問題で確かめてください, の 2 回目（笑）.

練習問題 4.6.2-1　微分方程式 $\dfrac{d\mathbf{p}}{dx} = (\cos x)\mathbf{e}_x$ を解け.

練習問題 4.6.2-2　非同次の微分 $\dfrac{d\mathbf{p}}{dx} + x\mathbf{p} = x^2$ を解け.

4.6.3. ベクトルと積分
　物理学では,「原理」や「法則」あるいは「定理」を表す数学表式にベクトルの微分方程式や積分方程式が良く使われます. ここでは, 幾つかの, 積分方程式を紹介します.
（1）ガウスの定理（Gauss' theorem）
　空間内に体積 V, 表面積 S の閉曲面 Γ があって, その閉曲面 Γ がベクトル場 $\mathbf{p}$ の中にあるとします. 閉曲面 Γ 面内が微小な体積 dv の集まりと考え, その微小な体積の中でベクトル場が変化する場合, 全体で積算した湧き出し量と, 閉曲面の微小な面積 ds からの閉曲面全体からの変化量は一致すると言えます. このことを式で表すと,

$$\int_S \mathbf{p}\cdot\mathbf{n}\,ds = \int_S \mathbf{p}\cdot d\mathbf{s} = \int_V \nabla\cdot\mathbf{p}\,dv \quad \text{この定理は, 電磁気学で利用されます.} \quad (4.6.3\text{-}1)$$

となります. これがガウスの定理（ベクトルの発散定理（divergence theorem））です.

4.6. ベクトル IV

(2) ストークスの定理（Stokes' theorem）

空間内のベクトル場 $\mathbf{p}$ の回転を，ある閉曲面 Γ の全体で面積分したものが，そのベクトル場 $\mathbf{p}$ をその閉曲面 Γ を構成する境界線に沿って線積分した値と一致すると言えます．式で表すと，次式で書け，この表式は「ストークスの定理」と呼びます．

$$\int_\Gamma (\nabla \times \mathbf{p})_n da = \int_\Gamma (\nabla \times \mathbf{p}) \cdot d\mathbf{a} = \oint_S \mathbf{p} \cdot d\mathbf{s} \qquad \text{この定理は，流体力学で利用されます．} \qquad (4.6.3\text{-}2)$$

(3) 仕事

直線上にある物体を，その物体の重心として点と考えることができます．これを質点と呼び，その位置を $\mathbf{x} = (x, y, z)$ とします．この質点が時間的に直線移動する場合，その速度は，$d\mathbf{x}/dt$ になります．この場合，時刻 t_1 から t_2 の間に，力 $\mathbf{F}$ が物体に対してする仕事 W は，微小時間 dt の間にする仕事 dW の足し合わせで定義します．したがって，

$$W_{t_1 \to t_2} = \int_{t_1}^{t_2} dW = \int_{t_1}^{t_2} \mathbf{F} \cdot \frac{d\mathbf{x}}{dt} dt = \int_{t_1}^{t_2} \mathbf{F} \cdot \mathbf{v} dt \qquad \text{この定理は，力学で利用されます．} \qquad (4.6.3\text{-}3)$$

と書けます．ここで，$\mathbf{v}$ は質点の速度であり，力 $\mathbf{F}$ と内積で表現する理由は，力のかかる方向と質点の移動する方向が違う場合も考えているからです，と書くのは釈迦に説法でしたかね？

ここで，1つだけ例題を見てください．

例題 4.6.3-1 電束密度を $\mathbf{D}$，誘電率 ε_0，電場強度 $\mathbf{E}$ とするとき，球面（半径 r）に囲まれた領域の内部 V が持つ電荷 q（電荷密度 ρ）は，式 4.6.3-4 で書ける．このとき，電場強度の絶対値（大きさ）$E\,(=|\mathbf{E}|)$ を求めよ．

$$\int_S \mathbf{D} \cdot \mathbf{n} ds = \int_V \rho dv \qquad (4.6.3\text{-}4)$$

例題 4.6.3-1 解答

$\mathbf{D} = \varepsilon_0 \mathbf{E}$ であり，$\int_S \mathbf{D} \cdot \mathbf{n} ds = \varepsilon_0 E \cdot 4\pi r^2$ および $\int_V \rho dv = q$ であるから，

$$\varepsilon_0 E \cdot 4\pi r^2 = q \quad \therefore \quad E = \frac{q}{4\pi\varepsilon_0 r^2} \qquad (4.6.3\text{-}5)$$

というわけで，電磁気学の基本式である電荷 q の周りの電場強度が計算できます．電磁気学の教科書をお持ちの読者はご確認ください．

Gallery 19.

右：工場地帯の夕暮れ
　　水彩画（模写）
　　　（水彩画レッスン画材）
　　　　著者作成

左：北向地蔵
　　　写真　著者自宅の周辺
　　　　著者撮影

4.6.4. 内積空間 I

ここで、「えっ！」と、思わず声を上げるベクトル空間を書きます。果たして、その内容は、内積と呼ばれる付加的な空間構造を構成したベクトル空間を内積空間（*inner product space*）と呼びます。あるいは、計量空間（*metric vector space*）とも呼びます。そうなんです。ベクトルの内積が（数学的）空間を構成します。

定義71 内積空間

内積空間 V_I とは、ベクトル空間 V のベクトル $\forall \mathbf{a}, \mathbf{b}, \mathbf{c} \in V$、定数 k について、標準内積、すなわち、内積 $\mathbf{a}\cdot\mathbf{b}$ が定義されて、

(1_{IP})　$\mathbf{a}\cdot\mathbf{b} = \mathbf{b}\cdot\mathbf{a}$　　交換法則　　　　　　　　　　　　　　　(4.6.4-1)

(2_{IP})　$(\mathbf{a}+\mathbf{b})\cdot\mathbf{c} = \mathbf{a}\cdot\mathbf{c} + \mathbf{b}\cdot\mathbf{c}$, $\mathbf{a}\cdot(\mathbf{b}+\mathbf{c}) = \mathbf{a}\cdot\mathbf{b} + \mathbf{a}\cdot\mathbf{c}$　分配法則　(4.6.4-2)

(3_{IP})　$(k\mathbf{a})\cdot\mathbf{b} = \mathbf{a}\cdot(k\mathbf{b}) = k(\mathbf{a}\cdot\mathbf{b}) = (k\mathbf{a}\cdot\mathbf{b})$　定数倍　　　　(4.6.4-3)

(4_{IP})　$\mathbf{a}\cdot\mathbf{a} = \left(\|\mathbf{a}\|_2\right)^2 \geq 0$, $\mathbf{a}\cdot\mathbf{a} = 0 \Leftrightarrow \mathbf{a} = \mathbf{0}$　L^2 ノルムと零ベクトル　(4.6.4-4)

が成立するベクトル空間を内積空間と呼ぶ。ただし、$\|\mathbf{a}\|_2 = \sqrt{\mathbf{a}\cdot\mathbf{a}}$ である。

と定義されます。ここで、4_{IP} を正定値性と呼びます。定義71 から言える定理は、

定理21 内積空間の演算

ベクトル空間 V から構成された内積空間 I について、$\forall \mathbf{a}, \mathbf{0} \in V$ により、

(1)　$\mathbf{a}\cdot\mathbf{0} = \mathbf{0}\cdot\mathbf{a} = 0$ $(00=0)$　　　　　　　　　　　　　(4.6.4-5)

(2)　$\|k\mathbf{a}\|_2 = k\|\mathbf{a}\|_2$ $(k \in K)$　　　　　　　　　　　　(4.6.4-6)

(3)　$\mathbf{A} = \mathbf{A}^T$ なる対称行列の場合、$\mathbf{a}\cdot(\mathbf{A}\mathbf{b}) = \mathbf{a}^T\mathbf{A}\mathbf{b} = \left(\mathbf{A}^T\mathbf{a}\right)^T\mathbf{b} = \left(\mathbf{A}^T\mathbf{a}\right)\cdot\mathbf{b}$
　　であるから、$\mathbf{a}\cdot(\mathbf{A}\mathbf{b}) = (\mathbf{A}\mathbf{a})\cdot\mathbf{b}$ が成立する。　　　　(4.6.4-7)

と書きます。さらに、直交補空間という空間が定義できます。エ〜、そんなのもあるんですかと言われるでしょうが、あるのです。果たして、その定義は、

定義72 直交補空間

内積空間 V_I の部分空間が W_I であるとき、

$$W^{\perp} = \{\exists \mathbf{x} \in V_I \mid \forall \mathbf{u} \in W_I \Rightarrow \mathbf{x}\cdot\mathbf{u} = 0 ; \mathbf{u}\cdot\mathbf{x} = 0\}$$　(4.6.4-8)

と書ける $W^{\perp}$ を W_I の直交補空間（*orthogonal complement, perpendicular complement*）と呼ぶ。ここで、集合 W_I は、集合 V_I の部分集合である。

これは、あまり聞かない。何の意味があるのだろうか？

となります。特に、直交するかたちで呼び名が変わり、果たしてその定義は、

定義73 右・左直交補空間

直交補空間について、

$${}^R W^{\perp} = \{\exists \mathbf{x} \in V_I \mid \forall \mathbf{u} \in W_I \Rightarrow \mathbf{x}\cdot\mathbf{u} = 0\}$$　(4.6.4-9)

で表す $\mathbf{u}$ は $\mathbf{x}$ に対して右直交（*right orthogonal*）と定義するとき、${}^R W^{\perp}$ を右直交補空間（*right orthogonal complement*）と呼ぶ。一方、

$${}^L W^{\perp} = \{\exists \mathbf{x} \in V_I \mid \forall \mathbf{u} \in W_I \Rightarrow \mathbf{u}\cdot\mathbf{x} = 0\}$$　(4.6.4-10)

で表す $\mathbf{u}$ は $\mathbf{x}$ に対して左直交（*left-orthogonal*）と定義するとき、${}^L W^{\perp}$ を左直交補空間（*left orthogonal complement*）と呼ぶ。

となります。工学系の読者には必要ないかもしれませんが、一応、書きました。

4.6. ベクトル IV

さて，直交補空間 $W^{\perp}$ は内積空間 V_I の部分空間である，という証明がありませんね．それを例題にします．同じような証明ばかりで，申し訳ないのですが，書いてみます．

例題 4.6.4-1
直交補空間 $W^{\perp}$ は内積空間 V_I の部分空間であることを示せ．

読者の皆さんは，答えをどのように書きますか？

例題 4.6.4-1 解答
直交補空間 $W^{\perp}$ を構成するベクトルの集合 W_I は，内積空間を構成するベクトルの集合 V_I の部分集合である．したがって，直交補空間 $W^{\perp}$ の任意のベクトル $\mathbf{a}, \mathbf{b}$，すなわち，$\forall \mathbf{a}, \mathbf{b} \in W^{\perp}$ について，定義より，$\mathbf{a} \cdot \mathbf{b} = 0$ なる内積が成立する．

まず，$\forall \mathbf{a}, \mathbf{b} \in W^{\perp} (\mathbf{a}, \mathbf{b} \neq 0)$ について，
$$\mathbf{0} \in V_I$$
であり，条件（3_{IP}）（式 4.6.4-3）により，
$$\mathbf{0} \cdot \mathbf{a} = (0\mathbf{a}) \cdot \mathbf{b} = \mathbf{a} \cdot (0\mathbf{b}) = 0(\mathbf{a} \cdot \mathbf{b}) = (0\mathbf{a} \cdot \mathbf{b}) = 0$$
であるから，$\mathbf{0} \in W^{\perp}$ である．また，$\mathbf{u} \in V_I$ に対して，
$$(\mathbf{a} + \mathbf{b}) \cdot \mathbf{u} = \mathbf{a} \cdot \mathbf{u} + \mathbf{b} \cdot \mathbf{u} = 0$$
であるから，
$$\mathbf{a} + \mathbf{b} \in W^{\perp}$$
である．さらに，$k \in \Re, \mathbf{a} \in W^{\perp}$ とするとき，$\mathbf{u} \in V_I$ に対して，
$$(k\mathbf{a}) \cdot \mathbf{u} = k(\mathbf{a} \cdot \mathbf{u}) = k \cdot 0 = 0 \quad \Rightarrow \quad \therefore \; k\mathbf{a} \in W^{\perp}$$
したがって，題意は証明された． Q.E.D.

部分空間の定義で解決です．

となります．納得のいかない証明でしたか．

練習問題 4.6.4-1 ベクトル空間 V^3 の上で，$\mathbf{a}, \mathbf{b} \in W^{\perp}$ が，$\mathbf{a} = (2, 1, p), \mathbf{b} = (p, 1, -3)$ である場合，$p \in \Re$ を求めよ．

練習問題 4.6.4-2 $W, W^{\perp}$ がともにベクトル空間 V の部分空間である場合，$W, W^{\perp}$ の共通要素は零ベクトルのみであること，すなわち，$W \cap W^{\perp} = \{\mathbf{0}\}$ であることを示せ．

Gallery 20.
右：ノートルダム大聖堂
　　パリ市内　シテ島
　　線画（尖塔が焼失 2019）
　　　著者作成
左：ベネティア
　　　水路　写真
　　　著者撮影

演習問題　第4章

4-1. 整数の全体 **Z**，有理数の全体 **Q**，実数の全体 $\Re$，複素数の全体 **C**，自然数の全体 **N**，それぞれについてアーベル群であるか議論せよ．

4-2. ベクトル空間 V^3 のベクトル $\mathbf{e}_1 = (0, 1, 1), \mathbf{e}_2 = (1, 0, 1), \mathbf{e}_3 = (1, 1, 0)$ について，1次独立であることを示し，L^2 を求めよ．

4-3. ベクトル空間 V の部分空間 W_1 および W_2 について，$\dim W_1 = r_1, \dim W_2 = r_2$ とするとき，$W = W_1 \oplus W_2$ となる W について，$\dim W$ を $\dim W_1, \dim W_2$ で表せ．

4-4. ベクトル空間 V^2 の要素 $\mathbf{u} = (x, y)^T$ について，
$$W = \{\mathbf{u} \in V^2 | ax + by = 0; x, y, a, b \in \Re\}$$
とする空間 W は，ベクトル空間 V^2 の部分空間となるか議論せよ．

4-5. $W = \{(x, y, z)^T \in V^3 | x + y + z = 0\}$ であるベクトル空間の次元を求めよ．

4-6. ベクトル空間 V^n の単位ベクトル $\mathbf{e}_i (i = 1, 2, \cdots, n) \in V^n$ について，基底ベクトルであり，その表し方は一通りであることを示せ．

4-7. 複素ベクトル $\mathbf{w}$ を，$\mathbf{w} = \{a + ib\} = (a + ib)^T$ とするとき，ノルム $\|\mathbf{w}\|$ を求めよ．

4-8. ベクトル空間 V^2 の実ベクトル $\mathbf{a}, \mathbf{b}$ について，$\mathbf{a} \otimes \mathbf{b} = \mathbf{E}$ となる $\mathbf{a}, \mathbf{b}$ があるか？

4-9. ベクトル空間 V^3 の単位ベクトル $\mathbf{e}_1 = (1, 0, 0)^T, \mathbf{e}_2 = (0, 1, 0)^T, \mathbf{e}_3 = (0, 0, 1)^T$ について，$\tilde{\mathbf{E}} = \mathbf{e}_1 \otimes \mathbf{e}_2 + \mathbf{e}_2 \otimes \mathbf{e}_3 + \mathbf{e}_3 \otimes \mathbf{e}_1$ とすると，$\mathrm{rank}\,\tilde{\mathbf{E}} = 3$ であることを示せ

4-10. 2次の歪単位行列について，$\mathbf{E}_{ij}^0(1) = \mathbf{e}_i \otimes \mathbf{e}_j\,(i, j = 1, 2)$ が成り立つことを確かめよ

4-11. ベクトル空間 V^3 における単位ベクトル $\mathbf{e}_1 = (1\,0\,0)^T, \mathbf{e}_2 = (0\,1\,0)^T, \mathbf{e}_3 = (0\,0\,1)^T$ について，$\mathbf{e}_1 \wedge \mathbf{e}_2, \mathbf{e}_2 \wedge \mathbf{e}_3, \mathbf{e}_3 \wedge \mathbf{e}_1$ をそれぞれ求めよ．

4-12. 4-11 の問題で求めた $\mathbf{e}_1 \wedge \mathbf{e}_2, \mathbf{e}_2 \wedge \mathbf{e}_3, \mathbf{e}_3 \wedge \mathbf{e}_1$ はそれぞれ交代行列であることを示せ．

4-13. 4-11 の問題で求めた，$\mathbf{e}_1 \wedge \mathbf{e}_2, \mathbf{e}_2 \wedge \mathbf{e}_3, \mathbf{e}_3 \wedge \mathbf{e}_1$ を用いて，
$$\mathbf{E}_{123} = \mathbf{e}_1 \wedge \mathbf{e}_2 + \mathbf{e}_2 \wedge \mathbf{e}_3 + \mathbf{e}_3 \wedge \mathbf{e}_1$$
とおくとき，$\mathbf{E}_{123}$ も交代行列であることを要素レベルで証明せよ．

4-14. 線形写像 $f: \begin{pmatrix} x \\ y \end{pmatrix} \to \begin{pmatrix} x + y \\ y - 2x \end{pmatrix}$ の $\mathrm{Im}\,f$ および $\mathrm{Ker}\,f$ を求め，その次元を求めよ．

4-15. ベクトル空間 V^3 について，$\forall \mathbf{a}, \mathbf{b} \in V^3$ がともに u の関数である場合，すなわち，
$$\mathbf{a} = (a_x(u), a_y(u), a_z(u))^T, \quad \mathbf{b} = (b_x(u), b_y(u), b_z(u))^T$$
と表すとき，以下の式を証明せよ．

（1）$\dfrac{d}{du}(\mathbf{a} \cdot \mathbf{b}) = \dfrac{d\mathbf{a}}{du} \cdot \mathbf{b} + \mathbf{a} \cdot \dfrac{d\mathbf{b}}{du}$　　（2）$\dfrac{d}{du}(\mathbf{a} \times \mathbf{b}) = \dfrac{d\mathbf{a}}{du} \times \mathbf{b} + \mathbf{a} \times \dfrac{d\mathbf{b}}{du}$

4-16. ベクトル空間 V^3 について，基底ベクトルを $\mathbf{e}_x, \mathbf{e}_y, \mathbf{e}_z$ とするとき，$\mathbf{a} \in V^3$ が u の関数，すなわち，$\mathbf{a} = (u + u^2, 1 + u, u^3 - u)^T$ である場合，
$$\int \mathbf{a}\,du$$
を計算せよ．

Short Rest 5.
「音楽の拍子について」

　日本のような農耕民族の拍子は 2 拍子か 4 拍子がほとんどです．それは，田畑や樵の作業が偶数拍子に由来するという説があります．よいしょ，えんやこら，せ〜の，等がその例です．西洋では 3 拍子は特別であり，完全である，と言う意味があります．その考えは，キリスト教の三位一体，すなわち，父なる神，キリスト，聖霊が一つであることに由来しているのです．一方，日本では「3 拍子揃う」という言葉があります．これは，音楽ではなく，容姿，学力，体力等，3 つ揃うと良いという喩えです．

　さて，突然ですが，交響曲は全て 4 拍子ではありません．一般的には第 3 楽章は 3 拍子であり，第 1 楽章，第 2 楽章，第 4 楽章を 4 拍子を基本として，全体がソナタ形式と呼ばれています．また，宮廷の華やかな舞踏会で用いられる曲はワルツ（3 拍子）です．

　前述のように，音楽は，13 世紀までは，宗教音楽が主で，3 拍子が厳格な存在として扱われていたのが，14 世紀にいくつかの改革がありました．2 拍子や 4 拍子が現れ，表記法も変化しました．作曲家にとっては，宗教音楽のみならず，ロンドやバラードを生み出し，リズム構成も複雑になっていきました．時代はルネッサンスとなり，後期には宗教改革の先駆者であるマルティン・ルターも，自ら歌手兼作曲家であり，「音符の主人」と呼ばれました．また，ラテン語をドイツ語に翻訳したコラールが誕生し，次第に，作曲家によってポリフォニーに編曲されていきました．まだまだ，音楽の中心は声楽でしたが，オルガンや管楽器，イギリスのリュートやヴァージナルという鍵盤楽器が使用され，トッカータやソナタなどの器楽曲の形式が誕生しました．

　時代は，17 世紀，バロック時代に入ります．日本では 1600 年の初頭は戦国時代から徳川幕府の時代へと移り鎖国時代です．1678 年ヴィヴァルディが生まれ，1685 年にはヘンデルや J.S.バッハが生まれます．因みに，ニュートンの万有引力が発表されたのが 1684 年ですから日本が取り残されていくのも最もなことでしょう．1741 年にヴィヴァルディが，1750 にバッハが，1759 年にヘンデルが没し，バロック時代が終わりを告げます．バロック時代の作曲家は，職業という立場で専門性を強め，宮廷音楽家や教会音楽家，都市音楽家に分かれました．最も重要な音楽の担い手は，やはり，宮廷音楽家で，時代が絶対王政時代だったことから，宮殿・礼拝堂・歌劇場などで行われる儀式や行事での音楽が重要視され，宮廷楽団の楽長が最高の出世コースだったことは頷けます．

　1732 年ハイドンが，1756 年にモーツァルトが，1770 年にベートーヴェンが生まれ，古典派あるいはロマン派の時代を築きます．世界は，1752 年にフランクリンが凧で雷は電気であること，1759 年大英博物館公開，1768 年クックの世界一周，1774 年ゲーテの「若きウェルテルの悩み」の出版，1775 年アメリカ独立戦争，1789 年フランス革命，と移ります．その間に，ハイドンは 1798 年に「天地創造」を発表して 1809 年没する．モーツァルトは 1786 年に「フィガロの結婚」，1788 年に交響曲 39〜41 番，1791 年に「魔笛」などを発表し，1791 年没する．ベートーヴェンは 1800 年に交響曲第 1 番，1808 年に交響曲第 5 番「運命」，1811 年にピアノ協奏曲第 5 番「皇帝」，1824 年に交響曲第 9 番「合唱付き」を発表し，1827 年に没する．この時代を「古典」あるいは「ウィーン古典派」と言われることから「クラシック音楽」という言葉が生まれました．．バロック時代は単音の強弱が明確なのに対し，古典派から，クレッシェンドやデクレッシェンド等で音の強弱が徐々に変化する形式が現れました．そして，古典派の時代に，3 拍子を含むソナタ形式は交響曲，協奏曲などに残り，で大きく発展しました．

5. 線形代数 IV

線形代数 IV

　分かっているつもりでも分からないのが最も基本的なことです．
　行列は，第1章でみてきたように，ベクトルや行列に関して加法（減法も含める），定数倍，乗法（除法も含める）の演算法の定義を行いました．そして，ベクトルや行列には，「数」のような性質をもち，また，ある場合には「数」のようでない性質を持っていることがお分かりになったと思います．
　ここでは，このような性質をある集合の性質として考え，微分や階数，逆行列などの諸性質を一般的な考えでまとめることは，演算の複雑さを整理することにほかなりません．以下で述べる内容には，読者が聞いたことがない言葉もあるでしょうけれど，単なる，決め事あるいは定義であって，恐れるに足らずと思って，読み流していただければ良いと思います．逆に，初めて知る方にとっては面白いかもしれませんよ．
　では，*Gute Reise !*

5.1. 行列 III

この節では，さらに高度な行列の演算を見ていくことにしましょう．その前に，お浚いとして，行列の基本演算に関して確認です．

定番の公式ですが，群の定義の要にも見えます．各式は公理ではないので，証明の必要があります．

5.1.1. 積の結合・分配法則

以下に，行列の基本演算に関する定理を示します．項 3.1.3 でも証明したものも含めてまとめておきましょう．

定理22　行列の基本演算

1) $m \times n$ 型行列 $\mathbf{A}$，$n \times \ell$ 型行列 $\mathbf{B}$，$\ell \times k$ 型行列 $\mathbf{C}$ があって，
$$(\mathbf{AB})\mathbf{C} = \mathbf{A}(\mathbf{BC}) \qquad 結合法則$$

2) $m \times n$ 型行列 $\mathbf{A}$，$m \times n$ 型行列 $\mathbf{B}$，$n \times \ell$ 型行列 $\mathbf{C}$ があって，
$$(\mathbf{A}+\mathbf{B})\mathbf{C} = \mathbf{AC}+\mathbf{BC} \qquad 分配法則$$

3) $m \times n$ 型行列 $\mathbf{A}$，$m \times n$ 型行列 $\mathbf{B}$，$n \times \ell$ 型行列 $\mathbf{C}$ があって，
$$\mathbf{C}^T(\mathbf{A}+\mathbf{B})^T = \mathbf{C}^T\mathbf{A}^T + \mathbf{C}^T\mathbf{B}^T \qquad 転置法則$$

4) $m \times n$ 型行列 $\mathbf{A}$，$n \times \ell$ 型行列 $\mathbf{B}$，スカラー定数 $\alpha (\in \Re)$ があって，
$$(\alpha\mathbf{A})\mathbf{B} = \mathbf{A}(\alpha\mathbf{B}) = \alpha(\mathbf{AB}) \qquad 定数法則$$

5) n 次の正則行列 $\mathbf{A}$，$\mathbf{B}$ があって，その積の逆行列は，
$$(\mathbf{AB})^{-1} = \mathbf{B}^{-1}\mathbf{A}^{-1} \qquad 逆行列法則$$

行列がスカラーであれば，「体」の定義 41 や節 2.3 の表 2.3.1 から明らかですが，行列の演算方法ではどうでしょう．定理 22 の証明を練習問題とします．

練習問題 5.1.1-1　定理 22 の 1)〜3) を 3 次の要素レベルで証明をせよ．

練習問題 5.1.1-2　次の行列を用いて，$\mathbf{AP}$ および $\mathbf{P}^T\mathbf{A}^T$ を計算して，比較せよ．
$$\mathbf{A} = \begin{pmatrix} a_{11} & a_{12} \\ a_{21} & a_{22} \end{pmatrix}, \quad \mathbf{P} = \begin{pmatrix} p_{11} & p_{12} & p_{13} \\ p_{21} & p_{22} & p_{23} \end{pmatrix}$$

練習問題 5.1.1-3　$m \times n$ 型行列 $\mathbf{A}$，$n \times \ell$ 型行列 $\mathbf{B}$，スカラー定数 $\alpha(\in \Re)$ があって，
$$(\alpha\mathbf{A})\mathbf{B} = \mathbf{A}(\alpha\mathbf{B}) = \alpha(\mathbf{AB})$$ を要素レベルで証明せよ

練習問題 5.1.1-4　定理 22 の 5) を 3 次の要素レベルで証明をせよ．

Gallery 21.
　右：船着き場
　　水彩画（模写）
　　著者作成
　左：花（アヤメ）
　　自宅周辺　写真
　　著者撮影

5.1.2. 行列を偏微分

行列を偏微分するという定義です．書くまでもないのですが，念のため書きますと，

定義 74　行列 A を変数で偏微分

$m \times n$ の行列 $\mathbf{A}$ があるとき，変数 x で偏微分するとは，

$$\mathbf{A} = \{a_{ij}\} = \begin{pmatrix} a_{11} & \cdots & a_{1n} \\ \vdots & \ddots & \vdots \\ a_{n1} & \cdots & a_{nn} \end{pmatrix} \Rightarrow \frac{\partial \mathbf{A}}{\partial x} = \left\{\frac{\partial a_{ij}}{\partial x}\right\} = \begin{pmatrix} \dfrac{\partial a_{11}}{\partial x} & \cdots & \dfrac{\partial a_{1n}}{\partial x} \\ \vdots & \ddots & \vdots \\ \dfrac{\partial a_{n1}}{\partial x} & \cdots & \dfrac{\partial a_{nn}}{\partial x} \end{pmatrix}$$

とすることである．

というわけで，そのまんまって感じですよね．例題は必要じゃないかもしれませんが，念のために書いておきましょう．

例題 5.1.2-1　次の行列 $\mathbf{A}$ を，x, y, z それぞれで偏微分せよ．

$$\mathbf{A} = \begin{pmatrix} x & x^2 & x^3 \\ xy & x^2 y^2 & x^3 y^3 \\ xyz & x^2 y^2 z^2 & x^3 y^3 z^3 \end{pmatrix}$$

例題 5.1.2-1 解答

$$\frac{\partial \mathbf{A}}{\partial x} = \frac{\partial}{\partial x}\begin{pmatrix} x & x^2 & x^3 \\ xy & x^2 y^2 & x^3 y^3 \\ xyz & x^2 y^2 z^2 & x^3 y^3 z^3 \end{pmatrix} = \begin{pmatrix} 1 & 2x & 3x^2 \\ y & 2xy^2 & 3x^2 y^3 \\ yz & 2xy^2 z^2 & 3x^2 y^3 z^3 \end{pmatrix}$$

$$\frac{\partial \mathbf{A}}{\partial y} = \frac{\partial}{\partial y}\begin{pmatrix} x & x^2 & x^3 \\ xy & x^2 y^2 & x^3 y^3 \\ xyz & x^2 y^2 z^2 & x^3 y^3 z^3 \end{pmatrix} = \begin{pmatrix} 0 & 0 & 0 \\ x & 2x^2 y & 3x^3 y^2 \\ xz & 2x^2 yz^2 & 3x^2 y^2 z^3 \end{pmatrix}$$

$$\frac{\partial \mathbf{A}}{\partial z} = \frac{\partial}{\partial z}\begin{pmatrix} x & x^2 & x^3 \\ xy & x^2 y^2 & x^3 y^3 \\ xyz & x^2 y^2 z^2 & x^3 y^3 z^3 \end{pmatrix} = \begin{pmatrix} 0 & 0 & 0 \\ 0 & 0 & 0 \\ xy & 2x^2 y^2 z & 3x^3 y^3 z^2 \end{pmatrix}$$

超簡単な例題でした．物足りないですか？　では，超簡単な練習問題でリフレッシュ！

練習問題 5.1.2-1　次の式を証明せよ．

$$\frac{\partial}{\partial x}\mathbf{E}_{ij}(x) = \mathbf{E}_{ij}^0(1)$$

練習問題 5.1.2-2　次の式を証明せよ．

$$\frac{\partial}{\partial x}\mathbf{E}_i(x) = \mathbf{E}$$

5.1.3. 行列で偏微分

今度は，行列で偏微分する方法ですが，想像できますか？ はたして，その定義は，

定義 75　スカラー ϕ を行列 A で偏微分

$m \times n$ の行列 A があるとき，スカラー ϕ を行列 A で偏微分するとは，

$$\mathbf{A} = \begin{pmatrix} a_{11} & \cdots & a_{1n} \\ \vdots & \ddots & \vdots \\ a_{m1} & \cdots & a_{mn} \end{pmatrix} \Rightarrow \frac{\partial \phi}{\partial \mathbf{A}} = \begin{pmatrix} \dfrac{\partial \phi}{\partial a_{11}} & \cdots & \dfrac{\partial \phi}{\partial a_{1n}} \\ \vdots & \ddots & \vdots \\ \dfrac{\partial \phi}{\partial a_{m1}} & \cdots & \dfrac{\partial \phi}{\partial a_{mn}} \end{pmatrix}$$

とすることである．この場合，スカラー ϕ はスカラー関数でも同様である．

スカラー関数である場合，例えば，行列 A を関数とする $\phi = \phi(\mathbf{A})$ の場合は，

$$\frac{\partial \phi(\mathbf{A})}{\partial \mathbf{A}} = \begin{pmatrix} \dfrac{\partial \phi(\mathbf{A})}{\partial a_{11}} & \cdots & \dfrac{\partial \phi(\mathbf{A})}{\partial a_{1n}} \\ \vdots & \ddots & \vdots \\ \dfrac{\partial \phi(\mathbf{A})}{\partial a_{m1}} & \cdots & \dfrac{\partial \phi(\mathbf{A})}{\partial a_{mn}} \end{pmatrix}$$

> なんか，どんどん厄介なことになりそう．いやな予感！でも，めげないで頑張るぞ．

となります．「言わずもがな」ではありますが，このとき，$\phi = \phi(\mathbf{A})$ が行列 A と関係のない行列の関数であれば A で微分することに意味がありません．なぜなら，行列 A で偏微分すれば，結果は考えずとも分かるように，零行列になるからです．

例えば，$w, x, y, z \in \mathfrak{R}$ について，

$$\frac{\partial(wxyz)}{\partial \begin{pmatrix} w & x \\ y & z \end{pmatrix}} = \begin{pmatrix} \dfrac{\partial(wxyz)}{\partial w} & \dfrac{\partial(wxyz)}{\partial x} \\ \dfrac{\partial(wxyz)}{\partial y} & \dfrac{\partial(wxyz)}{\partial z} \end{pmatrix} = \begin{pmatrix} xyz & wyz \\ wxz & wxy \end{pmatrix}$$

ということです．

例題 5.1.3-1 n 次正方行列 A：

$$\mathbf{A} = \begin{pmatrix} a_{11} & \cdots & a_{1n} \\ \vdots & \ddots & \vdots \\ a_{n1} & \cdots & a_{nn} \end{pmatrix}$$

があって，そのトレース $\mathrm{tr}\,\mathbf{A}$ を行列 A で偏微分せよ．

例題 5.1.3-1 解答

行列 A の表式を使うならば $\mathrm{tr}\,\mathbf{A} = \sum_{i=1}^{n} a_{ii} = \sum_{i=1}^{n} a_{ij}\delta_{ij}\ (i, j = 1, 2, \cdots, n)$ だから，

$$\frac{\partial \mathrm{tr}(\mathbf{A})}{\partial \mathbf{A}} = \frac{\partial \left(\sum_{i=1}^{n} a_{ii}\right)}{\partial \mathbf{A}} = \left\{ \partial\left(\sum_{i,j}^{n} a_{ij}\delta_{ij}\right) \middle/ \partial a_{ij} \right\} = \{\delta_{ij}\} = \mathbf{E}$$

さあ，いかがでしょうか？ 解答はちょっと分かりづらいでしょうか？ 著者の表式があっているか不安ですが(笑)，ちゃんと，具体的に書きますと，

$$\frac{\partial(\mathrm{tr}\,\mathbf{A})}{\partial \mathbf{A}}$$
$$= \begin{pmatrix} \dfrac{\partial(a_{11}+a_{22}+\cdots+a_{nn})}{\partial a_{11}} & \dfrac{\partial(a_{11}+a_{22}+\cdots+a_{nn})}{\partial a_{12}} & \cdots & \dfrac{\partial(a_{11}+a_{22}+\cdots+a_{nn})}{\partial a_{1n}} \\ \dfrac{\partial(a_{11}+a_{22}+\cdots+a_{nn})}{\partial a_{21}} & \dfrac{\partial(a_{11}+a_{22}+\cdots+a_{nn})}{\partial a_{22}} & \cdots & \dfrac{\partial(a_{11}+a_{22}+\cdots+a_{nn})}{\partial a_{2n}} \\ \vdots & \vdots & \ddots & \vdots \\ \dfrac{\partial(a_{11}+a_{22}+\cdots+a_{nn})}{\partial a_{n1}} & \dfrac{\partial(a_{11}+a_{22}+\cdots+a_{nn})}{\partial a_{n2}} & \cdots & \dfrac{\partial(a_{11}+a_{22}+\cdots+a_{nn})}{\partial a_{nn}} \end{pmatrix}$$
$$= \begin{pmatrix} 1 & 0 & \cdots & 0 \\ 0 & 1 & \cdots & 0 \\ \vdots & \vdots & \ddots & \vdots \\ 0 & 0 & \cdots & 1 \end{pmatrix} = \mathbf{E}$$

> 対角要素以外は0になりました．

と，ここまで書けば納得ですよね．

練習問題 5.1.3-1　2次行列 $\mathbf{A}$, $\mathbf{B}$ について，次式を証明せよ
$$\frac{\partial}{\partial \mathbf{A}}\mathrm{tr}(\mathbf{AB}) = \mathbf{B}^T$$

練習問題 5.1.3-2　2次行列 $\mathbf{A}$, $\mathbf{B}$ について，次式を証明せよ
$$\frac{\partial}{\partial \mathbf{A}}\mathrm{tr}(\mathbf{BA}) = \mathbf{B}^T$$

5.1.4. 行列式と余因子

余因子は節 1.4 で基本概念をすでに説明しました．思い出してください．・・・ページを遡って，確かめましたか？　一応，確認してから以下の例題を味わってください．

例題 5.1.4-1　n 次の行列 $\mathbf{A} = \{a_{ij}\}$ があって，その余因子行列を $\widetilde{\mathbf{A}} = \{\alpha_{ij}\}$ とするとき，
$$\mathbf{A}\widetilde{\mathbf{A}} = \widetilde{\mathbf{A}}\mathbf{A} = |\mathbf{A}|\mathbf{E}$$
であることを示せ．

例題 5.1.4-1 解答
行列 $\mathbf{A}$ の要素で行列 $\mathbf{A}$ の余因子行列の要素を表すと，$\alpha_{ij} = \widetilde{a}_{ji}$ である．したがって，
$$\mathbf{A}\widetilde{\mathbf{A}} = \{a_{ij}\}\{\alpha_{ij}\} = \left\{\sum_{k=1}^{n}a_{ik}\alpha_{kj}\right\} = \left\{\sum_{k=1}^{n}a_{ik}\widetilde{a}_{jk}\right\}$$
$$= \{\delta_{ij}|\mathbf{A}|\} = \begin{pmatrix} |\mathbf{A}| & \cdots & 0 \\ \vdots & \ddots & \vdots \\ 0 & \cdots & |\mathbf{A}| \end{pmatrix} = |\mathbf{A}|\begin{pmatrix} 1 & \cdots & 0 \\ \vdots & \ddots & \vdots \\ 0 & \cdots & 1 \end{pmatrix} = |\mathbf{A}|\mathbf{E} \qquad Q.E.D.$$

ということです．如何ですか．何かご不満でも・・・　次です．

例題 5.1.4-2 n 次の行列 $\mathbf{A}$ があって，その余因子行列を $\widetilde{\mathbf{A}}$ とするとき，$|\widetilde{\mathbf{A}}|$ を行列 $\mathbf{A}$ で表せ．

例題 5.1.4-2 解答
例題 5.1.4-1 から，
$$\mathbf{A}\widetilde{\mathbf{A}} = |\mathbf{A}|\mathbf{E}$$
ですから，左辺も右辺も行列であり，左辺および右辺を行列式にしても等号は成立する．したがって，
$$|\mathbf{A}\widetilde{\mathbf{A}}| = ||\mathbf{A}|\mathbf{E}| \Leftrightarrow |\mathbf{A}||\widetilde{\mathbf{A}}| = \begin{vmatrix} |\mathbf{A}| & \cdots & 0 \\ \vdots & \ddots & \vdots \\ 0 & \cdots & |\mathbf{A}| \end{vmatrix} = |\mathbf{A}|^n$$
$$\therefore \quad |\widetilde{\mathbf{A}}| = |\mathbf{A}|^{n-1}$$

となります．如何ですか．もう 1 つやってみますか

例題 5.1.4-3 n 次の行列 $\mathbf{A}, \mathbf{B}$ があって，その余因子行列 $\widetilde{\mathbf{A}}, \widetilde{\mathbf{B}}$ について，$\widetilde{\mathbf{AB}} = \widetilde{\mathbf{B}}\widetilde{\mathbf{A}}$ であることを示せ．

例題 5.1.4-3 解答
$$\widetilde{\mathbf{AB}} = |\mathbf{AB}|(\mathbf{AB})^{-1} = |\mathbf{AB}|\mathbf{B}^{-1}\mathbf{A}^{-1} = |\mathbf{A}||\mathbf{B}|\mathbf{B}^{-1}\mathbf{A}^{-1}$$
$$\widetilde{\mathbf{B}}\widetilde{\mathbf{A}} = |\mathbf{B}|\mathbf{B}^{-1}|\mathbf{A}|\mathbf{A}^{-1} = |\mathbf{A}||\mathbf{B}|\mathbf{B}^{-1}\mathbf{A}^{-1}$$
$$\therefore \quad \widetilde{\mathbf{AB}} = \widetilde{\mathbf{B}}\widetilde{\mathbf{A}}$$

という解答ですが，
なんか「～」ばかりで混乱しないようにしてくださいね．定理にしておきましょう．

定理23　n 次の行列 $\mathbf{A}, \mathbf{B}$ があって，その余因子行列 $\widetilde{\mathbf{A}}, \widetilde{\mathbf{B}}$ について，$\widetilde{\mathbf{AB}} = \widetilde{\mathbf{B}}\widetilde{\mathbf{A}}$ である．

もちろん証明は例題 5.1.4-3 でした．証明をよ～く見ると，それほど難しい式じゃないので，がっかりしないようにしてください．

練習問題 5.1.4-1 n 次の行列式 $|\mathbf{A}|$ を a_{ij} と $\widetilde{a}_{ij}$ で表せ．ただし，i 行の a_{ij} 以外はすべて 0 とする．または，j 列の a_{ij} 以外はすべて 0 とする．

練習問題 5.1.4-2 n 次の行列 $\mathbf{A}$ について，余因子に関する $\left(\widetilde{\mathbf{A}^T}\right) = \left(\widetilde{\mathbf{A}}\right)^T$ が成り立つことを示せ．

練習問題 5.1.4-3　以下の 2 次の正則行列 $\mathbf{A}$ について，$\mathbf{AB} = \mathbf{E}$ となる $\mathbf{B}$ の要素を求め，$\widetilde{\mathbf{A}} = \mathbf{B}|\mathbf{A}|$ であることを要素を用いて示せ．
$$\mathbf{A} = \begin{pmatrix} a_{11} & a_{12} \\ a_{21} & a_{22} \end{pmatrix}$$

5.2. 階数

ここで行列 $\mathbf{A}$ の階数（ランク：rank $\mathbf{A}$）について少々長々（どっちなんだい！）とご説明します。さて、階数は馴染みがない読者が多いかもしれませんね。工学系では、目にする機会はあまりないかもしれません。本書は、「線形代数」の本であるが故に、「階数」を書かざるを得ません。まあ、お付き合いください。

5.2.1. 行列 $\mathbf{A}$ の階数ランクとは

行列 $\mathbf{A}$ の階数ランク（rank）とは、以下の多くの定義があります。しかし、述べている内容は同値です。

定義76　階数（ランク　rank）

（1_{rank}）行列 $\mathbf{A}$ を三角行列（階段行列）に変形したときの零ベクトルでない行（または列）ベクトルの数

（2_{rank}）行列 $\mathbf{A}$ の行（または列）ベクトルの 1 次独立なベクトルの最大個数

（3_{rank}）行列 $\mathbf{A}$ の行（または列）ベクトルの張る線形空間の次元（dim）

（4_{rank}）値が 0 でない行列 $\mathbf{A}$ の一部の要素で作成した行列式（小行列式）の最大次数

（5_{rank}）行列 $\mathbf{A}$ の特異値の数

と言われても、なにやら、さっぱりですね。行列に馴染みのない読者は、言葉を覚えるのでも容易じゃないでしょうし、ましてや、理解するのに大変なのは承知しています。著者もそうですから（笑）。そこを何とか、読み続けてください。

ちょっと見慣れない部分があるでしょうが、それは横に置いて、階数の表式や階数そのものについて、以下の説明を見てください。

行列 $\mathbf{A}$ の階数を $r_\mathbf{A}$ とするとき、

$$\text{rank}(\mathbf{A}) = r_\mathbf{A} \tag{5.2.1-1}$$

と書きます。特に、行列 $\mathbf{A}$ の 2 次の小行列式が全て 0 である場合で、

行列 $\mathbf{A}$ が零行列である場合は、$\text{rank}(\mathbf{A}) = 0$

行列 $\mathbf{A}$ が零行列でない場合は、$\text{rank}(\mathbf{A}) = 1$

とします。

さて、いきなりですが、次に、階数 r に関する定理を挙げてみますと、

定理24　ランクの定理

（1_{rankC}）行列 $\mathbf{A}$ の階数 r と行列 $\mathbf{A}$ の転置行列 $\mathbf{A}^T$ の階数は同じ、すなわち、

$$\text{rank}\,\mathbf{A} = \text{rank}\,\mathbf{A}^T \tag{5.2.1-2}$$

（2_{rankC}）行列 $\mathbf{A}$ に行または列を加えた行列 $\mathbf{B}$ について

$$\text{rank}(\mathbf{A}) \leq \text{rank}(\mathbf{B}) \tag{5.2.1-3}$$

（3_{rankC}）行列 $\mathbf{A}$ と行列 $\mathbf{B}$ の階数と、それらの積の階数について

$$\text{rank}(\mathbf{AB}) \leq \min[\text{rank}(\mathbf{A}),\ \text{rank}(\mathbf{B})] \tag{5.2.1-4}$$

（4_{rankC}）行列 $\mathbf{A}$ が $m \times n$ 型、行列 $\mathbf{B}$ が m 次および $\mathbf{C}$ が n 次の正則行列のときは、

$$\text{rank}(\mathbf{A}) = \text{rank}(\mathbf{BA}) = \text{rank}(\mathbf{AC}) \tag{5.2.1-5}$$

5.2. 階数

> （5 rankC） n 次の正方行列 $\mathbf{A}$ について，以下の関係は同値である． (5.2.1-6)
> 1. 正方行列 $\mathbf{A}$ は正則行列であること．
> 2. $\mathrm{rank}(\mathbf{A}) = n$ であること．
> 3. 正方行列 $\mathbf{A}$ を変形して階段行列にすると単位行列 $\mathbf{E}_n$ になること．
> 4. 連立方程式 $\mathbf{Ax} = \mathbf{b}$ は，ただ一組の解をもつこと（$\mathbf{x} = \mathbf{A}^{-1}\mathbf{b}$，$\mathbf{x}$ 未知数，$\mathbf{b}$ は定数）．
> 5. 正方行列 $\mathbf{A}$ を構成する全行ベクトルまたは全列ベクトルは1次独立であること．

ということになります．何やらわからない読者もいらっしゃるでしょう．でも，読み続けてください．それが重要です．読者のもやもやを払拭するために，次節で少々具体的な定理を見てみましょう．そうすれば，階数について大まかなイメージができ，読者は納得されると思います．

5.2.2. 階数に関する定理と証明

ここでは，前項の階数についての，定理とその証明を示します．さて，読むだけでわかるでしょうか？ まあ，各定理の証明を見る前に，少々時間をとって，どんな証明をすればよいのか，証明の手順をちょっと考えてみてください．そのちょっとの手間が大事なのです．これは，最近話題になっている将棋や囲碁やオセロのように先読みの体験になります（かな？）．人生，何事でも先読みは必要ですね．株価の変動でも，先読みで成功すれば大金持ちですし，失敗すれば，貧乏生活あるいは夜逃げも辞さなくなります．

まあ，余計な話を止めて，定理と証明を書きます．楽しんで下さい．ただし，特に断らない限り，以下では，行列 $\mathbf{A}$ は n 次の正方行列とします．

> 定理25 ランク限界
> n 次の正方行列 $\mathbf{A}$ について，$r+1$ 次の小行列式が全て 0 であるとき，$r+1$ 次以上 n 次以下の小行列式は全て 0 である．

> 定理25 の証明
> $\mathrm{rank}(\mathbf{A}) = r \leq n$ のとき，行列 $\mathbf{A}$ から作る小行列式で，少なくとも1つは0でない小行列式 Δ_r がある．一方，仮定により，小行列式 Δ_{r+1} をどのように選んでも全て0あるから，$\mathbf{A}$ から作る小行列式 Δ_{r+2} は，同理により，どのように選んでもすべて0である．このように，次数がさらに大きくなっても，その次数より1つ低い次数の行列式の中に0でない小行列式は存在しないことは自明である．したがって，定理25は証明された． *Q.E.D.*

> 定理26 行・列の入れ替えによるランク
> 行列 $\mathbf{A}$ の列（または，行）の順序を入れ替えても，ランクは変わらない．

> 定理26 の証明
> $m \times n$ 型の行列 $\mathbf{A}$ について，n 個の列ベクトルで行列 $\mathbf{A}$ を，
> $\quad \mathbf{A} = (\mathbf{a}_1, \mathbf{a}_2, \cdots, \mathbf{a}_n)$
> と表すとき，$\mathrm{rank}(\mathbf{A}) = r \leq n$ ならば，
> $\quad \mathbf{a}_1, \mathbf{a}_2, \cdots, \mathbf{a}_n$
> の中に1次独立な列ベクトルが r 個含まれている．

ここで，列ベクトル $\mathbf{a}_1, \mathbf{a}_2, \cdots, \mathbf{a}_n$ を任意に入れ替えて，行列 $\mathbf{A}_\alpha$ を，
$$\mathbf{A}_\alpha = (\boldsymbol{\alpha}_1, \boldsymbol{\alpha}_2, \cdots, \boldsymbol{\alpha}_n)$$
としても，行列 $\mathbf{A}_\alpha$ の列ベクトル $\boldsymbol{\alpha}_1, \boldsymbol{\alpha}_2, \cdots, \boldsymbol{\alpha}_n$ の中にある 1 次独立な列ベクトルは r 個であることは自明である．証明は，行列 $\mathbf{A}$ の列ベクトルを用いた証明だが，行ベクトルを用いても全く同じ証明ができる．したがって，定理 26 は証明された． *Q.E.D.*

定理27　転置によるランク

n 次の行列 $\mathbf{A}$ のランクは，行列 $\mathbf{A}$ を転置しても変わらない．すなわち，
$$\mathrm{rank}\,\mathbf{A} = \mathrm{rank}\,\mathbf{A}^T = r \leq n$$

定理 27 の証明

行列 $\mathbf{A}$ のランクを r（$\mathrm{rank}\,\mathbf{A} = r$）とし，行列 $\mathbf{A}$ を，列ベクトル $\mathbf{a}_1, \mathbf{a}_2, \cdots, \mathbf{a}_n$ を用いて，$\mathbf{A} = (\mathbf{a}_1, \mathbf{a}_2, \cdots, \mathbf{a}_n)$ とし，定理 15 から，列ベクトル $\mathbf{a}_1, \mathbf{a}_2, \cdots, \mathbf{a}_n$ の中に r 個の 1 次独立なベクトル $\mathbf{a}_1, \mathbf{a}_2, \cdots, \mathbf{a}_r$ があるとして一般性は失われない．ここで，
$$\mathbf{A}^T = \mathbf{B} = (\mathbf{b}_1, \mathbf{b}_2, \cdots, \mathbf{b}_n)^T$$
とする．この場合，
$$\mathbf{a}_i^T = \mathbf{b}_i \quad (i=1, 2, \cdots, n)$$
であるから，行ベクトル $\mathbf{b}_1, \mathbf{b}_2, \cdots, \mathbf{b}_n$ の中に 1 次独立なベクトルは r 個あることが分かる．したがって，$\mathrm{rank}(\mathbf{A}) = \mathrm{rank}(\mathbf{B}) = \mathrm{rank}(\mathbf{A}^T) = r \leq n$ である．　*Q.E.D.*

上記の証明は，定理 26 の証明に似ていますね．

定理28　行・列の非零定数によるランク

行列 $\mathbf{A}$ の行（または列）の各要素に 0 でない定数を乗じても，行列 $\mathbf{A}$ のランクは変わらない．

定理 28 の証明

行列 $\mathbf{A}$ について，$\mathrm{rank}\,\mathbf{A} = r$ とし，行列 $\mathbf{A}$ の列ベクトル $\mathbf{a}_1, \mathbf{a}_2, \cdots, \mathbf{a}_n$ $(r \leq n)$ を用いて，$\mathbf{A} = (\mathbf{a}_1, \mathbf{a}_2, \cdots, \mathbf{a}_n)$ と表す．このとき，行列 $\mathbf{A}$ の列ベクトル $\mathbf{a}_1, \mathbf{a}_2, \cdots, \mathbf{a}_n$ の中の，r 個の 1 次独立なベクトルを $\mathbf{a}_1, \mathbf{a}_2, \cdots, \mathbf{a}_r$ $(r \leq n)$ としても，一般性は失われない（定理 26 を参照）．ここで，定数 $c(\neq 0) \in \mathfrak{R}$ を残りの $\mathbf{a}_{r+1}, \mathbf{a}_{r+2}, \cdots, \mathbf{a}_n$ $(r \leq n)$ にかけても 1 次独立なベクトルが増えることが無いのは自明であり，題意は明らかである．

また，1 次独立なベクトル $\mathbf{a}_1, \mathbf{a}_2, \cdots, \mathbf{a}_r$ $(r \leq n)$ について，
$$\lambda_1 \mathbf{a}_1 + \lambda_2 \mathbf{a}_2 + \cdots + \lambda_r \mathbf{a}_r = 0 \tag{1}$$
が成立するのは，$\lambda_1 = \lambda_2 = \cdots = \lambda_r = 0$ ときに限る．さて，$\mathbf{a}_1, \mathbf{a}_2, \cdots, \mathbf{a}_r$ $(r \leq n)$ の中の任意のベクトルに定数 $c(\neq 0) \in \mathfrak{R}$ を掛けて，
$$\lambda_1 \mathbf{a}_1 + \lambda_2 \mathbf{a}_2 + \cdots + c\lambda_i \mathbf{a}_i + \cdots + \lambda_r \mathbf{a}_r = 0 \tag{2}$$
と書くとき，ベクトル $\mathbf{a}_1, \mathbf{a}_2, \cdots, \mathbf{a}_r$ $(r \leq n)$ は 1 次独立であるから，この式が成り立つのが，係数のすべてが $\lambda_1 = \lambda_2 = \cdots = c\lambda_i = \cdots = \lambda_r = 0$ であるときに限る．しかしながら，題意から $\lambda_1 = \lambda_2 = \cdots = \lambda_i = \cdots \lambda_r = 0$ であるから，$c\lambda_i = c \times 0 = 0$ である．

したがって，1 次独立なベクトルの数は増えない．ゆえに，題意は証明された．　*Q.E.D.*

どうでしょう．どんどん，ややこしくなるなあ，と感じても，よく見ると，大したことは

5.2. 階数

書いていないのに気が付かれるでしょう．よく見てください．だんだん，証明の仕方が分かってくるようになりますよ．

定理29　行・列の付加によるランク

行列 $\mathbf{A}$ について，1 つの列（または，行）の各要素に 0 でない定数を掛けて，他の列（または，行）に加えても行列 $\mathbf{A}$ のランクは変わらない．

定理 29 の証明

行列 $\mathbf{A}$ について，$\mathrm{rank}\,\mathbf{A} = r$ とし，行列 $\mathbf{A}$ の列ベクトルを $\mathbf{a}_1, \mathbf{a}_2, \cdots, \mathbf{a}_n\ (r \leq n)$ とすると，行列 $\mathbf{A}$ の列ベクトル $\mathbf{a}_1, \mathbf{a}_2, \cdots, \mathbf{a}_n\ (r \leq n)$ の中に r 個の 1 次独立なベクトルが存在する．その r 個の 1 次独立なベクトルを $\mathbf{a}_1, \mathbf{a}_2, \cdots, \mathbf{a}_r$ としても一般性は失わない（定理 28 の証明 参照）．ベクトル $\mathbf{a}_1, \mathbf{a}_2, \cdots, \mathbf{a}_r$ は 1 次独立なので，

$$\mu_1 \mathbf{a}_1 + \mu_2 \mathbf{a}_2 + \cdots + \mu_i c \mathbf{a}_i + \cdots + \mu_r \mathbf{a}_r = \mathbf{0}$$

は，$\mu_1 = \mu_2 = \cdots = \mu_i = \cdots = \mu_r = 0$ のときに限る．また，$\mathbf{a}_j\ (r+1 \leq j \leq n)$ は，

$$\mathbf{a}_j = \mu_1 \mathbf{a}_1 + \mu_2 \mathbf{a}_2 + \cdots + \mu_i c \mathbf{a}_i + \cdots + \mu_r \mathbf{a}_r\ (r+1 \leq j \leq n)$$

のように，1 次結合で表される．

> 証明が長いのは丁寧に書いているからです．

(1) $\mathbf{B}_1 = (\mathbf{a}_1 \cdots \mathbf{a}_r\, \mathbf{a}_{r+1} \cdots (\mathbf{a}_{r+i} + c\mathbf{a}_k) \cdots \mathbf{a}_n)\ (1 \leq k \leq r)$ を考える．ここで，

$$\mathbf{a}_{r+i} + c\mathbf{a}_k = \mu_1 \mathbf{a}_1 + \mu_2 \mathbf{a}_2 + \cdots + (\mu_k + c)\mathbf{a}_k + \cdots + \mu_r \mathbf{a}_r$$

のように $\mu_1, \mu_2, \cdots, \mu_r$ を用いて書ける．したがって，$\mathbf{a}_{r+1}, \cdots, \mathbf{a}_n$ は $\mathbf{a}_1, \cdots, \mathbf{a}_r$ の 1 次結合で表される．このことは，1 次独立なベクトルの増減が無いことを意味する．

(2) $\mathbf{B}_2 = (\mathbf{a}_1 \cdots \mathbf{a}_r\, \mathbf{a}_{r+1} \cdots (\mathbf{a}_{r+i} + c\mathbf{a}_j) \cdots \mathbf{a}_n)\ (r+1 \leq j \leq n)$ を考える．ここで，

$$\mathbf{a}_{r+i} = \mu_1 \mathbf{a}_1 + \mu_2 \mathbf{a}_2 + \cdots + \mu_r \mathbf{a}_r,\ \text{および，}\ c\mathbf{a}_j = c\lambda_1 \mathbf{a}_1 + c\lambda_2 \mathbf{a}_2 + \cdots + c\lambda_r \mathbf{a}_r$$

と書けるから，

$$\mathbf{a}_{r+1} + c\mathbf{a}_j = (\mu_1 + c\lambda_1)\mathbf{a}_1 + (\mu_2 + c\lambda_2)\mathbf{a}_2 + \cdots + (\mu_r + c\lambda_r)\mathbf{a}_r$$

である．したがって，$\mathbf{a}_{r+1}, \cdots, \mathbf{a}_n$ は $\mathbf{a}_1, \cdots, \mathbf{a}_r$ の 1 次結合で表される．このことは，1 次独立なベクトルの増減が無いことを意味する．

(3) $\mathbf{B}_3 = (\mathbf{a}_1 \cdots \mathbf{a}_{i-1}\, (\mathbf{a}_i + c\mathbf{a}_k) \cdots \mathbf{a}_r\, \mathbf{a}_{r+1} \cdots \mathbf{a}_n)\ (1 \leq k \leq r)$ を考える．ここで，

$$\lambda_1 \mathbf{a}_1 + \lambda_2 \mathbf{a}_2 + \cdots + \lambda_i(\mathbf{a}_i + c\mathbf{a}_k) + \cdots + \lambda_r \mathbf{a}_r = \mathbf{0}$$

とすれば，

$$\lambda_1 \mathbf{a}_1 + \lambda_2 \mathbf{a}_2 + \cdots + \lambda_i \mathbf{a}_i + \cdots + (c\lambda_i + \lambda_k)\mathbf{a}_k + \cdots + \lambda_r \mathbf{a}_r = \mathbf{0}$$

と書ける．このことは，1 次独立なベクトルの増減が無いことを意味する．

(4) $\mathbf{B}_4 = (\mathbf{a}_1 \cdots \mathbf{a}_{i-1}\, (\mathbf{a}_i + c\mathbf{a}_j) \cdots \mathbf{a}_r\, \mathbf{a}_{r+1} \cdots \mathbf{a}_n)\ (r+1 \leq j \leq n)$ を考える．ここで，$\mathbf{a}_j = \mu_1 \mathbf{a}_1 + \cdots + \mu_r \mathbf{a}_r$ を満たす $\mu_1, \cdots, \mu_r$ が存在し，

$$\lambda_1 \mathbf{a}_1 + \lambda_2 \mathbf{a}_2 + \cdots + \lambda_i(\mathbf{a}_i + c\mathbf{a}_j) + \cdots + \lambda_r \mathbf{a}_r = \mathbf{0}$$

とすれば，

$$\lambda_1 \mathbf{a}_1 + \lambda_2 \mathbf{a}_2 + \cdots + \lambda_i \mathbf{a}_i + \cdots + \lambda_i c(\mu_1 \mathbf{a}_1 + \mu_2 \mathbf{a}_2 + \cdots + \mu_r \mathbf{a}_r) + \cdots + \lambda_r \mathbf{a}_r = \mathbf{0}$$

すなわち，$\xi_i = \lambda_k + c\lambda_i \mu_k\ (k = 1, 2, \cdots, r)$ と書けば，

$$\xi_1 \mathbf{a}_1 + \xi_2 \mathbf{a}_2 + \cdots + \xi_i \mathbf{a}_i + \cdots + \xi_r \mathbf{a}_r = \mathbf{0}$$

と書ける．このことは，1 次独立なベクトルの増減が無いことを意味する．

（1），（2），（3），（4）により，行列について，1つの列（または，行）の各要素に0でない定数を掛けて，他の列（または，行）に加えても行列のランクは変わらないことが証明された．ここまでは，列ベクトルについての議論だが，行ベクトルについても同様な議論ができる．したがって，定理29は証明された． *Q.E.D.*

少々，ややこしい説明で申し訳ありませんが，さらに，この証明の別証明を見ましょう．

以下の証明は，よくやる方法で，例えば，$m \leq n, n \leq m \Rightarrow m = n$ という方法です．

定理29の別証明

$m \times n$ 型行列 **A** があって，その第2列に定数 $\forall \lambda \in \Re$ をかけて第1列に加えた行列を **B** とする．したがって，行列 **B** も $m \times n$ 型である．すなわち，

$$\mathbf{A} = \begin{pmatrix} a_{11} & a_{12} & \cdots & a_{1n} \\ a_{21} & a_{22} & \cdots & a_{2n} \\ \vdots & \vdots & \ddots & \vdots \\ a_{m1} & a_{m2} & \cdots & a_{mn} \end{pmatrix}, \quad \mathbf{B} = \begin{pmatrix} a_{11} + \lambda a_{12} & a_{12} & \cdots & a_{1n} \\ a_{21} + \lambda a_{22} & a_{22} & \cdots & a_{2n} \\ \vdots & \vdots & \ddots & \vdots \\ a_{m1} + \lambda a_{m2} & a_{m2} & \cdots & a_{mn} \end{pmatrix} \quad (1)$$

ここで，行列 **A** について，$\text{rank}(\mathbf{A}) = r \leq (m, n)$ である．また，$\text{rank}(\mathbf{B}) = s \leq (m, n)$ とする．さて，行列 **B** から作る $r+1$ 次の任意の小行列式を **D** と書くとする．このとき，行列 **A** の列ベクトル $\mathbf{a}_1, \mathbf{a}_2, \cdots, \mathbf{a}_n (r \leq n)$ の中に r 個の1次独立なベクトルが存在する．その r 個の1次独立なベクトルを $\mathbf{a}_1, \mathbf{a}_2, \cdots, \mathbf{a}_r$ としても一般性は失わない（定理28の証明 参照）．そこで，式(1)により，

1) 小行列式 **D** が行列 **B** の第1列目を含まない場合，
   小行列式 **D** は行列 **A** の第1列目を含まない $r+1$ 次の行列であるから行列式 **D** の列の中に1次従属なベクトルがあり，したがって，**D** = 0 となる．

2) 小行列式 **D** が行列 **B** の第1列目を含む場合，
   小行列式 **D** は2つの小行列式の和で表すことができ，1つは，行列 **A** の第1列を含む $r+1$ 次の小行列式であり，他の1つは第1列と第2列が比例する $r+1$ 次の小行列式であるから，いずれにしても，小行列式 **D** は0であり，したがって，$s \leq r$ (2)
   である．次に，行列 **B** において，第2列目を $-\lambda$ 倍して，第1列に加えると，行列 **A** となるから，行列 **B** の $s+1$ 次の小行列式 **D** はすべて0になるから，$r \leq s$ (3)
   である．

したがって，式(2)および式(3)から，$r = s$ となる．ここで，式(1)とは別の場合，例えば，行列 **B** において，第 $i(\neq 1)$ 列に，第 $j(\neq 1)$ 列に λ をかけて加えた場合も，同理にて $r = s$ が証明可能である．したがって，$\text{rank}(\mathbf{A}) = \text{rank}(\mathbf{B}) = r$ である． *Q.E.D.*

と言うわけですが，如何でしたでしょうか？まあまあ，わかり良い説明だったかな．

定理30　$m \times n$ 型行列 **A** があって，$\text{rank}(\mathbf{A}) = r (< \min(m,n))$ である場合，その1次独立な r 個の行（または列）ベクトルによって，他の行（または列）ベクトルを1次結合として表すことができる．

という定理ですが，どのように証明しましょうか？　ちょっと思い浮べてみてください．

5.2. 階数

　解答する方針が湧き出て来ましたか？　有名な「ひらめきは，それを得ようと長い間，準備，苦心した者だけに与えられる」は，ルイ・パスツール（1822-1985）の言葉です．

定理 30 の証明

　行列 $\mathbf{A}$ は $m \times n$ 型ですから，$\mathbf{A} = \{a_{ij}\}$ $(i = 1, 2, \cdots, m \,;\, j = 1, 2, \cdots, n)$ とする．

　仮定により，行列 $\mathbf{A}$ について，行（または列）の基本操作（項 1.4.4 を参照）によって，r 次の正則な小行列式 $\varDelta_r$ を行列 $\mathbf{A}$ の左上隅に行列 $\mathbf{A}$ のランクを変えずに作ることができる．このとき，r 次の正則な小行列式 $\varDelta_r$ および $\varDelta_q$ を以下の

$$\varDelta_r = \begin{vmatrix} a_{11} & \cdots & a_{1r} \\ \vdots & \ddots & \vdots \\ a_{r1} & \cdots & a_{rr} \end{vmatrix} \neq 0 \quad , \quad \varDelta_q = \begin{vmatrix} a_{11} & \cdots & a_{1q} \\ \vdots & \ddots & \vdots \\ a_{q1} & \cdots & a_{qq} \end{vmatrix} = 0 \quad (r+1 \leq q \leq \min(m,n)) \tag{1}$$

と書いても，一般性は失わない．ここで，$r < (s,t) \leq \min(m,n)$ である s, t を用いて，次の $r+1$ 次の小行列式 $\varDelta_{r+1}$ は 0 であることは仮定から自明である．すなわち，

$$\varDelta_{r+1} = \begin{vmatrix} a_{11} & \cdots & a_{1r} & a_{1t} \\ \vdots & \ddots & \vdots & \vdots \\ a_{r1} & \cdots & a_{rr} & a_{rt} \\ a_{s1} & \cdots & a_{sr} & a_{st} \end{vmatrix} = 0 \tag{2}$$

である．ここで，$\varDelta_{r+1}$ の第 s 行 a_{sj} $(j = 1, 2, \cdots, t)$ について，a_{sj} の余因子を $\widetilde{a}_{sj}$ と書けば，

$$a_{11}\widetilde{a}_{s1} + a_{12}\widetilde{a}_{s2} + \cdots + a_{1r}\widetilde{a}_{sr} + a_{1t}\widetilde{a}_{st} = \begin{vmatrix} a_{11} & \cdots & a_{1r} & a_{1t} \\ \vdots & \ddots & \vdots & \vdots \\ a_{r1} & \cdots & a_{rr} & a_{rt} \\ a_{11} & \cdots & a_{1r} & a_{1t} \end{vmatrix} = 0 \tag{3}$$

同理にて，

$$\begin{aligned} a_{21}\widetilde{a}_{s1} + a_{22}\widetilde{a}_{s2} + \cdots + a_{2r}\widetilde{a}_{sr} + a_{2t}\widetilde{a}_{st} &= 0 \\ \cdots\cdots\cdots\cdots\cdots\cdots\cdots\cdots\cdots\cdots\cdots\cdots& \\ a_{r1}\widetilde{a}_{s1} + a_{r2}\widetilde{a}_{s2} + \cdots + a_{rr}\widetilde{a}_{sr} + a_{rt}\widetilde{a}_{st} &= 0 \\ a_{s1}\widetilde{a}_{s1} + a_{s2}\widetilde{a}_{s2} + \cdots + a_{sr}\widetilde{a}_{sr} + a_{st}\widetilde{a}_{st} &= \varDelta_{r+1} = 0 \end{aligned} \tag{4}$$

である．ここで，-1 の偶数乗は 1 ですから，

$$\widetilde{a}_{st} = (-1)^{(r+1)+(r+1)} \varDelta_r = (-1)^{2(r+1)} \varDelta_r = \varDelta_r \neq 0 \tag{5}$$

したがって，0 でない係数 $\lambda_i \, (i = 1 \sim r) \in \Re$ を，

$$\lambda_1 = -\frac{\widetilde{a}_{s1}}{\varDelta_r}, \, \lambda_2 = -\frac{\widetilde{a}_{s2}}{\varDelta_r}, \, \cdots, \, \lambda_r = -\frac{\widetilde{a}_{sr}}{\varDelta_r} \tag{6}$$

として作ることができる．したがって，式(6)により，式(3)び式(4)を

$$\begin{aligned} a_{1t} &= \lambda_1 \widetilde{a}_{11} + \lambda_2 \widetilde{a}_{12} + \cdots + \lambda_r \widetilde{a}_{1r} \\ a_{2t} &= \lambda_1 \widetilde{a}_{21} + \lambda_2 \widetilde{a}_{22} + \cdots + \lambda_r \widetilde{a}_{2r} \\ &\cdots\cdots\cdots\cdots\cdots\cdots\cdots\cdots\cdots \\ a_{rt} &= \lambda_1 \widetilde{a}_{r1} + \lambda_2 \widetilde{a}_{r2} + \cdots + \lambda_r \widetilde{a}_{rr} \end{aligned} \tag{7}$$

とすることができる．一方，

$$a_{st} = \lambda_1 \widetilde{a}_{s1} + \lambda_2 \widetilde{a}_{s2} + \cdots + \lambda_r \widetilde{a}_{sr} \tag{8}$$

である．ここで，余因子 $\widetilde{a}_{s1}, \widetilde{a}_{s2}, \cdots, \widetilde{a}_{sr}$ は $\varDelta_{r+1}$ の第 s 行 $a_{sj}(j=1, 2, \cdots, t)$ の余因子であるから，

$$\mathbf{A}_{rt} = \begin{pmatrix} a_{11} & \cdots & a_{1r} & a_{1t} \\ \vdots & \ddots & \vdots & \vdots \\ a_{r1} & \cdots & a_{rr} & a_{rt} \end{pmatrix} \tag{9}$$

の中から作成した小行列であり，添え字 s には関係ない．換言すれば，$(\mathbf{a}_{1t} \cdots \mathbf{a}_{rt})^T$ は行列 $\mathbf{A}$ の第 $t(r+1 \leq t \leq n)$ 列から任意に選んだ列ベクトルであり，式(5)で $s = r+1, r+2, \cdots, m$ として，例えば，

$$\begin{aligned} a_{r+1,t} &= \lambda_1 \widetilde{a}_{r+1,1} + \lambda_2 \widetilde{a}_{r+1,2} + \cdots + \lambda_r \widetilde{a}_{r+1,r} \\ a_{r+2,t} &= \lambda_1 \widetilde{a}_{r+2,1} + \lambda_2 \widetilde{a}_{r+2,2} + \cdots + \lambda_r \widetilde{a}_{r+2,r} \\ &\cdots\cdots\cdots\cdots\cdots\cdots\cdots\cdots\cdots\cdots \\ a_{mt} &= \lambda_1 \widetilde{a}_{m1} + \lambda_2 \widetilde{a}_{m2} + \cdots\cdots + \lambda_r \widetilde{a}_{mr} \end{aligned} \tag{10}$$

と表すことができる．したがって，行列 $\mathbf{A}$ を

$$\mathbf{A} = (\mathbf{a}_1 \ \mathbf{a}_2 \ \cdots \ \mathbf{a}_r \ \mathbf{a}_{r+1} \ \cdots \ \mathbf{a}_n) \tag{11}$$

と表し，行列 $\mathbf{A}$ の第 $t(r+1 \leq t \leq n)$ 列ベクトルを $\mathbf{a}_t$ とするとき式(7)および式(10)から，

$$\mathbf{a}_t = \lambda_1 \mathbf{a}_1 + \lambda_2 \mathbf{a}_2 + \cdots + \lambda_r \mathbf{a}_r \quad (r+1 \leq t \leq \min(m,n)) \tag{12}$$

のように，$\mathbf{a}_t \ (r+1 \leq t \leq n)$ は行列 $\mathbf{A}$ から選んだ r 個の 1 次独立なベクトル

$$\mathbf{a}_1, \mathbf{a}_2, \cdots, \mathbf{a}_r \tag{13}$$

の 1 次結合で書けることになる．全く同じ議論は行ベクトルに関しても行うことができる．したがって，題意は証明された． Q.E.D.

次の定理は，同じような定理で，証明も同じようになります（笑）．ですが，証明が微妙に違います．

定理31　$m \times n$ 型行列 $\mathbf{A}$ があって，$\mathrm{rank}(\mathbf{A}) = r \ (< \min(m,n))$ である場合，行列 $\mathbf{A}$ から作る n 個の列ベクトルの中には，r 個の 1 次独立なベクトルが存在する．また，行ベクトルも同理である．

定義のような，何か当たり前のような定理の証明です．この証明は合っているのでしょうか？　これだけじゃなくて，暫く定理の証明をしますが数学者に聞きたいところです．

定理 31 の証明

行列 $\mathbf{A}$ は $m \times n$ 型ですから，$\mathbf{A} = \{a_{ij}\} \ (i=1, 2, \cdots, m \ ; \ j=1, 2, \cdots, n)$ とする．仮定により，行列 $\mathbf{A}$ について，行（または列）の基本操作（項 1.4.4 を参照）によって，r 次の正則な小行列式　を行列 $\mathbf{A}$ の左上隅に行列 $\mathbf{A}$ のランクを変えずに，作ることができる．このとき，r 次の正則な小行列式 $\varDelta_r$ および $\varDelta_q$ を以下の

$$\varDelta_r = \begin{vmatrix} a_{11} & \cdots & a_{1r} \\ \vdots & \ddots & \vdots \\ a_{r1} & \cdots & a_{rr} \end{vmatrix} \neq 0 \ , \ \varDelta_q = \begin{vmatrix} a_{11} & \cdots & a_{1q} \\ \vdots & \ddots & \vdots \\ a_{q1} & \cdots & a_{qq} \end{vmatrix} = 0 \quad (r+1 \leq q \leq \min(m,n)) \tag{1}$$

と書いても，一般性は失わない．ここで，行列 $\mathbf{A}$ を列ベクトルで，

5.2. 階数

$$\mathbf{A} = (\mathbf{a}_1 \ \mathbf{a}_2 \ \cdots \ \mathbf{a}_r \ \mathbf{a}_{r+1} \ \cdots \ \mathbf{a}_n) \tag{2}$$

と表すとき，$\mathbf{a}_1 \ \mathbf{a}_2 \ \cdots \ \mathbf{a}_r$ が 1 次独立であることを示せばよい．ここで，

$$\lambda_1 \mathbf{a}_1 + \lambda_2 \mathbf{a}_2 + \cdots + \lambda_r \mathbf{a}_r = \mathbf{0} \tag{3}$$

とすれば，$\lambda_1, \lambda_2, \cdots, \lambda_r$ は，

$$\left.\begin{array}{l} \lambda_1 a_{11} + \lambda_2 a_{12} + \cdots + \lambda_r a_{1r} = 0 \\ \cdots\cdots\cdots\cdots\cdots\cdots\cdots\cdots\cdots \\ \lambda_1 a_{r1} + \lambda_2 a_{r2} + \cdots + \lambda_r a_{rr} = 0 \\ \lambda_1 a_{r+1,1} + \lambda_2 a_{r+1,2} + \cdots + \lambda_r a_{r+1,r} = 0 \\ \cdots\cdots\cdots\cdots\cdots\cdots\cdots\cdots\cdots \\ \lambda_1 a_{m1} + \lambda_2 a_{m2} + \cdots + \lambda_r a_{mr} = 0 \end{array}\right\} \tag{4}$$

で表される連立方程式の解であり，初めの r 本の連立方程式の係数行列 $\mathbf{A}_r$ は題意から正則行列であるから，その行列式 $\varDelta_r (=|\mathbf{A}_r|)$ により，クラーメルの式を用いると，

$$\lambda_1 = \frac{\varDelta_r^{(1)}}{\varDelta_r}, \ \lambda_2 = \frac{\varDelta_r^{(2)}}{\varDelta_r}, \ \cdots, \ \lambda_r = \frac{\varDelta_r^{(r)}}{\varDelta_r} \tag{5}$$

と求まります．ここで，$\varDelta_r^{(j)} \ (j=1, 2, \cdots, r)$ は，$\varDelta_r$ の第 j 列目の要素が全て 0 である行列式です．したがって，$\varDelta_r^{(j)} = 0 \ (j=1, 2, \cdots, r)$ で，$\lambda_1 = \lambda_2 = \cdots = \lambda_r = 0$ となります．同様に，残りの，$\varDelta_r^{(j)} \ (j=r+1, r+2, \cdots, n)$ についても 0 です．ここで，式(3)が成立し，式(2)の中に 1 次独立なベクトルが r 個存在する．$Q.E.D.$

別証明もあります．

定理 31 の別証明

　上記解答の式(4) までは同じである．ここで，$\lambda_r \neq 0$ とすると

$$\left.\begin{array}{l} a_{1r} = -(\lambda_1/\lambda_r)a_{11} - (\lambda_2/\lambda_r)a_{12} - \cdots - (\lambda_{r-1}/\lambda_r)a_{1,r-1} \\ a_{2r} = -(\lambda_1/\lambda_r)a_{21} - (\lambda_2/\lambda_r)a_{22} - \cdots - (\lambda_{r-1}/\lambda_r)a_{2,r-1} \\ \cdots\cdots\cdots\cdots\cdots\cdots\cdots\cdots\cdots\cdots\cdots\cdots \\ a_{rr} = -(\lambda_1/\lambda_r)a_{r1} - (\lambda_2/\lambda_r)a_{r2} - \cdots - (\lambda_{r-1}/\lambda_r)a_{r,r-1} \end{array}\right\} \tag{6}$$

このとき，

$$\varDelta_r = \begin{vmatrix} a_{11} & a_{12} & \cdots & a_{1r} \\ \vdots & \vdots & \ddots & \vdots \\ a_{r1} & a_{r2} & \cdots & a_{rr} \end{vmatrix} = \begin{vmatrix} a_{11} & \cdots & a_{1,r-1} & -\sum_1^{r-1}(\lambda_i/\lambda_r)a_{1i} \\ \vdots & \ddots & \vdots & \vdots \\ a_{r1} & \cdots & a_{r,r-1} & -\sum_1^{r-1}(\lambda_i/\lambda_r)a_{ri} \end{vmatrix} \tag{7}$$

となる．ここで，$\varDelta_r$ の第 1 行目に λ_1/λ_r を，第 2 行目に λ_2/λ_r を，そして，第 $r-1$ 行目に λ_{r-1}/λ_r をかけて，それらを，$\varDelta_r$ の第 r 行目に加えると，

$$\varDelta_r = \begin{vmatrix} a_{11} & a_{12} & \cdots & a_{1r} \\ \vdots & \vdots & \ddots & \vdots \\ a_{r1} & a_{r2} & \cdots & a_{rr} \end{vmatrix} = \begin{vmatrix} a_{11} & \cdots & a_{1,r-1} & 0 \\ \vdots & \ddots & \vdots & \vdots \\ a_{r1} & \cdots & a_{r,r-1} & 0 \end{vmatrix} = 0 \tag{8}$$

となる．このことは，上記解答で，$\varDelta_r \neq 0$ とした仮定の反する．ゆえに，$\lambda_r = 0$ である．同理にて，$\lambda_1 = \lambda_2 = \cdots = \lambda_r = 0$ でなければならない．したがって，上記解答の式(2)の中に 1 次独立なベクトルが r 個存在する．$Q.E.D.$

別解は少々端折りましたので、ご容赦ください。分かりづらかったら、ごめんなさい。

> **定理32** $m \times n$ 型行列 $\mathbf{A}$ があって、$\text{rank}(\mathbf{A}) = r \ (< \min(m, n))$ である場合、行列 $\mathbf{A}$ を作る列（または、行）の中の s 個 $(s \leq r)$ の1次独立な列（または、行）ベクトルを用いて、$m \times s$（または、$s \times n$）型の行列 $\mathbf{B}$ を作れば、$\text{rank}(\mathbf{B}) = s$ である。

よくまあ、同じような定理を延々と書きますねえ〜、と読者に叱られそうです。では、証明を書きます。良く見て頂ければと存じます。

> **定理32 証明**
> $m \times n$ 型行列 $\mathbf{A}$ を $\mathbf{A} = \{a_{ij}\} \ (i = 1, 2, \cdots, m \ ; \ j = 1, 2, \cdots, n)$ とすると、行列 $\mathbf{A}$ のランクは、仮定から、$\text{rank}(\mathbf{A}) = r$ であるから、行列 $\mathbf{A}$ の列ベクトル $\mathbf{a}_1, \mathbf{a}_2, \cdots, \mathbf{a}_n$ によって、$\mathbf{A} = (\mathbf{a}_1, \mathbf{a}_2, \cdots, \mathbf{a}_n)$ と表すとき、定理20から、$\mathbf{a}_1, \mathbf{a}_2, \cdots, \mathbf{a}_n$ の中に r 個の1次独立なベクトルが存在し、行列の基本変形によって、行列 $\mathbf{A}$ のランクを変えずに、その r 個の1次独立なベクトルを左側にまとめることが可能である。すなわち、
> $$\mathbf{A} = (\mathbf{a}_1, \mathbf{a}_2, \cdots, \mathbf{a}_r, \mathbf{a}_{r+1}, \cdots, \mathbf{a}_n)$$
> と書くとき、$\mathbf{a}_1, \mathbf{a}_2, \cdots, \mathbf{a}_r$ の中から、選び方によらず、$\mathbf{a}_1, \mathbf{a}_2, \cdots, \mathbf{a}_s, \mathbf{a}_{s+1}, \mathbf{a}_{s+2}, \cdots, \mathbf{a}_r$ は1次独立であり、$\mathbf{a}_1, \mathbf{a}_2, \cdots, \mathbf{a}_s$ として、$s(\leq r)$ 個のベクトルを選んでも1次独立であり、一般性は失わない。ここで、行列 $\mathbf{B} = (\mathbf{a}_1, \mathbf{a}_2, \cdots, \mathbf{a}_s)$ とすれば、行列 $\mathbf{B}$ は (m, s) 型で、$\text{rank}(\mathbf{B}) = s$ である。なぜなら、$\mathbf{a}_1, \mathbf{a}_2, \cdots, \mathbf{a}_s, \mathbf{a}_{s+1}, \mathbf{a}_{s+2}, \cdots, \mathbf{a}_r$ が1次独立であり、係数 $\lambda_i (1 \leq i \leq r)$ により、$\lambda_1 \mathbf{a}_1 + \lambda_2 \mathbf{a}_2 + \cdots + \lambda_r \mathbf{a}_r = \mathbf{0}$ と表せば、この式の成立は、その係数について、$\lambda_i (1 \leq i \leq s) = 0$ のときに限る。したがって、$\lambda_i (1 \leq i \leq r) = 0$ のときに限り、$\lambda_1 \mathbf{a}_1 + \lambda_2 \mathbf{a}_2 + \cdots + \lambda_s \mathbf{a}_s = \mathbf{0}$ が成立するので、$\mathbf{a}_1, \mathbf{a}_2, \cdots, \mathbf{a}_s$ は1次独立である。
>
> ここで、行列 $\mathbf{A}$ において、$\Delta_r \neq 0$ であり、以下のように書け、
>
> $$\mathbf{A} = \begin{pmatrix} a_{11} & \cdots & a_{1,s} & \cdots & a_{1,r} & a_{1,r+1} & \cdots & a_{1,n} \\ a_{21} & \cdots & a_{2,s} & \cdots & a_{2,r} & a_{2,r+1} & \cdots & a_{2,n} \\ \vdots & \ddots & \vdots & \ddots & \vdots & \vdots & \ddots & \vdots \\ a_{s,1} & \cdots & a_{s,s} & \cdots & a_{s,r} & a_{1,r+1} & \cdots & a_{s,n} \\ \vdots & \ddots & \vdots & \ddots & \vdots & \vdots & \ddots & \vdots \\ a_{r,1} & \cdots & a_{r,s} & \cdots & a_{r,r} & a_{r,r+1} & \cdots & a_{r,n} \\ a_{r+1,1} & \cdots & a_{r+1,s} & \cdots & a_{r+1,r} & a_{r+1,r+1} & \cdots & a_{r+1,n} \\ \vdots & \ddots & \vdots & \ddots & \vdots & \vdots & \ddots & \vdots \\ a_{m,1} & \cdots & a_{m,s} & \cdots & a_{m,r} & a_{1,r+1} & \cdots & a_{m,n} \end{pmatrix}, \quad \mathbf{B} = \begin{pmatrix} a_{11} & \cdots & a_{1,s} \\ a_{21} & \cdots & a_{2,s} \\ \vdots & \ddots & \vdots \\ a_{s,1} & \cdots & a_{s,s} \\ \vdots & \ddots & \vdots \\ a_{r,1} & \cdots & a_{r,s} \\ a_{r+1,1} & \cdots & a_{r+1,s} \\ \vdots & \ddots & \vdots \\ a_{m,1} & \cdots & a_{m,s} \end{pmatrix}$$
>
> $\text{rank}(\mathbf{A}) = r$ だから、0でない行列 $\mathbf{A}$ の小行列 Δ_r は r 次であり、Δ_s は Δ_r より低次に他ならないので $\Delta_s \neq 0$ であり、行列 $\mathbf{B}$ は (m, s) 型であるので、行列 $\mathbf{B}$ からは Δ_{s+1} は作り得ない。したがって、$\text{rank}(\mathbf{B}) = s$ である。行ベクトルについての議論も同様に行える。Q.E.D.

ということですが、何か問題でも・・・？

さらに、次の定理とその証明を見ましょう。もう嫌だと言わないでくださいね。

5.2. 階数

定理33 $m \times n$ 型行列 $\mathbf{A}$ があって，$\text{rank}(\mathbf{A}) = r \ (< \min(m, n))$ である場合，r は行列 $\mathbf{A}$ の行（または，列）が作る1次独立な行（または，列）ベクトルの数の最大値である．

定理33の証明

$\text{rank}(\mathbf{A}) = r$ とするとき，定理31によれば，行列 $\mathbf{A}$ から，1次独立な任意の $s (\leq r)$ 個の列ベクトルを用いて，(m, s) 型の行列 $\mathbf{B}$ を作れば，$\text{rank}(\mathbf{B}) = s$ である．このとき，$s \leq r$ である．また，行列 $\mathbf{A}$ から作った $r+1$ 次の小行列はすべて0であり，このことは，行列 $\mathbf{A}$ の列が作る1次独立なベクトルの数は r を超えないことを意味する．したがって，行列 $\mathbf{A}$ の列が作る1次独立なベクトルの数の最大値は，r である．本証明は，行ベクトルについても同理である．　Q.E.D.

期待通りでした？（笑）．まだ，まだ，定理の証明がありますよ．

定理34 行列 $\mathbf{A}$ を作る列（または，行）ベクトルの中に r 個の1次独立なベクトルがあって，他の列（または，行）は，これらの1次結合で表されるとき，$\text{rank}(\mathbf{A}) = r$ である．

定理34の証明

行列 $\mathbf{A}$ を $m \times n$ 型とし，n 個の列ベクトルのうち r 個を1次独立とし，行列の基本変形によって，行列 $\mathbf{A}$ のランクを変えずに，その r 個の1次独立なベクトルを左側にまとめることが可能である．すなわち，$\mathbf{a}_1, \mathbf{a}_2, \cdots, \mathbf{a}_r$ を1次独立として，
$$\mathbf{A} = (\mathbf{a}_1, \mathbf{a}_2, \cdots, \mathbf{a}_r, \mathbf{a}_{r+1}, \cdots, \mathbf{a}_n) \tag{1}$$
と書いても一般性は失われない．このとき，題意より，
$$\lambda_1 \mathbf{a}_1 + \lambda_2 \mathbf{a}_2 + \cdots + \lambda_r \mathbf{a}_r = \mathbf{0} \tag{2}$$
は，$\lambda_1 = \lambda_2 = \cdots = \lambda_r = 0$ のとき限り成立する．ここで，行列 $\mathbf{B}$ を
$$\mathbf{B} = (\mathbf{a}_1, \mathbf{a}_2, \cdots, \mathbf{a}_r) \tag{3}$$
とすれば，定義76により，$\text{rank}\,\mathbf{B} = r$ である．

さて，式(1)において，$\mathbf{a}_1, \mathbf{a}_2, \cdots, \mathbf{a}_r$ に適当な係数をかけて $\mathbf{a}_{r+1}, \cdots, \mathbf{a}_n$ を1次独立なベクトル $\mathbf{a}_1, \mathbf{a}_2, \cdots, \mathbf{a}_r$ で1次結合として作ることができるから，基本変形により行列 $\mathbf{A}$ のランクを変えずに，$\mathbf{A}' = (\mathbf{a}_1, \mathbf{a}_2, \cdots, \mathbf{a}_r, \mathbf{0}, \cdots, \mathbf{0})$ とすることができる．このとき，
$$\text{rank}(\mathbf{A}) = \text{rank}(\mathbf{A}') = \text{rank}(\mathbf{B}) = r$$
であり，また，同理にて，行ベクトルについて証明できる．　Q.E.D.

さらに定理が続きます．

定理35 行列のランクは正則な行列をかけても変わらない

定理35の証明

行列 $\mathbf{A}, \mathbf{P}, \mathbf{Q}$ をそれぞれ，$m \times n$ 型行列，m 次の正則行列，n 次の正則行列とする．ここで，$\text{rank}(\mathbf{A}) = r$ とする．したがって，行列 $\mathbf{A}$ は r 個の1次独立なベクトルを持つ．また，仮定により，
$$|\mathbf{P}| \neq 0 \quad \text{および，} \quad |\mathbf{Q}| \neq 0 \tag{1}$$
である．さて，行列 $\mathbf{A}$ を，行列の基本変形によって，行列 $\mathbf{A}$ のランクを変えずに，その r 個の1次独立なベクトルを左側にまとめることができる．すなわち，$\mathbf{a}_1, \mathbf{a}_2, \cdots, \mathbf{a}_r$ を1次独立として

$$\mathbf{A} = (\mathbf{a}_1, \mathbf{a}_2, \cdots, \mathbf{a}_r, \mathbf{a}_{r+1}, \cdots, \mathbf{a}_n) \tag{2}$$

と，一般性を失わないように書くことができる．さて，ここで，行列の積 $\mathbf{PA}$ は，

$$\mathbf{PA} = \mathbf{P}(\mathbf{a}_1, \mathbf{a}_2, \cdots, \mathbf{a}_n) = (\mathbf{Pa}_1, \mathbf{Pa}_2, \cdots, \mathbf{Pa}_n) \tag{3}$$

と書ける．このとき，行列 $\mathbf{P}$ の $\mathbf{Pa}_1, \mathbf{Pa}_2, \cdots, \mathbf{Pa}_r$ について，

$$\lambda_1(\mathbf{Pa}_1) + \lambda_2(\mathbf{Pa}_2) + \cdots + \lambda_r(\mathbf{Pa}_r) = \mathbf{0} \tag{4}$$

とすれば，

$$\mathbf{P}(\lambda_1 \mathbf{a}_1 + \lambda_2 \mathbf{a}_2 + \cdots + \lambda_r \mathbf{a}_r) = \mathbf{0} \tag{5}$$

となるが，仮定である式(1) $|\mathbf{P}| \neq 0$ なので，$\mathbf{P}^{-1}$ が存在し，$\mathbf{P}^{-1}$ を式(5)の左から掛けて，

$$\lambda_1 \mathbf{a}_1 + \lambda_2 \mathbf{a}_2 + \cdots + \lambda_r \mathbf{a}_r = \mathbf{0} \tag{6}$$

となり，$\mathbf{a}_1, \mathbf{a}_2, \cdots, \mathbf{a}_r$ が 1 次独立であることから，式(6)を満たすのは

$$\lambda_1 = \lambda_2 = \cdots = \lambda_r = 0 \tag{7}$$

のときに限る．したがって，式(4)から，$\mathbf{Pa}_1, \mathbf{Pa}_2, \cdots, \mathbf{Pa}_n$ は 1 次独立である．また，$\mathbf{a}_j (r+1 \leq j \leq n)$ について，係数 $\mu_1, \mu_1, \cdots, \mu_r$ により，

$$\mathbf{a}_j = \mu_1 \mathbf{a}_1 + \mu_2 \mathbf{a}_2 + \cdots + \mu_r \mathbf{a}_r \neq \mathbf{0} \tag{8}$$

と書くとき，$\mu_1, \mu_1, \cdots, \mu_r$ の中に少なくとも 1 つ 0 でない係数がある．したがって，$\mathbf{a}_j (r+1 \leq j \leq n)$ は 1 次従属である．ここで，式(8)の両辺の左から行列 $\mathbf{P}$ を掛ければ，

$$\mathbf{Pa}_j = \mathbf{P}(\mu_1 \mathbf{a}_1) + \mathbf{P}(\mu_2 \mathbf{a}_2) + \cdots + \mathbf{P}(\mu_r \mathbf{a}_r)$$
$$= \mu_1(\mathbf{Pa}_1) + \mu_2(\mathbf{Pa}_2) + \cdots + \mu_r(\mathbf{Pa}_r)$$

となるので，$\mathbf{PA}$ の第 j 列目のベクトルから第 n 列目のベクトルは，1 次従属である．したがって，

$$\mathrm{rank}(\mathbf{A}) = \mathrm{rank}(\mathbf{PA}) \tag{9}$$

また，

$$\mathrm{rank}(\mathbf{AQ}) = \mathrm{rank}(\mathbf{AQ})^T = \mathrm{rank}(\mathbf{Q}^T \mathbf{A}^T) = \mathrm{rank}(\mathbf{A}^T) = \mathrm{rank}(\mathbf{A}) \tag{10}$$

となる．したがって，式(9)および式(10)により，また，$\mathbf{Q}$ についても同理にて，

$$\mathrm{rank}(\mathbf{A}) = \mathrm{rank}(\mathbf{PA}) = \mathrm{rank}(\mathbf{AQ}) = r \quad Q.E.D.$$

今度は，例題です．しっかり，見てください．

例題 5.2.2-1 行列の和ランク

$m \times n$ 型行列 $\mathbf{A}, \mathbf{B}$ について，

$$\mathrm{rank}(\mathbf{A} + \mathbf{B}) \leq \mathrm{rank}(\mathbf{A}) + \mathrm{rank}(\mathbf{B})$$

であることを示せ．

例題 5.2.2-1 解答

題意から，2 つの行列 $\mathbf{A}, \mathbf{B}$ はともに $m \times n$ 型であるから，$\mathbf{A} + \mathbf{B}$ も $m \times n$ 型である．こ　で，$\mathbf{D} = (\mathbf{A} + \mathbf{B} \quad \mathbf{A} \quad \mathbf{B})$ とすれば，行列 $\mathbf{D}$ は $m \times 3n$ 型である．この場合，$\mathbf{A} + \mathbf{B}$ の中の 1 次独立なベクトルの個数は，行列 $\mathbf{D}$ においても変わらず，さらに，行列 $\mathbf{A}, \mathbf{B}$ 夫々の 1 次独立なベクトルが，行列 $\mathbf{A} + \mathbf{B}$ の 1 次独立なベクトルと異なる場合があれば，行列 $\mathbf{D}$ の 1 次独立なベクトルの数は，行列 $\mathbf{A} + \mathbf{B}$ の 1 次独立なベクトルの数に比べて，増えることはあっても減ることはない．したがって，

5.2. 階数

$$\text{rank}(\mathbf{A}+\mathbf{B}) \leq \text{rank}(\mathbf{A}+\mathbf{B} \quad \mathbf{A} \quad \mathbf{B}) \tag{1}$$

である．さて，行列 $\mathbf{D}$ について，要素で書けば，

$$\mathbf{D} = \begin{pmatrix} a_{11}+b_{11} & a_{12}+b_{12} & \cdots & a_{1n}+b_{1n} & a_{11} & \cdots & a_{1n} & b_{11} & \cdots & b_{1n} \\ a_{21}+b_{21} & a_{22}+b_{22} & \cdots & a_{2n}+b_{2n} & a_{21} & \cdots & a_{2n} & b_{21} & \cdots & b_{2n} \\ \vdots & \vdots & \ddots & \vdots & \vdots & \ddots & \vdots & \vdots & \ddots & \vdots \\ a_{m1}+b_{m1} & a_{m2}+b_{m2} & \cdots & a_{mn}+b_{mn} & a_{m1} & \cdots & a_{mn} & b_{m1} & \cdots & b_{mn} \end{pmatrix}$$

である．ここで，行列 $\mathbf{D}$ の中の行列 $\mathbf{A}$ の部分の第1列目（行列 $\mathbf{D}$ の第 $n+1$ 列目）に -1 をかけて行列 $\mathbf{D}$ の第1列目に加え，また，行列 $\mathbf{D}$ の中の行列 $\mathbf{B}$ の部分の第1列目（行列 $\mathbf{D}$ の第 $2n+1$ 列目）に -1 をかけて行列 $\mathbf{D}$ の第1列目に加える．と言う作業を繰り返すと，行列 $\mathbf{D}$ の第1列目の要素をすべて 0 にすることができる．同様に，行列 $\mathbf{D}$ の第2列目，…，第 n 列目まで作業をすると，あるいは，基本行列 $\mathbf{E}_{ij}(-1)$（式 1.3.4-3 参照）を用いれば，

$$\mathbf{D}\prod_{i=1}^{n}\mathbf{E}_{n+i,i}(-1)\prod_{j=1}^{n}\mathbf{E}_{2n+j,j}(-1) = (\mathbf{O} \quad \mathbf{A} \quad \mathbf{B}) = \mathbf{D}'$$

のように変形することができる．ここで，

$$\text{rank}(\mathbf{A}+\mathbf{B} \quad \mathbf{A} \quad \mathbf{B}) = \text{rank}(\mathbf{D}) = \text{rank}(\mathbf{D}') \tag{2}$$

となります．行列 $\mathbf{D}'$ の第 $1\sim n$ 列目の要素はすべて 0 であるから，それらの列を削除した行列を $\mathbf{C}=(\mathbf{A} \quad \mathbf{B})$ とすれば，

$$\text{rank}(\mathbf{D}') = \text{rank}(\mathbf{C}) \tag{3}$$

である．ここで，行列 $\mathbf{C}$ を列ベクトルで書くと，$\mathbf{C}=(\mathbf{a}_1 \ \mathbf{a}_2 \ \cdots \ \mathbf{a}_n \ \mathbf{b}_1 \ \mathbf{b}_2 \ \cdots \ \mathbf{b}_n)$ となります．したがって，

$$\text{rank}(\mathbf{A}+\mathbf{B}) \leq \text{rank}(\mathbf{A}+\mathbf{B} \quad \mathbf{A} \quad \mathbf{B}) = \text{rank}\,\mathbf{D} = \text{rank}\,\mathbf{D}' = \text{rank}\,\mathbf{C} \tag{4}$$

となります．

$$\text{rank}(\mathbf{A}) = \text{rank}(\mathbf{a}_1, \mathbf{a}_2, \cdots, \mathbf{a}_n) = p, \quad \text{rank}(\mathbf{B}) = \text{rank}(\mathbf{b}_1, \mathbf{b}_2, \cdots, \mathbf{b}_n) = q$$

とすれば，$\text{rank}(\mathbf{C}) \leq p+q$ と書けます．したがって，式(1)，式(2) 式(3)および 式(4)から，

$$\text{rank}(\mathbf{A}+\mathbf{B}) \leq \text{rank}(\mathbf{A}) + \text{rank}(\mathbf{B}) \qquad Q.E.D.$$

ここまで，色々な，同じような，定理とその証明を書いてきました．納得いかない部分は読者自身で証明を書いてみてください．決して無駄な作業ではありません．「知」の追加構築です．

Gallery 22.

右：Brasserie
　　　水彩画（模写）
　　　　　著者作成
左：夕暮れと変な雲
　　　写真　自宅周辺
　　　　　著者撮影

5.2.3. 階数と方程式

読者は、一般的には、n 元 1 次方程式（連立方程式）を解かねばならないことがありますよね。でも、解けない場合（これを不能と言うことがある）や、解が無限にある場合（これを不定と言うことがある）、がありますよね。それは、一意的な解を得るための条件が、必ずしも、方程式と未知数が同数であることではないからです。簡単な例を示します。

$$ax = b \qquad (5.2.3\text{-}1)$$

です。え〜！と言われる読者がいそうです。式 5.2.3-1 は立派な 1 元 1 次方程式です。解は、

- $a \neq 0$ の場合は、　　　　　　　$x = b/a$　　answerable
- $a = 0$ および $b = 0$ の場合は、　　解は不定　indefinite
- $a = 0$ および $b \neq 0$ の場合は、　　解は不能　impossible

と言うように、3 種の答えを書かなければ正解とはなりません。納得しましたでしょうか。
そこで、定理です。

定理36　係数行列の階数と方程式（ルーシェ＝カペリの定理 Rouché–Capelli theorem）

未知数が、$x_1, x_2, \cdots, x_n$ である連立 n 元 1 次方程式を

$$\begin{aligned}
a_{11}x_1 + a_{12}x_2 + \cdots + a_{1n}x_n &= b_1 \\
a_{21}x_1 + a_{22}x_2 + \cdots + a_{2n}x_n &= b_2 \\
&\vdots \\
a_{m1}x_1 + a_{m2}x_2 + \cdots + a_{mn}x_n &= b_m
\end{aligned} \qquad (1)$$

とするとき、係数行列 $\mathbf{A}$ とその拡大行列 $\mathbf{B}$ として、

$$\mathbf{A} = \begin{pmatrix} a_{11} & a_{12} & \cdots & a_{m1} \\ a_{21} & a_{22} & \cdots & a_{m2} \\ \vdots & \vdots & \ddots & \vdots \\ a_{m1} & a_{m2} & \cdots & a_{mn} \end{pmatrix}, \quad \mathbf{B} = \begin{pmatrix} a_{11} & a_{12} & \cdots & a_{m1} & b_1 \\ a_{21} & a_{22} & \cdots & a_{m2} & b_2 \\ \vdots & \vdots & \ddots & \vdots & \vdots \\ a_{m1} & a_{m2} & \cdots & a_{mn} & b_m \end{pmatrix} \qquad (2)$$

とおけば、連立 n 元 1 次方程式の解は、階数で分類され、

- $\text{rank}(\mathbf{A}) = \text{rank}(\mathbf{B}) < n$　の場合、解は無限にある。
- $\text{rank}(\mathbf{A}) = \text{rank}(\mathbf{B}) = n$　の場合、解は唯 1 組である。
- $\text{rank}(\mathbf{A}) \neq \text{rank}(\mathbf{B})$　　　の場合、解はない。

したがって、式(1)が解をもつ必要十分条件は、以下である。

$$\text{rank}(\mathbf{A}) = \text{rank}(\mathbf{B})$$

定理の証明です。サクッと読んでください。

定理 36 の証明

連立方程式が解をもつとき、$x_j = \chi_j \ (j = 1, 2, \cdots, n)$ とおけば、式(1)から、

$$b_i = \sum_{j=1}^n a_{ij}\chi_j \quad (i = 1, 2, \cdots, m)$$

とかける。このとき、

> 解 b_i がこのように書けると考えるところがミソですよ。

5.2. 階数

$$\mathrm{rank}(\mathbf{B}) = \mathrm{rank}\begin{pmatrix} a_{11} & a_{12} & \cdots & a_{m1} & b_1 \\ a_{21} & a_{22} & \cdots & a_{m2} & b_2 \\ \vdots & \vdots & \ddots & \vdots & \vdots \\ a_{m1} & a_{m2} & \cdots & a_{mn} & b_m \end{pmatrix}$$

$$= \mathrm{rank}\begin{pmatrix} a_{11} & a_{12} & \cdots & a_{m1} & b_1 - \sum_{j=1}^{n} a_{1j}\chi_j \\ a_{21} & a_{22} & \cdots & a_{m2} & b_2 - \sum_{j=1}^{n} a_{2j}\chi_j \\ \vdots & \vdots & \ddots & \vdots & \vdots \\ a_{m1} & a_{m2} & \cdots & a_{mn} & b_m - \sum_{j=1}^{n} a_{mj}\chi_j \end{pmatrix}$$

$$= \mathrm{rank}\begin{pmatrix} a_{11} & a_{12} & \cdots & a_{m1} & 0 \\ a_{21} & a_{22} & \cdots & a_{m2} & 0 \\ \vdots & \vdots & \ddots & \vdots & \vdots \\ a_{m1} & a_{m2} & \cdots & a_{mn} & 0 \end{pmatrix} = \mathrm{rank}\begin{pmatrix} a_{11} & a_{12} & \cdots & a_{m1} \\ a_{21} & a_{22} & \cdots & a_{m2} \\ \vdots & \vdots & \ddots & \vdots \\ a_{m1} & a_{m2} & \cdots & a_{mn} \end{pmatrix}$$

∴ $\mathrm{rank}(\mathbf{B}) = \mathrm{rank}(\mathbf{A})$

となる．すなわち，連立方程式が解をもつ場合は，係数行列 $\mathbf{A}$ とその拡大行列 $\mathbf{B}$ の階数が等しい場合である．この命題は真であり，この対偶も真だから，係数行列 $\mathbf{A}$ とその拡大行列 $\mathbf{B}$ の階数が異なる場合は，連立方程式は解を持たない．ここにおいて，解がある場合は，

$$\mathrm{rank}(\mathbf{A}) = \mathrm{rank}(\mathbf{B}) = r \leq (m, n)$$

である．このとき，行列 $\mathbf{A}$ について，適当な列（あるいは，行）の基本変換によって，行列 $\mathbf{A}$ の階数を変えずに，r 個の1次独立なベクトルで作る小行列式 Δ_r を行列 $|\mathbf{A}|$ の中の左上隅に作ることができる．この操作は，一般性を失わない．因みに，小行列式 Δ_r は，

$$\mathbf{A}_{mn} = \begin{pmatrix} a_{11} & \cdots & a_{1n} \\ \vdots & \ddots & \vdots \\ a_{m1} & \cdots & a_{mn} \end{pmatrix} \Rightarrow \mathbf{A}_r = \begin{pmatrix} a_{11} & a_{12} & \cdots & a_{1r} \\ a_{21} & a_{22} & \cdots & a_{2r} \\ \vdots & \vdots & \ddots & \vdots \\ a_{r1} & a_{r2} & \cdots & a_{rr} \end{pmatrix} r \leq m, n \Rightarrow \Delta_r = |\mathbf{A}_r| \neq 0$$

である．したがって，$\chi_j (j=1, 2, \cdots, r)$ については，クラーメルの式を用いて求めることができる．これを踏まえて，以下の4つの場合について調べる．

① $r < (m, n)$ の場合
② $r = m < n$ の場合
③ $r = n < m$ の場合
④ $r = m = n$ の場合

である．ただし，大前提として，行列の階数 r は，その行数 m とその列数 n の小さいほうの値を超えないことである．すなわち，$r \leq \min(m, n)$ である．では，順に見ていく．

① $r < (m, n)$ の場合

拡大行列 $\mathbf{B}$ を行ベクトル $\mathbf{b}_i = (a_{i1}\ a_{i2}\ \cdots\ a_{in}\ b_i)$ を用いて,
$$\mathbf{B} = (\mathbf{b}_1, \mathbf{b}_2, \cdots, \mathbf{b}_r, \mathbf{b}_{r+1}, \cdots, \mathbf{b}_s, \cdots, \mathbf{b}_m)^T$$
と表せば, $\mathbf{b}_1, \mathbf{b}_2, \cdots, \mathbf{b}_r\ (r \leq m)$ は1次独立, $\mathbf{b}_{r+1}, \cdots, \mathbf{b}_s, \cdots, \mathbf{b}_m$ は1次従属とすることができる. $\mathbf{b}_{r+1}, \mathbf{b}_{r+2}, \cdots, \mathbf{b}_m$ のそれぞれが $\mathbf{b}_1, \mathbf{b}_2, \cdots, \mathbf{b}_r$ の1次結合で表すことができるから, $\mathbf{b}_s\ (r+1 \leq s \leq m)$ は, 係数 $\mu_j\ (j = 1, 2, \cdots, r)$ により,
$$\mathbf{b}_s = \mu_1 \mathbf{b}_1 + \mu_2 \mathbf{b}_2 + \cdots + \mu_r \mathbf{b}_r$$
と書くとき, 係数 $\mu_j\ (j = 1, 2, \cdots, r)$ の中に少なくとも1つ, 0でない係数がある. このとき, $r+1 \leq s \leq m$ である s に対して,
$$a_{sj} = \sum_{k=1}^{r} \mu_k a_k \quad (j = 1, 2, \cdots, n)\ ,\quad b_s = \sum_{k=1}^{r} \mu_k b_k$$
と表せる. ここで, 連立方程式
$$\sum_{j=1}^{n} a_{ij} \chi_j - b_s = 0 \quad ((r+1) \leq \forall s \leq n)$$
$$= \sum_{j=1}^{n} \left(\sum_{k=1}^{r} \mu_k a_{kj} \right) \chi_j - \sum_{k=1}^{r} \mu_k b_k = \sum_{k=1}^{r} \left(\sum_{j=1}^{n} \mu_k a_{kj} \chi_j - \mu_k b_k \right) = \sum_{k=1}^{r} \mu_k \left(\sum_{j=1}^{n} a_{kj} \chi_j - b_k \right)$$
と書けるので, 最初の r 個の方程式, すなわち,
$$\sum_{j=1}^{n} a_{kj} \chi_j - b_k = 0 \quad (j = 1, 2, \cdots, r)$$
を満たす χ_j が存在すれば, 残りの方程式, すなわち,
$$\sum_{j=1}^{n} a_{sj} \chi_j - b_s = 0 \quad (s = r+1, r+2, \cdots, n)$$
が満足することを示している. ここで, 書き直すと,
$$\sum_{j=1}^{r} a_{kj} \chi_j = b_k - \sum_{j=r+1}^{n} a_{kj} \chi_j \quad (k = 1, 2, \cdots, r)$$
と書ける. ここで, $\chi_j (j = r, r+1, \cdots, n)$ を任意に与えれば, 解は無限に存在する.

② $r = m < n$ の場合
$$\sum_{j=1}^{m} a_{kj} \chi_j = b_k - \sum_{j=m+1}^{n} a_{kj} \chi_j \quad (k = 1, 2, \cdots, m)$$
と書ける. ここで, $\chi_j\ (j = 1, 2, \cdots, m)$ ついては, $\chi_j\ (j = m+1, 2, \cdots, n)$ を任意に与えれば, $\Delta_m \neq 0$ によって, クラーメルの式で, $\chi_j\ (j = 1, 2, \cdots, m)$ が求められるから, したがって, この場合は解が無限に存在する.

③ $r = n < m$ の場合　この場合,
$$\sum_{j=1}^{n} a_{kj} \chi_j - b_k = 0 \quad (k = 1, 2, \cdots, n, n+1, \cdots, m)$$
と書くとき, $\Delta_n \neq 0$ であるから, $\chi_j\ (j = 1, 2, \cdots, n)$ は1組決まる. このとき, 残りの方程式に対して, すなわち,

5.2. 階数

$$\sum_{j=1}^{n} a_{kj}\chi_j - b_k = 0 \quad (k = n+1, \cdots, m)$$

に対して，$\chi_j \ (j = 1, 2, \cdots, n)$ が解となる．

④ $r = m = n$ の場合

この場合，解が $\chi_j \ (j = 1, 2, \cdots, n)$ であり唯一の解であることは明白である．

故に，階数（ランク）についてまとめると，
① $r < (m, n)$ の場合　　解が無限に存在する．
② $r = m < n$ の場合　　解が無限に存在する．
③ $r = n < m$ の場合　　唯一の解がある
④ $r = m = n$ の場合　　唯一の解がある

Q.E.D.

一寸ばかりややこしかったですね．図 5.2.3-1 に，係数行列 **A** の階数 r と行数と列数の関係を示しています．上記，定理 25 の確認の意味で参考になれば良いと作成しました．行数 m と列数 n と階数 r の関連がお分かり頂けると思います．そして，m は 1 次方程式の数で，n は未知数です．因みに，図 5.2.3-1（2）は，方程式が未知数より少ない場合で，解が不定になることを示しています．逆に，図 5.2.3-1（3）は，方程式が未知数より多い場合で，$m - n$ 本の方程式は，n 本の方程式と等価である，という場合です．

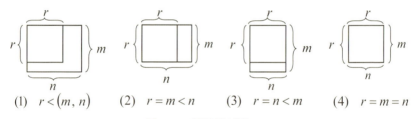

(1) $r < (m, n)$　　(2) $r = m < n$　　(3) $r = n < m$　　(4) $r = m = n$

図 5.2.3-1　係数行列の階数

Gallery 23.
　右：滝 イメージ
　　PC の点描画
　　　著者作成
　左：ツバキの実
　　　自宅周辺
　　　写真　著者撮影

5.3. 逆行列とクラーメルの式
ここでは，復習も含めて，さらに書いていきます．

5.3.1. n 元 1 次方程式
ここまでで，n 元 1 次方程式の解法として，逆行列による解法およびクラーメルによる解法を示しました．両者が違った形式の解法のように見えた読者もいらっしゃるでしょうし，一方で，お気づきの読者も多いと思います．さて，この節では，例題を示し，実は，逆行列による解法とクラーメルによる解法は，「根っこ」が同じであることを説明します．n 元 1 次方程式は式 1.6.1-1 のように，

$$
\begin{aligned}
a_{11}x_1 + a_{12}x_2 + \cdots + a_{1n}x_n &= b_1 \\
a_{21}x_1 + a_{22}x_2 + \cdots + a_{2n}x_n &= b_2 \\
&\vdots \\
a_{n1}x_1 + a_{n2}x_2 + \cdots + a_{nn}x_n &= b_n
\end{aligned}
\tag{5.3.1-1}
$$

またこれらの式から始まります．

と書けて，行列およびベクトルで表現すると，

$$
\mathbf{A} = \begin{pmatrix} a_{11} & a_{12} & \cdots & a_{1n} \\ a_{21} & a_{22} & \cdots & a_{2n} \\ \vdots & \vdots & \ddots & \vdots \\ a_{n1} & a_{n2} & \cdots & a_{nn} \end{pmatrix}, \quad \mathbf{x} = \begin{pmatrix} x_1 \\ x_2 \\ \vdots \\ x_n \end{pmatrix}, \quad \mathbf{b} = \begin{pmatrix} b_1 \\ b_2 \\ \vdots \\ b_n \end{pmatrix}
\tag{5.3.1-2}
$$

とすれば，以下のように書けるのでした．

$$
\mathbf{A}\mathbf{x} = \mathbf{b} \tag{5.3.1-3}
$$

5.3.2. 逆行列とクラーメルの式
復習のために，逆行列による解法とクラーメルによる解法をあらためて書きます．式 5.3.1-3 は，係数行列 $\mathbf{A}$ が正則であれば，すなわち，$|\mathbf{A}| \neq 0$ であり，係数行列 $\mathbf{A}$ に逆行列 $\mathbf{A}^{-1}$ が存在します．そこで，式 5.3.1-3 の左から $\mathbf{A}^{-1}$ を乗ずれば，

$$
\mathbf{A}^{-1}\mathbf{A}\mathbf{x} = \mathbf{A}^{-1}\mathbf{b} \Leftrightarrow \mathbf{E}\mathbf{x} = \mathbf{A}^{-1}\mathbf{b} \Leftrightarrow \therefore \mathbf{x} = \mathbf{A}^{-1}\mathbf{b} \tag{5.3.2-1}
$$

のように解 $\mathbf{x} = (x_1, x_2, \cdots, x_n)^T$ が一意的に決まります．ってことは，すでに説明済ですね．ここで，逆行列を振り返ってみると，

$$
\mathbf{A}^{-1} = \frac{\widetilde{\mathbf{A}}}{|\mathbf{A}|} = \frac{1}{|\mathbf{A}|} \begin{pmatrix} \widetilde{a}_{11} & \widetilde{a}_{21} & \cdots & \widetilde{a}_{n1} \\ \widetilde{a}_{12} & \widetilde{a}_{22} & & \widetilde{a}_{n2} \\ \vdots & \vdots & \ddots & \vdots \\ \widetilde{a}_{1n} & \widetilde{a}_{2n} & \cdots & \widetilde{a}_{nn} \end{pmatrix}
\tag{5.3.2-2}
$$

ですから，

$$
\mathbf{x} = \mathbf{A}^{-1}\mathbf{b} = \frac{1}{|\mathbf{A}|} \begin{pmatrix} \widetilde{a}_{11} & \widetilde{a}_{21} & \cdots & \widetilde{a}_{n1} \\ \widetilde{a}_{12} & \widetilde{a}_{22} & \cdots & \widetilde{a}_{n2} \\ \vdots & \vdots & \ddots & \vdots \\ \widetilde{a}_{1n} & \widetilde{a}_{2n} & \cdots & \widetilde{a}_{nn} \end{pmatrix} \begin{pmatrix} b_1 \\ b_2 \\ \vdots \\ b_n \end{pmatrix} = \frac{1}{|\mathbf{A}|} \left(\sum_i^n \widetilde{a}_{i1}b_i \quad \sum_i^n \widetilde{a}_{i2}b_i \quad \cdots \quad \sum_i^n \widetilde{a}_{in}b_i \right)^T
\tag{5.3.2-3}
$$

5.3. 逆行列とクラーメルの式

一方，クラーメルの式はというと，

$$x_1 = |\mathbf{A}_1||\mathbf{A}|^{-1} = (b_1\tilde{a}_{11} + b_2\tilde{a}_{21} + \cdots + b_n\tilde{a}_{n1})|\mathbf{A}|^{-1}$$
$$x_2 = |\mathbf{A}_2||\mathbf{A}|^{-1} = (b_1\tilde{a}_{12} + b_2\tilde{a}_{22} + \cdots + b_n\tilde{a}_{n2})|\mathbf{A}|^{-1}$$
$$\vdots$$
$$x_n = |\mathbf{A}_n||\mathbf{A}|^{-1} = (b_1\tilde{a}_{1n} + b_2\tilde{a}_{2n} + \cdots + b_n\tilde{a}_{nn})|\mathbf{A}|^{-1}$$

(余因子展開を思い出してください．) (5.3.2-4)

と書くのでした．覚えてませんか．忘れていた読者は式 1.6.3-1 をご覧ください．

さあ，もう見えてきました．式 5.3.2-3 および式 5.3.2-4 により，

$$\mathbf{x} = \begin{pmatrix} x_1 \\ x_2 \\ \vdots \\ x_n \end{pmatrix} = \begin{pmatrix} (b_1\tilde{a}_{11} + b_2\tilde{a}_{21} + \cdots + b_n\tilde{a}_{n1})|\mathbf{A}|^{-1} \\ (b_1\tilde{a}_{12} + b_2\tilde{a}_{22} + \cdots + b_n\tilde{a}_{n2})|\mathbf{A}|^{-1} \\ \vdots \\ (b_1\tilde{a}_{1n} + b_2\tilde{a}_{2n} + \cdots + b_n\tilde{a}_{nn})|\mathbf{A}|^{-1} \end{pmatrix}$$
$$= \frac{1}{|\mathbf{A}|}\left(\sum_i^n b_i\tilde{a}_{i1} \quad \sum_i^n b_i\tilde{a}_{i2} \quad \cdots \quad \sum_i^n b_i\tilde{a}_{in}\right) = \frac{1}{|\mathbf{A}|}\widetilde{\mathbf{A}}\mathbf{b} = \mathbf{A}^{-1}\mathbf{b}$$

(5.3.2-5)

となります．したがって，式 5.3.2-3 と式 5.3.2-4 とは同じであることが分かりました．そりゃ，そうですね．違っている訳がないのです．眼から鱗の読者がいますでしょうか．

このように，計算過程が少々異なりますが，行き着くところは同じ，ということです．数学では，往々にして，別解答があるものです．例えれば，JR で秋葉原駅から新宿駅まで行くのに，山手線内回り，山手線外回り，黄色の総武線，総武線から御茶ノ水駅で乗り換えて赤い中央線快速，のどれも新宿駅に着きますし，値段も同じです，ってのと同じことかなあ (笑)．

練習問題 5.3.2-1　逆行列に関する練習問題を自分で作って解答を書きなさい．
練習問題 5.3.2-2　次の 2 元 1 次方程式
$$x + 2y = 4$$
$$-3x + 4y = -2$$
を逆行列とクラーメルの式を用いてそれぞれ解答を書き，両者を比較せよ．

Gallery 24.
右：富士山　イメージ
　　パステル画
　　　著者作成
左：富士山
　　写真　航空機内
　　　著者撮影

演習問題　第5章

5-1. $m \times n$ 型行列 $\mathbf{A}$ および $n \times \ell$ 型行列 $\mathbf{B}$ について，それらの積 $\mathbf{AB}$ を行列 $\mathbf{C}$ とするとき，行列 $\mathbf{C}$ の型と成分 c_{ij} の表式を示せ．

5-2. n 次の正方行列 $\mathbf{A} = \begin{pmatrix} a_{11} & \cdots & a_{1n} \\ \vdots & \ddots & \vdots \\ a_{n1} & \cdots & a_{nn} \end{pmatrix}$ について，n 次の正方行列 $\varDelta = \{\delta_{ij}\}$ との積 $\mathbf{A}\varDelta$ を求めよ．また，$\varDelta \mathbf{A}$ を求めよ．ただし，δ_{ij} はクロネッカーのデルタである．

5-3. 以下の行列 $\mathbf{A}, \mathbf{B}, \mathbf{C}$：
$$\mathbf{A} = \begin{pmatrix} a_{11} & a_{12} & a_{13} & a_{14} \\ a_{21} & a_{22} & a_{23} & a_{24} \end{pmatrix}, \mathbf{B} = \begin{pmatrix} a_{11} & a_{12} & a_{13} & a_{14} \\ a_{21} & a_{22} & a_{23} & a_{24} \end{pmatrix}^T, \mathbf{C} = \begin{pmatrix} c_{11} & c_{12} \\ c_{21} & c_{22} \end{pmatrix}$$
について，$(\mathbf{AB})\mathbf{C} = \mathbf{A}(\mathbf{BC})$ を要素レベルで証明せよ．

5-4. 以下の行列 $\mathbf{A}, \mathbf{B}, \mathbf{C}$：
$$\mathbf{A} = \begin{pmatrix} a_{11} & a_{12} \\ a_{21} & a_{22} \end{pmatrix}, \mathbf{B} = \begin{pmatrix} b_{11} & b_{12} \\ b_{21} & b_{22} \end{pmatrix}, \mathbf{C} = \begin{pmatrix} c_{11} & c_{12} \\ c_{21} & c_{22} \end{pmatrix}$$
について，$(\mathbf{A}+\mathbf{B})\mathbf{C} = \mathbf{AB} + \mathbf{BC}$ を要素レベルで証明せよ．

5-5. 以下の行列 $\mathbf{A}, \mathbf{B}$：
$$\mathbf{A} = \begin{pmatrix} a_{11} & a_{12} \\ a_{21} & a_{22} \end{pmatrix}, \mathbf{B} = \begin{pmatrix} b_{11} & b_{12} \\ b_{21} & b_{22} \end{pmatrix}$$
について，$(\mathbf{AB})^T = \mathbf{B}^T \mathbf{A}^T$ を要素レベルで証明せよ．

5-6. スカラー $\varphi = a_{11} + a_{12} + a_{21} + a_{22}$ を次の行列で偏微分せよ．
$$\mathbf{A} = \begin{pmatrix} a_{11} & a_{12} \\ a_{21} & a_{22} \end{pmatrix}$$

5-7. 行列 $\mathbf{P}, \mathbf{Q}$ を，それぞれ，m 次および n 次の正則行列とし，$\mathbf{R}$ を $m \times n$ の行列とするとき，
$$\mathbf{A} = \begin{pmatrix} \mathbf{P} & \mathbf{R} \\ \mathbf{O} & \mathbf{Q} \end{pmatrix}$$
の逆行列 $\mathbf{A}^{-1}$ を求めよ．

5-8. 2×2 型行列 $\mathbf{A} = \begin{pmatrix} a_{11} & a_{12} \\ a_{21} & a_{22} \end{pmatrix}$ について，$\dfrac{\partial \mathbf{A}}{\partial \widetilde{\mathbf{A}}}$ を計算し，その結果を，2次の歪単位行列 $\mathbf{E}_{ij}^0(k)$ で表せ．

5-9. 掃き出し法を利用して，次の行列 $\mathbf{A}$ のランク（階数）を求めよ．
$$\mathbf{A} = \begin{pmatrix} 1 & -2 & 1 \\ -1 & 3 & 0 \\ 1 & -1 & 2 \end{pmatrix}$$

5-10. 次の方程式をクラーメルの式を用いて解け．

(1) $\begin{cases} x_1 - 2x_2 + x_3 = 0 \\ x_1 + x_2 + x_3 = 3 \\ -x_1 + x_2 + x_3 = 1 \end{cases}$　(2) $\begin{cases} x_1 - 2x_2 + x_3 = -4 \\ x_1 + x_2 + x_3 = -1 \\ -x_1 + x_2 + x_3 = 1 \end{cases}$

Short Rest 6.
「Office のマクロ作成と利用」

ここでは、マイクロソフトのマクロについてその利用について若干ご説明いたします。マクロではビジュアル・ベーシックを開発言語としてプログラミングができます。相当前の話で、ご存知ない方がほとんどと思いますが、マックで、と言ってもマクドナルドではなく、マッキントッシュのことですが、Ci（～100万円）とか Si（～60万円）とかあったとき、ハイパーカードという優れたカード型のデータベースがありました。これも簡単な言語でプログラミングができました。

話を戻しましょう。エクセルで用いた場合を想定します。例えば、A1に3、A2に2があって

A1の3とA2の2とを加えた値をA3に書き込みたい場合、通常は =sum( ) なる関数で行います。もちろん、この場合は暗算で 5 を A3 に書けば良いのですが、仮に、これをマクロで行う場合は、まず、マクロのプログラミングをすることになります。まず、「表示」メニューで「マクロ・マクロメニュー」を探します。

その後、「マクロ・マクロメニュー」を押し、
「マクロの記録」を押しますと、マクロの名前が設定でき、ショートカット・キーを入れてマクロの起動を、上の例では、Ctrl+shift+P で行えるようになります。さて、ここで、OK ボタンを押すとエクセルの画面に戻りますが、実は、マウスの動作がマクロのプログラムとして記録中です。OK ボタンを押した後、マウスでA1を、次にマウスでA2を、さらにA3を、順にクリックします。そのあと、「マクロ・マクロメニュー」を押

し、「記録終了」を押します。次に、再び、「マクロ・マクロメニュー」を押し、今度は「マクロの表示」を選ぶと、先ほど入力したマクロの名前がリストアップされています。それをクリックして、「編集」ボタンを押しますとマクロプログラミングができています。エディターで、左図のように書き直し、「編集」メニューで「実行」させれば、左図の下図に示しますように、A3に は 5 が表示されます。「編集」では様々な関数が利用できます。

ここでは、この程度しか説明できませんが、詳しい関数の説明は、『マクロ』の専門書がありますので、ご興味があれば、ご購入下さい。マクロを使えるようになれば、関数電卓よりはるかに優れたプログラミングが関数電卓よりはるかに容易に書けます。

6. 線形代数 Ⅴ

線形代数 Ⅴ

分かっているつもりでも分からないのが最も基本的なことです．

行列式は，第 1 章で見てきたように，行列式に関して加法（減法も含める），定数倍，乗法の演算法の定義を行いました．そして，行列式には，「数」のような性質をもち，また，ある場合には「変数」や「関数」となる性質も持っていることがお分かりになったと思います．

ここで，その諸性質を，より高度で一般的な考えでまとめることは，演算の複雑さを整理することにほかなりません．以下で述べるのは，これまで述べてきたことの拡張ですから，読者にとって，聞いたことがない言葉もあるでしょうけれど，単なる，決め事あるいは定義であって，恐れるに足らずと思って，読み流していただければ良いと思います．逆に，初めて知る方にとっては面白いかもしれませんよ．

では，　¡Que tengas un buen viaje!

6.1. 行列式 II

行列式ついては，節 1.4 で，すでに，ご紹介済みです．ここでは，さらに，高度な（と言っても，少々，複雑になるってことなんすけど）行列式に関わる式変形を見ていきます．また，行列式といえば付き物の余因子について補足します．

6.1.1. 行列式の計算

3 次の行列式まではサラスの方法による展開で十分ですが，4 次以上の高次の行列式の展開をするには余因子展開などをする必要があります．まずは，2 次，3 次について様子を見ましょうか．項 1.4.4 で示した行列式の性質を駆使して（そんな仰々しい話じゃないのですが…笑），例題を見て頂きましょうか．

例題 6.1.1-1 次の行列式 $|\mathbf{A}|$ の 1 行目と 2 行目を交換し，さらに第 1 列目と第 2 列目を交換しても，$|\mathbf{A}|$ の値が変わらないことを示せ． $|\mathbf{A}| = \begin{vmatrix} 1 & 1 \\ x_1^2 & x_2^2 \end{vmatrix}$

例題 6.1.1-1 解答 $|\mathbf{A}|$ の 1 行目と 2 行目を交換し，さらに第 1 列目と第 2 列目を交換した行列式を $|\mathbf{A}_E|$ とすると，

$$|\mathbf{A}| = \begin{vmatrix} 1 & 1 \\ x_1^2 & x_2^2 \end{vmatrix} \Leftrightarrow |\mathbf{A}_E| = \begin{vmatrix} x_2^2 & x_1^2 \\ 1 & 1 \end{vmatrix}$$

$$|\mathbf{A}| = \begin{vmatrix} 1 & 1 \\ x_1^2 & x_2^2 \end{vmatrix} = x_2^2 - x_1^2 \ , \ |\mathbf{A}_E| = \begin{vmatrix} x_2^2 & x_1^2 \\ 1 & 1 \end{vmatrix} = x_2^2 - x_1^2 \ \therefore \ |\mathbf{A}_E| = |\mathbf{A}|$$

例題 6.1.1-1 別解答 $|\mathbf{A}|$ の 1 行目と 2 行目を交換し，さらに第 1 列目と第 2 列目を交換した行列式を $|\mathbf{A}_E|$ とすると，

$$|\mathbf{A}| = \begin{vmatrix} 1 & 1 \\ x_1^2 & x_2^2 \end{vmatrix} \Leftrightarrow |\mathbf{A}_E| = \begin{vmatrix} x_2^2 & x_1^2 \\ 1 & 1 \end{vmatrix}$$ 行列式の性質を用いると，

$$|\mathbf{A}| = \begin{vmatrix} 1 & 1 \\ x_1^2 & x_2^2 \end{vmatrix} = -\begin{vmatrix} x_1^2 & x_2^2 \\ 1 & 1 \end{vmatrix} = \begin{vmatrix} x_2^2 & x_1^2 \\ 1 & 1 \end{vmatrix} = |\mathbf{A}_E| \ \therefore \ |\mathbf{A}_E| = |\mathbf{A}|$$

読者には簡単すぎて，申し訳ありません．しかし，これが基本です．解答は超簡単ですが，意外とできない読者もいるのでは？ 次の練習問題はどうでしょうか？

> ここの節の説明は，これだけなんですけど・・・すいません

練習問題 6.1.1-1 次の行列式を解け．

$$D = \begin{vmatrix} 1 & 1 & 1 \\ a & b & c \\ a^2 & b^2 & c^2 \end{vmatrix}$$

練習問題 6.1.1-2 次の方程式をクラーメルの公式を用いて解け．

$$px + y + z = 1$$
$$x + py + z = p$$
$$x - y + z = 2$$

6.1.2. 複数行列を含む行列式

どういうことかと言いますと，例えば，行列 $\mathbf{A}$ を m 次の正方行列，行列 $\mathbf{B}$ を n 次の正方行列，行列 $\mathbf{C}$ を $m \times n$ 型行列とする場合，以下の定理が証明できます．

定理37　複数行列行列式の操作
m 次の正方行列 $\mathbf{A}$，n 次の正方行列行列 $\mathbf{B}$，$m \times n$ 型の行列 $\mathbf{C}$ について，
$$\begin{vmatrix} \mathbf{O} & \mathbf{B} \\ \mathbf{A} & \mathbf{C} \end{vmatrix} = (-1)^{mn} \begin{vmatrix} \mathbf{A} & \mathbf{C} \\ \mathbf{O} & \mathbf{B} \end{vmatrix} \tag{6.1.2-1}$$

ここで．$(-1)^{mn}$ という係数は行を入れ替えた回数を意味します．
簡単な例を具体的に，やってみましょう．

$$\begin{vmatrix} \mathbf{O} & \mathbf{B} \\ \mathbf{A} & \mathbf{C} \end{vmatrix} = \begin{vmatrix} 0_{11} & 0_{12} & b_{11} & b_{12} \\ 0_{21} & 0_{22} & b_{21} & b_{22} \\ a_{11} & a_{12} & c_{11} & c_{12} \\ a_{21} & a_{22} & c_{21} & c_{22} \end{vmatrix} = (-1)^1 \begin{vmatrix} 0_{11} & 0_{12} & b_{11} & b_{12} \\ a_{11} & a_{12} & c_{11} & c_{12} \\ 0_{21} & 0_{22} & b_{21} & b_{22} \\ a_{21} & a_{22} & c_{21} & c_{22} \end{vmatrix}$$

$$= (-1)^2 \begin{vmatrix} a_{11} & a_{12} & c_{11} & c_{12} \\ 0_{11} & 0_{12} & b_{11} & b_{12} \\ 0_{21} & 0_{22} & b_{21} & b_{22} \\ a_{21} & a_{22} & c_{21} & c_{22} \end{vmatrix} = (-1)^3 \begin{vmatrix} a_{11} & a_{12} & c_{11} & c_{12} \\ 0_{11} & 0_{12} & b_{11} & b_{12} \\ a_{21} & a_{22} & c_{21} & c_{22} \\ 0_{21} & 0_{22} & b_{21} & b_{22} \end{vmatrix}$$

$$= (-1)^4 \begin{vmatrix} a_{11} & a_{12} & c_{11} & c_{12} \\ a_{21} & a_{22} & c_{21} & c_{22} \\ 0_{11} & 0_{12} & b_{11} & b_{12} \\ 0_{21} & 0_{22} & b_{21} & b_{22} \end{vmatrix} = (-1)^4 \begin{vmatrix} \mathbf{A} & \mathbf{C} \\ \mathbf{O} & \mathbf{B} \end{vmatrix} \tag{6.1.2-2}$$

の場合は，入れ替えた回数は4回です．しかし，ベクトル $\mathbf{a}$, $\mathbf{b}$ と定数 c_{11} による次式は，

$$\begin{vmatrix} \mathbf{O} & \mathbf{b} \\ \mathbf{a}^T & c_{11} \end{vmatrix} = \begin{vmatrix} 0_{11} & 0_{12} & 0_{13} & b_{11} \\ 0_{21} & 0_{22} & 0_{23} & b_{21} \\ 0_{31} & 0_{32} & 0_{33} & b_{31} \\ a_{11} & a_{12} & a_{13} & c_{11} \end{vmatrix} = (-1)^1 \begin{vmatrix} 0_{11} & 0_{12} & 0_{13} & b_{11} \\ 0_{21} & 0_{22} & 0_{23} & b_{21} \\ a_{11} & a_{12} & a_{13} & c_{11} \\ 0_{31} & 0_{32} & 0_{33} & b_{31} \end{vmatrix}$$

$$= (-1)^2 \begin{vmatrix} 0_{11} & 0_{12} & 0_{13} & b_{11} \\ a_{11} & a_{12} & a_{13} & c_{11} \\ 0_{21} & 0_{22} & 0_{23} & b_{21} \\ 0_{31} & 0_{32} & 0_{33} & b_{31} \end{vmatrix} = (-1)^3 \begin{vmatrix} a_{11} & a_{12} & a_{13} & c_{11} \\ 0_{11} & 0_{12} & 0_{13} & b_{11} \\ 0_{21} & 0_{22} & 0_{23} & b_{21} \\ 0_{31} & 0_{32} & 0_{33} & b_{31} \end{vmatrix} = (-1)^3 \begin{vmatrix} \mathbf{a}^T & c_{11} \\ \mathbf{O} & \mathbf{b} \end{vmatrix} \tag{6.1.2-3}$$

のように，入れ替えた回数は3回です．すなわち，入れ替える回数が行列式内に含まれる2つの行列の行数の掛け算になります．式 6.1.2-1 では行列 $\mathbf{A}$ が m 次の正方行列（m 行），行列 $\mathbf{O}$ が $n \times m$ 型行列（n 行）ですから，入れ替え回数は，m 回の行の入れ替えが n 回あ

6.1. 行列式 II

るということで，行の入れ替えの総数が $m \times n$ となるのです．どうですか．納得しましたか？ 納得しなくても，次に移ります．

もう1つの問題が複数の行列で構成される行列同士の掛け算です．どういうことかと言いますと，以下の定理が証明できます

定理38 複数行列の行列式の演算

$$\begin{vmatrix} A & B \\ C & D \end{vmatrix} \begin{vmatrix} X & Y \\ Z & W \end{vmatrix} = \begin{vmatrix} AX+BZ & AY+BW \\ CX+DZ & CY+DW \end{vmatrix} \qquad (6.1.2\text{-}4)$$

（この演算は，結構，重要ですわよ．覚えていてくださいね．）

ただし，行列 A, B, C, D, X, Y, Z, W の型は上記演算が成り立つ場合に限る．

では，以下に式 6.1.2-4 のすべての行列が n 次の正方行列とした簡単な例を示します．

$$\begin{vmatrix} A & B \\ C & D \end{vmatrix}\begin{vmatrix} X & Y \\ Z & W \end{vmatrix} = \begin{vmatrix} a_{11} & \cdots & a_{1n} & b_{11} & \cdots & b_{1n} \\ \vdots & \ddots & \vdots & \vdots & \ddots & \vdots \\ a_{n1} & \cdots & a_{nn} & b_{n1} & \cdots & b_{nn} \\ c_{11} & \cdots & c_{1n} & d_{11} & \cdots & d_{1n} \\ \vdots & \ddots & \vdots & \vdots & \ddots & \vdots \\ c_{n1} & \cdots & c_{nn} & d_{n1} & \cdots & d_{nn} \end{vmatrix} \begin{vmatrix} x_{11} & \cdots & x_{1n} & y_{11} & \cdots & y_{1n} \\ \vdots & \ddots & \vdots & \vdots & \ddots & \vdots \\ x_{n1} & \cdots & x_{nn} & y_{n1} & \cdots & y_{nn} \\ z_{11} & \cdots & z_{1n} & w_{11} & \cdots & w_{1n} \\ \vdots & \ddots & \vdots & \vdots & \ddots & \vdots \\ z_{n1} & \cdots & z_{nn} & w_{n1} & \cdots & w_{nn} \end{vmatrix}$$

$$= \begin{vmatrix} \sum a_{1t}x_{t1}+\sum b_{1t}z_{t1} & \cdots & \sum a_{1t}x_{tn}+\sum b_{1t}z_{tn} & \sum a_{1t}y_{t1}+\sum b_{1t}w_{t1} & \cdots & \sum a_{1t}y_{tn}+\sum b_{1t}w_{tn} \\ \vdots & \ddots & \vdots & \vdots & \ddots & \vdots \\ \sum a_{nt}x_{t1}+\sum b_{nt}z_{t1} & \cdots & \sum a_{nt}x_{tn}+\sum b_{nt}z_{tn} & \sum a_{nt}y_{t1}+\sum b_{nt}w_{t1} & \cdots & \sum a_{nt}y_{tn}+\sum b_{nt}w_{tn} \\ \sum c_{1t}x_{t1}+\sum d_{1t}z_{t1} & \cdots & \sum c_{1t}x_{tn}+\sum d_{1t}z_{tn} & \sum c_{1t}y_{t1}+\sum d_{1t}w_{t1} & \cdots & \sum c_{1t}y_{tn}+\sum d_{1t}w_{tn} \\ \vdots & \ddots & \vdots & \vdots & \ddots & \vdots \\ \sum c_{nt}x_{t1}+\sum d_{nt}z_{t1} & \cdots & \sum c_{nt}x_{tn}+\sum d_{nt}z_{tn} & \sum c_{nt}y_{t1}+d\sum b_{nt}w_{t1} & \cdots & \sum c_{nt}y_{tn}+\sum d_{nt}w_{tn} \end{vmatrix}$$

$$= \begin{vmatrix} AX+BZ & AY+BW \\ CX+DZ & CY+DW \end{vmatrix}$$

（普通の行列の掛け算方法と同じようにできるんだよ！）

$$\therefore \begin{pmatrix} \sum a_{1t}x_{t1}+\sum b_{1t}z_{t1} & \cdots & \sum a_{1t}x_{tn}+\sum b_{1t}z_{tn} \\ \vdots & \ddots & \vdots \\ \sum a_{nt}x_{t1}+\sum b_{nt}z_{t1} & \cdots & \sum a_{nt}x_{tn}+\sum b_{nt}z_{tn} \end{pmatrix} = \begin{pmatrix} \sum a_{1t}x_{t1} & \cdots & \sum a_{1t}x_{tn} \\ \vdots & \ddots & \vdots \\ \sum a_{nt}x_{t1} & \cdots & \sum a_{nt}x_{tn} \end{pmatrix} + \begin{pmatrix} \sum b_{1t}z_{t1} & \cdots & \sum b_{1t}z_{tn} \\ \vdots & \ddots & \vdots \\ \sum b_{nt}z_{t1} & \cdots & \sum b_{nt}z_{tn} \end{pmatrix} = (AX+BZ)$$

$$\begin{pmatrix} \sum a_{1t}y_{t1}+\sum b_{1t}w_{t1} & \cdots & \sum a_{1t}y_{tn}+\sum b_{1t}w_{tn} \\ \vdots & \ddots & \vdots \\ \sum a_{nt}y_{t1}+\sum b_{nt}w_{t1} & \cdots & \sum a_{nt}y_{tn}+\sum b_{nt}w_{tn} \end{pmatrix} = \begin{pmatrix} \sum a_{1t}y_{t1} & \cdots & \sum a_{1t}y_{tn} \\ \vdots & \ddots & \vdots \\ \sum a_{nt}y_{t1} & \cdots & \sum a_{nt}y_{tn} \end{pmatrix} + \begin{pmatrix} \sum b_{1t}w_{t1} & \cdots & \sum b_{1t}w_{tn} \\ \vdots & \ddots & \vdots \\ \sum b_{nt}w_{t1} & \cdots & \sum b_{nt}w_{tn} \end{pmatrix} = (AY+BW)$$

$$\begin{pmatrix} \sum c_{1t}x_{t1}+\sum d_{1t}z_{t1} & \cdots & \sum c_{1t}x_{tn}+\sum d_{1t}z_{tn} \\ \vdots & \ddots & \vdots \\ \sum c_{nt}x_{t1}+\sum d_{nt}z_{t1} & \cdots & \sum c_{nt}x_{tn}+\sum d_{nt}z_{tn} \end{pmatrix} = \begin{pmatrix} \sum c_{1t}x_{t1} & \cdots & \sum c_{1t}x_{tn} \\ \vdots & \ddots & \vdots \\ \sum c_{nt}x_{t1} & \cdots & \sum c_{nt}x_{tn} \end{pmatrix} + \begin{pmatrix} \sum d_{1t}z_{t1} & \cdots & \sum d_{1t}z_{tn} \\ \vdots & \ddots & \vdots \\ \sum d_{nt}z_{t1} & \cdots & \sum d_{nt}z_{tn} \end{pmatrix} = (CX+DZ)$$

$$\begin{pmatrix} \sum c_{1t}y_{t1}+\sum d_{1t}w_{t1} & \cdots & \sum c_{1t}y_{tn}+\sum d_{1t}w_{tn} \\ \vdots & \ddots & \vdots \\ \sum c_{nt}y_{t1}+\sum d_{nt}w_{t1} & \cdots & \sum c_{nt}y_{tn}+\sum d_{nt}w_{tn} \end{pmatrix} = \begin{pmatrix} \sum c_{1t}y_{t1} & \cdots & \sum c_{1t}y_{tn} \\ \vdots & \ddots & \vdots \\ \sum c_{nt}y_{t1} & \cdots & \sum c_{nt}y_{tn} \end{pmatrix} + \begin{pmatrix} \sum d_{1t}w_{t1} & \cdots & \sum d_{1t}w_{tn} \\ \vdots & \ddots & \vdots \\ \sum b_{nt}w_{t1} & \cdots & \sum d_{nt}w_{tn} \end{pmatrix} = (CY+DW)$$

ということで，如何でしょう．個々の演算が可能な複数の行列を要素とする行列式の演算方法が，数を要素とする行列式の演算方法で可能なことがこれでお分かり頂けましたでしょうか．式が多くて，文字が小さくなって恐縮ですが，計算の途中を公開して，出来る限り，読者に目で追うことができるようにしたのがこの本の特徴ですので，ご容赦ください．

6.1.3. 行列式と余因子

余因子は節 1.4 項 1.4.2 で基本概念を詳しく説明しました．思い出してください．・・・ページを遡って，確かめましたか？

例題 6.1.3-1 n 次の行列 $\mathbf{A} = \{a_{ij}\}$ と，その余因子行列を $\widetilde{\mathbf{A}} = \{\alpha_{ij}\}$ とするとき，
(1) $\mathbf{A}\widetilde{\mathbf{A}} = |\mathbf{A}|\mathbf{E}$ (2) $(\mathbf{A}^T)\tilde{} = (\widetilde{\mathbf{A}})^T$
であることを示せ．

例題 6.1.3-1 解答
題意より，
(1) $\mathbf{A}\widetilde{\mathbf{A}} = \{a_{ij}\}\{\alpha_{ij}\} = \left\{\sum_k a_{ik}\alpha_{kj}\right\} = \left\{\sum_k a_{ik}\tilde{a}_{jk}\right\} = \{\delta_{ij}|\mathbf{A}|\} = |\mathbf{A}|\mathbf{E}$
また，
(2) $\left.\begin{array}{l}\mathbf{A} = \{a_{ij}\} \Rightarrow \mathbf{A}^T = \{a_{ji}\} \Rightarrow (\mathbf{A}^T)\tilde{} = \{\tilde{a}_{ji}\} \\ \mathbf{A} = \{a_{ij}\} \Rightarrow \widetilde{\mathbf{A}} = \{\tilde{a}_{ij}\} \Rightarrow (\widetilde{\mathbf{A}})^T = \{\tilde{a}_{ji}\}\end{array}\right\} \therefore (\mathbf{A}^T)\tilde{} = (\widetilde{\mathbf{A}})^T$

したがって，題意が示された． $Q.E.D.$

ということです．如何ですか．何かご不満でも・・・次です．

例題 6.1.3-2 n 次の行列 $\mathbf{A}$ があって，その余因子行列を $\widetilde{\mathbf{A}}$ とするとき，$|\widetilde{\mathbf{A}}|$ を行列 $\mathbf{A}$ で表せ．

例題 6.1.3-2 解答 例題 6.1.3-1 から，
$$\mathbf{A}\widetilde{\mathbf{A}} = |\mathbf{A}|\mathbf{E}$$
ですから，左辺も右辺も行列であり，左辺および右辺を行列式にしても等号は成立する．したがって，
$$|\mathbf{A}\widetilde{\mathbf{A}}| = ||\mathbf{A}|\mathbf{E}| \Leftrightarrow |\mathbf{A}||\widetilde{\mathbf{A}}| = \begin{vmatrix} |\mathbf{A}| & \cdots & 0 \\ \vdots & \ddots & \vdots \\ 0 & \cdots & |\mathbf{A}| \end{vmatrix} = |\mathbf{A}|^n$$
$$\therefore \quad |\widetilde{\mathbf{A}}| = |\mathbf{A}|^{n-1}$$

となります．実は，例題 1.6.3.3 と同じです．もう 1 つやってみますか．これも，例題 5.1.4-3 と同じ問題ですが，別解を示します．

例題 6.1.3-3 n 次の行列 $\mathbf{A}, \mathbf{B}$ があって，その余因子行列 $\widetilde{\mathbf{A}}, \widetilde{\mathbf{B}}$ について，
$\widetilde{\mathbf{AB}} = \widetilde{\mathbf{B}}\widetilde{\mathbf{A}}$ であることを示せ．

例題 6.1.3-3 解答
$\widetilde{\mathbf{B}}\widetilde{\mathbf{A}}\mathbf{AB}\widetilde{\mathbf{AB}} = \widetilde{\mathbf{B}}(\widetilde{\mathbf{A}}\mathbf{A})\mathbf{B}\widetilde{\mathbf{AB}} = \widetilde{\mathbf{B}}(|\mathbf{A}|\mathbf{E})\mathbf{B}\widetilde{\mathbf{AB}} = |\mathbf{A}|\widetilde{\mathbf{B}}\mathbf{B}\widetilde{\mathbf{AB}}$
$\qquad = |\mathbf{A}|(|\mathbf{B}|\mathbf{E})\widetilde{\mathbf{AB}} = |\mathbf{A}||\mathbf{B}|\widetilde{\mathbf{AB}} = |\mathbf{AB}|\widetilde{\mathbf{AB}}$
$\widetilde{\mathbf{B}}\widetilde{\mathbf{A}}\mathbf{AB}\widetilde{\mathbf{AB}} = \widetilde{\mathbf{B}}\widetilde{\mathbf{A}}(\mathbf{AB}\widetilde{\mathbf{AB}}) = \widetilde{\mathbf{B}}\widetilde{\mathbf{A}}(|\mathbf{AB}|\mathbf{E}) = |\mathbf{AB}|\widetilde{\mathbf{B}}\widetilde{\mathbf{A}}$
$\therefore \quad \widetilde{\mathbf{AB}} = \widetilde{\mathbf{B}}\widetilde{\mathbf{A}}$

なんか「～」記号ばかりで混乱しないようにしてくださいね．でも，この，ふざけた感じの「～」記号が線形代数では大事な記号なのです．

ここで，例題 6.1.3-3 を定理にしておきましょうかね．練習問題をご覧ください．

6.1. 行列式 II

練習問題 6.1.3-1 次の 3 次の行列

$$\mathbf{A} = \begin{pmatrix} a_{11} & a_{12} & a_{13} \\ a_{21} & a_{22} & a_{23} \\ a_{31} & a_{32} & a_{33} \end{pmatrix}$$

について，要素 a_{13} および a_{32} に関して，余因子をそれぞれ答えよ

練習問題 6.1.3-2 次の 3 次の正方行列

$$\mathbf{A} = \begin{pmatrix} a_{11} & a_{12} & a_{13} \\ a_{21} & a_{22} & a_{23} \\ a_{31} & a_{32} & a_{33} \end{pmatrix}$$

について，$\mathbf{A}\widetilde{\mathbf{A}} = |\mathbf{A}|\mathbf{E}$ が成立することを要素を用いて示せ．

練習問題 6.1.3-3 次の (1) 2 次，および，(2) 3 次の，それぞれの正方行列

$$(1)\quad \mathbf{A} = \begin{pmatrix} a_{11} & a_{12} \\ a_{21} & a_{22} \end{pmatrix} \quad (2)\quad \mathbf{A} = \begin{pmatrix} a_{11} & a_{12} & a_{13} \\ a_{21} & a_{22} & a_{23} \\ a_{31} & a_{32} & a_{33} \end{pmatrix}$$

について，$|\widetilde{\mathbf{A}}| = |\mathbf{A}|^{n-1}$ （n は次数）であることを要素を用いて示せ．

練習問題 6.1.3-4 次の 3 次の正方行列

$$\mathbf{A} = \begin{pmatrix} a_{11} & a_{12} & a_{13} \\ a_{21} & a_{22} & a_{23} \\ a_{31} & a_{32} & a_{33} \end{pmatrix}, \quad \mathbf{B} = \begin{pmatrix} b_{11} & b_{12} & b_{13} \\ b_{21} & b_{22} & b_{23} \\ b_{31} & b_{32} & b_{33} \end{pmatrix}$$

について，$\widetilde{\mathbf{AB}} = \widetilde{\mathbf{B}}\widetilde{\mathbf{A}}$ であることを要素を用いて示せ．

Gallery 25.
右：猫
　水彩画（模写）
　　（水彩画レッスン画材）
　　　著者作成
左：樽前荘（支笏湖湖畔）
　　写真
　　　著者撮影

演習問題　第6章

6-1. 次の n 次の対角行列
$$\mathbf{A} = \begin{pmatrix} a_{11} & 0 & \cdots & 0 \\ 0 & a_{22} & \ddots & \vdots \\ \vdots & \ddots & \ddots & 0 \\ 0 & \cdots & 0 & a_{nn} \end{pmatrix}$$
について，逆行列 $\mathbf{A}^{-1}$ を求め，$\mathbf{A}\mathbf{A}^{-1} = \mathbf{E}$ を要素表現で示せ．

6-2. 次の n 次の対角行列
$$\mathbf{A} = \begin{pmatrix} a_{11} & 0 & \cdots & 0 \\ 0 & a_{22} & \ddots & \vdots \\ \vdots & \ddots & \ddots & 0 \\ 0 & \cdots & 0 & a_{nn} \end{pmatrix}$$
について，$|\mathbf{A}| = \prod_{i=1}^{n} a_{ii}$ であることを余因子展開の概念を用いた数学的帰納法で証明せよ．

6-3. $m \times n$ 型行列 $\mathbf{A}$，$m \times \ell$ 型行列 $\mathbf{B}$，$\ell \times n$ 型行列 $\mathbf{P}$，ℓ 次の正方行列 $\mathbf{Q}$ があって，
$$\begin{vmatrix} \mathbf{A} & \mathbf{B} \\ \mathbf{P} & \mathbf{Q} \end{vmatrix} \Rightarrow \begin{vmatrix} \mathbf{P} & \mathbf{Q} \\ \mathbf{A} & \mathbf{B} \end{vmatrix}$$
のように行の移動を行う場合，行を入れ替える総数を答えよ．

6-4. 定理 38 で，行列 $\mathbf{A}, \mathbf{B}, \mathbf{C}, \mathbf{D}, \mathbf{X}, \mathbf{Y}, \mathbf{Z}, \mathbf{W}$ の演算を 2×2 の正方行列で確かめよ．

6-5. n 次の行列 $\mathbf{A}, \mathbf{B}, \mathbf{C}, \mathbf{D}, \mathbf{P}, \mathbf{Q}, \mathbf{R}, \mathbf{O}, \mathbf{E}$ があって，$\mathbf{O}$ は零行列，$\mathbf{E}$ は単位行列とする．ここで，
$$\begin{pmatrix} \mathbf{A} & \mathbf{B} \\ \mathbf{C} & \mathbf{D} \end{pmatrix} = \begin{pmatrix} \mathbf{A} & \mathbf{O} \\ \mathbf{C} & \mathbf{E} \end{pmatrix} \begin{pmatrix} \mathbf{P} & \mathbf{Q} \\ \mathbf{O} & \mathbf{R} \end{pmatrix}$$
となる n 次の行列 $\mathbf{P}, \mathbf{Q}, \mathbf{R}$ を $\mathbf{A}, \mathbf{B}, \mathbf{C}, \mathbf{D}, \mathbf{O}, \mathbf{E}$ で表せ．

6-6. 6.5 の結果を用いて，n 次の正方行列 $\mathbf{A}, \mathbf{B}, \mathbf{C}, \mathbf{D}$ について，
$$\begin{vmatrix} \mathbf{A} & \mathbf{C} \\ \mathbf{O} & \mathbf{B} \end{vmatrix} = \begin{vmatrix} \mathbf{A} & \mathbf{O} \\ \mathbf{D} & \mathbf{B} \end{vmatrix} = |\mathbf{A}||\mathbf{B}| \quad \text{(a)}$$
が成り立つとき，
$$\begin{vmatrix} \mathbf{A} & \mathbf{B} \\ \mathbf{C} & \mathbf{D} \end{vmatrix} = |\mathbf{AD} - \mathbf{CB}| \quad \text{(b)}$$
であれば，$\mathbf{A}, \mathbf{C}$ の積に関して可換であることを示せ．

Short Rest 7.
「オーケストラ」

　オーケストラと聞いて，皆さんはどんなイメージを持たれるでしょうか．ドラマ化され，テレビでも放映された「のだめカンタービレ」はご記憶にありますでしょうか．コンサート会場で役者がオーケストラにタクトを振り，女優がピアノを弾くシーンが思い出されます．因みに，「カンタービレ *cantabile*」という言葉ですが，「歌うように」という音楽の発想用語（楽曲の表情や 表現の方法を指示する説明の言葉）で，その語源はイタリア語の cantare で，歌う，詩を朗読する，鳥がさえずる，大声で話す，などの意味があります．同じように，マエストーソ maestoso は，荘厳に，堂々として，などの意味があります．話をオーケストラに戻すことにします．さて，N 響はご存知でしょうか．公益財団法人 NHK 交響楽団のことで，日本を代表する交響楽団と言っても過言ではありません．交響楽団は，主として，クラシックの楽曲を演奏する楽団で，少人数で編成をする場合もあり，三重奏や五重奏も行います．N 響は NHK の専属天下り公益財団法人（と著者は思う）で，NHK から 14 億円交付されているので，音楽会はただで聞けそうなものですが，コンサートチケットは結構高い．？？？

　ところで，オーケストラの呼称には，「交響楽団」，「管弦楽団」，「シンフォニーオーケストラ」・「フィルハーモニー」，「フィルハーモニー管弦楽団」・「フィルハーモニー交響楽団」・「フィルハーモニーオーケストラ」等々・・・さまざまなものがありますが，これらは呼び名が違うだけで特に構成的な違いがあるとか，内容に違いがあるわけではなく，単に名前の付け方の違いによるものです．「管弦楽団」，「楽団」はオーケストラ，「交響楽団」はシンフォニーオーケストラの日本語訳です．フィルハーモニーとは「楽友」の意味です（We love classic クラシック音楽情報より）．なんか，音色に関して言えば，独奏が単色で，三重奏や五重奏は 3 色や 5 色で，オーケストラはフルカラー，という感じがしませんか（笑）．

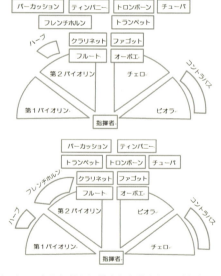

　オーケストラの編成は色々あります．例えば，編成は，楽曲や指揮者などにより変わりますが，右図上は，ドイツ式と呼び，右図下はアメリカ式と呼びます．基本的には弦楽器は前，木管楽器は中央，金管楽器やパーカッション系の楽器は後方に位置します．この他，協奏曲などは，その楽器が指揮者の右図下（第 1 バイオリンと指揮者の間くらい）に位置します．右図下の第 2 バイオリンとチェロを入れ替えた構成を古典式と呼びます．

　因みに，パソコンで，各楽器に対する楽譜を五線譜に書き，スコアを作成し，そのスコア通りに，各楽器の音色を鳴らすソフトウェアが販売させています．すなわち，自分のオーケストラを持てるのです．このとき，楽器の配置を設定するのに「パン Pan（/バランス）定位」機能を使います．（さらに，反響音などのエフェクトには「リバーブ Reverb」機能を使います）．

7. 線形代数 VI 補足

線形代数 VI 補足

分かっているつもりでも分からないのが最も基本的なことです.

　ベクトルについて，これまで，各章で見て来たように，加法（減法も含める），定数倍，乗法の演算法の定義を行い，定理を示し，ベクトルが「数」のような性質を持つことを紹介しました．そして，行列式についても，演算を定義することで，ベクトルと同様に，「数」のような性質を持つことを示しました．また，ベクトルや行列が，それ自身，ある場合には，「変数」や「関数」となる性質も持っていることもお分かりになったと思います.

　ここでは，補足として，その諸性質の具体的な応用を紹介することで，さらに，線形代数の理解を深めて頂きたいと思います．それは，定義や定理，そして，演算方法を整理することにほかなりません．以下で述べる中には，読者にとって，聞いたことがない新たな言葉も出てくるでしょうけれど，単なる，決め事あるいは定義であって，恐れるに足らずと思って，読み続けて頂ければ良いと思います．逆に，初めて知る方にとっては面白いかもしれませんよ．

　では，Приятного путешествия!

7.1. ベクトル IV 微分

ここでは，ベクトルと微分について少々書きます．

7.1.1. ベクトルを偏微分

ベクトル**を**偏微分するとは，一体どうすることなのでしょうか？　これは，簡単です．

定義 77　ベクトルを偏微分

n 次元ベクトル $\forall \mathbf{a} \in V^3$ を偏微分するとは，$\mathbf{a} = (a_1, a_2, \cdots, a_n)$ とするとき，

$$\frac{\partial \mathbf{a}}{\partial x} = \mathbf{e}_1 \frac{\partial a_1}{\partial x} + \mathbf{e}_2 \frac{\partial a_2}{\partial x} + \cdots + \mathbf{e}_n \frac{\partial a_n}{\partial x}$$

と表す．すなわち，微分の結果は，ベクトルになる．また，ベクトル $\mathbf{a}$ の要素は，関数または定数で，要素が x の関数でなければ，その要素の偏微分は 0 である．

ここで，$\mathbf{e}_1, \mathbf{e}_2, \cdots, \mathbf{e}_n$ は，ベクトル空間 $V^n (\dim V^n = n)$ の基底ベクトルである．

ここで，$a_i = a_i(x, \cdots) \ (i = 1, 2, \cdots, n)$ と考えると納得しますよね．もちろん，要素に x を含まない場合は，偏微分した結果は間違いなく 0 です．

ここで簡単な例題を見ましょう．

例題 7.1.1-1　3 次元ベクトル $\mathbf{a} \in V^3 (\dim V^3 = 3)$ があって，$\mathbf{a} = (x^2 + y \quad y^2 + z \quad z^2 + x)$ であるとき，ベクトル $\mathbf{a}$ を x, y, z 夫々で偏微分せよ．

読者の皆さんには，簡単すぎますね！　まあ，見てやってください．

例題 7.1.1-1 解答

$$\frac{\partial \mathbf{a}}{\partial x} = \mathbf{e}_x \frac{\partial (x^2 + y)}{\partial x} + \mathbf{e}_y \frac{\partial (y^2 + z)}{\partial x} + \mathbf{e}_z \frac{\partial (z^2 + x)}{\partial x} = 2x \mathbf{e}_x + \mathbf{e}_z$$

$$\frac{\partial \mathbf{a}}{\partial y} = \mathbf{e}_x \frac{\partial (x^2 + y)}{\partial y} + \mathbf{e}_y \frac{\partial (y^2 + z)}{\partial y} + \mathbf{e}_z \frac{\partial (z^2 + x)}{\partial y} = \mathbf{e}_x + 2y \mathbf{e}_y$$

$$\frac{\partial \mathbf{a}}{\partial z} = \mathbf{e}_x \frac{\partial (x^2 + y)}{\partial z} + \mathbf{e}_y \frac{\partial (y^2 + z)}{\partial z} + \mathbf{e}_z \frac{\partial (z^2 + x)}{\partial z} = \mathbf{e}_y + 2z \mathbf{e}_z$$

楽勝じゃん！

と言うわけですが，単位ベクトルの係数の 2 や係数 1 の単位ベクトルを忘れずに答えを書きましょう．よろしいですね．なんちゃって，上から目線！

簡単な練習問題でご確認ください．

練習問題 7.1.1-1　$\forall \mathbf{a}, \mathbf{b} \in V^3$ について，$\mathbf{a} = (x, y, z), \mathbf{b} = (z, y, x)$ のとき，

$$\frac{\partial (\mathbf{a} \cdot \mathbf{b})}{\partial x}, \quad \frac{\partial (\mathbf{a} \cdot \mathbf{b})}{\partial y}, \quad \frac{\partial (\mathbf{a} \cdot \mathbf{b})}{\partial z}$$

をそれぞれ計算せよ．

練習問題 7.1.1-2　$\forall \mathbf{a}, \mathbf{b} \in V^3$ について，$\mathbf{a} = (x, y, z), \mathbf{b} = (z, y, x)$ のとき

$$\frac{\partial (\mathbf{a} \times \mathbf{b})}{\partial x}, \quad \frac{\partial (\mathbf{a} \times \mathbf{b})}{\partial y}, \quad \frac{\partial (\mathbf{a} \times \mathbf{b})}{\partial z}$$

をそれぞれ計算せよ．

7.1.2. ベクトルで偏微分

節 5.1 で説明しました行列で微分する方法と同じです．ベクトル $\mathbf{a}$ で偏微分するとは，スカラー ϕ，関数 $f(x, y, z)$，ベクトル $\mathbf{v}$，行列 $\mathbf{A}$ などに対して，

$$\frac{\partial \phi}{\partial \mathbf{a}},\ \frac{\partial f}{\partial \mathbf{a}},\ \frac{\partial \mathbf{v}}{\partial \mathbf{a}},\ \frac{\partial \mathbf{A}}{\partial \mathbf{a}} \tag{7.1.2-1}$$

などとすることです．と言われても，具体的にどうするか，理解できません．定義では，

定義 78 ベクトルで偏微分

n 次元ベクトル $\mathbf{a}$ で偏微分するとは，$\mathbf{a} = (a_1, a_2, \cdots, a_n)$ とするとき，

$$\frac{\partial}{\partial \mathbf{a}} = \mathbf{e}_1 \frac{\partial}{\partial a_1} + \mathbf{e}_2 \frac{\partial}{\partial a_2} + \cdots + \mathbf{e}_n \frac{\partial}{\partial a_n} = \sum_{i=1}^{n} \mathbf{e}_i \frac{\partial}{\partial a_i} \tag{7.1.2-2}$$

として，スカラー ϕ，関数 $f(x, y, z)$，ベクトル $\mathbf{v}$，行列 $\mathbf{A}$ などに対して左から作用させることを「ベクトルで偏微分する」と言う．微分条件としては，定式化が可能なことである．ここで，$\mathbf{e}_1, \mathbf{e}_2, \cdots, \mathbf{e}_n$ は，互いに直交し，各々の長さが 1 である単位ベクトルである．

と書きます．さて，「微分条件として，定式化が可能」とは，例えば，2 次元ベクトルで 1 次元や 3 次元以上のベクトルは偏微分できないことに注意しましょう．

さて，$\mathbf{e}_1, \mathbf{e}_2, \cdots, \mathbf{e}_n$ は，内積とノルムに関し，

$$\mathbf{e}_i \cdot \mathbf{e}_j = \delta_{ij} \begin{cases} 1 : i = j \\ 0 : i \neq j \end{cases},\quad \|\mathbf{e}_i\| = 1\ (i = 1, 2, \cdots, n)$$

であることは，項 1.2.4 で説明しました．忘れないで下さい．ここで，簡単な例題です．

例題 7.1.2-1 定義により 3 次元ベクトル $\mathbf{x} = (x_1, x_2, x_3)^T$，$\mathbf{a} = (a_1, a_2, a_3)^T$ について，次の計算をせよ． (1) $\dfrac{\partial \mathbf{x}^2}{\partial \mathbf{x}}$　(2) $\dfrac{\partial (\mathbf{a} \cdot \mathbf{x})}{\partial \mathbf{x}}$

例題 7.1.2-1 解答

(1) 定義に従えば，

$$\frac{\partial \mathbf{x}^2}{\partial \mathbf{x}} = \left(\frac{\partial}{\partial x_1}, \frac{\partial}{\partial x_2}, \cdots, \frac{\partial}{\partial x_n}\right)\left(\sum_i x_i^2\right) = \left(\frac{\partial x_1^2}{\partial x_1}, \frac{\partial x_2^2}{\partial x_2}, \cdots, \frac{x_n^2}{\partial x_n}\right)$$

$$\therefore\ \frac{\partial \mathbf{x}^2}{\partial \mathbf{x}} = (2x_1, 2x_2, \cdots, 2x_n) = 2(x_1, x_2, \cdots, x_n) = 2\mathbf{x}$$

(1) 定義に従えば，

$$\frac{\partial (\mathbf{a} \cdot \mathbf{x})}{\partial \mathbf{x}} = \left(\frac{\partial}{\partial x_1}, \frac{\partial}{\partial x_2}, \cdots, \frac{\partial}{\partial x_n}\right)\left(\sum_i a_i x_i\right) = \left(\frac{\partial (a_1 x_1)}{\partial x_1}, \frac{\partial (a_2 x_2)}{\partial x_2}, \cdots, \frac{\partial (a_n x_n)}{\partial x_n}\right)$$

$$\therefore\ \frac{\partial (\mathbf{a} \cdot \mathbf{x})}{\partial \mathbf{x}} = (a_1, a_2, \cdots, a_n) = \mathbf{a}$$

というわけで，ちょっと諄い解答でした．何の苦労もなく分かったと思います．これは，基本の計算方法の確認です．ご理解いただけたようですね．

では，次の例題です．問題は例題 7.1.2-1 と同じですが，解答がちょっとややこしいかもしれませんが，読破してください．

7.1. ベクトル IV 微分

例題 7.1.2-2 3次元ベクトル $\mathbf{x} = (x_1, x_2, x_3)^T$, $\mathbf{a} = (a_1, a_2, a_3)^T$ について，$\mathbf{e}_i \cdot \mathbf{e}_j = \delta_{ij}$ $(i, j = 1, 2, \cdots, n)$ や Σ 記号などを用いて，次式を計算せよ．
(1) $\dfrac{\partial \mathbf{x}^2}{\partial \mathbf{x}}$　(2) $\dfrac{\partial (\mathbf{a} \cdot \mathbf{x})}{\partial \mathbf{x}}$

例題 7.1.2-2 解答

(1) $\mathbf{x} = (x_1 \quad x_2 \quad \cdots \quad x_n)^T$ とすれば，$\mathbf{x} = \sum_{i=1}^{n} x_i \mathbf{e}_i$ であるから，

$$\frac{\partial \mathbf{x}^2}{\partial \mathbf{x}} = \frac{\partial}{\partial \mathbf{x}}\left\{\left(\sum_{i=1}^{n} x_i \mathbf{e}_i\right) \cdot \left(\sum_{j=1}^{n} x_j \mathbf{e}_j\right)\right\}$$
$$= \frac{\partial}{\partial \mathbf{x}}\left\{\sum_{j=1}^{n}\sum_{i=1}^{n} x_i x_j \mathbf{e}_i \cdot \mathbf{e}_j\right\} = \frac{\partial}{\partial \mathbf{x}}\left\{\sum_{j=1}^{n}\sum_{i=1}^{n} x_i x_j \delta_{ij}\right\}$$
$$= \frac{\partial}{\partial \mathbf{x}}\left(\sum_{i=1}^{n} x_i^2\right) = \sum_{j=1}^{n} \mathbf{e}_j \frac{\partial}{\partial x_j}\left(\sum_{i=1}^{n} x_i^2\right) = \sum_{j=1}^{n} \mathbf{e}_j 2 x_j = 2\sum_{i=1}^{n} x_i \mathbf{e}_i = 2\mathbf{x}$$

(2) $\mathbf{x} = (x_1 \quad x_2 \quad \cdots \quad x_n)^T$, $\mathbf{a} = (a_1 \quad a_2 \quad \cdots \quad a_n)^T$ とすれば，

$$\frac{\partial \mathbf{a} \cdot \mathbf{x}}{\partial \mathbf{x}} = \frac{\partial}{\partial \mathbf{x}}\left\{\left(\sum_{i=1}^{n} a_i \mathbf{e}_i\right) \cdot \left(\sum_{j=1}^{n} x_j \mathbf{e}_j\right)\right\}$$

(Σ記号に驚かす，振り回されず，しっかり眼を開いて見てください．)

$$= \frac{\partial}{\partial \mathbf{x}}\left\{\sum_{j=1}^{n}\sum_{i=1}^{n} a_i x_j \mathbf{e}_i \cdot \mathbf{e}_j\right\} = \frac{\partial}{\partial \mathbf{x}}\left\{\sum_{j=1}^{n}\sum_{i=1}^{n} a_i x_j \delta_{ij}\right\}$$
$$= \frac{\partial}{\partial \mathbf{x}}\left(\sum_{i=1}^{n} a_i x_i\right) = \sum_{j=1}^{n}\left(\mathbf{e}_j \frac{\partial}{\partial x_j}\left(\sum_{i=1}^{n} a_i x_i\right)\right) = \sum_{j=1}^{n} a_j \delta_{ij} \mathbf{e}_j = \sum_{j=1}^{n} a_j \mathbf{e}_j = \mathbf{a}$$

　どうでしょう．素直に納得できましたか？　素直に書けば良かったかもしれませんが読者の解答は想像できますので，こういうΣ記号だらけの解法は如何かな，と書いてみました．解答を見て，悩んでください．間違いがあれば，ご指摘ください．

　ここで，スカラー ϕ に対して，

$$\nabla \phi = \frac{\partial \phi}{\partial x}\mathbf{e}_x + \frac{\partial \phi}{\partial y}\mathbf{e}_y + \frac{\partial \phi}{\partial z}\mathbf{e}_z \tag{7.1.2-3}$$

と書いて，次式で，∇ をナブラ (*nabla*) と呼びます．∇ は，空間微分オペレータとも呼び，

$$\nabla = \frac{\partial}{\partial x}\mathbf{e}_x + \frac{\partial}{\partial y}\mathbf{e}_y + \frac{\partial}{\partial z}\mathbf{e}_z \tag{7.1.2-4}$$

と書きます．∇ は，物理学では頻繁に出てきます．是非，覚えておいてください．

　少々付け加えると，アインシュタインは，光速に近い物体の空間的な扱いは，光の速度が関係する，という相対性理論で有名です．そこで，その場合は，ファインマン物理学 III を踏襲すれば，

$$\nabla_\mu = \left(\frac{\partial}{\partial t}, -\nabla\right) = \left(\frac{\partial}{\partial t}, -\frac{\partial}{\partial x}, -\frac{\partial}{\partial y}, -\frac{\partial}{\partial z}\right) \tag{7.1.2-5}$$

で表されるように，時間項がある「時空間微分オペレータ」を用いることになります．

例題 7.1.2-3 $\varphi = \varphi(x, y)$ で表されるスカラーについて，① $\nabla\varphi$ の表式を示せ．また，② $\varphi = \varphi(x, y) = x^2 + y$ の場合，$\nabla\varphi$ を計算せよ．

例題 7.1.2-3 解答
① $\nabla\varphi(x, y) = \dfrac{\partial \varphi(x, y)}{\partial x}\mathbf{e}_x + \dfrac{\partial \varphi(x, y)}{\partial y}\mathbf{e}_y$
② $\nabla\varphi(x, y) = \mathbf{e}_x \dfrac{\partial (x^2 + y)}{\partial x} + \mathbf{e}_y \dfrac{\partial (x^2 + y)}{\partial y} = 2x\mathbf{e}_x + \mathbf{e}_y$

な〜んだ，って感じでしょう．そうなんです！ 全微分のように厄介なことはないのです．

例題 7.1.2-4 3 次のベクトルを $\mathbf{x} = (x, y^2, z^3)$，$\mathbf{y} = (x^3, y^2, z)$ とするとき，
① $\nabla \cdot \mathbf{x}$，$\nabla \cdot \mathbf{y}$ をそれぞれ計算せよ．
② $\nabla(\mathbf{x} \cdot \mathbf{y})$ を計算せよ．

例題 7.1.2-4 解答
① $\nabla \cdot \mathbf{x} = \dfrac{\partial}{\partial x}x + \dfrac{\partial}{\partial y}y^2 + \dfrac{\partial}{\partial z}z^3 = 1 + 2y + 3z^2$
$\nabla \cdot \mathbf{y} = \dfrac{\partial}{\partial x}x^3 + \dfrac{\partial}{\partial y}y^2 + \dfrac{\partial}{\partial z}z = 3x^2 + 2y + 1$
② $\nabla(\mathbf{x} \cdot \mathbf{y}) = \nabla(x^4 + y^4 + z^4) = 4(x^3\mathbf{e}_x + y^3\mathbf{e}_y + z^3\mathbf{e}_z)$

ここまで，スカラーをベクトルで偏微分したり，ベクトルをスカラーで偏微分する基本的な表式を見てきました．では，ベクトルをベクトルで偏微分することを考えましょう．

ベクトルを $\mathbf{x} = \{x_i\}\ (i = 1\sim m)$，$\mathbf{y} = \{y_j\}\ (j = 1\sim n)$ とすると，

$$\dfrac{\partial \mathbf{y}}{\partial \mathbf{x}} = \left(\dfrac{\partial}{\partial \mathbf{x}}\right) \otimes (\mathbf{y}) = \left(\dfrac{\partial}{\partial \mathbf{x}}\right)\mathbf{y}^T = \begin{pmatrix} \dfrac{\partial y_1}{\partial x_1} & \dfrac{\partial y_2}{\partial x_1} & \cdots & \dfrac{\partial y_n}{\partial x_1} \\ \dfrac{\partial y_1}{\partial x_2} & \dfrac{\partial y_2}{\partial x_2} & \cdots & \dfrac{\partial y_n}{\partial x_2} \\ \vdots & \vdots & \ddots & \vdots \\ \dfrac{\partial y_1}{\partial x_m} & \dfrac{\partial y_2}{\partial x_m} & \cdots & \dfrac{\partial y_n}{\partial x_m} \end{pmatrix} \quad (7.1.2\text{-}6)$$

となります．まあ，予想できましたでしょ．結果は $m \times n$ の行列で，式 7.1.2-6 に示すように，ベクトルの直積を用いて計算するのです．本によっては，式 7.1.2-6 の転置を表式とする場合がありますのでご注意ください．直積の定義に則ると，式 7.1.2-6 で良いと思います．

この「ベクトルで偏微分する」という表式は，高校時代の数学ではお目にかかっていなかったでしょう．ここで，「知」に input です．

練習問題 7.1.2-1 $\forall \mathbf{a}, \mathbf{b} \in V^3$ について，$\mathbf{a} = (x, y, z)$，$\mathbf{b} = (z, y, x)$ であるとする．
このとき，$\mathbf{x} = (x, y, z)$ とするとき，$\partial(\mathbf{a} \cdot \mathbf{b})/\partial \mathbf{x}$ を計算せよ．

練習問題 7.1.2-2 $\forall \mathbf{a}, \mathbf{b} \in V^3$ について，$\mathbf{a} = (x, y, z)$，$\mathbf{b} = (z, y, x)$ であるとする．
このとき，$\mathbf{x} = (x, y, z)$ とするとき，$\partial(|\mathbf{a} \times \mathbf{b}|^2)/\partial \mathbf{x}$ を計算せよ．

7.1. ベクトル IV 微分

7.1.3. ベクトル方程式

ベクトルの微分・積分は，物理学全般で使われます．そりゃそうです．微分・積分の表式は，物理学から生まれたのですから．物理数学あるいは解析学という分野です．その例として，代表的な表式，すなわち，波動（wave）方程式とマックスウェル（Maxwell）方程式，ガウス（Gauss）の定理，ストークス（Stokes）の定理，シュレーディンガー（Schrödinger）方程式などがあります．ここでは，波動方程式とマックスウェル方程式に関する表式について，若干の説明のみに留めます．以下，$\nabla \cdot \nabla$ を $\nabla^2 (=\Delta)$ と書いています．

1) 波動方程式（wave eqation）

$$\frac{\partial^2 \xi}{\partial t^2} = V^2 \nabla^2 \xi \qquad (7.1.3\text{-}1)$$

のような形をしています．ここで，V は波動 ξ が伝播する際の位相速度になります．波動 ξ がベクトル $\mathbf{x}$ の方向に伝播するときの波動方程式の一般解は，次の任意の線形関数：

$$\xi_F = \xi(\mathbf{x} - Vt) \quad \text{および} \quad \xi_B = \xi(\mathbf{x} + Vt) \qquad (7.1.3\text{-}2)$$

で表されます．添え字 F および B は Forward および Backward の頭文字で，式 7.1.3.-2 の第 1 式は進行波，すなわち，波動の位相（波の形）が「前」に進む波で，一方，第 2 式は後進波，すなわち，波動の位相が「後ろ」に進む波を表しています．前とか後ろとかややこしいですが，単に座標系の問題で，例えば，波動が x 軸の正の方向に伝播する場合を前進波と呼ぶならば，x 軸の負の方向に伝播する場合，後進波と呼ぶのです．

読者が良くご存知の P 波や S 波は地盤の岩石力学のパラメータ λ，μ（これらをラメの定数という）により速度が規定されます．弾性力学から導出される波動方程式から，P 波の伝播にかかわる波動方程式および波動伝播速度は，

$$\frac{\partial^2 \phi}{\partial t^2} = V_P^2 \nabla^2 \phi = \left(\sqrt{\frac{\lambda + 2\mu}{\rho}}\right)^2 \nabla^2 \phi \quad \therefore \quad V_P = \sqrt{\frac{\lambda + 2\mu}{\rho}} \qquad (7.1.3\text{-}3)$$

であり，S 波の伝播にかかわる波動方程式および波動伝播速度は，

$$\frac{\partial^2 \varphi}{\partial t^2} = V_S^2 \nabla^2 \varphi = \left(\sqrt{\frac{\mu}{\rho}}\right)^2 \nabla^2 \varphi \quad \therefore \quad V_S = \sqrt{\frac{\mu}{\rho}} \qquad (7.1.3\text{-}4)$$

という式で表します．因みに，ラメの定数の μ は剛性率と呼ばれ，物質の軟・硬を表します．したがって，$\mu = 0$ である液体中や気体中では，S 波は伝播しないことを，弾性力学が保証しています（式 7.1.3.-4 参照）．ここで，式 7.1.3-1，式 7.1.3-3 や式 7.1.3-4 では，前項 7.1.2 の後半で説明したベクトルで微分するナブラ ∇ が利用されています．

2) マックスウェル方程式

マックスウェル（Maxwell）方程式は，電場・磁場の変動，すなわち，電磁波の現象を理論的に説明する 4 式のことを言います．その定式に触れてみましょう．

ρ，$\mathbf{J}$，$\mathbf{H}$，$\mathbf{D}$，$\mathbf{E}$，$\mathbf{B}$ を，それぞれ，電荷密度（electric charge density）[C/m^3]，電流密度（electric current density）[A/m^2]，磁界強度（磁場強度）(magnetic field strength) [A/m]，電束密度(electric flux density) [C/m^2]，電界強度（電場強度）(electric field strength) [V/m]，磁束密度(magnetic flux density) [T] とするとき，これらから電磁波の伝搬を表す

ベクトル方程式は，Maxell 方程式と呼ばれ，

$$\nabla \cdot \mathbf{D} = \rho \tag{7.1.3-5}$$

$$\nabla \times \mathbf{E} = -\frac{\partial \mathbf{B}}{\partial t} \tag{7.1.3-6}$$

$$\nabla \cdot \mathbf{B} = 0 \tag{7.1.3-7}$$

$$\nabla \times \mathbf{H} = \mathbf{J} + \frac{\partial \mathbf{D}}{\partial t} \tag{7.1.3-8}$$

> ナブラ∇の式ばかりだ．実際に地中レーダーと呼ばれる探査機器によって得られるデータ解析で使われるベクトル微分方程式だな．難しそうに見えるが3次元扱いなので，要素計算もできますじゃ．うっひゃ，うっひゃ．

の4つのベクトル方程式です．ここで，ρ，$\mathbf{J}$ は電磁場の源になり，$\mathbf{H}$，$\mathbf{D}$，$\mathbf{E}$，$\mathbf{B}$ は電磁界（*electromagnetic field*）を表します．$\mathbf{J}$，$\mathbf{H}$，$\mathbf{D}$，$\mathbf{E}$，$\mathbf{B}$ はベクトルです．また，係数 ε，μ，σ は，それぞれ，媒質の，誘電率（*dielectric constant*）[F/m]，透磁率（*magnetic permiability*）[H/m]，導電率（*electric conductivity*）[S/m]（比抵抗の逆数）であり，

$$\mathbf{D} = \varepsilon \mathbf{E} \tag{7.1.3-9}$$

$$\mathbf{B} = \mu \mathbf{H} \tag{7.1.3-10}$$

$$\mathbf{J} = \mathbf{J}_0 + \sigma \mathbf{E} \tag{7.1.3-11}$$

を用い，さらに，地盤探査では電流の湧き出しがない（式 7.1.3-11 で，$\mathbf{J}_0 = \mathbf{0}$），の場合などを考慮して，式 7.1.3-5 から式 7.1.3-8 を変形すると，

$$\nabla^2 \mathbf{E} = \sigma\mu \frac{\partial \mathbf{E}}{\partial t} + \varepsilon\mu \frac{\partial^2 \mathbf{E}}{\partial t^2} \qquad \nabla^2 \mathbf{H} = \sigma\mu \frac{\partial \mathbf{H}}{\partial t} + \varepsilon\mu \frac{\partial^2 \mathbf{H}}{\partial t^2} \tag{7.1.3-12}$$

となります．ここでも，前項で説明したベクトルで微分するナブラが利用されています．さらに，電磁波が伝播する媒体が完全誘電体（絶縁体）ならば，式 7.1.3-12 の2式は，

$$\frac{\partial^2 \mathbf{E}}{\partial t^2} = \left(\frac{1}{\sqrt{\varepsilon\mu}}\right)^2 \nabla^2 \mathbf{E} \qquad \frac{\partial^2 \mathbf{H}}{\partial t^2} = \left(\frac{1}{\sqrt{\varepsilon\mu}}\right)^2 \nabla^2 \mathbf{H} \tag{7.1.3-13}$$

と変形できます．上式で $1/\sqrt{\varepsilon\mu}$ は光速を表し $\mathbf{E}$ と $\mathbf{H}$ の伝播速度はなんと光速です．また，

$$\mathbf{E} \cdot \mathbf{H} = 0$$

が導出できます．これは，電場 $\mathbf{E}$ と磁場 $\mathbf{H}$ が直交していることを示しています．電磁気学では，電場 $\mathbf{E}$ と磁場 $\mathbf{H}$ はエネルギーを搬送します．そのエネルギー流を $\mathbf{P}$ とすれば，

$$\mathbf{P} = \mathbf{E} \times \mathbf{H} \tag{7.1.3-14}$$

と書いて，ベクトルのエネルギーの伝播を表し，特に，ベクトル $\mathbf{P}$ をポインティング・ベクトル（*Poynting vector*）と呼びます．電場 $\mathbf{E}$ と磁場 $\mathbf{H}$ は，いずれも，伝播する方向に対して垂直で，このベクトル $\mathbf{P}$ は電場 $\mathbf{E}$ と磁場 $\mathbf{H}$ の作る平面に垂直方向を指し示すベクトルですので，ポインティング（*pointing*）・ベクトルという名の所以が想像できますが，しかし，実は，考案者のジョン・ヘンリー・ポインティング（J.H. Poynting）の名がその由来なのです．その大きさは単位面積を単位時間あたりに通過するエネルギー（W/m^2）です．

　上記した，電磁波に関するベクトル計算は，ごく一部の読者にしか関係ないかもしれません．ですが，ベクトルの微分を用いる，という表式は必ずや役に立つと思います．ここでは，あくまでも基礎的な紹介だけとなります．ご容赦ください．ですから，練習問題はありません．こういうのを，サボる（語源は sabotage：破壊する）と言います．（笑）

7.2. 直線内挿

7.2.1. 回帰直線

回帰（regression）とはどんな意味でしょうか．辞書的には，回帰とは，ある事が行われて，またもとと同じ（ような）状態にもどることで，数学的には，独立変数（説明変数）x とその従属変数（目的変数）の間に当てはまる最良な近似式モデルを考えることです．

さて，独立変数 $x_i (i=1, 2, \cdots, n)$ のそれぞれに対して，$y_i (i=1, 2, \cdots, n)$ という従属変数があるとします．この，各点 (x_i, y_i) には 1 次関数で表される線形性があって，$y = ax+b$ なる近似式で関係付けることを考えます．あるいは，入力値 x_i に対する出力値 y_i を導く，システム・パラメーターである最良の $a, b \in \Re$ を推定する，と言っても良いでしょう．

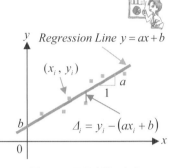

図 7.2.1-1 回帰直線の意味

このような場合，良く行われる方法として，式 1.2.3-1 に示した L^2 ノルムの最小化です．すなわち，誤差（誤差ベクトル）の 2 乗を最小にする，ということです．ここで出てきた「誤差」とは，図 7.2.1-1 に示すように，

$$\Delta_i = y_i - (ax_i + b) \tag{7.2.1-1}$$

で表す Δ_i であり，この 2 乗を最小にするような計算方法に「最小二乗法」があります．最小二乗法では，係数 $a, b \in \Re$ を推定することになります．その推定方法は，

$$\sum_{i=1}^{n} \Delta_i^2 = \sum_{i=1}^{n} \{y_i - (ax_i + b)\}^2 \tag{7.2.1-2}$$

を最小にする係数 $a, b \in \Re$ を推定することに他なりません．ちょっと，諄いですかね？

さあ，式 7.2.1-2 の左辺を最小にする係数 $a, b \in \Re$ を推定するにはどうすれば良いでしょうか．そうです，極小値を求めればよいのです．懐かしいでしょう，極小値．極小値を求めるとは，式 7.2.1-2 を求める係数 $a, b \in \Re$ で偏微分したときその微分が 0 となる a, b を求めるのです．実際に，やってみましょう．ここで，簡単のために，Σ は $i = 1 \sim n$ の部分を省略します．まず，

$$\frac{\partial \sum \Delta_i^2}{\partial a} = 0 \quad \left(\sum = \sum_{i=1}^{n} \right)$$

を計算しますと，

$$\frac{\partial}{\partial a} \left(\sum \{y_i - (ax_i + b)\}^2 \right) = \frac{\partial}{\partial a} \left(\sum y_i^2 - 2\sum (ax_i + b)y_i + \sum (ax_i + b)^2 \right)$$

$$= \frac{\partial}{\partial a} \left(\sum y_i^2 - 2\sum (ax_i y_i + by_i) + \sum a^2 x_i^2 + 2ab \sum x_i + \sum b^2 \right)$$

$$= -2\sum x_i y_i + 2a \sum x_i^2 + 2b \sum x_i \quad \therefore \quad a \sum x_i^2 + b \sum x_i - \sum x_i y_i = 0 \tag{7.2.1-3}$$

となります．次に，
$$\frac{\partial \sum \Delta_i^2}{\partial b} = 0 \quad \left(\sum = \sum_{i=1}^{n}\right)$$
を計算しますと
$$\frac{\partial}{\partial b}\left(\sum \{y_i - (ax_i + b)\}^2\right) = \frac{\partial}{\partial b}\left(\sum y_i^2 - 2\sum(ax_i + b)y_i + \sum(ax_i + b)^2\right)$$
$$= \frac{\partial}{\partial b}\left(\sum y_i^2 - 2\sum(ax_iy_i + by_i) + \sum a^2 x_i^2 + 2ab\sum x_i + \sum b^2\right)$$
$$= -2\sum y_i + 2a\sum x_i + 2\sum b \quad \therefore a\sum x_i + \sum b - \sum y_i = 0 \quad (7.2.1\text{-}4)$$
となります．そこで，式 7.2.1-3 および式 7.2.1-4 から，
$$a\sum x_i^2 + b\sum x_i = \sum x_i y_i$$
$$a\sum x_i + nb = \sum y_i$$
となります．あれ〜．これって，行列の式にすれば，a, b を未知数とする式：
$$\begin{pmatrix} \sum x_i^2 & \sum x_i \\ \sum x_i & n \end{pmatrix} \begin{pmatrix} a \\ b \end{pmatrix} = \begin{pmatrix} \sum x_i y_i \\ \sum y_i \end{pmatrix} \quad (7.2.1\text{-}5)$$

と書けるじゃあ〜りませんか？！ 後は，例のクラメールの式（式 1.6.2-6）が使えて，

$$a = \frac{\begin{vmatrix} \sum x_i y_i & \sum x_i \\ \sum y_i & n \end{vmatrix}}{\begin{vmatrix} \sum x_i^2 & \sum x_i \\ \sum x_i & n \end{vmatrix}} = \frac{n\sum x_i y_i - \left(\sum x_i\right)\left(\sum y_i\right)}{n\sum x_i^2 - \left(\sum x_i\right)^2} \quad (7.2.1\text{-}6)$$

$$b = \frac{\begin{vmatrix} \sum x_i^2 & \sum x_i y_i \\ \sum x_i & \sum y_i \end{vmatrix}}{\begin{vmatrix} \sum x_i^2 & \sum x_i \\ \sum x_i & n \end{vmatrix}} = \frac{\left(\sum x_i^2\right)\left(\sum y_i\right) - \left(\sum x_i\right)\left(\sum x_i y_i\right)}{n\sum x_i^2 - \left(\sum x_i\right)^2} \quad (7.2.1\text{-}7)$$

となり，式 7.2.1-2 を最小にする係数 a, b を求めることができました．ここで，回帰係数 r を次のように定義します．

定義 79　回帰係数

回帰係数 r は，x, y のそれぞれの平均を $\bar{x}, \bar{y}$ として，

$$r = \frac{\frac{1}{n}\sum_{i=1}^{n}(x_i - \bar{x})(y_i - \bar{y})}{\sigma_x \sigma_y} \quad (7.2.1\text{-}8)$$

分子・分母にベクトルの内積の式やノルムの式が見えませんか？

とする．ただし，σ_x, σ_y は x, y それぞれの標準偏差で，

$$\sigma_x = \sqrt{\frac{1}{n}\sum(x_i - \bar{x})^2} \quad , \quad \sigma_y = \sqrt{\frac{1}{n}\sum(y_i - \bar{y})^2}$$

7.2. 直線内挿

この定義を用いれば，式 7.2.1-6 がさらに簡単になります．まず，σ_x は，

$$n(\sigma_x)^2 = \sum (x_i - \bar{x})^2 = \sum (x_i^2 - 2x_i\bar{x} + \bar{x}^2)$$
$$= \sum x_i^2 - 2\bar{x}\sum x_i + \bar{x}^2 \sum 1$$
$$= \sum x_i^2 - 2n\bar{x}^2 + n\bar{x}^2 = \sum x_i^2 - n\bar{x}^2$$

となり，結局，

$$\sigma_x^2 = \frac{1}{n}\sum x_i^2 - \bar{x}^2 \tag{7.2.1-9}$$

と変形できます．一方，

$$\frac{1}{n}\sum (x_i - \bar{x})(y_i - \bar{y}) = \frac{1}{n}\sum (x_i y_i) - \frac{1}{n}\bar{x}\sum y_i - \frac{1}{n}\bar{y}\sum x_i + \frac{1}{n}\overline{xy}\sum 1$$
$$= \frac{1}{n}\sum (x_i y_i) - \frac{1}{n}\bar{x}\cdot n\bar{y} - \frac{1}{n}\bar{y}\cdot n\bar{x} + \frac{1}{n}\overline{xy}\cdot n = \frac{1}{n}\sum (x_i y_i) - \overline{xy}$$

と変形できますから，r を変形しますと

$$r = \frac{\frac{1}{n}\sum (x_i - \bar{x})(y_i - \bar{y})}{\sigma_x \sigma_y} = \frac{\frac{1}{n}\sum (x_i y_i) - \overline{xy}}{\sigma_x \sigma_y} \quad \therefore \quad \frac{1}{n}\sum (x_i y_i) - \overline{xy} = r\sigma_x \sigma_y$$

となりますので，式 7.5.1-6 の a の分子・分母を n^2 で割れば，

$$a = \frac{\frac{1}{n}\sum x_i y_i - \left(\frac{1}{n}\sum x_i\right)\left(\frac{1}{n}\sum y_i\right)}{\frac{1}{n}\sum x_i^2 - \left(\frac{1}{n}\sum x_i\right)^2} = \frac{\frac{1}{n}\sum x_i y_i - \overline{xy}}{\frac{1}{n}\sum x_i^2 - \bar{x}^2} = \frac{r\sigma_x \sigma_y}{\sigma_x^2} = r\frac{\sigma_y}{\sigma_x}$$

となります．したがって，回帰直線の傾きが回帰係数と標準偏差で簡単に書けることが分かります．さらに，

$$y = ax + b \quad \Rightarrow \quad \bar{y} = r\frac{\sigma_y}{\sigma_x}\bar{x} + b \quad \therefore \quad b = \bar{y} - r\frac{\sigma_y}{\sigma_x}\bar{x}$$
$$\therefore \quad y = r\frac{\sigma_y}{\sigma_x}x + \left(\bar{y} - r\frac{\sigma_y}{\sigma_x}\bar{x}\right) \quad \Rightarrow \quad y - \bar{y} = r\frac{\sigma_y}{\sigma_x}(x - \bar{x}) \tag{7.2.1-10}$$

と変形でき，回帰直線が綺麗な表式にまとまりました．

さて，蛇足ですが，ベクトル $\mathbf{x}$ および $\mathbf{y}$ を
$$\mathbf{x} = (x_1 - \bar{x},\ x_2 - \bar{x},\ \cdots,\ x_n - \bar{x})$$
$$\mathbf{y} = (y_1 - \bar{y},\ y_2 - \bar{y},\ \cdots,\ y_n - \bar{y})$$
で定義すると

$$r = \frac{\frac{1}{n}\sum_i (x_i - \bar{x})(y_i - \bar{y})}{\sigma_x \sigma_y} = \frac{\frac{1}{n}\sum_i (x_i - \bar{x})(y_i - \bar{y})}{\sqrt{\frac{1}{n}\sum_i (x_i - \bar{x})^2}\sqrt{\frac{1}{n}\sum_i (y_i - \bar{y})^2}} = \frac{\sum_i (x_i - \bar{x})(y_i - \bar{y})}{\sqrt{\sum_i (x_i - \bar{x})^2}\sqrt{\sum_i (y_i - \bar{y})^2}}$$

ですから，

$$r = \frac{\mathbf{x} \cdot \mathbf{y}}{\|\mathbf{x}\| \cdot \|\mathbf{y}\|} = \cos\theta \qquad (7.2.1\text{-}11)$$

と書けます．ここで，θ は，内積の定義から，ベクトル $\mathbf{x}$ および $\mathbf{y}$ のなす角です．ここにおいて，ベクトルの内積が出てくるとは，面白いですね．

これで，終わりではありません．もうちょっと頑張ってください．

データ (x_i, y_i) $(i=1, 2, \cdots, n)$ が仮に，$y = ax+b$ なる直線上にあると仮定すると，

$$\begin{aligned} y_1 &= ax_1 + b \\ y_2 &= ax_2 + b \\ &\vdots \quad \vdots \\ y_n &= ax_n + b \end{aligned} \qquad (7.2.1\text{-}12)$$

式 7.2.1-12 は実際には成り立ちません．なぜなら，全部のデータが $y = ax + b$ という直線上にあるとは限らないからです．お分り！

が成り立ちます．実際は，右辺と左辺は等しくはありません．これを，

$$\mathbf{A} = \begin{pmatrix} x_1 & 1 \\ x_2 & 1 \\ \vdots & \vdots \\ x_n & 1 \end{pmatrix}, \quad \mathbf{x} = \begin{pmatrix} a \\ b \end{pmatrix}, \quad \mathbf{b} = \begin{pmatrix} y_1 \\ y_2 \\ \vdots \\ y_n \end{pmatrix} \qquad (7.2.1\text{-}13)$$

行列とベクトルで表すと，式 7.2.1-12 は，

$$\mathbf{b} = \mathbf{A}\mathbf{x}$$

ですが，

$$\Delta^2 = \|\mathbf{A}\mathbf{x} - \mathbf{b}\|^2 \qquad (7.2.1\text{-}14)$$

とおいて，Δ^2 を最小にするベクトル $\mathbf{x}$ を求めることにします．「最小にする」とは，また，極小値を求めることであり，節 7.1 を参照して，Δ^2 をベクトル $\mathbf{x}$ で偏微分することが頭に浮かびませんか？ そうなんです．実際に計算してみましょう．一般に，ベクトル $\mathbf{p}$ の内積の定義から $\mathbf{p} \cdot \mathbf{p} = \|\mathbf{p}\| \cdot \|\mathbf{p}\| \cdot \cos 0 = \|\mathbf{p}\|^2$ ですが，行列形式で書くと $\mathbf{p} \cdot \mathbf{p} = \mathbf{p}^T \mathbf{p}$ であり，式 7.2.1-14 をベクトル $\mathbf{x}$ で偏微分すると，

$$\frac{\partial \Delta^2}{\partial \mathbf{x}} = \frac{\partial \|\mathbf{A}\mathbf{x} - \mathbf{b}\|^2}{\partial \mathbf{x}} = \frac{\partial (\mathbf{A}\mathbf{x} - \mathbf{b}) \cdot (\mathbf{A}\mathbf{x} - \mathbf{b})}{\partial \mathbf{x}} = \frac{\partial (\mathbf{A}\mathbf{x} - \mathbf{b})^T (\mathbf{A}\mathbf{x} - \mathbf{b})}{\partial \mathbf{x}}$$

$$= \frac{\partial (\mathbf{x}^T \mathbf{A}^T - \mathbf{b}^T)(\mathbf{A}\mathbf{x} - \mathbf{b})}{\partial \mathbf{x}} = \frac{\partial (\mathbf{x}^T \mathbf{A}^T \mathbf{A}\mathbf{x} - \mathbf{x}^T \mathbf{A}^T \mathbf{b} - \mathbf{b}^T \mathbf{A}\mathbf{x} + \mathbf{b}^T \mathbf{b})}{\partial \mathbf{x}} \qquad (7.2.1\text{-}15)$$

というように展開できます．まず，式 7.2.1-15 の最終式で，

$$\frac{\partial \mathbf{b}^T \mathbf{b}}{\partial \mathbf{x}} = \begin{pmatrix} 0 \\ 0 \end{pmatrix} = \mathbf{0} \qquad (7.2.1\text{-}16)$$

です．なぜなら，

$$\mathbf{b}^T \mathbf{b} = y_1^2 + y_2^2 + \cdots + y_n^2$$

であり，ベクトルの要素 $\mathbf{x}$（変数）a, b から見ると，$\mathbf{b}^T \mathbf{b}$ は定数と言えるからです．

さて，式 7.2.1-15 の最終式の分子で，中 2 項は，

7.2. 直線内挿

$$-\mathbf{x}^T\mathbf{A}^T\mathbf{b} - (\mathbf{b}^T\mathbf{A})\mathbf{x} = -\mathbf{x}^T\mathbf{A}^T\mathbf{b} - \left(\mathbf{x}^T(\mathbf{b}^T\mathbf{A})^T\right)^T = -\mathbf{x}^T\mathbf{A}^T\mathbf{b} - \left(\mathbf{x}^T\mathbf{A}^T\mathbf{b}\right)^T$$

ですが，$\mathbf{x}^T\mathbf{A}^T\mathbf{b}$ はスカラーであることにに注意すれば，転置しても同じで，

$$\mathbf{x}^T\mathbf{A}^T\mathbf{b} = \left(\mathbf{x}^T\mathbf{A}^T\mathbf{b}\right)^T$$

ですから，

$$-\mathbf{x}^T\mathbf{A}^T\mathbf{b} - (\mathbf{b}^T\mathbf{A})\mathbf{x} = -2\mathbf{x}^T\mathbf{A}^T\mathbf{b}$$

> この辺の計算は、ベクトル計算では重要ですから、納得して読んでいただければと存じます．

と書けます．そこで，

$$\frac{\partial \mathbf{x}^T\mathbf{A}^T\mathbf{b}}{\partial \mathbf{x}} = \begin{pmatrix} \frac{\partial}{\partial a} \\ \frac{\partial}{\partial b} \end{pmatrix} (a \quad b) \begin{pmatrix} x_1 & x_2 & \cdots & x_n \\ 1 & 1 & \cdots & 1 \end{pmatrix} \begin{pmatrix} y_1 \\ y_2 \\ \vdots \\ y_n \end{pmatrix} = \begin{pmatrix} 1 & 0 \\ 0 & 1 \end{pmatrix} \begin{pmatrix} x_1 & x_2 & \cdots & x_n \\ 1 & 1 & \cdots & 1 \end{pmatrix} \begin{pmatrix} y_1 \\ y_2 \\ \vdots \\ y_n \end{pmatrix}$$

$$\therefore \quad \frac{\partial \mathbf{x}^T\mathbf{A}^T\mathbf{b}}{\partial \mathbf{x}} = \mathbf{A}^T\mathbf{b} \tag{7.2.1-17}$$

となります．あとは，$\mathbf{x}^T\mathbf{A}^T\mathbf{A}\mathbf{x}$ のベクトル $\mathbf{x}$ による偏微分が残っています．

$$\frac{\partial \mathbf{x}^T\mathbf{A}^T\mathbf{A}\mathbf{x}}{\partial \mathbf{x}} = \frac{\partial}{\partial \mathbf{x}}\left\{ (a \quad b) \begin{pmatrix} x_1 & x_2 & \cdots & x_n \\ 1 & 1 & \cdots & 1 \end{pmatrix} \begin{pmatrix} x_1 & 1 \\ x_2 & 1 \\ \vdots & \vdots \\ x_n & 1 \end{pmatrix} \begin{pmatrix} a \\ b \end{pmatrix} \right\}$$

> この辺の〔 〕で表されている部分は全て同じで A^TA です．

$$= \frac{\partial}{\partial \mathbf{x}}\left\{ (a \quad b) \begin{pmatrix} \sum x_i^2 & \sum x_i \\ \sum x_i & \sum 1 \end{pmatrix} \begin{pmatrix} a \\ b \end{pmatrix} \right\} = \frac{\partial}{\partial \mathbf{x}}\left\{ \left(a\sum x_i^2 + b\sum x_i \quad a\sum x_i + nb\right) \begin{pmatrix} a \\ b \end{pmatrix} \right\}$$

$$= \frac{\partial}{\partial \mathbf{x}}\left(a^2\sum x_i^2 + 2ab\sum x_i + nb^2\right) = \begin{pmatrix} \frac{\partial}{\partial a}\left(a^2\sum x_i^2 + 2ab\sum x_i + nb^2\right) \\ \frac{\partial}{\partial b}\left(a^2\sum x_i^2 + 2ab\sum x_i + nb^2\right) \end{pmatrix}$$

$$= \begin{pmatrix} 2a\sum x_i^2 + 2b\sum x_i \\ 2a\sum x_i + 2nb \end{pmatrix} = 2\begin{pmatrix} a\sum x_i^2 + b\sum x_i \\ a\sum x_i + nb \end{pmatrix} = 2\begin{pmatrix} \sum x_i^2 & \sum x_i \\ \sum x_i & n=\sum 1 \end{pmatrix}\begin{pmatrix} a \\ b \end{pmatrix}$$

$$\therefore \quad \frac{\partial}{\partial \mathbf{x}}\left(\mathbf{x}^T\mathbf{A}^T\mathbf{A}\mathbf{x}\right) = 2\mathbf{A}^T\mathbf{A}\mathbf{x} \tag{7.2.1-18}$$

となります．したがって，式 7.2.1-15 から式 7.2.1-18 から極小値を持つためには，

$$\frac{\partial \Delta^2}{\partial \mathbf{x}} = \frac{\partial \left(\mathbf{x}^T\mathbf{A}^T\mathbf{A}\mathbf{x} - 2\mathbf{x}^T\mathbf{A}^T\mathbf{b}\right)}{\partial \mathbf{x}} = 2\mathbf{A}^T\mathbf{A}\mathbf{x} - 2\mathbf{A}^T\mathbf{b} = \mathbf{0}$$

から，

$$\mathbf{A}^T\mathbf{A}\mathbf{x} = \mathbf{A}^T\mathbf{b} \tag{7.2.1-19}$$

となる．この場合に Δ^2 が極小値を与えます．最小二乗法の結果が式 7.2.1-19 であり，正規方程式（normal equation）と呼びます．式 7.2.1-19 から，

$$\mathbf{x} = \begin{pmatrix} a \\ b \end{pmatrix} = (\mathbf{A}^T \mathbf{A})^{-1} \mathbf{A}^T \mathbf{b} \tag{7.2.1-20}$$

として，未知数 a, b が求まります．式 7.2.1-19 に戻って，要素で書き下すと，

$$\begin{pmatrix} x_1 & x_2 & \cdots & x_n \\ 1 & 1 & \cdots & 1 \end{pmatrix} \begin{pmatrix} x_1 & 1 \\ x_2 & 1 \\ \vdots & \vdots \\ x_n & 1 \end{pmatrix} \begin{pmatrix} a \\ b \end{pmatrix} = \begin{pmatrix} x_1 & x_2 & \cdots & x_n \\ 1 & 1 & \cdots & 1 \end{pmatrix} \begin{pmatrix} y_1 \\ y_2 \\ \vdots \\ y_n \end{pmatrix}$$

$$\therefore \begin{pmatrix} \sum x_i^2 & \sum x_i \\ \sum x_i & n \end{pmatrix} \begin{pmatrix} a \\ b \end{pmatrix} = \begin{pmatrix} \sum x_i y_i \\ \sum y_i \end{pmatrix} \tag{7.2.1-21}$$

となります．さあ，式 7.2.1-21 と式 7.2.1-5 と比較して全く同じであることが分かります．
したがって，各点 (x_i, y_i) $(i = 1, 2, \cdots, n)$ に対応して，式 7.2.1-10：

$$y = r \frac{\sigma_y}{\sigma_x}(x - \bar{x}) + \bar{y} \qquad \boxed{\text{こんなに綺麗な式になりました．}} \tag{7.2.1-22}$$

は近似直線になっています．だだし，r は定義 79 もしくは式 7.2.1-11 で計算される回帰係数です．
では，練習問題で「あたまスッキリ」しましょう．

練習問題 7.2.1-1 以下に示すベクトル $\mathbf{x}$，行列 $\mathbf{A}$，ベクトル $\mathbf{y}$；

$$\mathbf{x} = \begin{pmatrix} x_1 & x_2 \end{pmatrix}^T, \quad \mathbf{A} = \begin{pmatrix} a_{11} & a_{12} \\ a_{12} & a_{22} \end{pmatrix}, \quad \mathbf{y} = \begin{pmatrix} y_1 & y_2 \end{pmatrix}^T$$

について，以下の式を証明せよ．

$$\frac{\partial \mathbf{x}^T \mathbf{A}^T \mathbf{y}}{\partial \mathbf{x}} = \mathbf{A}^T \mathbf{y}$$

練習問題 7.2.1-2 次の x, y について，

x	1.0	1.1	1.4	1.6	1.9	2.1	2.2	2.5	2.8	3.0
y	4.0	4.2	4.1	5.0	4.8	5.8	5.5	5.6	6.2	6.0

以下の問いに答えよ．
1) 平均値 $\bar{x}, \bar{y}$ をそれぞれ求めよ．
2) 分散 σ_x, σ_y をそれぞれ求めよ．
3) 相関係数 r を求めよ．
4) 回帰直線の式の傾きを求めよ．
5) 回帰直線とデータに関するグラフを書け．

7.2.2. 双1次内挿

双1次内挿は，1次内挿を2回使うことです．ですから，双1次内挿と双1形式とは似て非なるものです(笑)．ご注意ください．回帰直線は使いません．もっと簡単です．

さて，1次内挿は線形内挿とも線形補間（いずれも *linear interpolation*）とも呼ばれ，全く同じ概念です．本書では1次内挿と呼ぶことにします．では，1次内挿の定義です．

> **定義80 1次内挿（線形内挿，線形補間）**
> 異なる2点 $P_1(x_1, y_1)$, $P_2(x_2, y_2)$ を通る直線 P_1P_2 上の任意の点 $P(x, y)$ は，x を与えることで，
> $$y = \frac{y_2 - y_1}{x_2 - x_1}(x - x_1) + y_1 \tag{7.2.2-1}$$
> で求めることができる．この方法を1次内挿と呼ぶ．

さて，式 7.2.2-1 で x を与えるということは，

$$\frac{x - x_1}{x_2 - x_1} \tag{7.2.2-2}$$

は定数と考えて，α とすれば，式 7.2.2-1 は，x を与えるとすれば，

$$\frac{y - y_1}{y_2 - y_1} = \frac{x - x_1}{x_2 - x_1} = \alpha \tag{7.2.2-3}$$

式 7.2.2-3 で，x を与えるとすれば，すなわち，$y = \alpha(y_2 - y_1) + y_1$ ですから，

$$y = (1 - \alpha)y_1 + \alpha y_2 \tag{7.2.2-4}$$

となります．同様に，式 7.2.2-3 で今度は y を与えるとすれば，

$$x = (1 - \alpha)x_1 + \alpha x_2 \tag{7.2.2-5}$$

となります．さあ，読者はもうお気づきですね．式 7.2.2-4 および式 7.2.2-5 は，位置ベクトル $\vec{OP_1} = (x_1 \; y_1)^T = \mathbf{p}_1$, $\vec{OP_2} = (x_2 \; y_2)^T = \mathbf{p}_2$ により，$\vec{OP} = (x \; y)^T = \mathbf{p}$ を，

$$\mathbf{p} = (1 - \alpha)\mathbf{p}_1 + \alpha \mathbf{p}_2 \tag{7.2.2-6}$$

と表せます．おっと，どこかで見たような式ですね．そうなんです．媒介変数表示です．直線のベクトル表示でした．やっぱ，分かってましたか T_T．失礼しました．

1次内挿の概念を踏まえて，双1次内挿を定義します．

> **定義81 双1次内挿**
> 双1次内挿とは，1次内挿を2度用いる内挿法である．長さが1の格子があって各隅の値が，$P_{i,j}, P_{i+1,j}, P_{i,j+1}, P_{i+1,j+1}$ であるとき，(u, v) $(0 \leq u \leq 1, 0 \leq v \leq 1)$ における値 $P_{u,v}$ を求める式は，
> $$P_{u,v} = \begin{pmatrix} 1-v & v \end{pmatrix} \begin{pmatrix} P_{i,j} & P_{i+1,j} \\ P_{i,j+1} & P_{i+1,j+1} \end{pmatrix} \begin{pmatrix} 1-u \\ u \end{pmatrix} \tag{7.2.2-7}$$
> である．

ここで，式 7.2.2-7 は，式 7.2.2-4 あるいは式 7.2.2-5 を参照して，証明ができます．と言っても，読者は，恐らく，証明はしないでしょうね．では，証明を書きます．

7. 線形代数 VI 補足

まず，$P_{u,0}$ および $P_{u,1}$ を求め，それらを用いて $P_{u,v}$ を求めます．
$P_{u,0} = P_{i,j} + u(P_{i+1,j} - P_{i,j})$
$P_{u,1} = P_{i,j+1} + u(P_{i+1,j+1} - P_{i,j+1})$

添え字に注意して，慎重に計算するとやさしい計算ですわよ．

したがって，あとは，$P_{u,v}$ です．
$P_{u,v} = P_{u,0} + v(P_{u,1} - P_{u,0})$
$P_{u,v} = P_{u,0} + v\{(P_{i,j+1} + u(P_{i+1,j+1} - P_{i,j+1})) - (P_{i,j} + u(P_{i+1,j} - P_{i,j}))\}$
$= P_{i,j} + u(P_{i+1,j} - P_{i,j}) + vP_{i,j+1} + uv(P_{i+1,j+1} - P_{i,j+1}) - vP_{i,j} - uv(P_{i+1,j} - P_{i,j})$
$= (1-u-v+uv)P_{i,j} + u(1-v)P_{i+1,j} + (1-u)vP_{i,j+1} + uvP_{i+1,j+1}$
$= (1-v)(1-u)P_{i,j} + u(1-v)P_{i+1,j} + (1-u)vP_{i,j+1} + uvP_{i+1,j+1}$
$= (1-v)\{(1-u)P_{i,j} + uP_{i+1,j}\} + v\{(1-u)P_{i,j+1} + uP_{i+1,j+1}\}$
$= \begin{pmatrix} 1-v & v \end{pmatrix} \begin{pmatrix} (1-u)P_{i,j} + uP_{i+1,j} \\ (1-u)P_{i,j+1} + uP_{i+1,j+1} \end{pmatrix}$
$= \begin{pmatrix} 1-v & v \end{pmatrix} \begin{pmatrix} P_{i,j} & P_{i+1,j} \\ P_{i,j+1} & P_{i+1,j+1} \end{pmatrix} \begin{pmatrix} 1-u \\ u \end{pmatrix}$

$\therefore \quad P_{u,v} = \begin{pmatrix} 1-v & v \end{pmatrix} \begin{pmatrix} P_{i,j} & P_{i+1,j} \\ P_{i,j+1} & P_{i+1,j+1} \end{pmatrix} \begin{pmatrix} 1-u \\ u \end{pmatrix} \quad 0 \leq u \leq 1, \quad 0 \leq v \leq 1$

ということで証明ができました．では，例題で具体的に体験していただきましょう．

例題 7.2.2-1

長さ 1 の格子点に，3，5，4，8 という値がある．ここで，横方向で 0.6 の割合の位置，縦方向で 0.8 の割合の位置にある黒丸の位置での値を双 1 次内挿法で計算せよ．

例題 7.2.2-1 解答

$P_{u,v} = \begin{pmatrix} 1-v & v \end{pmatrix} \begin{pmatrix} P_{i,j} & P_{i+1,j} \\ P_{i,j+1} & P_{i+1,j+1} \end{pmatrix} \begin{pmatrix} 1-u \\ u \end{pmatrix}$

$= \begin{pmatrix} 1-0.8 & 0.8 \end{pmatrix} \begin{pmatrix} 3 & 5 \\ 8 & 4 \end{pmatrix} \begin{pmatrix} 1-0.6 \\ 0.6 \end{pmatrix} = \begin{pmatrix} 0.2 & 0.8 \end{pmatrix} \begin{pmatrix} 3 & 5 \\ 8 & 4 \end{pmatrix} \begin{pmatrix} 0.4 \\ 0.6 \end{pmatrix}$

$= \begin{pmatrix} 0.2 & 0.8 \end{pmatrix} \begin{pmatrix} 3 \times 0.4 + 5 \times 0.6 \\ 8 \times 0.4 + 4 \times 0.6 \end{pmatrix} = \begin{pmatrix} 0.2 & 0.8 \end{pmatrix} \begin{pmatrix} 4.2 \\ 5.6 \end{pmatrix} = 5.32$

という値になる．

直線内挿を 2 度用いる，高校時代に習った従来の方法で確かめてみましょう．

$P_{i,v} = P_{i,j} + v(P_{i,j+1} - P_{i,j}) = 3 + 0.8(8-3) = 7$
$P_{i+1,v} = P_{i+1,j} + v(P_{i+1,j+1} - P_{i+1,j}) = 5 + 0.8(4-5) = 4.2$
$\therefore \quad P_{u,v} = P_{i,v} + u(P_{i+1,v} - P_{i,v}) = 7 + 0.6(4.2-7) = 5.32$

というわけで同じ値が得られました．私は間違わないので！　安心しましたか？

式 7.2.2-7，すなわち，双 1 次内挿を覚えておくと良いかと思います．覚えたことは，だれにも奪われないから．あれ！　どっかで聞いたフレーズですか．

7.3. 平面内挿

7.3.1. 面内挿の概念

さて，3次元空間に n 個の点 $A_i(X_i, Y_i, Z_i)$ $(i=1, 2, \cdots, n)$ があって，
$$z = \alpha x + \beta y + \gamma \tag{7.3.1-1}$$
で表される平面近くにばらつくとします．その状況を2次元で表示したのが図 **7.3.1-1** です．
さて，$\alpha, \beta, \gamma \in \Re$ は実定数です．ここで，各点 $A_i(X_i, Y_i, Z_i)$ の座標の平均，
$$\bar{X} = \frac{1}{n}\sum_{i=1}^{n} X_i, \ \bar{Y} = \frac{1}{n}\sum_{i=1}^{n} Y_i, \ \bar{Z} = \frac{1}{n}\sum_{i=1}^{n} Z_i \tag{7.3.1-2}$$
を座標の原点とすることにします．すなわち，
$$x_i = X_i - \bar{X}, \ y_i = Y_i - \bar{Y}, \ z_i = Z_i - \bar{Z} \quad (i=1, 2, \cdots, n) \tag{7.3.1-3}$$
とし，改めて，$A_i(x_i, y_i, z_i)$ とします．このとき，当然ではありますが，
$$\bar{x} = \sum x_i = \sum(X_i - \bar{X}) = \sum X_i - \bar{X}\sum 1 = n\bar{X} - \bar{X}n = 0 \tag{7.3.1-4}$$
となります．同様に，
$$\bar{y} = \sum y_i = \sum(Y_i - \bar{Y}) = 0, \ \bar{z} = \sum z_i = \sum(Z_i - \bar{Z}) = 0 \tag{7.3.1-5}$$
です．言い方を変えると，原点 O を起点とする位置ベクトル群が点 o を起点とするベクトル群に変更したことになります（図 **7.3.1-1** 参照）．

したがって，新座標における各点への位置ベクトルを
$$\mathbf{a}_i = (x_i, y_i, z_i) \quad (i=1, 2, \cdots, n)$$
と書けば，
$$\sum_{i=1}^{n} \mathbf{a}_i = \mathbf{0}$$
になります．ここで，さらに，統計的な話になりますが，頑張ってください，新座標について，各座標の分散は，

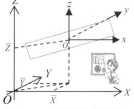

図 **7.3.1-1** 座標変換と回帰平面

$$\sigma_x^2 = \frac{1}{n}\sum_{i=1}^{n} x_i^2, \ \sigma_y^2 = \frac{1}{n}\sum_{i=1}^{n} y_i^2, \ \sigma_z^2 = \frac{1}{n}\sum_{i=1}^{n} z_i^2 \tag{7.3.1-6}$$
です．ここで，扱っている全データが原点にあるという場合は無いとすれば，
$$\sigma_x > 0, \ \ \sigma_y > 0, \ \ \sigma_z > 0$$
ですから，xy 平面方向，yz 平面方向，zx 平面方向の，それぞれの回帰係数 r_{xy}, r_{yz}, r_{zx} を，
$$r_{xy} = \frac{1}{n\sigma_x\sigma_y}\sum_{i=1}^{n} x_i y_i, \ \ r_{yz} = \frac{1}{n\sigma_y\sigma_z}\sum_{i=1}^{n} y_i z_i, \ \ r_{zx} = \frac{1}{n\sigma_z\sigma_x}\sum_{i=1}^{n} z_i x_i \tag{7.3.1-7}$$
のように定義すれば，回帰平面の方程式は
$$\frac{R_{zz}}{\sigma_z}z + \frac{R_{zx}}{\sigma_x}x + \frac{R_{zy}}{\sigma_y}y = 0 \tag{7.3.1-8}$$

（これも，こんなに綺麗な式になりました．）

となります．$R_{zz}, \ R_{zx}, \ R_{zy}$ってなに？ どうして？ と読者は思われるでしょう．でも式 7.3.1-7 や式 7.3.1-8 は，何かサイクリックでもあり，対称式のようでもあり，何か綺麗な式ですね，そう思いませんか？ さあ，何故そうなるか，ここから説明します．

7.3.2. 最小二乗法による面内挿

図 **7.3.1-1** に示したように，観測データを $z_i = f(x_i, y_i)$ $(i = 1, 2, \cdots, n)$ と考え，式 7.3.1-1 で表される平面を近似平面としようとする場合，最小二乗法の考えは，

$$\Delta^2 = \sum_{i=1}^{n} \{z_i - (\alpha x_i + \beta y_i + \gamma)\}^2 \tag{7.3.2-1}$$

を最小にすることです．すなわち，Δ^2 を最小とする場合の係数 α, β, γ を求めることです．

さて，式 7.3.2-1 は z の関数と考えると，z の 2 次式で係数が正ですから，下に凸の曲線であり，したがって，Δ^2 を最小となる場合は，極小になる場合でのみ最小となります．

ちょっと，諄い説明ですが，高校時代で強く言われたことを思い出しませんか？式が 3 次式の場合，見ている範囲内で 2 つの極値，すなわち，極小値と極大値の両方を持つ場合があり，微分して 0 となる場合が，必ずしも極小値ではないことはご存知と思います．

さて，極小値を求めるために，するべき計算は，

$$\frac{\partial \Delta^2}{\partial \alpha} = \frac{\partial \Delta^2}{\partial \beta} = \frac{\partial \Delta^2}{\partial \gamma} = 0 \tag{7.3.2-2}$$

となるように，係数 α, β, γ を求めることに帰着します．「帰着」なんて言葉は最近あまり使いませんかね．帰着（きちゃく）とは，帰りつくこと，いろいろの過程を経て，最終的に落ち着くことです．釈迦に説法でしたね．話を，元に戻して，

$$\frac{\partial \Delta^2}{\partial \alpha} \Rightarrow \sum_{i=1}^{n} x_i(z_i - \alpha x_i - \beta y_i - \gamma) = 0 \tag{7.3.2-3}$$

$$\frac{\partial \Delta^2}{\partial \beta} \Rightarrow \sum_{i=1}^{n} y_i(z_i - \alpha x_i - \beta y_i - \gamma) = 0 \tag{7.3.2-4}$$

$$\frac{\partial \Delta^2}{\partial \gamma} \Rightarrow \sum_{i=1}^{n} (z_i - \alpha x_i - \beta y_i - \gamma) = 0 \tag{7.3.2-5}$$

となりますが，ここで，式 7.3.1-4 および式 7.3.1-5 に注意すると，式 7.3.2-5 から明らかに，

$$\gamma = 0$$

です．したがって，式 7.3.2-3 から，

$$\sum_{i=1}^{n} x_i z_i - \alpha \sum_{i=1}^{n} x_i^2 - \beta \sum_{i=1}^{n} x_i y_i = 0 \Leftrightarrow \alpha \sum_{i=1}^{n} x_i^2 + \beta \sum_{i=1}^{n} x_i y_i = \sum_{i=1}^{n} x_i z_i \tag{7.3.2-6}$$

であり，また，式 7.3.2-4 から，

$$\sum_{i=1}^{n} y_i z_i - \alpha \sum_{i=1}^{n} x_i y_i - \beta \sum_{i=1}^{n} y_i^2 = 0 \Leftrightarrow \alpha \sum_{i=1}^{n} x_i y_i + \beta \sum_{i=1}^{n} y_i^2 = \sum_{i=1}^{n} y_i z_i \tag{7.3.2-7}$$

となります．ここで，式 7.3.1-5 や式 7.3.1-6 により，

$$\begin{aligned} &\sum_{i=1}^{n} x_i^2 = n\sigma_x^2, \sum_{i=1}^{n} y_i^2 = n\sigma_y^2 \\ &\sum_{i=1}^{n} x_i y_i = n\sigma_x \sigma_y r_{xy}, \sum_{i=1}^{n} x_i z_i = n\sigma_z \sigma_x r_{zx}, \sum_{i=1}^{n} y_i z_i = n\sigma_y \sigma_z r_{yz} \end{aligned} \tag{7.3.2-8}$$

7.3. 平面内挿

により，n が共通にあるので，式 7.3.2-6 および式 7.3.2-7 から

$$\alpha \sigma_x^2 + \beta \sigma_x \sigma_y r_{xy} = \sigma_z \sigma_x r_{zx}$$
$$\alpha \sigma_x \sigma_y r_{xy} + \beta \sigma_y^2 = \sigma_y \sigma_z r_{yz} \tag{7.3.2-9}$$

すなわち，

$$\begin{pmatrix} \sigma_x^2 & \sigma_x \sigma_y r_{xy} \\ \sigma_x \sigma_y r_{xy} & \sigma_y^2 \end{pmatrix} \begin{pmatrix} \alpha \\ \beta \end{pmatrix} = \begin{pmatrix} \sigma_z \sigma_x r_{zx} \\ \sigma_y \sigma_z r_{yz} \end{pmatrix} \tag{7.3.2-10}$$

が得られます．さあ，もうこれで解けましたね．クラーメルの式を使えば，

> 添字に注意し，計算をめげずにやってください．

$$\alpha = \frac{\begin{vmatrix} \sigma_z \sigma_x r_{zx} & \sigma_x \sigma_y r_{xy} \\ \sigma_y \sigma_z r_{yz} & \sigma_y^2 \end{vmatrix}}{\begin{vmatrix} \sigma_x^2 & \sigma_x \sigma_y r_{xy} \\ \sigma_x \sigma_y r_{xy} & \sigma_y^2 \end{vmatrix}} = \frac{\sigma_z \sigma_x \sigma_y^2 r_{zx} - \sigma_x \sigma_y^2 \sigma_z r_{xy} r_{yz}}{\begin{vmatrix} \sigma_x^2 & \sigma_x \sigma_y r_{xy} \\ \sigma_x \sigma_y r_{xy} & \sigma_y^2 \end{vmatrix}}$$

$$= \frac{\sigma_x \sigma_y^2 \sigma_z (r_{zx} - r_{xy} r_{yz})}{\sigma_x^2 \sigma_y^2 (1 - r_{xy}^2)} = \frac{\sigma_x \sigma_y^2 \sigma_z \begin{vmatrix} r_{zx} & r_{xy} \\ r_{yz} & 1 \end{vmatrix}}{\sigma_x^2 \sigma_y^2 \begin{vmatrix} 1 & r_{xy} \\ r_{xy} & 1 \end{vmatrix}} = \frac{\sigma_z}{\sigma_x} \frac{\begin{vmatrix} r_{zx} & r_{xy} \\ r_{yz} & 1 \end{vmatrix}}{\begin{vmatrix} 1 & r_{xy} \\ r_{xy} & 1 \end{vmatrix}} \tag{7.5.2-11}$$

となります．

$$\beta = \frac{\begin{vmatrix} \sigma_x^2 & \sigma_z \sigma_x r_{zx} \\ \sigma_x \sigma_y r_{xy} & \sigma_y \sigma_z r_{yz} \end{vmatrix}}{\begin{vmatrix} \sigma_x^2 & \sigma_x \sigma_y r_{xy} \\ \sigma_x \sigma_y r_{xy} & \sigma_y^2 \end{vmatrix}} = \frac{\sigma_x^2 \sigma_y \sigma_z r_{yz} - \sigma_x^2 \sigma_y \sigma_z r_{xy} r_{zx}}{\begin{vmatrix} \sigma_x^2 & \sigma_x \sigma_y r_{xy} \\ \sigma_x \sigma_y r_{xy} & \sigma_y^2 \end{vmatrix}}$$

$$= \frac{\sigma_x^2 \sigma_y \sigma_z (r_{yz} - r_{xy} r_{zx})}{\sigma_x^2 \sigma_y^2 (1 - r_{xy}^2)} = \frac{\sigma_z}{\sigma_y} \frac{\begin{vmatrix} r_{yz} & r_{xy} \\ r_{zx} & 1 \end{vmatrix}}{\begin{vmatrix} 1 & r_{xy} \\ r_{xy} & 1 \end{vmatrix}} \tag{7.3.2-12}$$

となり，めでたく，α, β, γ が求まりました．でも，ここで，終わりではありません．

さて，式 7.3.1-6 から，

$$r_{xx} = \frac{1}{n \sigma_x \sigma_x} \sum_{i=1}^{n} x_i x_i = \frac{1}{n \sigma_x^2} n \sigma_x^2 = 1 = r_{yy} = r_{zz} \tag{7.3.2-13}$$

さらに，式 7.3.1-6 から，

$$r_{xy} = \frac{1}{n \sigma_x \sigma_y} \sum_{i=1}^{n} x_i y_i = r_{yx}, \quad r_{yz} = r_{zy}, \quad r_{zx} = r_{xz} \tag{7.3.2-14}$$

であることに気が付くと，これは面白くなります．

さあ，ここで，式 7.3.2-13 および式 7.3.2-14 により，回帰係数行列式なる行列式を定義することができます．聞きなれない名前かもしれません．そうです．この本で最初のデビューです．何か問題でも？

定義82　回帰係数行列式

式 7.3.2-13 および式 7.3.2-14 により，計算された

$$|\mathbf{R}| = \begin{vmatrix} r_{zz} & r_{zx} & r_{zy} \\ r_{xz} & r_{xx} & r_{xy} \\ r_{yz} & r_{yx} & r_{yy} \end{vmatrix} = \begin{vmatrix} 1 & r_{zx} & r_{zy} \\ r_{zx} & 1 & r_{xy} \\ r_{zy} & r_{xy} & 1 \end{vmatrix} \quad (7.3.2\text{-}15)$$

（3次元空間ならばこれで良いですが，n 次元に拡張すると，$n \times n$ の回帰係数行列式が登場します．）

とする対称行列 $\mathbf{R}$ の行列式を回帰係数行列式（*regression coefficient determinant*）と呼ぶ．

この定義に従って，r_{zz} の余因子を R_{zz} と書き，r_{zx} の余因子を R_{zx} と書き，r_{zy} の余因子を R_{zy} と書けば，

（α と β の符号に注意してください．）

$$\alpha = \frac{\sigma_z}{\sigma_x} \frac{\begin{vmatrix} r_{zx} & r_{xy} \\ r_{yz} & 1 \end{vmatrix}}{\begin{vmatrix} 1 & r_{xy} \\ r_{xy} & 1 \end{vmatrix}} = -\frac{\sigma_z}{\sigma_x} \frac{R_{zx}}{R_{zz}} \quad , \quad \beta = \frac{\sigma_z}{\sigma_y} \frac{\begin{vmatrix} 1 & r_{zx} \\ r_{xy} & r_{yz} \end{vmatrix}}{\begin{vmatrix} 1 & r_{xy} \\ r_{xy} & 1 \end{vmatrix}} = -\frac{\sigma_z}{\sigma_x} \frac{R_{zx}}{R_{zz}}$$

となるので，式 7.3.1-1 は

$$z = -\frac{\sigma_z}{\sigma_x} \frac{R_{zx}}{R_{zz}} x - \frac{\sigma_z}{\sigma_y} \frac{R_{zy}}{R_{zz}} y$$

$$\therefore R_{zx} = (-1)^{1+2} \begin{vmatrix} r_{zx} & r_{xy} \\ r_{yz} & 1 \end{vmatrix} \; ; \; R_{zy} = (-1)^{1+3} \begin{vmatrix} r_{zx} & 1 \\ r_{yz} & r_{xy} \end{vmatrix}$$

$$\therefore \frac{R_{zz}}{\sigma_z} z + \frac{R_{zx}}{\sigma_x} x + \frac{R_{zy}}{\sigma_y} y = 0 \quad (7.3.2\text{-}16)$$

（やっぱり，綺麗な表式ですね．）

となります．ここで，式 7.3.1-8 と同じ式が得られました．最後に，式 7.3.1-3 に戻って，

$$\frac{R_{zz}}{\sigma_z}(Z - \bar{Z}) + \frac{R_{zx}}{\sigma_x}(X - \bar{X}) + \frac{R_{zy}}{\sigma_y}(Y - \bar{Y}) = 0 \quad (7.3.2\text{-}17)$$

と書きます．

どうですか？　綺麗な表式ですね．数学の綺麗さ・スマートさがここにあります．ここでお断りいたしますのは，前述のように，式 7.3.2-15 で表した回帰係数行列式（*regression coefficient determinant*）という呼称は本書のみでの記載とします．すなわち，「回帰係数行列」は本書から始まります！　これが，3 次元空間内の平面内挿の式です．あくまでも，歪み・曲がりのない平面内挿の式で，曲面内挿の式ではないことにご注意ください．

Gallery 26.
　右：ブルージュ
　　ベルギー　運河
　　水彩画（模写）
　　著者作成
　左：マリーナ
　　イタリア・カプリ島
　　著者撮影

7.4. 曲線内挿

ここでは、曲面上の1点を、オルソ画像（例としては、市販の地図）を見るように正射影し（画像全体を真上から見た図にすること、換言すれば、視点を無限遠に置くこと）、その周りの16点で作る等間隔な格子（辺長＝1）の中心にある格子内にある点とし、まわりの格子点の値から断面の曲がりに沿って内挿する方法を考えます。

7.4.1. 双3次内挿

双3次内挿（*Bi-cubic Interpolation*）は、内挿点を含むメッシュを構成する 4×4=16 の格子点を用いて、3次式を用いたスプライン曲線による内挿を2度使用する方法です。

スプライン曲線とは、2次元断面上にあるデータに対して、以下の条件：

1. 全てのデータ点を通る
2. 各点での1次微分係数が連続であること
3. 各点での2次微分係数が連続であること
4. 境界条件を適切に設定する（*natural boundary*, *clamped boundary*, etc.）

を満たす曲線です。

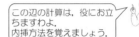

内挿は、図 7.4.1-1 に示すように、中心にある格子の値 $z_{0,0}, z_{0,1}, z_{1,1}, z_{1,0}$ の内部にある点の値を、周り16個の格子点の値を用いて、断面の曲がりに沿って計算します。このとき、まずは、上記条件を満たす適当な3次関数 $p(t)$ を

$$p_{-1}(u), p_0(u), p_1(u), p_2(u)$$

として用いて、例えば、

$$z_{t,-1} = p_{-1}(t)z_{-1,-1} + p_0(t)z_{0,-1} + p_1(t)z_{1,-1} + p_2(t)z_{2,-1}$$
$$= \begin{pmatrix} z_{-1,-1} & z_{0,-1} & z_{1,-1} & z_{2,-1} \end{pmatrix} \begin{pmatrix} p_{-1}(t) & p_0(t) & p_1(t) & p_2(t) \end{pmatrix}^T \quad (7.4.1\text{-}1)$$

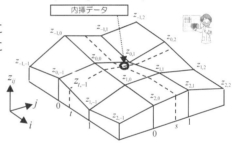

図 7.4.1-1　スプラインによる双3次内挿

と書くことができます。ここで、図 7.4.1-1 に示すように、s, t $(0 \leq (s, t) \leq 1)$ により

$$z_{t,s} = \begin{pmatrix} p_{-1}(s) & p_0(s) & p_1(s) & p_2(s) \end{pmatrix} \begin{pmatrix} z_{-1,-1} & z_{0,-1} & z_{1,-1} & z_{2,-1} \\ z_{-1,0} & z_{0,0} & z_{1,0} & z_{2,0} \\ z_{-1,1} & z_{0,1} & z_{1,1} & z_{2,1} \\ z_{-1,2} & z_{0,2} & z_{1,2} & z_{2,2} \end{pmatrix} \begin{pmatrix} p_{-1}(t) \\ p_0(t) \\ p_1(t) \\ p_2(t) \end{pmatrix}$$

$$(7.4.1\text{-}2)$$

により $z_{t,s}$ を求めます。ここで、格子点間隔は 1 です。お分かりのように、この方法は、データ点を通る3次のスプライン関数を用いています。もう少し、具体的に書きましょう。

3次式を、

$$p(t) = at^3 + bt^2 + ct + d$$

としましょう。このとき、この式がスプライン関数である場合、係数 a, b, c, d により、

$$z_{t,-1} = p_{-1}(t)z_{-1,-1} + p_0(t)z_{0,-1} + p_1(t)z_{1,-1} + p_2(t)z_{2,-1}$$
$$z_{t,0} = p_{-1}(t)z_{-1,0} + p_0(t)z_{0,0} + p_1(t)z_{1,0} + p_2(t)z_{2,0}$$
$$z_{t,1} = p_{-1}(t)z_{-1,1} + p_0(t)z_{0,1} + p_1(t)z_{1,1} + p_2(t)z_{2,1} \quad (7.4.1\text{-}3)$$
$$z_{t,2} = p_{-1}(t)z_{-1,2} + p_0(t)z_{0,2} + p_1(t)z_{1,2} + p_2(t)z_{2,2}$$

と表すことが出来ます．ここで，上記 4 式は，

$$\begin{pmatrix} z_{t,-1} \\ z_{t,0} \\ z_{t,1} \\ z_{t,2} \end{pmatrix} = \begin{pmatrix} z_{-1,-1} & z_{0,-1} & z_{1,-1} & z_{2,-1} \\ z_{-1,0} & z_{0,0} & z_{1,0} & z_{2,0} \\ z_{-1,1} & z_{0,1} & z_{1,1} & z_{2,1} \\ z_{-1,2} & z_{0,2} & z_{1,2} & z_{2,2} \end{pmatrix} \begin{pmatrix} p_{-1}(t) \\ p_0(t) \\ p_1(t) \\ p_2(t) \end{pmatrix}$$

とまとめて書けます．また，

$$z_{t,s} = p_{-1}(s)z_{t,-1} + p_0(s)z_{t,0} + p_1(s)z_{t,1} + p_2(s)z_{t,2} = \begin{pmatrix} p_{-1}(s) \\ p_0(s) \\ p_1(s) \\ p_2(s) \end{pmatrix}^T \begin{pmatrix} z_{t,-1} \\ z_{t,0} \\ z_{t,1} \\ z_{t,2} \end{pmatrix}$$

ですから，式 7.4.1-2 が得られます．

図 7.4.1-2 をご覧ください．まず，$z_{t,-1}, z_{t,0}, z_{t,1}, z_{t,2}$ を，順に，式 7.4.1.で求めます．

次に，$z_{t,-1}, z_{t,0}, z_{t,1}, z_{t,2}$ を用いて式 7.4.1 により，$z_{t,s}$ を求めます．

このように，双三次内挿は 3 次のスプライン関数を i 方向とで j 方向で使う方法です．

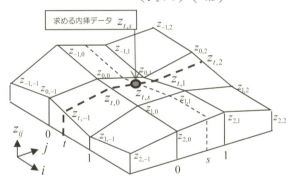

図 7.4.1-2 スプラインによる双 3 次内挿の詳細

さあ，ここで，関数 $p_{-1}(u), p_0(u), p_1(u), p_2(u)$ を考える必要があります．本項の冒頭でスプライン曲線の条件を示しました．いろいろ関数が考えられます．

ある本では

$$p_{-1}(u) = \frac{-u^3 + 2u^2 - u}{2}, \quad p_0(u) = \frac{3u^3 - 5u^2 + 2}{2}$$
$$p_1(u) = \frac{-3u^3 + 4u^2 + u}{2}, \quad p_2(u) = \frac{u^3 - u^2}{2} \quad (7.4.1\text{-}4)$$

と書かれています．これは 1 つのモデルです．因みに，次項に示す B -スプラインの関数は

$$p_{-1}(u) = \frac{(1-u)^3}{6}, \quad p_0(u) = \frac{3u^3 - 6u^2 + 4}{6}$$
$$p_1(u) = \frac{-3u^3 + 4u^2 + 3u + 1}{6}, \quad p_2(u) = \frac{u^3}{6} \quad (7.4.1\text{-}5)$$

と書いている本もあります．読者は問題を作成し，確かめてみては如何でしょう．

7.4.2. その他の内挿

さらに，2つの内挿技術を紹介しましょう．本項では式はありませんのでご安心を(笑)．

1) B-スプライン

B-スプライン曲線（*B-spline curve*）とは，与えられた複数のデータ点から定義される滑らかな曲線であり，幾つかに区分する多項式により表現されているので，一部を変更しても曲線全体に影響が及ばない性質を有します．滑らかな曲線を描くのに2次ベジェ曲線（*Quadratic Bézier curve*）や3次ベジェ曲線（*Cubic Bézier curve*）などのベジェ曲線とともに，良く知られた曲線です．なお，B-spline は *Basis spline*（*Basis*＝基底）の省略形であり，B-スプライン曲線は，基本的に曲線はデータ点は通らないという性質があり，スプライン曲線とB-スプライン曲線は異なります．図7.4.2-1 および図7.4.2-2 を参考にして下さい．まとめますと，スプライン曲線は，データ同士が離れ，データ数も少なく，データに「飛び」がないとき有用な補間式であり，一方，B-スプライン曲線は，データ数が多くても，データに「飛び」があっても曲線が引けますし，データを通らない場合もありますが，データの全体にフィットした補間式です．因みに，PC で定番の Excel では，曲線内挿の近似式はB－スプラインです．

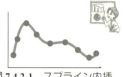

図7.4.2-1　スプライン内挿

図7.4.2-2　Bスプライン内挿

2) スパース・モデリング

21世紀に入って，コンピューターの性能が飛躍的な発展を遂げ，スーパーコンピューターを使わずとも PC で殆どの計算ができるようになりました．コンピューター性能の飛躍的な発展に伴い，データ数も膨大に膨れ上がってきました．その1つの原因は，「力任せに」必要のないデータまでも収録することにあります．簡単な例は，医療用 CT でしょう．膨大なデータから人体の断面映像を構成する技術が CT です．しかし，CT のデータは，人体の断面映像を構成するデータ以上の必要のないデータが多量に含まれているそうです．

そこで，紹介するのがスパース・モデリングです．スパース・モデリングという技術は膨大データから必要なエッセンスだけを抽出する優決定系 (*Overdetermined system*).統計解析です．スパース・モデリングには全く逆のような技術でもあります．例えば，弾性波トモグラフィなどは地層の内部構造を CT 技術を用いて探査する技術ですが，弾性波の発振器と受振器には数に限りがあり，波線数が不足し，十分な結果が得られない場合があります．また，モニタリング計測で欠測などがあります．スパース・モデリングは，このような劣決定系(*underdetermined system*)にも有効です．スパース・モデリングは，L^1 ノルムなど，線形代数を深層に置き，近年，医療関係の細密科学や天文学などの幅広い各種の分野で注目され始めている最適化手法で，データ処理技術の一種です．このように，スパース・モデリングは，センスの抽出方法・補間方法を見出すための方法論です．ここでは，紹介に留めますが，ビッグデータ対応では必須です．

例題 7.4-1 右図について，
$z_{-1,-1}=4$, $z_{0,-1}=5$, $z_{1,-1}=2$, $z_{2,-1}=3$
$z_{-1,0}=8$, $z_{0,0}=6$, $z_{1,0}=5$, $z_{2,0}=4$
$z_{-1,1}=6$, $z_{0,1}=3$, $z_{1,1}=7$, $z_{2,1}=8$
$z_{-1,2}=7$, $z_{0,2}=6$, $z_{1,2}=3$, $z_{2,2}=4$
とし，$t=0.4$，$s=0.6$ とするとき，
(1) $z_{t,-1}$, $z_{t,0}$, $z_{t,1}$, $z_{t,2}$ をそれぞれ，式 7.4.1-3 および式 7.4.1-4 を用いて求めよ．
(2) $z_{t,s}$ を式 7.4.1-3 および式 7.4.1-4 を用いて求めよ．
(3) (1)および(2)の結果を比較せよ．

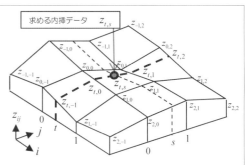

例題 7.4-1 解答
(1) 式 7.4.1-4 を用いると，$t=0.4$ であるから，
$p_{-1}(0.4)=-0.072$, $p_0(0.4)=0.696$, $p_1(0.4)=0.424$, $p_2(0.4)=-0.048$
$z_{t,-1}=4\times(-0.072)+5\times(0.696)+2\times(0.424)+3\times(-0.048)=3.896$
$z_{t,0}=8\times(-0.072)+6\times(0.696)+5\times(0.424)+4\times(-0.048)=5.528$
$s=0.6$ であるから，
$p_{-1}(0.6)=-0.048$, $p_0(0.4)=0.424$, $p_1(0.4)=0.696$, $p_2(0.4)=-0.072$
したがって，
$z_{t,s}=(-0.048)\times(3.896)+(0.424)(5.528)+(0.696)(4.24)+(-0.072)(4.752)=4.766$

(2) 式 7.4.1-1 から
$$z_{t,s}=\begin{pmatrix}p_{-1}(0.6) & p_0(0.6) & p_1(0.6) & p_2(0.6)\end{pmatrix}\begin{pmatrix}z_{-1,-1} & z_{0,-1} & z_{1,-1} & z_{2,-1}\\ z_{-1,0} & z_{0,0} & z_{1,0} & z_{2,0}\\ z_{-1,1} & z_{0,1} & z_{1,1} & z_{2,1}\\ z_{-1,2} & z_{0,2} & z_{1,2} & z_{2,2}\end{pmatrix}\begin{pmatrix}p_{-1}(0.4)\\ p_0(0.4)\\ p_1(0.4)\\ p_2(0.4)\end{pmatrix}$$

$$\therefore z_{t,s}=\begin{pmatrix}-0.048 & 0.424 & 0.696 & -0.072\end{pmatrix}\begin{pmatrix}4 & 5 & 2 & 3\\ 8 & 6 & 5 & 3\\ 6 & 3 & 7 & 8\\ 7 & 6 & 3 & 4\end{pmatrix}\begin{pmatrix}-0.072\\ 0.696\\ 0.424\\ -0.048\end{pmatrix}$$

$$=\begin{pmatrix}-0.048 & 0.424 & 0.696 & -0.072\end{pmatrix}\begin{pmatrix}3.896\\ 5.528\\ 4.24\\ 4.752\end{pmatrix}=4.766$$

(3) (1)および(2)の計算は一致する．

というわけで，双 3 次内挿の計算の例を示しました．このように，電卓程度で計算が簡単に出来ますから，読者は，B-スプラインで内挿してみては如何でしょうか．

7.5.ベクトル V　幾何問題

7.5.1. 直線の式
1) 2 次元の直線

定数 $\forall a,b,c \in \Re$ を係数とする直線の方程式は，
$$ax + by + c = 0 \tag{7.5.1-1}$$
ですね．ここで，式 7.5.1-1 が 2 点 (x_1, y_1) および点 (x_2, y_2) を通るとき，
$$ax_1 + by_1 + c = 0 \tag{7.5.1-2}$$
$$ax_2 + by_2 + c = 0 \tag{7.5.1-3}$$
です．ここで，式 7.5.1-1，式 7.5.1-2 および式 7.5.1-3 を合わせて考えれば，
$$\begin{pmatrix} x & y & 1 \\ x_1 & y_1 & 1 \\ x_2 & y_2 & 1 \end{pmatrix} \begin{pmatrix} a \\ b \\ c \end{pmatrix} = \begin{pmatrix} 0 \\ 0 \\ 0 \end{pmatrix} \tag{7.5.1-4}$$
ですね．ここで，任意の係数 a,b,c について　上式が成り立つためには，
$$\begin{pmatrix} x & y & 1 \\ x_1 & y_1 & 1 \\ x_2 & y_2 & 1 \end{pmatrix} = \mathbf{O} \quad \Leftrightarrow \quad \begin{vmatrix} x & y & 1 \\ x_1 & y_1 & 1 \\ x_2 & y_2 & 1 \end{vmatrix} = 0 \tag{7.5.1-5}$$
でこれが求める式です．逆に，式 7.5.1-5 の第 2 式の左辺を $f(x,y)$ とすると，2 行目と 3 行目に注意すれば，$f(x_1, y_1) = f(x_2, y_2) = 0$ は，2 つの行が同じになるので，明らかです．

ここで，媒介変数 t を用いれば，以下のようにも書けます：
$$\begin{pmatrix} x \\ y \end{pmatrix} = \begin{pmatrix} x_1 \\ y_1 \end{pmatrix} + t \begin{pmatrix} x_2 - x_1 \\ y_2 - y_1 \end{pmatrix} \quad \Rightarrow \quad \begin{cases} x - x_1 = t(x_2 - x_1) \\ y - y_1 = t(y_2 - y_1) \end{cases}$$
$$\frac{x - x_1}{x_2 - x_1} = \frac{y - y_1}{y_2 - y_1} \quad \Rightarrow \quad y = \frac{y_2 - y_1}{x_2 - x_1}(x - x_1) + y_1 \tag{7.5.1-6}$$

2) 3 次元の直線

では，3 次元空間の直線の式はというと，どうなりますでしょうか？　やってみましょう．

定点 $P(\mathbf{r}_0)$ $(\mathbf{r}_0 = (x_0, y_0, z_0)^T)$ を通り，ベクトル $\mathbf{a} = (a_1, a_2, a_3)^T$ 方向の直線は，その直線上の任意の点を $X(\mathbf{r})$ $(\mathbf{r} = (x, y, z)^T)$ とすれば，媒介変数 t を用いて，
$$\mathbf{r} = \mathbf{p}_0 + t(\mathbf{a} - \mathbf{p}_0) \quad \text{あるいは，} \quad \mathbf{r} = (1-t)\mathbf{p}_0 + t\mathbf{a} \tag{7.5.1-7}$$

> ベクトルの媒介変数表示の基本式よ！

と表されます．要素で考えると，
$$\begin{pmatrix} x \\ y \\ z \end{pmatrix} = \begin{pmatrix} x_0 \\ y_0 \\ z_0 \end{pmatrix} + t \begin{pmatrix} a_x - x_0 \\ a_y - y_0 \\ a_z - z_0 \end{pmatrix} \quad \text{あるいは，} \quad \begin{pmatrix} x \\ y \\ z \end{pmatrix} = (1-t) \begin{pmatrix} x_0 \\ y_0 \\ z_0 \end{pmatrix} + t \begin{pmatrix} a_x \\ a_y \\ a_z \end{pmatrix} \tag{7.5.1-8}$$
ですから，これらから媒介変数 t を消去すると，
$$\frac{x - x_0}{a_x - x_0} = \frac{y - y_0}{a_y - y_0} = \frac{z - z_0}{a_z - z_0} \tag{7.5.1-9}$$
と表すこともできます．

7.5.2. 面の式

2つのベクトル $\mathbf{a}, \mathbf{b}\,(\|\mathbf{a}\|\neq 0,\ \mathbf{b}\neq 0)\in V^3$ についての内積が

$$\mathbf{a}\cdot\mathbf{b}=\|\mathbf{a}\|\|\mathbf{b}\|\cos\theta=0 \tag{7.5.2-1}$$

ということは，$\theta=90°$ ということで，2つのベクトル $\mathbf{a}, \mathbf{b}$ が直交していることを示す，ということはすでに説明済みですね．思い出しましたか？ これを踏まえて，幾何的な表式を示します．

(1) 点 $P(\mathbf{p})$ を通り，ベクトル $\mathbf{n}$ に垂直な平面

求める平面上に点 $P(\mathbf{p})\ \{\mathbf{p}=(p_x, p_y, p_z)\}$ があり，平面の任意の点 $R(\mathbf{r})\ \{\mathbf{r}=(x, y, z)\}$ とで作成されるベクトル $\mathbf{r}-\mathbf{p}$ は点 $P(\mathbf{p})$ を通り，その平面上の任意のベクトルですから，その平面に垂直なベクトル $\mathbf{n}$ に対して，求める平面の方程式は，

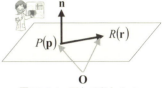

図 7.5.2-1 面とベクトル I

$$\mathbf{n}\cdot(\mathbf{r}-\mathbf{p})=0 \quad \text{平面をベクトルで表現する基本式ですよ！} \tag{7.5.2-2}$$

となります．ここで，$\mathbf{n}=(n_x, n_y, n_z)$ とすれば，式 7.5.2-2 を要素で表現した表式は，

$$n_x(x-p_x)+n_y(y-p_y)+n_z(z-p_z)=0$$

であることは，容易に分かります（図 7.5.2-1）．

(2) 点 $P(\mathbf{p})$ を通り，2つのベクトル $\mathbf{a}, \mathbf{b}\ (\mathbf{a}\times\mathbf{b}\neq 0)$ によって決まる平面

これは，上記 (1) の応用です．さて，平面の任意の点を $R(\mathbf{r})$ とし，

$$\mathbf{r}=(x, y, z),\ \mathbf{p}=(p_1, p_2, p_3),\ \mathbf{a}=(a_1, a_2, a_3),\ \mathbf{b}=(b_1, b_2, b_3) \tag{7.5.2-3}$$

とすれば，式 7.5.2-2 にしたがって，求める平面の方程式は，

$$(\mathbf{r}-\mathbf{p})\cdot(\mathbf{a}\times\mathbf{b})=0$$

と書けます．この表式は，スカラー三重積ですね．気が付きましたか？ したがって，行列式で表すことができます．果たして，その表式は，

$$\begin{vmatrix} x-p_1 & y-p_2 & z-p_3 \\ a_1 & a_2 & a_3 \\ b_1 & b_2 & b_3 \end{vmatrix}=0 \tag{7.5.2-4}$$

と書けます．これは，ベクトルの要素，すなわち，座標を用いた表式です．

(3) 3点 $P_1(p_{1x}, p_{1y}, p_{1z})$，$P_2(p_{2x}, p_{2y}, p_{2z})$，$P_3(p_{3x}, p_{3y}, p_{3z})$ を通る平面

これも上記 (1) の応用です．平面の任意の点を $R(\mathbf{r})\ \{\mathbf{r}=(x, y, z)\}$ とし，3点を位置ベクトル表示を $P_1(\mathbf{p}_1)$, $P_2(\mathbf{p}_2)$, $P_3(\mathbf{p}_3)$ と書けば，例えば，$P_1(\mathbf{p}_1)$ を起点としたとき，ベクトル $\mathbf{r}-\mathbf{p}_1$ とベクトル $(\mathbf{p}_2-\mathbf{p}_1)\times(\mathbf{p}_3-\mathbf{p}_1)$ が直交すると考えれば良く，したがって，面の方程式は，以下のスカラー三重積で表されます．

$$(\mathbf{r}-\mathbf{p}_1)\cdot\{(\mathbf{p}_2-\mathbf{p}_1)\times(\mathbf{p}_3-\mathbf{p}_1)\}=\begin{vmatrix} x-p_{1x} & y-p_{1y} & z-p_{1z} \\ p_{2x}-p_{1x} & p_{2y}-p_{1y} & p_{2z}-p_{1z} \\ p_{3x}-p_{1x} & p_{3y}-p_{1y} & p_{3z}-p_{1z} \end{vmatrix}=0 \tag{7.5.2-5}$$

となります．

もっと，きれいに書くならば，そうです，もうお分かりでしょうけれど，敢えて書けば，

7.5. ベクトル V 幾何問題

$$\begin{vmatrix} x-p_{1x} & y-p_{1y} & z-p_{1z} \\ p_{2x}-p_{1x} & p_{2y}-p_{1y} & p_{2z}-p_{1z} \\ p_{3x}-p_{1x} & p_{3y}-p_{1y} & p_{3z}-p_{1z} \end{vmatrix} = \begin{vmatrix} x & y & z & c \\ p_{1x} & p_{1y} & p_{1z} & c \\ p_{2x} & p_{2y} & p_{2z} & c \\ p_{3x} & p_{3y} & p_{3z} & c \end{vmatrix} = 0 \qquad (7.5.2\text{-}6)$$

と書けるのです.ここで,$\forall c(\neq 0) \in \Re$ とすれば良いでしょう.他の数学書では,c を1と書く場合が多いようです.でも,1でなくても,0でない定数であればなんでも良いのです.なんか,積分定数に似ていますね.しかし,行列式の性質(項1.4.4 (4D))を使えば,c は外に出せるので,結局,c は1として表記するのです.というわけで,答えとして,

$$\begin{vmatrix} x & y & z & 1 \\ p_{1x} & p_{1y} & p_{1z} & 1 \\ p_{2x} & p_{2y} & p_{2z} & 1 \\ p_{3x} & p_{3y} & p_{3z} & 1 \end{vmatrix} = 0 \qquad (7.5.2\text{-}7)$$

（なんと綺麗な式じゃあないですか！）

となります.さあ,例題を見てみましょう.

例題 7.5.2-1 3点 $A(a, 0, 0)$, $B(0, b, 0)$, $C(0, 0, c)$ で作る平面の方程式を行列式で表せ.ただし,$abc \neq 0$ とする.

例題 7.5.2-1 解答 式 7.5.2-7 によれば,答えは以下の行列式であると予想できる.

$$\begin{vmatrix} x & y & z & 1 \\ a & 0 & 0 & 1 \\ 0 & b & 0 & 1 \\ 0 & 0 & c & 1 \end{vmatrix} = 0 \qquad (7.5.2\text{-}8)$$

（3次元空間の切片平面方程式とでも呼べるかしら.展開すると納得しますよ.）

ここで,式 7.5.2-8 を展開すると,

$$\begin{vmatrix} x & y & z & 1 \\ a & 0 & 0 & 1 \\ 0 & b & 0 & 1 \\ 0 & 0 & c & 1 \end{vmatrix} = 0 \Rightarrow \begin{vmatrix} x & y & z-c & 0 \\ a & 0 & -c & 0 \\ 0 & b & -c & 0 \\ 0 & 0 & c & 1 \end{vmatrix} = 0 \Rightarrow \begin{vmatrix} x & y & z-c \\ a & 0 & -c \\ 0 & b & -c \end{vmatrix} = 0$$

$$\Rightarrow \begin{vmatrix} x & y & z-c \\ a & 0 & -c \\ 0 & b & -c \end{vmatrix} = 0 \Rightarrow x\begin{vmatrix} 0 & -c \\ b & -c \end{vmatrix} + y\begin{vmatrix} -c & a \\ -c & 0 \end{vmatrix} + (z-c)\begin{vmatrix} a & 0 \\ 0 & b \end{vmatrix} = 0$$

$$\Rightarrow bcx + cay + abz - abc = 0 \Rightarrow \frac{x}{a} + \frac{y}{b} + \frac{z}{c} = 1 \quad (\because abc \neq 0) \qquad (7.5.2\text{-}9)$$

となる.したがって,平面の方程式 7.5.2-8 は題意を満たす.

因みに,式 7.5.2-9 は切片方程式と呼ばれています.ご存知ですよね.よね！

最後に,面とその面上にない点との距離を計算する方法を説明します.そんなに難しい話じゃないのですが,少々,テクニックが必要です.この式を公式として覚えておくと便利な場合がありますよ.是非,熟読をお勧めします.

7. 線形代数 VI　補足

（4）点 $R(\mathbf{r})$ を通る平面上にない点 $P(\mathbf{p})$ からその面に下した垂線の足の長さ

さて，点 $P(\mathbf{p})$ を通り，ベクトル $\mathbf{n}$ に垂直な平面の方程式は式 7.5.2-2 に示しました．このとき，平面の任意の点を $R(\mathbf{r})\{\mathbf{r}=(x,y,z)\}$ としました．今度は，点 $P(\mathbf{p})$ が面の上にない場合です．点 P から面に垂直な線を引いたとき，その交点を $R_\perp(\mathbf{r}_\perp)$ とすれば，式 7.5.2-2 にならって，

$$\mathbf{n}\cdot(\mathbf{r}-\mathbf{r}_\perp)=0 \tag{7.5.2-10}$$

と書けますね．説明が多少冗長ですが，我慢してください．求める値は，$h=\|\overrightarrow{PR_\perp}\|$ です．

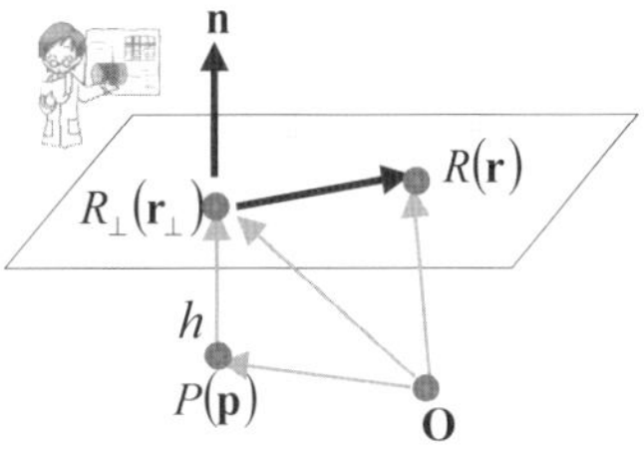

ここで，図 **7.5.2-2** に示すように，点 P から点 $R_\perp$ に向かうベクトルは，

$$\mathbf{r}_\perp - \mathbf{p} = t\mathbf{n} \quad \text{あるいは，} \quad \mathbf{r}_\perp = \mathbf{p} + t\mathbf{n} \tag{7.5.2-11}$$

と媒介変数を用いて書けます．ここで，式 7.5.2-11 を式 7.5.2-10 に代入すると，

$$\mathbf{n}\cdot(\mathbf{r}-\mathbf{p}-t\mathbf{n})=0$$

$$\mathbf{n}\cdot(\mathbf{r}-\mathbf{p}) = t\,\mathbf{n}\cdot\mathbf{n} = t\|\mathbf{n}\|^2 \quad \therefore \quad t = \frac{\mathbf{n}\cdot(\mathbf{r}-\mathbf{p})}{\|\mathbf{n}\|^2} \tag{7.5.2-12}$$

図 **7.5.2-2**　面とベクトル II

したがって，式 7.5.2-11 から，

$$\mathbf{r}_\perp - \mathbf{p} = t\mathbf{n} = \frac{\mathbf{n}\cdot(\mathbf{r}-\mathbf{p})}{\|\mathbf{n}\|^2}\mathbf{n} \tag{7.5.2-13}$$

となります．ここで，求めるのは $\overrightarrow{PR_\perp}$ の長さ h ですから，

$$\left\|\overrightarrow{PR_\perp}\right\| = \|\mathbf{r}_\perp - \mathbf{p}\| = \frac{|\mathbf{n}\cdot(\mathbf{r}-\mathbf{p})|}{\|\mathbf{n}\|^2}\|\mathbf{n}\| = \frac{|\mathbf{n}\cdot(\mathbf{r}-\mathbf{p})|}{\|\mathbf{n}\|} \tag{7.5.2-14}$$

です．これが求める長さです．といわれても，なんか，ピンと来ませんよね．さあ，ここで，面を表現する式を思い出してください．一般的には，

$$ax + by + cz + d = 0 \tag{7.5.2-15}$$

という式でした．ここで，問題になっている面を式 7.5.2-15 で表すとしても一般性は失いません．さて，それぞれのベクトルの成分を，

$$\mathbf{r}=(x, y, z),\quad \mathbf{r}_\perp=(x_\perp, y_\perp, z_\perp),\quad \mathbf{p}=(p_x, p_y, p_z)$$

とすれば，点 $R(\mathbf{r})$ および $R_\perp(\mathbf{r}_\perp)$ は面上の点ですから，

$$ax + by + cz + d = 0,\quad ax_\perp + by_\perp + cz_\perp + d = 0 \tag{7.5.2-16}$$

であり，差をとると，

$$a(x-x_\perp) + b(y-y_\perp) + c(z-z_\perp) = 0 \tag{7.5.2-17}$$

となります．あ！っと思われましたか？ $\mathbf{n}=(a,b,c)$ とおけば，上式は，$\mathbf{n}\cdot(\mathbf{r}-\mathbf{r}_\perp)=0$ であり，式 7.5.2-16 の第 2 式に注意すれば，式 7.5.2-17 から，式 7.5.2-14 は，

$$h = \frac{|ax + by + cz + d|}{\sqrt{a^2 + b^2 + c^2}} \tag{7.5.2-18}$$

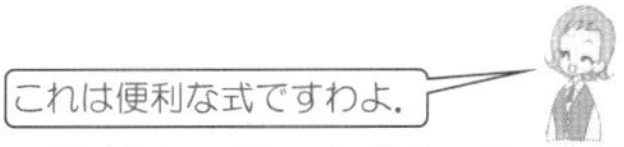

これは便利な式ですわよ．

となります．またまた，綺麗な式ですね～．何だか，うっとりしてしまいます．

7.5. ベクトル V 幾何問題

7.5.3. 三角関数

1) 三角関数の公式「正弦定理」

いきなりですが, 図 **7.5.3-1** に垂心を示します．ここで，$\overrightarrow{AB} = c$, $\overrightarrow{BC} = a$, $\overrightarrow{CA} = b$

$\angle A = \angle CAB$, $\angle B = \angle ABC$, $\angle C = \angle BCA$
とします．このとき，$\mathbf{a} = \overrightarrow{BC}$, $\mathbf{b} = \overrightarrow{CA}$, $\mathbf{c} = \overrightarrow{AB}$ とすると，ベクトル積から，ΔABC の面積 S は，

$$S = |\mathbf{a} \times \mathbf{b}| = |\mathbf{b} \times \mathbf{c}| = |\mathbf{c} \times \mathbf{a}|$$
$$= \|\mathbf{a}\|\|\mathbf{b}\|\sin C = \|\mathbf{b}\|\|\mathbf{c}\|\sin A = \|\mathbf{c}\|\|\mathbf{a}\|\sin B$$

$$\therefore \quad \frac{S}{abc} = \frac{\sin C}{c} = \frac{\sin A}{a} = \frac{\sin B}{b}$$

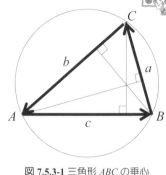

図 **7.5.3-1** 三角形 ABC の垂心

であり，$\|\mathbf{a}\| = a$, $\|\mathbf{b}\| = b$, $\|\mathbf{c}\| = c$ です．上記の第 3 式は，皆さん見覚えのある正弦定理の定義式：

$$\frac{a}{\sin A} = \frac{b}{\sin B} = \frac{c}{\sin C} \tag{7.5.3-1}$$

になっています．

2) 三角関数の公式「第 2 余弦定理」

ここで，ベクトルの式で，
$$\|\mathbf{x} + \mathbf{y}\|^2 = (\mathbf{x} + \mathbf{y}) \cdot (\mathbf{x} + \mathbf{y}) = \mathbf{x} \cdot \mathbf{x} + 2\mathbf{x} \cdot \mathbf{y} + \mathbf{y} \cdot \mathbf{y} = \|\mathbf{x}\|^2 + 2\|\mathbf{x}\|\|\mathbf{y}\|\cos\theta_{x,y} + \|\mathbf{y}\|^2$$
を用います．ここで，$\theta_{p,q}$ はベクトル $\mathbf{p}, \mathbf{q}$ のなす角，という意味です．

ここで，図 **7.5.3-1** に従うと，

$\|\mathbf{a}\|^2 = \|\mathbf{b} + \mathbf{c}\|^2 \Rightarrow \|\mathbf{a}\|^2 = \|\mathbf{b}\|^2 + 2\|\mathbf{b}\|\|\mathbf{c}\|\cos\theta_{b,c} + \|\mathbf{c}\|^2$

$\|\mathbf{b}\|^2 = \|\mathbf{c} + \mathbf{a}\|^2 \Rightarrow \|\mathbf{b}\|^2 = \|\mathbf{c}\|^2 + 2\|\mathbf{c}\|\|\mathbf{a}\|\cos\theta_{c,a} + \|\mathbf{a}\|^2$

$\|\mathbf{c}\|^2 = \|\mathbf{a} + \mathbf{b}\|^2 \Rightarrow \|\mathbf{c}\|^2 = \|\mathbf{a}\|^2 + 2\|\mathbf{a}\|\|\mathbf{b}\|\cos\theta_{a,b} + \|\mathbf{b}\|^2$

と書けます．さらに，ベクトルの向きに注意すれば，

$\theta_{b,c} = \pi - A$, $\theta_{c,a} = \pi - B$, $\theta_{a,b} = \pi - C$

公式をまとめておこう．ミソはサイクリック，要するに「繰り返し」です．

ですから

$\|\mathbf{a}\|^2 = \|\mathbf{b} + \mathbf{c}\|^2 \Rightarrow \|\mathbf{a}\|^2 = \|\mathbf{b}\|^2 - 2\|\mathbf{b}\|\|\mathbf{c}\|\cos A + \|\mathbf{c}\|^2 \quad \therefore \quad a^2 = b^2 + c^2 - 2bc\cos A$

$\|\mathbf{b}\|^2 = \|\mathbf{c} + \mathbf{a}\|^2 \Rightarrow \|\mathbf{b}\|^2 = \|\mathbf{c}\|^2 - 2\|\mathbf{c}\|\|\mathbf{a}\|\cos B + \|\mathbf{a}\|^2 \quad \therefore \quad b^2 = c^2 + a^2 - 2ca\cos B$

$\|\mathbf{c}\|^2 = \|\mathbf{a} + \mathbf{b}\|^2 \Rightarrow \|\mathbf{c}\|^2 = \|\mathbf{a}\|^2 - 2\|\mathbf{a}\|\|\mathbf{b}\|\cos C + \|\mathbf{b}\|^2 \quad \therefore \quad c^2 = a^2 + b^2 - 2ab\cos C$

(7.7.3-2)

であり，上記第 3 式は，皆さん見覚えのある第 2 余弦定理の定義になっています．

如何でしたでしょうか？ 応用編の中で，なぜ三角関数という題にしたのかが頷けましたでしょうか．ここで，正弦定理，第 2 余弦定理が出てきましたが，第 1 余弦定理を読者が証明してみてください．第 1 余弦定理って？ T_T ああ，何んとか大丈夫そうで幸甚．

7.6. 固有値 II

本書では，固有値を求めるという計算方法のみに留まらず，フロベニウスの定理（例題 3.2.4-1 参照）やケーリー・ハミルトンの定理（節 3.3 参照）などで固有値が出てきました．ここで，さらに，行列の固有値に関して少々補足します．

7.6.1. 2 次形式 と固有方程式

2 次形式において，定義 47 で示したように，行列 $\mathbf{A}$, $\mathbf{B}$ が n 次の行列であるとし，同じ n 次の任意の正則行列 $\mathbf{P}$ により，

$$\mathbf{B} = \mathbf{P}^{-1}\mathbf{A}\mathbf{P} \tag{7.6.1-1}$$

という式で表すことができるとき，行列 $\mathbf{A}$, $\mathbf{B}$ は互いに相似である，と言いましたね．

さて，n 次の正方行列 $\mathbf{A}$ が正則行列 $\mathbf{P}(\neq \mathbf{O})$ により対角化され，その行列を $\mathbf{\Lambda}$ とすると，

$$\mathbf{P}^{-1}\mathbf{A}\mathbf{P} = \mathbf{\Lambda} = \begin{pmatrix} \lambda_1 & 0 & \cdots & 0 \\ 0 & \lambda_2 & \ddots & \vdots \\ \vdots & \ddots & \ddots & 0 \\ 0 & \cdots & 0 & \lambda_n \end{pmatrix} \tag{7.6.1-2}$$

> またまた，2 次形式が出てきましたよ．

と変換されたとします．このとき，言わずもがなですが，$\lambda_i \, (i = 1, 2, \cdots, n)$ の中に 0 があっても構いません．このとき，式 7.6.1-2 で，$\mathbf{P}$ を左から乗ずると，

$$\mathbf{P}\mathbf{P}^{-1}\mathbf{A}\mathbf{P} = \mathbf{P}\mathbf{\Lambda} \Rightarrow \mathbf{E}\mathbf{A}\mathbf{P} = \mathbf{P}\mathbf{\Lambda} \Rightarrow \mathbf{A}\mathbf{P} = \mathbf{P}\mathbf{\Lambda} \tag{7.6.1-3}$$

となります．例として，ここで，$\mathbf{P}$, $\mathbf{\Lambda}$ を，

$$\mathbf{P} = \begin{pmatrix} \mathbf{p}_1^| & \mathbf{p}_2^| \end{pmatrix} = \begin{pmatrix} p_{11} & p_{12} \\ p_{21} & p_{22} \end{pmatrix}, \quad \mathbf{p}_1^| = \begin{pmatrix} p_{11} \\ p_{21} \end{pmatrix}, \quad \mathbf{p}_2^| = \begin{pmatrix} p_{12} \\ p_{22} \end{pmatrix}, \quad \mathbf{\Lambda} = \begin{pmatrix} \lambda_1 & 0 \\ 0 & \lambda_2 \end{pmatrix}$$

とするとき，

$$\mathbf{P}\mathbf{\Lambda} = \begin{pmatrix} p_{11} & p_{12} \\ p_{21} & p_{22} \end{pmatrix} \begin{pmatrix} \lambda_1 & 0 \\ 0 & \lambda_2 \end{pmatrix} = \begin{pmatrix} \lambda_1 p_{11} & \lambda_2 p_{12} \\ \lambda_1 p_{21} & \lambda_2 p_{22} \end{pmatrix} = \begin{pmatrix} \lambda_1 \mathbf{p}_1^| & \lambda_2 \mathbf{p}_2^| \end{pmatrix}$$

と書けることに注意すれば，式 7.6.1-3 に戻って，$\mathbf{P}$ を $\mathbf{P} = \begin{pmatrix} \mathbf{p}_1^| & \mathbf{p}_2^| & \cdots & \mathbf{p}_n^| \end{pmatrix}$ なる縦ベクトルで書けば，式 7.6.1-3 は，

$$\mathbf{A}\begin{pmatrix} \mathbf{p}_1^| & \mathbf{p}_2^| & \cdots & \mathbf{p}_n^| \end{pmatrix} = \begin{pmatrix} \mathbf{p}_1^| & \mathbf{p}_2^| & \cdots & \mathbf{p}_n^| \end{pmatrix} \mathbf{\Lambda} = \begin{pmatrix} \lambda_1 \mathbf{p}_1^| & \lambda_2 \mathbf{p}_2^| & \cdots & \lambda_n \mathbf{p}_n^| \end{pmatrix} \tag{7.6.1-4}$$

と書けます．あっ！ これは！・・・と思いましたか？ 上式を書き直せば，

$$\mathbf{A}\mathbf{p}_i^| = \lambda_i \mathbf{p}_i^| \, (i = 1, 2, \cdots, n)$$

であり，$\mathbf{p}_i^|$，λ_i は全て，

$$\mathbf{A}\mathbf{x} = \lambda \mathbf{x} \Rightarrow (\mathbf{A} - \lambda \mathbf{E})\mathbf{x} = \mathbf{O} \tag{7.6.1-5}$$

なる方程式（連立 1 次方程式）を満たす解であることが分ります．諄かったですね．このとき，解 $\mathbf{x}$ が，$\mathbf{x} = \mathbf{0}$ 以外の解をもつためには，

$$|\mathbf{A} - \lambda \mathbf{E}| = 0 \tag{7.6.1-6}$$

であることが分ります．このとき，定義 46 で述べましたように，式 7.6.1-6 を行列 $\mathbf{A}$ の固有方程式（特性方程式）と呼ぶのでした．

このように，2 次形式の話から，固有値の話に行きつきました．

7.6.2. 行列の対角化と固有値

そこで，n 次の正方実行列 $\mathbf{A}$ が $\mathfrak{R}$ の上で，式 7.6.1-2 のように，対角行列 $\mathbf{\Lambda}$ に変換されるためには

1) 行列 $\mathbf{A}$ の固有値がすべて実数であること
2) 固有ベクトル $\mathbf{x}_i (i=1, 2, \cdots, n)$ が 1 次独立であること

が必要であることを，そしてまた，行列 $\mathbf{X} = \begin{pmatrix} \mathbf{x}_1 & \mathbf{x}_2 & \cdots & \mathbf{x}_n \end{pmatrix}$ によって，行列 $\mathbf{A}$ が対角行列 $\mathbf{\Lambda}$ に変換され，行列 $\mathbf{\Lambda}$ の主対角線要素は固有ベクトル $\mathbf{x}_i (i=1, 2, \cdots, n)$ と対応する固有値であることを示しましょう．

行列 $\mathbf{A}$ が正則行列 $\mathbf{X}$ により対角化できて，行列 $\mathbf{\Lambda}$ になったとします．すなわち，

$$\mathbf{X}^{-1}\mathbf{A}\mathbf{X} = \mathbf{\Lambda} = \{\lambda_i \delta_{ij}\} \tag{7.6.2-1}$$

です．ここで，δ_{ij} はクロネッカーのデルタです．ここで，$\mathbf{E} = \mathbf{X}^{-1}\mathbf{X} = \mathbf{X}^{-1}\mathbf{E}\mathbf{X}$ に注意して，

$$\begin{aligned}\left|\mathbf{X}^{-1}\mathbf{A}\mathbf{X} - \lambda\mathbf{E}\right| &= \left|\mathbf{X}^{-1}\mathbf{A}\mathbf{X} - \lambda\mathbf{X}^{-1}\mathbf{E}\mathbf{X}\right| \\ &= \left|\mathbf{X}^{-1}(\mathbf{A} - \lambda\mathbf{E})\mathbf{X}\right| = \left|\mathbf{X}^{-1}\right|\left|\mathbf{A} - \lambda\mathbf{E}\right|\left|\mathbf{X}\right| = \left|\mathbf{A} - \lambda\mathbf{E}\right|\end{aligned}$$

$$\therefore \quad \left|\mathbf{X}^{-1}\mathbf{A}\mathbf{X} - \lambda\mathbf{E}\right| = \left|\mathbf{A} - \lambda\mathbf{E}\right| \tag{7.6.2-2}$$

なるほどねえ．$\mathbf{E}$ を掛けても同じってことか？

であることから，

$$\left|\mathbf{A} - \lambda\mathbf{E}\right| = \left|\mathbf{X}^{-1}\mathbf{A}\mathbf{X} - \lambda\mathbf{E}\right| = \left|\mathbf{\Lambda} - \lambda\mathbf{E}\right| = (\lambda_1 - \lambda)(\lambda_2 - \lambda)\cdots(\lambda_n - \lambda) \tag{7.6.2-3}$$

と書けて，$\lambda_i (i=1, 2, \cdots, n)$ は，実は，行列 $\mathbf{A}$ の固有値であり，$\mathbf{x}_1 \ \mathbf{x}_2 \ \cdots \ \mathbf{x}_n$ はまた，固有値に対する固有ベクトルであることが分ります．このとき，行列 $\mathbf{X}$ は正則行列ですから，$\mathbf{x}_1 \ \mathbf{x}_2 \ \cdots \ \mathbf{x}_n$ は 1 次独立であると言えます．

7.6.3. 質点系の固有値

バネ 2 個におもり w_1, w_2 がそれぞれのバネに下げられて，さらに鉛直に直列に吊り下げられている場合を考えましょう．上部のバネ定数を k_U，下部のバネ定数を k_D とします．ここで，鉛直方向の変位を x 軸方向とすれば，上・下のバネに下げられたおもりの位置を x_1, x_2 としたおもりの振動（上下振動）を考えますと，

$$\left.\begin{aligned}\ddot{x}_1 &= k_U x_1 + k_D(x_2 - x_1) = (k_U - k_U)x_1 + k_D x_2 \\ \ddot{x}_2 &= -k_D(x_2 - x_1) = k_D x_1 + (-k_D)x_2\end{aligned}\right\} \tag{7.6.3-1}$$

と表すことができます．このとき，

$$\mathbf{x} = \begin{pmatrix} x_1 \\ x_2 \end{pmatrix}, \quad \mathbf{A} = \begin{pmatrix} k_U - k_U & k_D \\ k_D & -k_D \end{pmatrix} \tag{7.6.3-2}$$

とすれば，式 7.6.3-1 は，

$$\ddot{\mathbf{x}} = \mathbf{A}\mathbf{x} \tag{7.6.3-3}$$

とまとめてかけることになります．この場合，式 7.6.3-3 は波動方程式であり，その一般解を振動の角周波数 ω を用いて，$\mathbf{x} = \mathbf{\chi}e^{\omega t}$ とおけば，$\omega^2 \mathbf{\chi} e^{\omega t} = \mathbf{A}\mathbf{\chi} e^{\omega t}$ ですから，

$$\mathbf{A}\mathbf{\chi} = \lambda\mathbf{\chi} \quad (\lambda = \omega^2) \tag{7.6.3-4}$$

と書けて，質点系の振動の係数行列に対する固有値問題に帰着します．

7.7. 内積空間 II

内積空間については、すでに、項 4.6.4 で説明済ですが、ここで、少々補足します。内積空間（あるいは計量空間）は、ユークリッド的ベクトル空間です。すなわち、「ユークリッド的」というのは、この空間が非ユークリッド幾何やアインシュタインの相対性理論に出てくるような曲がった空間ではないことを意味します。ユークリッド的ベクトル空間で、内積の定めるノルムは、ユークリッドノルムと呼ばれることがあります。ここで、内積(計量)空間での「長さ」や「距離」は、更に角度をも考え合わせたもので定義される、と書かれる場合がありますが、何てことはない、ベクトルの内積のことですから心配しないでください。内積空間の定義 71 はそのままですが、新たに定義 83 を加えます。ユークリッド的ベクトル空間 V_I での付加的定義を示します。

定義 83　ユークリッド的ベクトル空間

1) ベクトルの直交
$$\forall \mathbf{x}, \mathbf{y} \in V_I \Rightarrow \mathbf{x} \cdot \mathbf{y} = 0 \quad \therefore \quad \mathbf{x} \perp \mathbf{y} \qquad (7.7\text{-}1)$$

2) ベクトルの長さ（大きさ）
$$\forall \mathbf{x} \in V_I \Rightarrow \|\mathbf{x}\| = \sqrt{\mathbf{x} \cdot \mathbf{x}} \qquad (7.7\text{-}2)$$

3) ベクトルの交差角 θ
$$\forall \mathbf{x}, \mathbf{y} \in V_I \Rightarrow \mathbf{x} \neq \mathbf{0}, \mathbf{y} \neq \mathbf{0} \quad \therefore \quad \cos\theta = \frac{\mathbf{x} \cdot \mathbf{y}}{\sqrt{\mathbf{x} \cdot \mathbf{x}} \cdot \sqrt{\mathbf{y} \cdot \mathbf{y}}} \qquad (7.7\text{-}3)$$

4) 連続関数によるベクトル空間
区間 $[a, b]$ で定義された連続関数 f, g の内積は $\quad f \cdot g = \int_a^b f(x)g(x)dx$

通常のベクトル空間とそう変わらないな。

ということで、関数に関する「ユークリッド的ベクトル空間」の定義 4) は見たことがなかったかもしれませんね。ここで、1)～3) は通常のベクトル空間と同じってことです。ここで、気が付かれましたか？　そうです、式 7.7-3 は、回帰曲線の式 7.2.1-11 です。

練習問題 7.7-1
　　実数をベクトル空間と考えたとき、$\forall x, y \in \Re$ は内積空間を作ることができることを示せ。

Gallery 27.
　右：イチゴとワイン
　　　水彩画（模写）著者作成
　左：ヴベローナ・アリーナ
　　　・フェス（イタリア）
　　　写真　著者撮影

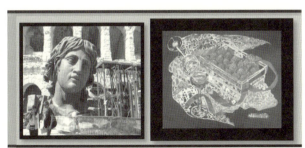

演習問題　第 7 章

7-1.　$\Delta = \nabla \cdot \nabla$ と書くとき，Δ をラプラシアンと呼びます．ラプラシアンを計算せよ．

7-2.　3 次元ベクトル $\mathbf{x}$：　$\mathbf{x} = x_1 \mathbf{e}_1 + x_2 \mathbf{e}_2 + x_3 \mathbf{e}_3$
　　　をベクトル $\mathbf{x}$ で偏微分せよ．

7-3.　n 次元ベクトル $\mathbf{x}$：　$\mathbf{x} = x_1 \mathbf{e}_1 + x_2 \mathbf{e}_2 + \cdots + x_n \mathbf{e}_n$
　　　をベクトル $\mathbf{x}$ で偏微分せよ．

7-4.　スカラー ϕ, φ に対して，
　　　(1)　$\nabla \cdot (\phi \nabla \varphi) = \nabla \phi \nabla \varphi + \phi \nabla^2 \varphi$
　　　(2)　$\nabla^2 (\phi \varphi) = \phi \nabla^2 \varphi + 2(\nabla \phi) \cdot (\nabla \varphi) + \varphi \nabla^2 \phi$
　　　なる式をそれぞれ証明せよ．

7-5.　$\mathbf{a} \in V^3$ なるベクトルについて，
　　　$\nabla \times (\nabla \times \mathbf{a}) = \nabla (\nabla \cdot \mathbf{a}) - \nabla^2 \mathbf{a}$ を証明せよ．

7-6.　式 7.1.3-11 において，媒質の中には電流の湧き出しはなく，すなわち，$\mathbf{J}_0 = \mathbf{0}$ を仮定し，さらに，媒質内には電荷もない場合は $\rho = 0$ と仮定できる．このような環境の下で，式 7.1.3-5 から式 7.1.3-8 および式 7.1.3-9 などから式 7.1.3-12 を導出せよ．

7-7.　式 1.4.1-6，すなわち，
$$|\mathbf{A}| = \sum \varepsilon \begin{pmatrix} 1 & 2 & \cdots & n \\ p_1 & p_2 & \cdots & p_n \end{pmatrix} a_{1p_1} a_{2p_2} \cdots a_{np_n}$$
の，$p_1, p_2, \cdots, p_n$ から任意に選んだ 2 つを交換した場合の $|\mathbf{A}|$ の符号を議論せよ．

7-8.　行列 $\mathbf{A}$ の固有値を $\lambda_i (i = 1, 2, \cdots, n)$ とするとき，行列 $\mathbf{A}^k (1 \leq k \in \mathbb{N})$ の固有値は，元の固有値の k 乗となる，すなわち，$\lambda_i^k (i = 1, 2, \cdots, n)$ であることを示せ．

7-9.　任意の n 次の正方行列 $\mathbf{A}$ について，その固有値を $\lambda_1, \lambda_2, \cdots, \lambda_n$ とするとき，
　　　(1)　$\mathrm{tr}\, \mathbf{A} = \lambda_1 + \lambda_2 + \cdots + \lambda_n$
　　　(2)　$|\mathbf{A}| = \lambda_1 \lambda_2 \cdots \lambda_n$
　　　を証明せよ．

7-10.　前問，すなわち，問題 7-9 の 1) および 2) について，例題 3.2.5-2 の行列 $\mathbf{A}$
$$\mathbf{A} = \begin{pmatrix} 4 & 6 \\ 1 & 5 \end{pmatrix}$$
　　　を用いて確かめよ．

7-11.　n 次の正則行列 $\mathbf{A}, \mathbf{B}$ の積の逆数に関して，$\mathbf{A}, \mathbf{B}$ の余因子行列 $\widetilde{\mathbf{A}}, \widetilde{\mathbf{B}}$ を用いて
　　　$(\mathbf{AB})^{-1} = \mathbf{B}^{-1} \mathbf{A}^{-1}$ が成り立つこと示し，次式を証明せよ．
　　　$(\mathbf{ABC} \cdots \mathbf{XYZ})^{-1} = \mathbf{Z}^{-1} \mathbf{Y}^{-1} \mathbf{X}^{-1} \cdots \mathbf{C}^{-1} \mathbf{B}^{-1} \mathbf{A}^{-1}$
　　　ただし，$\mathbf{A}, \mathbf{B}, \mathbf{C}, \cdots, \mathbf{X}, \mathbf{Y}, \mathbf{Z}$ は全て n 次の正則行列とする．

7-12.　$\mathbf{x}, \mathbf{y} \in V^3$ について，$\mathbf{x} = (x_1, x_2, x_3), \mathbf{y} = (y_1, y_2, y_3)$ とするとき，式 7.1.2-6 を参考に，次式を計算 $\dfrac{\partial (\mathbf{x} \times \mathbf{y})}{\partial \mathbf{x}}$

Short Rest 8.
「地球の深部」

　地球の構造は，まず，卵の殻のような地殻と呼ばれるせいぜい40 kmくらいの薄い部分があって，その下に地下約2900 kmまでマントルと呼ばれる部分があります。その下には，地下約2900 kmから地球の中心（地下約6400 km）まで核（外核は溶融体，内核は個体）と呼ばれる部分があります。体積比でいうと，地球全体を1とすれば，地殻は1.87 %，マントルは81.96 %，核は16.17 %となります。体積は圧倒的にマントルが占めていることが分ります。因みに，これらに，各部分の比重をかけて，全部を加えると地球の質量になるわけです。

　人類は有人飛行で月まで行きました。約380,000 kmの距離です。では，人類は，どの深さまで見たのでしょうか。地下鉄の最深点は42.3 m，人類が到達した最深点はアメリカのタウトナ鉱山で約4 km，掘削した穴の最深点はロシアのコラ半島で約12 kmです。この掘削は15 kmを計画していたが，地温が180℃を超え断念した，ということです。さて，地球の半径はというと約6400 kmです。ですから，人類は地球の約0.2%しか確認していないのです。では，どのようにして，人類が地球の中心までの内部構造を想定できたのかというと，地表付近で発生した大地震による地震波が，地球の深部へと伝播し，再び地表に戻ってきて観測された地震波を解析することで得られたデータを研究したからです。

　岩石は高温にすると光を発する性質（熱放射）があることが知られています。コア・マントル境界（地表から約2900 km）まで地温は4000 Kまで，圧力（正しくは，静岩圧）は136 GPaまで上昇します。上部マントル物質で，緑色のカンラン石（olivine）を多く含む岩石はカンラン岩（peridotite）と呼ばれています。カンラン石は緑色で，まさに，オリーブ色をしています。実は，オリーブはカンラン（橄欖）と書く場合があります。カンラン（橄欖，Canarium album）という植物は，本来インドシナ原産で，江戸時代に日本に渡来し，種子島などで栽培され，果実を生食に，

出展　地球の中心"コア"への旅；
サイエンス チャンネル
（国立研究開発法人科学技術振興機構）

また，タネも食用にしたり油を搾ったりするという利用法がオリーブに似ているため，オリーブのことを漢字で「橄欖」と当てることがありますが，全く別科の植物です。

　さて，マントル深部でできたスティショフ石はSiO_6であり，結晶が相転移して，地表で見るカンラン石SiO_4ができます。このカンラン石がさらに相転移して玄武岩となる，とされています。そして，玄武岩の方がカンラン石に比べて密度が小さく，融点も低いということが示唆されています。

　ここで，前半の話とつながります。地球深く進んでいくと，温度も静岩圧も増加し，発光を始めます。そして明るくなり，カンラン石（宝石名はペリドット，peridot）やガーネット（宝石名は紅榴石，garnet,種類は多い）などの宝石が待ち受けています。それらの宝石は，生成された玄武岩マグマに取り込まれる場合があり，捕獲岩（ゼノリス，xenolith）として，火山噴火や地殻変動（隆起）などで，地表にお目見えすることがあります。どうです，上部マントルは，宝石だらけの明るい世界なのです。地下掘削も夢がありますね。

付録　公式集

ここに掲げる公式は，それぞれが成り立つための条件を満していることとします．

(1) $\displaystyle\sum_{i=1}^{n}\left(\sum_{j=1}^{n}a_{ij}\right)=\sum_{j=1}^{n}\left(\sum_{i=1}^{n}a_{ij}\right) \quad (i,j=1,2,\cdots,n)$

(2) $\displaystyle\left(\prod_{i=1}^{n}a_i\right)^2=\prod_{i=1}^{n}a_i^2 \quad (a_i\ne 0: i=1,2,\cdots,n)$

(3) $A\cap(B\cup C)=(A\cap B)\cup(A\cap C)$

(4) $p\wedge(q\vee r)=(p\wedge q)\vee(p\wedge r) \quad (logic)$

(5) $\delta_{ij}=\begin{cases}1 & (i=j)\\ 0 & (i\ne j)\end{cases}$

(6) $(\mathbf{AB})^n=\mathbf{A}^n\mathbf{B}^n \quad (\because \mathbf{AB}=\mathbf{BA})$

(7) $(\mathbf{AB})\mathbf{C}=\mathbf{A}(\mathbf{BC})$

(8) $|\mathbf{AB}|=|\mathbf{A}|\cdot|\mathbf{B}|$

(9) $(\mathbf{a}\times\mathbf{b})\times\mathbf{c}=(\mathbf{a}\cdot\mathbf{c})\mathbf{b}-(\mathbf{b}\cdot\mathbf{c})\mathbf{a}$

(10) $\mathbf{a}\times(\mathbf{b}\times\mathbf{c})=(\mathbf{a}\cdot\mathbf{c})\mathbf{b}-(\mathbf{a}\cdot\mathbf{b})\mathbf{c}$

(11) $(\mathbf{a}+\mathbf{b})\cdot\{(\mathbf{b}+\mathbf{c})\times(\mathbf{c}+\mathbf{a})\}=2\mathbf{a}\cdot(\mathbf{b}\times\mathbf{c})$

(12) $(\mathbf{a}\times\mathbf{b})\cdot(\mathbf{c}\times\mathbf{d})=\begin{vmatrix}\mathbf{a}\cdot\mathbf{c} & \mathbf{a}\cdot\mathbf{d}\\ \mathbf{b}\cdot\mathbf{c} & \mathbf{b}\cdot\mathbf{d}\end{vmatrix}$

(13) $|\mathbf{a}\times\mathbf{b}\ \ \mathbf{b}\times\mathbf{c}\ \ \mathbf{c}\times\mathbf{a}|=|\mathbf{a}\ \ \mathbf{b}\ \ \mathbf{c}|^2$

(14) $(\mathbf{a}\times\mathbf{b})\times(\mathbf{c}\times\mathbf{d})=|\mathbf{a}\ \ \mathbf{c}\ \ \mathbf{d}|\mathbf{b}-|\mathbf{b}\ \ \mathbf{c}\ \ \mathbf{d}|\mathbf{a}$
$\qquad\qquad\qquad\qquad =|\mathbf{a}\ \ \mathbf{b}\ \ \mathbf{d}|\mathbf{c}-|\mathbf{a}\ \ \mathbf{b}\ \ \mathbf{c}|\mathbf{d}$

(15) $|\widetilde{\mathbf{A}}|=|\mathbf{A}|^{n-1}\quad \mathbf{A}^{-1}=\dfrac{\widetilde{\mathbf{A}}}{|\mathbf{A}|}\quad \mathbf{A}\widetilde{\mathbf{A}}=|\mathbf{A}|\mathbf{E}$

(16) $(\mathbf{P}^{-1})^{-1}=\mathbf{P},\ (\mathbf{P}^{-1})^T=(\mathbf{P}^T)^{-1},\ (\widetilde{\mathbf{P}})^{-1}=|\mathbf{P}|^{-1}\mathbf{P},\ |\mathbf{P}^{-1}|=|\mathbf{P}|^{-1}$

(17) $(\mathbf{PQ})^T=\mathbf{Q}^T\mathbf{P}^T,\ (\mathbf{PQ})^{-1}=\mathbf{Q}^{-1}\mathbf{P}^{-1}$

(18) $|f(\mathbf{A})-\lambda\mathbf{E}|=\left|p_0\displaystyle\prod_{j=1}^{m}(\mathbf{A}-\alpha_j\mathbf{E})\right|$

(19) $\dim(V_1+V_2)=\dim V_1+\dim V_2-\dim(V_1\cap V_2)$

(20) $(\mathbf{b}\otimes\mathbf{a})^T=\mathbf{a}\otimes\mathbf{b}$

(21) $\mathbf{a}\wedge\mathbf{b}=\displaystyle\sum_{i<j}^{(i,j)\le 3}(a_ib_j-a_jb_i)(\mathbf{e}_i\wedge\mathbf{e}_j)\quad (\mathbf{a},\mathbf{b}\in V^3)$

(22) $(\mathbf{a}\wedge\mathbf{b})\wedge\mathbf{c}=\mathbf{a}\wedge(\mathbf{b}\wedge\mathbf{c})=\mathbf{a}\wedge\mathbf{b}\wedge\mathbf{c}$

(23) $\cos\theta_A=\dfrac{\|\mathbf{b}\|^2+\|\mathbf{c}\|^2-\|\mathbf{a}\|^2}{2\|\mathbf{b}\|\|\mathbf{c}\|},\ \cos\theta_B=\dfrac{\|\mathbf{c}\|^2+\|\mathbf{a}\|^2-\|\mathbf{b}\|^2}{2\|\mathbf{c}\|\|\mathbf{a}\|},\ \cos\theta_C=\dfrac{\|\mathbf{a}\|^2+\|\mathbf{b}\|^2-\|\mathbf{c}\|^2}{2\|\mathbf{a}\|\|\mathbf{b}\|}$

索　引

2

2 次形式 127,151

A

Abelian group 98
Abel 群 98
addition 20
additive group 98
additive inverse 102
ajoint matrix 45
alternating tennsor 191
alternative product 183
alternative-Hermitian matrix . 143
anti-Hermitian matrix 46
anti-Hermitian mtrix 143
antisymmetric matrix 45

B

Bi-cubic Interpolation 260
bilinear form 151
body force 191

C

cancellation law 101
characteristic eqation 119
Clamped Boundary 260
cofactor 59
cofactor matrix 45
commutative 42
commutative field 108
commutative group 98
commutative groupe 102
commutative ring 106
complex matrix 137
complex vector 137
Cramer 83
cross product 22
cyclic group 98

D

determinant 4, 56
diagonal matrix 45
dielectric constant 247
difference 20
dim 213
dimension 163
direct sum 161
directed segment 13
direction cosine 33
divergence theorem 201
dot product 21

E

eigen value 119
eigen vector 119
electric charge density 246
electric conductivity 247
electric current density 246
electric field strength 246
electric flux density 246
electromagnetic field 247
element 13
elementary transformation 47
even permutation 58
exterior algebra 184
externally dividing point 36

F

field 4, 108
finite group 98
finite set 97
Frobenius norm 54

G

Gauss' theorem 201
generating element 98
Grassmann algebra 184
group 4, 97

H

Hadamard product 49
Hermitian matrix 46
Hesse standard form 27

I

image 195
imaginary unit 137
inertia 199
inertial force 191
infinite group 98
infinite set 97
inner product 21
inner product space 203
integral domain 108
internally dividing point 36

K

Kernel 195
Kronecker product 50
Kronecker's delta 17

L

left coset 105

left inverse element 99
left unit element 99
linear algebra 3
linear combination 5
linear interpolation 254
linear mapping 196
linear mapping 195
linear subspace 159
linear transformation 3
linearly dependent 4
linearly independent 4

M

magnetic field strength 246
magnetic flux density 246
magnetic permiability 247
mapping 195
matrix 4
matrix norm 53
metric vector space 203
multiplicity 119

N

nabla 244
Natural Boundary 260
n-dimensional vector 14
non-commutative field 108
nontrivial zero divisor 107
non-zero-divisor 107
norm 16
normal equation 252
normal matrix 46, 150
normal unit vector 35
number field 109
n-unknown linear equations 3
n 元 1 次方程式 3
n 次元ベクトル 14

O

odd permutation 58
order 98
oriented area 35
oriented surface 35
orthogonal matrix 45
outer product 22

P

position vector 13

Q

quadratic form 127, 151

R

rank 213

275

索 引

regression 248
regular 107
regular matrix 56
right coset 105
right unit element 97
ring 4, 106

S

Sarrus 56
scalar 3, 13
scalar product 21
Schur product 49
self-adjoint matrix 141
set 8
similarity transformation 127
similitude 127
Skew-Hermitian form 153
skew-Hermitian matrix 143
skew-Hermitian mtrix 46
skew-unit matrix 48
spectral norm 54
square matirix 56
square matrix 44
standard permutation 57
Stokes' theorem 202
stress tensor 191
subfield 109
subgroup 103
subring 107
subtraction 20
summation 20
surface force 191
surface vector 35
sweeping-out method 89
symmetric expression 29
symmetric matrix 45
symmetric tensor 191

T

tensor 14, 187
tensor algebra 184
trace 44, 51
transposed matrix 45
transposed tensor 191
transposition 14
triangular matrix 45
trivial ring 108

U

unit group 103
unit matrix 44
unit vector 17
unital/unitary ring 109
Unitary matrix 46

V

Vandermonde 76, 77
vector 3
vector product 22
vector subspace 159

Venn diagram 103

Z

zero divisor 114
zero ring 108

あ

アダマール積 49

い

位数 98
1 次結合 5
1 次従属 4, 6
1 次独立 4, 5
1 次内挿 254
1 次変換 3
位置ベクトル 3, 13

ヴ

ヴァンデルモンデ 76, 77

え

エルミート行列 46

お

応力テンソル 191

か

回帰 248
階数 213
外積 22
外積代数 184
外分点 36
ガウスの定理 201
可換 42
可換環 106
可換群 102
可換体 108
核空間 195
m×n 型行列 44
環 4, 106
慣性力 191, 199
簡約法則 101

き

基準順列 57
奇順列 58
基本変換 47
逆行列 44
行列 4
行列式 4, 56
行列ノルム 53
虚数単位 137

く

偶順列 58
クラーメル 83
グラスマン代数 184
クロネッカー積 50
クロネッカーのデルタ 17
群 4, 97

け

計量空間 203

こ

交代エルミート行列 143
交代エルミート形式 153
交代行列 45
交代積 183
交代テンソル 191
固有値 119
固有ベクトル 119
固有方程式 119

さ

サラス(*Sarrus*)の方法 56
三角化 122
三角行列 45

し

次元 163, 213
自己随伴行列 141
磁束密度 246
実数体 109
磁場強度 246
自明環 108
写像 195
シューア積 49
集合 8
重複度 119
巡回群 98

す

随伴行列 45, 139
数体 109
スカラー 3, 13
スカラー三重積 22, 79
スカラー積 21
ストークスの定理 202
スペクトルノルム 54

せ

整域 ....
正規行列 46, 150
正規方程式 252
生成元 98
正則 107
正則行列 46, 56
正方行列 44, 56
零因子 107, 114

索引

零環 108
零行列 5
零ベクトル 5
線形写像 196
線形代数 3, 4
線形独立 5
線形内挿 254
線形部分空間 159
線形補間 254

そ

像 195
双 1 次形式 151
像空間 195
双 3 次内挿 260
相似 127, 269
相似変換 127
総乗記号 9
総和記号 9

た

体 4, 108
対角行列 45
対称行列 45
対称式 29, 76
対称テンソル 191
体積ベクトル 35
体積力 191
襷掛け方式 56
単位円 27
単位行列 44
単位群 103
単位元 100
単位的環 108, 109
単位法ベクトル 35
単位ベクトル 17
反数 102

ち

直線のベクトル方程式 171
直和 161
直交行列 45

て

電荷密度 246
電磁界 247
電束密度 246
テンソル 14, 187
テンソル代数 184
転置 14
転置行列 45
転置テンソル 191

電場強度 246
電流密度 246

と

透磁率 247
導電率 247
特性方程式 119
トレース 51

な

内積 21
内積空間 203
内分点 36
ナブラ 244

の

ノルム 16

は

媒介変数 36
掃き出し法 89
発散定理 201
反エルミート行列 143

ひ

非可換体 108
非自明な零因子 107
非零因子 107
左逆元 99
左剰余類 105
左単位元 99

ふ

複素行列 137
複素数体 109
複素ベクトル 137
部分環 107
部分群 103
部分体 109
フロベニウスノルム 54

へ

平均ノルム 16
平面のベクトル方程式 175
ベクトル 3, 13
ベクトル三重積 22, 81
ベクトル積 22
ベクトル部分空間 159

ヘッセの標準形 27
ベン図 103

ほ

方向余弦 33

み

右剰余類 105
右単位元 97

む

無限群 98
無限集合 97

め

面積ベクトル 35
面積力 191

や

ヤコビの恒等式 81

ゆ

有限群 98
有限集合 97
有向線分 3, 13
有向体積 35
有向平面 35
有向面積 35
誘電率 247
有理数体 109
ユニタリー行列 46

よ

余因子 59
余因子行列 45, 85
要素 13

ら

ランク 213

わ

歪エルミート行列 46, 143
歪単位行列 48

謝辞および著者プロフィール

謝辞

　東京工業大学の廣瀬教授（工学博士）および元海上保安庁の土出氏（理学博士）には，多大なる貴重なご意見・ご指導を頂き，ここで記して，心より感謝の意を申し仕上げます．また，本書をまとめる上で，百科事典，数学辞典はもとより，世の中に数多くある，数学専門書・教科書やインターネットに掲載されている線形代数の説明を参考にさせて頂きました．各著者に敬意を表します．

著者
今井　博　（いまい　ひろし）

略歴
- 1978 年 3 月　北海道大学理学部地球物理学科卒
- 1978 年 4 月　東京大学大学院理学系研究科地球物理専門課程　修士課程
- 1980 年 4 月　東京大学大学院理学系研究科地球物理専門課程　博士課程
- 1983 年 3 月　博士号取得
- 1998 年 3 月　技術士（応用理学）取得
- 2017 年 7 月　現在
  - 土木系コンサルタント会社物理探査業務に従事
  - 早稲田大学　空間情報学　非常勤講師
  - 昭和薬科大学　環境科学概論　元非常勤講師
  - 土木学会地盤工学委員会火山工学研究小委員会　委員長
  - エンジニアリング協会　探査技術研究会　委員長

主な著書
- 「読むだけでわかる数学再入門　上・下」　山海堂
- 「耐震技術のはなし」（一部執筆）日本実業出版
- 「火山とつきあう Q & A 99」（一部執筆および編集）　土木学会
- 「火山工学入門」（一部執筆および編集）　土木学会
- 「火山工学入門　応用編」（編集）　土木学会
- 「時空間情報学」共著　インデックス出版
- 「読むだけでわかる数学再入門　線形代数編」準備中　インデックス出版

読(よ)むだけでわかる数学再入門(すうがくさいにゅうもん)―線形代数編(せんけいだいすうへん)

2019 年 10 月 1 日　第 1 刷発行

- 著　者　今井　博
- 発行者　田中壽美
- 発行所　インデックス出版
  - mail：info@index-press.co.jp
  - 〒191-0032　東京都日野市三沢 1-34-15
  - TEL (042)595-9102
  - FAX (042)595-9103

Printed in Japan　ISBN978-4-901092-98-2